U0560392

教育部哲学社会科学研究重大课题攻关项目
"我国在开放科学领域有效参与全球治理研究"
（项目批准号：22JZD043）阶段性成果

开放科学全球治理研究丛书

开放科学

学术前沿与趋势（上）

阙 阅 田 京◎主编

OPEN SCIENCE

ACADEMIC FRONTIERS AND TRENDS

ZHEJIANG UNIVERSITY PRESS
浙江大学出版社
·杭州·

目 录
CONTENTS

 开放科学的基本理论

 开放科学的政策研究

CONTENTS

 开放科学与教育科学

开放科学与科研变革

 开放科学与学术创业

CONTENTS

 开放科学的未来挑战

开放科学的基本理论

科学无国界 *

编者按

2020 年 6 月，美国总统发布了一项行政命令，禁止在一些非移民签证项目下发放新的工作签证，并将此前暂停发放新移民签证的行政命令延长至 2020 年底。尽管该行政命令包括一些特殊豁免，如医疗人员和相关科研人员，但它针对的是学术界和工业界广泛用于技术工作者、管理人员及其家属的几种签证类别。科学不是以线性或可预测的方式发展的，2020 年，很多实验室的研究计划重点转为对新冠病毒的研究并产生了大量科学成果就凸显了这一点。

美国政府称，2020 年前几个月，美国失业率不断上升，这是新移民政策导致的。然而，近年来，美国科学、技术、工程和数学（STEM）领域工作者的失业率一直远低于全国失业率，这表明美国劳动力中高度专业化的 STEM 工作者总体短缺。此外，据报道，外籍临时工作者和外国出生的高学历人才促进了美国的就业。

相反，该行政命令遵循了现任政府的一系列政策，旨在限制包括科学家和学生在内的外国公民进入美国。2020 年 7 月发布的指导意见指出，如果大学在 2020 年秋季学期改为只在线上上课，外国学生有离开美国、转学或者被驱逐的风险。这些行动令科技界感到震惊，他们普遍认为这些政策威胁到美国在这些领域的全球领导者地位。除了填补美国 STEM 劳动力的缺口，全球人才还有助于提升科技企业的水平，从长远来看促进创新。就诺贝尔奖这个衡量研究质量和社会科学进步水平的指标而言，美国在医学、化学和物理学领域的获奖情况领先其他国家。值得注意的是，美国 35% 的诺贝尔奖得主是移民。此外，移民对美国创业的影响也有据可证，2017 年《财

---

* 文献来源：Editorial.（2020）. No borders in science, Nature Cancer, 1, 656–666.

　注：有部分删减。

富》500 强公司中，24% 的医疗保健公司是由移民或其子女创办或共同创办的。试图限制非美国出生的科学家的政策将对美国的日常研究事业产生负面影响，这在社交媒体上以一种更引人注目的方式凸显出来。研究团队的负责人通过发布有移民和没有移民的实验室的照片来回应行政命令。长期来看，此类政策可能会危及美国的机构和公司吸引和留住高技能人才的能力，使研究和经济活动转移到移民政策更具吸引力的国家。例如，根据加拿大国际教育局的数据，2010—2019 年，加拿大的国际学生增加了 185%，与美国相比，加拿大政府的全球技能战略侧重促进和加速高技能工人进入该国。

大洋彼岸可能会对反移民政策的后果有更强烈的感受。2016 年英国决定退出欧盟以及随后混乱的脱欧战略，正威胁着英国作为主要研究和教育目的地的地位。脱欧后的英国不确定能否进入以欧盟为基础的合作研究和医学网络，包括"欧洲地平线"（Horizon Europe）等力度很大的欧盟资助计划，以及用欧盟的行动自由原则换取移民程序的前景——在默认情况下——将更具限制性、成本更高、更复杂，这可能会降低英国对来自欧盟国家的学生和科学家的吸引力，从而有利于欧盟其他成员国。值得注意的是，目前英国高等教育中有 6% 的学生和 18% 的学者来自欧盟国家，这还不包括在其他 STEM 专业和行业工作的欧盟公民。长期以来，以英国皇家学会（Royal Society）为首的英国科学界一直强调，有必要确保脱欧不会损害英国的研究和创新。英国政府一直试图安抚所有相关人员，确保足够的研究资金和吸引国际人才仍然是优先事项。事实上，英国和欧盟关于新贸易协定的谈判仍在进行中——为了双方的利益——希望能达成一个双方都能接受的协议。然而，2021 年 1 月 1 日的最终脱欧日期正在临近，英国为国内研究提供资金和吸引高技能外国工作者的任何努力也将取决于其经济状况。不幸的是，一份来自经济合作与发展组织（OECD）的报告指出，英国不仅比欧盟国家，而且比其他发达国家面临更严重的经济衰退。

学术机构、商界领袖和政策制定者等利益相关者要确保科学和创新不会被孤立主义政治和对世界目前面临的卫生和经济危机的条件反射式反应所扼杀。科学讲的是一种国际语言，并在开放中蓬勃发展。支持科学家的国际流动以及技能、知识和思想的全球交流，将增强国家和社会抵御未来未知危机的能力。

（阚阅　译）

科学的开放性是保持公众信任的关键 *

马克·亚伯勒（Mark Yarborough）

（美国加州大学戴维斯分校）

埃博拉（Ebola）危机再次表明，尽管政客们故作姿态，但在危机和最令人担忧的时刻，公众最指望的是科学家。公众仍然信任科学家。2014 年，英国的一项调查发现，即使人们并不总是相信科学信息本身，但人们信任科学家。然而，公众的信任是脆弱的。考虑到科学家在很大程度上依赖公众的善意和来自公众的资金，我总是惊讶于科学家在多大程度上认为公众的信任是理所当然的。他们可以——也应该——做更多的事情来保护和培育信任。

通常在发生一些学术丑闻或争议（如学术不端行为）时，人们才会讨论对科学的信任，这是不幸的。这种对不良行为（bad behaviour）的关注，将对信任的担忧等同于不当行为（misconduct），可能会使科学家不愿意讨论这个问题，因为他们觉得自己受到了批评。因此，他们会无视甚至抵制促进和提高研究整体可信度的各种呼吁。

给科学和科学家带来负面影响并可能破坏信任的灾难是不可避免的，特别是因为更广泛的公众对很多科学领域知之甚少。识别并试图防止这种错误是科学家的责任。

由于科学的方法、技术程序和复杂性，事情可能而且确实会以无数种方式出错，这可能使无心之过格外难以被发现。科学家常常不考虑改进的必要性，因为他们满足于自己的信念，认为科学可以自我纠正。这种认知夸大了科学清除错误发现（findings）的能力。

---

* 文献来源：Yarborough, M.（2014）. Openness in science is key to keeping public trust, Nature, 515, 313.

在科学领域可能曾经有一段时间，人们有很多机会"把事情做对"。如今，这种情况已不复存在。现代科学研究的进展更快，联系更紧密，经济和声誉方面的风险也更大。当务之急是把研究做好，尤其是在生物医学领域。我们不能听凭运气去发现问题。

简单地遵守别人制定的规则对科学家也没有多大帮助。规章制度往往不能解决引发这些问题的问题。例如，美国加强了针对生物医学研究人员的利益冲突监管，但这无助于解决研究赞助者和机构之间的财务关系可能导致偏见的问题。考虑到一些大规模的大学将其科学部门视为赚钱机器（money maker）的程度，这是一个特别重大的缺陷。一方面，遵守规则往往会使研究界感到疲劳；另一方面，遵守规则也会产生一种虚假的安全感，认为事情正得到处理。

科学家首先需要更好地阐明是什么让他们的工作值得公众信任。我认为，其原因在于，科学研究满足了三个基本期望：一是研究结果可以为后续调查提供可靠的信息；二是研究具有足够的社会价值，足以证明支持研究的支出是合理的；三是研究是根据广泛共享的道德规范进行的。因此，让科学变得更值得信赖，归根结底就是要确保这些期望得到满足。我们需要一种通过设计而不是偶然的方式来预防和修复错误的文化。我们如何创造这样一种文化？

一个最为重要的步骤就是识别和确定标准在哪里失效。我们需要在各个实验室、机构和专业协会中定期开展保密调查，以评估交流的开放性，以及人们在研究环境中在发现问题的情况下感到安全的程度。值得称赞的是，一些研究机构已经在开展这类评估，但大多数机构还没有。至关重要的是，我们要启动这项工作并使其成为常态。

我们不能指望人们在某种做法不安全的情况下提醒人们注意这种做法所产生的问题。目前，在太多的研究环境中，这是不安全的。那些质疑现状的人可能会被排斥，并被贴上麻烦制造者的标签。为了让他们更安全，机构领导人必须做好听到不受欢迎的消息的准备，并对负面宣传保持冷静。他们必须让员工相信，他们想要改进的愿望是真诚的。这说起来容易做起来难，另外一种选择是沉默和扼杀进步。

在这些调查结果的基础上，各机构应该公开宣布错误和未遂事件。他们应该公开他们为纠正以上情况所采取的行动，以及这些行动是否有效。

随着科学越来越不受个别学科和地理的约束，出现错误和犯错的机会也在增加。我们必须加强调查的一个特征是，在团队之间分配工作时，是如何在数据收集和分析中产生错误的。例如，不稳定的试剂在不同的位点可能表现不同，强化质量保证可以帮助我们发现并减少可能由此导致的错误。与要求机构支持的调查呼吁不同，无论资助者或大学是否推动他们这样做，研究团队都可以自己指导这些工作。

当科学为我们中间的不当行为和害群之马而烦恼时，科学却未能直面更大的问题。我们必须确保用值得信赖的科学来回报公众对科学家的信任。

（阙阅　译）

开放科学是一种解放并培养创造力[*]

威廉·弗兰肯惠斯 (Willem E. Frankenhuis) [1]

丹尼尔·内特尔 (Daniel Nettle) [2]

([1] 拉德堡大学行为科学研究所; [2] 纽卡斯尔大学行为
与进化中心和神经科学研究所)

摘 要

一些学者认为,开放科学实践以降低研究人员创造力的方式限制了研究人员。例如,他们认为预注册 (preregistration) 阻碍了数据探索,从而扼杀了研究发现。本文的观点恰恰相反:开放科学实践是一种解放,可以促进创造力发展。开放科学实践是一种解放,一是因为开放科学使我们能够透明地、便利地探索数据;二是开放科学奖励质量,因为质量在我们的控制之中,结果则在我们的控制之外;三是开放科学减少了为了职业发展而寻找"积极"研究发现造成的束缚。开放科学实践可以培养创造力,因为开放科学可以培养开放灵活的心态,营造更具协作性和建设性的氛围,生成更加准确的信息,并使其更容易获取。总之,开放科学给研究人员带来的解放大于束缚。

关键词: 开放科学;预注册;不确定性;怀疑;创造性

---

* 文献来源:Frankenhuis, W. E., Nettle, D.(2018). Open science is liberating and can foster creativity. Perspectives on Psychological Science, 13(4), 439-447.

那些有想象力和理解力的人充满了怀疑和犹豫不决。

——伯特兰·罗素（Bertrand Russell，1951，第 4-5 页）

我认为，生活在不知道答案的世界里比生活在有可能是错误答案的世界里有趣得多。我有相似的答案和可能的信念，以及对不同的事情有不同程度的确定性。但我对任何事情都没有绝对的把握，很多事情我都一无所知。

——理查德·费曼（Richard Feynman，1999，第 24-25 页）

科学的本质就是怀疑。事实上，科学被描述为一种有组织的怀疑主义体系（Lenoir，1997）。在其他信仰体系中，被认为是真理的观念被固化为教条，并被宣称为绝对的和确定的教条。而在科学中，这些观念应该被认可、质疑、不断完善和取代。在教条式的信仰体系中，认识论的努力方向是证实实例："昨天我去看了神圣的瀑布，今天我的感冒好了。"与此相反，在科学领域，我们在认识论上的所有努力都应指向异常现象，即不符合预设理论的情况、不符合理论的事例、令人费解的不一致之处——正是这些异常现象能够助力我们认识科学，驳斥错误主张，促进创新思想或新范式的发展。

然而，现在科学界存在一个悖论：研究人员受到激励，甚至被鼓励去淡化怀疑和不确定性。如果论文指出所提出的研究结果还无法解释、多个实验结果不尽相同、研究主要结果无效等情况，将无法发表，尤其无法在那些"地位较高"的期刊上发表（Ferguson & Heene，2012; Schimmack，2012）。

科学家也是人。他们会对这些激励做出反应。他们可能会把真正的探索性分析说成是验证性分析。在得出研究结果后，他们可能会重新提出假设以增强一致性（Kerr，1998），从而满足自己的确认偏见（confirmation biases）[1]，给其他科学家留下深刻印象，并取悦期刊编辑。他们会有选择地报告分析结果，最大限度地给人留下结果"显著"的印象，而压制那些看起来"好坏参半"的证据（Bakker et al.，2012; Button et al.，2013;

---

[1]　译者注：确认偏见是一种认知偏差，指在提出研究假设时，倾向于寻找和确认支持该假设的证据，而忽略或低估不支持该假设的证据。

Chambers，2017；Ioannidis，2005；Nosek et al.，2015；Nosek et al.，2012；Simmons et al.，2011；Vul et al.，2009）。鉴于这些很容易理解的观点，当开展行为科学和生命科学的复制性研究时，我们并不能得到与原始研究相同的结论，这一点不足为奇（Begley & Ioannidis，2015；Camerer et al.，2016；Frank et al.，2017；Klein et al.，2014；Open Science Collaboration，2015）。因此，我们面临着一个悖论：要在一个以怀疑为基础的知识体系中茁壮成长，就必须淡化怀疑和异常。在这个体系中，研究人员可以自由地、有选择性地提出分析结果，对原始数据保密，并在了解事实后进行假设。然而现实是，他们因担心论文被拒及其对个人职业生涯产生负面影响而感到束缚。

一、开放科学议程

幸运的是，时代正在变化。被统称为"开放科学运动"的大量倡议旨在通过改变激励机制改善科学生态。例如"开放科学"主张公布所有优质数据，无论结果是否达到任意的显著性阈值（Chambers，2013，2017；Nosek & Lakens，2014；Wagenmakers et al.，2012），公布复制性研究（Brandt et al.，2014；Koole & Lakens，2012；Zwaan et al.，2017），在条件允许的情况下，在报告结果前预注册假设和方法，公开分析策略，免费公开原始数据以供共同体核查（Morey et al.，2016；Wicherts & Bakker，2012；Wicherts et al.，2006）。

本文重点讨论开放科学对科学家个人的益处。虽然益处有很多，但本文仅强调其中一个：研究实践的新趋势有可能解放研究人员，提高他们的创造力。如果我们的观点是正确的，那么这个领域将朝着一个伟大的方向发展：科学的可靠性、个人福祉、个人和集体的创造力都会因为一种更加开放、鼓励探索、不确定和透明的文化而得到提升。还要注意的是，我们关注的是开放科学实践，而不是复制性研究。尽管开放科学实践有助于开展复制性研究，但复制性研究和开放科学是可以分开的。即使是无法精确开展复制性研究的研究，例如，由于已经灭绝或社会环境已发生变化（Greenfield，2017），也有可能做到透明（例如，预注册、开放材料和数据、透明报告、开放获取出版）。不可复制性研究的透明度与可复制性研究的透明度同样重要，原因是一样的（例如，知道进行了多少次分析可以提高对证据强度等级的估计）。事实上，不可复制性研究的透明度更为重要：如果我们只有一次研究机会，我们就应该投入大量精力，最大限度地提高研究的信息价值，而信息价值会随着透明度的提高而增加。

许多支持"开放科学"的论点都集中在提高科学知识的可靠性上。实际上，研究人员似乎正被迫接受更多的束缚，以获得更有可能真实的信息这一利益。开放科学的确带来了额外的束缚，这些额外的束缚可能会让人感到窒息。心理科学协会（Association for Psychological Science）主席苏珊·戈尔丁-梅多（Susan Goldin-Meadow）担心，预注册会阻碍探索，从而阻碍发现："我担心预注册会扼杀研究发现。科学不仅是为了检验假设，也是为了发现假设……难道我们不应该通过数据来引导我们的科学探索？如果在开展研究之前就需要编目，我们又如何能有新的发现呢？"（Goldin-Meadow，2016）同样，神经科学家索菲·斯科特（Sophie Scott）于 2013 年在《泰晤士高等教育》（*Times Higher Education*）上发表了一篇题为《预注册将束缚科学》（Preregistration would put science in chains）的文章指出，"对该模式所意味着的假设检验是唯一正确的科学方法感到非常不舒服。我们必须允许在一定情况下研究我们可能会出错的事情，改变我们的想法，并被引向我们意想不到的方向"（Gonzales & Cunningham，2015）。这些想法是可以理解的。然而，它们是基于一种零和的观点（zero-sum view）：目前的科研现状允许研究人员有较高的创造性和自由度，但研究的可靠性较低；而开放科学则以限制创造性和自由度为代价，提高研究的可靠性。我们认为，如果实施得当，开放科学可以是一种解放。

二、开放科学如何解放思想

开放科学是一种解放，这种说法初听可能令人费解。以预注册为例，在预注册中提供一份详细的研究计划，明确说明哪些统计分析是验证性的，哪些是探索性的（Nosek et al.，2018；Wagenmakers et al.，2012）。预注册的目标是减少研究人员在收集、处理和分析数据时的决策自由度（以及其他目标，如鼓励预先思考，提高研究设计效率）。如果认为这样的约束是一种解放，岂不是自相矛盾吗？

然而，事实上，只要清楚地说明所开展的研究，预注册就能够支持研究人员以他们喜欢的方式探索数据。科学的描述性和探索性阶段与验证性阶段同样重要，而且应该能够如实呈现。只要动机合理，并以透明的方式说明，预注册允许研究人员改变其研究计划（比如在研究人员了解到更好的统计分析方法的情况下）。注册报告也是如此，这是一种出版形式，在与编辑和审稿人进行公开和诚实的对话中，在开展研究之前对研究计划进行同行评审，是否录用稿件并不取决于研究结果（Chambers，2013；Nosek & Lakens，2014；van't Veer & Giner-Sorolla，2016）。正如斯塔尔和皮克尔斯所说："偏离预设是常有的且被允许的。但何时偏离、如何偏离以及偏离的原因都应在论文中明确说明。"（Stahl & Pickles，2018，第1086页）类似地，纳尔逊、西蒙斯和西蒙松也认为，预注册并不会束缚研究者的手脚，而只是揭开了蒙蔽读者眼睛的东西（Nelson et al.，2017）。研究者对探索过程的描述越透明、越完整（而不是遮遮掩掩或伪装成验证性分析），读者就越能为探索性发现赋予证据价值（Wigboldus & Dotsch，2016）。如果这样标注并以适当的谨慎态度进行解释，即使在探索过程中发现没有记录的结果，也可以报告。简而言之，预注册并不限制探索。

然而，在实践中，当研究人员无法事先明确一些研究细节或被迫偏离原定计划时，可能会出现紧张状况，例如，在开展跨文化研究或实地研究时。在有许多自由的、无法控制的参数的情况下，预注册是否可能，是否有用？答案是肯定的。在研究设计阶段，研究人员可以预测必须做出的一些决定（例如，研究哪些年龄组），还可以为预计将面临的持续性问题创建决策树［例如，如果—那么（if-then）规则（Nosek et al.，2018）］。当研究人员遇到未曾预料到的挫折或机遇时（例如，测试条件与预想的不同或在测试过程中发生变化），他们可以学习前人的做法，记录临时做出的决定，并在手稿或补充材料中报告这些决定。

最重要的是，编辑和审稿人、资助方和招聘委员会要奖励这种透明的计划和报告行为。科研评审人必须对在难以控制的环境中开展研究的研究人员所面临的无数挑战保持敏感。否则，新的评审方法可能会严重损害这些宝贵的心理科学领域的创新行为。当然，这并不是一个全新的问题。跨文化或实地研究人员在评审过程中也面临着特殊的挑战（例如，不可避免地要使用小样本量，复制性研究需要花费四年而非四周时间）。如果评审人对这些问题有适当的敏感度，并奖励应对这些挑战的行动，那么，透明的规划和报告就能使跨文化研究或实地研究获益，心理实验也是如此。因此，我们相信，预注册可以使心理学的所有分支领域受益。但它真的能解放心理学吗？这听起来好得不像是真的。

首先，预注册允许我们以一种整洁、透明的方式探索数据并更改研究计划，而不会产生从事非法活动的不舒服的感觉。我们看过数据后再做出研究决定，解决了我们在多条岔路中穿梭时所感受到的内部冲突（Gelman & Loken, 2014）。在过去的几年里，不安的感觉与日俱增，因为我们逐渐意识到，就对知识的损害而言，p 值黑客（p-hacking）[①] 不像乱穿马路，而更像酒后驾车。有了预注册，我们能在看到数据之前明确如何收集、处理和分析数据。此外，我们可能会在中间环节开展预注册［例如，在使用现有数据集时（Nosek et al., 2018）］。由于口头描述往往模棱两可，一些学者甚至会为数据分析预先注册代码。根据传闻和自身经验，我们认为，学者在认识到自己的一些偏见，却对另一些偏见一无所知的情况下，会觉得不必在看到数据后再做出关键决定是件轻松的事，同时还会伴有一种挥之不去的负罪感。能够为结果赋予适当的证据价值，最大限度地为那些令你着迷、让你心动、吸引你开始投身科学的问题提供准确答案，这是一件令人愉快的事情。而且，在开放科学文化中，你的同行很可能会欣赏你的这些努力。他们可能会用专业福利来奖励你的学术成果，比如出版物、终身职位或奖项。这就引出了开放科学实践解放思想的第二个原因：开放科学奖励的是研究人员可以控制的研究质量，

[①] 译者注：p 值黑客是一种统计学上的不正当行为，通过多次尝试或选择性报告数据，以达到使结果具有统计学意义的目的。

而不是无法控制的研究结果（Hagen，2017）。

期刊重新将重点放在研究质量而非研究成果上（Chambers，2017）。例如，越来越多的期刊推出已注册的报告（最新名单见 https:// osf.io/8mpji/wiki/home/）。这种对质量的关注让研究人员不再为了发表文章而渴望得到"积极"的结果（如显著的 p 值）。当然，如果一个人的职业生涯取决于能否在影响力大的刊物上发表论文，而这些刊物又偏爱具有无可挑剔的结果的精练叙述（Fanelli，2010），那么研究人员就有动力提供这样的结果。必须允许研究人员描述现实中的研究，而不必装模作样，描绘出一幅只包括重要成果的看似美丽但不太准确的图景。

另一种选择是只要研究开展得好，就会欢迎无效结果和混合证据。事实上，即使存在真实效应，也有可能出现混合证据（Francis，2014； Lakens & Etz，2017； Schimmack，2012）。当期刊尊重混合证据和无效结果时，就会减小 p 值的吸引力，这是很自由的（当然，也提高了科学记录的准确性）。尽管如此，科学家可能出于其他原因希望得到积极结果，比如倾向于一种理论而非另一种理论，或者希望自己的研究结果保持一致。但再好的实践也不能解决世界上所有的问题，只能解决大部分问题。

开放科学之所以具有解放性，还有第三个原因：开放科学鼓励采用多元化的统计方法，而不是仅仅依赖 p 值。心理学研究中使用的零假设（null hypothesis）[①]显著性检验在验证性分析中迫使人们做出非此即彼的决定：如果 p 值小于某个临界值（如 0.05），则拒绝零假设；反之，则不拒绝零假设。然而，证据强度是一个程度问题。武断的临界值限制了数据的信息价值。它们还将离散的甚至二元的结论强加于平滑的数据上（有意义还是无意义？），给人一种虚假的确定感，与现实生活中的结论相悖。这些交通标志能减少交通事故吗？这种干预能减少暴力吗？这种治疗方法能减轻压力吗？将 p 值视为连续指数强调推论不会突然披上现实的外衣（Amrhein & Greenland，2017；Oaks，1986；Rosnow & Rosenthal， 1989）。

[①] 译者注：零假设是一种需要进行测试并接受或拒绝的统计假设，特别是指观察到的差异仅仅是由偶然因素而不是系统性因素引起的假设。

无论 p 值如何，如果我们对多个相互竞争的假设进行比较，而不是只测试一个零假设，我们往往能从数据中了解到更多信息。因此，贝叶斯分析（Gelman et al.，2014；Lee & Wagenmakers，2014；McElreath，2015）或模型选择和模型平均（Symonds & Moussalli，2010）等统计技术的使用激增，使我们能够量化不同假设的相对支持程度。这些技术让我们不再目光短浅地专注于零假设，从而深入了解一系列假设，以一种开放灵活的心态，同时接受多个假设，并将它们直接对立起来，而不是每个假设都对立于无效假设这个稻草人。同时，随着新证据的出现，我们会更新每个假设的支持度。下文将会论证这个问题，这种开放而灵活的思维方式可以通过鼓励探索信息并将其整合到新颖而有用的解决方案的开发中以提高研究的创造性。

我们需要补充一个重要的注意事项：开放科学要求读者改变，同样也要求作者改变。如果作者接受开放的科学理念，而读者（尤其是期刊编辑和同行评审者）却继续在论文中包含无效研究结果或在计划外探索的情况下选择"拒绝"，那么本来就困难重重的科学家生涯就会变得更加艰难。苏珊·戈尔丁-梅多认为，开放科学会让研究人员感到窒息。但在我们看来，开放科学不只是对研究者个人的一系列限制，它是一项系统性改革议程，扩展到现有期刊类型，包括注重改革的新型期刊，如《元心理学》（*Meta-Psychology*）、《开放心理学数据期刊》（*Journal of Open Psychological Data*）和《心理科学方法与实践进展》（*Advances in Methods and Practices in Psychological Science*），以及预印本（preprint）服务器的积极使用、同行评审规范的改变和更好的统计培训（Asendorpf et al.，2013；Carlsson et al.，2017；Munafò et al.，2017；Shrout & Rodgers，2018）。

三、开放科学可以培养创造力

创造力是产生、选择和实施新颖而有用的问题解决方案的过程（Amabile，1996）。在科学中，问题就是问题。问题的解决方案就是知识。知识要新颖，就不可能仅仅在现有思想和方法的基础上产生、选择或实施。知识要有用，就必须推进理论或解决应用挑战。

关于开放科学是否促进创造力发展的问题，可以从研究人员个人和整个科学界两个层面来考虑。就研究人员个人而言，开放科学实践确实增加了对科学家的限制。但我们认为，限制因素已经存在（例如，审稿人和编辑使用的隐性标准）。开放科学的一大优点就是它能将这些限制透明化，这也是对现行制度的一种改进。在现行制度中，约束条件往往是模糊和任意的。如果利益相关者各方都知道制约因素是什么，并且可以对其应用情况进行检查（例如，公开的同行评审），那么就不需要为此过度焦虑，也不会有很多任意妄为的余地。如果这种限制奖励透明，那么就有充分的理由保持诚实。

此外，认为任何限制都会阻碍创造力的想法已经过时了。研究表明，当存在一定程度的约束时，无论是时间、预算还是流程，创造力都会达到最高水平。例如，罗索发现，研发团队可以从适当的限制中获得创造力，而他的研究挑战了限制会扼杀创造力的假设，对于能够接受和拥抱限制的团队来说，限制中蕴含着自由（Rosso，2014）。限制的存在迫使个人寻找满足限制的新方法（例如，审稿人可能会邀请作者考虑比他们计划使用的问卷在心理测量学特性方面更理想的问卷）。在没有限制和无限许可的情况下，人们很容易回到熟悉的已有观念或解决方案上（例如，从研究生时代就开始使用的测量工具，或在自己的研究领域中最普遍使用的测量工具）。显然，限制不能太严格（例如，必须鼓励探索性分析），但完全没有限制既不可能，也不可取。

限制也不应过多。有些同事担心研究事业会官僚化。人们花在提高研究透明度上的时间和精力，确实会与其他活动，包括在某些情况下可能会与更具创造性的活动发生冲突。有些人可能没有耐心去做提高透明度所需的额外工作（例如，预注册、创建其他人可以理解的数据文件、共享数据和材料）。他们可能会离开科学界或放弃进入科学界，从而造成人力资产损失。这些潜在的成本是否超过了开放科学的收益？尽管这个问题的答案至少有一部分是经验性的（例如，有多少人离开或不进入，他们的特质，新的实践在多大程度上确实加速了知识的进步），但我们猜想，绝大多数学者，包括极富创造力的学者，都会体验到开放科学带来的收益大于成本。这与其说是一个额外工作的问题，不如说是一个以不同于我们习惯的方式工作的问题。

我们已经指出，多元化的统计方法可以鼓励形成开放灵活的思维方式，因为它邀请研究人员考虑多种假设（而不是只考虑零假设），同时随着新证据的采样更新每种假设的支持度（而不是强迫做出全有或全无的决定）。然而，新的实践还可以培养开放灵活的思维方式：它们改变了科学生态。

一旦混杂的证据和保守的叙述变得常见，我们就会习以为常。我们开始期待开放科学。如果学生在教科书和文章中读到有关怀疑和不确定性的内容，他们就会学会在多大程度上为观点和研究发现提供证据。如果学者能在他们的出版物中表达怀疑和不确定性（而不被拒绝），那么他们就不会固执于自己的观点和研究成果，学者的声誉也不会与这些观点和研究成果联系在一起。这将使学者的思想更加开放，减少确认偏见的阻碍。如果注册报告或预印本能让我们在开展研究之前就有所改进，那么如果同事能提供有用的反馈，我们又何必坚持次优的研究设计呢？开放科学实践提供了建设性讨论的平台（如概念和观点的澄清、变量的测量、最佳统计分析等），而不是让学者被迫顽强地为最终成果辩护。在这种文化中，各方的共同目标是改进项目，而不是为其辩护或评判其是否适合发表。在这种合作性更强的环境中，作者和审稿人都可以更自由地、坦诚地表达自己的疑问和不确定性。在开放式的交流中，研究人员可能更愿意也更有能力探索陌生的领域，并考虑如何改进工作中的不足，并强化优势，从而提出新颖且可能有用的解决方案，为创造性铺平道路（Sternberg，2006）。对过去失败的反思可以提高后续绩效（DiMenichi & Richmond，2015），开放式交流甚至可以提高未来项目的质量。

开放科学研究实践还可以促进整个科学共同体的创造力发展。科学是一个共同体层面的发展过程。即使个别人的立场是错误的，或者被夸大了，科学共同体也有特定的规范和制度来抵消这些问题，并找出哪些是有用的：同行评审手稿、评论文章、评论、可复制性研究、元分析等。科学的客观性并不存在于提出想法的科学家个人的头脑中，而是分布在进行审查、论证、测试、批判、修改、评估和教学的群体中。因此，我们需要了解在什么情况下才能最大限度地发挥科学的集体创造力。这是一个多因素的问题；为了解决这个问题，学者最近转向了实验研究（Balietti， Goldstone & Helbing，2016；

Derex et al.，2014）以及科学过程的正式模型（Bergstrom et al.，2016；Grimes et al.，2018； Higginson & Munafò，2016；McElreath & Smaldino，2015；Nissen et al.，2016；Smaldino & McElreath，2016；Zollman，2010），但研究结果并不明显。例如，正式的建模表明，人口内部连通性的提高（导致更多的信息传播）不利于创新，因为人们会复制他人略胜一筹的解决方案，从而阻止自己走上一条全新的道路（Derex & Boyd，2016）。因此，我们在本文中的想法只是暂时的，可能会被未来的结果推翻。新的研究实践正在彻底改变信息的生成、选择和传输方式。透明的报告和预注册可能会增加可用信息的数量和准确性。同样，开放数据和开放获取出版的增加也提高了其他科学家发现错误（例如，在复制报告分析时）、深入了解数据（例如，通过进行更多分析）、加大从不同数据集的整合中学习的可能性［例如，实现对新关系的分析（Nosek & Bar-Anan，2012；Nosek et al.，2015；Wicherts et al.，2006）］。此外，开放数据可能会鼓励更好的数据管理（例如，标注和描述变量，将数据文件存储在资源库中，以及将数据与其他数据进行整合，从而减少信息丢失的可能性）。

随着人们可以更容易获取更准确的信息，我们认为，科学可以更快地为理论问题和应用挑战找到新颖而有用的解决方案，原因至少有两个。第一，当创造性学者站在更准确的先验知识的肩膀上时，有可能看得更远；第二，当知道哪些地方已经被其他人探索但毫无结果时，更有可能寻找到正确的方向（这就需要报告这些探索过程，无论结果如何）。选择和组合正确信息的过程变得更加重要（Spellman，2012）。意识到那些尚不合理的信息也同样重要。我们现有认识的不足——异常、失败的预测、问题、不适当的东西，就是科学行动的意义所在，也是创造力的源泉。

四、结论和未来方向

我们认为，开放科学解放了研究人员，并能促进研究人员提高创造力。新的研究实践之所以能够解放研究人员，一是因为它们使我们能够以透明、便利的方式探索数据；二是开放科学奖励质量，因为质量在我们的控制中，而不是结果，因为结果不在我们的控制中；三是开放科学减少了为了职业发展而寻找"积极"研究发现所带来的束缚。开放科学可以培养创造力，因为开放科学可以培养一种开放和灵活的心态，营造一种更具协作性和建设性的氛围，生成更准确的信息并使其更容易获取。我们并不认为可靠性与创造性是零和游戏。当知识有可能在研究人员之间继续发挥巨大创造力的同时，开放科学也更加可靠。这是因为开放科学在某些方面解放了研究人员，同时也限制了他们。

最后，我们指出了一个未来的发展方向。我们重点讨论了实证研究的透明度问题。一个有趣的问题是，其他类型的研究，如理论建模等，是否也能从提高透明度中获益。在此，感谢《心理科学展望》（*Perspectives in Psychological Science*）的编辑罗伯特·斯滕伯格（Robert Sternberg）和列昂尼德·蒂奥金（Leonid Tiokhin）在个人通信中提出了这个问题。我们认为，例如，在进化心理学中，研究人员可能会对塑造人类认知和行为的自然选择压力产生分歧。进化心理学研究解释的逻辑性和合理性的一个严谨方法是建立一个数学模型，将环境（其统计属性）和生物体（其初始属性）的假设形式化，并计算进化的预期结果（Frankenhuis et al.，2013；Frankenhuis & Tiokhin，2018）。这种建模可以在多个方面得益于透明度，有些是显而易见的，有些则不然。

通常情况下，研究人员可以将代码和方程式与手稿一起发布，让读者更好地评估并更容易开展复制性研究。然而，我们还没有看到研究人员在计算结果之前预注册模型的假设。这种做法可以预防研究人员在建模过程中改变假设，得出使之符合自己预期的解释。这种做法还可以避免其他学者对理论研究者采用这种做法的批评（Bowers & Davis，2012）。它还能帮助将现有观点形式化的建模者与这些观点的创始人或支持者（他们本身可能不是建模者）就假设达成共识。这样，如果建模结果对这些想法产生怀疑，这些创始人或支持者就不会在看到他们不喜欢的结果后改变假设，从而形成一个变化的目标。我们的重点是进化建模，但类似的论点也适用于其他类型的建模（如贝叶斯最优模型）。

同样的道理也适用于其他类型的研究，例如元分析和系统综述。通过事先就纳入哪些研究、使用哪些检索条件等达成一致（或分歧），我们不太可能受自己和对方确认偏见的影响。在医学和社会科学领域，在收集数据之前注册元分析和综述的协议被认为是一种良好的做法，而且已经有一个在线档案库"PROSPERO"可以存放和免费查看这些协议（https://www.crd.york.ac.uk/prospero）。科克伦协作网（Cochrane Collaboration）提供了在数据提取前对方案进行同行评审的机会（见 http:// methods.cochrane.org/pma/welcome），相当于实证研究的注册报告。因此，评审和综合工作已经在朝着提高透明度的方向发展了。

致谢

我们感谢苏珊·戈尔丁－梅多（Susan Goldin-Meadow）、丹尼尔·雷肯斯（Daniël Lakens）、布莱恩·诺赛克（Brian Nosek）、列昂尼德·托克因（Leonid Tiokhin）、西蒙尼·维日尔（Simine Vazire）、莎拉·德·弗里斯（Sarah de Vries）、妮可·沃拉希（Nicole Walasek）和编辑罗伯特·斯滕伯格（Robert J. Sternberg）对本文提出的深入且有建设性的评论。

利益冲突声明

关于这篇文章的作者或出版，作者声称不存在利益冲突。

基金

本研究得到了荷兰科学研究组织（Netherlands Organization for Scientific Research）（基金编号 016.155.195 to W. E. Frankenhuis）、詹姆斯·麦克唐纳（James S. McDonnell）基金会（基金编号 220020502 to W. E. Frankenhuis）、雅各布斯（Jacobs）基金会（基金编号 2017 1261 02 to W. E. Frankenhuis）、罗伯特·伍德·约翰斯（Robert Wood Johnson）基金会（基金编号 73657 to W. E. Frankenhuis）和欧洲研究理事会（European Research Council）（基金编号 AdG 666669 COMSTAR to D. Nettle）的支持。

参考文献：

Amabile, T. M.（1996）. Creativity in context: Update to the social psychology of creativity. Boulder, CO: Westview.

Amrhein, V., & Greenland, S.（2017）. Remove, rather than redefine, statistical significance. Nature Human Behaviour, 2, Article 4. doi:10.1038/s41562-017-0224-0.

Asendorpf, J. B., Conner, M., De Fruyt, F., De Houwer, J., Denissen, J. J., Fiedler, K.,…Perugini, M.（2013）. Recommendations for increasing replicability in psychology. European Journal of Personality, 27, 108-119. doi:10.1002/per.1919.

Bakker, M., van Dijk, A., & Wicherts, J. M.（2012）. The rules of the game called psychological science. Perspectives on Psychological Science, 7, 543-554. doi:10.1177/1745691612459060.

Balietti, S., Goldstone, R. L., & Helbing, D.（2016）. Peer review and competition in the Art Exhibition Game. Proceedings of the National Academy of Sciences, USA, 113, 8414-8419. doi:10.1073/pnas.1603723113.

Begley, C. G., & Ioannidis, J. P.（2015）. Reproducibility in science. Circulation Research, 116, 116‒126. doi:10.1161/CIRCRESAHA.114.303819.

Bergstrom, C. T., Foster, J. G., & Song, Y.（2016）. Why scientists chase big problems: Individual strategy and social optimality. arXiv. Retrieved from https://arxiv.org/abs/1605.05822.

Bowers, J. S., & Davis, C. J.（2012）. Bayesian just-so stories in psychology and neuroscience. Psychological Bulletin, 138, 389‒414. doi:10.1037/a0026450.

Brandt, M. J., IJzerman, H., Dijksterhuis, A., Farach, F. J., Geller, J., Giner-Sorolla, R.,…Van't Veer, A.（2014）. The replication recipe: What makes for a convincing replication? Journal of Experimental Social Psychology, 50, 217-224. doi:10.1016/j.jesp.2013.10.005.

Button, K. S., Ioannidis, J. P., Mokrysz, C., Nosek, B. A., Flint, J., Robinson, E. S., & Munafò, M. R.（2013）. Power failure: Why small sample size undermines the reliability of neuroscience. Nature Reviews Neuroscience, 14, 365-376. doi:10.1038/nrn3475.

Camerer, C. F., Dreber, A., Forsell, E., Ho, T. H., Huber, J., Johannesson, M.,

. . . Heikensten, E.（2016）. Evaluating replicability of laboratory experiments in economics. Science, 351, 1433–1436. doi:10.1126/science.aaf0918.

Carlsson, R., Danielsson, H., Heene, M., Innes–Ker, A., Lakens, D., Schimmack, U.,⋯Weinstein, Y.（2017）. Inaugural editorial of meta–psychology. Meta–Psychology, 1, 1–3. doi:10.15626/MP2017.1001.

Chambers, C. D.（2013）. Registered reports: A new publishing initiative at Cortex. Cortex, 49, 609–610. doi:10.1016/j.cortex.2012.12.016.

Chambers, C.（2017）. The seven deadly sins of psychology: A manifesto for reforming the culture of scientific practice. Princeton, NJ: Princeton University Press.

Derex, M., & Boyd, R.（2016）. Partial connectivity increases cultural accumulation within groups. Proceedings of the National Academy of Sciences, USA, 113, 2982–2987. doi:10.1073/pnas.1518798113.

Derex, M., Godelle, B., & Raymond, M.（2014）. How does competition affect the transmission of information? Evolution and Human Behavior, 35, 89–95. doi:10.1016/j.evolhumbehav.2013.11.001.

DiMenichi, B. C., & Richmond, L. L.（2015）. Reflecting on past failures leads to increased perseverance and sustained attention. Journal of Cognitive Psychology, 27, 180–193. doi:10.1080/20445911.2014.995104.

Fanelli, D.（2010）. "Positive" results increase down the hierarchy of the sciences. PLOS ONE, 5（4）, Article e10068. doi:10.1371/journal.pone.0010068.

Ferguson, C. J., & Heene, M.（2012）. A vast graveyard of undead theories: Publication bias and psychological science's aversion to the null. Perspectives on Psychological Science, 7, 555–561. doi:10.1177/1745691612459059.

Feynman, R.（1999）. The pleasure of finding things out. Cambridge, MA: Perseus Books.

Francis, G.（2014）. The frequency of excess success for articles in psychological science. Psychonomic Bulletin & Review, 21, 1180–1187. doi:10.3758/s13423–014–0601–x.

Frank, M. C., Bergelson, E., Bergmann, C., Cristia, A., Floccia, C., Gervain, J., Yurovsky, D.（2017）. A collaborative approach to infant research: Promoting reproducibility, best practices, and theory–building. Infancy, 22, 421–435. doi:10.1111/

infa.12182.

Frankenhuis, W. E., Panchanathan, K., & Barrett, H. C.（2013）. Bridging developmental systems theory and evolutionary psychology using dynamic optimization. Developmental Science, 16, 584–598. doi:10.1111/desc.12053.

Frankenhuis, W. E., & Tiokhin, L.（2018）. Bridging evolutionary biology and developmental psychology: Toward an enduring theoretical infrastructure. Child Development. Advance online publication. doi:10.1111/cdev.13021.

Gelman, A., Carlin, J. B., Stern, H. S., Dunson, D. B., Vehtari, A., & Rubin, D. B.（2014）. Bayesian data analysis（Vol. 2）. Boca Raton, FL: CRC Press.

Gelman, A., & Loken, E.（2014）. The statistical crisis in science. American Scientist, 102, 460–465. doi:10.1511/2014.111.460.

Goldin–Meadow, S.（2016）. Why preregistration makes me nervous. Observer. Retrieved fromhttp://www.psychologicalscience.org/observer/why–preregistrationmakes–me–nervous.

Gonzales, J. E., & Cunningham, C. A.（2015）. The promise of pre–registration in psychological research. Psychological Science Agenda. Retrieved from http://www.apa.org/science/about/psa/2015/08/pre–registration.aspx.

Greenfield, P. M.（2017）. Cultural change over time: Why replicability should not be the gold standard in psychological science. Perspectives on Psychological Science, 12, 762–771. doi:10.1177/1745691617707314.

Grimes, D. R., Bauch, C. T., & Ioannidis, J. P.（2018）. Modelling science trustworthiness under publish or perish pressure. Royal Society Open Science, 5, Article 171511. doi:10.1098/rsos.171511.

Hagen, E.（2017）. Academic success is either a crapshoot or a scam [Blog post]. Retrieved from https://grasshoppermouse.github.io/2017/12/05/academic–success–is–eithera–crapshoot–or–a–scam/.

Higginson, A. D., & Munafò, M. R.（2016）. Current incentives for scientists lead to underpowered studies with erroneous conclusions. PLOS Biology, 14（11）, Article e2000995. doi:10.1371/journal.pbio.2000995.

Ioannidis, J. P. A.（2005）. Why most published research findings are false. PLOS Medicine, 2（8）, Article e124. doi:10.1371/journal.pmed.0020124.

Kerr, N. L. (1998). HARKing: Hypothesizing after the results are known. Personality and Social Psychology Review, 2, 196–217. doi:10.1207/s15327957pspr0203_4.

Klein, R. A., Ratliff, K. A., Vianello, M., Adams, R. B., Jr., Bahník, Š., Bernstein, M. J., Nosek, B. A. (2014). Investigating variation in replicability: A "many labs" replication project. Social Psychology, 45, 142–152. doi:10.1027/1864-9335/a000178.

Koole, S. L., & Lakens, D. (2012). Rewarding replications: A sure and simple way to improve psychological science. Perspectives on Psychological Science, 7, 608–614. doi:10.1177/1745691612462586.

Lakens, D., & Etz, A. J. (2017). Too true to be bad: When sets of studies with significant and non-significant findings are probably true. Social Psychological & Personality Science, 8, 875–881. doi:10.1177/1948550617693058.

Lee, M. D., & Wagenmakers, E. J. (2014). Bayesian cognitive modeling: A practical course. Cambridge, England: Cambridge University Press.

Lenoir, T. (1997). Instituting science: The cultural production of scientific disciplines. Stanford, CA: Stanford University Press.

McElreath, R. (2015). Statistical rethinking: A Bayesian course with R examples. Boca Raton, FL: Chapman & Hall.

McElreath, R., & Smaldino, P. E. (2015). Replication, communication, and the population dynamics of scientific discovery. PLOS ONE, 10 (8), Article e0136088. doi:10.1371/journal.pone.0136088.

Morey, R. D., Chambers, C. D., Etchells, P. J., Harris, C. R., Hoekstra, R., Lakens, D., Vanpaemel, W. (2016). The Peer Reviewers' Openness Initiative: Incentivizing open research practices through peer review. Royal Society Open Science, 3 (1), Article 150547. doi:10.1098/rsos.150547.

Munafò, M. R., Nosek, B. A., Bishop, D. V., Button, K. S., Chambers, C. D., du Sert, N. P., Ioannidis, J. P. (2017). A manifesto for reproducible science. Nature Human Behaviour, 1, Article 0021. doi:10.1038/s41562-016-0021.

Nelson, L. D., Simmons, J., & Simonsohn, U. (2017). Psychology's renaissance. Annual Review of Psychology, 69. doi:10.1146/annurev-psych-122216-011836.

Nissen, S. B., Magidson, T., Gross, K., & Bergstrom, C. T. (2016). Publication bias and the canonization of false facts. eLife, 5, Article e21451. doi:10.7554/eLife.21451.

Nosek, B. A., Alter, G., Banks, G. C., Borsboom, D., Bowman, S. D., Breckler, S. J., Contestabile, M. (2015). Promoting an open research culture. Science, 348, 1422–1425. doi:10.1126/science.aab2374.

Nosek, B. A., & Bar-Anan, Y. (2012). Scientific utopia: I. Opening scientific communication. Psychological Inquiry, 23, 217–243. doi:10.1080/1047840X.2012.692215.

Nosek, B. A., Ebersole, C. R., DeHaven, A. C., & Mellor, D. T. (2018). The preregistration revolution. Proceedings of the National Academy of Sciences, USA, 115, 2600–2606. doi:10.1073/pnas.1708274114/.

Nosek, B. A., & Lakens, D. (2014). Registered reports: A method to increase the credibility of published results. Social Psychology, 45, 137–141. doi:10.1027/1864-9335/a000192.

Nosek, B. A., Spies, J. R., & Motyl, M. (2012). Scientific utopia: II. Restructuring incentives and practices to promote truth over publishability. Perspectives on Psychological Science, 7, 615–631. doi:10.1177/1745691612459058.

Oaks, M. (1986). Statistical inference: A commentary for the social and behavioral sciences. New York, NY: Wiley.

Open Science Collaboration. (2015). Estimating the reproducibility of psychological science. Science, 349, aac4716. doi:10.1126/science.aac4716.

Rosnow, R. L., & Rosenthal, R. (1989). Statistical procedures and the justification of knowledge in psychological science. American Psychologist, 44, 1276–1284. doi:10.1037/0003-066X.44.10.1276.

Rosso, B. D. (2014). Creativity and constraints: Exploring the role of constraints in the creative processes of research and development teams. Organization Studies, 35, 551–585. doi:10.1177/0170840613517600.

Russell, B. (1951). New hopes for a changing world. London, England: George Allen and Unwin.

Schimmack, U. (2012). The ironic effect of significant results on the credibility of multiple-study articles. Psychological Methods, 17, 551–566. doi:10.1037/a0029487.

Scott, S. (2013). Pre-registration would put science in chains. Times Higher Education. Retrieved from https://www.timeshighereducation.com/comment/opinion/pre-registration-would-put-science-in-chains/2005954.article.

Shrout, P. E., & Rodgers, J. L. (2018). Psychology, science, and knowledge construction: Broadening perspectives from the replication crisis. Annual Review of Psychology, 69, 487–510. doi:10.1146/annurev-psych-122216-011845.

Simmons, J. P., Nelson, L. D., & Simonsohn, U. (2011). False-positive psychology: Undisclosed flexibility in data collection and analysis allows presenting anything as significant. Psychological Science, 22, 1359–1366. doi:10.1177/0956797611417632.

Smaldino, P. E., & McElreath, R. (2016). The natural selection of bad science. Royal Society Open Science, 3, Article 160384. doi:10.1098/rsos.160384.

Spellman, B. A. (2012). Scientific utopia ... or too much information? Comment on Nosek and Bar-Anan. Psychological Inquiry, 23, 303–304. doi:10.1080/1047840X.2012.701161.

Stahl, D., & Pickles, A. (2018). Fact or fiction: Reducing the proportion and impact of false positives. Psychological Medicine, 48, 1084–1091. doi:10.1017/S003329171700294X.

Sternberg, R. J. (2006). The nature of creativity. Creativity Research Journal, 18, 87–98. doi:10.1207/s15326934crj1801_10.

Symonds, M. R. E., & Moussalli, A. (2010). A brief guide to model selection, multimodel inference and model averaging in behavioural ecology using Akaike's information criterion. Behavioral Ecology and Sociobiology, 65, 13–21. doi:10.1007/s00265-010-1037-6.

van't Veer, A. E., & Giner-Sorolla, R. (2016). Pre-registration in social psychology—A discussion and suggested template. Journal of Experimental Social Psychology, 67, 2–12. doi:10.1016/j.jesp.2016.03.004.

Vul, E., Harris, C., Winkielman, P., & Pashler, H. (2009). Puzzlingly high correlations in fMRI studies of emotion, personality, and social cognition. Perspectives on Psychological Science, 4, 274–290. doi:10.1111/j.1745-6924.2009.01125.x.

Wagenmakers, E. J., Wetzels, R., Borsboom, D., van der Maas, H. J. L., & Kievit, R.

A.（2012）. An agenda for purely confirmatory research. Perspectives on Psychological Science, 7, 632–638. doi:10.1177/1745691612463078.

Wicherts, J. M., & Bakker, M.（2012）. Publish（your data）or（let the data）perish! Why not publish your data too? Intelligence, 40, 73–76. doi:10.1016/j.intell.2012.01.004.

Wicherts, J. M., Borsboom, D., Kats, J., & Molenaar, D.（2006）. The poor availability of psychological research data for reanalysis. American Psychologist, 61, 726–728. doi:10.1037/0003–066X.61.7.726.

Wigboldus, D. H. J., & Dotsch, R.（2016）. Encourage playing with data and discourage questionable reporting practices. Psychometrica, 81, 27–32. doi:10.1007/s11336–015–9445–1.

Zollman, K. J.（2010）. The epistemic benefit of transient diversity. Erkenntnis, 72, 17–35.

Zwaan, R. A., Etz, A., Lucas, R. E., & Donnellan, M. B.（2017）. Making replication mainstream. Behavioral & Brain Sciences. Advance online publication. doi:10.1017/S0140525X17001972.

（宋宇　译）

从开放数据到开放科学 [*]

拉胡尔·拉马钱德兰（Rahul Ramachandran）[1]

凯琳·布格比（Kaylin Bugbee）[1]

凯文·墨菲（Kevin Murphy）[2]

（[1] 美国国家航空航天局马歇尔航天中心；[2] 美国国家航空航天局总部）

摘 要

开放科学运动不断获得推动、关注和讨论。然而，对于"开放科学"一词的含义，存在许多不同的解释、观点和看法。在本研究中，我们将"开放科学"定义为一种由技术促成的合作文化，它能够在科学界和更广泛的公众中开放共享数据、信息和知识，从而加速科学研究和理解。随着科学日益数据化，数据项目在促进和加速开放科学方面发挥着至关重要的作用。

本研究介绍了数据项目可以采取的具体行动，以实现开放科学范式的转变。这些行动包括实施开放数据和软件政策，以及重新改造数据系统，让数据走出组织孤立，进入网络基础设施，从而提高研究过程的效率并加快知识传播。数据项目仍有许多障碍需要克服，从减小开放数据滥用的风险到克服遗留系统的惰性，不一而足。数据项目需要通过深思熟虑地制定开放政策、系统地投资创新和协作基础设施以及促进文化变革来支持开放科学。研究人员也发挥着同样重要的作用，他们可以成为开放科学原则的倡导者，并采用本研究中概述的一些最佳实践。通过共同努力，

[*] 文献来源：Ramachandran, R., Bugbee, K., & Murphy, K.（2021）. From open data to open science. Earth and Space Science, 8, e2020EA001562.

可以实现一个全新的、更加开放的科学研究时代，造福科学和社会。

本研究重点指出：第一，开放科学是一种由技术促成的合作文化，它赋予科学界和广大公众开放共享数据、信息和知识的能力，以加速科学研究和理解。第二，本研究概述整个开放科学社区开展的各种开放科学活动，并围绕开放科学三大重点领域综合分析这些活动。第三，科学已越来越多地由数据驱动，而数据项目目前在促进和加速开放科学方面发挥着至关重要的作用。第四，数据计划可以制定战略政策和方向，这对扶持和促进开放科学至关重要。

一、引言

开放科学作为一个概念和术语，越来越受人们欢迎，并被大量使用。然而，人们对"开放科学"一词的定义、解释和理解各不相同。一方面，有些定义是狭义的，只侧重提供更开放的科学知识获取途径。这些狭义的定义强调在研究过程中尽早开放共享科学知识（University of Cambridge，2020）。另一方面，广义的开放科学定义承认科学既是知识体系，也是系统的思维方法。广义的定义强调鼓励开放文化（Bartling & Friesike，2014），包括开展科学研究的整个过程（National Academies of Sciences，Engineering and Medicine，2018a，2018b），并鼓励开放合作和获取知识（Vicente-Saez & Martinez-Fuentes，2018）。从最广泛的定义来看，"开放科学"一词指的是科学方法的范式转变。开放科学的这一广阔愿景承认主要由互联网驱动的快速技术变革可能促成第二次科学革命，从根本上改变了科学的研究方法和标准。

使问题更加复杂的是，"开放科学"一词有时被交替使用，以代表支持更广泛的开放科学理念本身的各种原则。这些原则包括开放数据、开源软件、开放期刊访问和再现性等理念。例如，开放数据、开放代码和透明方法等原则使再现性研究（或验证其他科学家成果的能力）得以实现，但再现性研究本身并不等同于开放科学。

虽然开放科学的定义多种多样、模棱两可，但开放科学作为一种概念和范式变革的价值已被科学界大多数人接受。开放科学不仅有利于科学事业本身，而且还通过增加引用和媒体关注、扩大合作网络以及接触新的职业和资助机会，使研究人员个人受益（McKiernan et al.，2016；Murphy et al.，2020）。然而，为了让研究人员、组织和项目更有效地促进和支持开放科学，需要对开放科学进行可行的定义。

因此，我们将开放科学定义为一种由技术赋能的协作文化（a collaborative culture enabled by technology），它给予科学界和广大公众获取开放共享数据、信息和知识的权力，以加速科学研究和理解。这一定义认为，开放科学本质上是合作的过程，当不同的背景、观点和专业知识被纳入其中时，这一过程就能发挥最佳作用。在技术进步的推动下，这一合作过程实现了向不断扩大的科学共同体和广大公众开放共享数据、信息和知识的目标。因此，可以从多个方面来衡量开放科学工作是否成功，包括加速科学研究、提高科学素养以及增加整个过程的多样性。开放科学的这一愿景围绕三个主要方面展开：第一，提高科学过程和相应知识体系的可获取性；第二，提高研究过程和知识共享的效率；第三，通过创新的新指标了解和评估科学影响。

本研究的贡献有以下几个方面：首先，本研究总结了开放科学背后的驱动因素，并概述了整个社区各种开放科学活动的现状。这一概述旨在具体界定开放科学活动的范围，以便各组织采取可行的措施实施开放科学原则。其次，我们认为科学越来越多地由数据驱动，因此数据项目和负责监督科学数据生命周期的组织机构在促进和加速开放科学方面处于至关重要的位置。在本研究中，我们介绍了数据项目可以采取的具体行动，如开发技术创新型数据系统和发展数据管理实践，以实现开放科学范式的转变。再次，我们还详细介绍了社区为推进开放科学而需要应对的一系列挑战。最后，我们提供了一些最佳实践，供研究人员和更广泛的数据项目采用，以实现开放科学。

二、推动更多开放科学的因素

自 17 世纪中期期刊出版系统问世以来，科学在某种程度上一直是开放的（Bartling & Friesike，2014），三个关键因素正在推动开放科学运动，并重新定义了开放的含义。推动开放科学运动的三个因素是技术进步、数据数量和数据种类的快速增长（Xu & Yang，2014），以及正在解决的科学问题越来越具有跨学科性质。这三个因素并非相互独立，而是深刻地交织在一起，数据与技术的协同作用尤为突出。

技术的飞速发展从根本上改变了科学研究的方式，同时也加速了开放科学在实践中的运用。技术发展带来了新的工作流程，不仅提高了科学进程的效率，还为与其他科学家和更广泛的社区分享知识创造了新的媒介。此外，技术创新也在不断发展科学过程本身。新的协作技术使共享想法、数据、算法、软件和实验变得更加容易（Friesike et al.，2015），而新的软件工具现在可以快速整合最新的算法和分析方法，如机器学习库（Woelfle et al.，2011）。此外，研究人员还可以通过云技术和更快的网速获得更好、更具成本效益的计算能力、更大容量且价格合理的存储空间。技术上的这些变化也使人们能够更广泛地参与科学进程，从而有可能通过各种公民科学活动成功地利用公众的参与（Newman et al.，2012）。

技术改变了科学家交流和获取信息的方式。直到最近，科学知识的传播一直由各个领域的主要期刊出版商控制。这种集中式的传播方式建立在 17 世纪的出版模式基础之上，当时的目的是使科学更加开放。然而，随着互联网的出现，这种模式发生了重大变革，科学家可以向所有人公开发表思想、观点、结果和结论（Laakso et al.，2011），尽管可信赖的期刊仍是归档和分享经过同行评审的科学知识的主要媒介，但现在也可以从非期刊途径获得有价值的信息。这些"灰色文献"（gray literature）来源包括报告、博客、文章以及传统商业和学术出版工作流程之外的各种出版物（Schöpfel & Prost，

2016）。非传统交流渠道允许科学家实时分享初步成果和经验教训，并对科学成果在发表前必须经过完全验证和核实的普遍观点提出了挑战（de Roure et al.，2010）。这些新的交流渠道也增加了成果和分析的细节，使科学家能够更全面地描述用于产生结果的算法和源代码的发展进程。

技术的飞速发展极大地改进了观测和收集数据的仪器、模拟的数值模型以及有效分析数据的处理能力，从而增加了数据的数量和种类。数据量、数据速度和数据种类的迅速增加，扰乱了科学家传统的分析工作流程以及处理数据所需的相应数据管理方法。数据量和复杂性的指数级增长使科学研究更加依赖被称为网络基础设施的复杂计算平台。网络基础设施是美国国家科学基金会（National Science Foundation，NSF）使用的一个术语（Cyberinfrastructure Council，2007），指的是由计算机系统、数据存储系统、先进仪器、数据存储库、可视化环境和人员组成的基础设施，所有这些通过高速网络连接在一起，使学术创新和发现成为可能。

这些数据的可获取性和可用性不断提高，为解决跨越领域界限的跨学科科学问题提供了机会。解决这些跨学科问题需要在传统上孤立的科学界之间开展合作，并汇聚不同类型的专业技术、知识和资源（Chesbrough，2015）。对跨学科研究的关注导致了从个人研究向团队研究的方式转变，每个成员都要提供专业知识。科研团队经常包括程序员和计算机科学家，以帮助进行分析和优化算法，从而高效分析大量数据。

开放科学运动的典范——人类基因组计划（Human Genome Project，HGP）就是在这三大开放科学驱动力的推动下得以实现的。人类基因组计划为期 15 年，旨在解决一个复杂的科学问题：绘制人类基因组图谱并进行测序（Hood & Rowen，2013；Watson，1990）。为了解决这一错综复杂的问题，人类基因组计划具有高度的合作性，包括来自美国、英国、日本、法国、德国和中国的 20 个国际团体参与其中（International Human Genome Sequencing Consortium，2001）。人类基因组计划不仅促进了国际合作，还鼓励计算机科学家、数学家、工程师和生物学家之间的跨学科合作，以便在计算和数学方法方面取得所需的进展（Collins et al.，2003；Hood & Rowen，2013）。产生大量数据需要开放共享数据，这些数据分布在各个组织，而且需要及时获取。为了实现这一开放共享的理想，1996 年，人类基因组计划起草了《百慕大原则》（Bermuda Principles），承诺人类基因组计划实验室每天开放共享 DNA 测序信息（Cook-Deegan & McGuire，2017）。数据的开放共享为生物学家带来了新的视角，包括发现了 30 个疾病基因的新信息（Arias et al.，2015；Toronto International Data Release Workshop Authors，2009）。人类基因组计划还坚持开源原则，公开提供分析所需的软件（Hood & Rowen，2013）。最重要的是，人类基因组计划对生物学和医学产生了持久的科学影响。人类基因组计划催生了蛋白质组学，这是一门专注于识别和量化离散生物区室中蛋白质的学科（Hood & Rowen，2013），促进了科学家对进化的理解，并启动了对大多数人类基因"部件清单"（parts list）的全面发现和编目（Hood & Rowen，2013）。此外，人类基因组计划还催生了许多新的科学项目，包括为人类遗传变异编目的国际人类基因组单体型图计划（HapMap）（The International HapMap Consortium，2005）和旨在了解基因组功能部分的 DNA 元件百科全书项目（ENCODE）（Hood & Rowen，2013；The ENCODE Project Consortium，2011）。人类基因组计划在开放数据共享政策、开放源代码分析、技术进步、有效的国际合作模式等方面的进步为现代开放科学提供了一个基准。

三、开放科学重点领域

本部分将概述整个开放科学社区各种开放科学活动的现状，以便为数据项目明确这些活动的范围。如图 1 所示，这些活动分为三大重点领域，分别是：第一，提高科学过程和相应知识体系的可获取性；第二，提高研究过程和知识共享的效率；第三，通过创新的新指标了解和评估科学影响。

图1　以图层的形式表示开放科学概念

注：开放科学的概念位于中心。中间层代表三个开放科学重点领域，外层代表实现开放科学的具体数据项目战略。

（一）科学的可获取性

科学的可获取性重点强调提供作为一种思维方式的科学获取，以及作为一种知识体系的更广泛的科学获取方式。

1. 作为一种思维方式的科学

科学方法是一种严谨的思考和研究方法。过去，人们认为只有拥有专业学位的科学家才能参与科学研究过程。虽然一直都有业余科学家为科学事业做出贡献，但数字时代能让更多非科学家更容易地参与研究。鼓励非科学家更广泛、更具包容性地参与科学研究过程的各个阶段，是新兴开放科学活动的一个重要方面。"公民科学"（citizen science）是描述非科学家和业余爱好者参与研究的常用术语（Fecher & Friesike，2014）。公民科学活动以发现兴趣[①]的形式，通过系统地收集数据或分析数据等活动，以具有科学意义的方式发挥志愿者的作用。公民科学活动正在被政府和其他组织用作应对科学

---

① 译者注：发现兴趣指通过探索、尝试或经历，找到自己对某个领域、活动或主题的兴趣。

和社会挑战的一种方式（Shanley et al.，2019），并因此使这些活动成为开放科学新兴的但重要的组成部分。

让业余爱好者参与科研过程固然重要，让公众理解研究成果也同样重要。为了让更多人了解科学，开放科学在传统期刊模式之外提供了新的科学交流途径、工具和形式。这些努力包括针对更广泛的目标群体的科学写作，将有趣而复杂的研究成果解构为通俗易懂的信息。科学博客，例如丹（Dan）的《野生科学杂志》（*Wild Wild Science Journal*）（Satterfield，2020）是传播有趣的科学成果的有效机制之一。对于更广泛的受众而言，社交媒体平台也被证明是一种有效的交流工具。天体物理学家奈尔·德葛拉斯·泰森（Neil deGrasse Tyson）在推特（Twitter）上拥有约1400万粉丝，物理学家布莱恩·考克斯（Brian Cox）和生物学家理查德·道金斯（Richard Dawkins）分别拥有约300万粉丝。虽然博客和社交媒体是影响广泛的传播平台，但这些工具的有效性取决于是否有科学家愿意投入时间和精力来创建这些类型的内容。因此，越来越需要科学界的人士、组织或团体在科学家和非科学家之间扮演可信的边界跨越者或调解人角色，以便开展有效交流（Safford et al.，2017）。

2. 作为一种知识体系的科学

公平获取科学知识体系是开放科学的一个重要方面。科学知识体系是研究的产物，包括数据、软件、研究出版物和其他支持材料（Fecher & Friesike，2014），通过开放数据政策、开源软件原则和开放获取文献，可以合理地获取这些资源。

（二）开放数据

数据在两个方面推动着科学进程。首先，数据是研究活动的产物，是科学知识体系的关键组成部分。其次，通过分析数据可以获得科学见解和结果。由于数据对科学过程至关重要，开放科学工作的重点是使数据更加开放。开放数据是指可以不受限制地访问、使用和共享的数据。开放数据政策通常由政府和商业组织制定，规定了哪些数据将被共享、与谁共享、以何种价格共享，以及在何种条件下数据可以被重复使用或重新分配（Borowitz，2017）。数据共享政策的开放程度不一，一方面，最开放的数据可以完全免费或以不超过复制成本的价格提供（Group on Earth Observations，2020；Open Knowledge Foundation，2020）；另一方面，对于存在安全问题、包含个人身份信息（personally identifiable information，PII）或受限于与商业数据购买相关的许可协议的数据访问可能受到限制或制约。

开放数据在很多方面有利于开放科学运动。首先，开放数据政策可防止各组织重复收集数据，从而腾出资源来积累更多样化的数据，并使更全面的观测记录成为可能。例如，美国国家航空航天局（NASA）和欧洲航天局（European Space Agency，ESA）之间的数据交换协议使地球资源卫星（Landsat）系列和哨兵-2（Sentinel-2）的虚拟观测星座成为可能。将这两个平台的数据结合起来，可以增加对陆地的观测频率，这对陆地监测应用研究至关重要。其次，开放数据政策大大提高了数据的使用和再利用效率，特别是在免费提供数据的情况下。地球资源卫星免费开放数据政策是开放数据政策成功的缩影。在2008年免费开放地球资源卫星数据之后，美国地质调查局（USGS）发现，2009年到2017年，数据下载量增加了20倍，每年发表的论文中使用该数据的数量增加了4倍（Zhu et al.，2019）。通过开放获取陆地卫星的长期观测记录，科学家能够从仅分析单幅图像转向进行时间序列分析，从而在许多应用领域取得进展，包括监测地表变化、跟踪海岸线侵蚀的变化率以及测量冰川波动（Kennedy et al.，2014；Roy et al.，2014；Wulder et al.，2012）。

更广泛地说，开放数据具有许多经济和社会效益。遥感数据之所以对经济学家特别有用，主要是因为其空间分辨率高、地理覆盖面广，而且能够提供其他手段无法获得的信息（Donaldson & Storeygard，2016）。遥感数据已被用于多种经济领域，包括农业、基础设施投资、旅游业、资源可用性和保险业（Donaldson & Storeygard，2016）。此外，提供开放数据还能带来许多社会效益。遥感数据有助于减灾、救灾和灾后恢复，也是监测冲突、非法活动、污染事件和土地利用政策效果的有价值的投入（Donaldson & Storeygard，2016；Zhu et al.，2019）。

（三）开源软件

软件与数据相结合，可作为发现新知识和新见解的工具，其本身往往也是知识的代表（Keyes & Taylor，2011）。然而，与数据不同，软件受版权保护，除非版权所有者授权许可，否则软件的自由使用将受到限制。软件是一个广义的术语，适用于为用户提供了一定程度的实用性，或有助于产生某种结果的计算机程序、应用程序和源代码（Committee on Best Practices for a Future Open Code Policy for NASA Space Science，Space Studies Board & Division On Engineering and Physical Sciences，2018）。软件通常用于进行科学分析或提供管理数据所需的支持性基础设施。为了被视为开放源代码，这些软件必须公开提供，并包含软件许可证，允许任何人出于任何目的检查、使用、更改和分发源代码（Committee on Best Practices for a Future Open Code Policy for NASA Space Science，Space Studies Board & Division on Engineering and Physical Sciences，2018）。没有许可证的源代码被视为"保留所有权利"，因此不能免费开放使用。

随着大众认识到公开提供软件的好处和影响，开源软件在科学界的发展势头逐渐强劲。首先，开源软件鼓励软件重复使用，其好处包括减少处理数据的时间、减少重复工作、提高开放数据的使用率以及确保代码的使用寿命（Committee on Best Practices for a Future Open Code Policy for NASA Space Science，Space Studies Board & Division on Engineering and Physical Sciences，2018）。其次，开源软件还使跨组织的团队合作变得更容易，并使科学家拥有更大的合作网络。最后，开放代码（open code）实现了科学和计算的可重复性和透明度。如果无法访问开放代码，科学可重复性就难以实现（Gil et al.，2016），而仅用自然语言描述方法、算法和代码实现的出版物往往不足以实现可重复性研究（Committee on Best Practices for a Future Open Code Policy for NASA Space Science，Space Studies Board & Division on Engineering and Physical Sciences，2018）。计算可重复性更具挑战性，但可重复使用的研究对象、可执行出版物（executable publication）等具有前瞻性的新方法正在使计算可重复性变得更加容易（Chard et al.，2020； Gil et al.，2016； Koop et al.，2011；Ton That et al.，2017）。

（四）开放获取文献

期刊论文一直是并将继续是与更广泛的社区分享科学成果的重要机制。然而，获取期刊论文一直受到限制，原因是获取研究成果所需的费用过高，而且版权也限制了共享的自由。开放获取文献消除了其中一些限制，它以数字方式在线提供文章，免费且不受大多数版权和许可限制（Suber，2012）。开放获取文献有两种类型：金色开放获取和绿色开放获取。金色开放获取文章由期刊提供和分发。要成为金色文章，作者只需向开放获取期刊投稿即可（Suber，2012）。绿色开放获取文章则由存储库分发。作者将稿件交付给开放获取存储库，这种行为也被称为自存档（self-archiving），稿件必须发表在允许自存档的期刊上（Suber，2012）。金色开放获取与绿色开放获取的灵活性使作者可以通过绿色资源库共享稿件，尤其是当某一领域没有高声望的开放获取期刊时。目前有许多绿色资源库，包括 EarthArXiv（EarthArXiv，2020）、OSFPreprints（Center for Open Science，2020）、地球与空间科学开放档案（ESSOAr，2020）和 ArXiv（Cornell University，2020）。

期刊出版商采用了不同的出版方法，以便科研论文可开放获取。例如，美国地球物理联盟（American Geophysical Union，AGU）的 5 种期刊就是开放获取的，而美国地球物理联盟内部其他 16 种期刊则采用混合开放获取模式，即如果文章处理费（Article Processing Charges，APCs）由作者承担，则期刊上的研究成果可以开放获取。美国数学学会（American Mathematical Society，AMS）、摄影仪器工程师学会（Society of Photographic Instrumentation Engineers，SPIE）以及电气电子工程师学会（Institute of Electrical and Electronics Engineers，IEEE）地球科学和遥感分会（Geo science, and Remote Sensing Society，GRSS）出版物也采用了这种出版模式的不同变体，以满足更多获取科研论文的需要。此外，一些期刊的新政策允许作者在绿色存储库中自行存档。只要存储库是非营利性的，并鼓励科学参与，这些政策允许作者向他人公开提供手稿和其他信息。一些出版商甚至提供了一个用于自我存档的绿色存储库，其中最著名的是美国地球物理联盟的地球与空间科学开放档案（Earth and Space Science Open Archive，ESSOAr）。

（五）高效的研究过程和知识传播

第二个开放科学重点领域是如何提高研究过程和知识共享的效率。

1. 支持科学的网络基础设施

科学向数据密集型科学发现的转变（Gray，2009）使人们需要新的、更好的计算基础设施以支持大规模的科学。有研究者（de La Beaujardière，2019）提出了如何实现"规模科学"（science at scale）的问题，从而使研究人员和其他用户能够处理大型、多源数据集。同样，鲁宾逊等也指出，需要基础设施以促进建设一个强大的、可扩展的、适应性强的数据分析渠道（Robinson et al.，2020）。这些基础设施使研究人员能够处理大量数据，提供有效的用户/数据界面和可视化，并利用更强大的算法从这些数据集中提取更多信息。这些有利的基础结构使研究人员从繁重的数据管理和处理工作中解脱出来，回到直观、高效的工作流程中，从而加快科学进步。虽然人们已经做了许多努力来建设网络基础设施（Droegemeier et al.，2005；Ludäscher et al.，2006；Nemani，2012），但还需要做出新的努力，将基础设施与研究软件和实践结合起来，以实现更高效的地球系统科学研究（Bandaragoda et al.，2019）。

2. 合作

要解决日益复杂的跨学科科学问题，需要由具备不同类型专业知识的个人组成的大型协作团队。这些贡献者在科学研究过程中扮演着多种角色，包括执行实验、整理数据、进行分析、开发软件、验证结果和进行批判性评论（CASRAI，2020）。我们需要创新的新平台，让分布在不同地域、执行不同任务的人员能够紧密地开展科学合作。这些有效的协作平台需要提供一系列关键能力（Bartling & Friesike，2014；Roure et al.，2008），包括轻松管理研究对象的能力、激励共享这些研究对象的能力、开放和可扩展以适应未来技术变化的能力、同行评审科学研究对象的能力（Himmelstein et al.，2019），以及支持可操作研究的手段，而不只是作为一个对象存储库。许多合作性开放科学平台，如 myExperiment（de Roure et al.，2009）、JetStream（Jetstream，2020）和 GeneLab（Berrios et al.，2020；NASA，2020b），以新颖的方式支持在线合作，还有特定科学的社交网络，包括研究之窗（ResearchGate）和 Mendeley（Nentwich & König，2014），允许研究人员链接和分享期刊论文。

（六）了解科学影响

第三个开放科学重点领域旨在通过创新的新指标了解和评估科学研究的广泛影响。随着科学研究越来越多地通过各种平台与不同受众开放共享，有必要全面了解科学贡献对学术界和广大公众的影响。定量指标（quantitative metrics），也称为"影响测量"（impact measurements），为评估数字时代的科学影响提供了一种方法。在过去的 25 年中，影响测量一直局限于对学术期刊论文的引用分析，以评估科学贡献（Fenner，2014）。虽然因为期刊论文是实体印刷的，这种限制最初十分必要，但电子出版已经消除了这一限制。引文分析为科学影响提供了一些见解，但采纳对数据和软件等内容的引用指标进展缓慢（Fenner，2014），这意味着许多一流的研究对象没有被考虑在内。此外，随着学术工作流程迁移到网络，还需要考虑其他科学影响测量指标，如论文层级指标、社交网络共享指标和使用指标（Fenner，2014）。

为了满足测量其中的一些影响的需求，2010 年建立了新学科替代计量学（Altmetrics）[①]，以测量社交网络上的关注度（Bar-Ilan et al.，2019）。替代计量学收集单个科学产出（如研究或数据集），并考虑各种输入变量，包括 Mendeley 文档添加、社交媒体分享或博文引用（Bar-Ilan et al.，2019）。不同组织的输入变量各不相同，计算替代计量学时，每个输入变量所占的权重也各不相同（Crotty，2017），这使替代计量学值因服务而异。替代计量

---

① 译者注：替代计量学是一种衡量学术研究影响力的新方法，通过分析社交媒体、博客、新闻等网络平台上的数据，补充传统的引文计数。

学由许多服务提供商计算，包括 Altmetric.com（Altmetric，2020）、PlumX（Plum Analytics，2020）、ImpactStory（Our Research，2020）和 Scienceopen.com（ScienceOpen，2020）。然而，一些替代计量学计算方法（如 Altmetric.com 的计算方法）是专有的，使这些指标从根本上与开放科学和开源原则背道而驰。

四、数据项目在促进开放科学方面的作用

通过深思熟虑地设计，可以鼓励并加速三个开放科学重点领域的发展（National Academies of Sciences，Engineering & Medicine，2018a，2018b）。现代科学主要由数据驱动，数据项目在设计支持和促进开放科学的政策和系统方面具有独特的优势。在本部分，我们将描述数据项目可以采取的具体行动，以实现开放科学范式的转变，并围绕前一部分描述的要素构建这些行动。这些行动扩大了某些人可能认为的数据项目的基本范围，不仅强调数据，还强调对开放科学至关重要的其他关键研究，如软件、文档和协作。对于每项行动，我们还以 NASA 地球科学数据系统（Earth Science Data Systems，ESDS）为支持开放科学而采取的具体步骤为实例。

（一）改善科学的可获取性

1. 鼓励科学成为一种思维方式

数据项目可以支持涉及公众参与的数据收集活动。例如，地球科学数据系统的地球系统公民科学计划（Citizen Science for Earth Systems Program，CSESP）侧重开发和实施鼓励公众为推动地球系统科学做出贡献的项目。美国国家航空航天局的公民科学项目与其他科学任务局的项目具有相同的严格科学标准（SMD Science Management Council，2018），但为公民提供了参与该过程的机会。数据系统还支持公民科学工作的合法性，确保这些数据受到关键管理活动的约束，包括标准化文档、元数据、文件格式和质量评估（Earth Science Data Systems，2020a）。数据管理流程的应用可确保这些数据被更广泛的社区发现和使用。

数据项目还可以通过系统地支持科学挑战、黑客马拉松和其他开放活动

吸引公众参与。这些活动通过利用公众的创造力和创新力，让更多公众了解和参与科学数据，从而使开放科学受益。这类活动的几个例子包括美国国家航空航天局的国际空间应用程序挑战赛（NASA，2020c）、哥白尼黑客马拉松（Copernicus，2020），以及 Zooniverse（Zooniverse，2020）和 Sentinel-Hub 分类应用程序（Sentinel Hub，2020）等平台上的标签活动。气候数据倡议（Climate Data Initiative，CDI）创新挑战是以务实和协作的方式创建数据挑战的一个典型例子。气候数据倡议是奥巴马总统气候行动计划（Office of the Press Secretary，2014）的一个重要方面，该计划利用联邦政府广泛的开放数据目录来刺激创新和提高对气候变化影响的适应力。气候数据倡议创新挑战催生了新的、数据驱动的解决方案，以帮助社区建立应对气候变化的复原力，参与者包括美国国家航空航天局、美国国家海洋和大气管理局（NOAA）、美国地质调查局、美国农业部（USDA）、美国环境系统研究所公司（Esri）、微软和研究数据联盟（Research Data Alliance）。

数据项目应齐心协力，提高公众对所收集数据在推动科学和人类进步方面的价值的认识。与科学博客类似，应利用系统的传播渠道为公众精心制作数据故事。这些故事将科学数据与它们如何影响人们的生活联系起来。美国国家航空航天局地球观测站网站（NASA，2020a）和陆地过程分布式活动档案中心（LP DAAC）的"数据在行动"（Data in Action）（Land Processes Distributed Active Archive Center，2020a）文章就是向社会宣传数据广泛重要性的两个范例。数据项目也应考虑参与工作组，如 GEOValue 社区（GEOValue，2020），以更好地了解和促进地球观测数据对更广泛社区的益处。

2. 将科学作为一个知识体系

数据系统项目通过制定和实施开放数据和开源软件政策，支持知识的开放获取。这些政策，如已有 25 年历史的地球科学数据系统（ESDS）开放数据政策，不仅为广大用户开展科学研究创造了条件，也使国际合作成为可能。开放数据政策使伙伴关系得以建立，如地球观测小组（Group on Earth Observations，GEO）建立起了与 100 个国家政府的伙伴关系。反过来，这些开放数据政策又能创造新的创新产品，使更广泛的地球观测界受益。例如，美国国家航空航天局正在制作协调陆地卫星哨兵（Harmonized Landsat Sentinel，HLS）数据集（Claverie et al.，2018；Land Processes Distributed Active Archive Center，2020b），以支持陆地应用，并使用美国地质调查局的陆地卫星数据和欧洲航天局的哨兵–2数据。只有在开放数据政策提供充分保障的情况下，类似HLS这样的数据产品才有可能实现。

开放数据和软件政策应简单明了、易于理解，以便使用户群体以及创建数据和软件的科学家受益。清晰明确的政策有助于用户了解与数据和软件相关的任何使用或共享限制。数据项目可以通过利用数据和软件的标准许可而不是定制许可为用户提供清晰的数据，定制许可可能会有多种解释。直截了当、简单明了和宽松的政策还能减轻不熟悉开放数据、开源软件、开放源代码许可等方面的科学家的合规成本（compliance burden）①。

通过为科学数据生命周期的每个环节提供清晰一致的指导原则，并获得科学项目管理人员的支持，可以成功实施数据项目开放政策。就政策预期进行清晰的沟通至关重要，应从招标和新研究项目的要求开始。数据项目可以在项目计划阶段推动政策制定，将这些政策纳入数据管理计划（data management plan，DMP）的要求，用于产生对更广泛的社区有价值的数据的项目。数据项目还应考虑要求将软件管理计划（software management plans，SMP）作为独立文件或作为数据管理计划的重要组成部分。对于哪些数据、软件和代码应公开共享，也应提供明确的指导原则。数据项目提供的教育资源和完善的范例也能确保数据管理计划、软件管理计划和创建的研究对象符合开放政策。虽然NASA的地球科学数据系统对数据管理计划有详细的指导原则（Earth Science Data Systems，2020d），但软件管理计划目前不是必需的，也不是数据管理计划的重要组成部分。虽然地球科学数据系统确实要求提案中包含一项将其软件作为开源软件的计划（Earth Science Data Systems，2020c），但仍有机会在该计划中更正式地支持软件管理计划。

一旦创建了数据和软件，数据项目就可以通过遵循强大的数据管理最佳

---

① 译者注：合规成本指企业或个人为了遵守法律法规、政策规定而需要承担的成本，包括时间、金钱、人力等方面的投入。

实践和采用 FAIR 原则（该原则规定数据应可发现、可访问、可互操作和可重用）来改进关键研究对象的发现和使用，从而支持开放科学（Mons et al.，2017）。这些最佳实践包括创建全面的元数据，并为所有数据和软件分配持久性标识符和引用，以支持理解和再次使用。虽然在采用数据引用标准方面取得了进展，但数据项目仍需要遵循软件引用原则（Stodden et al.，2018）。数据项目可以通过利用现有的软件引用标准、为软件生成持久性标识符以及鼓励和支持作者在期刊论文中引用软件来支持软件引用。尽管 NASA 的地球科学数据系统开源政策要求由地球科学数据系统资助的研究征集的所有软件源代码都必须指定、开发并作为开放源代码向公众发布，但该计划仍需要开发软件元数据、引文和数字对象标识符（digital object identifiers，DOI）[①]，以实现更广泛的发现。

数据项目应支持获取与数据和软件相关的研究出版物。数字图书馆门户网站，如天体物理数据系统（Astrophysics Data System，ADS）（Smithsonian Astrophysical Observatory，2020），不仅可以作为相关科学出版物的主要入口，还可以作为期刊文章与相关数据和代码之间的连接。数据项目应考虑开发和维护像天体物理数据系统这样的基础设施，它不仅可以发现期刊论文，还可以作为作者上传预印本或免费开放的期刊论文的绿色存储库。通过激励作者在开放期刊上发表论文可以有效推广数据项目赞助的绿色存储库的成功经验，所以应鼓励作者在开放获取期刊或允许向绿色存储库发表文章的期刊上发表文章。

（二）利用技术促进高效的研究过程和知识传播

1. 从数据系统到支持协作的基础设施

在当前的数据系统架构中，大多数数据归档与计算资源是分离的。任何分析都需要将数据移动到用户的机器或某些计算资源上。云平台正迅速成为设计协作基础设施的可行构件，可将数据从组织孤岛中移出，转而与计算资

---

① 译者注：数字对象标识符是用来标识文献、视频、报告或书籍等数字资源的唯一的标识码。

源共享（de La Beaujardière，2019）。作为一种新的计算模式，云计算提供了对计算资源池的可扩展、按需、即用即付的访问。这些云技术使为大规模计算配置数据分析平台变得更加简单、高效和经济。新的数据系统需要重新设计，使其成为云原生（cloud-native）系统并与数据分析平台集成。

支持此类新型网络基础设施的概念性云原生数据系统框架如图 2 所示（Bugbee et al.，2020）。数据湖（data lake）是不同数据的中央存储库。该框架的核心数据服务集涵盖元数据生成、数据采集、重新格式化、文档编制和数据发布等科学数据管理功能，以及用户发现、可视化和访问数据所需的服务。这一框架允许用户以多种模式访问数据。用户可以直接访问数据文件，而结构化数据存储则可以在需要时实例化，正如分析优化数据存储所设想的那样（Ramachandran et al.，2019）。实现结构化数据存储的技术包括从栅格数据管理器（Rasdaman）[①]（Baumann et al.，2013）到数据立方体等新型数据库再到 Pangeo[②]（Guillaume et al.，2019）等软件框架，Pangeo 利用 Zarr[③]和 Dask[④]等云优化格式来并行处理任务。这些结构化数据存储最大限度地减轻了终端用户处理数据的负担，并允许快速读取数据。虚拟化使用户能够将代码打包成容器，并在数据湖中的数据上运行。无论是使用结构化数据存储，还是在数据湖上运行容器，都能进行分析，从而最大限度地减少下载数据的需要。数据空间组件提供了一个私人的个性化工作空间，用户可以在这里管理和整合不同的数据。数据空间内的协作允许代码和数据的共享。

[①] 译者注：栅格数据管理器是一个数据库管理系统，具有大量的多维数组存储和检索功能，如传感器、图像、数据及统计数据。

[②] 译者注：Pangeo 是科学家自发组织的地学大数据云计算系统，目前为全世界用户免费提供云计算服务。

[③] 译者注：Zarr 是一种数据格式。

[④] 译者注：Dask 是一个灵活的开源库，适用于 Python 中的并行和分布式计算。

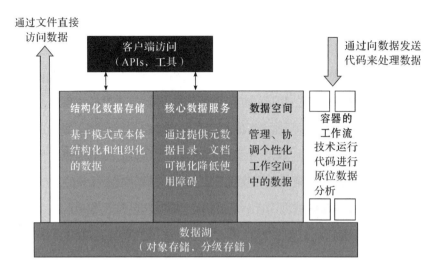

图2 云概念数据系统框架

数据项目应投资遵循这一概念框架的云原生数据系统。数据项目还应该投资建立在这种云原生数据系统基础上的网络基础设施，以促进合作，让用户能够推动新科学的发展。ESA-NASA 联合多任务算法和分析平台（multimission algorithm and analysis platform，MAAP）就是一个例子。MAAP是一个基于云的协作式开放科学平台，致力于满足生物质（biomass）社区的独特研究需求（Bugbee et al.，2020）。MAAP 提供了一种获取、共享、分析和处理数据的新方法。MAAP 的用户可以无缝访问欧洲航空局和美国国家航空航天局提供的航空、空间和实地数据。

数据项目还应投资遵循开放科学原则的协作式开源数据管理工具。诸如算法发布工具（Algorithm Publication Tool，APT）等工具使科学家更容易合作编写算法理论基础文档（Algorithm Theoretical Basis Documents，ATBDs）（Bugbee et al.，2020）。算法理论基础文档描述了为创建高级数据产品的算法所做的物理理论、数学过程和假设。这些文件加强了数据项目对支持可重复性和透明度的承诺，而提供像算法发布工具这样的工具则使科学家更容易就这些文件进行合作，最终使数据项目更加开放。要提高研究过程的效率并加快知识传播，就需要提供、采用和使用此类工具以及新的有利的网络基础设施。

（三）通过数据系统测量了解科学影响

数据计划应采用或开发数据系统内所有一流研究对象的影响测量（impact measurements），包括数据、软件、文档和服务。不仅在科学界，而且在更广泛的范围内，影响测量有助于数据项目了解数据、软件、服务和信息的价值和使用情况。更深入地了解这些对象的影响有助于为未来有关新项目、新技术基础设施需求和新数据管理要求的决策提供信息。来自数据项目影响测量的洞察力还有助于科学家从数量上证明数据和研究的价值。这些测量的另一个好处是可以更好地了解内部数据系统流程的有效性，包括数据管理的最佳实践。数据项目影响测量还可以作为发现新研究对象的指标或权重，从而促进开放科学进程。将影响测量与传统检索技术相结合，可以通过突出显示感兴趣的研究对象来获得研究发现。

数据项目影响测量应包括数据使用指标和引用指标，以及新兴的测量技术，如替代计量学。大多数数据系统，包括 NASA 的 ESDS，都收集数据使用指标（Earth Science Data Systems，2020b），如数据集的浏览次数、下载次数和访问次数。虽然大多数数据系统都会收集这些指标，但由于引用不一致或根本不存在，因此很难通过引用来量化研究界的数据和软件影响指标。新出现的方法，如替代计量学和机器学习技术，可以克服文章缺乏引文的问题，从而更好地了解数据、软件和其他信息的影响。例如，在开放获取存储库和其他非结构化数据资产中利用机器学习技术为评估数据和软件的影响提供了另一种方法。这些技术可以更好地理解期刊文章与数据之间的关系，以及数据的出处。

同样，针对数据系统的新型替代计量学，将数据、软件、代码和文档的使用结合起来，可能会提供另一种评估影响力的方法。传统的替代计量学侧重以期刊论文为主要研究对象，但同样的方法可能对数据和软件无效。数据系统替代计量学应包括已建立的输入变量，如社交媒体分享，但也应探索其他相关变量，包括数据管理措施，如元数据质量分数或数据管理成熟度矩阵评估分数（Peng et al.，2019）。同样，软件的使用应该通过社区对一段代码的支持程度来评估，诸如 Github 上的分叉以及合并到其他工具和工作流程等措施。算法理论基础文档、数据指南、数据配方和博客等文档应被视为数据系统中的一流研究对象。为这些关键文档指定 DOI 和引文，就可以跟踪这些对象的影响，并将其作为数据替代计量学的变量。在数据、软件和文档之间建立连接，类似于 Scholix Link 信息包（Lowenberg et al., 2019），是衡量整个数据系统影响的一种综合方法。

最重要的是，数据系统替代计量学应遵循开放科学和开源原则。用于生成替代计量学的方法应该是透明和可重复的，而用于创建替代计量学的代码应该是开源的。确保数据系统替代计量学是开放的，也使社区支持和协议成为可能。更广泛地说，数据程序应该确保所有的影响测量都对创造这些有价值的研究对象的科学家和研究人员开放。科学家可以利用这些衡量标准来支持职业发展，并向同行展示数据的价值。反过来，这种开放性也会激励科学家在文章中更一致地引用数据和软件。

五、数据项目面临的挑战

在支持开放科学范式时，数据项目面临着许多挑战。这些挑战需要创造性的解决方案以及社区参与和讨论，下文将对具体的重点领域进行描述。

（一）科学的可获取性

加强公众参与是开放科学的重要方面，要支持这种参与，需克服一些障碍。例如，虽然人们对支持公民科学家活动的兴趣日益浓厚，但科学共同体甚至一些数据中心都不愿意承认公民科学数据是科学合法数据，因为人们认为公民科学数据的质量较低，可能对科学或决策没有用处（Shanley et al., 2019）。克服这些偏见对于确保公民科学数据的长期采用和可行性至关重要。数据项目可能需要与科学家合作，制定新的政策和最佳实践来应对这些挑战。这些政策和最佳实践的重点可能是通过以下方式使公民科学数据更加可信和可用：要求为这些数据制订数据管理计划；将这些数据设计成易于与现有地球观测数据可互操作的数据；提供标准元数据；确保数据的地理定位便于决策工具使用（Newman et al.，2017）。

同样，许多科学家和数据中心也不愿投入有限的资源以便有效地向广大公众宣传数据价值。为了鼓励更多科学家成为此类边界跨越者（boundary spanners），科学界需要不断发展，重视这些数据对科学的贡献。数据项目和科学项目可以通过为这类角色提供资金并创建强调向广大公众传播科学的征集活动来促进公众接受。

提供数据的开放获取使数据能够被重新利用，以获得科学利益，但这也给数据项目带来了一些问题。首先，开放数据为滥用数据创造了条件。个人用户可能会在不知情的情况下以不恰当的方式使用数据，或者更隐蔽地利用数据歪曲事实。例如，在澳大利亚火灾危机期间生成的地图和图像中，地球观测数据就被滥用或歪曲（BBC，2020）。其次，一些第三方机构批量下载开放数据，以便重新发布数据。这些第三方机构的数据管理和理解水平通常低于原始数据提供者，可能会导致用户误解和滥用数据，因为他们并不总是了解数据使用质量的必要性或数据使用的注意事项。最后，要求研究人员公开数据有时被视为一种负担，会分散对研究本身的注意力。许多科学家承认，他们掌握着"暗数据"（dark data），或从未发表或以其他方式提供给科学界其他成员的数据（Heidorn，2008）。由于分享这些数据的专业回报很少，而且缺乏时间和资源，科学家往往不愿意花精力公开这些数据。为了加强开放数据共享，数据项目需要制定解决方案，最大限度地减轻研究人员共享数据的负担，同时为共享提供激励和奖励。

开源软件给研究人员和数据项目带来了类似的问题。与开放数据要求类似，转向开源软件也对科学家提出了额外的要求，而这些要求往往会分散科学家的注意力（Committee on Best Practices for a Future Open Code Policy for NASA Space Science，Space Studies Board & Division On Engineering and Physical Sciences，2018）。科学家通常不是开源软件方面的专家，他们对在哪里共享代码以及为代码选择哪种许可证缺乏共识而感到困惑。为软件分配适当的许可证对于新手代码开发人员来说是令人困惑和害怕的，而对于那些想把时间花在追求科学而不是学习版权法的科学家来说，这往往是难以承受的。此外，标准开源许可证的使用可能会受到政府强制规定的限制，这一事实加剧了这种混乱。除了许可证，目前关于应使用哪些代码库来共享软件和代码的指导还很少。一些源代码是通过 Github 等代码库单独共享的，而一些组织则利用组织 Github/Gitlab 代码库实例。官方存储库，如 IEEE 遥感代码库（IEEE，2020），可能会解决这一问题，但目前选择有限。数据项目可能需要考虑提供清晰易懂的开源软件使用指南，以促进成功。

虽然开放获取出版主要给研究人员带来挑战，但数据程序需要提供免费和开放获取与数据和软件相关的期刊论文的机会。为满足这一需求，数据项目可提供一个开放获取相关期刊的绿色存储库，并与科学家合作，确保数据文章发表在支持自行出版（self-publication）的期刊上。

（二）促进高效的研究过程和知识传播

要开发支持大规模协作和分析的有利基础设施，就必须从根本上转变现有的数据系统。数据项目必须对数据系统进行投资，并使其向促进分析的基础设施方向发展。这种数据系统的演变要求数据中心从简单的具备数据存档功能转变为科学界的知识中心。由于现有处理、吸收、归档和分发系统的沉没成本，以及需要重新培训现有员工以适应新的角色和职责，这种演变并不容易。然而，数据项目可以将采用云技术视为设计和构建新数据分析平台的契机，这些平台将作为一个具有凝聚力的跨学科生态系统而不是单独的、独立的数据孤岛发挥作用。

对于数据项目而言，建设新的基础设施解决方案有可能无法满足科学界的需求，或者采用率低，无法证明实施成本的合理性。如果潜在用户没有在项目开始时就参与进来，"建好了，他们就会来"这种工具开发心态始终存在低采用率的风险（Cutcher-Gershenfeld et al.，2016）。对于协作工具来说，这种风险尤其明显，因为设计协作工具需要帮助科学家完成他们已经在做的事情，而不是工具开发者认为科学家应该做的事情。数据项目可以通过在基础设施开发的早期和整个过程中纳入科学利益相关者来减小这种风险。

同样，虽然云计算有可能成为改善研究流程和协作的变革性技术，但云计算也不是万能的。对于数据项目来说，开发云原生（cloud-native）工具并学会以成本最优的方式有效利用云平台是一项非同小可的任务。云平台的发展非常迅速，每周都会增加新的服务，给代码维护和重构带来了额外负担。显然，管理和维护这些新型云基础设施的成本需要开发新的可持续业务模式和最佳实践。基于云协作的基础设施可能还需要在数据管理实践方面取得进展。由于云计算使不同团体能够快速建立数据共享和分析平台，因此这些协作平台有可能导致数据湖变成充满质量可疑数据的沼泽（Sicular，2016）。这些平台需要系统化、半自动化的数据治理和管理计划，以防止数据湖退化为数据沼泽。

云计算也给研究人员带来了一些挑战。由于带宽的差异和缺乏所需的技术基础设施，云计算仍然无法解决公平问题。无法访问互联网、高带宽或必要的计算资源意味着并非每个人都能平等地获取开放数据和信息。同样，虽然云计算降低了大规模运行分析所需的初始成本，但运行云计算仍然需要资金。随着科学界采用人工智能（AI）和机器学习（ML）技术建立模型，这些模型需要以只有少数组织才能负担得起的规模进行计算，因此对资金的需求尤为迫切。最后，需要进行云能力建设，以帮助研究人员和终端用户有效利用云平台功能。

（三）影响测量

为了让数据项目有效计算数据系统的影响指标，需要解决几个障碍。最大的障碍在于需要准确了解和计算数据系统本身之外的数据使用情况。当数据程序为引文提供唯一标识符时，数据程序收集下载指标、数据和期刊文章中的软件引文可以作为使用情况的一种衡量标准。然而，学术界尚未广泛采用数据和软件引用的最佳实践，引用往往在期刊投稿过程中丢失（Lowenberg et al.，2019）。同样，数据和代码可能会用于从未在同行评审期刊上发表的应用和决策过程中。最后，随着越来越多的第三方供应商采集开放数据并将其提供给其他平台使用，数据项目将需要决定如何解释这些平台上有价值数据的不同使用情况。

虽然数据系统替代计量学可能是帮助数据项目更好地了解使用情况的另一种方法，但要定义和测试数据集和软件替代计量学，还需要付出大量努力。ImpactStory 等组织正围绕数据替代计量学开展一些初步工作（Fenner，2014），但在定义替代计量学对数据程序意味着什么、替代计量学应该考虑哪些输入计量指标以及数据程序替代计量学是否可以以可行的方式实现方面，仍有大量工作要做。

更广泛地说，接受和采用数据系统替代计量学是不确定的。虽然数据项目可以采取措施确保其被更广泛地采用，比如在审查新提案时利用这些指标，但并不能保证科学共同体认为替代计量学有价值。即使替代计量学被采用，收集这些指标仍然存在局限性。数据、软件和研究可能会因为错误的原因而受到关注，从而歪曲指标，最终影响测量对象的价值。此外，这些指标还有可能受到自我宣传、游戏和网络不断变化的影响（Fenner，2014）。诸如对象创建者所处的职业阶段、创建对象的具体学科、共同作者的数量和组合以及对象是否具有跨学科性质等变量，充其量只能使指标比较成为问题（Kurtz & Henneken，2017）。有效地计算影响指标需要数据项目对其仔细考虑。不过，如果公平、谨慎地采用这些指标，它们有可能为更广泛地了解数据的影响提供更深入的见解。

六、结论

随着科学家和组织机构越来越多地采用本研究中描述的原则和想法，开放科学运动的势头愈加强劲。开放科学带来了更多的合作和更高效的研究、更多的公众教育和参与，以及可重复和更易于理解的科学成果。毫无疑问，在开放科学范式不断扩展的过程中，问题也会随之而来。在大多数人都能使用可靠的互联网接入之前，数据和计算的公平性始终是一个挑战。此外，在保证数据真实性和避免数据滥用方面都存在风险。然而，这些问题不应该成为我们作为一个共同体推动开放科学向前发展的阻力。

为了推动开放科学范式的发展，既需要数据项目和期刊出版商等支持机构的积极参与，也需要学术研究界个人的积极参与。正如本研究所强调的，数据项目需要认识到其在通过制定开放政策、投资创新和协作基础设施以及促进文化变革来支持开放科学方面所发挥的重要作用。

数据项目应支持涉及公众参与的数据收集活动，并通过执行标准的科学管理活动，帮助公民科学工作合法化。科学数据管理流程的应用将确保所收集数据的可用性和可信度。通过科学挑战和黑客马拉松让公众参与进来，将使数据项目能够利用公众对科学数据的创造性和创新性参与，并提高公众对科学数据价值的认识。数据系统计划应通过制定和实施开放数据和开源软件政策，改善对关键研究对象的发现和使用，支持知识的开放获取。只有当数据、软件、文献和出版物可以连接和发现时，知识才是开放的。数据项目应投资开发下一代赋能网络基础设施，以消除数据管理和处理的烦琐程序，并允许使用开放科学工具来改变科学。数据项目应采用或开发数据系统内所有一流的研究对象的影响测量方法，包括数据、软件、文档、服务和用户。这些措施将有助于指导未来对科学以及数据和信息系统的投资。

研究人员个人也可以通过采取一些最佳实践，成为开放科学的倡导者。第一，研究人员应该在一个开放的知识库中以非专有的、标准化的格式提供他们的研究数据。在可能的情况下，研究人员应为其数据创建 DOI，并确保提供明确的许可信息以及数据的使用限制。第二，软件和代码应通过社区采用的许可证开放源代码，许可证应尽可能宽松，以鼓励重复使用。此外，任何使用中的数据库都应该开源并遵循软件开发的最佳实践，比如严格的版本控制。第三，研究人员应该支持社区开发开源软件、库、代码和工具，以便为更广泛的社区所使用。在适当的时候，代码也应对社区发展持开放态度并接收反馈。第四，经同行评审的文章应尽可能在金色开放获取期刊上发表。如果某个领域没有知名的金色开放获取期刊，研究人员应确保其出版商允许在绿色存储库中自行出版。第五，公众应积极参与，创办或支持科学博客、公民科学项目、黑客马拉松或在社交媒体上分享成果。第六，研究人员应尽可能引用数据、软件和文档，尤其是在期刊论文中。

研究人员个人、数据项目和组织将共同开创一个更加开放的科学研究新时代，这不仅有利于科学本身，还将为整个社会带来更多进步。

数据可用性声明

由于本研究未创建或分析新数据，因此数据共享不适用于本文。

参考文献：

Altmetric.（2020）. Discover the attention surrounding your research. Altmetric. Retrieved from https://www.altmetric.com/.

Arias, J. J., Pham-Kanter, G., & Campbell, E. G.（2015）. The growth and gaps of genetic data sharing policies in the United States. Journal of Law and the Biosciences, 2, 56‒68. https://doi.org/10.1093/jlb/lsu032.

Bandaragoda, C., Castronova, A., Istanbulluoglu, E., Strauch, R., Nudurupati, S. S., Phuong, J., et al.（2019）. Enabling collaborative numerical modeling in earth sciences using knowledge infrastructure. Environmental Modelling and Software, 120, 104424. https://doi.org/10.1016/j.envsoft.2019.03.020.

Bar-Ilan, J., Halevi, G., & Milojević, S.（2019）. Differences between altmetric data sources: A case study. Journal of Altmetrics, 2, 1. https://doi.org/10.29024/joa.4.

Bartling, S., & Friesike, S.（2014）. Towards another scientific revolution. In S. Bartling, & S. Friesike（Eds.）, Opening science（pp.3-15）. Springer International Publishing. https://doi.org/10.1007/978-3-319-00026-8_1.

Baumann, P., Dumitru, A. M., & Merticariu, V.（2013）. The array database that is not a database: File based array query answering in rasdaman. In M. A. Nascimento, T. Sellis, R. Cheng, J. Sander, Y. Zheng, H.-P. Kriegel, M. Renz, & C. Sengstock（Eds.）, Advances in spatial and temporal databases（pp. 478-483）. Springer Berlin Heidelberg. https://doi.org/10.1007/978-3-642-40235-7_32.

BBC.（2020）. Australia fires: Misleading maps and pictures go viral. BBC News. Retrieved from https://www.bbc.com/news/blogs-trending-51020564.

Berrios, D. C., Galazka, J., Grigorev, K., Gebre, S., & Costes, S. V.（2020）. NASA GeneLab: Interfaces for the exploration of space omics data. Nucleic Acids Research,49, D1515-D1522, gkaa887.https://doi.org/10.1093/nar/gkaa887.

Borowitz, M.（2017）. Open space: The global effort for open access to environmental satellite data. The MIT Press. https://doi.org/10.7551/mitpress/10659.001.0001.

Bugbee, K., Lynnes, C., Ramachandran, R., Maskey, M., Barciauskas, A., Kaulfus, A., et al.（2020）. Advancing open science through innovative data system solution: The joint ESA−NASA multi−mission algorithm and analysis platform（MAAP）'S data ecosystem. In IGARSS 2020−2020 IEEE international geoscience and Remote sensing symposium. https://doi.org/10.1109/igarss39084.2020.9323731.

CASRAI.（2020）. CRediT: Contributor roles taxonomy. CASRAI. Retrieved from https://casrai.org/credit/

Center for Open Science.（2020）. OSF. OSFHome. Retrieved from https://osf.io/.

Chard, K., Gaffney, N., Hategan, M., Kowalik, K., Ludäscher, B., McPhillips, T., et al.（2020）. Toward enabling reproducibility for data−intensive researc using the whole tale platform. Advances in Parallel Computing, 36,766−778.https://doi.org/10.3233/APC200107.

Chesbrough, H.（2015）. From open science to open innovation（pp.51−66）. Institute for Innovation and Knowledge Management, ESADE.

Claverie, M., Ju, J., Masek, J. G., Dungan, J. L., Vermote, E. F., Roger, J.−C., et al.（2018）. The harmonized landsat and sentinel−2 surface reflectance data set. Remote Sensing of Environment,219,145−161.https://doi.org/10.1016/j.rse.2018.09.002.

Collins, F. S., Morgan, M., & Patrinos, A.（2003）. The human genome project: lessons from large−scale biology. Science, 300（5617）, 286−290.https://doi.org/10.1126/science.1084564.

Committee on Best Practices for a Future Open Code Policy for NASA Space Science, Space Studies Board & Division on Engineering and Physical Sciences.（2018）. Open source software policy options for NASA Earth and spacesciences（p. 25217）. National Academies of Sciences, Engineering and Medicine. https://doi.org/10.17226/25217.

Cook−Deegan, R., & McGuire, A. L.（2017）. Moving beyond Bermuda: Sharing data to build a medical information commons. Genome Research, 27, 897−901. https://doi.org/10.1101/gr.216911.116.

Copernicus.（2020）. Copernicus hackathos. EU. Retrieved from https://

hackathons.copernicus.eu/.

Cornell University.（2020）. ArXiv.org e−Print archive. Retrieved from www.arxiv.org.

Crotty, D.（2017）. Altmetrics. European Heart Journal, 38, 2647−2648. https://doi.org/10.1093/eurheartj/ehx447.

Cutcher−Gershenfeld, J., Baker, K. S., Berente, N., Carter, D. R., DeChurch, L. A., Flint, C. C., et al.（2016）. Build it, but will they come? A geoscience cyberinfrastructure baseline analysis. Codata, 15, 8. https://doi.org/10.5334/dsj−2016−008.

Cyberinfrastructure Council.（2007）. Cyberinfrastructure vision for 21st century discovery. National Science Foundation.

de La Beaujardière, J.（2019）. A geodata fabric for the 21st century. Eos, 100. https://doi.org/10.1029/2019EO136386.

de Roure, D., Goble, C., Aleksejevs, S., Bechhofer, S., Bhagat, J., Cruickshank, D., et al.（2010）. Towards open science: The myExperiment approach. Concurrency and Computation: Practice and Experience, 22, 2335−2353. https://doi.org/10.1002/cpe.1601.

de Roure, D., Goble, C., & Stevens, R.（2009）. The design and realisation of the virtual research environment for social sharing of workflows. Future Generation Computer Systems, 25, 561−567. https://doi.org/10.1016/j.future.2008.06.010.

Donaldson, D., & Storeygard, A.（2016）. The view from above: Applications of satellite data in economics. Journal of Economic Perspectives, 30, 171−198. https://doi.org/10.1257/jep.30.4.171.

Droegemeier, K. K., Gannon, D., Reed, D., Plale, B., Alameda, J., Baltzer, T., et al.（2005）. Service−oriented environments in research and education for dynamically interacting with mesoscale weather. IEEE Computing in Science & Engineering, 7, 24−32. https://doi.org/10.1109/mcse.2005.124.

EarthArXiv.（2020）. EarthArXiv. EarthArXiv. Retrieved from https://eartharxiv.org/.

Earth Science Data Systems.（2020a）. NASA ESDS citizen science data working group white paper（1.0）. NASA. Retrieved from https://cdn.earthdata.nasa.gov/conduit/upload/14273/CSDWG−White−Paper.pdf.

Earth Science Data Systems.（2020b）. EOSDIS annual metrics Reports NASA Earth science data systems program. Retrieved from https://earthdata.nasa.gov/eosdis/

system–performance/eosdis–annual–metrics–reports.

Earth Science Data Systems. (2020c). ESDS open source software policy. NASA Earth science data systems program. Retrieved from https://earthdata.nasa.gov/collaborate/open–data–services–and–software/esds–open–source–policy.

Earth Science Data Systems. (2020d). Data management plan Guidance NASA Earth science data systems program. Retrieved from https://earthdata.nasa.gov/esds.

ESSOAr. (2020). Earth and space science open archive. ESSOAr. Retrieved from https://www.essoar.org/.

Fecher, B., & Friesike, S. (2014). Open Science: One Term, Five School of Thoughts. Opening science. Springer.

Fenner, M. (2014). Altmetrics and other novel measures for scientific impact. In S. Bartling, & S. Friesike (Eds.), Opening science (pp.179–189). Springer. https://doi.org/10.1007/978–3–319–00026–810.1007/978–3–319–00026–8_12.

Friesike, S., Widenmayer, B., Gassmann, O., & Schildhauer, T. (2015). Opening science: Towards an agenda of open science in academia and industry. The Journal of Technology Transfer, 40, 581–601. https://doi.org/10.1007/s10961–014–9375–6.

GEOValue. (2020). Geo Value. Retrieved from www.geovalue.org.

Gil, Y., David, C. H., Demir, I., Essawy, B. T., Fulweiler, R. W., Goodall, J. L., et al. (2016). Toward the geoscience paper of the future: Best practices for documenting and sharing research from data to software to provenance. Earth and Space Science, 3, 388–415. https://doi.org/10.1002/2015EA000136.

Giuliani, G., Camara, G., Killough, B., & Minchin, S. (2019). Earth observation open science: Enhancing reproducible science using datacubes. Data, 4, 147. https://doi.org/10.3390/data4040147.

Gray, J. (2009). A transformed scientific method. In T. Hey, S. Tansley, & K. Tolle (Eds.), The Fourth Paradigm: Data–intensive Scientific Discovery. Microsoft Research.

Group on Earth Observations. (2020). GEO data sharing principles implementation. Group on Earth Observations. Retrieved from https://www.earthobservations.org/geoss_dsp.shtml.

Guillaume, E.–B., Abernathey, R., Hamman, J., Ponte, A., & Rath, W. (2019).

The pangeo big data ecosystem and its use at CNES. In Big data from space（BiDS'19）turning data into insights. Retrieved from https://archimer.ifremer.fr/doc/00503/61441/.

Heidorn, P. B. （2008）. Shedding light on the dark data in the long tail of science. Library Trends, 57, 280–299. https://doi.org/10.1353/lib.0.0036.

Himmelstein, D. S., Rubinetti, V., Slochower, D. R., Hu, D., Malladi, V. S., Greene, C. S., & Gitter, A. （2019）. Open collaborative writing with Manubot. PLoS Computational Biology, 15, e1007128. https://doi.org/10.1371/journal.pcbi.1007128.

Hood, L., & Rowen, L. （2013）. The human genome project: Big science transforms biology and medicine. Genome Medicine, 5, 79. https://doi.org/10.1186/gm483.

IEEE. （2020）. Remote sensing code library. IEEE. Retrieved from http://www.grss-ieee.org/publication-category/rscl/.

International Human Genome Sequencing Consortium. （2001）. Initial sequencing and analysis of the human genome. Nature, 409, 860–921. https://doi.org/10.1038/35057062.

Jetstream. （2020）. Jetstream: A national Science and engineering cloud. Jetstream. Retrieved from https://jetstream-cloud.org.

Kennedy, R. E., Andréfouët, S., Cohen, W. B., Gómez, C., Griffiths, P., Hais, M., et al. （2014）. Bringing an ecological view of change to Landsat-based remote sensing. Frontiers in Ecology and the Environment, 12, 339–346. https://doi.org/10.1890/130066.

Keyes, D., & Taylor, V. （2011）. National science foundation advisory committee for CyberInfrastructure task force on software for science and engineering [final report]. National Science Foundation. Retrieved from https://www.nsf.gov/cise/oac/taskforces/TaskForceReport_Software.pdf.

Koop, D., Santos, E., Mates, P., Vo, H. T., Bonnet, P., Bauer, B., et al. （2011）. A provenance-based infrastructure to support the life cycle of executable papers. Procedia Computer Science, 4, 648–657. https://doi.org/10.1016/j.procs.2011.04.068.

Kurtz, M. J., & Henneken, E. A. （2017）. Measuring metrics: A forty year longitudinal cross-validation of citations, downloads, and peer review in Astrophysics. https://doi.org/10.1002/asi.23689.

Laakso, M., Welling, P., Bukvova, H., Nyman, L., Björk, B.-C., & Hedlund,

T.（2011）. The development of open access journal publishing from 1993 to 2009. PloS One, 6, e20961. https://doi.org/10.1371/journal.pone.0020961.

Landau, E.（2020）. NASA space Apps COVID-19 challenge winners share stories of innovation. NASA. Retrieved from https://www.nasa.gov/feature/nasa-space-apps-covid-19-challenge-winners-share-stories-of-innovation.

Land Processes Distributed Active Archive Center.（2020a）. Data in action. LPDAAC. Retrieved from https://lpdaac.usgs.gov/resources/data-action/.

Land Processes Distributed Active Archive Center.（2020b）. Harmonized landsat-sentinel 2（HLS）overview. LPDAAC. Retrieved from https://lpdaac.usgs.gov/data/get-started-data/collection-overview/missions/harmonized-landsat-sentinel-2-hls-overview/.

Lowenberg, D., Chodacki, J., Fenner, M., Kemp, J., & Jones, M. B.（2019）. Open data metrics: Lighting the fire（version 1）[computer software]. Zenodo. https://doi.org/10.5281/ZENODO.3525349.

Ludäscher, B., Altintas, I., Berkley, C., Higgins, D., Jaeger, E., Jones, M., et al.（2006）. Scientific workflow management and the Kepler system. Concurrency and Computation: Practice and Experience, 18, 1039-1065. https://doi.org/10.1002/cpe.994.

McKiernan, E. C., Bourne, P. E., Brown, C. T., Buck, S., Kenall, A., Lin, J., et al.（2016）. How open science helps researchers succeed. ELife, 5, e16800. https://doi.org/10.7554/eLife.16800.

Mons, B., Neylon, C., Velterop, J., Dumontier, M., da Silva Santos, L. O. B., & Wilkinson, M. D.（2017）. Cloudy, increasingly FAIR; revisiting the FAIR Data guiding principles for the European open science cloud（37,pp.49-56）. Information Services & Use. https://doi.org/10.3233/ISU-170824.

Murphy, M. C., Mejia, A. F., Mejia, J., Yan, X., Cheryan, S., Dasgupta, N., et al.（2020）. Open science, communal culture, and women's participation in the movement to improve science. Proceedings of the National Academy of Sciences, 117, 24154-24164. https://doi.org/10.1073/pnas.1921320117.

NASA.（2020a）. Earth observatory. NASA. Retrieved from https://earthobservatory.nasa.gov/.

NASA.（2020b）. NASA GeneLab: Open science for life in space. GeneLab.

Retrieved from https://genelab.nasa.gov.

NASA.（2020c）. NASA international space apps challenge. Space Apps Challenge. Retrieved from https://www.spaceappschallenge.org/.

National Academies of Sciences, Engineering and Medicine.（2018a）. Open science by design: Realizing a vision for 21st century research. The National Academies Press.

National Academies of Sciences, Engineering and Medicine.（2018b）. Open source software policy options for NASA earth and space sciences. In National Academies of sciences, engineering and medicine 2018. The National Academies Press. https://doi.org/10.17226/25217.

Nemani, R.（2012）. NASA earth exchange: Next generation earth science collaborative. The International Archives of the Photogrammetry, Remote Sensing and Spatial Information Sciences, XXXVIII. https://doi.org/10.5194/isprsarchives–XXXVIII–8–W20–17–2011.

Nentwich, M., & König, R.（2014）. Academia goes facebook? the potential of social network sites in the scholarly realm. In S. Bartling, & S. Friesike（Eds.）, Opening science（pp. 107–124）. Springer International Publishing. https://doi.org/10.1007/978–3–319–00026–8_7.

Newman, G., Chandler, M., Clyde, M., McGreavy, B., Haklay, M., Ballard, H., et al.（2017）. Leveraging the power of place in citizen science for effective conservation decision making. Biological Conservation, 208, 55–64. https://doi.org/10.1016/j.biocon.2016.07.019.

Newman, G., Wiggins, A., Crall, A., Graham, E., Newman, S., & Crowston, K.（2012）. The future of citizen science: Emerging technologies and shifting paradigms. Frontiers in Ecology and the Environment, 10, 298–304. https://doi.org/10.1890/110294.

Office of the Press Secretary.（2014）. FACT SHEET: The president's climate data initiative: Empowering America's communities to prepare for the effects of climate change. The White House. Retrieved from https://obamawhitehouse.archives.gov/the-press–office/2014/03/19/fact–sheet–president–s–climate–data–initiative–empowering–america–s–comm.

Open Knowledge Foundation.（2020）. What is open? Open knowledge foundation.

Retrieved from https://okfn.org/opendata/.

Our Research.（2020）. ImpactStory. ImpactStory. Retrieved from www. impactstory.org.

Peng, G., Milan, A., Ritchey, N. A., Partee, II, R. P., Zinn, S., McQuinn, E., et al.（2019）. Practical application of a data stewardship maturity matrix for the NOAA onestop project. Codata, 18, 41.https://doi.org/10.5334/dsj-2019-041.

Plum Analytics.（2020）. About PlumX metrics. Plum Analytics. Retrieved from https://plumanalytics.com/learn/about-metrics/.

Ramachandran, R., Bugbee, K., Maskey, M., & Lynnes, C.（2019）.From ARDS to AODS: Future of analytics for Earth observations. In IGARSS 2019 – 2019 IEEE international geoscience and Remote sensing symposium. IGARSS.

Robinson, N. H., Hamman, J., & Abernathey, R.（2020）. Seven principles for effective scientific big-data systems. ArXiv. http://arxiv.org/abs/1908.03356.

Roure, D. D., Goble, C., Bhagat, J., Cruickshank, D., Goderis, A., Michaelides, D., & Newman, D.（2008）. myExperiment: Defining the social virtual research environment. In 2008 IEEE fourth international conference on EScience（pp. 182-189）. IEEE. https://doi.org/10.1109/eScience.2008.86.

Roy, D. P., Wulder, M. A., Loveland, T. R., Woodcock, C. E., Allan, R. G., Anderson, M., et al.（2014）. Landsat-8: Science and product vision for terrestrial global change research. Remote Sensing of Environment, 145, 154-172. https://doi.org/10.1016/j.rse.2014.02.001.

Safford, H. D., Sawyer, S. C., Kocher, S. D., Hiers, J. K., & Cross, M.（2017）. Linking knowledge to action: The role of boundary spanners in translating ecology. Frontiers in Ecology and the Environment, 15, 560-568. https://doi.org/10.1002/fee.1731.

Satterfield, D.（2020）. Dan's wild wild science journal. AGU Blogosphere. Retrieved from https://blogs.agu.org/wildwildscience/.

Schöpfel, J., & Prost, H.（2016）. Altmetrics and grey literature: Perspectives and challenges. GL18 international Conference on grey literature. Retrieved from https://hal.univ-lille.fr/hal-01405443.

Science Open.（2020）. Science Open. Retrieved from https://www.scienceopen.com/.

Sentinel Hub.（2020）. Classification App. Retrieved from https://apps.sentinel-hub.com/classificationApp/#/.

Shanley, L. A., Parker, A., Schade, S., & Bonn, A.（2019）. Policy perspectives on citizen science and crowdsourcing. Citizen Science: Theory and Practice, 4,30. https://doi.org/10.5334/cstp.293.

Sicular, S.（2016）. Three architecture styles for a useful data lake（No. G00303817）（pp. 1–32）. Gartner. Retrieved from https://www.gartner. com/doc/3380017/architecture–styles–useful–data–lake.

SMD Science Management Council.（2018）. Science mission directorate policy: Citizen science（SMD policy document SPD–33）. NASA. https://science.nasa.gov/science–pink/s3fspublic/atoms/files/SPD.33Citizen.Science.pdf.

Smithsonian Astrophysical Observatory.（2020）. Astrophysics data system. Retrieved from https://ui.adsabs.harvard.edu/.

Stodden, V., Seiler, J., & Ma, Z.（2018）. An empirical analysis of journal policy effectiveness for computational reproducibility. Proceedings of the National Academy of Sciences of the United States of America, 115, 2584–2589. https://doi.org/10.1073/pnas.1708290115.

Suber, P.（2012）. What is open access? In Open access. The MIT Press. https://doi.org/10.7551/mitpress/9286.003.000310.7551/mitpress/9286.001.0001.

The ENCODE Project Consortium.（2011）. A user's guide to the encyclopedia of DNA elements（ENCODE）. PLoS Biology, 9, e1001046.https://doi.org/10.1371/journal.pbio.1001046.

The International HapMap Consortium.（2005）. A haplotype map of the human genome. Nature, 437, 1299–1320. https://doi.org/10.1038/nature04226.

Ton That, D. H., Fils, G., Yuan, Z., & Malik, T.（2017）. Sciunits: Reusable research objects. In 2017 IEEE 13th international conference on E–science（e–Science）（pp. 374–383）. https://doi.org/10.1109/eScience.2017.51.

Toronto International Data Release Workshop Authors.（2009）. Prepublication data sharing. Nature, 461, 168–170. https://doi.org/10.1038/461168a.

University of Cambridge.（2020）. Open research. Scholarly communication. Retrieved from osc.cam.ac.uk.

Vicente-Saez, R., & Martinez-Fuentes, C.（2018）. Open Science now: A systematic literature review for an integrated definition. Journal of Business Research, 88, 428–436. https://doi.org/10.1016/j.jbusres.2017.12.043.

Watson, J.（1990）. The human genome project: Past, present, and future. Science, 248, 44–49. https://doi.org/10.1126/science.2181665.

Woelfle, M., Olliaro, P., & Todd, M. H.（2011）. Open science is a research accelerator. Nature Chem, 3, 745–748. https://doi.org/10.1038/nchem.1149.

Wulder, M. A., Masek, J. G., Cohen, W. B., Loveland, T. R., & Woodcock, C. E.（2012）. Opening the archive: How free data has enabled the science and monitoring promise of Landsat. Remote Sensing of Environment, 122, 2–10. https://doi.org/10.1016/j.rse.2012.01.010.

Xu, C., & Yang, C.（2014）. Introduction to big geospatial data research. Annals of GIS, 20, 227–232. https://doi.org/10.1080/19475683.2014.938775.

Zhu, Z., Wulder, M. A., Roy, D. P., Woodcock, C. E., Hansen, M. C., Radeloff, V. C., et al.（2019）. Benefits of the free and open Landsat data policy. Remote Sensing of Environment, 224, 382–385. https://doi.org/10.1016/j.rse.2019.02.016.

Zooniverse.（2020）. Welcome to the Zooniverse: People-powered research. Retrieved from https://www.zooniverse.org/.

（卢宇峥 译）

开放科学现状：综合定义的系统文献综述 *

鲁本·维森特－赛斯（Ruben Vicente-Saez）

克拉拉·马丁内斯－富恩特斯（Clara Martinez-Fuentes）

（西班牙瓦伦西亚大学经济学院）

摘 要

　　开放科学是一种颠覆性现象，正在全球，尤其是欧洲兴起。开放科学在开放性和连通性的基础上带来了社会文化和技术的变革，改变了研究的设计、实施、获取和评估方式。一些研究表明，人们对什么是开放科学缺乏认识，主要是因为开放科学没有正式的定义。本文旨在通过系统的文献综述，为开放科学现象下一个严谨、综合、与时俱进的定义，认为"开放科学是通过协作网络共享和发展的透明、可获取的知识"，有助于科学界、商业界、政界和公民对什么是开放科学有一个共同且清晰的认识，并引发对开放科学的社会、经济和人文附加值的讨论。

关键词：开放科学；定义；开放获取；开放创新；负责任的研究与创新；研究与创新管理

---

* 文献来源：Vicente-Saez, R., Martinez-Fuentes, C.（2018）. Open Science now: A systematic literature review for an integrated definition. Journal of Business Research, 88, 428-436.

一、引言

开放科学是一种颠覆性现象，正在全球，尤其是欧洲兴起。开放科学以开放性和连通性为基础，带来了社会文化和技术的变革，改变了研究的设计、实施、获取和评估方式。开放数据工具、开放获取平台、开放同行评审方法或公众参与活动是不可逆转的趋势，影响着全体科学参与者，并有可能加速研究周期。

世界各地的政府间组织，如欧盟委员会（European Commission）、欧洲议会（European Parliament）、欧洲理事会（European Council）、经济合作与发展组织（OECD）、联合国（United Nations）和世界银行（World Bank）等都认识到开放科学对于解决人类在21世纪面临的重大社会挑战的重要性，如气候变化、公共卫生突发事件、可持续粮食生产、高效能源或智能交通等。

但是，科学界、商业界、政界和公民对什么是开放科学是否有共同而清晰的认识？多项研究表明，这些利益相关者缺乏开放科学意识（European Commission，2015b，2015c），主要原因是"开放科学没有正式的定义"（Arabito & Pitrelli，2015; European Commission，2015b; Kraker et al.，2011; OECD，2015）。

本文旨在为"开放科学"现象下一个严谨、综合、与时俱进的定义。通过系统的文献综述，对开放科学的概念进行了识别、概念化和定义。

本文的结构如下：第二部分介绍理论框架，第三部分介绍研究方法，第四部分介绍研究结果、对研究结果及其影响的讨论，第五部分介绍结论、局限性和未来研究展望。

二、理论框架

开放科学是一个新兴的研究领域，学术界还没有一个清晰而全面的理论框架。

本文的理论框架是在系统文献综述过程中对研究进行筛选后得出的。最终从数据库中筛选出75篇论文，其中67篇论文来自美国科学信息研究所科学网的核心合集（IsI Web of Science-Core Collection）和斯高帕斯（Scopus）

数据库，8篇论文来自政府间组织数据库（以下称国际数据库）的正式出版物，以上研究成果的出版时间均在1985年（检索到的最早研究）至2016年之间。根据对以上论文的分析，本研究得出结论，开放科学的概念包括以下几种。

第一，作为知识的开放科学（Bisol et al.，2014；Bond-Lamberty et al.，2016；Brown，2009；Caulfield et al.，2012；Cho & Choi，2013；Cook-Deegan，2007；Czarnitzki，Grimpe & Pellens，2015；Czarnitzki，Grimpe & Toole，2015；David，1998，2004a；Davis et al.，2011；Deng，2011；de Roure et al.，2010；European Commission，2014，2015b，2016；European Council，2016；Friesike et al.，2015；Fry et al.，2009；Gorgolewski & Poldrack，2016；Grand et al.，2016；Grand，2015；Hampton et al.，2015；Jamali et al.，2016；Jong & Slavova，2014；Langlois & Garzarelli，2008；Lasthiotakis et al.，2015；Leonelli et al.，2015；MacLean et al.，2015；McKiernan et al.，2016；Morzy，2015；Mukherjee & Stern，2009；Nelson，2003；OECD，2014，2015；Peters，2010a，2010b；Powell，2016；Rinaldi，2014；Robertson et al.，2014；Schmidt et al.，2016；Shibayama，2015；Stodden，2010；Szkuta & Osimo，2016；Thanos，2014；West，2008；Wolkovich et al.，2012）。

第二，作为透明知识的开放科学（European Commission，2015b；European Council，2016；Hampton et al.，2015；Kraker et al.，2011；Leonelli et al.，2015；Lyon，2016；Rentier，2016；Ramjoué，2015；Scheliga & Friesike，2014）。

第三，作为可获取知识的开放科学（Bisol et al.，2014；Czarnitzki，Grimpe & Toole，2015；David，2004a；Merton，1973[①]；Dasgupta & David，1994；de Roure et al.，2010；Ding，2011；European Commission，2014，2015b，2016；Grand et al.，2016；Grand，2015；Gittelman & Kogut，2003；Hampton et al.，2015；Jong & Slavova，2014；Lyon，2016；MacLean et al.，2015；Morzy，2015；Mukherjee & Stern，2009；Nelson，2003；OECD，2014，2015）。

---

① Merton, R. K. (1973). The Sociology of Science: Theoretical and Empirical Investigations [Storer, N. W. ed.]. Chicago: University of Chicago Press.

第四，作为共享知识的开放科学（Bisol et al.，2014；David，1998；European Commission，2016；Grand，2015；Grand et al.，2016；Grubb & Easterbrook，2011；Labastida，2015；Lyon，2016；McKiernan et al.，2016；Robertson et al.，2014；Schmidt et al.，2016；Schroeder，2007；Wolkovich et al.，2012）。

第五，作为合作开发（collaborative-develop）知识的开放科学（Azmi & Alavi，2013；David，1998；Deng，2011；European Commission，2015b，2016；Grand et al.，2016；Friesike et al.，2015；Fry et al.，2009；Hormia-Poutanen & Forsström，2016；Wolkovich et al.，2012）。

三、研究方法

为了给"开放科学"下一个严谨、综合、与时俱进的定义，研究团队采取了检索、评估、综合和分析（Search Appraisal Synthesis and Analysis，SALSA）框架（Grant & Booth，2009），根据布斯等（Booth et al.，2012）的方法设计了一个系统的文献综述。

为了有效地开展系统的文献综述，并最大限度地减少研究人员的潜在偏见，团队采用了基于科克伦（Cochrane）协作方法的综述方案（Higgins & Green，2011）。综述方案确保研究团队能够准确地遵循既定的方法。

因此，综述方案中确定的系统性文献综述为以下四个步骤。

（一）检索——确定研究策略

1. 检索技术

研究团队以"开放科学"为检索词，在研究的标题、摘要或关键词中检索。

考虑到开放科学的跨学科性质和数据库的影响因子，本研究选择了 Web of Science 核心合集和 Scopus 数据库，目的是全面鉴别参考文献。由于在科学共同体之外也存在有关开放科学现象的相关实证依据，研究团队检索了国际数据库如欧盟、联合国、经济合作与发展组织和世界银行的数据库中的相关研究成果。

2. 研究的筛选标准

在 Web of Science 核心合集和 Scopus 数据库中，研究团队收录了 2006 年至 2016 年发表在国际同行评审期刊上的英文论文。之所以以 2006 年作为起点，是因为切萨布鲁夫（Chesbrough）、范哈弗贝克（Vanhaverbeke）和韦斯特（West）在这一年发表了《开放创新：研究新范式》（Open innovation: Researching at new paruadigm）一文。从这一年开始，"开放创新"（Open Innovation）开始在其他知识领域（其中包括科学领域）崭露头角，并启发了"开放"与"合作"的理念。

在国际数据库中，研究团队收录了官方出版物，这些出版物是其部门 / 研究机构的研究成果，或者是表达对开放科学的政治承诺的出版物。

本研究的研究对象不包括会议论文、书籍章节、书评、会议摘要、学位论文、访谈、编辑材料和非英文论文。

研究资料筛选结束后，本文的每位作者都进行一次预测试以对比论文检索策略的充分性。

（二）评估——研究质量评估策略

研究团队使用基于网络的研究文献管理软件包（Refworks）管理数据库中已识别的参考文献。

为了获得有效、可靠和适用的数据库，首先，研究团队核查了 Web of Science 核心合集和 Scopus 数据库中重复的论文数量；其次，研究团队对摘要进行筛选，排除那些只提及一两次"开放科学"而与研究领域无关的论文；再次，研究团队将从国际数据库中找到的官方出版物添加到数据库中；最后，研究团队在提取数据的同时进行全文筛选。

那些不符合包容性标准、没有提供开放科学相关定义或没有提供数据以支持对开放科学定义的解释的论文和官方出版物被排除在外（Dixon-Woods et al.，2006）。

（三）综合——数据提取策略

根据研究目标，研究团队在谷歌表格中设计了一个编码模板作为记录方法，其中包含以下编码变量：作者、标题、包含/排除、定义、关键要素/维度、价值/原则、结果/机会和结果/挑战。为了使这个编码模板达到最佳可靠性水平，研究团队随机抽取 10 篇论文进行预测试。之后，研究团队比较了他们的编码经验，并确定了最终的编码模板。最后将收集到的论文按时间顺序，每五篇论文为一组，由研究团队开展分析和综合。

对提取的数据采用叙事法进行综合的定性研究（Rumrill & Fitzgerald，2001），因为它有助于识别、探索和解释数据，也有助于提出新的观点，并有助于在下一个步骤中确定开放科学的定义。

（四）分析——数据分析策略

本研究按照亚里士多德的方法（Aristotle's method）[1]，为"开放科学"下一个严谨、综合、与时俱进的定义："X 的正确定义应给出 X 的类属（genos：种类或家族），即 X 是什么，以及 X 在该类属中唯一标识的差别（diaphora：差异）"（Aristotle's Logic，Stanford Encyclopedia of Philosophy，2015）。

首先，研究团队通过对从系统综述文献（Dixon-Woods et al.，2006）中提取的数据进行批判性评估，分析开放科学现象是如何形成的，从而获得"类属"。其次，研究团队通过对提取的数据进行详尽的文本分析，并利用网络论证系统来确定"差异"。最后，研究团队提出了开放科学的定义。

四、结果与讨论

每个步骤的系统性文献综述结果如下。

---

[1] 译者注：亚里士多德的方法指当现象是内在的或共同的概念时，用辩证的方法来解决由这些概念引起的逻辑或哲学难题。

（一）检索——确定研究

在这一步骤中，研究团队以"开放科学"为关键词，对 2006 年到 2016 年的发表的相关科研成果的标题、摘要和关键词进行检索。图 1 显示了在 Web of Science 核心合集、Scopus 数据库和国际数据库（欧盟委员会、欧洲理事会、经济合作与发展组织和世界银行）中确定的研究总数。

图1　确定的研究对象

（二）评估——研究质量评估

一旦确定了所有研究对象，研究团队通过以下标准来评估研究对象的质量：论文—用英语撰写—重叠筛选—摘要筛选；研究成果 / 政治承诺—用英语撰写。图 2 显示了完成以上步骤后的研究论文总数。

对摘要的筛选结果显示，"开放科学"现象是不精确的、模糊的，也没有明确的定义。作者在提及"开放科学"这一术语时，对"开放科学"的内涵并没有一个清晰且一致的认识。开放科学的概念形式各异，并服务于不同的研究目的。

在全文筛选过程中，本研究发现一些作者引用和使用了 2006 年之前的开放科学定义（David，1998，2004a，2004b；Dasgupta & David，1994；Merton，1973[①]）。因此，为了在最终数据库中恢复这些证据，研究团队决定扩大研究范围，这意味着重复步骤一和步骤二，同时考虑到包容性标准，以识别和选择 1900 年至 2005 年的研究，检索结果见图 3。经过全文筛选，确定最终入选数据库的论文总数（见图 4）。

---

① 　Merton, R. K. (1973). The Sociology of Science: Theoretical and Empirical Investigations [Storer, N. W. ed.]. Chicago: University of Chicago Press.

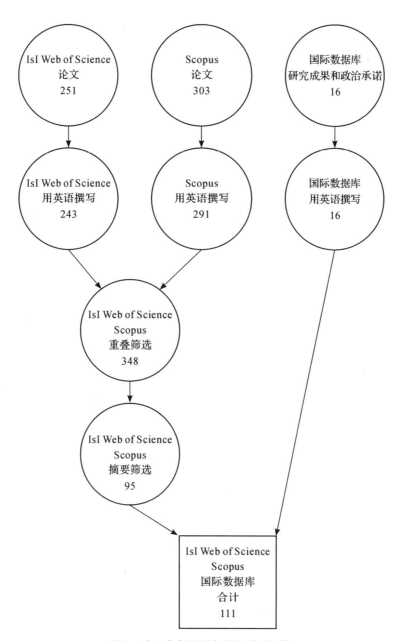

图2 对已确定的研究进行质量评估

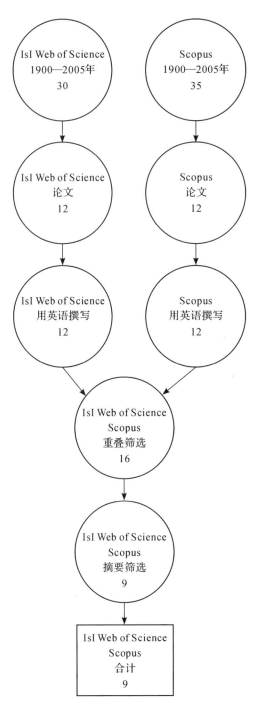

图3 本研究确定的1900—2005年研究论文数量及对研究论文的质量评估

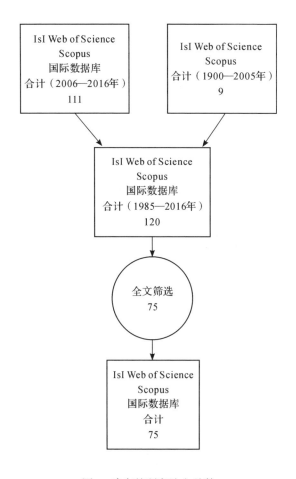

图4　确定的研究论文总数

（三）结果步骤三：综合——数据提取

研究团队使用的最终数据库包含 75 项研究成果，67 篇论文来自 Web of Science 核心合集和 Scopus 数据库，8 篇来自国际数据库的官方出版物，共包含 99 个开放科学的定义（作者自己给出的定义、作者引用其他作者的定义）或近似定义（从现有数据中引申出的定义），论文发表时间为 1985 年（检索到的最早研究）到 2016 年。

由于篇幅有限，我们无法附上包含所有提取的定义和近似值的最终表格，有兴趣的读者可以通过电子邮件向本文作者咨询。

（四）结果步骤四：分析——数据分析

研究团队遵循三个连续的步骤来构建一个严谨、综合、与时俱进的开放科学定义。

1. 确定"类属"：什么是开放科学？

文本分析表明，"知识"是开放科学的"类属"。

"知识"是作者用来解释开放科学的一个总称（umbrella term）。在25项研究中，"知识"一词被使用了31次之多（Brown, 2009; Caulfield et al., 2012; Cook-Deegan, 2007; Czarnitzki, Grimpe & Pellens, 2015; Czarnitzki, Grimpe & Toole, 2015; David, 1998, 2004a; Davis et al., 2011; Deng, 2011; European Commission, 2016; Friesike et al., 2015; Grand et al., 2016; Grand, 2015[①]; Hampton et al., 2015; Jong & Slavova, 2014; Langlois & Garzarelli, 2008; Leonelli et al., 2015; Mukherjee & Stern, 2009; Nelson, 2003; Peters, 2010a, 2010b; Powell, 2016; Schmidt et al., 2016; Shibayama, 2015[②]; Stodden, 2010; West, 2008）。

此外，作者有时还会使用"知识"的同义词，例如：

代码（code），在4项研究中出现5次（Gorgolewski & Poldrack, 2016; Hampton et al., 2015; Powell, 2016; Wolkovich et al., 2012）。

数据（data），23项研究中出现27次（Bisol et al., 2014; Caulfield et al., 2012; Cook-Deegan, 2007; de Roure et al., 2010; European Commission, 2014, 2015b; European Council, 2016; Fry et al., 2009; Gorgolewski & Poldrack, 2016; Grand et al., 2016; Grand, 2015[③]; Hampton

---

① 作者使用尼尔森的定义。Nielsen, M.（2009）. Doing science in the open. Physics World, 22,（5）, 30–35.

② 作者使用了达斯古普塔和大卫（Dasgupta & David,1994）以及默顿（Merton, 1973）的定义。Merton, R. K.（1973）.The Sociology of Science: Theoretical and Empirical Investigations [Storer, N. W. ed.]. Chicago: University of Chicago Press.

③ 作者使用尼尔森的定义。Nielsen, M.（2009）. Doing science in the open. Physics World, 22,（5）, 30–35.

et al.，2015；Jamali et al.，2016；Lasthiotakis et al.，2015；MacLean et al.，2015；McKiernan et al.，2016；OECD，2015；Powell，2016；Rinaldi，2014；Robertson et al.，2014[①]；Schmidt et al.，2016[②]；Szkuta & Osimo，2016；Thanos，2014）。

想法（ideas），4 项研究中出现 4 次（Grand et al.，2016；Grand，2015[③]；Rinaldi，2014；Robertson et al.，2014[④]）。

信息（information），3 项研究中出现 3 次（Bond–Lamberty et al.，2016；Grand et al.，2016；European Commission，2015b）。

（科学）产出，4 项研究中出现 4 次（Jamali et al.，2016；Leonelli et al.，2015；OECD，2014，2015）。

（科学）出版物，10 项研究中出现 10 次（Bisol et al.，2014；European Commission，2015b，2016；European Council，2016；Gorgolewski & Poldrack，2016；Hampton et al.，2015；Jong & Slavova，2014；OECD，2014，2015；Szkuta & Osimo，2016）。

（科学）结果，8 项研究中出现 9 次（Cho & Choi，2013；de Roure et al.，2010；European Commission，2015b，2016；Hampton et al.，2015；MacLean et al.，2015；Morzy，2015；OECD，2015）。

根据亚里士多德的方法，"当谓词 X 是 Y 的本质谓词（意味着它是什么的谓词），同时也是其他事物的本质谓词时，那么 X 就是 Y 的类属（genos）"（Aristotle's Logic. Standford Encyclopedia of Philosophy，2015）。

"知识"是开放科学的本质谓词，也是其他事物（代码、数据、想法、信息、科学产出、出版物和结果）的本质谓词。换句话说，开放科学就是知识。代码、

---

① 作者使用尼尔森的定义。Nielsen, M.（2009）. Doing science in the open. Physics World, 22,（5），30 - 35.

② 作者使用维基百科的定义：https://en.wikipedia.org/wiki/Open_science。

③ 作者使用尼尔森的定义。Nielsen, M.（2009）. Doing science in the open. Physics World, 22,（5），30 - 35

④ 作者使用尼尔森的定义。Nielsen, M.（2009）. Doing science in the open. Physics World, 22,（5），30 - 35.

数据、想法、信息、科学产出、出版物和结果都是知识。因此，开放科学的类属就是知识。

2. 确定"差异"：开放科学在知识中的独特标识是什么？

文本分析还揭示了用于区分和限定开放科学知识与其他一般知识的模式。

所发现的界定开放科学的"差异"包括"透明""可获取性""共享"和"合作发展"。

这些"差异"被作者大量使用（使用同一个词或使用同义词）以描述开放科学的特征。

透明（transparent）："科学交流的透明度"（European Commission，2015b）；"科学和研究的开放"（European Council，2016）；"研究过程所有阶段的透明度"和"科学知识应以透明和可重复使用的格式表示理念"（Hampton et al.，2015）；"开放研究过程"（Kraker et al.，2011）；"知识生产的透明度"（Leonelli et al.，2015）；"对……透明度的承诺和坚持"（Lyon，2016[①]）；"可审计的研究"（auditable research）（Lyon，2016[②]）；"研究的再现性和同行控制"（Rentier，2016）；"科学的开放和民主化"和"使科学更有效、更透明"（Ramjoué，2015）；"使整个研究过程……尽可能透明"（Scheliga & Friesike，2014）。

可获取性（accessible）："使科学概念……对所有人开放"（Bisol et al.，2014）；"新知识的快速公开发布"（Czarnitzki，Grimpe & Toole，2015；David，2004b）；"新知识的揭示"（David，2004a，Merton，1973[③]）；"结果可在网上免费获取"（de Roure et al.，2010）；"使科学研究……

[①] 作者使用了博尔曼的定义。Borgman., C. L.（2015）.Big Data, Little Data, No Data: Scholarship in the Networked World. Cambridge, MA: MIT Press.

[②] 作者使用了施托等的定义。Stodden, V., Bailey, D.H., Borwein, R.J., LeVeque, W.R., Rider, W., & Stein, W.（2013）. Setting the default to reproducible: Reproducibility in computational and experimental mathematics. ICERM Workshop December 10－14, 2012, Providence.

[③] Merton, R. K. (1973). The Sociology of Science: Theoretical and Empirical Investigations [Storer, N. W. ed.]. Chicago: University of Chicago Press.

面向求知社会的各个层面"（European Commission，2014，2015b）；"在研究过程的早期阶段利用所有可用知识"（European Commission，2016）；"在网上提供数据、科学意见……"（Grand et al.，2016[①]；Grand，2015[②]）；"科学知识应向所有人免费开放"（Hampton et al.，2015）；"公开科学发现"（Dasgupta & David，1994；Ding，2011；Gittelman & Kogut，2003；Jong & Slavova，2014；Mukherjee & Stern，2009）；"公开研究成果"（Lyon，2016[③]）；"科学研究的成果和数据……向所有人开放"（MacLean et al.，2015）；"公开数据集"（Morzy，2015）；"取决于知识的公开"（Mukherjee & Stern，2009）；"研究成果在很大程度上可供潜在创新者使用"（Nelson，2003）；"科学出版物……免费提供，或以极低的边际成本提供"（OECD，2014）；"使主要产出……可公开获取"（OECD，2015）；"完全开放、可检索……研究"（Rentier，2016）；"使……在线研究……能够被更多人免费访问"（Rhoten & Powell，2007）；"使科学研究……能够被访问"（Schmidt et al.，2016[④]）。

　　共享（shared）："共享重要数据集"（Bisol et al.，2014）；"共享新发现和方法方面的知识"（David，1998[⑤]）；"共享和使用所有可用知识"（European Commission，2016）；"共享一切"（Grand，2015[⑥]）；"共享

① 作者使用尼尔森的定义。Nielsen, M.（2009）. Doing science in the open. Physics World, 22,（5），30‑35.

② 作者使用尼尔森的定义。Nielsen, M.（2009）. Doing science in the open. Physics World, 22,（5），30‑35.

③ 作者使用了施托等的定义。Stodden, V., Bailey, D.H., Borwein, R.J., LeVeque, W.R., Rider, W., & Stein, W. Setting the default to reproducible: Reproducibility in computational and experimental mathematics. ICERM Workshop December 10‑14, 2012, Providence. 2013.

④ 作者使用维基百科的定义：https://en.wikipedia.org/wiki/Open_science.

⑤ 作者使用默顿的定义。Merton, R. K.（1973）The Sociology of Science: Theoretical and Empirical Investigations [Storer, N. W. ed.]. Chicago: University of Chicago Press; Merton, R. K. (1996). On Social Structure and Science [Sztompka, P. ed.]. Chicago: University of Chicago Press.

⑥ 作者使用尼尔森的定义。Nielsen, M.（2009）. Doing science in the open. Physics World, 22,（5），30‑35..

科学过程"（Grand et al.，2016）；"更多地共享研究的中间阶段"（Grubb & Easterbrook，2011）；"共享研究活动的新方式"（Labastida，2015）；"承诺并坚持……共享"（Lyon，2016[①]）；"共享拨款提案、研究方案和数据"（McKiernan et al.，2016）；"自由共享数据和想法"（Robertson et al.，2014[②]）；"共享有关新发现及其获得这些发现的方法"（David，1998；Schmidt et al.，2016）；"科学家或研究人员之间共享"（Schroeder，2007）；"共享、代码共享和想法共享"（Wolkovich et al.，2012）。

合作发展（collaborative-developed）："探究的合作性"（Azmi & Alavi，2013）；"更大目的的合作性"（David，1998[③]）；"关于创造……，更普遍的人类知识"（Deng，2011）；"使用基于网络的工具促进科学合作"和"基于合作工作的科学发展新方法……通过使用先进技术和合作工具的网络"（European Commission，2015b）；"基于合作工作……通过使用数字技术和新的合作工具"（European Commission，2016）；"合作与对话"（Grand et al.，2016; European Commission，2015b）；"以合作工作为基础……通过使用数字技术和新的合作工具"（European Commission，2016）；"合作与对话"（Grand et al.，2016）；"虚拟知识创造"（Friesike et al.，2015）；"科学越来越多地通过互联网实现的分布式全球合作进行"（Fry et al.，2009）；"研究人员之间的合作""跨国家、跨学科和跨角色的合作""合作实施开放式研究方式"（Hormia-Poutanen & Forsström，2016）；"过程中多个阶段的合作"（Wolkovich et al.，2012）。

---

① 作者使用了博尔曼的定义。Borgman, C. L.（2015）. Big Data, Little Data, No Data: Scholarship in the Networked World. Cambridge, MA: MIT Press.

② 作者使用尼尔森的定义。Nielsen, M.（2009）. Doing science in the open. Physics World, 22,（5）, 30‑35.

③ 作者使用默顿的定义。Merton, R. K.（1973）The Sociology of Science: Theoretical and Empirical Investigations [Storer, N. W. ed.]. Chicago: University of Chicago Press; Merton, R. K. (1996). On Social Structure and Science [Sztompka, P. ed.]. Chicago: University of Chicago Press.

3. 整合"类属"与"差异"：建议的开放科学定义

研究团队通过整合所获得的"类属"和"差异"，对开放科学做出了如下严谨、综合、与时俱进的定义：开放科学是通过协作网络共享和开发的透明、可获取的知识。

（五）研究结果及其影响的讨论

开放科学定义应该是严谨的，因为它建立在可靠的资料来源之上，包括 Web of Science 核心合集、Scopus 数据库和来自世界各地政府间组织的国际数据库。此外，它还具有综合性，因为它包含开放科学的新兴趋势（见图5），如开放代码（open code）、开放数据（open data）、开放获取（open access）、数据密集（data-intense）、替代声誉系统（alternative reputation systems）、开放笔记本（open notebooks）、开放实验室书籍（open lab books）、科学博客（science blogs）、协作出版书目（collaborative

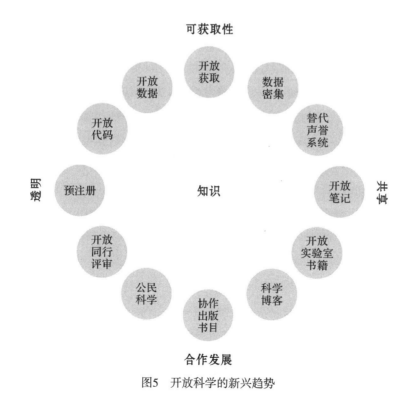

图5 开放科学的新兴趋势

bibliographies）[1]、公民科学（citizen science）、开放同行评审（open peer review）、预注册。这些趋势共享开放科学概念的"类属"和"差异"，并以其"差异"的程度为特征。换句话说，每种趋势都有一个或多个"差异"，例如开放获取：知识（"类属"）可获取（"差异"）。因此，所提出的"开放科学"定义也有助于界定与"开放科学"现象相关的趋势。最后，该定义是与时俱进的，因为它收集了从开放科学现象一开始的所有证据，从默顿（Merton，1973[2]）的原则和价值观、楚斌（Chubin，1985）、达斯古普塔和大卫（Dasgupta & David，1994）、大卫（David，1998，2004a，2004b），到弗里西克（Friesike et al.，2015）、经济合作与发展组织（OECD，2014、2015）、斯库塔和奥西莫（Szkuta & Osimo，2016）、格兰德等（Grand et al.，2016）、尼尔森（Nielsen，2009[3]）、科泰（Cottey，2016）和欧盟（European Commission，2015a，2015b，2015c，2016）的定义。

这一定义有助于科学界、商业界、政界和公民对什么是开放科学有一个共同而清晰的认识。

从学术界的角度来看，所提出的定义有助于在新兴的开放科学研究领域建立一个理论框架。将开放科学概念化为"透明的知识""可获取的知识""共享的知识"和"合作发展的知识"的观测变量，并可以进行测量和评估。因此，通过这四个方面，可以对开放科学进行严格监测，以建立新的理论模型并开展有效研究。

从政策角度来看，该定义有助于就如何设计和制定高效、可靠和有用的政策建议、资助呼吁或工具，以加快开放科学的部署并加强研究和创新体系的公开辩论。在这方面，该定义可能有助于加强2016年5月建立的开放科学政策平台的公开对话，探讨如何制定欧洲开放科学政策。

---

① 译者注：协作出版书目是一种不同于常规出版生产架构的方式，例如创意、出版商、出版物，取而代之的是制作成内容包或者混合版，而无论其出版来源如何，既可以是主题明确的，也可以是开放式的。

② Merton, R. K. (1973). The Sociology of Science: Theoretical and Empirical Investigations [Storer, N. W. ed.]. Chicago: University of Chicago Press.

③ Nielsen, M.（2009）. Doing science in the open. Physics World, 22,（5），30–35.

从企业和公民的角度来看，所提出的定义有助于企业和公民更好地了解开放科学带来的机遇和挑战，特别是在研究和创新管理领域，如版权、奖励制度、商业模式、知识转让机制、公民参与、数字基础设施、质量保证、公平数据共享、出版模式、研究和创新资助、研究成果评估。这一定义可以激发商业战略、行动和实践，换言之，新的合作方式有助于打破开放科学与开放创新之间的隔阂。开放科学可以成为促进负责任的、可持续的和以人为本的研究与创新的驱动力。

五、结论

本文旨在对开放科学现象进行严谨、综合、与时俱进的描述。为此，研究团队采用跨学科方法进行了系统的文献综述。它结合了基于科克伦方法（健康科学）、SALSA 框架（传统上来自社会和经济科学）和亚里士多德的方法（哲学）的综述方案，得出的"开放科学是通过协作网络共享和发展的透明、可获取的知识"的定义，有助于科学界、商业界、政界和公民对什么是开放科学有一个共同而清晰的认识，并引发对这一现象的社会、经济和人文附加值的公开讨论，尤其是在研究和创新管理领域。本研究为开放科学研究这一新兴领域理论框架的发展做出了贡献。然而，本研究存在以下局限性：可能需要从全球已表示致力于开放科学的国家和地区收集更多非英语文献。未来的研究可能会侧重于此。

探讨开放科学现象，以了解人类在 21 世纪面临的机遇和重大挑战，进一步推动研究、探索开放学习、开放科学和开放创新之间的联系，以及它们如何为创建一个新的开放式社会做出贡献，将是非常有意义和有趣的。

参考文献：

Arabito, S., & Pitrelli, N.（2015）. Open science training and education: Challenges and difficulties on the researchers' side and in public engagement. Journal of Science Communication, 14（4）, C01.

Aristotle's Logic. Stanford Encyclopedia of Philosophy, 2015.

Azmi, I. M., & Alavi, R. (2013). Patents and the practice of Open Science among government research institutes in Malaysia: The case of Malaysian rubber board. World patent information. 35 (3), 235–242.

Bisol, G. D., Anagnostou, P., Capocasa, M., et al. (2014). Perspectives on Open Science and scientific data sharing: An interdisciplinary workshop. Journal of Anthropological Sciences, 92, 179–200.

Bond–Lamberty, B., Smith, A. P., & Bailey, V. (2016). Running an open experiment: Transparency and reproducibility in soil and ecosystem science. Environmental Research Letters, 11 (8), 084004.

Booth, A., Papaioannou, D., & Sutton, A. (2012). Systematic approaches to a successful literature review. London: SAGE Publications Ltd.

Brown, C. (2009). Ayresian technology, Schumpeterian innovation, and the Bayh–Dole act. Journal of Economic Issues, 43 (2), 477–485.

Caulfield, T., Harmon, S. H. E., & Joly, Y. (2012). Open science versus commercialization: A modern research conflict? Genome Medicine, 4, 17.

Chesbrough, H., Vanhaverbeke, W., & West, J. (2006). Open innovation: Researching a new paradigm. Oxford University Press on Demand.

Cho, Y., & Choi, H. (2013). Principal parameters affecting R&D exploitation of nanotechnology research: A case for Korea. Scientometrics, 96 (3), 881–899.

Chubin, D. E. (1985). Open science and closed science–Tradeoffs in a democracy. Science, Technology & Human Values, 51, 73–81.

Cook–Deegan, R. (2007). The science commons in health research: Structure, function, and value. Journal of Technology Transfer, 32 (3), 133–156.

Cottey, A. (2016). Reducing ethical hazards in knowledge production. Science and Engineering Ethics, 22 (2), 367–389.

Czarnitzki, D., Grimpe, C., & Pellens, M. (2015). Access to research inputs: Open science versus the entrepreneurial university. Journal of Technology Transfer, 40 (6), 1050–1063.

Czarnitzki, D., Grimpe, C., & Toole, A. A. (2015). Delay and secrecy: Does industry sponsorship jeopardize disclosure of academic research? Industrial and Corporate Change, 24 (1), 251–279.

Dasgupta, P., & David, P. A. (1994). Toward a new economics of science. Research Policy, 23 (5), 487–521.

David, P. A. (1998). Common agency contracting and the emergence of "Open Science" institutions. The American Economic Review, 88 (2), 15–21.

David, P. A. (2004a). Understanding the emergence of 'Open Science' institutions: Functionalist economics in historical context. Industrial and Corporate Change, 13 (4), 571–589.

David, P. A. (2004b). Can "Open Science" be protected from the evolving regime of IPR protections? Journal of Institutional and Theoretical Economics, 160 (1), 9–34.

Davis, L., Larsen, M. T., & Lotz, P. (2011). Scientists' perspectives concerning the effects of university patenting on the conduct of academic research in the life sciences. Journal of Technology Transfer, 36 (1), 14–37.

de Roure, D., Goble, C., Aleksejevs, S., et al. (2010). Towards Open Science: The myExperiment approach. Concurrency and Computation–Practice & Experience, 22(17), 2335–2353.

Deng, F. (2011). Open institutional structure. Quarterly Journal of Austrian Economics, 14 (4), 416–441.

Ding, W. W. (2011). The impact of founders' professional–education background on the adoption of Open Science by for–profit biotechnology firms. Management Science, 57 (2), 257–273.

Dixon–Woods, M., Cavers, D., Agarwal, S., Annandale, E., Arthur, A., Harvey, J., ··· Sutton, A. J. (2006). Conducting a critical interpretive synthesis of the literature on access to healthcare by vulnerable groups. BMC Medical Research Methodology, 6, 35.

European Commission (2014). Boosting open innovation and in the European Union.

European Commission (2015a). Validation of the results of the public consultation on Science 2.0: Science in transition.

European Commission (2015b). Study on Open Science. Impact, implications and policy options.

European Commission (2015c). Impact of Open Science methods and practices on the economics of research and science.

European Commission（2016）. Open innovation, Open Science, open to the world: A vision for Europe.

European Council（2016）. The transition towards an Open Science system: Council conclusions.

Friesike, S., Widenmayer, B., Gassmann, O., & Schildhauer, T.（2015）. Opening science: Towards an agenda of Open Science in academia and industry. Journal of Technology Transfer, 40（4）, 581-601.

Fry, J., Schroeder, R., & den Besten, M.（2009）. Open science in e-science: Contingency or policy? Journal of Documentation, 65（1）, 6-32.

Gittelman, M., & Kogut, B.（2003）. Does good science lead to valuable knowledge? Biotechnology firms and the evolutionary logic of citation patterns. Management Science, 49, 366-382.

Gorgolewski, K. J., & Poldrack, R. A.（2016）. A practical guide for improving transparency and reproducibility in neuroimaging research. PLoS Biology, 14（7）.

Grand, A.（2015）. Open science. Journal of Science Communication, 14（4）, C02.

Grand, A., Wilkinson, C., Bultitude, K., & Winfield, A. F. T.（2016）. Mapping the hinterland: Data issues in Open Science. Public Understanding of Science, 25（1）, 88-103.

Grant, M. J., & Booth, A.（2009）. A typology of reviews: An analysis of 14 review types and associated methodologies. Health Information and Libraries Journal, 26（2）, 91-108.

Grubb, A. M., & Easterbrook, S. M.（2011）. On the lack of consensus over the meaning of openness: An empirical study. Plos One, 6（8）, e23420.

Hampton, S. E., Anderson, S. S., Bagby, S. C., et al.（2015）. The Tao of Open Science for ecology. Ecosphere, 6（7）, 120.

Higgins, J. P. T., & Green, S.（Eds.）.（2011）. Cochrane handbook for systematic reviews of interventions version 5.1.0 [updated March 2011]. The Cochrane collaboration.

Hormia-Poutanen, K., & Forsström, P.（2016）. Collaboration at international, national and institutional level-Vital in fostering Open Science. LIBER Quarterly, 26（1）,

3-12.

Jamali, H. R., Nicholas, D., & Herman, E.（2016）. Scholarly reputation in the digital age and the role of emerging platforms and mechanisms. Research Evaluation, 25（1）, 37-49.

Jong, S., & Slavova, K.（2014）. When publications lead to products: The Open Science conundrum in new product development. Research Policy, 43（4）, 645-654.

Kraker, P., Leony, D., Reinhardt, W., & Beham, G.（2011）. The case for an Open Science in technology enhanced learning. International Journal of Technology Enhanced Learning, 3（6）, 643-654.

Labastida, I.（2015）. The time has come for managing and sharing research data in universities. Journal of Science Communication, 14（4）, C03.

Langlois, R. N., & Garzarelli, G.（2008）. Of hackers and hairdressers: Modularity and the organizational economics of open-source collaboration. Industry and Innovation, 15（2）, 125-143.

Lasthiotakis, H., Kretz, A., & Sá, C.（2015）. Open science strategies in research policies: A comparative exploration of Canada, the US and the UK. Policy Futures in Education, 13（8）, 968-989.

Leonelli, S., Spichtinger, D., & Prainsack, B.（2015）. Sticks and carrots: Encouraging Open Science at its source. Geo-Geography and Environment, 2（1）, 12-16.

Lyon, L.（2016）. Transparency: The emerging third dimension of Open Science and open data. LIBER Quarterly, 25（4）, 153-171.

MacLean, D., Aleksic, J., Alexa, A., et al.（2015）. An Open Science peer review oath. F1000Res, 3.

McKiernan, E. C., Bourne, P. E., Brown, C. T., et al.（2016）. How Open Science helps researchers succeed. eLife, 5, e16800.

Morzy, M.（2015）. ICT services for open and citizen science. World wide web-internet and web information systems. 18（4）, 1147-1161.

Mukherjee, A., & Stern, S.（2009）. Disclosure or secrecy? The dynamics of Open Science. International Journal of Industrial Organization, 27（3）, 449-462.

Nelson, R. R.（2003）. The advance of technology and the scientific commons.

Philosophical Transactions of the Royal Society of London, Series A: Mathematical, Physical and Engineering Sciences, 361（1809）, 1691-1708.

OECD（2014）. OECD science, technology and industry outlook 2014. Paris: OECD Publishing.

OECD（2015）. Making Open Science a reality, OECD science, technology and industry policy papers. Paris: OECD Publishing（No. 25）.

Peters, M. A.（2010a）. Openness, web 2.0 technology, and Open Science. Policy Futures in Education, 8（5）, 567-574.

Peters, M. A.（2010b）. Three forms of the knowledge economy: Learning, creativity and openness. British Journal of Educational Studies, 58（1）, 67-88.

Powell, A.（2016）. Hacking in the public interest: Authority, legitimacy, means, and ends. New Media & Society, 18（4）, 600-616.

Ramjoué, C.（2015）. Towards Open Science: The vision of the European commission. Information Services and Use, 35（3）, 167-170.

Rentier, B.（2016）. Open science: A revolution in sight? Interlending and Document Supply, 44（4）, 155-160.

Rhoten, D., & Powell, W. W.（Eds.）.（2007）. The frontiers of intellectual property: Expanded protection versus new models of Open Science.

Rinaldi, A.（2014）. Spinning the web of Open Science: Social networks for scientists and data sharing, together with open access, promise to change the way research is conducted and communicated. EMBO Reports, 15（4）,342-346.

Robertson, M. N., Ylioja, P. M., Williamson, A. E., et al.（2014）. Open source drug discovery – A limited tutorial. Parasitology, 141（1）,148-157.

Rumrill, P. D., & Fitzgerald, S. M.（2001）. Using narrative reviews to build a scientific knowledge base. Work, 16, 165 – 170.

Scheliga, K., & Friesike, S.（2014）. Putting Open Science into practice: A social dilemma? First Monday.19（9）.

Schmidt, B., Orth, A., Franck, G., Kuchma, I., Knoth, P., & Carvalho, J.（2016）. Stepping up Open Science training for European research. Publica,4（2）, 16.

Schroeder, R.（2007）. E-research infrastructures and Open Science: Towards a new system of knowledge production? Prometheus（United Kingdom）, 25（1）, 1-17.

Shibayama, S. （2015）. Academic commercialization and changing nature of academic cooperation. Journal of Evolutionary Economics, 25（2）,513–532.

Stodden, V.（2010）. Open science: Policy implications for the evolving phenomenon of user–led scientific innovation. Journal of Science Communication, 9（1）, 1–8.

Szkuta, K., & Osimo, D.（2016）. Rebooting science? Implications of science 2.0 main trends for scientific method and research institutions. Foresight, 18（3）, 204–223.

Thanos, C.（2014）. Mediation: The technological foundation of modern science. Data Science Journal, 13, 88–105.

West, J.（2008）. Commercializing Open Science: Deep space communications as the lead market for Shannon theory, 1960–73. Journal of Management Studies, 45（8）, 1506–1532.

Wolkovich, E. M., Regetz, J., & O'Connor, M. I.（2012）. Advances in global change research require Open Science by individual researchers. Global Change Biology, 18（7）, 2102–2110.

（卢宇峥　译）

回答有关开放科学实践的 18 个问题 *

乔治·班克斯（George C. Banks）[1] 詹姆斯·菲尔德（James G. Field）[2]
弗雷德里克·奥斯瓦尔德（Frederick L. Oswald）[3] 欧内斯特·奥博伊尔
（Ernest H. O'Boyle）[4] 罗纳德·兰迪斯（Ronald S. Landis）[5] 黛博拉·鲁
普（Deborah E. Rupp）[6] 史蒂文·罗格尔伯格（Steven G. Rogelberg）[1]
（[1] 北卡罗来纳大学夏洛特分校；[2] 西弗吉尼亚大学；[3] 莱斯大学；
[4] 印第安纳大学；[5] 伊利诺理工学院；[6] 普渡大学）

摘　要

开放科学是一系列促进研究开放性、完整性和再现性的实践；学术期刊、电子邮件群发系统、会议和专业协会正在激烈讨论开放科学的优点，并促进开放科学发展。本文指出并澄清了与开放科学实践（如数据共享、研究预注册、开放获取期刊）相关的主要问题。我们首先对组织研究[①]中的开放科学相关内容进行有意义的一般描述，并采用了问答的形式。通过这种形式，将重点放在具体的开放科学实践的应用上，并探讨开放科学的未来发展方向。最后，我们提出了一系列具体可行的建议，以帮助研究人员、审稿人、期刊编辑和其他利益相关者建立更加开放的研究环境和文化。

关键词：开放科学；科学哲学；有问题的研究实践[②]；研究伦理

---

* 文献来源：Banks, G. C., Field, J. G., Oswald, F. L. et al.（2019）. Answers to 18 questions about open science practices. *Journal of Business and Psychology*, 34, 257−270.

① 译者注：组织研究（organizational research）指研究组织行为、结构、文化和变革等方面的学科。

② 译者注：有问题的研究实践指研究中出现的一些低级违规行为，如选择性地引用自己的成果来提高知名度，也包括更严重的、影响职业生涯的违规行为，如进行多次分析直到得到重要结果，或者明知研究结果后，再去假设实验结果。参与有问题的研究实践会导致假阳性结果增多，最终导致可重复性危机以及对研究过程的不信任。

一项针对 3000 多名来自不同学科的研究人员的大规模全国性调查结果支持了与对研究结果开放分享和评估有关的实践——尽管许多人也表示今天大多数研究人员在实践中偏离了这些理想（Anderson et al., 2007）。这些理想反映在最近促进和发展开放科学实践的高潮中，这些实践指研究结果和材料的开放性、完整性和再现性（Grand et al., 2017；Nosek et al., 2015）。开放科学实践的例子包括免费提供研究材料（例如，数据、测量、实验方案和分析文件）、预注册研究设计（即在数据收集之前注册研究和分析计划）以及提供对期刊内容的开放访问。

为了回应对再现性危机（reproducibility crisis）的担忧（Baker, 2016），学术界以及主流媒体正在激烈讨论开放科学运动及其相关实践（Antonakis, 2017；Bosco et al., 2016；Grand et al., 2018；Hollenbeck & Wright, 2017；Ioannidis, 2005；Simmons et al., 2011；Carey, 2015；Korn, 2014）。尽管正确实施开放科学实践应该能够显著改进科学研究和实践（例如，更高的再现性和可复制性），但一些开放科学实践受到了一定程度的怀疑。例如，一些人认为数据共享可能会威胁到研究参与者的隐私（Gabriel & Wessel, 2013；Wicherts & Bakker, 2012；Wicherts et al., 2006），鉴于出版业目前的商业模式，新的科学传播模式（例如，开放获取期刊）没有吸引力或可行性（有关讨论，请参阅 Nosek, Spies & Motyl, 2012）。此外，还有人建议，可能并不需要许多开放的科学实践，如开放获取数据（Derksen & Rietzschel, 2013；Sliter et al., 2013），并警告说，某些解决方案（例如，研究预注册）可能会限制科学研究的有效性或产生意想不到的负面后果（Leavitt, 2013）。

和许多作者一样，我们在实施开放科学实践方面还有改进的空间——我们希望未来对我们和所有开展组织研究的研究人员来说都是不同的。尽管开放科学实践旨在为科学及其利益相关者带来许多好处（Nosek & Bar-Anan, 2012），但它们被期刊和研究人员采用的比率相对较低（Rowhani-Farid & Barnett, 2016），特别是在组织科学领域，这也许是因为我们提到的上述担忧和怀疑。

因此，关于开放科学运动的有效性和合法性仍然存在许多问题。此外，尽管意识到开放科学实践的存在，但许多研究人员往往不确定应该如何实施开放科学。本文采用问答形式，回答了与开放科学实践的有效性、合法性和应用有关的常见问题。鉴于以前的综述（例如，Banks et al.，2016b；Kepes & McDaniel，2013）探讨了与开放科学密切相关的主题，如有问题的研究实践和发表偏见（publication bias）[①]，缺乏对开放科学实践的专门研讨，这也许可以解释为什么仍然存在这么多关于开放科学实践的问题。因此，本文旨在通过回答18个与开放科学有关的问题，使有关开放科学的辩论成为焦点，并邀请研究人员就开放科学的优点和挑战进行更广泛的讨论。

一、开放科学概述

问题1：什么是开放科学？

开放科学是一个非常宽泛的术语，涉及许多不同的概念，涵盖科学哲学和文化规范，例如科学方法的所有权（即公共性）和科学产出应根据其价值进行评估的原则（即普遍主义）（Anderson et al., 2007），到实施这些规范的具体实践（Nosek et al.，2015），甚至简单到始终遵守特定的引文标准（例如，美国心理学会格式）。开放科学和政策的其他例子包括：（1）共享数据和分析文件以提高研究的再现性（Nosek et al.，2015）；（2）重新定义或明确证明统计显著性阈值的合理性，以允许对研究结果进行更可信的解释（Benjamin et al.，2017；Lakens et al.，2017）；（3）预注册研究和分析计划，以区分验证性和探索性研究（Banks et al.，2016a）；（4）参与可复制性研究以评估科学发现的普遍性（Ethiraj et al.，2016）；（5）取消付费门槛以增加获取科学内容的机会（McKiernan et al.，2016）；（6）改变激励制度，以便研究人员因促进开放科学进展而获得奖励（O'Boyle et al.，2017）。

---

① 译者注：发表偏见指有统计学显著性的研究结果较无显著性意义和无效的结果被报告和发表的可能性更大。在研究者、审稿人或编辑选择论文发表时依赖研究结果的方向和强度产生了偏差，使得出版的过程不是随机事件，因此某些研究的发表受到压制。

总而言之，参与这些类似的实践应该推动科学材料和结果在更大程度上共享、问责，提高研究的再现性和可信度（Nosek & Bar-Anan，2012）。同样，循证管理也将从这些实践中受益，因为从业者将获得更多获取科学内容的机会，从而最终缩小科学与实践的差距（Banks & McDaniel，2011；Schmidt & Oh，2016）。尽管如此，开放科学实践仍然是一个相对较新的概念，因此，许多科学的利益相关者可能不确定其预期的意义、目的和效用。

问题 2：开放科学实践的主要目的是什么？

也许对开放科学实践讨论最多的目的之一是通过防止研究学术不端行为或减少有问题的研究和报告实践来提高研究的开放性、完整性和再现性（有关有问题的研究实践文献的综述，请参阅 Banks et al.，2016a; Banks et al.，2016c; Bedeian et al.，2010; Kepes & McDaniel，2013）。当科学家在提出、执行或审查研究或报告研究结果时进行捏造、伪造或剽窃，就会出现学术不端行为（Office of Science and Technology Policy，2000; Resnik et al.，2015）。尽管科学界学术不端事件的发生率非常低，但即使是一起此类事件也可能对该领域造成极大的影响。

与学术不端相比，有问题的研究实践的常见例子包括压制不重要的发现及其相应的假设，提出事后假设和分析，这些假设和分析具有统计学意义，是已知结果后提出假设（HARKing）（Kerr，1998; O'Boyle et al.，2017），以及挑选合适的指数或进行事后分析（例如，基于模型修正指数），以使结构方程模型结果看起来比实际给定的数据更好（Cortina et al.，2017）。

通过开放科学框架（Open Science Framework，OSF）[①] 或 aspredicted.org 等平台对研究进行预注册和数据的开放共享，可以帮助减少有问题的研究实践的流行。即使是那些善意的作者（Wagenmakers et al.，2012），或者善意的审稿人建议从论文中删除不重要的假设时，这也会导致发表偏见（Banks et al.，2015; Kepes et al.，2012）。研究人员倡导并参与开放科学实践，例如共享数据和用于数据分析的 R 或 SPSS 脚本，主要是为了增加传输率并

---

① 译者注：开放科学框架是免费开源在线平台，致力于支持研究者开展开放的科学研究，提供了一个全面的项目管理工具，包括数据存储、版本控制、共享和协作等功能。

防止或减少有问题的研究实践的出现频率（Banks，et al.，2016a; Kepes & McDaniel，2013; Nosek et al.，2015; O'Boyle et al.，2017; Wicherts et al.，2006）。

问题 3：开放科学实践在消除参与有问题的研究实践方面的效果如何？

由于许多开放科学的实践相对较新，值得注意的是，关于它们在减少有问题的研究实践方面的有效证据有限（有关系统评价，请参阅 Banks et al.，2016c）。然而，我们确实知道，公开共享数据可以减少样本层面的发表偏见以及结果报告偏见（Banks et al.，2015; Kepes et al.，2012）。研究预注册还可以防止发表偏见（Kepes & McDaniel，2013），以及在已知结果后进行假设（Wagenmakers et al.，2012）。新的手稿提交格式，如结果盲审，可以帮助减少已发表文献中偏倚结果的普遍性（Findley et al.，2016）。然而，需要更多的实证研究来评估具体的开放科学实践在解决具体有问题的研究实践方面的有效性（另见本文中的问题 18）。

人们永远无法消除邪恶人物的邪恶行为，开放科学实践更有可能减少善意的研究人员的有问题的研究实践。更重要的是，这种做法可能会出现新的有问题的研究实践类别。例如，人们可能会"预注册"一项已经完成的研究，以确保研究结果引人注目、具有统计学意义、没有出现任何错误。不幸的是，只要这些发现受到高度重视，并且仍然是衡量科学成功的标准，例如工作、晋升、奖励（Banks & O'Boyle，2013），至少一些研究人员将不诚实地继续追求这些价值观。

问题 4：除了减少参与有问题的研究实践，开放科学实践还有哪些好处？

除了减少有问题的研究，开放科学实践还有显著的好处（Schwab & Starbuck，2017）。首先，开放科学可以促进更多合作（Fang & Casadevall，2015）。例如，数据共享可以促进具有相似兴趣的研究人员之间开展更多交流。它还可能产生更有用和有效的元分析评论，如依赖原始数据的项目级元分析（Carpenter et al.，2016）。DOI 的使用将使研究人员能够因共享其数据而获得相应的荣誉。

其次，共享研究设计方案、措施和分析脚本有助于提高研究设计的严谨性（Nosek et al.，2015）以及再现性和复制性研究的成功率（Open Science Collaboration，2015; Schmidt & Oh，2016）。分析脚本应通过确保使用正确的方法来检验研究假设，从而提高所呈现结果的有效性。此外，这些共享资源可以被引用，这使研究人员有更多的机会因其智力贡献而获得荣誉（Nosek et al.，2015）。

再次，开放科学实践可能有助于更好地理解、审查和改进科学过程。通常，传统手稿呈现的是高度简化的研究过程版本，因此许多重要的判断不会被报告。相比之下，预注册材料使所有科学利益相关者更好地了解如何继续改进和修改研究设计和措施（Nosek et al.，2012）。

最后，通过开放获取出版，开放科学交流可以更快、更广泛地传播研究成果（类似于 ArXiv 和 PsyArXiv 的情况，它们是物理、数学、心理学和计算机科学领域数千篇文章的开放电子印刷档案）。目前，付费门槛系统减少了对可用于为循证管理提供信息的科学结果的访问机会。因此，这不仅扩大了科学与实践的差距（Banks et al.，2016b），而且对那些希望解决这一问题的人构成了障碍。提供期刊内容开放访问的在线存储库提供了一种克服这一障碍的方法，并有助于避免压制具有不显著效应（null effects）的研究，这将有助于元分析研究（Kepes & McDaniel，2013）和更清晰地了解科学。总而言之，开放科学可能会提高研究的质量和可信度，部分原因是减少了某些有问题的研究实践（Bedeian et al.，2010; O'Boyle et al.，2017），还有部分原因是更积极和富有成效的研究文化以及对已发表结果背后的科学过程的更多分享和理解（Schwab & Starbuck，2017）。

二、开放科学与零假设显著性检验

问题 5: 为什么如此多的开放科学实践集中在零假设显著性检验的问题上？

零假设显著性检验（null hypothesis significance testing，NHST）是许多研

究领域中根深蒂固的范式。在该范式中，几十年来，统计显著性（statistical significance）一直是衡量科学发现价值的主要指标（Lykken，1968）。然而，具有统计显著性的研究发现并不意味着理论和方法是适当的；相反，一个没有统计学意义的研究发现并不一定是有缺陷的理论或方法。

正确应用零假设显著性检验本身并不像其他统计技术那样缺乏透明度，但在我们涉及零假设显著性检验的大多数研究中都出现了透明度问题（O'Boyle et al.，2017; Schmidt & Hunter，2015）。例如，研究人员可能会选择 p 值黑客，通过事后排除数据将统计学上不显著的结果转换为统计学上显著的结果（Banks et al.，2016a; Bedeian et al.，2010），但我们没有看到研究人员这样做，我们只是在事后推断。此外，研究人员可以选择性地使用能够产生具有统计学意义结果的控制变量（John et al.，2012; O'Boyle et al.，2017）；同样，如果有的话，我们可能只有在事后才能理解这一点。研究人员也可以选择性地停止数据收集，在收集数据时查看数据，一旦零假设显著性检验产生具有统计学意义的发现，就停止数据收集。这些做法可以使人们相信零假设显著性检验激发了有问题的研究实践，因此可能与开放科学不一致。

许多研究人员在拒绝零假设是发表论文的关键这种假设中开展科研工作（Sterling et al.，1995）。在某种程度上，如果守门人（gate-keepers）不恰当地使用 p 值作为研究质量的替代指标，那么奖励体系（例如，出版物、职称职务、终身教职）激励的是具有统计意义的结果，而不是理论逻辑和严格、适当的研究设计。通过强调研究结果的重要性，开展和共享研究的方法或过程被削弱（Grand et al., 2018），而后者对开放科学实践至关重要。

重要的是，零假设显著性检验本身并不一定与开放科学原则背道而驰；相反，研究人员隐瞒其研究行为的某些方面最终会使该方法无效。数据挖掘、事后模型重新规范与交叉验证，以及探索性发现都是完全合适的，并且在适当的探索和未来有复制性研究需求的背景下可能产生重要的发现（Jebb et al.，2018）。然而，忽视或歪曲发现的基本过程违反了透明这一开放科学的核心原则。

问题 6：我们如何将现有的零假设显著性检验技术与开放科学实践结合起来？

研究人员、审稿人和编辑 / 期刊可以采取一些关键步骤，使当前的零假设显著性检验实践与开放科学保持一致。重要的步骤包括（但不限于）改变期刊关于数据共享的政策（O'Boyle et al.，2017）、对审稿人进行适当的培训（Cortina，2015）、鼓励编辑征求归纳导向的研究（Woo et al.，2017）。关于后一点，可以测试的模型是连续的，范围从高度归纳或推测[1]到高度演绎[2]，再到介于两者之间的某种模型[3]。所有这些模型都可以推动科学发展并增进我们对研究发现的理解。与其重复这些呼吁，不如将重点放在研究人员可以采取的行动上。

首先，开放科学倡导者多年来一直建议，预注册研究假设和研究问题可以降低已知结果后提出假设的发生率（Wagenmakers et al.，2012）。与传统的研究设计相比，预注册鼓励研究人员在开展研究之前花更多时间规划研究。具体来说，预注册鼓励研究人员先验地提出理论及其相应的假设和措施，以及预期的边界条件，这可能有助于减少已知结果后提出假设和 p 值黑客现象。

其次，使用零假设显著性检验时需要考虑的一个基本因素是统计功效（statistical power）[4]。然而，正如我们的顶级期刊上报告先验功效分析结果的低比率所证明的那样，在数据收集之前，人们很少关注样本量的要求（Bakker et al.，2012; Cashen & Geiger，2004; Maxwell，2004），现在一些资助机构（例如，美国国家卫生研究院）的要求也是如此。博斯科等（Bosco et al.，2015）已经证实，大型开放获取数据存储库能够生成特定背景下的统计功效估值。

---

[1]　例如，双尾检验（two-tailed tests）、探索性因素分析（exploratory factor analysis）。

[2]　例如，基于收敛 / 判别效度的假设模式（based on hypothesized patterns of convergent/discriminant validity）、结构方程模型（structural equation models）。

[3]　例如，整合定性和定量方法的混合方法、在方差分析或非劣效性测试中进行广泛的计划对比（conducting broad planned contrasts in ANOVA or non-inferiority tests）。

[4]　译者注：统计功效指在统计假设检验中，正确拒绝原假设的概率，是用来评估一个研究设计是否具有足够的敏感性来检测实际效应的指标。

最后，在研究感兴趣的问题时提供测试和探索变量的完整数据集。研究人员如何拥有非常广泛的变量，例如在大型档案和具有全国代表性的数据集中发现的变量是激发以上做法的动力。这些变量中只有一些与研究人员的先验假设相关，其他变量仍可能以探索性的方式作为事后"保险"的一种形式，以检测具有统计学意义的关系或模型。也就是说，如果先验假设没有得到证实，也许它们会被重新构建，并用数据集中可用的其他数据进行事后重新测试（即"得州神枪手谬误"[①]方法，参见 Biemann，2013）。

应该鼓励研究人员（在隐私问题允许的情况下）分享他们在当前提交的论文中使用的完整数据集，并明确区分先验假设和事后探索。只要数据是透明的，就可以探索数据了。为了支持以上做法，许多期刊现在鼓励所有投稿论文都提交一个数据透明度表，列出数据集中包含的所有变量，以及所有使用／报告数据的研究项目／论文（详见 http://www.apa.org/pubs/journals/apl/data-transparencyappendix-example.aspx）。

问题 7：其他分析方法能否解决"有问题的研究实践问题"并减少对开放科学的需求？

从使用零假设显著性检验过渡到贝叶斯方法（Bayesian approach）、机器学习方法或任何其他方法可能有助于解决一些有问题的研究实践（例如，机器学习侧重交叉验证，以避免利用偶然性的结果）。然而，这将会出现新的问题（例如，机器学习的预测成功可能无法得到实质性的解释），并且研究人员总是有动力去改变自己的发现。例如，人们可以从 p 值的统计显著性转向贝叶斯因子中反映的实际意义，但贝叶斯因子也可以被"已知结果后提出假设"（Banks et al.，2016a），并且它们通常与已发表的研究中的 p 值高度相关（Wetzels et al.，2011）。

无论研究人员使用贝叶斯方法还是频率方法（frequentist approaches），

---

① 译者注："得州神枪手谬误"（Texas sharpshooter fallacy）是指在大量的数据／证据中刻意地挑选出对自己的观点有利的数据／证据，而将其余对自己不利的数据／证据弃之不用。"得州神枪手谬误"一词源自一个典故：有个得州人朝着自己的谷仓射了许多子弹，在弹孔最密集的地方画一个圈，然后自称是神枪手。

主要问题是数据和结果的透明度和准确性，这两者都可能在任何研究实践框架下受到威胁。再举一个例子，如果我们都是定性研究人员，仍然需要开放科学来帮助判断研究人员是否真正允许主题编码从现存的数据中浮现，而不是将主题编码强加于不存在的数据（Banks et al., 2016a；O'Boyle et al., 2017）。在开放科学范式下，所有可接受的方法和统计技术都是可行的，只要它们以适当和透明的方式开展并报告。

三、具体的开放科学实践的应用

问题8：研究预注册、注册报告（registered reports）和结果盲评（result-blind reviews）之间有什么区别？

当研究人员通过独立机构（例如开放科学中心）独立登记研究问题、假设、设计和分析计划时，就产生了研究预注册。在社会科学领域，这种预注册（见 https://cos.io/prereg/）通常不是公开的（因此，研究人员不必担心他们的想法被盗或被"抢先公开"），研究人员可能会在提交的手稿中包含匿名链接，供常规的同行盲评使用。相反，在注册报告（见 https://cos.io/rr/）中，研究人员向期刊提交了研究计划（例如，引言和方法部分）。经过修改和重新提交，期刊可以原则上接受该研究，并表明只要研究人员按照研究计划完成研究，该研究将被发表。最后，在结果盲评（LeBreton，2016）中，研究人员向期刊提交了一项已经完成的研究成果。但是，评审人无权访问结果和讨论部分。因此，审稿人的评审侧重研究的理论、实践贡献以及方法学的严谨性，而不会受到研究结果的潜在偏见影响。因此，这些综述在科学上更有效，并且更接近稳健的科学学科（scientific discipline）[①]标准。

问题9：研究的预注册在多大程度上降低了创造力、灵活性并阻止了偶然的发现？

有人认为，开放科学实践如研究预注册或相关措施（例如，预注册和对手稿的预先数据审查）可能会阻止科学发现的自然过程（Leavitt，2013）。

---

① 译者注：科学学科是指研究特定领域的科学知识和方法的学科。

这种说法基于以下观点，即编辑和审稿人可能并不总是支持探索数据的研究人员（Locke，2007；Spector et al.，2014）。如果研究人员预注册研究设计和研究分析计划，审稿人和编辑将能够更清楚地区分先验分析和事后分析，这种观点是有道理的。因此，作者可能会认为对其数据的任何探索都可以被合理地披露，但又担心审稿人不会支持前瞻性的定量和定性分析。

我们应当努力缓解科研人员的这种担忧。任何熟悉研究过程的人都知道，在研究内部和跨研究之间，研究既是理论驱动的，又是开放的探索，有时区别会伴随着研究过程而显现出来，而不是事先就已知的。仅举三个例子：（1）在进行研究之前，一个机构可能会向研究人员提供所测量的变量名，但不会提供获得这些变量测量结果的具体内容或数据来源；（2）在计划开展研究之前，可能不会准确地描述研究样本和样本总量，这可能是因为在进行研究之前，不确定机构和人员的参与情况；（3）从数据中产生新的机会，这些数据在研究的早期阶段是不可能预料到的（例如，有消息称将结合原始数据计划收集额外的调查数据）。作者、编辑和审稿人应该与这一现象作斗争。作者应该自由地描绘一个不完美但真实的现实（Hollenbeck & Wright，2017），当有很多细节时，他们应该在线补充材料。编辑和审稿人应该对正在评审的研究持批评态度，但不要阻碍诚实并透明地描述研究。

问题 10：研究预注册有什么好处？

在科学研究中，预注册在很多方面都是计划的同义词。在预注册科研项目时，研究人员会计划并分享所有与将要进行的研究相关的知识（例如，先前理论和当前假设的摘要，以及相关的测量方法、操作过程、样本或抽样计划和分析）。预注册类似于拨款建议书——而且就像拨款建议书一样，预注册研究可能会受到同事和其他专家的审查，他们可以在研究开始耗费资源之前提出改进建议。这也许是预注册最重要也是最被低估的贡献。

预注册的第二个好处在于透明地披露研究的验证性与探索性的方面，并在两者之间划清界限（Kepes & McDaniel，2013; Simmons et al.，2011）。验证性和探索性研究都可以在预注册时说明，但是，研究人员有义务在预注册后说明设计和分析中的任何额外变化都是探索性的。因此，预注册有助于研究人员避免后见之明偏误（hindsight bias）和确认偏见（Antonakis，2017; Nuzzo，2015; Wagenmakers & Dutilh，2016）。

第三个好处是，编辑和审稿人对研究的整个背景和进展情况有了更好、更严格的了解后，有望更容易接受被认为是更具探索性或偶然性的研究结果（Hollenbeck & Wright，2017）。显然，归纳研究有希望带来理论进步，并为演绎研究提供新的思路（著名例子见 Bandura，2001; Locke，2007）。因此，总的来说，预注册研究有很多好处，应予以鼓励。

问题 11: 共享数据的好处是什么？

在互联网时代，数据共享和存档似乎是促进科学研究（以及共享分析代码）十分必要的活动。数据丢失的原因包括人为错误（即未能正确存储原始数据）和软件或硬件过时（即数据存储的格式或系统已无法访问）。事实上，有证据表明，未共享的数据在各科学学科中的丢失率惊人（Wicherts，2016），这强烈表明在线存储数据是为了保存数据。遗憾的是，数据丢失会造成科学文献的空白，从而威胁用于积累科学知识和指导循证实践的元分析和其他统计程序的有效性。

为解决这一问题，可以发展一种强有力的数据共享文化，以减少各种有问题的研究实践（Tenopir et al.，2011），也为未来可以利用共享数据或以其他方式受到共享数据启发的研究带来下游效益（down-stream benefits）（Wicherts & Bakker，2012）。此外，如前所述，为共享数据集附加 DOI 的期刊可以提高作者的知名度和引用率（见 http:// journals.plos.org/plosone/article?id=10.1371/journal.pone. 0000308）。

问题 12：为什么研究人员会对共享数据犹豫不决？

研究人员和其他科学利益相关者不共享或不支持共享研究数据可能有几个原因：一是数据很难收集；二是数据的灵感来自研究人员自己的想法；三是数据是科研界的一种财富和竞争优势。所有这些因素都可能让研究人员认为共享数据意味着"放弃"数据（Savage & Vickers，2009）。此外，还有更多可以证明不共享数据是合理的理由。首先，共享某些类型的数据可能会暴露某些研究参与者的身份（相关讨论见 Gabriel & Wessel，2013）。例如，收集出生日期、性别和邮政编码信息就足以识别 87% 的美国居民（Tanner，2013）。从本质上讲，被认为是匿名的数据有时会与其他现有数据配对，从而暴露参与者的身份。在大数据世界中，发生这种情况的可能性只会不断增加。此外，研究人员也可能犯错，没有编辑身份信息（例如，在开放式评论中提到公司名称）。因此，共享数据存在一定风险。

其次，如果数据必须与第三方共享，机构可能不太愿意共享专有信息（Wicherts et al.，2006），特别是考虑到员工或企业信息可能被泄露（Jones & Dages，2013），以及国内和国际隐私法，如《健康保险流通与责任法》（HIPPA）、《通用数据保护条例》（GDPR）、《家庭教育权利和隐私法》（FERPA）、隐私保护盾（Privacy Shield）的限制。就像研究人员一样，组织机构可能也不想放弃他们投入了大量精力的数据集所带来的竞争优势。因此，研究人员往往需要签署保密协议，以换取分析和解释组织机构数据的机会。如果研究工作要求完全透明和数据共享，那么组织机构可能会觉得有理由选择不参与研究。例如，数据共享可能会带来法律责任问题，因为组织的免费数据可能会被追溯发现并用作诉讼证据。即使只是出于担心会因为数据被传唤，法律部门也往往会拒绝聚焦多样性的研究计划。因此，这种更高的标准有可能使多样性学者（diversity scholars）获取实地数据变得更加困难。

再次，另一种担忧是研究人员担心他人发现自己研究中的缺陷（Nosek et al.，2012）。批评是科学话语和进步的核心，但批评也可能对研究人员声誉或可信度产生负面影响。此外，研究人员可能会担心在未来的研究中，他们共享的数据会被误用或以非预期的方式使用（Tenopir et al.，2011）。

最后，编辑和出版商可能会因为惰性、对期刊影响因子的担忧、对工作量增加或缺乏资源支持此类政策（例如，需要管理数据共享流程）的担忧，而对管理数据共享犹豫不决。总之，"并非所有数据都可以共享""共享数据可能会带来负面影响"等说法是有道理的。但要明确的是，这并不是说我们不能改进研究、组织机构和出版界的数据共享政策。

问题 13：如何应对数据共享带来的挑战？

许多数据共享方面的问题可以通过谨慎地执行政策来解决。例如，数据共享的默认方式可以是有选择性地共享，但作者可以向期刊编辑提供不共享数据的正当理由。作为折中方案，期刊可允许作者在论文被录用后申请一个不共享数据的时间窗口，期限从几个月到几年不等，这样作者就有充足的时间在需要和合适的情况下重新使用数据。要求作者在共享数据前仔细去标识化和对数据进行注释，也可以消除未来研究人员对数据滥用的担忧（Wicherts et al.，2011）。详细的数据注释和对数据将被共享的了解还能提高正在进行的科研工作的质量，减少未来更正和撤回稿件的频率，从而提高科学的可再现性（Nosek et al.，2015）。简而言之，我们不应该妄下结论，认为所有数据——甚至任何特定的数据集——都可以或不可以共享。一般来说，需要根据开放科学、编辑政策以及数据和研究本身的性质等共同关注的问题进行慎重考虑。

目前，许多期刊都没有制定明确的书面数据共享政策，但它们应该制定这样的政策（Banks et al.，2016a，2016c; Nosek et al.，2015）。通常情况下，期刊只要求研究人员遵循科学和专业协会提出的标准，如美国心理学会的《出版标准》（Publication Standards），该标准要求作者"在研究发表后至少五年内提供数据，以便其他有资质的专业人士确认分析和结果……"（American Psychological Association，2010，第12页）。隶属于美国心理学会的期刊要求作者签署一份合同，保证将数据提供给同行以验证研究结果（Wicherts et al.，2011）。然而，在一项著名的研究中，141名心理学研究人员被要求提供12个月内在美国心理学会出版物上发表的论文的数据。尽管有27%的研究人员至少分享了部分数据，但其余研究人员均未达到要求（Wicherts et al.，2006）。因此，即使是提倡数据共享要求的期刊，目前在遵守数据共享要求方面也存在问题。期刊不仅应制定正式的政策并强制执行，还应鼓励作者并激发作者分享数据的意愿（甚至在投稿时也应如此，以便审稿人核实分析是否有帮助，但这种做法很少见）。例如，期刊可以提供一个用户友好的界面，让作者在提交原始稿件时上传数据（例如，参见 https://www.aeaweb.org/journals/policies/data-availability-policy）。

我们建议有关负责任研究行为（responsible conduct of research，RCR）的机构培训更明确地关注隐私问题，包括数据隐私。美国所有研究机构都提供负责任研究行为培训，联邦资助机构要求这种培训侧重教授去标识化和聚合法（aggregation methods），这样研究人员就能更好地保护参与者身份，从而更容易通过数据共享促进开放科学。对于那些永远无法共享原始数据的作者，至少可以培训他们使用去标识化和聚合法，这样仍然可以实现有用的数据共享。例如，组织可能会禁止共享个人层面的数据，但仍可提供重现分析所需的所有信息，如描述性统计、相互关系和可靠性估计。项目层面和分组层面的统计数据也可作为在线补充材料提供，以满足重现所有分析的需要。

问题 14：开放获取出版如何影响出版商和其他利益相关者的活动？

向开放科学模式转变已经引起了存在于出版商和科学消费者之间的商业模式的经济变化，如研究人员、从业人员、大学图书馆、专业协会和学会（Nosek et al.，2012）。然而，出版商仍然担心，一旦出现影响深远的巨大转变，他们将失去财务控制权。事实上，科学出版业在 2014 年创造了约 127 亿美元的收入（Healy，2015），而期刊订阅通常被认为是许多拥有或赞助期刊的出版商和专业协会的主要收入来源。例如，2014 年，美国心理学会和美国管理学会（AOM）的出版物销售收入分别为 13662191 美元和 3063708 美元（Internal Revenue Service，2014）。重要的是，这分别占两个协会当年总收入的 10.5% 和 25.4%。这些专业协会提供的许多重要活动和服务，包括会员的专业发展，部分资金来自这些收入。

与音乐产业类似，开放科学运动可能会对这些收入来源产生负面影响（Nosek et al.，2012），除非出现更大的创收创新。例如，为了维持运营，期刊可能会向发表研究成果的作者收取开放获取费用。这对于在资助申请书中为此类费用已作预算的研究人员来说可能是可以接受的，但开放获取收费可能会歧视学生、大学之外的研究人员以及资金不足的学术部门。此外，印刷科研论文只是期刊出版商需要做的至少 96 项工作之一（Anderson，2016）。除出版外，他们还管理和保护订阅者记录，进行 DOI 注册和检索引擎营销，维护电子商务系统、编辑稿件、检查剽窃行为、应对法律诉讼，并从事产品营销和市场研究。从订阅和出版物销售中获得的收入可能会支持其中的许多工作。在开放科学模式下，这些收入可能会减少或消失，这会威胁到出版商为客户提供同等水平服务的能力。

综上所述，许多开放科学实践最终可能会惠及期刊、出版商和专业协会。例如，与付费期刊相比，开放获取期刊可能更有市场、更有用、能吸引更多从业者。开放获取期刊可能会增加访问量、提高知名度和忠诚度。

四、开放科学研究的未来发展方向

问题 15：开放科学实践的主要缺点是什么？

支持开放科学的建议（在大众媒体和学术文献中）可能非常有说服力（Banks et al.，2016c; Nosek et al.，2015）。事实上，开放科学实践为所有利益相关者提供了改善科学行为和交流的绝佳机会。开放科学侧重研究过程，例如，提高透明度、预先登记研究结果和共享数据。然而，开放科学并非灵丹妙药，无法解决当代研究中固有的所有问题。

第一，开放科学本身并不能完全解决严谨性或相关性问题（Vermeulen，2005）。开放科学的重点在于对研究方法进行全面、透明的解释，并共享所有观测数据。虽然这些做法可以提高其他研究人员理解甚至复制研究的能力，但它们只能部分解决原始研究的质量问题。如果研究使用的方法不够充分或不够理想（例如，有偏差的抽样、依赖单一来源的数据检验复杂的关系、使用横截面数据检验因果预测），那么迄今为止的开放科学实践将不会大幅提高文献质量。换句话说，开放科学并不总是更好的科学，尽管多开展实验室研究和预注册可能会改善科学。同样值得注意的是，开放科学并不直接关系到研究内容。具体来说，开放科学并不总是有用的科学。也就是说，开放科学并不能直接解决这样一个问题：在理想情况下，研究人员应该将时间和智慧投入需要承担风险的研究领域，但总体而言，他们有合适的机会为集体知识做出有意义的贡献，从而为实践提供信息并改善社会状况（Banks et al.，2016b）。

第二，与第一点密切相关的是，开放科学本身并不能直接解决或提高统计能力。众所周知，许多研究存在统计能力不足的问题（Bakker &

Wicherts，2014; Maxwell，2004; O'Boyle et al.，2018）。预注册和对统计功效的授权要求可以解决这个问题，在一系列研究中，试图用更大的样本更有力地复制研究能力不足的研究也是如此（Donnellan et al.，2015）。

第三，对某些开放科学实践的可行性和实施存在合理的担忧。例如，在出版流程中实施注册报告模式既不容易，也不是免费的。鉴于各种成本（例如，专门负责实施变革的人员、制定新政策所需的时间、改变稿件处理系统所需的资金、教育相关人员和应对阻力或其他后果所需的认知和动力资源），这种偏离期刊常规做法的替代出版途径可能会遭到出版商、编辑、审稿人和作者的抵制。可能还有人担心，在大规模建立开放科学文化以确保投资回报之前，不应该对开放科学进行高额投资。但这对该领域来说显然是一个先有鸡还是先有蛋的问题。使问题更加复杂的是，影响因子高的著名期刊的编辑可能很少有动力去改变他们的系统，这样做既有现实上的抑制因素，也有主观上的抑制因素。

第四，"意外后果定律"（law of unintended consequences）表明，改变我们获取和分享知识的系统会导致其他问题和不正常的激励机制。例如，如果我们鼓励研究人员通过不同的途径发表作品，一些个人和机构可能会处于不利地位。影响因子高的期刊可能不会那么快接受开放科学，但无论是在终身教职和晋升决策中，还是对学院和大学在国家研究生产力方面的排名中，有可能继续被视为"黄金标准"。因此，鼓励研究生和初级研究人员另辟蹊径，分享自己的研究成果，几乎不可避免地意味着会减少职称晋升和获得终身教职的机会，除非开放科学文化是一种机构和专业文化，而不仅停留在期刊内部，在这种文化中，高质量的出版物很重要，无论出现在何处都会被引用。但是，如果没有"精英"期刊作为标识，消费者甚至研究人员自己很难快速辨别或审查高质量的研究。此外，我们也知道，优秀的研究成果远非"精英"期刊所能容纳。即使在我们的"精英"期刊中，过度依赖统计显著性和 p 值黑客也会对科学产生负面影响。引用率和刊物级别是衡量研究质量的有用指标，但并不完善，我们应继续寻找更好的方法来识别和奖励高质量的学术成果（Nosek et al.，2012）。

问题 16: 采用开放科学实践面临哪些挑战?

尽管这个问题有许多答案，但有两个答案值得讨论。首先，开放科学的提供者（即参与开放科学的个人或实体）面临着许多技术障碍，这些障碍可能会进一步削弱社区层面的参与（Janssen et al., 2012）。开放科学实践的提供者和使用者所面临的最大双边技术障碍可能是缺乏支持性基础设施（Janssen et al., 2012）。这样的基础设施可以链接到期刊出版商的网页，允许研究人员提供他们的数据集、分析脚本以及详细说明研究重要决策规则的文档。开放科学框架（OSF）提供了一个在线平台，研究人员可以在该平台上创建项目页面并提供相应的研究材料（如数据集、分析脚本），开放科学框架正在努力扫除这一障碍。尽管开放科学框架做出了这些努力，并进行了大量的推广工作，但许多研究人员并不知道这一开源架构（open-source architecture）的存在，也不知道它能如何惠及他们的研究、声誉以及整个科学记录（scientific record）。在开放科学实践成为许多研究领域的行为规范之前，可能需要对研究生开展大量的教育和培训。

其次，重要的是要考虑向开放科学模式转变可能带来的法律后果，以及开放科学实践可能如何影响政策变化（Friesike et al., 2015）和知识产权商业化（Caulfield et al., 2012）。与此同时，公众对研究不当行为事件的强烈抗议（Bhattacharjee, 2013）也促使一些政府机构对被发现参与研究不当行为的科学家采取行动（McCook, 2016）。然而，我们注意到，联邦政策的制定和改变是缓慢的，而自下而上的改变可能是快速和颠覆性的。

问题 17: 为促进开放科学实践采取了哪些主要措施?

尽管开放科学运动面临诸多挑战，但在某些科学领域已经取得了一些重要进展（Nosek & Bar-Anan, 2012; Nosek et al., 2012）。例如，近期的倡议包括前面提到的开放科学中心及其预注册挑战（https://cos.io/prereg/）。这一举措的主要目的是让研究人员区分验证性和探索性分析，以保持统计推论的有效性。第二个例子是《编辑道德规范》（Editor's Code of Ethics）（http://editorethics.uncc.edu/），它代表了一套标准，旨在对期刊编辑的行为方式以及研究的质量和诚信产生积极影响。与此相关，出版伦理委员会（Committee of Publication Ethics，COPE，http://publicationethics.org/）组建了一个论坛，就如何处理研究不当行为向编辑和出版商提供建议。

此外，"促进透明度和公开性（Transparency and Openness Promotion，TOP）指南"（Nosek et al., 2015）（以下简称 TOP 指南）是一套模块化标准，期刊可以全部或部分采用这些标准，作为推动科学交流走向更强的公开性的一种手段。在撰写本文时，已有 5000 多种期刊以及四大出版商中的三家（爱思唯尔、施普林格 – 自然、威利）签署了 TOP 指南。此外，还有数据和其他定量存储库，如 metaBUS（http://metaBUS.org; Bosco et al.，2015），可用于在效应量水平上集中科学发现和元数据以促进文献检索和元分析。最后，开放科学网格（http://open sciencegrid.org/; Pordes et al.，2007）是一种多学科合作伙伴关系，为美国的研究提供高吞吐量计算。2016 年，它为各种项目的研究人员提供了 12 亿个中央处理器（CPU）小时数。

有证据表明，开放科学实践的普遍性可能正在增加（Munafò et al.，2017），例如，社会科学领域的一些期刊现在提供了发表论文的其他途径（见 LeBreton，2016；https://osf.io/8mpji/wiki/home/）。其他期刊则提供奖励（如徽章）以表彰那些参与开放科学实践的人（Eich，2014；Grahe，2014）。此外，自 2008 年以来，全球发表的开放获取文章的比例在相对数字和绝对数字上都在持续增长（Butler，2016）。

问题 18：未来与开放科学实践有关的研究方向是什么？

在时间和资源有限的情况下，哪些开放科学工作值得优先考虑和投资？未来有关开放科学实践的实证研究可以有针对性地衡量各种方法的有效性。这些开放科学实践和优先事项的应用不会千篇一律，这其实是件好事，因为这种变化就像一系列自然实验。开放科学建议可鼓励所有期刊制定数据共享政策，至少鼓励部分期刊要求数据共享（允许例外）。也许所有期刊都会参与某些开放科学实践，从而为我们的领域带来积极效益（Nosek et al.，2015）。但我们的观点是，这些益处可以通过跨组织期刊的纵向准实验框架来衡量。开放科学改进了研究，其本身也可以通过应用自身的实践进行研究。

五、帮助我们迈向开放科学领域的可行建议

本文回答了与开放科学行为有关的 18 个问题，使人们对组织研究中面临的问题有了更深入的了解。然而，有了更深入的了解并不能回答这个关键问题："我如何参与开放科学行为？"下文将回答这个问题。

（一）一般建议

首先，我们鼓励研究人员访问开放科学中心（Center for Open Science）的网页（https://cos.io/），熟悉其广泛且不断增加的产品和服务清单（如培训计划）。事实上，开放科学运动的出现和发展带来了许多旨在与该运动目标保持一致的平台。例如，https://aspredicted.org/，像开放科学中心一样，提供预注册服务，如前所述，该服务旨在区分探索性分析和验证性分析。也就是说，开放科学中心为研究人员提供了一种综合方法，使他们能够预注册研究、共享相应的数据文件和分析脚本，以及出版后续研究产品的预印本。此外，开放科学中心还提供对综合培训材料库的开放式访问。培训材料库中包含数十个视频教程，介绍如何成为开放科学运动更积极的贡献者（例如，在开放科学框架下进行预注册，见 https://cos.io/our-services/training-services/cos-training-tutorials/）。综上所述，我们认为，开放科学中心是组织研究人员最有价值的资源，他们希望提高在开放科学实践中的参与度。

其次，我们建议研究人员考虑共享至少一部分数据文件和分析脚本，以造福研究界，尤其是那些不仅有助于开展可复制性研究，而且研究人员认为对其工作流程不可或缺的资料。通过开放科学框架平台（见 https://osf.io/）创建公共项目网页，可以方便地共享材料和预印本，这反过来又允许访问 Dropbox（见 https://dropbox.com）和 Github 等其他平台。值得注意的是，预印本可以通过开放科学框架平台的扩展功能创建（见 https://osf.io/preprints/），这样就可以将手稿与相应的研究资料无缝链接。此外，预印本会被分配 DOI，这意味着它们可以积累引用次数，从而提高研究人员的知名度。

最后，我们建议研究人员发展开放科学同行网络，这可以通过联系开放科学中心大使来启动。目前，全球有 200 多名开放科学中心大使，具有开放科学中心、开放科学框架、研究透明度和可重复实践等方面的本地信息资源。他们中的许多人都拥有本文所讨论的开放科学实践（如研究预注册、数据共享等）方面的经验，可以向研究人员介绍与每项实践相关的挑战。

（二）详细建议

表 1 介绍了一些更详细的建议，聚焦个人和集体层面改进开放科学行为的具有挑战性但又具体的未来目标。第 1 栏介绍了建议的目标利益相关者；第 2 栏至第 4 栏按照诺塞克（Nosek et al., 2015）提出的分阶段方法，介绍了逐步改进开放科学实践应用的步骤。

表 1　实施和评估开放科学实践的可行性建议

目标利益相关者	第 0 步	第 1 步	第 2 步
作者	·在接下来三项研究中，预注册为零 ·在您未来的论文中不对数据的可用性做任何陈述	·在今后的三项研究中至少预注册一项研究（https://cos.io/prereg/） ·在今后提交的所有论文中说明是否可应要求提供数据（和分析代码）	·在接下来的三项研究中至少预注册两项研究 ·在您今后发表的所有论文中，提供一个您的匿名数据和语法的在线链接（https://osf.io/4znzp/wiki/home/）
编辑	·不在期刊网站上发布有关研究预注册的声明 ·不在期刊网站上发布数据共享政策 ·不改变当前的同行评审程序	·发布一项政策，说明预注册可提高研究质量 ·发布鼓励共享数据和分析代码的政策 ·每三年至少出版一期特刊，在一定程度上评估同行评审过程的有效性（请参阅 TOP 指南 https://cos.io/our-services/top-guidelines/）	·积极征集预注册的稿件 ·要求公开所有数据和句法（syntax），除非道德规范不允许（见 https://osf.io/4znzp/wiki/OSF%20for%20Journals/） ·参与评估同行评审制度有效性的实验和评估工作

续表

目标利益相关者	第0步	第1步	第2步
出版商	·保持当前的出版惯例 ·未说明开放科学实践	·考虑如何削减出版成本(如仅在线出版),以符合开放科学原则的方式合理转变商业模式 ·为期刊编辑提供试行开放出版实践所需的自主权	·设定开放获取的目标日期,并要求作者支付开放获取的费用。这将有效地终止图书馆订阅的制度。大学只需重新分配图书馆订阅费用,即可用于出版开放获取文章 ·展示能够说明开放科学最佳实践的研究
专业机构	·不举办任何有关开放科学的专业发展讲习班 ·对开放科学实践的讨论保持沉默	·举办专业发展讲习班、专题讨论会、联盟活动等,培训研究人员参与开放科学,并向从业人员宣传开放科学的重要性 ·修订章程,推荐开放科学实践	·为体现开放性、高度诚信和再现性研究规范的学者提供奖励(如最佳开放科学奖)(见 https://osf.io/4znzp/wiki/OSF%20for%20Institutions/) ·制订评估开放科学培训和实践有效性的计划
研究生项目	·不举办任何有关开放科学的发展研讨会 ·对开放科学实践的讨论保持沉默	·提供以具体开放科学实践为重点的研究生研讨会(https://cos.io/our-services/training-services/cos-training--tutorials/) ·修订研究生课程计划,对学生进行开放科学实践方面的培训	·为体现开放性、高度诚信和再现性规范的学术成果设立学生奖项 ·培训学生认可开放科学,并使他们认识到参与者隐私和知识产权与开放科学实践并不对立。就再现性的重要性以及一系列研究观点、方法(如演绎、归纳、溯因[①];频率主义学派、贝叶斯学派)的应用进行培训

———————

① 译者注:演绎、归纳、溯因是三大推理模式,演绎是根据已知的事物有逻辑地推理出结论;归纳是根据情况和结果推理出规则;溯因是根据规则和结果推理出情况。

续表

目标利益相关者	第0步	第1步	第2步
晋升及终身教职评定委员会	·对开放科学实践的讨论保持沉默	·正式声明开放科学实践为追求终身教职增加了价值	·评估和奖励那些促进透明、开放和可复制研究的研究人员，使他们比那些没有这样做的研究人员获得更多的奖励
资助机构	·对开放科学实践的讨论保持沉默	·利用财政权力奖励研究、出版和传播成果方面的开放科学实践，使所有利益相关者受益最大化	·要求对研究进行预注册、复制研究结果和开放获取出版。允许研究人员申请额外资金，支付开放获取出版的费用（见 https://osf.io/4znzp/wiki/OSF%20for%20Funders/ ）

例如，大多数论文都没有提及作者是否提供数据或分析代码（见表1中的"作者：第0步"）。在第1步，作者可能会发表这样的声明，或说明由于隐私原因，只能提供汇总数据。在第2步，作者可以将原始数据和分析代码上传到在线存储库（如 OSF；https://osf.io/），在文章审稿期间提供这些资源的匿名链接指南。

重要的是要认识到，学术界以外的利益相关者也可以参与开放科学行为，并帮助该领域实现更大的透明度。表1为这些利益相关者提供了可行的建议，例如期刊和其他出版渠道的编辑，他们往往是科学发现与知识传播之间的桥梁，因此也是科学与实践之间的桥梁。在第0步，编辑可能会选择不在其期刊网站或出版物的投稿指南中纳入数据共享政策。在这个过程中，开放科学行为没有受到压制或鼓励。

更积极的开放科学方法包括编辑制定、协调和沟通政策，鼓励作者公开原始数据和分析代码（见表1中的"编辑：第1步"）。这一建议代表了向开放科学环境的渐进式转变，所有编辑都可以实施。事实上，鼓励和提醒研究人员审慎决定是否在 OSF（http://osf.io）上共享数据和分析代码的编辑政策，并不需要对期刊的结构或运营做出重大改变。然而，编辑可以决定向开放科学迈出更进步的一步：要求公开作者的数据和句法，除非伦理规范不允许这样做（见表 1 中的"编辑：第 2 步"）。虽然这是一个比较激进的建议，但令我们感到欣慰的是，现在越来越多的期刊和资助机构（如美国国家科学基金会）鼓励或要求研究人员共享他们的研究材料。这表明，表 1 中列出的一些建议是可行的，而且可以逐步实现。

除了这些步骤，表 1 还提供了支持参与这些行为的补充资源。例如，我们提供了视频教程链接，介绍如何使用开放科学框架（https://cos.io/our-services/training-services/cos-training-tutorials/）、如何预注册研究（https://cos.io/ prereg）、如何获得使用开放科学实践的徽章（https://cos.io/our-services/open-science-badges/）。开放科学中心还提供统计咨询（见 https://cos.io/our-services/training-services/）和博客（https://cos.io/blog/），以便感兴趣的读者了解最新的开放科学趋势。最后，我们必须强调，这些建议将随着开放科学实践本身的变化而改变。如前所述（见上文问题 18），需要开展更多的研究来评估开放科学实践的有效性，并考虑实践有效性中的偶然因素。同时，随着开放科学运动的成熟，可能会出现新的、更好的开放科学实践（Nosek et al.，2015）。

我们希望，本文能够推动有关开放科学实践的讨论，无论是对那些主要参与生产和传播研究成果的人，还是对那些在研究事业中考虑和提供激励措施的人。最终，开放科学为我们提供了帮助教育、激励和鞭策诚实的研究人员改进科学实践的工具。在某种程度上，如果仍然存在故意实施学术不端行为的动机，开放科学在阻止学术不端行为方面所能做出的努力是有限的。相反，开放科学运动提高了科学研究各个阶段的透明度，从而有益于科学方法、过程和讨论。

参考文献：

American Psychological Association.（2010）. Publication manual of the American Psychological Association（6th ed.）. Washington, DC: American Psychological Association.

Anderson, K. (2016). 96 things pubishers do. The scholarly kitchen. Retrieved on March 9, 2017 from https://scholarlykitchen.sspnet.org/2016/02/01/guest-post-kent-anderson-updated-96-thingspublishers-do-2016-edition/.

Anderson, M. S., Martinson, B. C., & de Vries, R. (2007). Normative dissonance in science: Results from a national survey of US scientists. Journal of Empirical Research on Human Research Ethics, 2, 3–14.

Antonakis, J. (2017). On doing better science: From thrill of discovery to policy implications. The Leadership Quarterly, 28, 5–21.

Baker, M. (2016). Is there a reproducibility crisis? A nature survey lifts the lid on how researchers view the crisis rocking science and what they think will help. Nature, 533, 452–455.

Bakker, M., van Dijk, A.,& Wicherts, J. M. (2012). The rules of the game called psychological science. Perspectives on Psychological Science,7,543–554.

Bakker, M., & Wicherts, J. M. (2014). Outlier removal and the relation with reporting errors and quality of psychological research. PLos One.

Bandura, A. (2001). Social cognitive theory: An agentic perspective. Annual Review of Psychology, 52, 1–26.

Banks, G. C., Kepes, S., & McDaniel, M. A. (2015). Publication bias: Understanding the myths concerning threats to the advancement of science. In C. E. Lance & R. J. Vandenberg (Eds.), Statistical and methodological myths and urban legends: Doctrine, verity, and fable in organizational and social sciences (pp. 36–64). New York: Routledge.

Banks, G. C., & McDaniel, M. A. (2011). The kryptonite of evidencebased I–O psychology. Industrial and Organizational Psychology: Perspectives on Science and Practice, 4 (1), 40–44. https://doi.org/10.1111/j.1754–9434.2010.01292.x.

Banks, G. C., & O'Boyle Jr., E. H. (2013). Why we need I–O psychology to fix I–O psychology. Industrial and Organizational Psychology: Perspectives on Science and Practice, 6, 291–294.

Banks, G. C., O'Boyle Jr., E., Pollack, J. M., White, C. D., Batchelor, J. H.,Whelpley, C. E., Abston, K. A., Bennett, A. A., & Adkins, C. L. (2016a). Questions about questionable research practices in the field of management: A guest commentary. Journal of Management, 42, 5–20.

Banks, G. C., Pollack, J. M., Bochantin, J. E., Kirkman, B. L., Whelpley, C. E.,& O'Boyle, E. H. (2016b).Management's science practice gap: A grand challenge for all stakeholders. Academy of Management Journal, 59, 1–27.

Banks, G. C., Rogelberg, S. G.,Woznyj, H. M., Landis, R. S., & Rupp, D. E.(2016c). Evidence on questionable research practices: The good, the bad, and the ugly. Journal of Business and Psychology, 31, 323–338.

Bedeian, A. G., Taylor, S. G., & Miller, A. N. (2010).Management science on the credibility bubble: Cardinal sins and various misdemeanors. Academy of Management Learning & Education, 9, 715–725.

Benjamin, D. J., Berger, J. O., Johannesson, M., Nosek, B. A., Wagenmakers, E.– J., Berk, R.,······ Camerer, C. (2017). Redefine statistical significance. Nature Human Behaviour.

Bhattacharjee, Y. (2013). The mind of a con man. The New York Times. Retrieved March 9, 2017 from http://www.nytimes.com/2013/04/28/magazine/diederik– stapels–audacious–academicfraud.html?pagewanted=all&_r=0.

Biemann, T. (2013). What if we were Texas sharpshooters? Predictor reporting bias in regression analysis. Organizational Research Methods, 16, 335–363.

Bosco,F.A., Aguinis, H., Field, J. G.,Pierce, C. A.,&Dalton, D. R. (2016). HARKing's threat to organizational research: Evidence from primary and meta–analytic sources. Personnel Psychology, 69, 709–750.

Bosco, F. A., Aguinis, H., Singh, K., Field, J. G., & Pierce, C. A. (2015). Correlational effect size benchmarks. Journal of Applied Psychology, 100, 431–449.

Butler, D. (2016). Dutch lead European push to flip journals to open access. Nature News, 529 (7584), 13.

Carey, B. (2015). Journal science releases guidelines for publishing scientific studies. The New York Times. Retrieved from http://www.nytimes.com/2015/06/26/ science/journal–science–releasesguidelines–for–publishing–scientific–studies.html?_ r=0.

Carpenter, N. C., Son, J., Harris, T. B., Alexander, A. L., & Horner, M. T. (2016). Don't forget the items: Item–level meta–analytic and substantive validity techniques for reexamining scale validation. Organizational Research Methods, 19, 616–650.

Cashen, L. H., & Geiger, S.W.（2004）. Statistical power and the testing of null hypotheses: A review of contemporary management research and recommendations for future studies. Organizational Research Methods, 7, 151–167.

Caulfield, T., Harmon, S. H., & Joly, Y.（2012）. Open science versus commercialization: A modern research conflict? Genome Medicine, 4, 1.

Cortina, J. M.（2015）. A revolution with a solution. Philadelphia, PA: Opening plenary presented at the meeting of the Society for Industrial/Organizational Psychology.

Cortina, J. M., Green, J. P., Keeler, K. R., & Vandenberg, R. J.（2017）. Degrees of freedom in SEM: Are we testing the models that we claim to test? Organizational Research Methods, 20, 350–378.

Derksen, M., & Rietzschel, E. F.（2013）. Surveillance is not the answer, and replication is not a test: Comment on Kepes and McDaniel, How trustworthy is the scientific literature in I–O psychology? Industrial and Organizational Psychology, 6, 295–298.

Donnellan, M. B., Lucas, R. E., & Cesario, J.（2015）. On the association between loneliness and bathing habits: Nine replications of Bargh and Shalev（2012）Study 1. Emotion, 15, 109–119.

Eich, E.（2014）. Business not as usual. Psychological Science, 25, 3–6.

Ethiraj, S. K., Gambardella, A., & Helfat, C. E.（2016）. Replication in strategic management. Strategic Management Journal, 37, 2191–2192.

Fang, F. C.,& Casadevall, A.（2015）. Competitive science: Is competition ruining science? Infection and Immunity: IAI. 02939–02914.

Findley, M. G., Jensen, N. M., Malesky, E. J., & Pepinsky, T. B.（2016）. Can results–free review reduce publication bias? The results and implications ofa pilot study. Comparative Political Studies, 1–37.

Friesike, S., Widenmayer, B., Gassmann, O., & Schildhauer, T.（2015）. Opening science: Towards an agenda of open science in academia and industry. The Journal of Technology Transfer, 40, 581–601.

Gabriel,A. S., & Wessel, J. L.（2013）.Astep too far?Why publishing raw datasets may hinder data collection. Industrial and Organizational Psychology: Perspectives on

Science and Practice, 6, 287–290.

Grahe, J. E. (2014). Announcing open science badges and reaching for the sky. The Journal of Social Psychology, 154, 1–3.

Grand, J. A., Rogelberg, S. G., Allen, T. D., Landis, R. S., Reynolds, D. H., Scott, J. C., Tonidandel, S., Truxillo, D. M. (2017). A systemsbased approach to fostering robust science in industrialorganizational psychology. Industrial and Organizational Psychology: Perspectives on Science and Practice. 1–39.

Grand, J.A., Rogelberg, S. G., Banks, G. C., Landis, R. S.,&Tonidandel, S. (2018). From outcome to process focus: Fostering a more robust psychological science through registered reports and results–blind reviewing. Perspectives on Psychological Science.

Healy, L. W. (2015). Tipping point: Information industry outlook. Retrieved from http://info.outsellinc.com/rs/422–MBV–091/images/Outsell_CEO_Topics_01oct2015_Info_Industry_Outlook_2016_Tipping_Point.pdf.

Hollenbeck, J. R., & Wright, P. M. (2017). Harking, sharking, and tharking: Making the case for post hoc analysis of scientific data. Journal of Management, 43, 5–18.

Internal Revenue Service. (2014). Form 990: Return of organization exempt from income tax. Retrieved from http://www.irs.gov/pub/irspdf/f990.pdf.

Ioannidis, J. P. A. (2005).Why most published research findings are false. PLoS Medicine, 2, e124.

Janssen, M., Charalabidis, Y., & Zuiderwijk, A. (2012). Benefits, adoption barriers and myths of open data and open government. Information Systems Management, 29, 258–268.

Jebb, A. T., Parrigon, S., & Woo, S. (in press). Exploratory data analysis as a foundation of inductive research. Human Resource Management Review.

John, L. K., Loewenstein, G., & Prelec, D. (2012). Measuring the prevalence of questionable research practices with incentives for truth telling. Psychological Science, 23 (5), 524–532. https://doi.org/10.1177/0956797611430953.

Jones, J. W., & Dages, K. D. (2013). A new era of large–scale data sharing: A test publisher's perspective. Industrial and Organizational Psychology, 6, 309–312.

Kepes, S., Banks, G., C., McDaniel, M. A., & Whetzel, D. L. (2012). Publication bias in the organizational sciences. Organizational Research Methods, 15, 624–662.

https://doi.org/10.1177/1094428112452760.

Kepes, S., & McDaniel, M. A.（2013）. How trustworthy is the scientific literature in I–O psychology? Industrial and Organizational Psychology: Perspectives on Science and Practice, 6, 252–268.

Kerr, N. L.（1998）. HARKing: Hypothesizing after the results are known. Personality and Social Psychology Review, 2, 196–217. https://doi.org/10.1207/s15327957pspr0203_4.

Korn, M.（2014）. Management research is fish, says new management research. The Wall Street Journal. Retrieved from http://blogs.wsj.com/atwork/2014/02/18/management–research–is–fishy–says–newmanagement–research/.

Lakens, D., Adolfi, F. G., Albers, C. J., Anvari, F., Apps, M. A. J., Argamon, S. E.,······Zwaan, R.A.（2017）. Justify your alpha: A response to Bredefine statistical significance. Retrievedfrom psyarxiv.com/9s3y6.

Leavitt, K.（2013）. Publication bias might make us untrustworthy, but the solutions may be worse. Industrial and Organizational Psychology: Perspectives on Science and Practice, 6, 290–295.

LeBreton, J.M.（2016）. Editorial. Organizational Research Methods, 19,3–7.

Locke, E. A.（2007）. The case for inductive theory building. Journal of Management, 33, 867–890.

Lykken, D. T.（1968）. Statistical significance in psychological research. Psychological Bulletin, 70, 151–159.

Maxwell, S. E.（2004）. The persistence of underpowered studies in psychological research: Causes, consequences, and remedies. Psychological Methods, 9, 147–163.

McCook, A.（2016）. Duke fraud case highlights financial risks for universities. Science, 353, 977–978.

McKiernan, E. C., Bourne, P. E., Brown, C. T., Buck, S., Kenall, A., Lin, J., et al.（2016）. How open science helps researchers succeed. eLife, 5, e16800.

Munafò ,M. R., Nosek, B. A., Bishop, D. V., Button, K. S., Chambers, C. D., du Sert, N. P., Simonsohn, U.,Wagenmakers, E.–J.,Ware, J. J.,& Ioannidis, J. P.（2017）. A manifesto for reproducible science. Nature Human Behaviour, 1, 0021.

Nosek, B. A., Alter, G., Banks, G. C., Borsboom, D., Bowman, S. D., Breckler, S.,

Buck, S., Chambers, C., Chin, G., Christensen, G., Contestabile, M., Dafoe, A., Eich, E., Freese, J., Glennerster, R., Goroff, D., Green, D. P., Heese, B., Humphreys, M., Ishiyama, J., Karlan, D., Kraut, A., Lupia, A., Marbry, P., Madon, T., Malhotra, N., Wilson, E. M., McNutt, M., Miguel, E., Paluck, E. L., Simonsohn, U., Soderberg, C., Spellman, B. A., Tornow, J., Turitto, J., VandenBos, G. R., Vazire, S., Wagenmakers, E. J., Wilson, R., & Yarkoni, T. (2015). Promoting an open research culture: Author guidelines for journals to promote transparency, openness, and reproducibility. Science, 348, 1422–1425.

Nosek, B. A., & Bar–Anan, Y. (2012). Scientific utopia: I. Opening scientific communication. Psychological Inquiry, 23, 217–243.

Nosek, B. A., Spies, J. R., & Motyl, M. (2012). Scientific utopia: II. Restructuring incentives and practices to promote truth over publishability. Perspectives on Psychological Science, 7, 615–631.

Nuzzo, R. (2015). How scientists fool themselves–and how they can stop. Nature, 526, 182–185.

O'Boyle, E. H., Banks, G. C., Carter, K.,Walter, S., & Yuan, Z. (2018). A 20–year review of outcome reporting bias in moderated multiple regression. Journal of Business and Psychology. https://doi.org/10.1007/s10869–018–9539–8.

O'Boyle, E. H., Banks, G. C., & Gonzalez–Mule, E. (2017). The Chrysalis effect: How ugly initial results metamorphosize into beautiful articles. Journal of Management, 43, 400–425.

Office of Science and Technology Policy. (2000). Federal research misconduct policy. Federal Register., 65 (235), 76260–76264.

Open Science Collaboration. (2015). Estimating the reproducibility of psychological science. Science, 349, aac4716.

Pordes, R., Petravick, D., Kramer, B., Olson, D., Livny, M., Roy, A., Avery, P., Blackburn, K., Wenaus, T., & Wü rthwein, F. (2007). The open science grid. Journal of Physics: Conference Series IOP Publishing, 12057, 140–146.

Resnik, D. B., Neal, T., Raymond, A., & Kissling, G. E. (2015). Research misconduct definitions adopted by U.S. research institutions: Introduction. Accountability in Research, 22 (1), 14–21.

Rowhani–Farid, A., & Barnett, A. G. (2016). Has open data arrived at the British

Medical Journal（BMJ）? An observational study. BMJ Open,6,e011784.

Savage, C. J., & Vickers, A. J.（2009）. Empirical study of data sharing by authors publishing in PLoS journals. PLoS One, 4, e7078.

Schmidt, F. L., & Hunter, J. E.（2015）. Methods of meta–analysis: Correcting error and bias in research findings（3rd ed.）. Newbury Park: Sage.

Schmidt, F. L., & Oh, I.–S.（2016）. The crisis of confidence in research findings in psychology: Is lack of replication the real problem? Or is it something else? Archives of Scientific Psychology, 4（1）, 32.

Schwab, A., & Starbuck, W.（2017）. A call for openness in research reporting: How to turn covert practices into helpful tools. Academy of Management Learning & Education, 16, 125–141.

Spector, P. E., Rogelberg, S. G., Ryan, A. M., Schmitt, N., & Zedeck, S.（2014）. Moving the pendulum back to the middle: Reflections on and introduction to the inductive research special issue of Journal of Business and Psychology. Journal of Business and Psychology, 29, 499–502.

Simmons, J. P., Nelson, L. D., & Simonsohn, U.（2011）. False–positive psychology undisclosed flexibility in data collection and analysis allows presenting anything as significant. Psychological Science, 22, 1359–1366.

Sliter, M., Yuan, Z., & Boyd, E. M.（2013）. Let's be honest: Evidence for why industrial‐organizational psychology research is trustworthy. Industrial and Organizational Psychology, 6, 273–276.

Sterling, T. D., Rosenbaum, W. L., & Weinkam, J. J.（1995）. Publication decisions revisited: The effect of the outcome of statistical tests on the decision to publish and vice versa. The American Statistician, 49, 108–112.

Tanner, A.（2013）. How a zip code can tell a marketer exactly who you are. Forbes Retrieved from http://www.forbes.com/sites/adamtanner/2013/07/22/how–just–a–zip–code–can–tell–a–marketerexactly–who–you–are/#1a25491b12a7.

Tenopir, C., Allard, S., Douglass, K., Aydinoglu, A. U.,Wu, L., Read, E., Manoff, M., & Frame, M.（2011）. Data sharing by scientists: Practices and perceptions. PLoS One, 6, e21101.

Vermeulen, F.（2005）. On rigor and relevance: Fostering dialectic progress in management research. Academy of Management Journal, 48, 978–982.

Wagenmakers, E.-J. & Dutilh, G.（2016）. Seven selfish-reasons for preregistration. Association for Psychological Science, 1–6.

Wagenmakers, E.-J., Wetzels, R., Borsboom, D., van der Maas, H. L., & Kievit, R. A.（2012）. An agenda for purely confirmatory research. Perspectives on Psychological Science, 7, 632–638.

Wetzels, R., Matzke, D., Lee, M. D., Rouder, J. N., Iverson, G. J., & Wagenmakers, E.-J.（2011）. Statistical evidence in experimental psychology: An empirical comparison using 855 t-tests. Perspectives on Psychological Science, 6, 291–298.

Wicherts, J.M.（2016）. Data re-analysis and open data. In J. Plucker & M. Makel（Eds.）, Doing good social science: Trust, accuracy, transparency. American Psychological Association: Washington.

Wicherts, J.M.,& Bakker,M.（2012）. Publish（your data） or（let the data） perish! Why not publish your data too? Intelligence, 40, 73–76.

Wicherts, J. M., Bakker,M., & Molenaar, D.（2011）.Willingness to share research data is related to the strength of the evidence and the quality of reporting of statistical results. PLoS One, 6, e26828.

Wicherts, J. M., Borsboom, D., Kats, J., & Molenaar, D.（2006）. The poor availability of psychological research data for reanalysis. American Psychologist, 61, 726–728.

Woo, S. E., O'Boyle, E. H., & Spector, P. E.（2017）. Best practices in developing, conducting, and evaluating inductive research. Human Resource Management Review.

（卢宇峥　译）

开放科学的政策研究

开放科学政策研究的图景 *

亚历简德拉·曼科（Alejandra Manco）

（法国里昂第一大学）

摘　要

　　本文献综述旨在探讨不同研究中对开放科学政策所采取的方法。主要发现是，开放科学方法包括不同的方面：政策框架及其地缘政治方面被描述为不对称复制和认知治理工具（epistemic governance tool）。文献中描述的开放科学政策的主要地缘政治方面是国际、区域和国家政策之间的关系。文献中还涵盖了开放科学的不同组成部分：开放数据似乎是英语文献中讨论较多的内容，而开放获取则是葡萄牙语和西班牙语文献中讨论的主要内容。最后，开放科学政策与科学政策之间的关系是通过强调开放科学所能带来的创新性和透明度来确定的。

关键词：开放科学；开放科学政策；欧洲；拉丁美洲

---

* 文献来源：Manco, A.（2022）. A Landscape of Open Science Policies Research. SAGE Open, 12,（4）,1 - 17.

　注：限于篇幅，参考文献部分有删减。

一、引言

开放科学意味着将科学研究的所有阶段开放。此外，开放科学是一个参与性过程，用于确定与社会中"公众及其关注的问题"相关的科学和研究议程（Miedema，2022）。加西亚·阿里斯特吉和伦杜莱斯认为，开放科学经常被认为是非政治性的，但他们认为事实并非如此。相反，他们一致认为，开放性（和开放运动）最终存在于新自由主义框架下业已存在的经济不平等之中（Garcia Aristegui & Rendueles，2014）。

关于开放科学价值的全球性也存在不同意见。有观点认为，开放性通常是渐进的、有区别的（Fressoli & Arza，2017），也有观点认为，开放性并不是科学固有的积极目标，需要在研究过程的每一步都加以促进和奖励（Levin & Leonelli，2017）。此外，自21世纪初以来，欧洲各国政府已经认识到开放科学运动的重要性（Gong，2022）。更具体地说，自2015年以来，欧盟已做出巨大努力，将开放科学作为欧洲科学和研究的标准（Miedema，2022）。

许多评论在讨论什么是开放科学以及开放科学的内涵。人们提出了几种定义。例如，费彻和弗里西克认为，开放科学是一个包含不同理解和观点的总括术语（Fecher & Friesike，2014）。同样，阿巴达尔和安格拉达认为，开放科学还不是一个定义明确的概念，其发展取决于每个组成部分的进步（Abadal & Anglada，2020）。根据维森特－赛斯和马丁内斯－富恩特斯的观点，开放科学是通过协作性网络工作共享和发展的透明、可获取的知识（Vicente-Saez & Martínez-Fuentes，2018）。此外，一些综述关注特定国家开放科学的特定主题或出版物。费尔（Fell，2019）对开放科学的经济优势进行了快速实证评估，并确定了开放科学产生经济影响的两种方式：一是效率，即节约成本和提高生产力；二是赋能，即创造新产品、服务、公司和合作。有研究者认为，大多数关于开放式创新的论文都侧重于商业环境和学术环境（Ramírez-Montoya & García-Peñalvo，2018）。此外，有观点认为，开放科学已被证明有助于弥合证据与政策之间的鸿沟，并断言它可以增加政策制定者对公开科学发现和数据的使用（Reichmann & Wieser，2022）。然而，关于开放科学政策的文献综述仍留有空白。本文的主要目的是回顾探讨开放科学政策或涉及这一主题的各种研究工作，并主要探讨这些研究在开放科学政策方面所采用的研究方法。

二、研究方法

在进行文献综述时，我们选择了以讨论开放科学政策为主要研究主题的论文或与该主题相关的论文。我们对这些论文进行了多次阅读和编码，得出本次文献综述的结果。

（1）文档语料库是通过检索谷歌学术搜索（Google Scholar）、语义学者（Semantic Scholar）和 Scopus 数据库建立的。

（2）检索使用的关键词包括开放科学和开放科学政策，并将其翻译成本综述中使用的不同语言：英语、西班牙语、葡萄牙语和法语。检索和选择论文的流程见图 1，具体检索字符串及其结果见附录 1。本综述使用的文档及其来源的最终清单见附录 2（Manco，2022）。

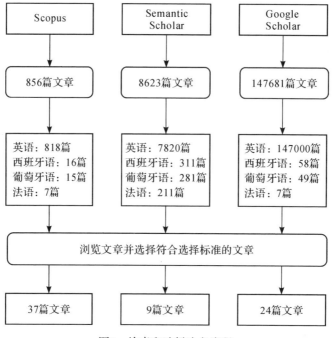

图1 检索和选择论文流程

（3）使用 Nvivo 12 软件的归纳分类法进行编码。

具体的研究问题包括：在不同的研究中，开放科学政策采取了哪些研究方法？这些论文涉及开放科学的哪些内容？开放科学政策中的主要地缘政治因素是什么？如何将开放科学政策与科学政策联系起来？

所选论文有如下特点：大多数论文以英语撰写，来自北半球国家（北美洲和欧洲）；其次是葡萄牙语的论文，来自巴西；少数论文以西班牙语撰写，来自阿根廷和西班牙；以法语撰写的出版物来自法国和比利时。

在论文摘要的基础上，我们构建了论文关键词的词云。很明显，开放数据及其相关问题，如数据存储库公共数据、研究数据等，是除开放科学本身之外最普遍的问题（见图 2）。

图2　论文摘要生成的词云

所选论文来自期刊、会议和存储库等不同来源，其中有四篇论文来自《科学公共图书馆 生物学》（*PLOS Biology*），三篇论文来自 *LIBER Quaterly*[①]，两篇论文来自 2018 ELPUB[②] 和《医学、保健和哲学》（*Medicine，Health Care and Philosophy*）期刊以及《信息传递》（*Transinformação*），可以在附录 2 中查阅本综述所用的所有资料。

---

① 译者注：该期刊为欧洲研究型图书馆协会会刊。

② 译者注：ELPUB 全称为 International Conference on Electronic Publishing，是数字出版领域最重要的国际会议。

本研究所选的论文的发表时间为 2007 年至 2021 年（见图 3）。这一时期可以分为两个不同的阶段：第一个阶段是 2015 年之前，开放科学及其政策的概念化时期；第二个阶段是从 2016 年左右开始的，与开放科学运动的兴起和确立相吻合。此外，从 2017 年开始，有关开放科学政策的研究大幅增加，这与开放科学政策在各种环境中的制定和实施相吻合。

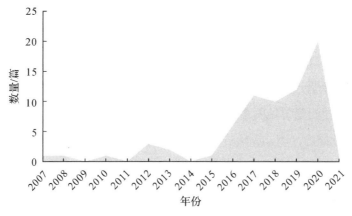

图3 发表年份及数量情况

三、结果

本部分重点讨论不同论文如何处理开放科学政策的概念及其关系，内容如下：首先介绍各项研究对开放科学政策的处理方法，然后描述出版物中涉及开放科学的基本要素，接着探讨了开放科学指导方针的主要地缘政治特征，最后讨论了如何从科学政策的角度来阐述开放科学政策。此外，表 1 按研究问题列出了分类结果及其参考资料。

表 1 按研究问题分类的研究结果及其参考文献

研究问题	分类	参考文献
开放科学政策的处理方法	技术变革	De Filippo and D'Onofrio（2019）；Fressoli and Arza（2018）；Stodden（2010）；Vicente-Saez et al.（2020）
	不对称和认知治理	Albornoz et al.（2018）；Chartron（2018）
	创新	Albornoz et al.（2018）；Ali-Khan et al.（2017）；Caulfield et al.（2012）；Vicente-Saez et al.（2020）

研究问题	分类	参考文献
开放科学政策的处理方法	消极方面	Levin and Leonelli（2017）；Elliott and Resnik（2019）
	商业化	Caulfield et al.（2012）
	行动者和利益相关者	Beck et al.（2020）；Chataway et al.（2017）；De Filippo and D'Onofrio（2019）；Funamori（2017）；Hormia-Poutanen and Forsström（2016）；Smart et al.（2019）
	机构政策	Ali-Khan et al.（2017）；Caulfield et al.（2012）；Kretser et al.（2019）；Lyon（2016）；Margoni et al.（2016）；Schmidt et al.（2018）
开放科学的组成部分	开放获取	Biesenbender et al.（2019）；Chataway et al.（2017）；De Filippo and D'Onofrio（2019）；De Filippo et al.（2019）；Margoni et al.（2016）；Piwowar et al.（2018）
	开放数据	Burgelman et al.（2019）；Gabrielsen（2020）；Hormia-Poutanen and Forsström（2016）；Joly et al.（2012）；Kwon and Motohashi（2020）；Maijala（2016）；Mancini et al.（2020）；Rockhold et al.（2019）；Roman et al.（2018）；Timmermann（2019）；Xafis and Labude（2019）
地缘政治方面	国际政策	Babini and Rovelli（2020）；Albornoz et al.（2018）；Araujo et al.（2020）；De Filippo and D'Onofrio（2019）；Fressoli and Arza（2017）；Oliveira and Silva（2016）；Rentier（2018）
	国家和地区政策：欧洲	Abadal and Anglada（2021）；Bardi（2018）；Biesenbender et al.（2019）；Burgelman et al.（2019）；Chartron（2018）；Chataway et al.（2017）；Maijala（2016）；Olesk et al.（2019）；Schöpfel and Fabre（2019）；Vanholsbeeck（2017）
	国家和地区政策：拉丁美洲	Albornoz et al.（2018）；Araujo et al.（2020）；Arza et al.（2017）；Babini and Rovelli（2020）；Bertin et al.（2019）；Clinio（2019）；Costa（2020）；De Filippo and D'Onofrio（2019）；Rezende and Abadal（2020）
与科学政策的关系	透明度	Elliott and Resnik（2019）；Gabrielsen（2020）；Lyon（2016）
	法律和知识产权制度	Kelty（2012）
	政策实施	Oliveira and Silva（2016）；Wong et al.（2018）；Aguinis et al.（2020）；Armeni et al.（2021）；Bardi（2018）；Fressoli and Arza（2018）；Kretser et al.（2019）；Levin et al.（2016）；Rockhold et al.（2019）；Santos（2017）；Saraite Sariene et al.（2020）；Schmidt et al.（2018）；Vicente-Saez et al.（2020）

续表

研究问题	分类	参考文献
与科学政策的关系	奖励制度	Abadal and Anglada（2021）；Armeni et al.（2021）；Burgelman et al.（2019）；Chataway et al.（2017）；Fressoli and Arza（2018）；Funamori（2017）；Heise and Pearce（2020）；Howe et al.（2017）；Kamoun et al.（2019）；Kittrie et al.（2017）；Krishna（2020）；Levin et al.（2016）；Moher et al.（2020）；Mukherjee and Stern（2009）；Rentier（2018）；Rice et al.（2020）；Robinson-Garcia et al.（2020）；Schöpfel and Fabre（2019）；Walsh and Huang（2014）

（一）开放科学政策的处理方法

早在 2010 年，施托登就指出，由于技术变革，快速成果的规模发生了变化，因此有必要采取政策对策（Stodden，2010）。根据以上观点，这些应对措施应主要包括旨在提高透明度的标准；与公民科学家相关的政策变化，以增加公民科学家的贡献；数据和代码重用的变化。信息和通信技术的进步以及各种数字平台的发展，正在稳步改变开放科学的政策和实践（Vicente-Saez et al.，2020）。因此，在过去十年中，发展和促进开放科学的倡议不断涌现（De Filippo & D'Onofrio，2019）。从开放科学的角度来看，开放趋势将在全球范围内得到巩固。此外，围绕创新和开放领域及实践的培训和能力建设计划也非常必要（Fressoli & Arza，2018）。

文献中讨论的另一个重要问题是政策框架及其地缘政治。在这方面，开放科学的地缘政治是一个复杂的问题，因为知识生产和消费的不对称也会在政策中复制（Chartron，2018）。此外，阿尔沃诺斯等提出，政策是认知治理（epistemic governance）的工具。这些研究人员考察了开放科学在政策中的框架：（1）开放获取和开放数据是开放科学的关键促进因素；（2）开放科学是提高科学效率的手段；（3）研究基础设施和数据存储库是开放科学的推动因素；（4）开放科学是知识型社会的战略优势及其竞争力；（5）私营部门是科学资金和支出的促进因素；（6）开放科学的主要受益者是研究人员，开放科学将提高他们的工作效率；（7）开放科学是创造力和社会经济进步的催化剂，也是对全球发展挑战的回应；（8）开放科学还被视为是减少对当今以订阅为基础的期刊结构依赖的一种模式（Albornoz et al.，2018）。

通过分析文献可以发现一个创新框架。例如，维森特－赛斯等认为，开放科学政策和实践正在扩展大学的科学和创新精神（Vicente-Saez et al.，2020）。考尔菲尔德等认为，创新政策与开放科学政策应相互融合、相互兼容，需要一种流畅、精简的创新方法（Caulfield et al.，2012）。此外，对开放科学的投资被认为是防止创新外流和获得保持国际竞争力所需能力的一种手段（Albornoz et al.，2018）。此外，阿里汗等认为，开放科学不应给研究人员带来额外负担，政策必须使共享变得容易，并应建立结构以加强研究人员的竞争力、研究计划以及与承受者和行业的合作关系（Ali-Khan et al.，2017）。

开放科学也有消极的一面，如线程（threads）[①]、冲突和矛盾。莱文和莱昂内利发现，开放科学政策通常都是以一般原则（通常围绕经济价值和数据商品化）的一般方式制定的，没有考虑到个人、背景或社会进程的特殊差异（Levin & Leonelli，2017）。此外，艾略特和雷斯尼克发现，开放科学政策会在被迫分享数据的学术科学家和没有义务遵守此类政策且不需要遵守此类政策的行业科学家之间造成不对称（Elliott & Resnik，2019）。此外，开放科学政策还可能通过帮助特殊利益集团歪曲科学发现和误导公众来压制社会责任。

商业化与开放科学之间的冲突也出现在文献中。考尔菲尔德等认为，商业化政策与开放科学政策之间存在抵触和冲突（Caulfield et al.，2012）。此外，研究政策的制定还存在进一步的矛盾：它们在鼓励开放的同时，继续通过知识产权和专利来促进科学生产。这个问题可能会造成难以解决的矛盾（Fressoli & Arza，2018）。

（二）行动者、利益相关者及机构政策

在各种机构和学者中，开放性正日益受到重视（Smart et al.，2019）。

---

① 译者注：线程是操作系统能够进行运算调度的最小单位，被包含在进程之中，是进程中的实际运作单位。

在研究环境中，有各种各样的参与者。本部分将重点介绍文献中列出的一些利益相关者及其在实施开放科学政策中的关键作用。研究人员是这类环境中的关键参与者。在这方面，查塔维等认为，开放科学与许多研究人员关于知识交流与合作重要性的信念是一致的（Chataway et al.，2017）。因此，大学也应制定支持开放研究计划的政策并建设基础设施（Smart et al.，2019）。此外，有研究者认为，学术机构应采纳改变研究战略、教师评审和研究支持结构的建议，相信这些建议将带来相对于同行机构的竞争优势（Funamori，2017）。

政策制定者是研究环境中的其他主要利益相关者。这些参与者传统上通过制定科学和创新政策来参与科学研究。然而，随着开放科学的发展，他们的角色发生了变化，通过开放与合作的决策实践，他们成为科学研究的积极的共同创造者（Beck et al.，2020）。有研究者认为，决策者应满足研究人员的需求，支持研究人员关于开放性的观点（Funamori，2017）。

除了政策制定者和管理者，高等教育机构的协调机构，如校长委员会和其他机构，也应了解开放科学实践（De Filippo & D'Onofrio，2019）。同样，研究委员会也必须确定其资助新研究的要求，并与公共、私营和第三部门合作协调开放方法（Smart et al.，2019）。此外，有研究者认为，不同层面（国家、学科和角色相关）的合作是推进开放科学的基础（Hormia–Poutanen & Forsström，2016）。

（三）机构政策

本部分讨论机构层面的开放科学政策的不同含义。

许多机构已经开始制定、采纳和实施开放科学政策，大部分发生在过去十年（Kretser et al.，2019；Schmidt et al.，2018）。此外，各机构必须制定针对科学诚信的政策、程序和实践，提供人员培训，并继续努力保持对这些实践的认识和倡导（Kretser et al.，2019）。有观点认为，应将开放科学确立为整个科学事业的标准操作程序（Kretser et al.，2019）。

许多学术机构制定了研究政策或研究实践规范，明确了机构内研究人员的行为原则、道德基础和期望。这些研究政策中很少包含开放获取和开放数据等开放科学政策（Lyon，2016）。

机构开放科学政策在构建方式上有许多特点。例如，考尔菲尔德等断言，资金和机构政策、研究指南和项目协议之间必须保持平衡，因为它们都必须承认二元性，并允许当地人选择最符合公众需求的课程（Caulfield et al.，2012）。同样，机构的部门不应采取单一的开放科学政策，而应考虑提供一种学科方法（Schmidt et al.，2018）。

关于自上而下和自下而上政策方法的讨论。阿里汗等认为，只有与研究人员密切合作，而不是采用自上而下的方式，才能成功地制定机构开放科学政策（Ali-Khan et al.，2017）。同样，马戈尼等认为，自下而上的开放科学政策干预似乎比通常的自上而下的监管方式更有效（Margoni et al.，2016）。

（四）文献中涉及的开放科学的要素

在关于开放性的讨论中，关于出版物的开放获取已经达成共识，关于开放数据也即将达成共识（Chataway et al.，2017）。此外，开放数据是开放科学进步最关键的方面之一（Burgelman et al.，2019），这也是在英语国家，开放数据政策往往比开放科学的其他要素发展得更快的原因。

在西班牙和葡萄牙期刊的开放科学领域，"开放获取"是一个比"开放数据"或"替代计量学"更成熟的术语（De Filippo et al.，2019）。拉丁美洲地区也正在应对同样的现象。

例如，有研究者认为，国家在该领域应努力制定并执行国家政策，以全面、有序的方式支持各种开放科学活动，因为尽管开放获取是一个众所周知的问题，但开放科学的其他方面并非如此（De Filippo & D'Onofrio，2019）。下一部分将重点介绍文献中提到的开放数据的主要方面。

1. 开放数据

开放科学有许多方面，因为它是一个总括术语。然而，对其政策研究较多的方面是开放数据。本部分将重点讨论这一概念中的主要问题。

有人认为，开放数据有多重好处。开放数据有助于意想不到的新研究的发展（Maijala，2016）。此外，开放数据还可以促进开放创新。罗曼等提出，应将关注点从单一的开放科学数据义务（open science data obligation）转变为通过开放科学倡议发现基本机遇并推进商业模式以抓住这些机遇（Roman et al.，2018）。关于机构层面的开放数据政策有很多讨论。乔利等分析了各种数据保留政策和出版延期政策。他们注意到，基因组研究和生物库的快速发展导致寻求平衡各利益相关方利益的政策日益复杂（Joly et al.，2012）。

在大学层面，赫尔辛基大学早在 2015 年就启动了一项研究数据政策。这项数据政策规定，大学将为科学家提供基础设施、法律援助以及研究数据管理相关问题的培训。反过来，研究人员必须为自己的研究项目起草并实施数据管理计划。大学图书馆也将在政策实施和研究支持方面为研究人员提供帮助（Hormia–Poutanen & Forsström，2016）。

开放数据政策也会产生若干影响。不受限制地访问数据原则的应用和广泛提供软件服务，导致了数据库创建方面完全开放数据政策的实施（Mancini et al.，2020）。萨菲斯和拉布德讨论了数据存储库及其在健康研究中的伦理问题，以及如何在政策中引入这一问题，以提高可信度和透明度（Xafis & Labude，2019）。近年来，欧洲科学组织（Science Europe）与其他研究伙伴合作，促进数据共享政策采取更加协调的方法（Timmermann，2019）。此外，罗克霍尔德等研究了临床数据共享指南，认为开放数据政策的实施应分阶段进行（Rockhold et al.，2019）。

数据政策有多个参与者。有研究者认为，研究数据政策应将研究数据所有权的法律保护制度化，并强制要求公开研究数据（Kwon & Motohashi，2020）。加布里埃尔森认为，数据政策应包括数字监管社区（digital curator communities），这将使他们有更多的关注点和管辖权，以及建立和维护信任的框架（Gabrielsen，2020）。监管者应被纳入正在开发的数据密集型研究基础设施。

2. 开放获取

开放获取领域的机构政策已经得到了深入研究。例如，英国的机构政策规定了开放获取出版物的具体资助机制，因为这些机构政策是鼓励出版金色开放获取的法律体系的一部分（Margoni et al.，2016）。同样，研究资助者也不断要求他们的受资助者使用开放获取材料进行传播（Piwowar et al.，2018）。比森本德等注意到，声誉和机构激励可能会严重阻碍研究人员在开放获取期刊上发表论文或通过开放获取提供出版物的积极性（Biesenbender et al.，2019）。此外，根据相关研究，在区域层面，拉丁美洲国家在开放获取基础设施和规范方面一直是积极的先行者（De Filippo & D'Onofrio，2019）。

（五）开放科学政策的地缘政治方面

开放科学公共政策是指负责制定和协调科技政策的组织、资助机构和国家研究委员会为促进其原则和实践而采取的国家战略和行动（De Filippo & D'Onofrio，2019）。本部分涉及欧洲和拉丁美洲地区的国际、地区和国家政策。

1. 国际政策

一些国际组织目前正在制定开放科学建议和政策。此外，在国际和地区组织的推动下，通过扩大研究人员共享数据、出版物、实验和设备的平台，开放科学也在不断扩展（Babini & Rovelli，2020）。此外，世界各地的一些国际组织和科学机构已开始发布实施开放科学实践的建议和政策。这一事实可能会产生严重影响，因为正如阿尔沃诺斯等所言，国际参与者之间的各种知识转移和建立共识机制并非中立，相反，其中包括反映全球和地方舞台上不平等权力关系的谈判（Albornoz et al.，2018）。

这份名单包括联合国教科文组织、七国集团、欧盟委员会、欧洲研究理事会和经济合作与发展组织等多边组织，以及国际科学理事会、国际科学协会和国际科学、技术与医学（STM）出版商协会等国际科学学会、协会和行业出版组织（Albornoz et al.，2018；Fressoli & Arza，2017；Rentier，2018）。

此外，奥利韦拉和席尔瓦指出，关于开放科学政策的建议，存在一种软法律，即不具有严格约束力、不包含法律意义，但可作为指导行为的原则的规则（Oliveira & Silva，2016）。在这方面，正如阿尔沃诺斯等所坚持的那样，一些国际和欧洲利益相关者通过资助和建立伙伴关系，为拉丁美洲和非洲的开放科学政策和项目做出了贡献（Albornoz et al.，2018）。例如，欧盟委员会、经济合作与发展组织和其他政府机构对提高政府透明度和公众参与度的政策指导方针产生了重大影响（De Filippo & D'Onofrio，2019）。

在实际实施层面，这种趋势在拉美科学出版物机构知识库联合网络（La Referencia）就有所体现。阿劳约等称，已经制定了一系列互操作性准则，参与国必须确保遵守这些准则（Araujo et al.，2020），并建议组成网络的存储库采用这些准则。在地区层面，商定的指导原则以欧盟通过的欧洲开放获取基础设施研究项目（Open Access Infrastructure Research for Europe，OpenAIRE）文件为基础。

2. 地区和国家政策：欧洲

开放科学政策在欧洲已经发展和实施了十多年。

多年来，欧盟委员会一直以开放和全面的方式促进开放科学的发展，涵盖了整个研究周期从科学发现和审查到知识共享、出版和推广的各个方面（Abadal & Anglada，2021；Burgelman et al.，2019）。此外，开放科学是欧盟委员会科学、研究和创新政策的三大优先领域之一（Chataway et al.，2017）。

开放获取成为欧洲开放科学领域法规的第一个领域，最初被称为"科学2.0"。欧盟委员会关于获取科学信息的信函和建议将欧洲开放科学置于外显研究趋势的背景之下。欧洲开放科学条例是克服欧洲研究区（ERA）[①]研究不断加强的趋势的一种方法。然而，欧洲开放科研管理也有更多的管理关系（Vanholsbeeck，2017）。在这一地区领域，开放科学的目标在所有综述过的政策中都相当明确，但悬而未决的问题在于这些政策如何向现实过渡和实施（Abadal & Anglada，2021）。此外，有研究者认为，协调欧盟的开放科学政策很难实现，因为每个国家在实施开放科学政策方面并没有相同的优先

---

① 译者注：欧洲研究区旨在建立一个面向世界、以内部市场为基础的统一研究区，使研究人员、科学知识和技术能够自由流通。

事项或相同的资金（Chartron，2018）。

芬兰、斯洛文尼亚、荷兰和法国在 2014 年至 2018 年发布了国家开放科学计划（Abadal & Anglada，2021）。芬兰的开放科学路线图可追溯到 2014 年（Maijala，2016）。根据法国开放科学国家计划中数字化转型带来的机遇，开放科学被定义为不受限制地传播研究出版物和数据（Schöpfel & Fabre，2019）。

国家计划还承诺确保科研成果不会被延误，也不会因向人员、研究人员、公司和公民支付任何费用而受到阻碍。此外，这一承诺还动员了所有高等教育和研究参与者，他们的项目、倡议和战略创造了一个动态而复杂的生态系统，在出版商战略选择及其商业模式的演变中发挥着重要作用（Schöpfel & Fabre，2019）。

关于开放科学的文献还提供了一些实际应用案例。比森本德等研究了意大利、荷兰和德国三个国家的具体实施案例。他们发现，通过制度化的当前研究信息系统（Current Research Information Systems，CRIS）基础设施，可以将开放获取存储库整合到 CRIS 中（Biesenbender et al.，2019）。此外，巴迪介绍了欧洲开放获取基础设施研究项目（Open Access Infrastructure Research for Europe，OpenAIRE）服务，该服务通过提供开放科学基础设施，促进成果评估的透明化，并为研究社区的科学可重复性提供便利（Bardi，2018）。最后，开放科学的另一项应用是创建循证决策。开放科学可以促进从研究到决策的知识转移（Olesk et al.，2019）。

3. 地区和国家政策：拉丁美洲

迄今为止，拉丁美洲地区已有多项关于开放科学及相关问题的研究。有研究者确定并分析了拉丁美洲支持开放科学的主要公共政策。他们研究了该地区在开放科学方面取得的科学成就，并分析了其主要特点。他们指出，在大多数拉美国家，政府科技政策实体都在推动开放基础设施、开放获取、开放数据和开放科学政策（De Filippo & D'Onofrio，2019）。此外，哥伦比亚、墨西哥和智利等国的政府科学、技术和创新办公室也发布了本国的开放科学政策（Albornoz et al.，2018）。

有观点认为，在拉美地区，当前开放科学的发展是建立在开放获取运动的基础之上的（Babini & Rovelli，2020; Bertin et al.，2019）。

拉美地区的开放科学政策具有一定的特点。例如，在该地区的一些声明中，知识被作为一种共同利益的概念引入（Babini & Rovelli，2020）。同样，一些研究人员怀疑，霸权主义的开放科学可能会重现殖民主义的科学观，因为如果不受监管，它可能会通过发达国家利用区分、处理和提取知识的不同能力，从拉丁美洲提取数据（Clinio，2019）。这样一来，开放科学就会重现科学中现有的不平等现象。

目前，巴西还没有正式的开放科学政策。不过，巴西的公共教育和研究机构采取了许多举措，以满足开发机构（尤其是外国机构）和科学期刊的新需求（Clinio，2019）。科斯塔认为，需要建立某种保障，以实现国际合作，而不是巴西研究人员的依赖性（Costa，2020）。巴西对直接影响开放科学实践的监管框架的概述，考虑了政府、机构、资助机构以及提供信息产品和服务的机构等领域。巴西的大多数框架都与开放数据和开放获取有关（Rezende & Abadal，2020）。

关于阿根廷的情况，阿尔萨等强调了开放科学实践。他们认为，该国的政策应包括新的工具和激励计划，以鼓励在科学知识生产的各个阶段开展合作，并鼓励更加开放和协作的实践（Arza et al.，2017）。

该地区也有开放科学基础设施的实例。拉丁美洲存储库网络拉美科学出版物机构知识库联合网络（La Referencia）制定了其开放科学基础设施政策（Albornoz et al.，2018），根据将研究成果作为公共产品的声明，拉美科学出版物机构知识库联合网络利用具有互操作性标准的平台促进成员国制定国家实施开放获取战略（Araujo et al.，2020）。

（六）与科学政策相关的开放科学框架

本部分探讨开放科学与科学政策之间的关系，重点关注开放科学政策的法律含义、合规性挑战（compliance challenges）[①]以及为实现开放科学而可

---

① 译者注：合规性挑战是指企业或组织在遵守相关法规、政策、标准等方面所面临的困难和挑战。

能对研究结构中的奖励制度做出的改变。

有关开放科学的文献强调了几个问题，如开放科学与创新和透明度的关系，以及开放科学如何促进科学政策的制定。有观点认为，开放科学及其政策的实施有许多公认的好处。例如，克里希纳认为，在危机情况下，开放科学政策可以消除研究数据和思想自由流动的障碍，从而加快对疾病预防至关重要的研究步伐（Krishna，2020）。文献中提到的另一个优势是透明度问题（及其原则），这已被纳入开放科学政策（Lyon，2016）。文献阐述了将透明度作为一个概念来处理的动机，并介绍了包含透明度原则的开放科学政策的发展情况，还提到追求与社会相关的透明度的开放科学战略是有效科学翻译、科学交流和公众参与的基础（Elliott & Resnik，2019）。

开放科学政策的实施会产生一些影响，可能会与当前的法律和知识产权制度相冲突。从历史上看，在申请专利之前鼓励科学保密，而在申请专利之后继续保密，则使研究交流变得困难。此外，加布里埃尔森认为，在当前的科学政策中，信任的重要性已经下降，出现了开放和透明的趋势（Gabrielsen，2020）。在宽限期（作为一种例外，允许发明在专利申请前公开）的设立上缺乏共识，造成了法律上的不确定性（Wong et al.，2018）。凯尔蒂认为，某些领域（如生物技术和制药）以专利为主导，以加强市场竞争，因此反对开放。他还认为，一个强大的知识产权体系要求独家拥有所有概念、技术、权利要求或成果，而不是集体拥有概念和技术，从而导致合作与竞争（Kelty，2012）。此外，奥利维拉和席尔瓦指出，开放科学位于两个伦理—文化—法律范围之间：（1）从强化私人知识产权的专有经济范式向共享范式过渡；（2）强调基于研究数据和公众文化的新科学范式（Oliveira & Silva，2016）。

（七）开放科学政策的实施

尽管人们认为开放科学具有多种益处，如实现更富有成效、民主和平等的研究实践，但在政策实施方面仍然存在问题（Levin et al.，2016）。以往的研究已经证实，在实施和采用开放科学政策方面存在差距（Armeni et al.，

2021；Kretser et al.，2019）。此外，施密特等认为，开放科学的机构政策在沟通和实施方面存在挑战（Schmidt et al.，2018）。在开放获取领域也出现了同样的现象：萨拉特·萨里恩等在他们关于高等教育开放获取政策的研究中得出结论，尽管有不同的政策，但到目前为止，开放获取政策的实施仍处于中等水平（Saraite Sariene et al.，2020）。

不同层面的战略，如科学评估的新指标、基础设施和法律框架的发展，对于开放科学政策的实施至关重要（Santos，2017）。

作为透明度和可重复性研究的推动者，科学交流生态系统是开放科学的主要基础设施。这种开放科学生态系统的实施需要提供与研究成果的共享、互联和可重用性相关的工具和政策（Bardi，2018）。同样，罗克霍尔德等研究了临床数据共享指南，他们认为，开放数据政策的实施应分阶段进行（Rockhold et al.，2019）。

造成这种差距有几个公认的原因。例如，阿吉尼斯等认为，由于不同科学利益相关者之间存在分歧，开放科学的实践与理论之间存在差距（Aguinis et al.，2020）。同样，莱文等指出，开放科学的实施需要多个利益相关者的一系列愿景转变（Levin et al.，2016）。此外，阿尔梅尼等还指出了造成这种差距的三个主要原因：难以达到临界质量、变革的预期成本以及学科差异（Armeni et al.，2021）。莱文等则认为，问题之一是政策似乎针对不同领域的所有研究阶段，没有任何区别（Levin et al.，2016）。此外，萨拉特·萨里恩等断言，大学的声誉似乎会影响大学更好地采用开放获取政策（Saraite Sariene et al.，2020）。

弗雷索利和阿尔萨认为，实施开放科学实践需要学习新技能，而研究人员并非总能掌握这些技能，因此需要进行能力建设（Fressoli & Arza，2018）。最后，维森特-赛斯等认为，研究过程已经向开放性转变。这种转变更多地关注程序，如开放共享实践、开放协议、开放数据共享或开放存储库，以及开放邀请实践，而国家、地区和国际层面的现行政策则倾向关注研究成果的开放性，如开放获取或开放数据。因此，目前开放科学实践与开放科学政策之间存在不平衡（Vicente-Saez et al.，2020）。

（八）改变科研奖励制度，实现开放科学

一些研究表明，目前的科研评估缺乏对开放科学的激励。尽管绝大多数科学家支持开放科学，但很少有人真正实践开放科学（Heise & Pearce，2020）。例如，应调整和重组学术激励结构，使其与开放科学政策保持一致，并允许一定程度的响应（Armeni et al.，2021）。

学术界目前的激励机制并不促进发表前的数据共享（Kamoun et al.，2019）。此外，还需要一种有别于"不发表就出局"方法的认可系统，以提高开放科学的采用率（Howe et al.，2017）。在这方面，罗宾逊-加西亚等认为，科学政策应引入开放性指标（Robinson-Garcia et al.，2020）。

在关于竞争力影响的政策辩论中，大学议程和商业化政策问题应基于对所考虑的具体机构背景的理解（Walsh & Huang，2014）。此外，研究商业化已成为学术政策不可或缺的一部分（Krishna，2020）。

以往的研究表明，开放科学的可行性取决于激励措施（Mukherjee & Stern，2009）。目前的地方激励项目并不能促进这些开放科学实践，反而会因花费时间开展不被评估项目重视的活动而产生机会成本，从而阻碍这些实践（Fressoli & Arza，2018）。正因如此，多位学者讨论了实施开放科学主流化奖励制度变革的必要性。例如，有研究者提议对研究评价进行整体改革（Funamori，2017）。具体到开放数据领域，莱文等建议，由于当前透明度与商业化之间的冲突，需要改革晋升和长聘政策，以实现开放科学，特别是开放数据原则（Levin et al.，2016）。同样，在大学层面，有人认为这些机构也应开发基础设施和培训，以支持、衡量和奖励符合开放科学原则的工作（Howe et al.，2017）。

如文献所述，这些现行地区政策中的奖励制度也令人担忧。例如，有研究者指出，欧盟、主要资助机构和主要研究组织的开放科学政策似乎并未质疑当前的科学期刊模式，相反，它们强化了期刊传播研究成果的功能（Schöpfel & Fabre，2019）。此外，伯格尔曼等认为，欧洲各种开放科学政策中仍然缺少对研究人员奖励和激励制度的必要改革（Burgelman et al.，2019）。同样，

阿巴达尔和安格拉达认为，改变评价模式和研究人员的科研习惯似乎是开放科学的最大困难（Abadal & Anglad，2021）。

现有研究提出了研究评估模型。例如，查塔维等建议为开放科学创建自己的监测和评估方法（Chatawa et al.，2017）。基特里等讨论了一个作为激励开放科学的资助模式变革而颁发的奖项。该奖项有助于加强国际合作和开放数字内容（Kittrie et al.，2017）。最新的研究集中于开放科学及其在研究评估中的作用。莫赫等概述了新的研究评估标准，以提高研究的完整性，推动研究机构及其资助政策的开放科学实践（Moher et al.，2020）。赖斯等研究了不同的科研评估实践（Rice et al.，2020）。任何类型的评估修订都需要与国际协调和同步。有研究者提出，如果不这样做，早期采用开放科学的研究人员将处于不利地位（Rentier，2018）。

四、讨论

开放科学正在迅速成为一个主流问题，各个国家、地区以及国际层面的直接和间接参与者和利益相关者都在讨论这个问题。这些讨论可以分为两个不同的阶段：第一阶段是在 2015 年之前，开放科学及其政策的概念化；第二阶段是 2016 年左右，开放科学政策的研究数量急剧增加，这与不同环境下开放科学政策的制定和实施相关联。在未来几年中，这种实施情况可能会持续下去。

本文献综述通过指出对这一问题的不同处理方法推动了对开放科学的讨论。这些研究中对开放科学所采取的方法有不同的框架。一方面，政策框架及其地缘政治方面被定义为不对称和认知治理的再生产机制。另一方面，开放科学被定义为创新的催化剂，其政策鼓励创新的发展。开放科学政策也有一些弊端：开放科学的普遍化论点可能会导致必须遵循开放科学政策的研究人员和组织与不遵循开放科学政策的研究人员和组织之间的差异。商业化与开放科学政策之间确实存在冲突。

政策文献涉及开放科学的各个组成部分。不过，不同地区和语言之间存在明显差异。与开放科学的其他组成部分相比，开放数据政策这一主题在英文研究中更为成熟。在西班牙语研究中，开放获取似乎是一个相对成熟的主题。总体而言，西班牙语的语料库似乎依赖以下两个问题：开放数据和开放获取。因此，开放科学政策工作似乎更侧重开放产出，而不是科学过程的其他方面。当然，开放科学政策研究大多以特定语言撰写，来自特定地区或国家，这一事实让人对这一概念所谓的普遍性产生怀疑。尤其是，基于这一概念的政策可能会无意或有意地复制当前的不平等现象，即在不同国家和地区开展科学研究的困难程度不同，以及当前研究基础设施中涉及不同利益相关者的政治经济学。

文献中描述的开放科学政策的主要地缘政治维度首先是各种参与者和利益相关者，如学术界、大学和研究机构、政策制定者和研究委员会，以及这些参与者和利益相关者如何在机构、国家、地区和国际开放科学政策中发挥的独特作用。

一些主要的国际组织目前正在制定开放科学的建议、任务和政策。这一事实可能会产生重大影响，因为政策制定可能会在全球范围复制当前的不平等现象。在地区层面，欧盟委员会多年来一直在提出政策建议。在这一领域，国家层面一直在倡导、讨论和撰写开放科学政策，但这些政策仍未得到采纳。拉丁美洲地区也有许多政策建议，但不是通过国际组织提出的。特别值得一提的是，与欧洲地区的情况不同，拉丁美洲的文献更侧重机构或国家层面的案例研究，而不是支持地区开放科学政策的大型地区组织。在这一领域需要注意的另一个重要问题是，开放获取是开放科学政策的基础，因为这一主题在该地区过去一直被广泛讨论、研究和探索。

开放科学与科学政策之间的关系是由开放科学带来的创新和透明度所决定的。然而，开放科学与知识产权法之间的关系仍在讨论之中。由于传统创新体系产生收入和社会效益的能力正在减弱。因此，戈尔德认为，可以通过形成开放科学合作来延缓或扭转创新体系的恶化（Gold，2021）。目前开放科学政策与其实施之间存在差距。一些研究认为，改变科学环境的激励机制对于推动开放科学至关重要。

五、结论

毫无疑问，在未来几年里，有关开放科学政策及其在不同参与者和利益相关者之间的潜在实施情况的辩论仍将继续。本综述通过强调四种不同语言对这个话题的讨论以增强对话。我们希望通过这样做，对这一主题形成一个更具包容性和更平衡的描述。然而，本研究的语言选择很可能是一个限制因素，因为可能会有很多关于开放科学政策的讨论使用其他不同的语言。

最后，本综述的一个缺陷在于所选文献大多是科技类文献。未来的研究可以集中在与开放科学政策相关的文献上，尤其是人文和社会科学领域的文献，这样可能会得出截然不同的结果。

附录1：检索字符串及其结果

数据库	检索关键词	结果	所选择的论文—政策
Scopus	TITLE–ABS–KEY（"ciencia abierta"）	16	2
	TITLE–ABS–KEY（"ciência aberta"）	15	1
	TITLE–ABS–KEY（"science ouverte"）	7	0

续表

数据库	检索关键词	结果	所选择的论文—政策
Scopus	TITLE-ABS-KEY（"open science"）AND（LIMIT-TO（DOCTYPE, "ar"）AND（LIMIT-TO（SUBJAREA, "MEDI"）OR LIMIT-TO（SUBJAREA, "BIOC"）OR LIMIT-TO（SUBJAREA, "NEUR"）OR LIMIT-TO（SUBJAREA, "AGRI"）OR LIMIT-TO（SUBJAREA, "ENVI"）OR LIMIT-TO（SUBJAREA, "PHYS"）OR LIMIT-TO（SUBJAREA, "EART"）OR LIMIT-TO（SUBJAREA, "PHAR"）OR LIMIT-TO（SUBJAREA, "CHEM"）OR LIMIT-TO（SUBJAREA, "HEAL"）OR LIMIT-TO（SUBJAREA, "CENG"）OR LIMIT-TO（SUBJAREA, "MATE"）	818	34
Semantic Scholar	"Ciencia abierta"	311	2
	"Ciência aberta"	281	0
	"Science ouverte"	211	4
	"Open science"	7820	3

续表

数据库	检索关键词	结果	所选择的论文—政策
	"Ciencia abierta"	13000	0
	"Ciência aberta"	3660	4
	"Science ouverte"	13700	0
	"Open science"	383000	3
Google Scholar	"politicas de ciencia abierta"	58	3
	"Open science policies"	567	6
	"open science" policy	147000	4
	"Políticas de ciência aberta"	49	3
	"Politiques de science ouverte"	7	1

附录2：参考文献汇编表及其特点

https://doi.org/10.5281/zenodo.6434477.

致谢

感谢谢里法·布卡塞姆·泽格穆里（Cherifa Boukacem Zeghmouri）博士一直以来的支持和指导。

利益冲突声明

作者声明在本文的研究、撰写和发表方面没有潜在的利益冲突。

基金

本文的研究、撰写和发表受到里昂第一大学（Claude Bernard University Lyon 1）资助。

伦理审查

本研究为文献综述，因此不适用动物和人类研究伦理声明。

参考文献：

Abadal, E., & Anglada, L.（2020）. Open science: Evolution of the name and the concept. Anales de Documentación, 23, 1‑11.

Abadal, E., & Anglada, L.（2021）. Open science policies in Europe. In M. M. Borges, & E. Sanz Casado（Eds.）, Under the lens of open science: Views from Portugal, Spain and Brazil（pp. 45‑66）. Universidade de Coimbra.

Aguinis, H., Banks, G. C., Rogelberg, S. G., & Cascio, W. F.（2020）. Actionable recommendations for narrowing the science–practice gap in open science. Organizational Behaviour and Human Decision Processes, 158, 27‑35.

Albornoz, D., Huang, M., Martin, I. M., Mateus, M., Touré, A. Y., & Chan, L.（2018）. Framing Power: Tracing Key Discourses in Open Science Policies. ELPUB. https://doi.org/10.4000/proceedings.elpub.2018.23.hal–01816725.

Ali–Khan, S. E., Harris, L. W., & Gold, E. R.（2017）. Point of view: Motivating participation in open science by examining researcher incentives. eLife, 6, e29319. https://doi.org/ 10.7554/eLife.29319.001.

Araujo, I. A., Souza, L. G. S., & Silva, C. M. A.（2020）. LA Referencia: A contribution to the Open Science Ecosystem in Latin America. Ciência da Informação, 48（3）, 165‑170. http://revista.ibict.br/ciinf/article/view/4853.

Armeni, K., Brinkman, L., Carlsson, R., Eerland, A., Fijten, R., Fondberg, R., Heininga, V. E., Heunis, S., Koh, W. Q., Masselink, M., Moran, N., Baoill, A. Ó, Sarafoglou, A., Schettino, A., Schwamm, H., Sjoerds, Z., Teperek, M., van den Akker, O. R., & . Zurita–Milla, R.（2021）. Towards wide–scale adoption of open science practices: The role of open science communities. Science and Public Policy, 48（5）, 605‑611. https://doi.org/10.1093/scipol/scab039.

Arza, V., Fressoli, M., & Sebastian, S.（2017）. Towards opens science in Argentina: from experience to public policies. First Monday, 22（7）.

D. Babini, & L. Rovelli（Eds.）.（2020）. Recent trends in open science and open access science policies in Ibero–America. CLACSO, Fundación Carolina. https://www.clacso.org.ar/libreria–latinoamericana/libro_detalle.php?id_libro=2279&pageNum_rs_libros=0&totalRows_rs_libros=1461.

Bardi, A. (2018) . Open Science as-a-service for research communities and content providers. In M. Coppola, E. Carlini, D. D'Agostino, J. Altmann, & J. Bañares (Eds.) , International Conference on the Economics of Grids, Clouds, Systems, and Services (pp. 3 - 6) . Cham: Springer.

Beck, S., Bergenholtz, C., Bogers, M., Brasseur, T. M., Conradsen, L., Di Marco, D., Distel, A. P., Bergenholtz, C., Do ¨ rlerj, D., Effert, A., Fecher, B., Filiou, C., Frederiksen, L., Gillier, T., Grimpeb, C., Gruber, M., Haeussler, C., Heiglj, F., Hoisl, K., & .Xu, S. M. (2020) . The Open Innovation in Science research field: A collaborative conceptualization approach, Industry and Innovation. Industry and Innovation, 29 (2) , 136 - 185.

Bertin, P. R. B, Fortaleza, J. M., Da Silva, A. C., & Okawachi, M. F. (2019) . The Open Government partnership as a platform for the advancement of Open Science in Brazil. Transinformação, 31, 1 - 10.

Biesenbender, S., Petersohn, S., & Thiedig, C. (2019) . Using Current Research Information Systems (CRIS) to showcase national and institutional research (potential): Research information systems in the context of Open Science. Procedia Computer Science, 146, 142 - 155.

Burgelman, J.-C., Pascu, C., Szkuta, K., Von Schomberg, R., Karalopoulos, A., Repanas, K., & Schouppe, M. (2019) . Open science, open data, and open scholarship: European policies to make science fit for the twenty-first century. Frontiers Big Data, 2, 43. https://doi.org/10.3389/fdata.2019.00043.

Caulfield, T., Harmon, S. H. E., & Joly, Y. (2012) . Open science versus commercialization: A modern research conflict? Genome Medicine, 4, 1 - 11.

Chartron, G. (2018) . Open science through the lens of the European Commission. Éducation et Sociétés, 41 (1) , 177 - 193.

Chataway, J., Parks, S., & Smith, E. (2017) . How will open science impact on university-industry collaboration? Foresight and STI Governance, 11, 44 - 53. https://doi.org/10.17323/2500-2597.2017.2.44.53.

Clinio, A. (2019) . Open Science in Latin America: Two perspectives in dispute. Transinformação, 31, 1 - 12.

Costa, M. (2020) . Open science policies and openness of research data. In M.

Shintaku, L. Farias Sales & M. Costa（Eds.）Open data topics for scientific publishers.（pp. 23－29）.Brazilian Association of Scientific Editors.

De Filippo, D., & D'Onofrio, M. G. （2019）. Scope and limitations of open science in Latin America: Analysis of public policies and scientific publications. Hipertext.net, 19, 32－48. https://doi.org/10.31009/hipertext.net.2019.i19.03.

De Filippo, D., Silva, P., & Borges, M. M. （2019）. Characterization of the Iberian publications on open science and analysis of their presence in social media. Revista Española de Documentación Científica, 42, 1－17.

Elliott, K. C., & Resnik, D. B. （2019）. Making open science work for science and society. Environmental Health Perspectives, 127（7）, 075002.

Fecher, B., & Friesike, S. （2014）. Open Science: One term, five schools of thought. In S. Bartling, & S. Friesike （Eds.）, Opening Science. Springer.

Fell, M. J. （2019）. The economic impacts of open science: A rapid evidence assessment. Publications, 7（3）, 46.

Fressoli, M., & Arza, V. （2017）. Negotiating openness in open science. An analysis of exemplary cases in Argentina. Revista Iberoamericana CTS, 12（36）, 139－162. http://www.revistacts.net/contenido/numero-36/ negociando-la-ap ertura-en-ciencia-abierta-un-analisis-de-casos-ejemplares-enargentina/.

Fressoli, M., & Arza, V. （2018）. The challenges of open science policies. Teknokultura. Revista de Cultura Digital y Movimientos Sociales, 15（2）, 429－448. https://doi.org/10.5209/TEKN.60616.

Funamori, M. （2017）. Open Science and the Academy: A theoretical discussion. 6th IIAI International Congress on Advanced Applied Informatics （IIAI-AAI）, Hamamatsu, 9－13 July 2017. New York: IEEE.

Gabrielsen, A. M. （2020）. Openness and trust in data-intensive science: The case of biocuration. Medicine, Health Care and Philosophy, 23, 497－504.

Garcia Aristegui, D., & Rendueles, C. （2014）. Open, free and public. The political challenges of open science. Argumentos de Razón Técnica,17,45－64.

Gold, E. R. （2021）. The fall of the innovation empire and its possible rise through open science. Research Policy, 50（5）,104226.

Gong, K. （2022）. Open science: The science paradigm of the new era. Cultures of

Science, 5（1）, 7.

Heise, C., & Pearce, J. M.（2020）. From open access to open science: The path from scientific reality to open scientific practice. Bulletin of Science; Technology & Society, 36（2）, 128－141.

Hormia-Poutanen, K., & Forsstrom, P. L. (2016). Collaboration at international, national and institutional level －Vital in fostering open science. LIBER Quarterly, 26(1), 3－12.

Howe, A., Howe, M., Kaleita, A. L., & Raman, D. R. (2017).Imagining tomorrow's university in an era of open science. F1000Research, 6, 405.

Joly, Y., Dove, E. S., Kennedy, K. L., Bobrow, M., Ouellette, B. F. F., Dyke, S. O. M., Kato, K., & Knoppers, B. M. (2012). Open science and community norms: Data retention and publication moratoria policies in genomics projects. Medical Law International, 12(2), 92－120.

Kamoun, S., Talbot, N. J., & Islam, M. T. (2019). Plant health emergencies demand open science: Tackling a cereal killer on the run. PLoS Biology, 17(6), e3000302.

Kelty, C. M. (2012). This is not an article: Model organism newsletters and the question of "open science". BioSocieties, 7, 140－168. https://doi.org/10.1057/biosoc.2012.8.

Kittrie, E., Atienza, A. A., Kiley, R., Carr, D., MacFarlane, A., Pai, V., Couch, J., Bajkowski, J., Bonner, J. F., Mietchen, D., & Bourne, P. E. (2017). Developing international open science collaborations: Funder reflections on the Open Science Prize. PLoS Biology, 15(8), e2002617.

Kretser, A., Murphy, D., Bertuzzi, S., Abraham, T., Allison, D. B., Boor, K. J., Dwyer, J., Grantham, A., Harris, L. J.,Hollander, R., Jacobs-Young, C., Rovito, S., Vafiadis, D.,Woteki, C., Wyndham, J., & Yada, R. (2019). Scientific integrity principles and best practices: Recommendations from a scientific integrity consortium. Science and Engineering Ethics, 25, 327－355.

Krishna, V. V. (2020). Open science and its enemies: Challenges for a sustainable science-society social contract. Journal of Open Innovation: Technology, Market, and Complexity, 6, 61.

Kwon, S., & Motohashi, K. (2020). Incentive or disincentive for disclosure of research data? A large-scale empirical analysis and implications for open science policy. Research Institute of Economy, Trade and Industry. RIETI Discussion Paper Series.

Levin, N., & Leonelli, S. (2017). How does one "open" science? Questions of value in biological research. Science, Technology, & Human Values, 42(2), 280–305.

Levin, N., Leonelli, S., Weckowska, D., Castle, D., & Dupre, J.(2016). How do scientists define openness? Exploring therelationship between open science policies and research practice. Bulletin of Science; Technology & Society, 36(2),128–141.

Lyon, L. (2016). Transparency: The emerging third dimension of open science and open data. LIBER Quarterly, 25, 153–171.

Maijala, R. (2016). Joining networks in the world of open science. LIBER Quarterly, 26, 104–124. https://doi.org/10.18352/lq.10179.

Mancini, D., Lardo, A., & De Angelis, M. (2020). Efforts towards openness and transparency of data: A focus on open science platforms. In A. Lazazzara, F. Ricciardi, & S. Za (Eds.), Exploring digital ecosystems. Lecture notes in information systems and organisation (Vol. 33, pp. 67–84). Springer.

Manco, A. (2022). A landscape of open science policies research: List of references and their characteristics (data) [Data set]. Zenodo.

Margoni, T., Caso, R., Ducato, R., Guarda, P., & Moscon, V. (2016). Open access, open science, open society. (Research Paper No. 27). Trento Law and Technology Research Group. https://doi.org/10.2139/ssrn.2751741.

Miedema, F. (2022). Open Science: The very idea. Springer Nature.

Moher, D., Bouter, L., Kleinert, S., Glasziou, P., Sham, M. H., Barbour, V., Coriat, A.-M., Foeger, Ni., & Dirnagl, U. (2020). The Hong Kong principles for assessing researchers: Fostering research integrity. PLoS Biology, 18 (7), e3000737. https://doi.org/10.1371/journal.pbio.3000737.

Mukherjee, A., & Stern, S. (2009). Disclosure or secrecy? The dynamics of Open Science. International Journal of Industrial Organization, 27, 449–462.

Olesk, A., Kaal, E., & Toom, K. (2019). The possibilities of Open Science for knowledge transfer in the science-policy interface. JCOM, 18 (3), A03.

Oliveira, A., & Silva, E. (2016). Open science: Dimensions for a new scientific approach. Informação & Informação, 21 (2).

Piwowar, H., Priem, J., Larivière, V., Alperin, J. P., Matthias, L., Norlander, B., Farley, A., West, J., & Haustein, S.（2018）. The state of OA: A largescale analysis of the prevalence and impact of Open Access articles.PeerJ,6,e4375.

Ramírez-Montoya, M., & García-Peñalvo, F.（2018）. Co-creation and open innovation: Systematic literature review. Comunicar, 54, 9 - 18.

Reichmann, S., & Wieser, B.（2022）. Open science at the science - policy interface: Bringing in the evidence? Health Research Policy and Systems, 20,70.

Rezende, L. V. R., & Abadal, E.（2020）. State of the art of Brazilian Regulatory frameworks towards Open Science. Encontros Biblio, 25, 1 - 25.

Rentier, B.（2018）. Open Science, the challenge of transparency. Acade´mie Royale de Belgique. https://orbi.uliege.be/handle/2268/230014.

Rice, D. B., Raffoul, H., Ioannidis, J. P. A., & Moher, D.（2020）. Academic criteria for promotion and tenure in biomedical sciences faculties: Cross sectional analysis of international sample of universities. BMJ, 369, m2081.

Ramírez-Montoya, M., & García-Peñalvo, F.（2018）. Co-creation and open innovation: Systematic literature review. *Comunicar*, 54, 9 - 18.

Robinson-Garcia, N., Costas, R., & van Leeuwen, T. N. (2020). Open Access uptake by universities worldwide. PeerJ, 8, e9410.

Rockhold, F., Bromley, C., Wagner, E. K., & Buyse, M.（2019）. Open science: The open clinical trials data journey. Clinical Trials, 16（5）, 539 - 546.

Roman, M., Liu, J., & Nyberg, T.（2018）. Advancing the open science movement through sustainable business model development. Industry and Higher Education, 32（4）, 226 - 234. https://doi.org/10.1177/0950422218777913.

Santos, P. X., Almedia, B. A., Elias, F. T. S., Motta, M. L., Guanaes, P., Jorge, V. A., Henning, P. G., & Oliveira, G.（2017）. Green Paper—Open science and open data: Mapping and analysis of policies, infrastructures and strategies in national and international perspective. Fiocruz.

Saraite Sariene, L., Caba Pérez, C., & López Hernández, A. M.（2020）.Expanding the actions of Open Government in higher education sector: From web transparency to Open Science. PLOS ONE, 15（9）, e0238801.

Schmidt, B., Bertino, A., Beucke, D., Brinken, H., Jahn, N., Matthias, L., Mimkes,

J., Müller, K., Orth, A., & Bargheer, M.（2018）. Open science support as a portfolio of services and projects: From awareness to engagement. Publications, 6（2）, 27. https://doi.org/10.3390/publications6020027.

Schöpfel, J., & Fabre, R.（2019）. The issue of journals in open science: A functional approach. I2D – Information, Donne´es & Documents, A.D.B.S., 2（2）, 109 – 127. https://doi.org/10.3917/i2d.192.0109.

Smart, P., Holmes, S., Lettice, F., Pitts, F. H., Zwiegelaar, J. B., Schwartz, G., & Evans, S.（2019）. Open Science and Open Innovation in a socio–political context: Knowledge production for societal impact in an age of post–truth populism. R&D Management, 49, 279 – 297. https://doi.org/10.1111/radm.12377.

Stodden, V.（2010）. Open science: Policy implications for the evolving phenomenon of user–led scientific innovation. JCOM, 9（1）, A05.

Timmermann, M.（2019）. A collective challenge: Open science from the perspective of science Europe. VOEB–Mitteilungen, 72（2）, 424 – 430.

Vanholsbeeck, M.（2017）. The notion of Open Science in the European Research Area. Between trends towards the 'exoterisation' and 'managerialisation' of scientific research. Revue francxaise des sciences de l'information et de la communication, 11. https://doi.org/10.4000/rfsic.3241.

Vicente–Saez, R., Gustafsson, R., & Van den Brande, L.（2020）. The dawn of an open exploration era: Emergent principles and practices of open science and innovation of university research teams in a digital world. Technological Forecasting and Social Change, 156, 120037.

Vicente–Saez, R., & Martínez–Fuentes, C.（2018）. Open science now: A systematic literature review for an integrated definition. Journal of Business Research, 88, 428 – 436. https://doi.org/10.1016/j.jbusres.2017.12.043.

Walsh, J. P., & Huang, H.（2014）. Local context, academic entrepreneurship and open science: Publication secrecy and commercial activity among Japanese and US scientists. Research Policy, 43, 245 – 260.

Wong, S., Ramos–Toledano, J., & Rojas–Mora, J.（2018）. On the in–compatibility of open science with novelty as a standard of patentability. Revista Jurídicas, 15（2）, 88 – 103. https://doi.org/10.17151/jurid.2018.15.2.6.

Xafis, V., & Labude, M.（2019）. Openness in big data and data repositories. Asian Bioethics Review, 11, 255－273.

（卢宇峥　译）

开放科学研究在公共政策领域的影响 *

丹尼拉·德·菲利波（Daniela De Filippo）[1,2]

巴勃罗·萨斯托托莱多（Pablo Sastrón-Toledo）[2,3]

（[1] 西班牙国家研究委员会哲学研究所；[2] 西班牙高等教育与科学研究所；
[3] 西班牙马德里卡洛斯三世大学图书馆与信息科学系计量信息研究实验室）

摘 要

本文从文献计量学的视角分析了西班牙开放科学相关的科学活动及其对公共政策的影响。以此为目的，研究了西班牙各中心 2010 年至 2020 年关于开放科学的项目和论文。随后，分析了使用开放科学相关论文的政策文件，以探究开放科学研究对政策制定的影响。本文共分析了 142 个项目和 1491 篇论文，其中政策文件涉及了 15% 的项目和论文。政策文件中引用比例最高的论文主题是国际合作、开放获取和一区期刊。这些发现揭示了政府在实施开放科学政策和资助开放科学研究方面所发挥的主导作用。促进和资助开放科学研究的政府机构在其机构报告中使用了这些研究成果，这一过程被称为知识流反馈。研究发现，其他非学术人员也会利用开放科学研究产生的知识，揭示了开放科学运动如何超越学术界边界的问题。

关键词：科研影响；替代计量学；开放科学；政策文本；科研评估；知识流

---

* 文献来源：De Filippo, D., Sastrón-Toledo,P.（2023）. Influence of research on open science in the public policy sphere. Scientometrics,128,1995－2017.

注：限于篇幅，图表和参考文献有删改。

一、引言

近年来，开放科学运动特别重要，成为一种科学实践，在这种科学实践中，不同的参与者"可以在免费提供研究数据、实验室笔记和其他研究过程的条件下开展合作并做出贡献，可以重用、再分发和复制研究及其基础数据和方法"（FOSTER，2016）。科学知识产生和发布方式的这种范式转变涵盖的范围十分广泛。为了应对这种产生广泛影响的变化，近年来，各种组织制定了许多政策和战略来促进和巩固开放科学。欧盟一直是全球领先的开放科学的推动者之一，正如安格拉德和阿巴达所指出的那样，欧盟鼓励开放科学的动机主要有两种：政治和社会以及科学（Anglada & Abadal，2018）。欧洲的政治和社会动机是基于维持和提高福祉水平的需要，而要做到这一点，需要一个以研究为主导、以创新为核心的强大经济体系。至于科学动机，开放科学运动寻求调整科学传播方式，以便能够利用当今所有的技术的可能性，更有效地传播科学发现。

2012 年，欧盟委员会采用开放获取的举措是其迈向开放科学的第一步。此举是巩固要求接受公共资助的科研成果在开放获取期刊上发表的科研评价措施的开端（European Commission，2016a）。促进开放科学的举措也拓展到基础设施领域，如欧洲开放获取基础设施研究项目（OpenAIRE）、欧洲开放科学云（EOSC）的创建（European Commission，2016b）和开放科学监测（European Commission，2017）的开发等举措。

根据欧盟委员会关于获取和保存科学信息的建议，许多国家出台了类似的政策。芬兰制定了《开放科学与研究计划》（*Open Science and Research Initiative*）（Finland，2014；Forsström & Haataja，2016）；荷兰推出了《国家开放科学计划》（*National Plan Open Science*）（Van Wezenbeek et al.，2017）；葡萄牙实施了开放科学政策（Portugal，2016）；法国于 2018 年启动了《法国开放科学计划》（*French Plan for Open Science*）（Plan，2021）；希腊于 2020 年启动了《希腊国家开放科学计划》（*National Open Science Plan for Greece*）（Athanasiou et al.，2020）。西班牙制定了《2017—

2020 年国家科技研究与创新计划》（*State Plan on Scientifc and Technical Research and Innovation*），其中规定，获得公共资助的研究数据和成果必须公开。此外，西班牙 9 月 5 日颁布了关于科学的第 17/2022 号新法案（BOE，2022），特别强调"根据国际 FAIR（可发现、可访问、互操作和可重用）原则，促进通过研究产生的数据（开放数据）的自由访问和管理，以开发开放的基础设施和平台，促进科学成果的公开发表和公民对科学进程的公开参与"。

许多非欧洲国家，如加拿大和南非（OECD，2015），也在大力推动开放科学。过去十年，拉丁美洲的阿根廷、巴西、智利、哥伦比亚、墨西哥、秘鲁和乌拉圭等国陆续颁布了发展并促进开放科学的公共政策（De Filippo & D'Onofrio，2019）。

虽然大多数国家最完善的开放科学政策是那些与开放获取有关的政策，但在科研评价（制定新指标、开放评估等）等领域寻求新战略的需求正变得越来越明显。欧盟委员会和其他组织已经在出台的相关报告中接受了这个挑战，如《相互学习练习开放科学：替代计量学和奖励》（*Mutual Learning Exercise Open Science: Altmetrics and Rewards*）、《充分承认开放科学实践的科研职业评价》（*Evaluation of Research Careers Fully Acknowledging Open Science Practices*）、《下一代指标：负责任的开放科学指标和评估》（*Next-generation Metrics: Responsible Metrics and Evaluation for Open Science*）、《促进科学和学术领域开放知识实践的指标框架》（*Indicator Frameworks for Fostering Open Knowledge Practices in Science and Scholarship*）、《开放科学和知识产权》（*Open Science and Intellectual Property Rights*）。

许多因素促成了这种与开放科学相关的范式转变。其中，移动互联网 2.0（Web 2.0）的出现和由此产生的非正式沟通渠道的增加，对科学活动的分析提出了挑战（Mohammadi & Thelwall，2013）。此外，文献计量学在科学和技术活动分析和评价方面的霸权地位也引发了争论，例如《关于科研评价的旧金山宣言》（*Declaration on Research Assessment*）（DORA，2012）、《转型中的科学》（*Science in Transition*，2013）和《莱顿宣言》（*Leiden Manifesto*）（Hiscks et al., 2015）。这些文件清楚地表明，面对多样化的科学实践和现有的各种交流渠道，传统的评价体系已经过时了。批评的声音还指出，传统的评价指标侧重评价科研成果，而不是研究过程。从这个意义上说，正如门德斯所提到的，一些作者认为我们应该更多地关注数据和代码共享、开放获取文章、遵守方法标准和数据公平性（Méndez，2021）。一些报告指出，开放科学不仅意味着开放研究结果，还意味着数据是共享的、可发现的、可访问的、可互操作的和可重用的（Wilkinson et al.，2016）。另一个与研究成果相关的新挑战是所谓的"科学交流的未来"，它与科学交流的形式和资助科学的商业模式所发生的变化有关。这一转变已被视为一个核心问题，不同国家和国际组织就此开展了讨论（Guédon et al.，2019）。

从这个意义上说，文献计量学的传统工具箱已经发展了十多年，增加了替代指标（Priem & Hemminger，2010），通过研究社交网络和媒体等信息来源分析科学生产对非科学受众的影响。对于用这些指标衡量文献和作者的实际影响的可能性（Martín-Martín et al.，2018；Neylon & Wu，2009；Orduña-Malea et al.，2016）以及各种平台的特点和范围（Robinson-García et al.，2014；Torres-Salinas et al.，2013）存在诸多争论。科学文献中也充分描述了替代指标的优点和局限性（Gumpenberger et al.，2016；Martín-Martín et al.，2018；Moed，2017），替代指标具有可能会对文献的社会影响产生作用（De Filippo & Serrano-López，2018；Haustein et al.，2015；Robinson-García et al.，2017）以及具有与文献计量学和替代计量学的影响互相联系（Cabezas-Clavijo & Torres-Salinas，2010；Costa et al.，2014；Eysenbach，2011；Schloegl & Gorraiz，2010；Serrano-López et al.，2017）的特征。因此，挑战在于需要产生新的指标来分析和评价开放科学框架中的科学活动。

一些国家对本国科研机构的评价反映了对评估研发与创新（R+D+i）[①]的关注和兴趣，如英国著名的《科研评估》（*Research Assessment Exercise*，RAE）及其 2014 年开始实施的《卓越科研框架》（*Research Excellence Framework*），这表明研究影响（而不仅是学术影响）的重要性如何逐渐改

---

① 译者注：R+D+i 指研究（Research）、发展（Develop）和创新（Innovation）。

变了评价的重点。

西班牙的研发与创新机构建立了一系列评价教学、科研和科技成果转化等因素的评价机制。这在各种全国性、区域性和机构的研究计划征稿启事中均有所体现。虽然有许多针对大学教师和研究人员的征稿启事，但几乎没有涉及与开放科学相关的标准。传统的论文发表和参与科研项目仍然是首要标准，其次是其他活动，如科学传播（España，2019）和研究的社会影响。

尽管认识、测量和分析与开放科学相关的活动很重要，但检测和评价并非易事。正如博曼所言，研究的社会影响往往需要数年才能显现出来，在许多情况下，很难确定研究与其影响之间的因果关系（Bornmann，2013）。此外，大量不同领域的作者指出，预期的社会影响因研究领域而异：对工程师科研工作影响的预期与对社会学家或历史学家工作影响的预期不同（Martin，2011；Molas-Gallart et al.，2002）。在卫生和经济等领域也是如此，这些领域的预期社会影响与实际有很大差异。因此，单一的评估机制可能站不住脚（Bornmann，2013）。

这会增加评价的难度，特别是考虑到可能产生的各种影响，其中一些影响是不太理想的或不是积极的影响（例如，从短期经济角度来看）。

此外，重要的是要区分科研对社会网络的影响（根据替代指标的来源和媒体的引用程度测量）和更长期的社会影响，这影响到不同的行动者。正如博曼指出，社会影响测量和替代测量似乎是差异很大的指标，因为替代测量中使用的时间尺度与当前科研评价使用的时间尺度通常是一致的，但这不利于测量研究对社会产生的影响，研究对社会产生的影响需要更长的时间才能监测出来（Bornmann，2014）。

因此，为了支持评估社会影响（不仅是简单地计算社交网络上的引用），收集对社会有潜在影响的文件的新信息源可能会很有帮助。政策文件是一个很好的例子。研究表明，科学论文和政府论文之间的关系（以存在的引用率衡量）可能是衡量科学如何影响具有决策权力或对社会有影响力的机构的一个很好的指标。一些研究领域致力于分析科学知识如何从学术成果转化为政策文件。博曼等的研究展示了环境科学中气候变化的科学知识是如何影响政策决策的（Bornmann et al.，2016）。纽森等介绍了许多医学研究如何分析科学出版成果与临床指南之间的相互作用（Newson et al.，2018）。皮涅罗等分析了跨学科科学研究对政策文件的影响，以及这些政策文件对政策决策产生更大影响的可能性（Pinheiro et al.，2021）。殷裔安等发现，在科学领域的某些问题上，公共资助的科学研究与公众利益之间存在高度一致性，表明特定领域的研究成果比其他领域更能影响政策文件（Yin et al.，2022）。

传统上，这样的分析是通过对政策文件的文本挖掘来完成的。创建替代计量学（Altmetric.com）工具是构建政策文件数据库的第一步。2019年出现了欧文顿数据库（Overton.io），该数据库在2021年已经汇集了来自政府、智库、政府组织和非政府组织的3万多份政策文件（Szomszor & Adie，2022）。就像斯如慕斯泽（Szomszor）和艾迪（Adie）所说的那样，欧文顿数据库提供了一套文件，可以为审查科学政策以及评估与卫生、经济和环境等相关的学科研究及其影响提供大量信息。

这为分析科学界和政策界之间的关系提供了一个可能的框架，可以有效地应用于开放科学的研究中。由于开放科学具有巨大的学术、社会和政治影响，我们有兴趣了解与开放科学相关的科研成果如何反馈到公共政策领域。因此，我们选择西班牙的机构在开放科学方面的科学活动作为我们的研究对象。除了确定和分析西班牙机构开放科学的特点，我们还特别注重这一科学活动的影响，将其作为制定国家和国际政策文件的概念、方法或经验参考。我们使用"知识流"作为分析框架。"知识流"是在之前的研究中发展起来的一个概念（De Filippo & Serrano-López，2018），它使我们能够跟踪科学研究从研究项目的起源（知识生产阶段）到项目以科学论文的形式输出（研究产出阶段）的过程，然后分析科学论文在非学术领域的影响。从这个意义上说，我们认为，科学项目和论文表明了科学界对一系列特定问题的敏感性或参与程度，而公共政策则反映了对特定主题的政治和社会兴趣。

在本文中，我们使用奥斯卡·奥斯拉克和吉列尔莫·奥唐奈提出的公共政策概念，他们将公共政策定义为一系列战略和行动。这些战略和行动表达了一个或多个全国性组织同时或相继采取的决策，构成了国家对引起其他民间社会行动者注意、兴趣或动员的事务的反应（Oszlak & O'Donnell，1981）。因此，开放科学的公共政策是指旨在促进开放科学的原则和实践的国家战略和行动（具体来说，是由负责制定和协调科学和技术政策的全国性组织、全国性资助机构和国家研究委员会实施的）。

本文力求实现两个互补的目标。首先，我们希望分析开放科学的科学活动的主要特征。其次，我们试图研究关于开放科学的科学活动如何影响公共政策特定领域的非学术受众。

为了实现上述目标，本文提出了一系列关于方法和概念的研究问题：如何确定开放科学的科学活动？开放科学项目和论文有什么特点？哪些实体资助开放科学的研究？他们的资助范围有多大？政策文件中引用的开放科学论文有哪些特点？谁是开放科学研究的主要非学术用户？

这些研究问题构成本文的中心线索。我们将在讨论部分继续讨论这系列话题。

二、信息来源

本研究的信息来源如下：

第一，欧盟委员会的 CORDIS 数据库[①]，提供有关欧洲联盟研究和创新方案资助的项目的信息（https://cordis.europa.eu/）。

第二，西班牙科学与创新部的网站，提供了自 2000 年以来国家研究计划下所有人可访问的呼吁及相关的决策（https://www.ciencia.gob.es/Convocatorias.html）。

第三，科睿唯安（Clarivate）对 Web of Science 的分析，用于检测和分析科学论文。Web of Science 是在获得西班牙科学技术基金会（Fundación Española para la Ciencia y la Tecnología，FECYT）的许可下访问的。

第四，欧文顿数据库，通过数据库中的引用来追踪政策文件和科学文件之间的关系。自 2019 年以来，欧文顿数据库一直存储从政府、政府间组织（包

---

① CORDIS 数据库是欧盟研发项目综合信息平台。

括政府间组织和国际组织）、智库和非政府组织等机构获取的信息。访问欧文顿数据库需要使用机构账户（可用于免费访问）。

三、研究方法

本文的研究方法分为以下几个阶段。首先，确定检索策略，至少包含一个西班牙机构参与的开放科学的项目和科学论文。这种基于关键词的检索策略是在科学文献综述的基础上设计的，在许多先前的研究中进行了测试，并已经通过了该领域专家的验证。其次，识别 2010—2020 年西班牙和欧洲的开放科学项目，并收集其身份识别码。接下来，采用两种方法确定与开放科学相关的科学论文：（1）通过上文提出的检索策略；（2）通过来自开放科学项目的论文（通过在 Web of Science 核心合集的"Funding Acknowledgement"字段中检索目标项目的代码）。一旦检索到所有项目和论文，就可以获得科学活动、专业、科研合作、项目资助、影响和可见度等文献计量指标。德·菲利波和拉斯科瑞更详细地介绍了以上阶段采用的研究方法（De Filippo & Lascurain-Sánchez，2023）。最后，提取论文 DOI 并输入欧文顿数据库搜索引擎，查找引用检索到的科学论文的政策文件（见图 1）。

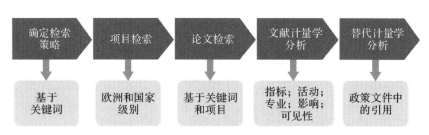

图1 开放科学主题材料分析步骤

四、结果

对开放科学研究项目的研究表明，有 37 个项目的研究内容响应了国家号召，105 个项目内容响应了欧洲框架计划的号召。通过对发表的科研成果的分析，确定了 2011 年至 2020 年西班牙机构引用的 1491 份关于开放科学的论文。其中，1124 篇论文是关于开放科学的国家和国际项目（142 个项目）的结果，另外 1128 篇是通过基于关键字的检索策略检索获得的。95% 的论文（1418 篇）有 DOI，其中 15% 的论文（215 篇）在政策文件中被提及。图 2 显示了本研究中使用的开放科学项目和论文的数量，以及这些论文在政策文件中被提及的总次数。

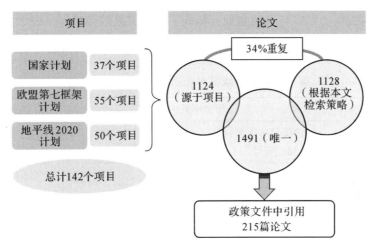

图2　政策文件中引用的项目、论文

资料来源：De Filippo & Lascurain-Sánchez（2023）。

（一）论文和项目

表 1 呈现了本研究的主要研究发现，包括项目分析的结果（项目结果）和论文的分析结果（论文结果）。可以看出，国内项目和欧洲项目在获得的资金数额和参与的数量上有很大差异（欧洲项目的资金和参与人数要多得多）。这些差异也会影响项目的导向。在国内项目中，参与机构的数量较少，

以大学为主，开放科学相关的主题主要围绕开放数据、开放获取、开放教育和公民参与展开，多从定性的角度开展研究。然而，在欧洲项目中，有较大的技术成分或大型实地研究，参与者来自不同的机构部门和国家。从定量研究和定性研究相结合的角度来看，关于开放创新、开放数据和公民科学的项目往往在欧洲项目中出现得更频繁，大规模研究也是如此。可访问性方面，因为欧洲项目的信息和结果不仅可以从项目自身的网站上获取，还可以从CORDIS 数据库中获取。

74% 的论文是西班牙机构的作者领衔开展的研究的研究成果。66% 的开放科学出版成果来自西班牙国内或国际资助的项目。最常见的合作类型是与欧洲或美国机构的合作。大学是作者的主要来源机构，最常见的主题涉及开放数据、开放创新、开放获取和公民科学。有趣的是，近 60% 的论文是开放获取的，主要是绿色开放获取，提高了科研成果的可见性。表 1 显示了两组结果：项目结果（包括国内和国际项目）和发表结果（科研论文）。

表 1　开放科学项目和科研论文的主要特征

指标	项目结果		论文结果
	国内项目（国家科研和创新计划）	欧洲计划（FP7 和 H2020）[①]	科学引文索引数据库发表的成果
西班牙机构参与的项目 / 科研成果发表数量	37	105	1491
西班牙机构协调的项目 / 科研成果发表数量	37	36	1107
资助总额（欧元）/ 接受资助的科研成果发表数量	2219278 欧元	399943341.91 欧元	资助项目论文 982 篇

① 译者注：欧盟第七框架计划（FP7）是欧盟投资最多的全球性科技开发计划，是当今世界最大的官方重大科技合作计划，以国际前沿和竞争性科技难点为主要内容。H2020 计划是 2014 年欧盟发布的地平线 2020 计划（Horizon 2020，即"第九框架计划 2014—2020"），投资接近 1000 亿欧元，是实施欧盟创新政策的资金工具。

指标	项目结果		论文结果
	国内项目（国家科研和创新计划）	欧洲计划（FP7 和 H2020）	科学引文索引数据库发表的成果
接受资助的项目/科研成果发表数量	37（西班牙政府呼吁的项目）	105（欧盟 FP7 和 H2020 中的项目）	982 篇接受资助的科研成果发表（66%），主要为国家政府和欧盟资助
不同机构类别项目/科研成果发表的数量	大学（36），西班牙国家研究机构（1）	大学(50)，商业(24)，西班牙国家研究机构（17），科技基金（32）	大学（339），西班牙国家研究机构（198）
国际合作频次	无数据	英国（58），意大利（59），德国（57），法国（44），荷兰（23）	英国（223），美国（208），意大利（206），德国（164），法国（150），荷兰（148）
不同主题的项目/科研成果发表数量	开放数据（13），公民参与（8），开放教育（6）	开放资源（14），电子科学（e-science，7），开放创新（13），开放数据（8），公民科学（6）	开放数据（169），开放创新（130），开放获取（111），公民科学（98）
可获取的项目/科研成果发表数量	网站报告结果的项目：9	网站报告结果的项目：42	开放获取期刊发表论文数 868 篇（58%）：绿色开放获取 727 篇，金色开放获取 335 篇，青铜开放获取 121 篇，混合开放获取 101 篇

（二）政策文件中的提及次数

在所有带有 DOI（1418 篇论文）的文档中，确定了政策文件中引用的论文。共有 215 篇论文被政策文本引用，占 15%。

政策文件中提到的成果发表在 150 种期刊上。其中一些期刊（与生态和环境有关）在政策文件中被引用的比例较高；超过 75% 的已发表的论文被收录到了政策文件中（见表 2）。

表 2　政策文件中被引用数量最多的期刊（＞2 个政策文件引用）

期刊名称	文件引用数量	占比 /%	政策文本发表数量	引用占比 /%
《专业信息》 *El Profesional de la Información*	12	5.58	79	15.19
《生态系统服务》 *Ecosystem Services**	4	1.86	5	80.00
《海洋与海岸管理》 *Ocean and Coastal Management**	4	1.86	4	100.00
《科研政策》 *Research Policy*	4	1.86	9	44.44
《西班牙科学文献杂志》 *Revista Española de Documentación Científca*	4	1.86	19	21.05
《整体环境科学》 *Science of the Total Environment*	4	1.86	11	36.36
《保护生物学》 *Conservation Biology**	3	1.39	3	100.00
《生态经济学》 *Ecological Economics**	3	1.39	3	100.00

注：政策文本中引用率较高的期刊用＊表示。

　　政策文件中引用的 66% 的文献是由西班牙的研究机构与外国机构合作完成的。此外，超过一半的被引用文献发表在一区（Q1）期刊上（见图 3）。

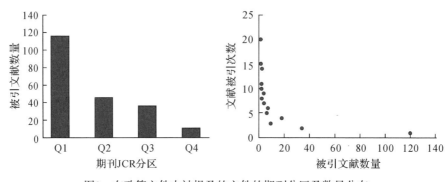

图3　在政策文件中被提及的文件的期刊分区及数量分布

这 215 篇论文在政策文件中被提及 544 次，分布不均。尽管绝大多数文献只被提及一次，但有一篇被提及 20 次。图 3 显示了被提及的论文的分布。按出版期刊的分区和每篇科学文献的被提及次数进行分类。近 60% 的引用机构是政府机构。其余主要是政府间组织（37%）或智库（31%）。另外 7% 是其他类型机构。

欧盟出版办公室（The Publications Office of the European Union）是引用文献数量最多的机构（见表 3）。其他主要的引用论文的组织包括经济合作与发展组织、分析与政策观察站（Analysis & Policy Observatory，APO）、开放获取库与生物多样性和生态系统服务政府间科学政策平台（Intergovernmental Science–Policy Platform on Biodiversity and Ecosystem Services，IPBES）[①]。

表 3　引用的机构（＞4 个文件）

引用的机构	文件数量	占比 /%
欧盟出版办公室	59	27.44
经济合作与发展组织	16	7.44
分析与政策观察站	14	6.51
开放获取库与生物多样性和生态系统服务政府间科学政策平台	14	6.51
联合国粮农组织	12	5.58
联合研究中心	12	5.58
联合国教科文组织	10	4.65
佛兰德斯政府	9	4.19
泛美开发银行	9	4.19
古巴政府	7	3.26
芬兰政府	7	3.26
西班牙政府	7	3.26
国际发展研究中心	7	3.26
世界卫生组织	7	3.26

① 这是一个与联合国有关的保护生物多样性的政府间机构。该机构不隶属联合国系统，联合国环境规划署为其提供秘书处相关职能服务。

续表

引用的机构	文件数量	占比 /%
英国国家科技艺术基金会	6	2.79
世界银行	6	2.79
欧洲议会研究服务部	5	2.33
政府间气候变化专门委员会	5	2.33
联合国	5	2.33

注：引用西班牙开放科学论文的主要国家是英国、德国和美国，尽管他们引用最多的文献通常是由跨国组织或欧盟出版的。

（三）变量之间的关系

本研究分析了一系列变量以确定政策文件中引用的论文与政策文件中未引用的论文之间的差异和相似之处。表 4 显示，超过一半的被引用文献是受资助的研究成果（换句话说，44% 的被引用文献不是受资助项目的成果）。此外，政策文件中引用的论文比政策文件中未引用的论文更多发表在开放获取期刊中。在被引用的文献中，国际合作和一区（Q1）期刊的论文的占比更大（两组之间存在统计学上的显著差异）。

表 4　引用的和未被引用的文献对比

指标	未被引用 /%	被引用 /%	p 值
有资助	66.85	55.81	0.002
开放获取	57.68	61.40	0.307
合作	46.71	65.58	< 0.0001
一区	32.13	53.95	< 0.0001
每份政策文件中引用的论文	11.85	38.09	—

注：p 值是通过变量之间的关联检验发现的，使用卡方检验。

根据 250 个 Web of Science 索引数据库分类，开放科学文献主要分为四个学科：信息科学与图书馆学、计算机科学与信息系统、管理、环境科学。与物理、化学、人文科学和医学相关学科的开放科学的文献很少。文件最多的四个学科被政策性文件提到的次数也最多。为了减少数量效应，我们计算了活动指数（activity index，AI），表示特定科学领域的提及强度，从而检测出意外获得政策文件高被引量的学科。活动指数指一个学科在政策文本中引用的文件百分比与同一学科在开放科学中的文件百分比。当活动指数（AI）>1 时，根据文件的初始数量，被认为提及的次数高于预期。我们发现，经济和环境领域的论文在政策文件中被提及的频率最高。图 4 显示了每个学科的活动指数（仅显示引用文件超过 5 个的学科）。经济学论文被引用的次数是预期的近五倍（西班牙开放科学论文中有 1.17% 属于经济学领域，5.60% 在政策文件中被引用）。在具有高活动指数的生态学和其他与环境相关的学科中存在同样的情况。这个指标很有趣，因为它显示的是标准化值，而不仅仅是绝对数值。

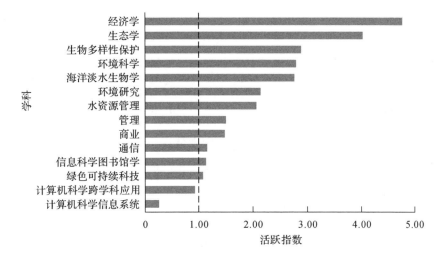

图4　政策文件中引用最多的期刊主题（>5个文件引用）

在资助科学论文的组织和国家中，欧盟在资助与开放科学相关的研究（占该主题论文的 14%）及其在欧盟各种科学和创新委员会制定的政策文件中的后续使用方面发挥着决定性作用。欧盟论文办公室的引用量占 30%。

西班牙政府通过全国和地区的竞争性项目资助了 36% 的开放科学论文，但政策文件对以上论文的引用量仅有 5%。政府（多国）组织提供的资金比例非常小，他们资助了不到 1% 的开放科学论文。但以上机构是在报告中引用开放科学论文（38%）最多的组织。英国、美国、德国、澳大利亚、加拿大、比利时和法国等国家名列前茅，尽管以上国家为西班牙中心签署的开放科学研究提供资金的比例非常低。

本研究发现接受资助的科研论文数量几乎是没有资助的论文数量的两倍。政府资助在论文发表中所发挥的重要作用也十分明显。政策文件中引用的约 55% 的开放科学论文是受资助的研究（主要由政府资金资助）。有趣的是，这个数字不仅有助于直观地说明国家和地区政府本身是如何利用科学论文的，还能说明政府间组织是如何利用科学论文的，阐释了知识从起源到最终在政策文件中"使用"的流动动态过程。

五、讨论

本研究的一些研究发现有助于我们深入了解与开放科学相关的活动及其对公共政策领域的影响。下文阐述了本研究的主要研究发现，讨论了主要研究发现的范围和局限性，并试图回答前文提出的研究问题。

对"如何确定开放科学的科学活动"这一研究问题，本研究提出了一种方法，该方法发现了与开放科学相关的活动能够被"测量"的几个方面之间的关系。虽然开放科学的相关活动范围十分广泛，但我们强调分析我们认为在生产和传播科学知识的过程中起关键作用的因素：科研项目、论文和研究的社会影响。从这个意义上说，分析科研项目是十分有价值的，可以找到由科研人员提出并被资助单位接受的研究方向的信息，了解正在进行的研究的重要方面（Plaza，2001）。以前的研究遵循同样的方法分析了第三框架计划（Third Framework Programme）和第四框架计划（Fourth Framework Programme）的结果（Arnold et al.，2005），最近的研究聚焦第七框架计划（Seventh Framework Programme）[①]，报告某些科学领域取得的进展或资助资金所发挥的作用（De Filippo et al.，2020; Edler & James，2015; Haanstra et al.，2016; Pohoryles，2014）。此外，传统上，科学传播是科学家和学者分享

---

① 译者注：第三框架计划、第四框架计划和第七框架计划均为欧盟制定的阶段性科研和技术发展的重点资助活动，自 1984 年起，每四年一期。第三框架计划为 1990—1994 年的资助计划；第四框架计划为 1994—1998 年资助计划。2020 年的第九框架计划更名为"地平线计划"。

新知识的主要手段，尤其是通过科学论文。分析科学论文使我们能够研究（研究人员、团体、机构、学科和国家的）科学生产力及其对科学界本身产生的影响。然而，也出现了其他更具创新性的应用，如发现新的研究前沿和新兴领域、分析不同学科共同感兴趣的研究主题、研究机构参与者合作网络的构成以及确定研究领域。近年来，资助机构越来越关注其资助的项目所产生的影响，尽管运用文献计量学方法存在困难，但文献计量学是一种衡量资助项目产生的影响比较好的工具（Costas & Van Leeuwen，2012; Wang & Shapira，2011）。从这个意义上说，分析基于项目资助的科研论文（检索论文中出现的资助信息）是一个可以帮助人们了解在特定科学领域科研活动产生影响的好方法（Paul-Hus et al.，2016），它有助于衡量和评估资助单位所产生的影响（Rigby，2013）。

最后一个部分是科研的社会影响，即学术领域之外的研究的影响。关于这一主题的大量研究探讨了不同类型的"影响"；本研究关注政策领域，这与采取的"研究流程"方法直接相关。在这种方法中，本研究关注科学研究的不同阶段。因此，我们开始了解研究的起源、结果和传播以及其他社会行动者对研究成果的"使用"。简而言之，我们的目标是探索一个持续的过程，因为政策文件（引用论文）为实施未来的指导方针制定了规则，这些指导方针将指导机构的资助行为，并指出未来研究的路径。

尽管我们认为以上研究方法（在概念和技术方面）可能会引起其他研究人员的兴趣，但我们的研究也有一定的局限性。这项研究在研究方法上的一个局限性是，我们通过正式的书面结果来检验科学活动。然而，像开放科学这样的领域，包含了许多隐形的实践，无法开展定量分析，比如公民科学行动、开放代码软件和自由硬件项目的发展以及研究工作开放评估的初期实验。这些实践以及许多西班牙正在开展的其他开放科学实践突出了科学开放、合作的动态的有价值的方面（De Filippo & D'Onofrio，2019；Fressoli & De Filippo，2021）。最后，数据来源的局限性和偏见也会影响研究结果，所以我们必须假设这项研究和其他的研究一样，只是现实情况的一小部分，它为我们提供了关于特定情景的近似信息。

关于研究问题"开放科学项目和论文有什么特点"，本研究的研究结果表明，西班牙以合作伙伴和协调者的身份参与欧洲项目是非常重要的，并且通过参与欧盟提倡的研究项目获得了越来越多的科研基金。西班牙参与了最近两项科研呼吁中 100 多项与开放科学相关的研发项目，并领导了第七框架计划中 55% 的科研项目和地平线 2020 计划中 44% 的科研项目。尽管在西班牙国内和欧洲的项目之间存在巨大的差异，但与开放数据和开放获取相关的主题仍占主导地位。高校是西班牙国内项目的主要受益单位，以定性研究为主。就欧洲项目而言，参与机构的范围更广泛，这有助于开展技术项目和大项目研究，参与最多的机构是理工大学和研发创新中心。

就科研论文而言，根据科睿唯安分析的数据，2010 年到 2020 年，超过 18000 篇开放科学的论文发表在 Web of Science。6% 的作者来自西班牙的研究中心机构（Clarivate Analytics，2022）。这一数字从 2011 年的 3% 上升至 2020 年的 7%，说明人们对开放科学研究的兴趣不断增加。对 Scopus 数据库中西班牙关于开放科学的科研成果的研究也清楚地表明，在过去十年，该主题的科研产出有所增长。与此同时，欧洲和伊比利亚倡议（European and Iberian initiatives）启动了许多旨在促进和巩固开放科学运动的政策（De Filippo et al.，2019）。

西班牙的主要合作伙伴是其他欧洲国家和美国的科研中心，以大学和研究中心为主。论文的可用性是一个有趣的问题；本文分析的 1491 份文件中，有 58% 是开放获取的，尤其是通过绿色开放获取模式。计算机科学和社会科学被认为是与开放科学关系最密切的两个研究主题。这是合乎逻辑的，因为很多开放科学主题的论文探讨了信息开放获取以及不同数据之间如何互相连接等技术问题。此外，论文的社会影响也是一个很重要的问题，如公民参与新知识的生产过程、信息透明度和科研成果传播的变化。因此，开放科学的文献聚焦某些研究主题，这一观点与之前的研究结论一致（Bautista-Puig et al.，2019; De Filippo et al.，2019）。

本研究还发现，大学是产生关于开放科学科研成果最多的机构，特别是那些实施了促进科学开放战略的大学，这些策略主要包括通过创建机构数据存储库、开放科学项目、参与开放获取发展网络等。

关于研究问题"哪些实体资助开放科学的研究，他们的资助范围有多大"，研究发现，公共资助在科研项目发展中发挥着核心作用。这与波德里和阿拉维的研究结论一致，他们指出，诸如公共资助、专利能力和科研人员之间的合作等因素显著增加了加拿大纳米技术领域的科研产出，尤其是纳米技术因基础设施成本高而成为一个特别敏感、资金依赖度高的科研领域（Beaudry & Allaoui，2012）。此外，佩恩和肖探讨了公共资金对美国 73 所大学的影响，发现每增加 100 万美元的投资，就会额外增加 11 篇到 18 篇科研论文（Payne & Siow，2003）。科斯塔斯和范勒文对 Web of Science 上所有包含资助者致谢的论文进行了研究，发现这些论文比未获得资助的论文具有更大的影响力，并且其知名度因知识领域和国家而有很大差异（Costas & Van Leeuwen，2012）。同样，阿尔瓦里斯 - 伯恩斯坦和伯顿斯发现，就西班牙而言，受资助的论文发表在具有更高声望的期刊上，引用率更高（Álvarez-Bornstein & Bordons，2021）。

鉴于本研究采用的研究方法，本研究中的所有的科研项目都得到了国家或欧洲政府的资助，因为这是初始筛选研究范围在方法论上的要求。约 66% 的论文是受资助项目的科研成果，主要由政府机构资助（占受资助论文的 87%）。据观察，在由政府组织资助的项目所产生的科研论文中，61% 的基础项目是由西班牙政府通过西班牙国家研究计划（全国年度研究倡议）或自治区（地区政府）发出的研究倡议等项目资助的。另外，25% 是欧洲研发框架中的项目，4% 是美国发出的研究倡议议题。近年来，欧洲对研究项目的倡议包含了专门用于开放科学和公民科学的具体项目，例如地平线 2020 计划的科学与社会（SWAFT）研究倡议。这是开放科学领域开展了许多研究项目，并发表了大量论文的重要原因。然而，重要的是，每个资助项目都规定了其对应的科学产出必须满足的条件。例如，欧盟特别强调资助的研究必须具有社会影响，因此受其资助的项目不只是要发表科研论文（Wang et al.，2020）。

这种普遍存在的公共和政府资助似乎是常态，特别是在社会科学等研究领域。在开放科学中，资助单位和负责制定公共政策的政府实体之间的关系往往非常密切，因为他们通常是同一家单位（制定政策的机构也会资助那些被认为是重点研究的项目）。因此，从不同国家和地区的实践经验可以看出，开放科学公共政策最初的目标是通过开放获取传播研究成果，并通过开放获取使基于公共资助研究的研究发现不受限制地向公众开发。开放科学政策的范围不断扩大，因此我们可以找到鼓励开放科学实践多样性的国家政策以及法律、法规和指令中的具体规定（European Commission，2017）。因此，资助单位在激励学术研究关注社会面临的共同挑战方面发挥了主导作用（Braun，1998；Yin et al.，2022），这些资助单位也是开放科学模式的主要支持者之一。

关于研究问题"政策文件中引用的开放科学论文有哪些特点"，我们发现，15% 的开放科学论文在政策文件中被引用。

这些论文共发表在 150 种期刊上，其中一些期刊上的论文被政策文件引用的比例很高。政策文件中引用的论文有一半以上发表在其所在领域的一区期刊上。相关研究也证实了以上研究发现（De-Filippo & Serrano-López，2018），即研究结果对社会网络、媒体和政策文件产生影响的最重要因素之一是发表这些研究结果的期刊具有较高的声望。研究科学期刊本身作为影响和促进其发表研究成果的代理人的角色可能是一个有趣的话题，因为最有影响力的期刊通常有新闻办公室，专门负责与媒体沟通、维护公共关系和扩大知名度（Elías-Pérez，2008; Franzen，2012）。研究人员在其论文在社交网络和媒体上传播的过程中所扮演的角色也是一个有趣的话题，因为绝大多数研究人员将推特视为改善科学交流和接触自己学术领域以外受众的有效工具（Alonso-Flores et al.，2020）。这也可以解释为什么在一区期刊上发表的论文具有更高的可见性，因此更有可能在政策文件中被引用，这也再次印证了发表的论文与欧文顿数据库的特征及其提供的源数据有关（Szomszor & Adie，2022）。

本研究还发现，政策文件中引用的论文约 61% 以开放获取方式发表。这略高于政策文件中未被引用的论文的比例（约 58%）。这可能与上述因素密切相关，因为有研究发现，可访问性是提高知名度的另一种手段，可能对扩大研究成果在非学术领域的影响做出积极贡献（Bruns & Stieglitz，2012; De Filippo et al.，2019）。被政策文件引用的论文的国际合作比例更高，这也可能是提高可见性和扩大影响力的另一个因素（Adams et al.，2005; Bordons et al.，1993; Katz & Martin，1997）。

此外，在政策文件中被引用最多的主题是环境科学、计算机科学和图书馆与信息科学。这些数据与论文所涵盖的主题一致。首先，环境科学包含了许多涉及公民科学的论文，其中科学知识是在科学家和与被研究的环境问题有联系的公民之间的合作中完成的（Pelacho et al.，2021）。在计算机科学中，与数据处理（FAIR 数据）和开放数字化基础设施建设以促进信息共享相关的主题引起了研究人员的极大兴趣。开放科学的这两个方面是推动自由软件的开源运动留下的遗产，它们在今天的开放科学社区中仍然非常重要（Mombach et al.，2018）。图书馆和信息科学领域对开放科学特别敏感，因为开放科学是一个跨领域的研究问题。例如，开放的同行评审、公民参与生产新知识的过程的重要性（公民科学）、信息的开放获取、信息透明度和学术界以外的科学交流。

然而，本研究发现，相对而言（考虑到学科的活动指数），经济学领域的论文被政策文本引用的次数是预期的五倍，远远高于其他领域。与此同时，环境科学相关领域的活动指数也在 1 以上。这与斯如慕斯泽和艾迪关于欧文顿数据库中社会、经济和环境科学领域科研论文在政策文件中的引用率的研究结论一致（Szomszor & Adie，2022）。因此，未来研究可以关注经济学领域开放科学论文对公共政策的影响是由于数据库中的过度代表性还是对政策文件的有效影响导致的。

关于研究问题"谁是开放科学研究的主要非学术用户"，本研究的结果表明，引用西班牙科学论文的主要国家是全球科学知识生产的领导者（如美国、英国、德国、澳大利亚、加拿大、比利时和法国）。此外，欧盟、经济合作与发展组织等国际组织也有大量引用了与开放科学相关的科学知识的政策文件。值得注意的是，被政策文件引用的西班牙的开放科学论文数量排名第八（法国之后），西班牙是本研究中所分析的论文的主要资助者，而其他国家对这些论文的资助很少。资助量和文献引用之间的排名差异可能与我们使用的数据库和欧文顿数据库中的国家数据存在的偏差有关。据开发人员称，欧文顿数据库中代表性最强的国家是美国，共有来自 359 个机构的 200 万份文件，其次是英国和加拿大（分别来自 253 个机构的 257641 份文件和来自 52 个机构的 497242 份文件）。国际组织作为一个整体（包括世界银行和联合国教科文组织等机构）共有 78 个机构，495559 份文件。其他国家和机构拥有的文件不超过 20 万份。该数据库有来自西班牙 9 个机构的 49547 份文件。欧文顿数据库较多地覆盖了欧盟国家（Szomszor & Adie，2022）。

政府本身是科学成果的主要消费者，政府机构贡献了一半的开放科学论文的引用率。在引用科学论文的文件中，政府间组织占 37%，智库占 19%。

六、结论

本研究证实了开放科学活动对西班牙科学界的重要性，由西班牙机构主导或参与的科研项目数量（主要是欧洲项目）以及近年来有关开放科学的国际论文的激增证明了这一点。我们看到，与开放科学相关的研究成果往往与计算机科学和社会科学等学科密切相关。大约 15% 的开放科学论文被政策文件引用，并具有一系列特定的特征：开放获取和国际合作比例高，发表在高声望期刊上。在开放科学科研成果中，经济学和环境学等学科的论文对政策文件的影响力最大。

本研究最重要的研究发现是，公共资助机构在科学生产过程中发挥了核心作用。分析结果表明，开放科学存在一种知识流反馈，即资助开放科学的公共机构引用了较多接受其资助的科研论文，这些科研论文可能正在影响使用机构以及政府制定政策的过程。该领域未来的研究可以关注如下问题：实施的公共政策是否与其引用的论文结论保持一致，或者相反；科学研究结论是否只是为了展示而被引用，却从未真正采取政策实施。此外，智库在政策制定过程中发挥着重要作用（Fraussen & Halpin，2017），智库的存在证明，开放科学运动已经渗透到政治生态系统的其他参与者中，这些参与者对政治议程产生了重要影响，但又独立于公共机构。因此，开放科学运动已经超越了学术界的界限，并影响了在决策过程中承担责任的受众，这一影响突显了开放科学所具有的结构性和变革性的本质。

最后，本研究想重点强调，过去十年在欧洲推出的开放科学的公共政策对西班牙研究中心的研究产生了积极的影响，科研项目和论文的数量也有所增加。这在很大程度上归功于欧盟的经济支持，但主要还是源于西班牙政府的支持，西班牙政府已经认识到支持开放科学发展的必要性。为了全面实施开放科学，对已完成的开放科学活动进行持续诊断，并相应地调整公共政策，这是至关重要的。对科学知识如何反馈到资助机构的分析可以使研究所产生的学术和社会影响得以评估，这些影响是衡量科学家对一个话题的兴趣和科研进展的基本指标。我们开辟了新的研究前景，正在努力开发新指标，以便在开放科学的背景下开展负责任的、包容性的评估。

致谢

本研究的资助项目为"西班牙大学系统中的开放科学诊断及其转化和改进机制"。本研究的早期成果在 STI2022 会议上发表，题为"开放科学领域的科学活动与公共政策之间的关系—西班牙的案例"（Sastrón-Toledo & De Filippo，2022）。感谢阿莱娜·凯勒（Alayna Keller）对文本的详细审校。

基金项目

开放获取基金由西班牙大学校长会议（CRUE）和高等科学研究理事会（CSIC）与施普林格·自然（Springer Nature）达成的协议共同提供。本研究由西班牙科学与创新部的 FPI 合同 PRE2020-092917 资助，项目名称为"西班牙大学系统中的开放科学诊断及其转化和改进机制"（DOSSUET）；资助号为 PID2019-104052RB-C21。

声明

利益冲突声明：作者声明无利益冲突。

开放获取：本文采用知识共享署名 4.0 国际许可协议，允许以任何媒介或形式使用、分享、改编、发行和复制的条款，只要在适当注明原作者和来源的同时，请提供知识共享（Creative Commons）许可协议的链接，并注明是否进行了修改。本文中的图像或其他第三方材料都包含在文章的知识共享许可协议中，除非另有说明材料。如果材料未包含在文章的知识共享许可中，而您的预期用途也未包含在文章的知识共享许可中法律法规允许用途或超过允许的用途，您将需要直接获得许可。如需查阅许可证副本，请访问 http://creativecommons.org/licenses/by/4.0/。

参考文献：

Adams, J. D., Black, G. C., Clemmons, J. R., & Stephan, P. E.（2005）. Scientifc teams and institutional collaborations: Evidence from US universities, 1981－1999. Research Policy, 34（3）, 259－285.

Alonso-Flores, F. J., De-Filippo, D., Serrano-López, A. E., & Moreno-Castro, C.（2020）. Contribución de la comunicación institucional de la investigación a su impacto y visibilidad. Caso de la Universidad Carlos Ⅲ de Madrid. Profesional De La Informaci ó n, 29（6）, e290633. https://doi.org/10.3145/epi.2020.nov.3

Álvarez-Bornstein, B., & Bordons, M.（2021）. Is funding related to higher research impact? Exploring its relationship and the mediating role of collaboration in several disciplines. Journal of Informetrics, 15（1）, 101102.

Anglada, L., & Abadal, E.（2018）. ¿Qué es la Ciencia Abierta? Anuario ThinkEPI, 12, 292－298.

Arnold, E., Clark, J., & Muscio, A.（2005）. What the evaluation record tells us about European Union Framework Programme performance. Science and Public Policy, 32, 385－397.

Athanasiou, S., Amiridis, V., Gavriilidou, M., Gerasopoulos, E., Dimopoulos,

A., Kaklamani, G., Karagiannis, F., Klampanos, I., Kondili, D., Koumantaros, K., Konstantopoulos, P., Lenaki, K., Likiardopoulos, A., Manola, N., Mitropoulou, D., Benardou, A., Boukos, N., Nousias, A., Ntaountaki, M., & Psomopoulos, F.（2020）. National plan for open science. Zenodo. https:// doi.org/ 10.5281/ zenodo.3908953.

Bautista-Puig, N., De Filippo, D., Mauleón, E., & Sanz-Casado, E.（2019）. Scientifc landscape of citizen science publications: Dynamics, content and presence in social media. Publications, 7, 12.

Beaudry, C., & Allaoui, S.（2012）. Impact of public and private research funding on scientifc production: The case of nanotechnology. Research Policy, 41（9）, 1589 - 1606.

BOE.（2022）. Ley 17/2022, de 5 de septiembre, por la que se modifca la Ley 14/2011, de 1 de junio, de la Ciencia, la Tecnología y la Innovación. Boletín Ofcial Del Estado, 214, 123852 - 123922.

Bordons, M., García-Jover, F., & Barrigón, S.（1993）. Is collaboration improving research visibility? Spanish scientifc output in pharmacology and pharmacy. Research Evaluation, 3（1）, 19 - 24.

Bornmann, L.（2013）. What is societal impact of research and how can it be assessed? A literature survey. Journal of the American Society for Information Science and Technology, 64（2）, 217 - 233.

Bornmann, L.（2014）. Do altmetrics point to the broader impact of research? An overview of benefts and disadvantages of altmetrics. Journal of Informetrics, 8（4）, 895 - 903.

Bornmann, L., Haunschild, R., & Marx, W.（2016）. Policy documents as sources for measuring societal impact: How often is climate change research mentioned in policy-related documents? Scientometrics, 109, 1477 - 1495.

Braun, D.（1998）. The role of funding agencies in the cognitive development of science. Research Policy,27（8）, 807 - 821.

Bruns, A., & Stieglitz, S.（2012）. Quantitative approaches to comparing communication patterns on Twitter. Journal of Technology in Human Services, 30（3 - 4）, 160 - 185.

Cabezas-Clavijo, A., & Torres-Salinas, D.（2010）. Indicadores de uso y participación en las revistas Científcas 2.0: El caso de PLoS One. El Profesional Información, 19, 431‑434. https://doi.org/10.3145/epi.2010.jul.14

Clarivate Analytics. (2022). Web of Science core collection (on‑line consultation).

Costas, R., & Van Leeuwen, T. N. (2012). Approaching the "reward triangle": General analysis of the presence of funding acknowledgments and "peer interactive communication" in scientifc publications. Journal of the American Society for Information Science and Technology, 63 (8), 1647‑1661.

Costas, R., Zahedi, Z., & Wouters, P. (2014). Do "altmetrics" correlate with citations? Extensive comparison of altmetric indicators with citations from a multidisciplinary perspective. Journal of the Association for Information Science and Technology, 66, 2003‑2019.

De la Cueva, J., & Méndez, E. (2022). Open science and intellectual property rights. How can they better interact? State of the art and refections. Report of Study. European Commission.

De Filippo, D., & D'Onofrio, M. G. (2019). Alcances y limitaciones de la ciencia abierta en Latinoamérica: análisis de las políticas públicas y publicaciones científcas de la región. Hipertext.net, 19, 32‑48.

De Filippo, D., Lascurain, M. L., Pandiella‑Dominique, A., & Sanz‑Casado, E. (2020). Scientometric analysis of research in energy efciency and citizen science through projects and publications. Sustainability, 12, 5175.

De Filippo, D., & Lascurain‑Sánchez, M. L. (2023). La implicaci ó n de España en actividades científcas sobre ciencia abierta. Análisis de proyectos y publicaciones científcas. Revista Española De Documentación Científca, 46 (2), 34.

De Filippo, D., & Serrano‑López, A. (2018). From academia to citizenry. Study of the fow of scientifc information from projects to scientifc journals and social media in the feld of "Energy saving." Journal of Cleaner Production, 199, 248‑256.

De Filippo, D., Silva, P., & Borges, M. M. (2019). Caracterización de las publicaciones de Españay Portugal sobre Open Science y análisis de su presencia en las redes sociales. Revista Española De Documentación Científca, 42 (2), e235. https://doi.org/10.3989/redc.2019.2.1580.

DORA Declaración de San Francisco.（2012）. Retrieved from https://sfdora.org/read/.

Edler, J., & James, A. D.（2015）. Understanding the emergence of new science and technology policies: Policy entrepreneurship, agenda setting and the development of the European Framework Programme. Research Policy, 44, 1252‐1265.

Elías‐Pérez, C. J.（2008）. Science and scientists turned into news and media stars because of PR strategies of scientifc journals:Studying its consequences in the present scientifc behaviour. Journal of Science Communication,7（3）,L01.

España. Ministerio de Economía, Industria y Competitividad, Secretaría de Investigación, Desarrollo e Innovación.（2017）. Plan Estatal de Investigación Científca y Técnica y de Innovación 2017‐2020. Retrieved from http://www.idi.mineco.gob.es/stfs/MICINN/Prensa/FICHEROS/2018/PlanEstata lIDI.pdf.

España. Ministerio de Ciencia, Innovación y Universidades.（2019）. Evaluación por méritos investigadores: quinquenios. Retrieved from https://www.boe.es/boe/dias/2019/08/31/pdfs/BOE‐A‐2019‐12589.pdf.

European Commission.（2016a）. Europa líder mundial da economia baseada nos dados, graças à iniciativa europeia para a computação em nuvem. Comunicado de imprensa. Retrieved from http://europa.eu/rapid/press‐release_IP‐16‐1408_pt.htm.

European Commission.（2016b）. Open innovation, Open Science, open to the world. A vision for Europe.Brussels: European Commission, Directorate‐ General for Research and Innovation. Retrieved from http://bookshop.europa.eu/en/open‐innovation‐open‐science‐open‐tothe‐world‐pbKI0416263/.

European Commission. Dirección General de Investigación e Innovación.（2017）. Open Science Monitor.Retrieved from http://ec.europa.eu/research/openscience/index.cfm?pg=about&section=monitor.

European Commission.（2018）. Mutual learning exercise Open science: altmetrics and rewards: Horizon 2020 policy support facility.

Eysenbach, G.（2011）. Can tweets predict citations? Metrics of social impact based on twitter and correlation with traditional metrics of scientifc impact. Journal of Medical Internet Research, 13, e123.

Finland.（2014）. Open Science and Research Initiative 2014‐2017. The

Open Science and Research Roadmap. Reports of the Ministry of Education and Culture, Finland, 2014:21. Retrieved from http://julkaisut.valtioneuvosto.f/bitstream/handle/10024/75210/okm21.pdf.

Forsström, P., & Haataja, J.（2016）. Open science as an instrument for efective research. Signum, 2, 11‒15. Retrieved from http://ojs.tsv.f/index.php/signum/article/viewFile/58741/20303.

FOSTER.（2016）. Open Science Defnition. Retrieved from https://www.fosteropenscience.eu/taxonomy/term/100.

Franzen, M.（2012）. Making science news: The press relations of scientifc journals and implications for scholarly communication. In S. Rödder, M. Franzen, & P. Weingart（Eds.）, The sciences' media connection‒Public communication and its infuence. Sociology of the sciences yearbook, 28. Springer.

Fraussen, B., & Halpin, D.（2017）. Think tanks and strategic policy-making: The contribution of think tanks to policy advisory systems. Policy Sciences,50（1）, 105‒124.

Fressoli, M., & De Filippo, D.（2021）. Nuevos escenarios y desafíos para la ciencia abierta. Entre el optimismo y la incertidumbre. Arbor,197（799）,a586.

Guédon, J. C. et al.（2019）. Future of Scholarly Publishing and Scholarly Communication: Report of the Expert Group to the European Commission. Brussels: European Commission. Directorate-General for Research and Innovation. Retrieved from https://doi.org/10.2777/836532.

Gumpenberger, C., Glänzel, W., & Gorraiz, J.（2016）. The ecstasy and the agony of the altmetric score. Scientometrics, 108, 977‒982.

Haanstra, K. G., Jonker, M., & A't Hart, B.（2016）. An evaluation of 20 years of eu framework programmefunded immune-mediated infammatory translational research in non-human primates. Frontiers in Immunology, 7, 462.

Haustein, S., Costas, R., & Lariviere, V.（2015）. Characterizing social media metrics of scholarly papers: The effect of document properties and collaboration patterns. PLoS ONE, 10, e0120495.

Hicks, D., Wouters, P., Waltman, L., de Rijcke, S., & Rafols, I.（2015）. The Leiden Manifesto for research metrics. Nature, 520, 429‒431.

Katz, J. S., & Martin, B. R.（1997）. What is research collaboration? Research Policy, 26（1）, 1‑18.

Martin, B. R.（2011）. The research excellence framework and the "impact agenda": Are we creating a Frankenstein monster? Research Evaluation, 20（3）, 247‑254.

Martín‑Martín, A., Orduña‑Malea, E., & Delgado‑López‑Cózar, E.（2018）. Author level metrics in the new academics profle platforms: The online behaviour of bibliometrics community. Journal of Informetrics, 12, 494‑509.

Méndez, E.（2021）. Open Science por defecto. La nueva normalidad para la investigación. Arbor, 197（799）, a587. https://doi.org/10.3989/ar‑bor.2021.799002.

Moed, H. F.（2017）. Applied avaluative informetrics. Springer.

Mohammadi, E., & Thelwall, M.（2013）. Assessing the Mendeley readership of social sciences and humanities research. In: 14th International Society of Scientometrics and Informetrics Conference, Viena, 15‑19 July.

Molas‑Gallart, J., Salter, A., Patel, P., Scott, A., & Duran, X.（2002）. Measuring third stream activities. Final report to the Russell Group of universities. Brighton, United Kingdom: Science and Technology Policy Research Unit, University of Sussex.

Mombach, T., Valente, M. T., Chen, C., Bruntink, M., & Pinto, G.（2018）. Open source development around the world: A comparative study. Retrieved from https://arxiv.org/abs/1805.01342.

Newson, R., Rychetnik, L., King, L., Milat, A., & Bauman, A.（2018）. Does citation matter? Research citation in policy documents as an indicator of research impact: An Australian obesity policy case‑study. Health Research Policy and Systems, 16, 55.

Neylon, C., & Wu, S.（2009）. Article‑level metrics and the evolution of scientifc impact. PLoS Biology, 7, e1000242.

OECD.（2015）. Making open science a reality. OECD Science, Technology and Industry Policy Papers, 25.

Orduña‑Malea, E., Martín‑Martín, A., & Delgado‑López‑Cózar, E.（2016）. The next bibliometrics: ALMetrics（Author Level Metrics）and the multiple faces of autor impact. El Profesional Información, 25, 485‑496.

Oszlak, O., & O'Donnell, G.（1981）. Estado y políticas estatales en América

Latina: hacia una estrategia de investigación. Centro de Estudios de Estado y Sociedad（CEDES）.

Paul-Hus, A., Desrochers, N., & Costas, R.（2016）. Characterization, description, and considerations for the use of funding acknowledgement data in Web of Science. Scientometrics, 108, 167‒182.

Payne, A., & Siow, A.（2003）. Does federal research funding increase university research output? Advances in Economics and Policy. https://doi.org/10.2202/1538-0637.1018.

Pelacho, M., et al.（2021）. Science as a commons: Improving the governance of knowledge through citizen science. In K. Vohland, A. Land-Zandstra, L. Ceccaroni, R. Lemmens, J. Perell ó , M. Ponti, R. Samson, & K. Wagenknecht（Eds.）, The science of citizen science. Springer.

Pinheiro, H., Vignola-Gagné , E., & Campbell, D.（2021）. A large-scale validation of the relationship between cross-disciplinary research and its uptake in policy-related documents, using the novel Overton altmetrics database. Quantitative Science Studies, 2（2）, 616‒642.

Plan, S. F.（2021）. Second French plan for open science. Ouvrir la Science.

Plaza, L.（2001）. Obtención de indicadores de actividad científca mediante el análisis de proyectos de investigación. In M. Albornoz（Ed.）, Indicadores Bibliom é tricos en Iberoamérica（pp. 63‒70）.

Pohoryles, R. J.（2014）. Excellent research, but insufcient valorization? The case of European transport research in the 7th framework programme. Innovation: the European Journal of Social Science Research, 27, 295‒309.

Portugal. Ministério da Ciência, Tecnologia e Ensino Superior（MCTES）.（2016）. Ciência Aberta, Conhecimento para todos: Princípios orientadores. Retrieved from https://www.fosteropenscience.eu/content/ciencia-aberta-conhecimento-para-todos.

Priem, J., & Hemminger, M.（2010）. Scientometrics 2.0: Toward new metrics of scholarly impact on the social web. First Monday. https://doi.org/10.5210/fm.v15i7.2874. Retrieved from https://ojphi.org/ojs/index.php/fm/article/view/2874/2570.

Rigby, J.（2013）. Looking for the impact of peer review: Does count of funding acknowledgements really predict research impact? Scientometrics, 94, 57‒73.

Robinson–García, N., Torres–Salinas, D., Zahedi, Z., & Costas, R.（2014）. New Data, New Possibilities: Exploring the Insides of Altmetric.Com. Retrieved from https://arxiv.org/abs/1408.0135.

Robinson–García, N., Trivedi, R., Costas, R., Isett, K., Melkers, J., & Hicks, D.（2017）. Tweeting about Journal Articles: Engagement, marketing or just Gibberish? Retrieved from https://arxiv.org/abs/1707.06675.

Sastrón–Toledo, P., & De Filippo, D.（2022）. Relations between scientifc activity and public policy in the field of open science. In The case of Spain. 26th International Conference on Science, Technology and Innovation Indicators（STI 2022）, Granada, Spain. https://doi.org/10.5281/zenodo.6960078.

Schloegl, C., & Gorraiz, J.（2010）. Comparison of citation and usage indicators: The case of oncology journals. Scientometrics, 82, 567–580.

Science in Transition.（2013）. Retrieved from https://scienceintransition.nl/english.

Serrano–López, A. E., Ingwersen, P., & Sanz–Casado, E.（2017）. Wind power research in Wikipedia: does Wikipedia demonstrate direct infuence of research publications and can it be used as an adequate source in research evaluation? Scientometrics, 112, 1471–1488.

Szomszor, M., & Adie, E.（2022）Overton. A bibliometric database of policy document citations. https://arxiv.org/abs/2201.07643, https://doi.org/10.48550/arXiv.2201.07643.

Torres–Salinas, D., Cabezas–Clavijo, A., & Jiménez–Contreras, E.（2013）. Altmetrics: New indicators for scientifc communication inWeb 2.0. Comunicar, 41, 53–60. https://doi.org/10.3916/C41–2013–05.

Van Wezenbeek, W., Touwen, H., Versteeg, A., & Van Wesenbeeck, A.（2017）. Nationaal plan open science. Ministerie Van Onderwijs, Cultuur En Wetenschap. https://doi.org/10.4233/uuid:9e9fa82e–06c1–4d0d–9e20–5620259a6c65.

Wang, J., & Shapira, P.（2011）. Funding acknowledgement analysis: an enhanced tool to investigate research sponsorship impacts: The case of nanotechnology. Scientometrics, 87, 563–586.

Wang, L., Wang, X., Piro, F. N., & Philipsen, N. J.（2020）. The efect of competitive public funding on scientifc output: A comparison between China and the EU. Research Evaluation, 29（4）, 418–429.

Wilkinson, M. D., et al.（2016）. The FAIR Guiding Principles for scientifc data management and stewardship. Scientifc Data, 3, 160018.

Wilsdon, J., Bar–ilan, J., Frodeman, R., Lex, E., Peters, P., & Wouters, P.（2017）. Next–generation metrics: Reponsible metrics and evaluation for open science. European Commission.

Wouters, P, Ràfols, I, Oancea, A, Lynn Kamerlin, S. C., Holbrook, B., & Jacob, M.（2019）Indicator Frameworks for Fostering Open Knowledge Practices in Science and Scholarship. European Commission. Retrieved from https://op.europa.eu/en/publication–detail/–/publication/b69944d4–01f3–11ea–8c1f–01aa75ed71a1/language–en/format–PDF.

Yin, Y., Dong, Y., Wang, K., Wang, D., & Jones, B. F.（2022）. Public use and public funding of science. Nature Human Behaviour, 6, 1–7.

（田京　译）

开放与包容的科学：中国的视角 [*]

杨 卫（Wei Yang）

（浙江大学航空航天学院）

摘 要

　　随着联合国教科文组织《开放科学建议书》的发布，开放科学运动越来越受到全球学术界和资助机构的关注。科学研究所具备的包容性本质也推动了这场运动。本研究在适当的维度上对开放和包容性科学开展拓扑和动态的量化分析，提出平衡主要利益相关者在知识生成和交流方面的收益和责任可以进一步扩大开放和包容性科学的功能，提出了和谐参与这一领域的指导原则。基于一系列的统计数据分析回顾了中国开放和包容性科学的发展现状，中国正在成为这场全球运动中的重要力量。本研究还分析了当前中国发展开放和包容性科学遇到的障碍，提出了规避这些困难的路径。

关键词：开放科学；包容的科学；中国路径

---

* 文献来源：Yang, W.(2021). Open and inclusive science: A Chinese perspective. Cultures of Science, 4,
（4），185 - 198.

　　注：限于篇幅，图表有删改。

一、导言

开放科学运动的第一波浪潮是由欧洲的研究者（Boulton et al., 2011；Chan et al., 2002）和相关资助机构共同发起的，受到了全球主要出版商的欢迎，在此浪潮的影响下，开始实施开放获取出版。受潜在经济投入的压力影响，发展中国家对这一开放科学运动表示欢迎但并不热情。学术界普遍认为，开放科学可以增加科学知识的可靠性，并拓宽研究人员获取这些知识的渠道。

也有人提出了不同的意见，主要聚焦在以下方面：开放数据和知识产权保护的关系，世界、各国、各地区、企业或个人如何激励科学研究，知识共享的边界是什么，个人开展研究好还是合作开展研究好。这些讨论使人们认为开放科学是一件多维度的、复杂的、相当精妙的事情。

中国在参与全球开放科学运动方面发挥着重要作用。《自然》杂志（Schiermeier, 2018）的一篇报道表明，中国政府和研究机构愿意采用"S计划"[①]实现即时开放获取，并支持"采用更加灵活和包容的措施来实现这一目标"（European Science Foundation, 2018）。开放科学是一件复杂的事情，这篇报道显得相当乐观甚至有些误导。中国国家自然科学基金委员会（National Natural Science Foundation of China, NSFC）对开放科学的认同在一定程度上有仪式性，因此资助机构对向即时开放获取迈进表示了道义上的支持。主流学术出版机构通过可行性计划推进即时开放获取将是一个漫长的过程。目前还存在一些明显的障碍。

2021年联合国教科文组织发布的开放科学政策文件草案极大地推动了开放科学（UNESCO, 2021）。为探讨中国在开放科学方面的立场，2021年7月，中国科学技术协会（CAST）组织了一场关于"开放科学对科学数据共享与管理的影响及应用"的小型学术研讨会。《中国科技期刊发展蓝皮书（2021）》

---

① 欧洲11国的基金单位共同成立研究资助者联盟（cOAlition S）并启动"S计划"。该计划规定，从2020年1月1日起，所有参与机构及其研究人员必须在论文发表后立即开放研究，在开放获取平台或期刊上公开研究论文，这些平台必须合规且不以任何方式收取费用。

通过汇聚专家观点，提出在开放科学环境下我国科技期刊的发展策略（CAST，2021a）。

2021年7月28日，在一场中国青年科学家与世界顶尖科学家的对话中，大家一致认为，开放和包容的方法有利于全球科研合作和知识共享（CAST，2021b）。本研究基于这种认识并呈现了必要的支持数据。

二、开放和包容的科学的维度

开放和包容的科学需要合适的维度来量化。本文试图用两张图来厘清开放包容科学的拓扑特征和动力效应（见图1）。

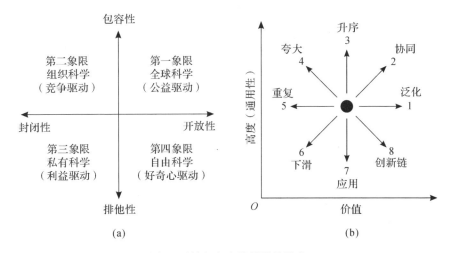

图1　开放与包容的科学的维度

注：（a）拓扑维度和象限；（b）知识链的动态维度和驱动因素。

图1（a）分析了开放包容科学拓扑特征的两个维度：科学知识的开放性和包容性。这两个维度与科学知识的封闭性和排他性形成对比，强调人类在发现、发明和交流方面的共同优势。如果以平面方式呈现，正如图1（a）所示，横向坐标衡量研究数据的开放性或共享数据意愿的强烈程度，纵向坐标衡量愿意分享研究的激励措施。数据"开放"维度从消极（封闭）到积极（开放）分为以下几类：机密数据、受专利保护的数据、购买知识产权后可转让的数据、有限共享数据、需要循环验证的数据、向公众开放的数据、鼓励积

极引用的数据、向公众推广的数据。数据"包容"维度从消极（排他）到积极（包容）分为以下几类：严格意义的个体研究、自由和个体研究、团队研究、有组织的研究、合作研究、致力于区域利益的研究、致力于国家利益的研究、针对重大挑战的全球科学研究。

拓扑平面上出现了四个象限。第一象限是指数据自由共享的合作研究。苏雷什（Suresh，2011，2012）提出的"全球科学"（global science）属于这个范畴。罗评论指出，"全球科学"致力于解决人类面临的主要挑战并受到提高人类共同福祉的驱动（Luo，2021）。第二象限是指有限的合作研究，这里的数据是不与合作之外的人共享的。"有组织的科研"属于这个范畴。包容性可能涉及一个机构、一个企业、一个地区或一个国家。涉及国家的包容性应该是一个战略性的研究（如国家实验室的研究任务），将对国家的发展产生深远的影响。研究机构通过合作面对战略挑战，他们的目标是打败竞争对手。这类数据通常被视为企业秘密或国家机密，而且会受到高等级的保护。第三象限是非合作研究，这类数据是不与竞争对手共享的。"专属研究"属于这个范畴。这类研究是为了个人的利益而进行的，通常是由潜在的利润或个人福祉驱动的。这一象限不属于开放和包容科学。第四象限是指数据来自公开检索的个人研究。"基础科学研究"属于这个范畴，这类研究是由好奇心驱动的且解决人类面临的共同挑战的研究。不论四个象限里研究的开放性和包容性如何，科学素养、公众参与和科学责任等问题（Reddy，2021）是其共同特征。

图1（b）描述了开放包容科学动力效应的两个维度：科学知识的高度和价值。这两个维度类似于热力学意义上的势能和内能。纵向坐标表示具体的科学知识在知识创新链中所处的位置（高度、增长性、通俗度）。科学知识的价值范围从零到正，涵盖了各种情况。横向坐标表示价值维度，主要测量数据的稀缺性、影响力和潜在应用场景。它的值从零（无用的知识）到正。是否有价值主要考虑以下因素：（1）资本和劳动力的投入度；（2）研究数据的可靠性；（3）潜在的盈利性。

图1（b）描述了开放数据在知识创新链的发展过程中的八个动力学方向。

一是"泛化"方向：关联学科的演进使数据的价值提高了，但是数据的理论高度没有变化；二是"协同"方向，跨学科的融通使数据的价值提高了，通过协同效应数据的理论高度也提高了；三是"升序"方向，数据的价值没有变化，但是数据的内容提升到了一个新的理论高度；四是"夸大"方向，数据的理论高度被不恰当地抬高了，数据的价值被削弱了，这种情况经常发生在研究人员使用了不恰当的表达的时候；五是"重复"方向，数据的理论高度没有发生变化，但因为数据被不断地复制，数据的价值被稀释了；六是"下滑"方向，由于数据的滥用和低俗化，使数据的理论高度和价值都不断下降；七是"应用"方向，其对应的理论表达高度不断下降、逐渐接近实践的过程，这一般对应于创新知识链向下游的动力学演化趋势；八是"创新链"方向，知识的理论高度逐渐下降，但是知识的价值不断提升。

开放和包容的科学旨在：（1）增加知识的价值；（2）连接知识创新链；（3）扩大人类知识的共享。方向1、2、3、7、8的动力学演进都是非常有益的尝试。方向1、2、8旨在增加知识的价值；方向7和8旨在加强对科学知识的应用和与创新链的联系；方向2和3提高了科学知识的理论层次，加大了知识共享力度。开放科学可以通过重复引用、研究合作和知识转移来助力方向1、2、3、7、8的动力学演进。

三、利益相关者

开放和包容的科学进程是由参与科学知识生成、培育和传播的利益相关者决定的。以往，科学知识源自作者（数据发生器）；数据的创造由资助机构（数据投资者）提供支持；数据由发布者（数据运营者）呈现；由图书馆员（数据呈现者）收集；最后，传递给读者（数据接收者）。当科学知识被接收时，它的读者很有可能成为作者，成为追求科学进步的另一个循环。在开放包容的科学时代，开放性（以科学知识的获取为衡量标准）和包容性（以共同作者和被引用的平均数量为衡量标准）变得更高，知识传播的速度变得更快。尽管如此，利益相关者仍然是作者、读者、出版商、图书馆员和资助机构。如果把图书馆员从这条信息链中剔除，那么这一过程将变得脆弱和不稳定。

为了稳定开放和包容的科学这一过程，必须平衡五个利益相关者的新的权利和义务。2016 年，在荷兰举行的全球研究理事会（GRC）年会呈现了对开放获取计划中五个利益相关者的利益分析，提出了平衡权利和义务的方案，并且认为这是一个双赢的状态（Yang，2016）。

读者强烈倡导更广泛的开放，这样他们才有权及时、免费、无责任地阅读科技文献。这种权利与义务不对等、不对称的情况是推动开放获取发展的原因之一。然而，如果没有国家政策的支持，就可能出现其他的不平衡现象。

在开放和包容的科学中，作者获得了更多的交叉引文和引用，同时避免了双重收费（double dipping）。然而，当作者没有研究经费资助时，他们面临着文章处理费持续增加的困难。既要研究者贡献知识，又要研究者承担所有的出版费用，这和公平原则是相违背的。中国学者讨论了开放获取论文文章处理费过度增长的问题（Cheng & Ren，2016）。大家对贡献和引用、声誉和经济利益、个人和机构监管等方面有不同的看法。

如果图书馆员所属的机构将订阅费转为文章处理费，那么即使所属机构支付了和以前一样多的费用，图书馆员也将不再拥有研究数据的所有权。图书馆员的工作价值和图书情报机构存在的价值将面临挑战。控制预算和设立机构、知识共享和知识所有权、提供服务和就业岗位，处理好这些关系的平衡似乎对图书馆员不那么友好。

对于出版商来说，尽管通过开放获取系统获得的利润不如订阅模式稳定，但这使他们在数据运营新时代有赢得先机的可能。数据运营时代的特点可以概括为以下四个转变：运营模式的转变（从发布到数据运营）、商业模式的转变（从订阅到文章处理）、销售模式的转变（从混合到转换）、呈现模式的转变（从文章数组到数据包）。

资助机构以及图书馆运营机构在支持出版成本方面发挥的部分作用将转变为全面支持。在实际操作过程中，他们仍然承担了学术产出的主要资金支持。同时，中国国家自然科学基金委员会提供的出版基金增长了 1 到 2 倍。虽然资金支持不是一个决定性的因素，但是消化这些增加的成本需要长达十年的过渡期。

四、指导原则

开放获取通常有以下几种形式。"金色"开放获取是指没有任何限制期限的立即开放获取。"绿色"开放获取是指有一定限制期限（如一年）的开放获取。"钻石"开放获取是指不含文章处理费的"金色"开放获取。"混合"开放获取是指包括开放获取文章和订阅文章在内的开放获取。

如何分担文章处理费已成为全球金色开放获取关注的敏感问题。为了避免双重收费，欧洲机构提议将期刊订阅的商业模式从订阅费转变为开放获取，这样只需要交文章处理费就可以了。为实现"绿色"开放获取，中国国家自然科学基金委员会批准了一项在柏林实施的出版物开放获取行动计划（GRC，2013）。学术出版界正面临深度变革。这项变革将高度聚焦开放和包容科学。变革的成功依赖于以下指导原则。

第一，政治上的认可。任何国家都不应歧视学术出版物从订阅模式到开放获取模式的全球性转变。需要指出的是，网络上对这个敏感问题的批评并不少。需要采取措施保护那些没有经费支付文章处理费的研究人员。政治上的认可在另一个方面的体现是文化意识。开放获取运动不应该有语言偏见。英语不应该成为主要语言或被过度主导。建设一个好的多语言翻译平台是大家的共同期望。

第二，经济上的可行性。《自然》杂志的一篇新闻引用了中国国家自然科学基金委员会的声明（Schiermeier，2018），但是大家对此有不同的看法。一种看法是开放获取模式的文章处理费应该与订阅费大致相同；另一种看法是开放获取模式的文章处理费应该与每个国家的订阅费大致相同。这两种解释存在很大的价格差异（有可能是3倍，如中国的订阅费是按照发展中国家的收费标准计算的）。因此，中国国家自然科学基金委员会有可能采用第二种解释。立场文件的实际措辞是："我们要求出版商不应以订阅期刊向开放获取出版转变为由提高订阅价格。我们允许资助项目使用其资助在开放获取期刊上发表文章，但我们要求建立标准和透明的机制并对文章处理费设置上限。"需要建立协调机制来缩小订阅费用的差距。

第三，透明度和公平性。从订阅模式到开放科学模式转换的所有策略和典型案例都应该是透明和经得起检验的。公平有两大支柱：一是这种转换要对所有国家和地区都是公平的。二是转换应该对所有利益相关者（读者、作者、出版商、图书馆员和资助者）都公平。

第四，参与和控制。所有国家和利益相关者都应参与这个转换进程。中国作为先进科学技术的主要力量，应该在这一进程的关键环节发挥引领作用。如果中国能够参与一些试点项目，那将十分有益。"S计划"如果推进得过于紧迫将面临阻力。任何负面反应都可能危及整个进程，应该制订一个平稳、顺利并且可控的时间表来有序推进。

五、中国现状

（一）越来越多的科学出版物

中国已经迅速采取了与科学出版物有关的所有量化措施。中国的学术产出增长得特别快，从1981年到2007年年均增长20%。

从2007年开始，随着对学术质量的重视，这个年增长率已放缓至9%（Yang，2021a）。伴随着中国的学术产出增长率放缓，出现了另一个有利现象，相对撤稿率（相对撤稿率是指一个国家的撤稿率除以世界平均水平）下降了。1996年到2020年，中国的相对撤稿率峰值出现在2010年（Yang，2021a）。同样明显的是，一个国家在其科学发展模式转型期间出现撤稿高峰：中国在2010年，日本在1998年，德国在1994年，美国和英国的撤稿高峰更早。

同样令人印象深刻的是中国学术影响力的增长。根据22类基本科学指标（ESIs），目前中国有七个学科（数学、物理、化学、工程、材料、计算机科学和农业）的十年累计学术产出排名第一。

在学术产出快速增长的同时，学术质量也在逐步提高。领域加权引用影响力从1996年的0.37（即世界平均水平的37%）逐渐上升到2020年的1.14。这一数值略高于世界平均水平，但低于英国、美国、德国和欧盟的水平。

中国高被引文章数量的快速增长令人印象尤为深刻。排名前1%的中国高被引论文百分比的快速增长情况表明，中国从 1996 年的略高于 0.2% 上升到 2020 年的近 2%。中国已经成为世界高端知识贡献的重要力量，高被引文章的被引率是全球平均水平的两倍。中国作为对世界研究文献做出重大贡献的主要合作伙伴的地位已经牢固确立。

（二）开放获取文章的发表

在全球每年所有开放获取文章（金色开放获取期刊和混合期刊）中，在过去的 25 年，美国的贡献从 44% 逐渐下降到 17%，欧盟的贡献从 28% 稳步上升到 38%，中国的贡献从 1% 飙升到 20% 左右。中国开放科学虽然落后于欧洲水平，但其蓬勃发展的速度与学术产出的发展速度大致相当。

中国的开放获取文章数量除了呈指数增长趋势，其贡献的重要性也是显而易见的。来自中国的大部分开放获取文章是金色开放获取，而来自欧盟的相当数量的开放获取文章是混合开放获取。

（三）包容性科学的现状

衡量包容性的一个有效指标是国际合作的百分比除出版物总数。中国合作发表的论文的百分比呈现出渐进但不够快的增长特点，从 1996 年的 15% 增长到 2020 年的 23%，远低于英国接近 60% 的水平，但略高于俄罗斯和印度的水平。金砖国家（包括巴西、俄罗斯、印度和中国）在迈向包容性科学的道路上还有很长的路要走。

六、中国开放包容科学发展的障碍

走向全球开放科学的征程已经势不可挡，但障碍依然存在，中国的开放科学发展还存在一定的不确定性。中国的学术界在概念层面上接受了开放科学，但他们的实际参与遭受四重障碍。这些障碍一方面关系到开放获取期刊的声誉，另一方面关系到开放科学在中国的实际推进进展。

第一个障碍是开放获取期刊在中国学术界的学术声誉较低。统计数据表明，中国学者在开放获取期刊上发表的研究成果的平均影响因子低于在常规订阅期刊上发表的论文。研究的调查结果显示了一个两极分布的状态，高水平论文集中在开放获取"大型期刊"，如《自然·通讯》（*Nature Communications*）、《科学公共图书馆》（*PLoS One*）和《科学报告》（*Scientific Reports*）等，低水平论文（占总量的75%）集中在声誉较差的开放获取期刊（Cheng & Ren，2008；2016）。由于以下方面的进展，这一障碍正在逐渐消失：（1）世界著名的学术期刊，如《自然·研究》（*Nature Research*）目前正从混合开放获取转向完全开放获取；（2）由于开放科学的引用优势越来越凸显，中国顶尖的科研期刊（如那些由中国科学、技术和医学旗舰期刊计划支持的期刊）正在通过钻石开放获取策略来提高它们的引用率；（3）已经推出了掠夺性期刊黑名单，以帮助作者和资助者识别低质量的期刊（Cyranoski，2018）。

开放科学在中国的实践推进还存在其他三个障碍：（1）中国没有一个全国性的联盟，可以与国际出版集团合作解决读者和作者的费用和权利问题；（2）中国目前的订阅费用与国际平均订阅费用之间还有差距；（3）在全球开放存取的转换背景下，中国科技期刊缺乏一个清晰的发展路径。绕过这三个障碍的可能方法似乎正在出现，并且这些问题将在下面的部分逐一讨论（Yang，2021b）。

七、消除中国开放包容科学发展障碍的途径

（一）建立图书馆联合体

如前所述，在开放包容科学时代，五个利益相关共同体是共同存在的。在中国高等教育文献保障系统（CALIS）的协助下，中国的图书馆与国际出版集团（如爱思唯尔和施普林格·自然）之间已达成多项共识。中国的策略是与国际出版商合作伙伴签署一个联合协议，订阅选定的数据资源。这个协议可能包括可以访问订阅数据的一个互联网协议（IP）范围和订阅价格限制的框架。例如，中国高等教育文献保障系统与爱思唯尔签署了关于中国订阅费用的协议。这个协议的有效期到2035年，约定认购价格将从适合发展中国家的较低水平开始，逐步上升并在2035年达到全球平均水平的80%。图

书馆联盟代表中国的许多图书馆，每个图书馆利用其机构资源在联盟协商的价格框架内购买国际科学、技术和医学出版商协会（International Association of Scientific，Technical and Medical Publishers，STM）的服务。每个机构支付其订阅份额，并在其图书馆获得订阅的期刊和数字资源。

在开放获取模式下，单个图书馆不再保存已发布的数据（数据存储在云端）。在缺乏可证实的所有权的情况下，图书馆购买这些数据的动机正在消失。那么在开放获取模式下，国际出版商可以与谁讨论涉及阅读和出版权的业务呢？至少有四种可能的选择。第一种是在开放获取模式下依靠作者提供出版作品的文章处理费。然而，让研究人员做出贡献的同时还要承担所有的出版费用似乎是不公平的。第二种选择是与每个机构就阅读和出版进行协商，这将是一条漫长而艰难的谈判路线。第三种选择是与一个资助机构联盟（如中国国家自然科学基金委员会）进行谈判，支付国家或地区的转化费用，荷兰就是采用的这种模式。在过去，中国国家自然科学基金委员会已经资助了大量的学术成果，其支持的出版物数量，无论是总量还是仅限于开放获取的数量，都在世界范围遥遥领先。

选择第四种途径的可能性最大。中国高等教育文献保障系统可以讨论系统所代表的附属机构（由一系列 IP 地址指定）的阅读和出版权利。存储在云端的科学知识可以通过这些地址访问，来自所覆盖的附属机构的作者也可以有权利在一定数量的出版物上发表（在双方同意的条款下，放弃一部分文章处理费）。中国高等教育文献保障系统可以继续使用已与各出版商协商好的价格框架，以支付目前的订阅费用。此外，该系统可以在负责监督中国的国际科学、技术和医学出版商协会发展的中国科协等非政府组织和负责中国大部分出版物的进出口业务的中国图书进出口（集团）有限公司（CNPIEC）等国有企业的保护下运作。这两个组织可以成立一个基金会来支持这种商业安排，企业可以提供担保，政府可以支持国际交流。

（二）不断缩小中国的订阅成本与国际平均水平之间的差距

中国的发展速度如此之快，以致之前对全球出版物成本的预测无法与中国在国际出版数据中所占份额的增长保持一致。中国的总订阅成本（根据各种估计，为 6% 至 10%）大大低于其在已发表数据中所占的比例（2020 年为 21.7%）。如果全世界所有的作者都使用相同的文章处理费标准，那么中国的作者将不得不支付比目前订阅模式下更高的费用（可能是两倍）。开放获取商业模式下的成本差异是中国接受拟议的开放科学战略的障碍。这可能是科技部和教育部发布设置了政府资金支付文章处理费上限的原因所导致的。

这个较大的差额是不可能在几年的时间内弥合的。一些可能的解决办法是：（1）一个机构或一个国家（当涉及一个社团时）的文章处理费的总额应以当前的订阅费为起点；（2）可以协商一个年度增量计划，类似于中国高等教育文献保障系统和爱思唯尔之间达成的计划；（3）可以就扩大出版权进行额外的谈判（可能由中国科协和中国科协联合成立的基金会支持）；（4）未被图书馆联盟覆盖的作者可自行支付其个人文章处理费；（5）根据不同的文章处理费比例，不同的国家和地区可以分为不同的类别。为此目的，可以采用世界银行的类别。人均国内生产总值（或人均研发值）可作为调整文章处理费的一项措施。

（三）在开放获取出版背景下寻找中国国际科学、技术和医学出版商协会期刊的发展路径

最后一个障碍是需要将区域性中国国际科学、技术和医学出版商协会期刊系统转变为开放获取模式。在中国有 5000 种国际科学、技术和医学出版商协会期刊，归属于 4000 个法人实体。其中在国际出版商期刊平台上的期刊只有 1000 种左右。随着全球出版商业模式从订阅到开放获取的转变，剩下的 4000 种期刊将受到严重影响。图书馆联盟所涵盖机构的所有作者都可以在与图书馆联盟签署协议的期刊平台上发表论文。这些期刊将更有影响力，更有信誉，并且不用交文章处理费。对剩余 4000 种期刊的下降预期将加剧

中国对开放科学的抵制。

将中国科学技术协会和中国图书进出口（集团）有限公司纳入开放获取出版的一个好处是，他们计划成立一个基金，用于支持中国的国际科学、技术和医学出版商协会期刊。该基金有两个目标：（1）支持图书馆联盟为订阅—开放获取转换所涉及的合理额外成本；（2）支持选定的中国科学、技术和医学出版商协会期刊向开放获取模式转型。由中国科学院推进的中国科学、技术和医学旗舰期刊计划，已经使中国科技期刊重组的发展前景初具雏形。据此，可以构建中国 5000 种科学、技术和医学出版商协会期刊的评价指标体系。在评估的基础上，可以提出国家开放科学知识库的优先清单，可以继续与图书馆联盟进行这一知识库的团购交易，遵循与国际科学知识平台进行类似交易的道路。

可以设计一个路线图来促进中国的开放和包容性科学。从订阅模式到即时开放获取模式的转换过程需要五到十年的时间，首要任务是为科学知识的运作建立一个技术先进的平台。目前，中国的几家主要出版社已经开始向多功能重组过渡。主要功能包括：（1）期刊平台；（2）科学知识库（包括量身定制的特色数据收集）；（3）分析指标；（4）全球出版、发行和营销网络。平台形式应该由专业的信息学和分析团队构建，他们能够使用 TensorFlow 计算、大量数据库和复杂的应用任务组进行平台操作。平台应具有开放科学手段获取的可比数据。它可以汇集多方面的服务包，在学者中是有信誉和可信的。与爱思唯尔和施普林格·自然等知名国际同行合作，对中国平台来说将是有益的。出版企业和数字科技企业的联合发展是延续向开放获取转型势头的关键。

我们需要一个考虑到不同利益相关者利益的周全计划。本研究报告中提出的可能方法解决了图书馆联盟、中国科协以及中国教育科学研究院支持的基金会和中国国家自然科学基金委员会等资助机构参与开放科学运动可能遇到的问题，从而可以启动对金色办公自动化服务的支持。中国国际科学、技术和医学出版商协会期刊业务模式的改变也可以考虑采用类似的方式。综合价格策略可以满足对开放科学的基本需求并享受开放科学带来的额外好处。中国科学技术协会和中国图书进出口（集团）有限公司支持的基金可用于建立国家对开放包容科学的战略支持，由国家基金会运作，由社会作为一个整体进行管理。

致谢

感谢康晓伶女士提供了从 Scopus/SciVal 导出的所有数据，以及这些数据的图形展示。特别感谢罗晖博士，提出了对开展本研究的建议。我和我们的同事、朋友们开展了激烈的讨论，有来自深科技（Deep-Tech）的杨晓虹博士、之前在施普林格·自然工作的颜帅博士和在科学出版社工作的任胜利博士，非常感谢。我还要感谢怀进鹏博士，他鼓励我从事开放科学的研究。

利益冲突声明

作者声明在本文的研究、作者身份和发表方面没有潜在的利益冲突。

资助

作者在研究、撰写和发表本文时未获得任何方面的资助。

参考文献：

Boulton, G., Rawlins, M., Vanlance, P., et al.（2011）. Science as a public enterprise: The case for open data. The Lancet, 377,（9778）, 1633–1635.

CAST（China Association for Science and Technology）（2021a）. STM Blue Book on China's Scientific Journal Development. Beijing: Science Press（in Chinese）.

CAST（China Association for Science and Technology）（2021b）. A dialogue between the world's top scientists and young scientists was held in Beijing. China Daily, 29 July（in Chinese）.

Chan, L., Cuplinskas, D., Eisen, M., et al.（2002）. The Budapest Open Access Initiative. Retrived October 14, 2021 from http://openscience.ens.fr/ABOUT_OPEN_ACCESS/DECLARATIONS/2002_02_14_Budapest_Open_Access_Initiative.pdf.

Cheng, W.,H. & Ren, S.,L.（2008）. Evolution of open-access publishing in Chinese scientific journals. Learned Publishing, 21.（2）,140–152（in Chinese）.

Cheng, W.,H. & Ren, S.,L.（2016）. Investigation on article processing charges for OA papers from the world's major countries. Chinese Science Bulletin, 61,（26）, 2861‒2868（in Chinese）.

Cyranoski, D.（2018）. China awaits controversial blacklist of 'poor quality' journals. Nature, News, 16 October.

European Science Foundation（2018）. Plan S: Making full and immediate open access a reality. Rertived October 14, 2021 from https:// www.coalition‒s.org.

GRC（Global Research Council）（2013）. Action plan towards open access to publications. Rertived October 14, 2021 from https://www. globalresearchcouncil.org/ fileadmin/documents/GRC_Publications/grc_action_plan_open_access_FINAL.pdf.

Luo, H.（2021）. Working together to address global issues: Science and technology and sustainable development. Cultures of Science, 4,（1）,3‒5.

Reddy, D.（2021）. Scientific literacy, public engagement and responsibility in science. Cultures of Science, 4,（1）,6‒16.

Schiermeier, Q.（2018）. China backs bold plan to tear down journal paywalls. Nature, News, 5 December.

Suresh, S.（2011）. Moving toward global science. Science, 333,（6044）,802.

Suresh, S.（2012）. Cultivating global science. Science,336,（6084）,959.

UNESCO（2021）. First draft of the UNESCO recommendation on open science. Rertived October 14, 2021 from https://unesdoc. unesco.org/ark:/48223/pf0000374837.

Yang, W.（2016）. Toward collaborative global open access. In: Removing Barriers: A Global Implementation Plan for Open Access Scholarly Publications. Hosted by NOW in close cooperation with the GRC, chaired by Engelen J, The Hague, The Netherlands, 22 March.

Yang, W.（2021a）. Dynamics of Graduate Education. Beijing: Science Press（in Chinese）.

Yang, W.（2021b）. Open science: From academia acceptance to implementation. In: CAST（ed）STM Blue Book on China's Scientific Journal Development（2020）. Beijing: Science Press, pp.321‒324（in Chinese）.

（刘郑一　译）

开放科学与教育科学

教育科学中的开放科学 *

威廉敏娜·范迪克（Wilhelmina van Dijk）

克里斯托弗·沙茨施耐德（Christopher Schatschneider）

莎拉·哈特（Sara A. Hart）

（美国佛罗里达州立大学心理学系）

摘　要

　　开放科学运动在过去十年取得了巨大进展，主要致力于提高研究结果的可信度，并向公众开放科研项目的全要素。开放科学倡导将五个关键原则作为核心目标：开放数据、开放分析、开放材料、预注册和开放获取。所有的开放科学要素都可以视为实现科学领域开放性的传统方式的延伸，即在期刊上或书籍中发表科研成果。然而，开放科学在教育科学领域的潜力远远不止防范有问题的研究，还能在以下两个方面做出贡献：一是提高研究的透明度和可复制性；二是提出并回答以往由于数据分析方法的复杂性而无法解答的有关个体学习障碍和学习困难的研究问题。本文将概述开放科学的主要原则（即开放数据、开放分析、开放材料、预注册和开放获取），说明这些原则如何符合资助机构对严谨研究过程的期望，并介绍相关的最佳实践案例。

关键词：开放科学；学习障碍；科研实践

---

* 文献来源：van Dijk, W., Schatschneider, C., & Hart, S.A.（2019）. Open science in education sciences. Journal of Learning Disabilities, 54, 139−152.

　　注：限于篇幅，图表和参考文献有删改。

开放科学是一种在不同科学领域都得到应用的研究方法。尽管开放科学的许多支持者认为其主要功能仅仅是改善科研实践，但开放科学确实为研究者提供了更多机遇。开放科学可以通过改进科研实践、支持复制性研究、促进提出先前不可能提出的新研究问题等方式帮助整个教育研究领域提高有学习障碍（LD）的个体的学习成果。本文将基于之前在教育科学领域推动开放科学实践以增加透明度和可信度的相关论文的基础上开展深入研究（Cook，2016; Cook et al.，2018; Johnson & Cook，2019; van der Zee & Reich，2018）。重点阐述开放科学对开展学习障碍方面的研究者的益处，并深入探讨教育领域的资助机构所重视的相关实践。本文旨在表明教育研究的许多方面已经相当契合开放科学的最佳科研实践，还将介绍当前适用于教育科学的开放科学实践。

一、开放科学是什么？

开放科学运动致力于提高研究结果的可信度，并向公众开放科研项目的全要素。开放科学倡导将五个关键原则作为核心目标：开放数据、开放分析、开放材料、预注册和开放获取。科学实现开放的传统方式主要是通过期刊或书籍发表科学研究成果，而开放科学的全要素都可以视为传统方式的延伸（Nosek et al.，2012）。

开放数据指将分析中使用的所有原始数据公之于众（Nosek et al.，2012; Nuijten, 2019），而不仅是在科学出版物中以均值和标准差的形式呈现摘要数据。本文将开放数据界定为研究过程中收集的数据，不包括用于干预和分析数据的共享资料（因为这些资料在其他要素中有所涉及，如开放分析和开放材料）。开放数据是开放科学的原则之一，受到资助机构的高度重视。促使受联邦资助的研究数据实现可获取源自这样的理念：用公共资金收集的数据最终应该属于公众，研究机构充当数据的管理者。公开共享数据为其他研究者提供了整合数据并用于后续分析的机会。例如，几项关注患有学习障碍和其他并发症的学生的纵向研究可以合并为一个从小学初期到高中的汇总样本。有了这个汇总样本，可以使用高效增长模型进行更长时期的症状学轨迹研究（Curran & Hussong，2009），深入了解并发症在各个教育层次的发展而无需跟踪一批研究对象超过

12 年。除了合并仅包含学习障碍个体的数据集，研究者还可以再次使用并非特定于学习障碍个体的数据集。例如，许多课堂干预项目涉及患有学习障碍的学生，可以重新分析这些项目的数据以显示分类干预效果，如学生达到熟练水平所需时间与预期时间的差异（Johnson & Hancock，2019）。

开放分析的目的在于向科研成果的使用者提供从原始数据开始的详细任务分析，说明研究者为获得最终统计结果所采取的步骤（Klein et al.，2018），而不是科学出版物中通常规定的简略版本。该任务分析可能包括整理原始数据（即纠正数据错误并统一格式）、转换变量和详细统计的程序。此外，还应提供分析所使用软件的详细文档和特定版本，包括软件包（在开放获取的情况下）或附件（在商业软件中）。开放数据和开放分析通常被视为一个整体，一些鼓励这种做法的期刊采用了一种徽章系统，当作者提供数据和代码访问权限时，研究者将获得开放数据徽章并展示在发表的文章中。美国国家卫生研究院和美国教育科学研究院（IES）等其他机构认为，开放数据与开放分析有所不同。例如，开放分析有利于学习障碍领域的研究，因为它可以提供在研究中将学生归类为学习障碍的确切标准，其他研究者可以在自己的研究中使用相同标准以提高不同研究结果之间的可比性。

根据开放材料原则，研究者应确保他人可以通过提供的科研材料来再现研究过程。材料类型根据研究类型而异，可能包括研究创建的评估工具、问卷调查、干预方案和执行保真度检查表（implementation fidelity checklists）。在学习障碍研究中，复制性研究对于了解某项干预在什么情况下、对什么人群有效至关重要。然而想要复制一项研究，干预措施应尽可能与原始研究保持一致。通常情况下，发表的手稿只提供研究中所使用部分材料的简要情况，从而限制了复制和评估的可能。除促进可复制性外，公开共享研究材料还使从业者有机会获取可能有益于学习障碍个体的工具。

开放科学的第四个原则是预注册。在预注册中，研究者通过在研究方案中清楚地描述假设、数据收集方法和数据分析计划，明确勾勒出其研究参数（Nosek & Errington，2019; van't Veer & Giner-Sorolla，2016）。当研究协议上传到在线注册表并可供公众下载时，预注册就完成了。一些期刊接受提交研究计划作为注册报告。注册报告包含研究介绍并需要与常规手稿一样接受同行评审。在撰写研究报告时，研究者可以参考研究计划并指出偏离原计划的情况，以表明哪些结果是可验证的，并将其与探索性结果区分开来。通过这种方式可以确保结果的真实性，在未来的研究和政策中做出明智决策，造福患有学习障碍的个体。

开放获取是开放科学最基本的原则。研究者通过坚持开放获取尽最大努力确保科研成果对任何人开放，而不仅是那些订阅了特定期刊的个人（Klein et al.，2018; Norris et al.，2008）。为实现这一点，研究者可以选择在开放获取期刊上发表论文、向传统期刊支付额外费用使文章转为开放获取，或者在预印本服务器上提供文章的预印本和后印本。开放获取可确保所有利益相关者（即研究者、从业者、家庭成员和决策者）都能够获取最新的研究成果，使整个与学习障碍相关的社区受惠。

二、开放科学的进展

由于近期有关开放科学的评论大量强调复制原始研究失败所产生的影响，似乎让人觉得开放科学只是与心理学新现象相关的流行词语。所谓的心理学复制危机自 2000 年以来在科研文献和媒体上得到广泛关注。研究者发现，仅有 36% 在知名心理学期刊上发表的具有统计学意义的结果可以被复制，而这 36% 中绝大多数都小于原始效应，因此被称为复制危机（Open Science Collaboration & Others，2015）。然而开放科学运动的起源远远早于这场危机。当前开放科学运动是数十年来关注科学研究方法以及研究者如何与公众接触的结果。例如，选择性结果报告和已知结果后提出假设（HARKing）被 20 世纪 60 年代的心理学家（Meehl，1967）和 20 世纪 90 年代的流行病学家（Taubes & Mann，1995）视为有问题的研究。

开放科学的核心原则之一是促进公众获取数据、分析和研究成果，这一理念源远流长。事实上，大卫认为，开放科学很可能起源于 17 世纪的科学革命时期（David，1994）。科学出版就建立在这一假设之上，即印刷版本的成果向广大公众开放，允许知识完全开放并且公众可复制（National Research

Council，2003）。除了通过出版物中的摘要数据来实现开放科学，在20世纪40年代末，通过建立社会科学研究数据库或档案馆，使研究项目的全部原始数据对公众开放成为常态（Bisco，1966）。因此，在科学界分享完整的原始数据并非新现象。

在医学领域，由于临床试验的报告结果缺乏再现性和透明度（Pocock et al.，1987），因此1996年一个临床试验学家、统计学家、流行病学家和生物医学期刊编辑组成的国际小组制定了旨在提高研究方法和结果透明度的（Begg et al.，1996）《临床试验报告规范的统一标准声明》（Consolidated Standards of Reporting Trials，CONSORT）。采用该文件提升了医学临床试验报告的质量（Plint et al.，2006）。此外，由于1997年美国出台《美国食品药品监督管理局现代化法案》（FDA Modernization Act），许多医学领域的资助机构迅速要求研究者预注册临床试验（www.clinicaltrials.gov）。在医学领域，预注册要求在试验开始之前明确说明方法、研究被试招募情况和主要结果。因此，显著正结果的报告数量减少，而不显著结果的发表数量增加（Kaplan & Irvin，2015），扩展了人们对新疗法真实影响的认知。这个例子表明了过去主要研究领域的渐进变化——逐渐融入更多关于数据、设计和分析细节的信息以提升已发表研究成果的可信度。总的来说，开放科学实践并非新兴事物。

三、教育科学中的开放科学

在教育科学领域，开放科学实践同样并非新事物。同其他科学领域一样，教育科学领域的研究者在20世纪和21世纪早期对研究实践方面表达了类似的担忧。例如，20世纪80年代初期，彼得森（Peterson）及其同事呼吁应用行为分析领域应提供更详细的自变量描述。他们认为，更清晰地描述可能有助于减少复制失败的问题，因为复制者可能未按预期实施干预措施（Peterson et al.，1982）。近年来，针对发表报告缺乏透明度以及难以评估研究价值的问题，特殊教育研究者在21世纪初联合制定了涉及相关性、群体设计、个案研究和定性研究质量的标准（Brantlinger et al.，2005; Gersten et al.，2005; Horner et al.，2005; Thompsonet al.，2005）。几乎同时，美国教育科学研究院启动了《有效做法信息库》（What Works Clearinghouse），其确立了高质量研究的标准并对研究进行审查，提供有关教育项目、产品和实践的公开信息，其最终目标是向教育从业者提供循证指导和有效干预措施。

最近，美国国家卫生研究院、美国国家科学基金会和美国教育科学研究院等支持教育和学习障碍研究的联邦拨款资助机构提出了与开放科学实践相一致的建议和要求。2013 年以来，任何在联邦资助项目期间收集的数据都必须向公众开放并可免费获取。这三个机构都要求申请者提供一个详细说明最终研究数据将如何与公众分享的数据管理计划。此外，这些资助机构还在特定的公共存取库中存放了其资助项目的相关文章，如美国教育科学研究院的美国教育资源信息中心数据库（ERIC）、美国国家卫生研究院的生物医学和生命科学期刊文献全文数据库（PubMed Central）和美国国家科学基金会的公共访问存储库（NSF-PAR）。

除了要求数据管理计划和文章公开获取，美国教育科学研究院在 2019 年的拨款申请周期中采用了卓越教育研究标准原则（Standards for Excellence in Educational Research，SEER）（U.S. Department of Education, Institute of Education Sciences，2018）。研究者并非必须遵循该原则才能获得资金支持，但最终将根据其遵循程度获得卓越教育研究奖项指标（U.S. Department of Education, Institute of Education Sciences，2018），涵盖了研究项目的前后阶段，包括一些旨在增加透明度的实践，如预注册、开放分析和开放数据。此外，该机构还将支持通过提供开放材料来传播和推广研究结果。

聚焦产出高质量研究并遵循资助机构的要求，许多研究者或许是无意中朝着开放科学所倡导的实践方向迈进。近期有关教育领域采用开放科学实践的论文认为，这些实践是对避免已知结果后提出假设、选择性结果报告和 p 值黑客等有问题的研究实践的保护措施（Cook，2016；van der Zee & Reich，2018）。特别是在特殊教育领域，提供这些有问题的行为证据被视为促进学术文化转变，尤其是转向开放科学实践（参见 Cook，2016）。然而，开放科学在教育科学领域的潜力远不止防范有问题的研究，它还为教育科学提供了多种机会：（1）提高研究透明度，从而增加研究的可复制性；（2）制定并回答有关特定群体（即患有学习障碍和困难的人）的研究问题，这些问题以往由于数据分析方法的复杂性而难以回答。

（一）提高透明度

针对有学习障碍的学生进行研究和干预的一个重要方面是了解研究结果所依据的参数。这些参数可能与参与者、环境和干预措施等特征相关（Coyne et al.，2016）。比如，某种特定的阅读干预可能在 K-2 年级的学生中被证明是有效的，但并不意味着对 K-3 年级至 K-5 年级的学生同样有效。同样地，一些模式可能适用于城市孩子，但不适用于农村孩子。为了确定这些参数，研究应经历多个阶段，从试点研究到直接复制，最终到概念复制（Coyne et al.，2016）。直接复制是确保研究结果可靠的一种方式，防止"错误、偏见或偶然"的影响（Coyne et al.，2016，第 250 页）。直接复制本质上是对原始研究的重复，但在教育研究中难以实现。实际上，马凯尔（Makel）及其同事在对 36 种特殊教育期刊进行全面综述时发现，在 45490 篇文章中只有 90 篇进行了直接复制研究（Makel et al.，2016）。概念复制有助于界定效应参数（Nosek & Errington，2019），这些复制与原始研究密切相关，只有少数变量与原始研究不同（Coyne et al.，2016），例如，使用相同的干预材料和培训、年级和人口，但在不同的地理区域进行研究（Gersten et al.，2015），或延长干预时间以审视干预效果（Toste et al.，2019）。当变量增加时，这种复制被视为远距复制，并可解释参数的普适性，如改变干预的群体规模和地理区域（Doabler et al.，2019）。理想情况下，研究者应系统进行不同阶段的复制。

这种阶段结构对于定义参数的重要性不仅在开放科学中显而易见，事实上还反映在美国国家科学基金会和美国教育科学研究院的资助框架中。美国教育科学研究院在目标中明确强调了这些参数的重要性，并且在近期承诺将对以前有效干预措施的复制提供资金。具体而言，美国教育科学研究院将"找出在何种条件下哪种方法对什么群体有效"作为核心目标（U.S. Department of Education，Institute of Education Sciences，2018）。为实现此目标，美国教育科学研究院资助了各种主题的项目，包括初步探索、发展创新、初始效果以及后续行动。美国国家科学基金会的资助项目涵盖了探索性研究、设计开发、影响评估、实施改进等不同阶段。在概念复制方面，美国教育科学研究院特别设立了专项竞赛，着重关注先前被证实有效的阅读和数学干预措施（参见 CFDA 84.305R 和 CFDA 84.324R）。

这种讨论不仅发生在资助机构，在讨论个案设计研究中的循证实践时，复制问题也很突出。霍纳等提出了一个标准来确定干预措施是否具有充分的证据，该标准包括由三个不同研究者、在三个不同地理区域中进行五次不同的直接或远距离高质量复制（Horner et al., 2005）。

为了进行直接复制或概念复制，研究者需要获取原始材料，包括干预手段、评估工具和数据分析计划。通常情况下，研究者必须联系其他研究者以索取材料和更多的信息。然而由于各种原因，要求作者提供信息的成功率可能不高（Manca et al., 2018）。例如，研究者可能已经换了工作单位，所提供的电子邮件地址可能已失效。遵循坚持开放科学的原则，并在中央存储库中公开提供诸如分析之类的材料，可以避免这些问题，这将促进更多复制性研究，有助于我们更全面地了解干预效果的界限。

（二）提出和回答新的研究问题

开放科学的另一个好处在于它可以充当研究的催化剂。尽管数据通常根据特定假设收集，但同一数据可能被用于不同模型回答不同研究问题。例如，许多研究者利用早期儿童纵向研究（Early Childhood Longitudinal Studies, ECLS）以及学校和师资调查（Schools and Staffing Survey, SASS）等免费获取的数据来回答各种问题。有趣的是，这些大规模的数据集似乎与研究项目的数据截然不同，但可以相互合并。将来自多个项目的数据集组合在共同的存储库中，可以成为培养创造力并引发新研究问题的强大工具。例如，儿童语言数据交换系统（Child Language Data Exchange System, CHILDES）是一个开放的数据存储库，它将约 230 个关于儿童语言的单独数据集合在一起并发表了 5000 多篇论文。虽然最初的研究者并非不可能达到这个发表数量，但更有可能的是，存储库给了其他研究者一个探索新问题或新理论的机会。

合并数据除了帮助研究者提出新问题，还有助于解决那些可能是因为参与者数量较少或者特定行为发生的频率较低而在自身样本中无法得到充分回答的问题（Bainter & Curran，2015；Curran & Hussong，2009）。在学习障碍研究中，这一点尤为重要。有学习障碍的学生通常占正态分布的左尾，因此在任何给定的学生样本中，有学习障碍学生的数量很少。要收集足够数量的相关群体数据以进行具有足够统计能力的分析通常是非常耗时或者成本极高的。然而其他研究团队可能拥有非常相似的数据。将这些数据合并后，就有可能获得足够数量的学习障碍学生样本，从而有足够的统计能力来回答新问题。

例如，为了探究学生在执行功能测试中的得分是否能预测阅读障碍，多古等（Daucourt et al.，2018）合并了八个不同的数据集。这些包含学生成绩信息的原始数据集来自不同的阅读干预研究。然而，原始研究并未包括对执行功能的测量。多古及其团队向所有学生又发送了一份包含与执行功能相关项目的家长问卷。最终，他们的样本仅包括那些原始研究中家长回答了新问卷的学生，样本量仅为原始样本的 10%（约为 420 人）。在这些学生中，约有 30%（即 139 人）被确定为有阅读障碍。研究者们指出，较低的执行功能与阅读障碍存在关联。

在这个案例中，多古及其团队能够以相对较低的成本利用现有数据进行研究。他们利用了最初阅读干预研究中收集的成绩数据，避免了在评估中浪费资源，并将这些数据与家长问卷结合起来使用。在其他情况下，收集额外数据可能没有必要。举例来说，利用相同的八个数据集，研究者可以专注于研究在有阅读障碍的学生群体中原始阅读干预措施的影响，而无需收集额外数据。无论是否需要收集额外数据，研究者都需要确保能够获取包含相关变量和人群的数据集。

四、实践中的开放科学

遵循并坚持开放科学科研实践是改善有学习障碍的个体生活的关键一步。本文将提供开放科学的主要原则概述，包括开放数据、开放分析、开放材料、预注册和开放获取，同时也提供每个原则的最佳实践。表 1 给出了研究者遵循开放科学实践所需要采取的行动和决策指南。在这个可视化概览中，本文能够为已经在进行的项目和仍然在设计阶段的项目提供参考。

表1　开放科学常见要素研究项目各阶段的决策和行动流程

开放科学主要原则		规划阶段	数据采集后	数据分析后	发表后
预注册		·选择注册表并检查模板和要求 ·检查资助机构对预注册的要求	/	·说明哪些内容在预注册时已开始，哪些基于新见解而完成 ·说明是否有任何分析应被解释为探索性分析	/
注册报告		·选择期刊并检查要求 ·提交报告并等待同行评审程序完成	/	·说明哪些内容在预注册时已开始，哪些基于新见解而完成 ·说明是否有新的分析应被解释为探索性分析	/
开放数据	开始时	·检查数据共享要求 ·在知情同意书中添加有关数据共享政策的声明 ·选择存储库并检查要求 ·建立数据收集系统和编码手册 ·制订数据管理计划	·核准数据集 ·更新代码集	·公布数据	·向公众提供数据
	过程中	/	·检查数据是否可以共享 ·检查知情同意书并联系IRB ·检查机构要求 ·核准数据集 ·更新代码集	·检查数据是否可以共享 ·检查知情同意书并联系IRB ·检查机构要求 ·核准数据集 ·更新代码集 ·公布数据	·检查数据是否可以共享 ·检查知情同意书并联系IRB ·检查机构要求 ·核准数据集 ·更新代码集 ·向公众提供数据

续表

开放科学主要原则		规划阶段	数据采集后	数据分析后	发表后
开放分析	开始时	·选择环境 ·设置注释文件	·详细注释工作流程	·提供分析结果 ·检查代码是否可以用提供的数据集重新运行	·公开分析代码
	过程中	/	·选择环境 ·设置注释文件 ·详细注释工作流程	·更新注释	·更新注释 ·公开分析代码
开放材料	开始时	·选择存储库并检查要求 ·建立实验笔记本和工作流程系统	·公布用于收集数据的所有材料 ·公布详细工作流程	·更新材料和工作流程，包括数据管理和分析的任何程序	/
	过程中	/	·选择存储库并检查要求 ·公布详细的工作流程 ·公布使用的所有材料	·选择存储库并检查要求 ·公布用于收集和分析数据的所有材料 ·公布有关数据收集、数据分析和数据管理的详细工作流程	·选择存储库并检查要求 ·公布用于收集数据的所有材料 ·公布项目所有内容的详细工作流程
开放获取	开始时	·选择期刊集，审查其对开放获取的立场 ·分配资金 ·检查资助方对开放获取的要求	/	·将稿件上传到预印本存档 ·分配许可证以保护作品，必要时选择绿色开放获取	·将文章作为后印本发布
	过程中	/	·选择期刊集，审查其对开放获取的立场 ·分配资金 ·检查资助方对开放获取的要求	·选择期刊集，审查其对开放获取的立场 ·检查资助方对开放获取的要求 ·将稿件上传到预印本存档	·将文章作为后印本发布

注：表格形式有删改。IRB 为伦理审查委员会（Institutional Review Board）。

（一）开放数据

在大多数出版物中，作者通常呈现所关注变量的摘要数据。为了提升透明度并促进这些数据的再利用，开放科学鼓励研究者公开所有的数据。提供开放数据涉及将经过精心整理的原始数据集上传至在线公共存储库。许多资助机构将可获取的数据集视为资助项目的永久产物。一旦数据集存入公共存储库，就会获得数字对象标识符（DOI），从而成为一个可引用的、永久存在的研究项目产品。这确保了数据集能够长期通过相同的标识符保持可获取性。研究者可以将这一成果列入他们的履历表，并通过数据集在二次分析中的使用次数展示其工作影响超越了单纯的公开发表。考虑到整理和存档数据集所需的时间和资源，一些资助机构（如美国国家卫生研究院）允许将预算的一部分专门用于这个目的。

有几个在线存储库可用于归档数据集。这些存储库包含各种学科领域的数据，如开放科学框架（www.osf.io）、Figshare 存储库（http://www.figshare.com）、政治与社会研究校际联合数据库（Inter-university Consortium for Political and Social Research，ICPSR）（http://www.icpsr.umich.edu/）。此外，专门领域的存储库也在不断发展，比如专注于学习差异和学习障碍研究的数据存储库 LDbase（http://www.ldbase.org/）以及专注于发展视频数据的存储库 Databrary（https://nyu.databrary.org/）。资助机构可能拥有自己的存储库，比如美国国家卫生研究院支持的 DASH 存储库（https://dash.nichd.nih.gov/）、由尤妮斯 - 肯尼迪 - 施莱弗国家儿童健康与人类发展研究所（Eunice Kennedy Shriver National Institute of Child Health and Human Development，NICHD）收集的数据和样本存储库、国家孤独症研究数据库（National Database for Autism Research，NDAR; https://nda.nih.gov/）。美国国家卫生研究院目前正在探索其他存档方式，尝试与特定领域存储库进行合作，如 Figshare 的特定案例（https://nih.figshare.com/）。最后，还有一个专门用于定性社会科学研究的存储库（https://qdr.syr.edu/）。每个存储库可能对数据的存储和存放有特定要求（例如，允许或禁止使用的数据文件类型等）。表 2 概述了上述存储库的一些具体要求。

将数据准备好以便存储进在线存储库这一过程需要做的工作不仅是上传文件那么简单。研究者在数据准备共享之前需要采取几个步骤。首先，原始数据集在公开前需要经过整理和匿名处理，包括删除有关参与者的所有可识别信息（如生日、姓名等），检查是否存在超出范围的值，并确保各变量间的一致性（Klein et al.，2018）。其次，根据美国教育科学研究院卓越教育研究标准原则，研究者无需共享所有收集到的数据，但至少应共享在出版物中使用过的所有数据。最后，研究者需要对访问选项做出决定。除了立即提供数据，许多存储库在封锁期间可以限制对数据集的访问，或者只向请求访问权限的研究者公开数据。

除了原始数据文件，包含元数据也至关重要。元数据可以被描述为支持其他数据被"发现、理解和管理"的信息（Day，2005，第10页）。换句话说，元数据可以帮助研究者找到可能包含他们感兴趣的信息的数据集，并评估这些数据是否可以用来回答他们的研究问题。对于教育研究而言，元数据提供的信息主要涉及数据收集和存储的背景和程序，并通常通过代码手册提供。代码手册包含变量名称、标签、问卷的具体文本、变量值及其标签，以及每个变量的缺失数据是如何表示的，评分规则是什么。如果在分析之前对变量进行了转换，则可能包括有关使用方法的额外信息。存在一些商业软件程序可以基于调查数据生成代码手册，例如 StatPac。此外，文档发现和互通联盟（Document，Discover，and Interoperate alliance，DDI）提供了一个在线工具，可以生成能够进行后期处理和持续数据收集的交互式代码手册（https://ddialliance.org）。对于 R 语言用户，存在多个软件包可以将元数据添加到例如代码手册的数据集中（Arslan，2018）。

遵循开放数据的原则可能看似是一项比较艰巨的工作。数字管理中心（The Digital Curation Centre，DCC）提供了有关数据管理和策划方面的有用资源，包括应该分享哪些数据、组织数据的最佳方式以及如何编写良好的数据管理计划（www.dcc.ac.uk）。许多学术图书馆员对数据策划也颇有了解，并且在他们准备数据共享时，其可以成为宝贵的资源。与数据管理和策划专家合作，将有助于研究者使其数据可发现、可访问、可互操作和可重用。

表 2　托管教育数据公共存储库的部分功能

名称	重点	自存	是否私人存储?	是否有访问限制?	数据类型	存储限制	费用
数据和样本中心	来自尤妮斯·肯尼迪·施莱弗国家儿童健康与人类发展研究所资助研究的数据，包括生物样本目录	否，提交的内容由内容支持团队审核	否	是 注册用户可以申请数据，只有获得批准后才能获得数据 不可封锁数据	标准办公文件或统计数据格式的原始数据	否	无
数据库	视频数据和其他密集数据流	是	是	是 只有注册用户才能提交和使用数据	视频文件、图像、图表	否	无
Figshare 共享平台	无	是	是，最大 20 GB	是 也可以封锁数据	任何类型的数据（视频、音频、原始数据集、演示文稿等）	空间无限，但项目和文件数量有限	无
大学间政治与社会研究联合会（仅限会员）	社会和行为研究，包括教育专集	是	是	是 数据仅供 ICPSR 会员使用 数据可以封锁	标准办公文档或统计数据格式的原始数据	否	无
大学间政治与社会研究联合会（公开）	社会和行为研究，包括教育专集	是	是	是 数据可以封锁	标准办公文档或统计数据格式的原始数据	最大 2 GB	无

续表

名称	重点	自存	是否私人存储？	是否有访问限制？	数据类型	存储限制	费用
学习障碍库	包括学习障碍学生在内的研究数据	是	是	是 数据可以封锁	标准办公文档或统计数据格式的原始数据	否	无
国家自闭症研究数据库	包括自闭症学生在内的研究数据。国家心理健康研究所数据档案的一部分	否，提交的内容由内容支持团队审核	否	是 注册用户可以申请数据，只有获得批准后才能获得数据 不可封锁数据	标准办公文档或统计数据格式中的原始数据、磁共振成像、基因组学数据、表型数据	否	无
开放科学框架	无	是	是	否	标准办公文档或统计数据格式中的原始数据	否	无
定性数据存储库	社会科学中的定性和多种方法数据	否，由内容支持团队提供策划助并审查提交的内容	否	是	文本类型、视频、音频和图像	否	个人需缴纳押金（300美元至600美元）可申请费用减免

（二）开放分析

在开放分析中，研究者提供了对统计分析每一个步骤的详细说明，从原始数据开始一直到最终的统计结果（Klein et al., 2018）。提供完整的分析步骤有几个重要原因。首先，在分析过程中，研究者自由选择如何进行分析。这种自由度有时称为研究者自由度（Simmons et al., 2011）。采用不同的分析决策可能导致结果差异。详细记录这些决策不仅有助于审视分析过程，还能提供必要的细节。此外，记录提供了初次接触某一统计分析的研究者所需的决策过程，并可能深化其对特定统计技术的理解。准备数据分析文档也可能帮助发现代码错误（Epskamp, 2019），为作者更正结果提供机会。

其次，不同的统计软件包在某些操作上具有不同的默认设置（Epskamp, 2019）。这可能影响更复杂和高级的统计方法，比如结构方程模型。即使是更常用的统计分析，在不同软件中也会有稍微不同的处理方式。例如，在SPSS中运行不平衡方差分析（ANOVA）模型时使用默认选项，得到的参数估计值可能与R中的默认选项不同，因为每个程序根据不同的组合组件计算组间差异，这称为一、二或三型平方和（有关不同类型及其对参数估计的影响，请参阅Navarro, 2017）。尽管这些差异可能很小，但它们可能导致不可再现的错误决策。通过提供有关使用软件、版本以及工作流程和研究中可能使用的附加软件包的详细信息，研究者可以避免对其结果产生困惑。

开放式分析文档在每个项目中都有所不同。许多商业统计软件程序允许研究者保存语法（Mplus、SPSS、SAS），有时还包括注释。开源统计软件，如R、Python和JASP，总是允许研究者保存带有注释的完整工作流程。然而，数据分析很可能无法始终完美地被共享。研究者可能无法共享整个工作流程，或者工作流程只在特定系统上有效，这可能导致其他系统的用户只能根据代码进行评估分析（Klein et al., 2018）。与其让这成为共享的障碍，更好的做法是共享可用的工作流程的任何内容或版本。例如，如果无法共享语法，如在电子表格程序中进行的数据分析，研究者可以共享用于执行分析的菜单选项流程的屏幕截图，或者逐步描述所做决策（Epskamp, 2019; Klein et al.，2018）。研究者通过共享可用的内容，即使看似很少，也可以增加分析的透明度。

（三）开放材料

在许多期刊文章中，研究者会包含某种测量的小样本项目或一些研究协议示例，如干预步骤或执行保真度检查表。然而，这些材料基本不足以复制一个研究项目。期刊版面限制可能会影响研究材料的有限共享，但随着数据存储库和云存储的出现，研究者可以与其他同行分享研究的所有细节（Grahe，2018）。遵循开放材料的原则，研究者增加了项目的整体透明度，并给独立研究者机会以仔细探究他们的项目与原始项目之间的差异（Grahe，2018; Klein et al.，2018）。

在分享研究材料时，最佳做法是尽可能提供详尽的信息。至少应该上传所有运行复制研究所需的研究协议、评估和刺激因素（Grahe，2018）。然而有时需要补充特定项目的部分操作步骤或说明。比如在干预材料中，注明在脚本中可以灵活调整干预者将会非常有帮助。另外，空白知情同意书也是额外重要的材料（Lewis，2020）。如果共享材料存在版权问题，如被用于商业化的评估和作为介入材料，考虑到其已经公开可用，研究者无需提供这些材料（Grahe，2018）。

提供开放材料，尤其是最基本的材料，通常是开放科学实践中最简单且耗时最少的一步。在许多情况下，这些材料已经被创建，并可能存储在项目的数字存储库中。大多数在开放数据部分提到的数据存储库都允许研究者将材料添加到其数据集中，以便轻松访问。与开放数据类似，这些材料在存储库中可以获得数字对象标识符，从而成为项目的可引用成果。

（四）预注册

预注册通过在研究方案中清晰描述假设、数据收集方法和数据分析计划来勾勒研究的参数（van't Veer & Giner-Sorolla，2016），是确保研究透明度的关键工具。预注册的终极目标是提高研究过程的透明度。透明度并不意味着研究计划一成不变，预注册也不排除计划变更的可能性。相反，预注册是一个灵活的过程，允许研究者在研究设计和数据收集中应对未预料到的挑战（Gehlbach & Robinson，2018）。比如，原本预计针对独立阅读、动机和学习障碍之间关系的研究可能在原有的面对面数据收集的基础上，将最后一个阶段转变为视频会议。更新后的方案应该明确记录这一变化，并探讨环境变更对最后阶段结果解释的潜在影响。这样的灵活性使预注册成为一个适应变化并保持透明度的工具。

在某些情况下，部分分析过程可能难以详尽列出。例如，研究者可能根据其理论基础，在分层线性模型中将某组预测变量视为随机变量。然而，在模型构建过程中，某些变量似乎未在不同群体的斜率上产生显著差异，添加随机斜率未能提高模型的拟合度。鉴于这些结果，研究者选择放弃这些变量。最终模型的构建受到了中间显著性测试结果的影响。因此，在数据分析部分，应当清晰描述变量被纳入或排除的决策过程。同时，研究者还可以说明与原始分析计划相关的意外事件（Gehlbach & Robinson，2018）。当注册预设时，每次迭代都会被分配一个特定的时间戳和身份认证编号，使其他研究人员能够审视变更历史及其合理性。

这些注册机构有许多不同的类型，有些涵盖广泛的研究领域，而其他则更具体。例如，对于系统性审查和元分析，通常会选择科克伦（https://us.cochrane.org/）或 PROSPERO（https://www.crd.york.ac.uk/prospero/）。这两个组织在其网站上提供了大量文件指导研究者完成协议和注册过程，并提供具体的参考模板。针对干预研究，特别是教育效果研究，能够提供支持的注册机构包括教育效能研究学会（Society for Research on Educational Effectiveness，SREE）（https://sreereg.icpsr.umich.edu/）、开放科学框架（www.osf.io）和 AsPredicted（www.aspredicted.org）。这些注册机构主要支持实验性和准实验性群组设计研究，并提供带有指导性问题的模板。近年来，特殊教育领域也提倡对个案研究进行预注册（Johnson & Cook，2019），同时对质性研究进行预注册也是可行的。

将注册报告的完整引言和方法部分提交给期刊，然后进行同行评审是标准程序。这个过程让外部专家有机会审阅研究设计并提供反馈，可能会指出缺陷和改进建议。同行评审完成后，期刊可能会给予"有条件接受"的回应，这意味着期刊将会发表根据注册的计划开展的后续研究，而不考虑研究结果是否符合预期。一些期刊，尤其是针对教育和学习困难人群的研究，具有提交注册报告的特定指南，例如《超常儿童》（*Exceptional Children*）和《阅读科学研究》（*Scientific Studies of Reading*）。开放科学中心（The Center for Open Science，COS）提供了其他接受注册报告的期刊列表，已经发布了注册报告专刊的期刊（https://cos.io/rr/）。

在卓越教育研究标准原则中，预注册是开放科学最特别的原则。该原则侧重对提出的内容与最终完成报告的内容进行比较。除了提高透明度，公开研究协议在研究项目开始前有助于区分验证性结果（即在研究开始前就假设的结果）和出乎意料的数据所产生的探索性结果。这些探索性结果可能需要后续的验证性研究，尤其是为了测试新提出的假设。预注册和注册报告的主要优点在于区分验证性结果和探索性结果（Cook et al.，2018; van't Veer & Giner-Sorolla，2016）。这并不意味着在研究中排除探索性分析。相反，开放科学将探索性分析视为发现意外结果的手段，这些分析和结果应明确标注为探索性的。

（五）开放获取

开放获取是指在没有订阅限制的情况下向公众提供研究报告（Klein et al.，2018; Norris et al.，2008）。对许多研究者来说，通过论文了解某种方法、数据集或干预措施能够促使他们更仔细地研究问题并进行直接复制或概念复制（Kraker et al.，2011）。当研究以开放获取的方式呈现时，更多研究者将有机会参与这项研究。

资助机构已经鼓励研究论文向公众开放，并已建立相应的渠道。例如，美国教育科学研究院赞助的研究通过美国教育资源信息中心数据库向公众公开；美国国家卫生研究院的资助者使用生物医学和生命科学期刊文献全文数据库，而美国国家科学基金会则使用自己的公共访问库——美国国家科学基金会的公共访问存储库。多个不同领域的跨学科研究表明，以开放获取方式发表的论文（无论是通过期刊还是自行存档）相比那些被封闭在付费门槛后的文章更容易被引用（Eysenbach，2006; Metcalfe，2006; Norris et al.，2008）。一般来说，向公众分享手稿有两种方式。一是通过"绿色开放获取"，研究者可以在预印本档案中发布科研成果；二是通过"金色开放获取"，研究者可以选择在完全开放获取的期刊上发表论文，或者向期刊支付额外费用使手稿能够开放获取（Harnad et al.，2004）。这些费用因期刊而异，最高可达 3000 美元，平均为 900 美元（Solomon & Björk，2012）。为帮助研究者支付开放获取的费用，许多大学现在设有专用的拨款计划。此外，期刊的开放获取费用可以写入重要拨款的预算说明。

许多关于学习障碍研究的期刊允许研究者发布预印本和后印本。这些期刊包括《超常儿童》（*Exceptional Children*）、《特殊性》（*Exceptionality*）、《学习障碍季刊》（*Learning Disability Quarterly*）、《学习障碍期刊》（*Journal of Learning Disabilities*）和《特殊教育期刊》（*The Journal of Special Education*）。由舍帕 / 罗密欧（SHERPA/ROMEO）主办的网站（http://www.sherpa.ac.uk/romeo/ search.php）提供了教育科学和学习障碍领域大多数期刊的存档政策和存取的信息。预印本可以是已经提交手稿的最终版本，也可以是被接受并将要出版的最终版本。一些期刊要求预印本必须是手稿的未格式化版本。有几个专门存放预印本的档案馆。EdArXiv 是一个近期建立的教育预印本档案馆，与开放科学框架存储库相关联，作者可以将托管在 EdArXiv 上的预印本与其开放科学框架项目联系起来。将预印本发布到在线档案馆有几个好处。首先，所有存档的论文都会获得 DOI，使其可以在冗长的同行评审过程开始之前被引用和作为参考，扩大了科学研究的影响力。档案馆还会追踪论文的下载和引用次数。更重要的是，这些档案允许研究者通过分配许可协议，如知识共享许可协议（http://creativecommons.org/licenses），合法地保护他们的工作。即使论文是纯理论性的、探索性的或起初不是以开放科学方式撰写的，作者也可以通过发布预印本确保他们的作品对所有人都是可访问的。参见弗莱明（Fleming，2020）关于发布预印本决定的实用流程图。

五、建议

开放科学实践的益处确实在受资助的研究中有所体现，但这并不意味着未经资助的研究不能受益。实际上，未经资助的研究同样可以从更开放的实践中获益匪浅。这些项目可能因样本量较小而受限，这种研究更容易出现类型 I 错误（Type I error）[①]，也就是报告了偶然发生的统计学显著效应（Simmons et al., 2011）。此外，通过预注册小样本研究，可以提高假设关系和数据分析的透明度，有助于他人更好地理解结果的可靠性，未经资助的研究数据集也可以成为更大、更全面的数据集的一部分。

学习障碍研究者如何在没有项目的情况下坚持和推动开放科学实践？首先，分享先前项目的数据和材料永远不会太晚，无论这些数据和材料是否用于发表。即使某个特定的干预措施并未导致学生能力的统计学效应显著增加，数据仍然包含有价值的学生群体信息，可能对其他人有益并能与其他现有数据结合使用。此外，进行元分析的研究者可能有兴趣使用未发表的研究来对抗由发表偏见引起的结果偏差（Rothstein & Hopewell, 2009）。提高元分析效应量的精确度将更好地估计干预潜力，进而可能限制不利于学习障碍学生的干预措施。与数据类似，分享已经完成的研究材料也是有价值的。这可以为早期职业研究者或者经费较少的研究者提供机会，他们可以进行小型复制性研究，而无需花费资源开发已经存在的材料。这可以增加学习障碍领域的研究产出，期望在更短的时间内获得干预措施及其可推广性更扎实的知识。

其次，研究者可以积极推动向开放科学实践的文化转变。鼓励新的研究范式的一种方式是多与同事讨论。例如，当合作设计一项新研究时，研究者可以提高预注册的可能性，甚至提议利用公开可用的材料进行复制性研究。此外，研究者可以倡导将这些实践纳入研究生的研究方法课程（Gehlbach & Robinson, 2018）。

最后，科研项目和论文评审的过程也是一个机会。审稿人可以要求查看

[①] 译者注：类型 I 错误是指如果原假设为真，但作者否定它，则会犯类型 I 错误；如果原假设为假，但作者无法否定它，则会犯类型 II 错误（Type II error）。

数据和分析（Davis et al., 2018），尝试开展论文提供的分析以查看结果的可再现性（Kraker et al., 2011），检查之前的研究或高度相似的研究以比较结果（Kraker et al., 2011），并检查是否有预印本或预注册文件可供对所提议的分析与报告开展比较分析。对于拨款提案，审稿人可以检查研究者计划在项目终止后分享数据、结果和材料的方式。

六、结论

在"特殊教育中开展干预研究的目标是找出对残疾学生有效的实践，并积累关于这些实践的严格的可信证据，以确定其有效的条件"（Coyne et al., 2016，第251-252页）。通过积极采纳开放科学的核心原则，即开放数据、开放分析、开放材料、预注册和开放获取，学习障碍领域的研究者能够营造更有利于实现这一目标的环境。开放数据使数据集可以被整合，从而回答此前无法解决的问题；开放分析协助其他研究者重新运用数据验证结果并学习编程复杂模型；开放材料使其他研究者能更精确地复制研究；预注册使在项目开始前改进设计成为可能，有利于提升整体工作质量并增加研究决策的透明度；而开放获取则能让重要的研究成果更广泛地被受众获取。开放科学原则促进了科研合作，最终将使特殊教育领域受益，并提升具有学习障碍的学习者的教育和生活质量。

利益冲突声明

作者声明在本文的研究、作者身份和发表方面没有潜在的利益冲突。

资助

本文获得以下资金支持：这项工作由尤妮斯·玛丽·肯尼迪国家儿童健康与人类发展研究所（Eunice Kennedy Shriver National Institute of Child Health & Human Development）资助，资助编号：HD052120，HD095193。

参考文献：

Arslan, R. C.（2018）. How to automatically generate rich codebooks from study metadata. PsyArXiv.

Bainter, S. A., & Curran, P. J.（2015）. Advantages of integrative data analysis for developmental research. Journal of Cognition and Development, 16（1）, 1 - 10.

Begg, C., Cho, M., Eastwood, S., Horton, R., Moher, D., Olkin, I., …… Stroup,D. F.（1996）. Improving the quality of reporting of randomized controlled trials: The CONSORT statement. The Journal of the American Medical Association, 276（8）, 637 - 639.

Bisco, R. L.（1966）. Social science data archives: A review of developments. The American Political Science Review, 60（1）, 93 - 109.

Brantlinger, E., Jimenez, R., Klingner, J., Pugach, M., & Richardson, V.（2005）. Qualitative studies in special education. Exceptional Children, 71（2）, 195 - 207.

Cook, B. G.（2016）. Reforms in academic publishing: Should behavioral disorders and special education journals embrace them? Behavioral Disorders, 41（3）, 161 - 172.

Cook,B. G., Lloyd,J. W., Mellor,D., Nosek,B. A., & Therrien,W. J.（2018）. Promoting Open Science to increase the trustworthiness of evidence in special education. Exceptional Children, 85（1）, 104 - 118.

Coyne, M. D., Cook, B. G., & Therrien, W. J.（2016）. Recommendations for replication research in special education: A framework of systematic, conceptual replications. Remedial and Special Education, 37（4）, 244 - 253.

Curran, P. J., & Hussong, A. M.（2009）. Integrative data analysis: The simultaneous analysis of multiple data sets. Psychological Methods,14（2）,81 - 100.

Daucourt,M. C., Schatschneider,C., Connor,C. M., AlOtaiba, S., & Hart, S. A.（2018）. Inhibition, updating working memory, and shifting predict reading disability symptoms in a hybrid model: Project KIDS. Frontiers in Psychology, 9, Article 238. https://doi.org/10.3389/fpsyg.2018.00238.

David, P. A.（1994）. Positive feedbacks and research productivity in science: Reopening another black box. In O. Grandstand（Ed.）, Economics and Technology（pp.

65 - 89) . Elsevier.

Davis, W. E., Giner-Sorolla, R., Lindsay, D. S., Lougheed, J. P., Makel, M. C., Meier, M. E., Sun, J., Vaughn, L. A., & Zelenski, J. M. (2018) . Peer-review guidelines promoting replicability and transparency in psychological science. Advances in Methods and Practices in Psychological Science,1 (4) ,556 - 573.

Day, M. (2005) . Metadata. In S. Ross & M. Day (Eds.) , DCC Digital Curation Manual. http://www.dcc.ac.uk/resources/curation-reference-manual/completed-chapters/metadata

Doabler, C. T., Clarke, B., Kosty, D., Kurtz-Nelson, E., Fien, H., Smolkowski, K., & Baker, S. K. (2019) . Examining the impact of group size on the treatment intensity of a tier 2 mathematics intervention within a systematic framework of replication. Journal of Learning Disabilities, 52 (2) , 168 - 180.

Epskamp, S. (2019) . Reproducibility and replicability in a fast- paced methodological world. Advances in Methods and Practices in Psychological Science, 2(2), 145 - 155.

Eysenbach,G. (2006) . Citation advantage of Open Access articles. PLoS Biology, 4 (5) , e157.

Fleming, J. I. (2020) . How to post a preprint flowchart. EdArXiv. https://doi. org/10.35542/osf.io/2jr68.

Gehlbach,H., & Robinson,C. D. (2018) . Mitigating illusory results through preregistration in education. Journal of Research on Educational Effectiveness, 11 (2) , 296 - 315.

Gersten,R., Fuchs,L. S., Compton,D., Coyne,M. D., Greenwood, C., & Innocenti, M. S. (2005) . Quality indicators for group experimental and quasi-experimental research in special education. Exceptional Children, 71 (2) , 149 - 164.

Gersten, R., Rolfhus, E., Clarke, B., Decker, L. E., Wilkins, C., & Dimino, J.(2015). Intervention for first graders with limited number knowledge: Large-scale replication of a randomized controlled trial. American Educational Research Journal, 52 (3) , 516 - 546.

Grahe, J. (2018) . Another step towards scientific transparency: Requiring research materials for publication. The Journal of Social Psychology, 158 (1) ,1 - 6.

Harnad, S., Brody, T., Vallières, F., Carr, L., Hitchcock, S., Gingras, Y., Oppenheim, C., Stamerjohanns, H., & Hilf, E. R. （2004）. The access/impact problem and the green and gold roads to open access. Serials Review,30（4）,310‒314.

Horner, R. H., Carr, E. G., Halle, J., McGee, G., Odom, S., & Wolery, M. （2005）. The use of single‒subject research to identify evidence‒based practice in special education. Exceptional Children, 71（2）,165‒179.

Johnson, A. H., & Cook, B. G. （2019）. Preregistration in single‒case design research. EdArXiv. [Preprint]. https://doi. org/10.35542/osf.io/rmvgc.

Johnson, T. L., & Hancock, G. R. （2019）. Time to criterion latent growth models. Psychological Methods, 24（6）, 690‒707.

Kaplan, R. M., & Irvin, V. L. （2015）. Likelihood of null effects of large NHLBI clinical trials has increased over time. PLOS ONE, 10（8）, Article e0132382.

Klein, O., Hardwicke, T. E., Aust, F., Breuer, J., Danielsson, H., Mohr, A. H., Ijzerman, H., Nilsonne, G., Vanpaemel, W., & Frank, M. C.（2018）. A practical guide for transparency in psychological science. Collabra: Psychology, 4（1）, Article 20. https://doi.org/10.1525/collabra.158.

Kraker, P., Leony, D., Reinhardt, W., & Beham, G.（2011）. The case for an open science in technology enhanced learning. International Journal of Technology Enhanced Learning, 3（6）, 643‒654.

Lewis, N. A.（2020）. Open communication science: A primer on why and some recommendations for how. Communication Methods and Measures, 14（2）, 71‒82.

Makel, M. C., Plucker, J. A., Freeman, J., Lombardi, A., Simonsen, B., & Coyne, M.（2016）. Replication of special education research: Necessary but far too rare. Remedial and Special Education, 37（4）, 205‒212.

Manca, A., Cugusi, L., Dvir, Z., & Deriu, F.（2018）. Non‒corresponding authors in the era of meta‒analyses.Journal of Clinical Epidemiology,98,159‒161.

Meehl, P. E.（1967）. Theory‒testing in psychology and physics: A methodological paradox. Philosophy of Science, 34（2）, 103‒115

Metcalfe, T. S.（2006）. The citation impact of digital preprint archives for Solar Physics papers. Solar Physics, 239, 549‒553.

National Research Council.（2003）. The purpose of publication and responsibilities for sharing. In. Sharing publication–related data and materials: Responsibilities of authorship in the life sciences.

Navarro, D. (2017). Learning statistics with R. https://learningstatisticswithr.com/lsr–0.6.pdf.

Norris, M., Oppenheim, C., & Rowland, F. (2008). The citation advantage of open–access articles. Journal of the American Society for Information Science and Technology, 59 (12), 1963 – 1972.

Nosek, B. A., Beck, E. D., Campbell, L., Flake, J. K., Hardwicke, T. E., Mellor, D. T., van 't Veer, A. E., & Vazire, S. (2019). Preregistration is hard, and worthwhile. PsyArXiv. [Preprint]. https://doi.org/10.31234/osf.io/wu3vs.

Nosek, B. A., & Errington, T. M.(2019). What is replication? MetaArXiv. [Preprint]. https://doi.org/10.31222/ osf.io/u4g6t.

Nosek, B. A., Spies, J. R., & Motyl, M. (2012). Scientific utopia: II. Restructuring incentives and practices to promote truth over publishability. Perspectives on Psychological Science, 7 (6), 615 – 631.

Nuijten, M. B. (2019). Practical tools and strategies for researchers to increase replicability. Developmental Medicine & Child Neurology,61 (5),535 – 539.

Open Science Collaboration, & Others. (2015). Estimating the reproducibility of psychological science. Science, 349 (6251), Article aac4716.

Peterson,L., Homer,A. L., & Wonderlich, S. A. (1982). The integrity of independent variables in behavior analysis. Journal of Applied Behavior Analysis, 15(4), 477 – 492.

Plint, A. C., Moher, D., Morrison, A., Schulz, K., Altman, D. G., Hill, C., & Gaboury, I. (2006). Does the CONSORT checklist improve the quality of reports of randomised controlled trials? A systematic review. Medical Journal of Australia, 185 (5), 263 – 267.

Pocock, S. J., Hughes, M. D., & Lee, R. J. (1987). Statistical problems in the reporting of clinical trials. The New England Journal of Medicine; Boston, 317 (7), 426 – 432.

Rothstein, H. R., & Hopewell, S. (2009). Grey literature. In H. Cooper, L. V. Hedges, & J. C. Valentine (Eds.), The handbook of research synthesis and meta–

analysis（2nd ed., pp. 103 – 125）. Russel Sage Foundation.

Simmons, J. P., Nelson, L. D., & Simonsohn, U.（2011）. False- positive psychology: Undisclosed flexibility in data collection and analysis allows presenting anything as significant. Psychological Science, 22（11）, 1359 – 1366.

Solomon, D. J., & Björk, B.–C.（2012）. A study of open access journals using article processing charges. Journal of the American Society for Information Science and Technology, 63（8）, 1485 – 1495.

Taubes, G., & Mann, C. C.（1995）. Epidemiology faces its limits. Science, 269（5221）, 164 – 169.

Thompson, B., Diamond, K. E., McWilliam, R., Snyder, P., & Snyder, S. W.（2005）. Evaluating the quality of evidence from correlational research for evidence–based practice. Exceptional Children, 71（2）, 181 – 194.

Toste, J. R., Capin, P., Williams, K. J., Cho, E., & Vaughn, S.（2019）. Replication of an experimental study investigating the efficacy of a multisyllabic word reading intervention with and without motivational beliefs training for struggling readers. Journal of Learning Disabilities, 52（1）, 45–58.

U.S. Department of Education, Institute of Education Sciences.（2018）. Standards for excellence in education research. https://ies.ed.gov/seer.asp.

van der Zee,T., & Reich,J.（2018）. Open education science. AERA Open, 4（3）, 1 – 15.

van't Veer, A. E., & Giner–Sorolla, R.（2016）. Preregistration in social psychology–A discussion and suggested template. Journal of Experimental Social Psychology, 67, 2 – 12.

（马箫箫　译）

开放教科书作为开放科学教学法的一个创新路径 [*]

罗伯特·法罗（Robert Farrow） 瑞贝卡·皮特（Rebecca Pitt）

马丁·韦勒（Martin Weller）

（英国开放教育研究中心、英国开放大学；

英国福利、教育和语言研究学院）

摘 要

本文介绍了英国开放教科书项目，并从促进开放实践和开放教学法的角度探讨了其成功的原因。教科书是科学领域教育供给的核心。开放教科书是开放授权的学术教科书，其中，数字版本是免费的，印刷版价格较低。开放教科书是开放教育资源（OER）的一种形式。近年来，一些开放许可的教科书在包括美国、加拿大和南非等国家产生了很大影响。2017 年至 2018 年，英国开放教科书项目采用了几种既定的方法来使用和推广开放教科书（重点在 STEM 学科）作为试点。该项目有两个主要目的：一是促进英国采用开放教科书；二是探求在北美出现的成功的开放教科书模式的可迁移性。通过在一系列高等教育机构的工作坊和在专门教育会议中开展有针对性的推广措施，该项目成功地提高了英国国内开放教科书的知名度。本研究的几个案例阐释了如何在英国开放科学中使用开放教科书。英国学术界对开放教科书具有较大的兴趣。在一定程度上，这与节约学生学习成本有关，更重要的

---

* 文献来源：Farrow, R., Pitt, R., & Weller, M.（2020）. Open textbooks as an innovation route for open science pedagogy. Education for Information, 36: 227-245.

注：限于篇幅，文中图表和参考文献有删改。

因素是改变和发展教科书以及使用开放教育资源的自由。这与在其他国家进行的一系列研究是一致的，并且说明开放教科书项目对英国科学教育的潜在影响非常大。

关键词：开放科学；开放教育；开放教科书；开放教育资源；创新；开放教学法；开放教育实践

一、引言

本文报告了英国开放教科书项目的结果，该项目通过一系列参与式行动评估了英国在 2017 年至 2018 年实施的"开放教科书"项目的可行性。开放教科书是开放教育资源的一种形式。开放教育资源有多种定义。根据联合国教科文组织的定义，开放教育资源可以被理解为"任何媒介，数字或其他形式的教学、学习和研究材料，这些材料是公共的，或在开放许可下发布，允许他人在没有或有部分限制的情况下免费获取、使用、改编和再分发"（Creative Commons，2016）。开放教科书是由大学、基金会、政府和其他机构资助的，旨在颠覆传统的教育教科书出版模式。作者（通常是学者或其他专家）为其作品付费，然后在开放许可下发表作品（例如，知识共享[①]）。这通常允许作品内容被自由复制、共享、编辑、重新混合和以新的方式使用，而无需重复获得版权所有者的许可。

本文的第一部分简要讨论了开放科学。第二部分阐述了开放教科书在教学法中发挥的潜在作用。第三部分探讨了在英国市场中开放教科书这一创新举措的发展潜力。第四部分是英国开放教科书项目及其活动。第五部分和第六部分探讨了对两种参与方式的评估方法及评估结果。第七部分是对英国开

---

① 译者注：知识共享（Creative Commons）是一个非营利性国际组织，也是一种创作的授权方式。

放教科书的案例研究。第八部分总体上讨论了开放教科书项目的结果。第九部分是对未来该研究领域的一些建议。第十部分总结讨论了开放科学教学法的相关研究结论。

二、开放科学和开放教科书

"开放科学"没有固定的含义，是指一系列旨在使社会各阶层都能获得研究成果的愿望和行动。开放科学包括开放获取出版物、开放数据、开源软件、协作平台、公民科学、开放科学基础设施、分享实验记录、元数据的指定协议以及知识通过社交媒体从知识生产者向公众的延伸。坦南特等分析了开放获取向开放科学和开放研究持续转变的过程，发现有很多对科学开放性的谬见和误解（Tennant et al.，2019）。人们对开放性在科学研究中所发挥的作用长期存在争论（Willinsky，2005; Whyte & Pryor，2011; Friesike et al.，2015; Concannon et al.，2019; Teixeira da Silva，2019）。因此，费彻和弗雷斯基将开放科学描述为"一个涵盖未来知识创造和传播的众多假设的总称"（Fecher & Friesike，2013）。

开放科学被广泛理解为以研究为导向，且相关研究产出（研究数据、实验室笔记、方法、仪器等）以开放许可和可访问的形式"公开"，以便促进数据重用和结果验证。开放科学在科学研究中发挥促进科研合作、增强研究的可重复性和数据验证的作用，这已经在开放数据、开放获取出版、开源软件以及开放研究方法和实践的讨论中得到了充分论证。公民科学被大力提倡。然而，开放性对科学教学法的影响很少被讨论。

例如，促进欧洲研究的开放科学培训项目（Facilitate Open Science Training for European Research，FOSTER）[①]提供了一个全面的开放科学分类法，但不涉及教、学和教学法（见图1）。

---

① 译者注：促进欧洲研究的开放科学培训项目是 2014 年欧盟资助的关于开放获取、开放数据和开放科学的培训项目，旨在通过自主学习、面对面培训、专业培训、研讨会等形式为不同类型的利益相关者提供一系列支持和帮助。

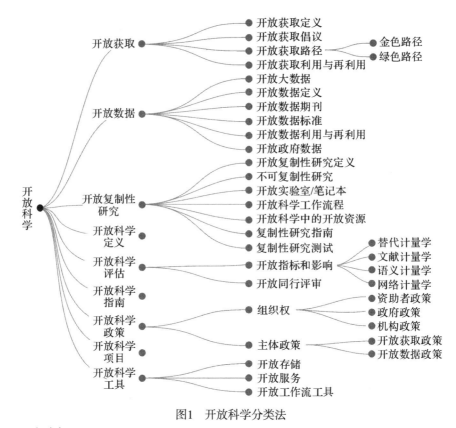

图1　开放科学分类法

资料来源：Pontika et al., 2015.

"开放"教科书这项创新挑战了科学教学法的既定模式。教科书是一种无处不在的教育工具，在国际上广泛使用，通常是课程展示的核心内容。教科书提供了一个保持课程平衡的可能性，即不断完善教科书，并将其标准化以确保质量。根据不同的教学目的和教育水平编写教科书。科学教育教科书具有十分广阔的市场前景，但目前只有少数几家出版商涉足该领域，并赚取了巨额利润。例如，20世纪70年代以来，美国的教科书成本上涨了1000%以上（NBC，2015）。

开放教科书有两个主要优势。首先，节约成本和提高效率，这对低收入家庭的学生来说非常重要，因为这使他们在课程开始的时候就可以随时获得教科书。其次，开放教科书具有通过使用更广泛的内容支持教育创新的潜力，这些内容可以支持实验以及开展实践反思（OER Research Hub，2014）。

大量研究证明了开放教科书和开放教育资源的质量和有效性。费彻等对开放教科书的有效性进行了一项规模较大的研究，分析了采用（数字）开放教科书能否显著预测学生在使用开放教育资源的学期中和学期后的课程完成情况、课堂成绩和学习活动参与强度（enrollment intensity）。这项研究选取了近 5000 名使用开放教科书的大学生为样本，对照组包括超过 1.1 万名使用传统商业教科书的大学生，研究参与者分布在美国 10 所院校，15 个不同的本科课程中。关注学生成功的五项评估指标，即课程完成情况、期末成绩、期末成绩 C- 或以上、学习活动参与强度、下一个学期的学习活动参与强度。研究发现，使用开放教育资源的学生学业成绩更好（Fischer et al.，2015）。

德蒙特等调查了 13 门课程中 2000 多名学生对农业主题替代性教材的使用情况，发现学生对替代性教材的评价很高，更愿意使用开放的资源。德蒙特等对每门课程的一名教师进行访谈，发现使用开放学习内容不仅优化了教学工作流程，而且节省了大量资金，改善了学生的学习条件（Delimont et al.，2016）。

一系列其他研究也得出了类似的结论。希尔顿（Hilton，2016）对开放教育资源的相关研究成果开展综合分析，根据质量筛选研究案例（开展开放教育资源与使用传统教育资源的对照组的对比研究；同行评审和已发表的论文；聚焦开放教育资源质量或教育结果；至少有 50 名研究参与者），最终确定了 16 项研究成果（共涉及 46149 名学生）。

在关于开放教育资源有效性的九项研究中，只有一项研究结果表明，使用开放教育资源与较差的学习结果呈正相关，在大部分情况下，使用开放教育资源与积极的学习结果呈正相关。这项研究也表明，大多数班级的差异并不显著。三项研究结果表明，使用开放教育资源具有显著积极效果，三项研究结果发现使用开放教育资源和传统教育资源的学生的学习结果差别不大，还有两项研究没有讨论研究结果的统计学意义。对九篇开放教育资源有效性研究成果的综述发现，使用开放教育资源不会降低学生的学习效果（Hilton, 2016）。

关于科学教育，贾瑞德·罗宾逊等（Jared Robinson）发现，在控制 10 名学生和教师协变量（covariates）的影响时，使用开放教科书的学生比使用传统教科书的学生在年终州标准化科学测试中的成绩高 0.65 分（Jared Robinson et al., 2014）。虽然诸如此类的研究并不能证明开放教科书在教学上更具有优势，但能够证明开放教科书通常能达到与传统教科书同等的教学质量。

华生等（Watson et al., 2017）研究了学生和教师在一门生物学课程中使用开放教科书的经验。学生（n=1999）对开放教科书能够节约经济成本的特点表示非常满意，并十分认可开放教科书的质量。教师发现开放教科书具有灵活性的特点，对学生非常有帮助，开放教科书具备将开放教育资源整合到当地学习管理系统的能力备受重视。教师强调了引入开放教育资源可能引发的紧张状况：

> 在这项研究中，采用开放教科书的教师指出了对同事普遍不太熟悉开放教育资源理念的担忧……教师有时会发现在这种情况下为自己的选择辩护。然而，他们能够描述对传统的和在线的教科书质量评判的第一手经验，再加上成本对比，使这些担忧和讨论更容易被引导（Watson et al., 2017）。

使用开放教科书能够节约大量成本。记录开放教科书的使用情况使计算"走向开放"的经济价值成为可能。学生、家长、机构和政府已经节省了超过 10 亿美元的教育成本（见表 1）。

表 1　使用开放教育资源节约的经济成本

部门	节省的总数 / 美元
美国和加拿大（高等教育）	921783169
美国和加拿大（基础教育）	45051066
其他国家	38500000
总计	1005334235

资料来源：Allen，2018.

　　开放教科书作为采用开放教育资源的一种途径的战略优势在于，教科书是一种常见人工制品，可以替代目前仅提供一门特定课程内容的传统教科书。开放教科书出版商使其内容与美国和加拿大广泛使用的课程标准保持一致。这使最初采用开放教科书的提议不那么令人生畏，因为开放教科书只是替代了已经被使用的教科书。开放教科书已经以开放内容的原始形式以及通过专门倡议的方式传播到其他国家，尤其是特别希望节约成本的"全球南方"国家（Pitt，2015；Goodier，2017）。英国与加拿大和美国的市场有很多相似之处，但也有一些独有的特点。

三、英国开放教科书的潜力

　　开放教科书在北美产生的广泛影响反映了其教育市场的本质，由于价格通胀，学生承受了较大的学习成本压力（Martin et al.，2017；Jhangiani R & Jhangiani S，2017；Senack，2015）。与英国相比，这是一个显著的差异，在英国，学费和生活成本被学生视为最严重的经济问题。目前在英国学习的学生毕业时的平均债务为 50800 英镑，而贫困学生的债务还会更多（IFS，2017）。

　　2014—2015 学年学生收入和支出调查显示，在第一年，学生平均每人花费 572 英镑用于购置书籍和学习设备，该项花销在第二年和第三年分别为465 英镑和 490 英镑（Dept. for Education，2018）。全国学生联合会（National Union of Students）的数据显示，每个本科生每年在书籍和学习材料上的平均花费超过 1000 英镑（Malcolm，2010）。

教科书在正规教育中的作用也存在一些差异。教科书是高等教育的重要组成部分。在英国，人们普遍认为学生不会购买阅读书单中的所有书籍（Stokes & Martin，2008）。相反，学生可能只选择购买其中一种资源，或者通过图书馆获取其他资源。有时，教师可能会为学生推荐少量教科书，期望学生只购买其中的一本。

洛夫对英国开放教科书开展初步研究，探讨了两所大学院系学生对购买生物科学教科书的态度（Rolfe，2018）。研究表明，除了一项针对心理学本科生的研究（Derryberry & Wininger，2008），人们对学生如何选择和利用教科书知之甚少，同时该研究表明，教学文本通常从更好地适应个体学习者的要求和偏好中受益。

商业利润不是评判教科书质量的必要指标，金在对 51 本英国科学教科书的调查中发现，其中 29 本"对国家课程地球科学的覆盖程度较低，平均每页包含一个地球科学错误或误解"（King，2009）。这引发了一个负反馈循环，在大学教材中发现的这些错误或误解强化了教师的错误观念。

四、英国开放教科书项目

英国开放教科书项目由英国开放大学（The Open University）教育技术研究院（Institute of Educational Technology）的开放教育研究中心（OER Hub，2019）管理。该项目从 2017 年 5 月开始，到 2018 年 12 月结束。美国通过开放教科书网络（Open Textbook Network）和 OpenStax[①] 参与该项目。开放教科书网络是一个会员制组织，旨在搭建一个对采用开放教科书感兴趣的美国高等教育机构网络。作为会员资格的一部分，会员有权举办开放教科书研讨会，开放教科书网络邀请会员单位的教师和专家对其所在专业领域的教科书开展审核。这些教科书是由开放教科书网络主办的开放教科书资源库的一部分，非会员和会员组织都可以访问。在平台上可用的 460 种不同教科

---

① 译者注：OpenStax 是一项非营利性教育计划，旨在发行经同行评审、公开许可的教科书，以便每个人都能免费获取最新的数字教材。

书中，60% 的教科书至少被审查过一次。OpenStax 的达尼·尼克尔森（Dani Nicholson）和丹尼尔·威廉姆森（Daniel Williamson），以及开放教科书网络的大卫·欧内斯特（David Ernst）是开放教科书出版商的代表。

OpenStax 在展览、贸易展览会和会议上展示教科书，鼓励从业者和决策者使用高质量的书籍，并通过 USB 提供完整的开放教科书数字合订本，同时鼓励订阅他们的分发列表（distribution list）[①]，有选择地使用这种方法，让从业者了解最新或专门版本的教科书。

开放教科书网络在大学里与教育工作者和图书管理员一起举办特定学科的研讨会，邀请他们（有偿）审查数据库中的开放教科书。该项目的核心是对各自的营销和推广方案进行对比评估。

开放教科书采用以上两种不同方法提供了项目活动框架。开放教科书项目既不寻求创建新的开放教育资源，也不为英国市场重新混合或改编现有的学习内容。相反，开放教科书项目的目标是评估在其他情况下已被证明成功了的营销和实施方法的可行性，以评估和完善英国的开放教科书报价。

因此，用于确定影响的替代性指标反映了这些策略。就工作坊而言，开放教科书网络方法测量了完成教科书审查的参与者的百分比。对于 OpenStax 展览，主要指标是收集的订阅数量和对采用开放教科书的反馈。活动是根据主题覆盖范围和已经或预计参加的与会者类型来选择的。这些活动明确关注 STEM 学科，因为 OpenStax 的范围集中在 STEM 学科上，这些教科书在英国的可转移性很高，需求很大。

此类活动在举办时会审查报名人数和参展费用，以确定参与此项活动会产生已知的或预估的影响。OpenStax 目前每年在美国举办 12—15 次此类活动。OpenStax 为英国团队提供了一个完整的展示平台，包括一个大横幅、展示桌、品牌布、书架和宣传资料。英国参与详情如表 2 和表 3 所示。

---

① 译者注：分发列表是由收件人的电子邮件地址组成的电子邮件列表，用于群发电子邮件。

表 2   英国开放教科书工作坊

地点	活动	日期
西英格兰大学 （University of the West of England）	工作坊（4次）	2017 年 7 月 20 日 至 21 日
爱尔兰国立大学，高威 （National University of Ireland, Galway）	工作坊	2017 年 11 月 3 日
苏塞克斯大学 （University of Sussex）	工作坊	2017 年 11 月 8 日
斯塔福德郡大学 （University of Staffordshire）	工作坊（2次）	2017 年 11 月 23 日
爱尔兰国立大学，高威 （National University of Ireland，Galway）	工作坊	2017 年 12 月 8 日
桑德兰大学 （University of Sunderland）	工作坊	2017 年 12 月 13 日
伯克贝克学院，伦敦 （Birkbeck College, London）	工作坊	2017 年 12 月 14 日
开放大学（英国） （The Open University，UK）	工作坊	2018 年 1 月 9 日
ALT–C 2018，曼彻斯特，英国 （ALT–C 2018，Manchester，UK）	工作坊	2018 年 9 月 12 日

表 3   英国开放教科书展览

地点	活动	日期
约克大学 （The University of York）	化学教育与物理高等教育研讨会（ViCEPHEC）	2017 年 8 月 23 日至 25 日
利物浦大学 （The University of Liverpool）	学习技术学会会议	2017 年 9 月 5 日至 7 日
开放大学（英国） （The Open University，UK）	第 21 届多媒体物理教与学国际会议（MPTL 2017）	2017 年 12 月 13 日至 15 日
奥林匹亚展览中心 （Olympia London）	图书馆创新大会（ILI）	2017 年 10 月 17 日至 18 日

地点	活动	日期
纽波特，威尔士 （Newport, Wales）	SRHE 高等教育研究国际会议	2017 年 12 月 6 日至 8 日
利物浦大学 （University of Liverpool）	科学教育学会（ASE）会议	2018 年 1 月 3 日至 6 日
伦敦展览中心 （ExCeL London）	2018 年英国教育科技装备展	2018 年 1 月 24 日至 27 日
国际生命中心， 泰恩河畔纽卡斯尔 （Centre for Life， Newcastle upon Tyne）	2018 年高等教育学会 STEM 会议：教、学和学生参与的 创造性	2018 年 1 月 1 日

人们对工作坊的需求很大，另有七所英国高等教育机构要求举办工作坊。工作坊倾向在项目早期进行，因为这样更容易安排与学校联系人的沟通事宜；需要提前预订的展览则需要较长的准备时间。

这些活动提供了与广泛的利益相关者接触的机会，这些利益相关者可能对开放科学教科书感兴趣。其他延展活动包括一系列会议演讲、网络研讨会和社交媒体活动（参见 http://ukopentextbooks.org/outreach/ 了解活动详情）。

通过项目课程和会议展示能够与其他英国开放科学倡议者取得联系。例如，第一个开放获取大学出版社，英国大学伦敦学院出版社（UCL，2019）；电子教科书出版商项目将几所大学聚集在一起，支持各机构推出自己的教科书（Jisc，2019）；一个非营利性人文和社会科学开放获取出版商，开放书籍出版商（Open Book Publishers，2019）；国际政治开放获取资源，电子国际关系（E-IR，2019）。这些延展活动有助于提高人们对开放教科书对 STEM 教育产生积极影响的潜力的认识，也有助于将对开放方法的倡导和活动联系在一起。

项目的评估过程是持续的、反复的，并以通过初步研究确定的核心理想结果为指导。评价包括调查数据、网络分析、社交媒体分析、与负责工作包的领导开展定期审查。确定了英国采用或改编开放教科书数量的关键绩效指标，并增进了人们对开放教科书的认识。然而，这些都是与项目的探索性相伴而生的宽泛的目标。以下两部分阐述了实现这些目标的进展情况。

五、结果：工作坊（开放教科书网络）

工作坊严格遵循开放教科书网络模式，发挥了促进开放科学教科书讨论和机构行动的催化剂的作用。目前，（开放教科书项目）在八个机构举办了14次工作坊，来自英国和爱尔兰的大学的116名与会者参与了工作坊。其中，43人是全职或兼职学术研究人员，29人是图书馆工作人员，还包括研究生以及行政人员和支持服务部门的代表。许多学者和图书管理员被认为是英国开放教科书的潜在倡导者。在美国和加拿大，以上倡导者是开放教科书被推广采用的重要推动力量（Woodward，2016；Pitt，2015）。

开放教科书网络邀请教育工作者对教科书开展简明审查，主要围绕以下方面：综合性、内容的准确性、长期存在的相关性、清晰度、连贯性、模块化、组织结构流程、语法错误以及文化相关性和适切性。在对审查教科书感兴趣的研究者中，33.3%的人完成了审查（105人中有35人）。在工作坊结束后的调查中与所有参与者分享，并在项目的整个生命周期中收集反馈信息。这种形式与美国开放教科书网络使用的形式相同。49名参与者中有20人表示打算采用开放教科书，另有18人建议考虑使用。那些表示不考虑采用开放教科书的人都不是一线教师。

工作坊的其他主要成果如下：第一，高层相当支持使用更开放的教科书；第二，许多人表示有兴趣参与后续项目；第三，人们对将共同创作的内容作为创新路径抱有热情；第四，几位参与者计划在图书馆网站上向教职员工和学生推广开放教科书；第五，开放教科书越来越多地被添加到推荐书目清单中；第六，加强与图书馆合作，调查通过开放教育资源在课程制作和版权许可方面可能节省的成本；第七，表达与部门同事分享和讨论开放教科书的意愿，并制定在新的或现有模块中使用开放教科书的策略；第八，参与者使用 CC-BY^① 工作坊的幻灯片提高开放教育资源在当地的知名度。

由于对工作坊的需求非常旺盛，有兴趣在未来主办和参与工作坊的机构排起了长队。

六、结果：主体采用

在英国开放教科书活动之前，通过调查英国对开放教科书的兴趣和采用开放教科书的现状，OpenStax 意识到英国对开放教科书的一系列特殊的使用方法。截至 2017 年 7 月（在项目活动之前），英国已经有 16 家单位采用了 OpenStax 材料，包括 11 所公立大学，1 所 K-12 私立学校，2 所中学，1 所独立学校，1 个非政府组织 / 非营利组织。

OpenStax 方法的重点是把开放教科书作为主要的教学材料，其策略包括邀请展览代表分享信息，以便了解最新的教科书内容。展览拓展活动的参与者完成了 85 张可验证的 OpenStax 联系响应卡。9 家采用 OpenStax 材料作为核心课程或教学材料的单位受到项目活动的影响。OpenStax 营销调查数据显示，2016—2017 年，"对采用开放教科书非常感兴趣"的人数增加了一倍多。

网络分析还表明，英国对 OpenStax 材料的兴趣激增。2015 年 5 月 1 日至 2017 年 5 月 20 日，来自英国的独立访客占 OpenStax 网站总流量的 1%。英国对开放教育材料的兴趣不断增加，2015 年，"确认对开放教科书感兴趣"的人数激增，2016 年，"采用开放教科书的兴趣很高"的人数激增。

在对展览的讨论中，英国科学教育工作者对开放教科书和 OpenStax 的认识程度较低，但对开放教科书的质量表现出高度的热情，并给予积极的反馈。尽管 OpenStax 教科书并不与英国的课程直接相关，但通过教科书采用开放教育资源的基本观点得到了积极回应。几位老师评论到，权重和测量方法的区域化是在 STEM 学科采用开放教科书时面临的挑战。很多中学教师说他们会与那些比同龄人使用的教科书更超前的学生分享 OpenStax 材料。

2017 年 5 月 20 日至 2018 年 3 月 22 日，OpenStax 教科书在英国的网页

---

① 译者注：CC-BY 是署名方式的一种，表明只要保留原作者姓名，就可以基于商业目的传播、改编或者二次创作。

浏览量为 11467 次，PDF 格式材料的下载量为 9994 次。与上一年同期相比，这一数字分别增长了 263%（浏览量）和 120%（下载量）。OpenStax 报告指出，从英国早期采用开放教科书的教师被加入数据库到确定采用教科书平均需要 19 个月的时间，这表明，评估使用开放教科书的影响需要超越实施开放教科书项目的时间，在更长的时间范围进行衡量。我们观察到的数据与在美国观察到的教科书采用的初始模式一致。完全从传统教科书转变为开放教科书可能需要一年多的时间，可能横跨两个学年，这个结论需要更多的数据支持。

七、结果：案例研究

在项目活动中发现了一些已在使用的开放教科书的有趣案例。本研究围绕以下话题对其展开了半结构化访谈。

第一，了解开放材料是如何被使用的"5W"问题（谁、哪些内容、什么时候、哪里，为什么）。

第二，描述对学习者、教师、教职工的影响。

第三，面临哪些挑战。

第四，给英国教育工作者和管理人员的建议。

这些简明的案例研究，其中四个被总结到了表 4 中——提供具体的案例，说明开放教科书已经被用于支持英国的科学教育事业。

表 4　英国使用开放教科书的精选案例

机构	内容	使用 / 影响
伯明翰城市大学（Birmingham City University）	斯蒂芬·墨菲（Stephen Murphy）是伯明翰城市大学计算机与数字技术学院副教授，在教学中广泛使用开放许可的材料，包括开放教科书	斯蒂芬表示，他不使用传统教科书，主要是因为采用"翻转课堂"方式上课，而且他倾向使用自己编写的开放教育资源材料。他以这种方式补充教学材料，在一定程度上反映了他对专有教材标准的经验。从教学法的角度来看，他发现传统教科书设计得很差，错误百出，或者有很多附录

机构	内容	使用/影响
斯特灵大学（The University of Stirling）	格雷格·辛格（Greg Singh）是斯特灵大学数字媒体项目主任，媒体与传播学讲师。斯特灵大学的数字媒体课程是与福斯谷学院（Forth Valley College）合作的综合课程，涵盖了一系列实用的、关键的评估技能	在过去的三年里，格雷格一直在使用维基教科书编写教学材料。每位学生与他人合作完成指定的项目，单独评分。格雷格将学生分为4—5人一组。每一组负责创作书中的一个章节。小组合作创作教学资料，并对他人的工作开展评论或批评。考虑到群体的规模，经常会有多个学生小组研究一本书的特定部分——学生面临的挑战是如何与他人合作，以及如何协商在共同创作内容过程中出现的不同意见。在提高学生对特定主题的理解力的同时，应对这些挑战有助于培养学生的工作技能，并为反思自己的实践提供充足的材料
西苏格兰大学（The University of the West of Scotland）	罗宾·弗里本（Robin Freeburn）是西苏格兰大学科学与体育学院的高级讲师。在生物医学科学和生物科学学位各个层次的教学中，罗宾和他的同事在第一年和第二年的教学中都会使用OpenStax材料。尤其是在细胞和分子模块使用OpenStax，这通常是学生的第一门生物学课程	事实证明，OpenStax的生物教科书"几乎完美"地满足了学校的需求，罗宾和同事使用的教科书"与其他任何教科书都没有什么不同"。除了被列入第二年的选读模块，OpenStax是第一年两个学期的推荐文本。随着学生的学段不断提升，他们在学习过程中使用更专业的"认证机构推荐的教科书"以及更广泛的学术资源，如同行评审的期刊论文
桑德兰大学（The University of Sunderland）	安迪·弗雷泽（Andy Fraser）是桑德兰大学教育学院的高级讲师。桑德兰大学教育学院是该地区最大的高等教育机构之一，有丰富的研究生教育证书项目，包括国际远程研究生教育证书资格认证，目前招收约500名实习教师。在2017—2018学年，不断增长的科学和数学教育文凭课程项目分别招收了50名和15—20名实习教师	安迪目前在本科和研究生课程中使用一系列OpenStax材料。对于安迪来说，OpenStax科学和数学教科书提供了连贯性很强的教材包，并考虑了交付时间。学生从本科升到研究生的路径很多，OpenStax材料用于支持本科阶段的（UG）学习，并帮助学生过渡到科学研究生教育证书项目，这是安迪反复在做的事情。经过审查和综合评估，安迪从2016年初开始在课程中使用OpenStax

在这些案例中，开放教科书已经被用作英国教育机构的主要科学教育教科书。

八、讨论

英国开放教科书项目试图实施两种已经在北美取得成功的开放教科书模式，即 OpenStax 和开放教科书网络。这两种方式是在人们意识到英国高等教育教科书成本不断增加、但对使用教科书的标准缺乏研究的背景下开展的。英国模式与北美语境在几个关键方面有所不同：一是在大多数课程中，单一课程并不能形成一个核心的、强制的组成部分；二是文本的选择能够彰显学术自由；三是教科书往往是一个更宽泛的阅读清单的一部分，其中可能包括文章和其他资源。因此，在英国，成本并不是采用开放教科书的一个强有力的激励因素。其他国家的情况可能也是如此，特别是在学费较低或不收学费的国家（如欧洲大陆的大部分国家），因此，教科书的成本不是构成学生总债务的重要因素。

英国和美国引入开放教科书的动因不同。英国对成本的关注较少，与开放许可相关的学术自由（易于访问、重新混合和改编内容的能力）更受人们的关注。英国的市场也小得多，其特点是受众较少，这些受众并不总是对商业出版商感兴趣（例如，对于特定的科学专业）。

总体而言，英国高等教育部门对开放教育资源和开放教科书的认识还处于比较低的水平，但对开放获取出版物的认知度很高（Creaser et al.，2010；Nicholas et al.，2012；Finch，2012）。这提供了一个现有的概念模型和一套可供构建的实践方案，也指出了支持吸纳开放内容的潜在的政策路线。例如，开放教科书网络通过开设工作坊和自筹助学金培训当地机构工作人员的方式开展能力建设。这就要求主办机构承担运行和推广工作坊的全部职责。

英国开放教科书项目通过举办针对主要学科的会议和开展密集的工作坊等方式，显著增进了人们对开放教科书的认知。这表明，一个更大、更雄心勃勃的项目可以迅速得到英国高等教育部门的关注（英国比美国小得多，有许多确定的切入点，如阅读清单、图书馆、课程管理者等）。尽管目前人们对开放教科书的认知程度还很低，但一旦教育工作者意识到这一点，他们通常会对采用开放教科书表现出极大的兴趣。

我们发现，在英国，有一小部分人已经开始使用开放教科书了。采用开放教科书的主要动力是免费数字资源具有即时性和获取便利性的特点、实验和调整这些资源的能力，以及开放教科书提供了一个利用公开许可内容创新教学模式的机会。他们通常更喜欢数字化和模块化的开放教育资源内容，这样更容易重新编排并改编为适合自己使用的内容。这些倡导者在他们所在的机构中扮演使用开放式教育资源推动者的角色。在向教职工提供开放教科书时，他们表现出对这一概念的高度兴趣，并愿意进一步探索。对一些人来说，实物产品的质量是一个重要因素，而另一些人则更愿意评估纯数字资源的质量。

在美国，人们对数据隐私和个人数据安全的期待与欧洲不同。在项目即将结束时，通用数据保护条例（General Data Protection Regulation，GDPR）开始生效。由于已经完成的回复卡片被发送给 OpenStax 用来开展营销分析，这些卡片被寄到了欧盟以外。如果与主要的开放教科书或开放教育资源出版商合作，则必须考虑这种国际因素，并且数据收集工具必须明确制定符合通用数据保护条例的政策（Tankard，2016；Chassang，2017）。

与美国模式的另一个关键区别是，阅读清单的广泛使用使阅读清单上的一个项目采用开放教科书变得相对简单，而不需要彻底修改整个课程。这降低了教职工使用开放教科书的门槛，因为他们不必整个课程采用新教科书。图书馆员通常比教师更了解开放的形式和可供选择的方案，因此成了采用开放教科书的关键利益相关者。由于高等教育机构之间具有较大的制度结构差异，因此，根据实际情况修改开放教科书的供给方案非常重要，包括教育工作者、学生、图书馆员、地区资助者、社会和更广泛的社区等在内的利益相关者可能会从开放模式中受益。

九、未来研究的建议

英国开放教科书是一个探索性项目，它指出了未来开展该领域研究的几个途径：

第一，为了更详细地了解教科书在科学教育中的实际作用，需要通过多种方法开展初步研究，这应该成为该领域未来研究的核心内容。

第二，使用更细致的方法了解特定行业的需求，可以帮助为学校、继续教育和高等教育机构量身定制开放教科书，而不是仅开发面向海外受众的开放教科书。

第三，有效性研究（以那些在美国具有影响力的研究为模型）可用于评估英国向开放教科书转型中所产生的教育影响。这将需要确定一个合适的样本和对照组，在许多采用成本、结果、使用、感知（cost，outcomes，usage，perceptions，COUP）框架的研究中已经采用了这种方法（Hilton，2017；Bliss et al.，2013）。

十、结论

开放科学主要是从研究和公众获取这些研究的角度来理解。本文探讨了开放性通过开放教科书对科学的教与学产生的影响，听取了英国开放教科书项目参与者分享的经验和对科学教育的需求，以便更好地理解高等教育机构和实践者对开放教科书的需求。建议进一步采取行动，重点帮助机构发展开放教科书倡议网络，这是一条行之有效的发展道路。

关于开放教科书网络和 OpenStax 使用的两种不同的推广方法，由于服务的受众不同，两者在英国都是有效的，本质上是互补的（分别面向内部和外部）。除了在高校内建立开放教科书实践者网络，还可以通过布置精心设计的展览、贸易会和其他活动接触新的受众以推广开放教科书。参与者在工作坊中的深入互动为开展推广开放教科书的专门后续行动提供了有效参考，而通过会议展览开展的浅层交流则能够为将来某位可能成为开放教科书的倡导者提供营销引导。

大规模协调和整合这些推广开放教科书的方法是未来面临的挑战。在英国，目前只存在一系列独立的开放教科书实践，没有一个连贯的方法。可以通过制定开展工作坊和有针对性的展览的全国性方案将这些活动整合在一起。在英国研究委员会（RCUK，2013）和政府政策的支持下，引入开放获取这种广泛的采用方法能够为实现这一目标提供一种模式。

例如，芬奇报告（Finch Report）呼吁为开放获取改善知识和信息传播方式，它提出了一系列关于向开放变革的建议（Finch，2012），这些建议也与开放教科书相关：

第一，明确对外开放的政策方向。

第二，研究理事会应建立更灵活的模式。

第三，尽量减少对使用权和再使用权的限制。

第四，为延长和合理化机构使用的现有许可证筹集资金。

第五，积极与图书馆合作。

第六，加强利益相关者之间的合作（包括中央和地方政府、志愿组织、企业、出版商、学术团体、图书馆等）。

第七，制定考虑向开放资源转型过程中的经济因素的未来规划。

第八，大学、资助者、出版商和学术团体应该继续协同努力，促进深入的开放教科书实验。

第九，加强实施主体的基础设施和机构数据存储库建设以补充开放的替代性方案。

卓越科研框架（REF，2019）和卓越教学和学生成果框架（TEF）是英国评估卓越科研和教学的最新国家政策。目前，还没有将采购或改编开放教科书之类的活动纳入其中，但是以上两个评估框架可以通过承认开放教科书的方式成为推动开放教科书的动力。

对于英国读者来说，改编和定制开放教科书（而不仅是采用标准版）似乎比美国读者更重要，因为美国读者往往更关注节约成本。这可能表明，通过开放教科书开展科学教学法创新具有较大潜力。

致谢

英国开放教科书项目是由威廉和弗洛拉休利特基金会（William and Flora Hewlett Foundation）资助的。该项目的负责人是马丁·韦勒（Martin

Weller）。该项目的研究人员是瑞贝卡·皮特（Rebecca Pitt）、罗布·法罗（Rob Farrow）和比亚·德·洛斯·阿科斯（Bea de los Arcos），凯蒂·乔丹（Katy Jordan）也参与了研究。该项目的英国顾问是薇芙·罗尔夫（Viv Rolfe）和大卫·科莫瀚（David Kemohan），他们也参与了研究，举办研讨会，并通过社交媒体和电子邮件分发列表增进人们对开放教科书的认识。作者和参与该项目的人员希望感谢基金会及其负责人的支持。文中的观点均为作者的观点。整个项目团队都对文中提到的开放教科书活动做出了贡献。分析由 OpenStax 团队提供。

参考文献：

Allen, N.（2018）．$ 1 Billion in Savings through Open Educational Resources. Scholarly Publishing and Academic Resources Coalition. https://sparcopen.org/news/2018/1–billion–in–savings–through–openeducational–resources/.

Bliss, T., Robinson, T.J., Hilton, J., & Wiley, D.A.（2013）. An OER COUP: College teacher and student perceptions of open educational resources. Journal of Interactive Media in Education, 2013（1）, 4. doi: 10.5334/2013–04.

Chassang, G.（2017）. The impact of the EU general data protection regulation on scientific research. Ecancermedicalscience, 11, 709.

Concannon, F., Costello, E., & Farrelly, T.（2019）. Open science and educational research: An editorial commentary. Irish Journal of Technology Enhanced Learning, 4(1), ii–v. doi: 10.22554/ijtel.v4i1.61.

Creaser, C., Fry, J., Greenwood, H., Oppenheim, C., Probets, S., Spezi, V., & White, S.（2010）. Authors' awareness and attitudes toward open access repositories. New Review of Academic Librarianship, 16（1）, 145–161.

Creative Commons（n.d.）. About The Licenses. Creative Commons. https://creativecommons.org/licenses/.

Creative Commons（2016）. What is OER? Creative Commons. https://wiki.creativecommons.org/wiki/What_is_OER%3F.

Delimont, N., Turtle, E., Bennett, A., Adhikari, K., & Lindshield, B.（2016）. University students and faculty have positive perceptions of open/alternative resources and their utilization in a textbook replacement initiative. Research In Learning Technology, 24. http://dx.doi.org/10.3402/rlt.v24.29920.

Dept. for Education（2018）. Student income and expenditure survey 2014 to 2015. Department for Education. https://www.gov.uk/government/publications/student-income-and-expenditure-survey-2014-to-2015.

Derryberry, W.P., & Wininger, S.R.（2008）. Relationships among textbook usage and cognitive motivational constructs. Teaching Educational Psychology, 3（2）.

E-IR（2019）. About Us.E-International Relations.https://www.e-ir.info/about/.

Fecher, B., & Friesike, S.（2013）. Open Science: One Term, Five Schools of Thought. In: Bartling, S., Friesike, S.（eds）Opening Science. Springer,Cham.

FOSTER（n.d.）. Open Science Taxonomy. Facilitate Open Science Training for European Research（FOSTER）Project. https://www.fosteropenscience.eu/foster-taxonomy/open-science-definition.

Finch, J.（2012）. Accessibility, sustainability, excellence: how to expand access to research publications. Report of the Working Group on Expanding Access to Published Research Findings. https://www.acu.ac.uk/research-information-network/finch-report-final.244 R. Farrow et al. / Open Textbooks as an innovation route for open science pedagogy.

Fischer, L., Hilton, J., Jared Robinson, T., & Wiley, D.（2015）. A multi-institutional study of the impact of open textbook adoption on the learning outcomes of post-secondary students Journal of Computing in Higher Education,28（94）.

Friesike, S., Widenmayer, B., Gassmann, O., & Schildhauer, T.（2015）. The Journal of Technology Transfer, 40（581）,581-601.

Goodier, S.（2017）. Tracking the money for open educational resources in south african basic education:What we don't know. The International Review of Research in Open and Distributed Learning, 18（4）.

Hilton, J.（2016）. Open educational resources and college textbook choices: A review of research on efficacy and perceptions. Educational Technology Research and Development, 64（4）, 573-590. doi: 10.1007/s11423-016-9434-9.

Hilton, J.（2017）. Empirical outcomes of openness. The International Review of Research in Open and Distributed Learning, 18（4）.

Hilton, J., Robinson, T., Wiley, D., & Ackerman, J.（2014）. Cost-savings achieved in two semesters through the adoption of open educational resources. The International Review of Research in Open and Distributed Learning, 15（2）. http://www.irrodl.org/index.php/irrodl/article/view/1700/2833.

IFS（2017）. Higher Education Funding in England: Past, Present and Options for the Future. The Institute for Fiscal Studies. https://www.ifs.org.uk/uploads/BN211.pdf.

Jared Robinson, T., Fischer, L., Wiley, D., & Hilton, J.（2014）. The impact of open textbooks on secondary science learning outcomes. Educational Researcher, 43(7), 341–351. doi: 10.3102/0013189X14550275.

Jhangiani, R., & Jhangiani, S.（2017）. Investigating the perceptions, use, and impact of open textbooks: A survey of post-secondary students in british columbia. The International Review of Research in Open and Distributed Learning, 18（4）. doi: 10.19173/irrodl.v18i4.3012.

Jisc（2019）. Institution as e-textbook publisher. Jisc. https://www.jisc.ac.uk/rd/projects/institution-as-etextbook-publisher.

King, C.J.H.（2009）. An analysis of misconceptions in science textbooks: Earth science in england and wales. International Journal of Science Education, 32（5）, 565–601. doi: 10.1080/09500690902721681.

Malcolm, D.（2010）. What are the costs of study and living? National Union of Students. https://www.nus. org.uk/en/advice/money-and-funding/average-costs-of-living-and-study/.

Martin, M.T., Belikov, O.M., Hilton, J., Wiley, D., & Fischer, L.（2017）. Analysis of student and faculty perceptions of textbook costs in higher education. Open Praxis, 9（1）. doi: 10.5944/openpraxis.9.1.432.

Nicholas, D., Watkinson, A., Brown, D., Rowlands, I., & Jamali, H.R.（2012）. Digital repositories ten years on: What do scientific researchers think of them and how do they use them? Learned Publishing, 25（3）, 195–206.

NBC（2015）. College Textbook Prices Have Risen 1,041 Percent Since 1977. NBC News. https://www. nbcnews.com/feature/freshman-year/college-textbook-prices-have-risen-812-percent-1978-n399926.

OER Hub（2019）. Open Education Research Hub. http://oerhub.net.

OER Research Hub（2014）. OER Evidence Report 2013－2014. OER Research Hub. https://oerresearchhub.files.wordpress.com/2014/11/oerrh－evidence－report－2014. pdf.

Open Book Publishers（2019）. About. Open Book Publishers. https://www. openbookpublishers.com/section/14/1.

Palmer, M., Simmons, G., & Hall, M.（2013）. Textbook（non－）adoption motives, legitimizing strategiesand academic field configuration. Studies in Higher Education, 38（4）, 485–505.

Petrides, L.（2011）. Open textbook adoption and use: Implications for teachers and learners. Open Learning, 26（1）, 39–49.

Pitt, R.（2015）. Mainstreaming open textbooks: Educator perspectives on the impact of OpenStax college open textbooks. The International Review of Research in Open and Distributed Learning, 16（4）. doi:10.19173/irrodl.v16i4.2381.

Pitt, R., Farrow, R., Jordan, K., de los Arcos, B., Weller, M., Kernohan, D., & Rolfe, V.（2019）. The UK Open Textbook Report 2019. Open Education Research Hub. The Open University（UK）. Available from http://oerhub.net/reports and http:// ukopentextbooks.org.

Pontika, N., Knoth, P., Cancellieri, M., & Pearce, S.（2015）. Fostering Open Science to Research using a Taxonomy and an eLearning Portal. In: iKnow: 15th International Conference on Knowledge Technologies and Data Driven Business, Graz, Austria, Oct. 2015, pp. 21–22. http://oro.open.ac.uk/44719/.

REF（2019）. REF2021: Research Excellence Framework. https://www.ref.ac.uk/.

Rolfe, V.（2018）. Student expectations and perceptions of university textbooks: is there a role for Open Textbooks? figshare. doi: 10.6084/m9.figshare.6062948.v1.

RCUK（2013）. RCUK Policy on Open Access and Supporting Guidance. Research Councils UK. https://www.ukri.org/files/legacy/documents/rcukopenaccesspolicy–pdf/.

Senack, E.（2015）. Open textbooks: The billion dollar solution. The Student PIRGs. http://studentpirgs.org/sites/student/files/reports/The%20Billion%20Dollar%20 Solution.pdf.

Stokes, P., & Martin, L.（2008）. Reading lists: A study of tutor and student perceptions, expectations and realities. Studies in Higher Education, 33（2）, 113–125.

doi: 10.1080/03075070801915874.

Tankard, C.(2016). What the GDPR means for businesses. Network Security, 6, 5–8, ISSN 1353–4858.doi: 10.1016/S1353–4858（16）30056–3.

Teixeira da Silva, J.A.（2019）. Challenges to open peer review. Online Information Review, 43（2）, 197–200. doi: 10.1108/OIR–04–2018–0139.

Tennant, J.P., Crane, H., Crick, T., Davila, J., Enkhbayar, A., Havemann, J., Kramer, B., Martin, R., Masuzzo, P., Nobes, A., Rice, C., Rivera–L ó pez, B.S., Ross–Hellauer, T., Sattler, S., Thacker, P., & Vanholsbeeck, M.（2019）. Ten myths around open scholarly publishing. Peer J Preprints, 7, e27580v1. doi: 10.7287/peerj.preprints.27580v1.

UCL（2019）. UCL Press. University College London. https://www.ucl.ac.uk/ucl–press.

Watson, C., Domizi, D., & Clouser, S.（2017）. Student and faculty perceptions of OpenStax in high enrollment courses. The International Review of Research in Open and Distributed Learning, 1（5）. doi:10.19173/irrodl.v18i5.2462.

Whyte, A., & Pryor, G.（2011）. Open science in practice: Researcher perspectives and participation. The International Journal of Digital Curation, 1（6）.

Willinsky, J.（2005）. The unacknowledged convergence of open source, open access, and open science.First Monday, 10（8）. doi: 10.5210/fm.v10i8.1265.

Woodward, K.M.（2016）. Building a path to college success: Advocacy, discovery and OER adoption in emerging educational models, Journal of Library & Information Services in Distance Learning, 11（1–2）, 206–212.

（田京　译）

开放探索时代的黎明：数字世界中开放科学与大学科研团队创新的新兴原则与实践 [*]

鲁本·维森特·塞萨（Ruben Vicente-Saeza）[1,2]

罗宾·古斯塔夫索纳（Robin Gustafssona）[1]

莉芙·范·登·布兰德（Lieve Van den Brande）[3,4]

（[1] 芬兰阿尔托大学；[2] 西班牙巴伦西亚大学；

[3] 欧盟委员会就业总司；[4] 比利时布鲁塞尔自由大学）

摘 要

大学的开放科学原则和实践正在不断演变。数字技术平台在研究创新中的应用越来越多，促使大学纷纷采纳并制定促进研究创新发展的新愿景和新原则。这些开放科学政策和实践（如开放数据共享、开放获取出版、开放存储库、开放实验室、参与式设计和跨学科研究平台）正在扩展大学科学创新的理念。同时，大学中涌现的开放科学新原则和新实践也促使研究团队开展新型的开放创新。开放科学创新实践具有巨大潜力，有助于加速学习和知识创新、迅速解决社会重大挑战、培养具有较高创新创业能力的人才。本研究旨在确定大学研究团队正在采用的开放科学创新的新原则、新实践和基本机制。研究结果为如何提高大学科学开放性提供了指导，并阐明开放科学实践正在如何重塑创新的开放性。基于研究发现，本文提出了数字化时代大学开放科学创新的探索性政策和治理模型，以创造更多的社会价值。

[*] 文献来源：Vicente-Saez, R., Gustafsson, R., Van den Brande,L.（2020）. The dawn of an open exploration era: Emergent principles and practices of open science and innovation of university research teams in a digital world, Technological Forecasting and Social Change,156 ,7, 120037.

> **关键词：**开放科学；开放创新；大学；开放性；研究和创新治理；
> 开放创新政策；开放探索；研究团队

一、引言

开放科学的概念正在推动大学研究创新的方式出现新愿景、新原则和新实践。根据开放科学的最新研究，开放科学旨在实现"通过协作网络共享发展的透明与可获取的知识"（Vicente-Saez & Martínez-Fuentes，2018）。数字通信技术的进步以及各种类型数字平台的发展正在孕育大学中新的开放科学政策和实践，如开放数据共享（Murray-Rust，2008）、开放获取出版（Cribb & Sari，2010），以及参与式设计。这些新颖的开放科学实践与通过开放存储库、开放实验室和跨学科研究平台进行研究分享的新型组织形式相辅相成，共同扩展了大学科学理念。然而，目前关于大学研究团队开展开放科学的基本原则和实践尚无全面的实证研究，也没有对阻碍和促进开放科学因素的全面分析。

本研究的目的是确定由大学研究团队开发的开放科学与创新发展的新兴原则、实践和基本机制。本文探究了芬兰阿尔托大学（Aalto University）的开放科学与创新实践，分析了 15 个研究团队在开展开放科学方面所采用的实践原则，以及影响开放科学实践的促进和阻碍因素，探究他们将开放科学成果转化为开放创新成果的做法。

本研究的结果清晰阐明了数字时代大学开放科学的新兴原则与实践。首先，区分了开放共享和邀请实践，确定了研究团队采用的几种基本形式。其次，阐明了开放性作为一个多维变量，可通过科学成果的透明度、可获取性、科学生产授权以及参与度来衡量与规划。再次，揭示了影响研究团队采用开放科学实践的关键促进因素和阻碍因素。最后，展示了前沿研究团队开发的两种新型开放创新实践：内部开放式创新利用开放科学成果创造产品或服务创新；外部开放式创新利用开放科学成果推广产品和服务创新。因此，本研究提供了有关数字化时代大学开放科学与创新治理的清晰图景，展现了大学如何成为开放创新实践的积极倡导者和推动者。

本文结尾将讨论这些新型开放科学实践创新的做法，探讨它们如何挑战目前大学研究创新的治理模式，提出一项新颖的开放探索政策，旨在促进数字时代大学开放科学与创新间的联系。

本文的结构如下：第二部分介绍了开放科学与创新的理论框架；第三部分是研究方法和数据；第四部分为研究发现；第五部分为对研究结果的讨论与启示。

二、理论框架

开放科学作为一种现象，建立在科学组织的两个基本机制上，即开放性（Chubin，1985；David，1998；David，2004）和连通性（European Commission，2016）。大学研究团队采用的新型开放科学实践，如开放数据、开放获取出版、开放协议、开放物理实验室、参与式设计和跨学科研究平台，根植于科学的默顿原则（Merton，1973）：公有主义、普遍主义、无私利性、独创性和有条理的怀疑主义（CUDOS norms）。然而，新型开放科学实践超越了默顿对科学的愿景。当今的开放科学聚焦于"通过协作网络共享发展的透明与可获取的知识"（Vicente-Saez & Martínez-Fuentes，2018）。通过数字平台工具推动的新型科学组织方式，使科学对公民日益可及，知识对每个人免费开放，科学产出可用，知识创造过程目标明确并更加高效（Tacke，2010）。了解这些新兴开放科学实践对默顿所描述的"科学精神"（也称"开放规范"）的影响，是确保研究系统有效性的基本目标（Chubin，1985；David，1998）。因此，进行后默顿时代的分析才能了解科学开放性的演变。然而，目前还没有全面的研究涉及新型开放科学的实践和原则，以及它们如何改变大学等传统开放科学机构的治理方式。

开放创新再次聚焦利用内外部知识流动来加速创新的有目的运用

（Chesbrough et al.，2006；Chesbrough & Bogers，2014）。开放创新现象也对大学和研究团队推动研究以及促进创新的方式产生了影响（Perkmann & Walsh，2007）。创新是一个多阶段过程（Baregheh et al.，2009），覆盖了多个不同阶段的实践（West et al.，2014）。过去十年，开放创新的研究和政策主要专注于发展和推广更多的内部创新实践流程，以促进有价值的知识创造（Enkel et al.，2009；Bogers et al.，2017）。开放科学政策和实践的进步，如开放数据（Murray-Rust，2008）、研究出版物的开放获取（Cribb & Sari，2010）、知识共创的开放基础设施（European Commission，2014），打破了既定的开放创新政策以及相关的标准开放创新类型，即展示和销售（出口）以及获取和采购（进口）（Dahlander & Gann，2010）。数字通信技术为大学创新治理带来了新的未被探索的机遇和挑战（如可靠的数据共享、研究方法和结果的质量控制与可再现性、共同研究平台的管理、资金支持工具、产学关系、战略联盟、衍生公司、初创公司联盟等）。在这方面，了解研究团队如何使用新的开放科学成果来塑造开放创新结果是制定大学有效政策和治理机制的优先目标。

科学的开放性和创新的开放性并非孤立的概念（McMillan et al.，2014），大学内的开放科学和创新实践相互推动。这个新兴领域需要在多个学术社区中展开多层面分析来进一步拓展。这些实践赋予了广大公众参与研究和创新的权利，评估研究质量，提升科学的完整性，理解研究与创新的价值（Tacke，2010；Perkmann et al.，2013；Perkmann & West，2014）。因此，了解这些实践如何影响大学研究和创新的治理至关重要。传统的开放科学机构（David，2004）和新兴的开放创新机构（Chesbrough，2015）需要调整、更新和融合，以充分发挥在数字时代的完整研究创新潜力。大学是开放科学和创新实践的坚实基础（Bedford et al.，2018；Ayris et al.，2018），推动着全球、地区、国家和地方层面的创新进程。

三、研究方法和数据

本研究采用定性实证研究方法（Gephart，2004），借鉴扎根理论（Glaser &

Strauss，1967；Corbin & Strauss，1990；Corbin & Strauss 2008），旨在全面了解研究团队所开发的新兴开放科学与创新原则和实践，并探索潜在机制，这些机制可能推动或限制实践发展。

（一）研究团队内容

我们对芬兰阿尔托大学的研究团队进行研究。该大学作为典型研究地点，能够展现数字化世界中开放科学和创新实践的发展。阿尔托大学成立于2010年，由首都地区三所大学（技术大学、商学院和艺术与设计大学）合并而成。合并的核心理念是推进科学、商业和工业设计研究人员之间的新型跨学科研究和创新实践，这些实践在科学创新中遵循开放性。其愿景是通过跨学科和实践导向，推动大学参与解决社会挑战（Aalto University Strategy，2015）。此外，阿尔托大学极富远见。芬兰立志在2025年成为全球领先的知识密集型、以专业知识为基础的国家之一（UNIFI，2017），以其卓越的教育系统（Economist Intelligence Unit for Pearson，2014）、作为强大的创新领袖（European Innovation Scoreboard，2018；Cornell University，2018）、致力于在国家研究体系中推动开放科学进一步发展而闻名（Tuomin，2016）。

我们调查了15个研究团队，目的是了解其开放科学的原则和实践，影响这些研究团队采用开放科学实践的促进和阻碍因素与机制，以及团队如何将开放科学的成果转化为开放创新的结果。我们与大学的开放科学和创新实践管理者共同确定了本研究的研究样本，一些研究团队领导建议我们访谈其他团队，这些团队也包含在本研究之中。选择研究团队的标准是来自科学、商业和艺术与设计学科的研究团队、参与跨学科研究的团队，以及在开放科学和开放创新活动中，在某种程度上担任先锋的团队（见表1）。系统而全面的抽样有助于更好地进行概括、预测和提高研究的准确性（Corbin & Strauss，1990）。

表 1　受访的大学管理者、政策制定者和科研团队负责人

类别	姓名	职位 / 科研团队或学院名称
大学管理者	安妮·桑妮卡（Anne Sunnika）	阿尔托大学开放科学和 ACRIS 负责人
	托米·考皮宁（Tomi Kauppinen）	阿尔托在线学习负责人
	卡列维·埃克曼（Kalevi Ekman）	阿尔托设计工厂主任兼教授
政策制定者	萨米·尼尼玛基（Sami Niinimäki）	芬兰教育与文化部芬兰开放科学与研究计划高级顾问
	吉尔基·哈卡佩（Jyrki Hakappää）	芬兰科学院战略研究部高级科学顾问
	塞利娜·派尔利萨霍（Sellina Päällysaho）	芬兰开放科学研究计划芬兰应用科学大学代表
科研团队负责人	里卡·普鲁宁（Riikka Puurunen）	催化，化学工程学院
	泰穆·莱诺宁（Teemu Leinonen）	学习环境，艺术、设计与建筑学院
	菲利普·图奥米斯托（Filip Tuomisto）	反物质与核工程，理学院
	皮尔乔·凯阿里宁（Pirjo Kääriäinen）	化学工程学院和艺术、设计与建筑学院
	伊尔卡·拉卡涅米（Ilkka Lakaniemi）	商学院知识与创新研究中心
	维尔皮·图奈宁（Virpi Tuunainen）	商学院信息系统科学
	阿赫蒂·萨洛（Ahti Salo）	理学院系统分析实验室
	里塔·斯梅兹（Riitta Smeds）	理学院模拟实验室
	马尔蒂·曼蒂莱（Martti Mäntylä）	理学院企业系统

类别	姓名	职位 / 科研团队或学院名称
科研团队负责人	米娜·哈尔姆（Minna Halme）	阿尔托可持续发展中心，商学院
	保罗·利兰克（Paul Lillrank）	保健工程与管理，理学院
	乔尼·塔米（Joni Tammi）	梅泽霍维射电天文台，电气工程学院
	拉伊莫·塞波宁（Raimo Sepponen）	健康技术，电气工程学院
	奥兰多·罗哈斯（Orlando Rojas）	生物胶体与材料，化学工程学院
	玛丽卡·赫尔曼（Marika Hellman）	生物艺术基地，艺术、设计与建筑学院

（二）数据收集

我们进行了 21 次半结构化访谈（包括 15 位科研团队负责人）。除此之外，我们还访谈了大学的三位开放科学和创新管理者以及三位芬兰教育、研究和创新政策制定者，以增强研究的可信度并更深入了解阿尔托大学的背景。这些信息来源帮助我们进一步了解大学在开放科学和创新方面的政策与实践，以及芬兰开放科学和创新政策法规的背景。每次访谈平均耗时一小时。此外，在我们访谈这些团队时，也与研究团队的成员进行了数次非正式对话。

我们制定了一个访谈提纲（见附录 1）。访谈问题为开放式，旨在通过访谈的研究团队领导、管理者和政策制定者的视角来探讨开放科学和开放创新。着重询问了他们参与或开发的开放科学和开放创新实践，而没有明确定义开放科学和开放创新的概念，以便从访谈中洞察并理解受访者的观点。根据对教师和博士生的预访谈修订访谈提纲。2017 年 11 月至 2018 年 1 月与受访者进行了面对面访谈，所有访谈都被录音并进行了转录。

除了主要的半结构化访谈数据，我们在研究的各个阶段还从多个来源搜集了二手数据，采用多种抽样方法，通过三角验证（Tracy，2010）以确保研究的可信度。我们进行了现场观察，拍摄了研究团队的视频和照片，记录了研究日记和参加阿尔托大学会议和研讨会所获得的内容。此外，还收集了有关研究团队、大学指南、背景文件，以及有关芬兰和欧洲开放科学和开放创新政策的网络资料和背景档案文件。

（三）数据编码分析

本研究根据科宾和施特劳斯提出的扎根理论法（Corbin & Strauss，1990，Corbin & Strauss，2008）对半结构化访谈的主要数据进行分析，这种方法注重深化对新现象的严谨理解。在开始迭代分析之前，我们详细研究了次要数据，以加深对主要数据、开放科学和创新实践及其相关背景的理解，这有助于丰富对数据的认识（Suddaby，2006）。我们阅读了面对面访谈记录以熟悉数据内容，在第二阶段分析中，进行了开放性编码，为数据片段编码，直至数据饱和。通过提出问题和持续比较数据，得到了研究团队采用的开放科学和创新实践的初步编码列表，以及开放科学实践的促进因素和阻碍因素。在第三个阶段，我们进行了纵向编码，以确定一系列连贯、一致且独立的类属，通过不断比较数据片段、确定相似性和差异性并建立它们之间的关系，完善之前的编码方案，详细描述开放科学和创新实践的类别、促进因素和阻碍因素。最后，通过选择性编码完成数据分析，直至理论饱和，将数据转化为核心概念，并确定核心类属，进行重新组合，提出了基于扎根理论的、严谨、实用和全面的大学开放科学和创新治理概念模型。为了对研究进展进行分析，我们使用备忘录作为记录所有数据分割过程的分析工具，同时使用叙述技巧作为整合和提取概念的机制，力图全面呈现所研究的现象（Birks & Mills，2015）。

四、研究发现

本研究的研究发现可以被综合成一个概念模型，用于指导数字时代大学的开放科学和创新治理（见图1）。

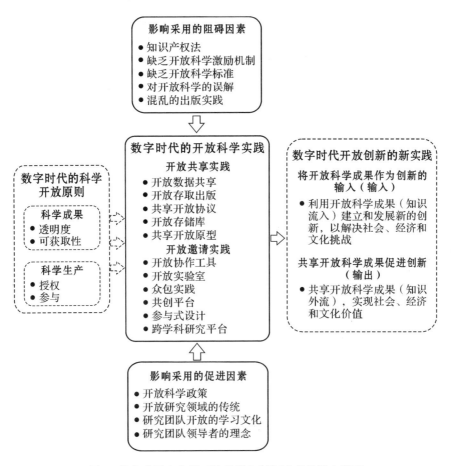

图1 数字世界中大学开放科学与创新治理的概念模型

该模型区分了数字时代开放科学的四个关键原则，这些原则指导着大学研究团队的工作：科学成果的透明度和可获取性，以及科学生产的授权和参与。这些原则是我们的研究对象团队发展参与开放共享和开放邀请实践的基础。本研究进一步揭示了开放科学实践发展的促进因素和阻碍因素，展示了新的开放科学实践如何在大学中引发新的开放创新实践：创造内部和外部产品及服务创新。我们将更详细地讨论模型中的每个元素。

（一）研究团队中的开放科学实践

开放科学实践正在影响研究团队收集评估数据、设计开展科学研究的方式。本研究确定了研究团队中两种不同类型的开放科学实践：开放共享实践和开放邀请实践（见表2）。

表2 研究团队的开放科学实践

开放科学实践类型	开放科学实践内容
开放共享实践： 传播知识的非人类知识基础设施的特点	开放数据共享
	开放获取出版
	共享开放协议
	开放存储库
	（通过开放许可证）共享开放原型
开放邀请实践： 创造知识的人类知识基础设施的特点	开放协作工具（如 APIS 和社交网络）
	开放物理实验室
	众包实践（如公民科学）
	共创平台
	参与式设计
	跨学科研究平台

我们确定的第一组实践被界定为开放共享实践。研究团队展示了各种开放共享实践，我们发现，团队有分享数据、协议和原型的实践。一个典型的例子是梅泽霍维射电天文台（Metsähovi）负责人乔尼·塔米（Joni Tammi）所讲的：“我们分享的数据传输方法现在被欧洲一半以上的无线电天文台使用，并且很快将被欧洲和全世界的每个天文台使用。”我们研究的许多团队还建立了通过开放存储库分享其结果和科学知识的实践。ArXiv、世界经济论坛、芬兰银行和 AVAA 存储库[①]可供全球、区域、国家或地方社区获取。开放共享实践还对研究团队的内部工作产生影响。我们的信息提供者说，开放数据、开放获取出版、开放协议、开放存储库和通过开放许可证共享开放原型等开放共享实践缩短了团队的研究周期，使他们能够测试并重新组合其

---

① 译者注：AVAA（Automated Virtual Application Assessment）存储库是指存储和管理虚拟应用程序评估相关数据的库或数据库。

他科学社区的科研成果。信息系统科学小组的研究团队负责人维尔皮·图奈宁（Virpi Tuunainen）对开放共享的价值做了总结："开放出版无疑是积累知识创造的理念或哲学。"所有研究团队参与的开放共享实践都面向社会传播新的科学知识。这些实践的特点是都使用了由信息和通信技术形成的非人类知识基础设施。

我们确定的第二组开放科学实践是开放邀请实践。与开放共享实践不同，这些实践旨在吸引个人、其他研究者与团体和社会，广泛参与研究并创造新的科学知识。采取的形式有小型社团、不同规模的联盟和更广泛的社区。研究者也越来越多地参与向大众提供研究权威的实践。我们还发现，研究团队的邀请实践在邀请谁参与新科学知识的发展活动方面各不相同，从当地行为者到国家、区域或全球利益相关者。例如，学习环境小组的研究团队负责人泰穆·莱诺宁（Teemu Leinonen）说，他所领导的团队正在寻找通过成像生物标志和计算机视觉捕捉人们的情绪来改善在线协作和在线讨论的可能性。该团队通过在线论坛或聊天了解人们的情绪状态。这一改善开放学习环境的发展需要全球参与。从我们对阿尔托大学研究团队的多个邀请实践的例子中看到，开放协作工具、开放实验室、众包实践、共创平台、参与式设计和跨学科研究平台使编织人类知识网络成为可能，为新思想和新发现创造了肥沃的土壤。总之，与第一组实践相比，开放邀请实践促进了科学中的人际互动，因此可以被视为创造新科学知识的人类知识基础设施。

（二）科学开放性的四项原则

在对多种开放科学实践的归类以及两种实践类型的研究中，我们发现在15个目标研究团队中，这些实践在不同方面展现出了不同的开放特性。我们的研究显示，科学的开放性是一个多维度变量，涉及四个维度或原则：（1）科学产出的透明度；（2）科学产出的可获取性；（3）科学生产中的授权；（4）科学生产中的参与（见表3）。每个开放性原则都提出了开放科学中独特的议题。值得注意的是，任何开放科学实践都涵盖了这四个原则，但在开放程度上可能有所不同。接下来，我们将更详细地介绍科学开放性的每个原则。

表 3　科学开放性的四项原则

问题	科学的开放性原则	开放程度			
		一级	二级	三级	四级
开放科学共享什么？	科学成果（观点数据、方法和结果）的透明度	共享一种科学成果	共享两种科学成果	共享三种科学成果	共享所有科学成果
与谁共享开放科学？	科学成果可获取性	本地可获取（如赫尔辛基）	全国可获取（如芬兰）	地区可获取（如欧盟）	全球可获取
如何创造开放科学？	科学生产中的授权（基于信任原则）	基于社团授权（≤10名参与者）	基于联盟授权（≤100名参与者）	基于社区授权（>100名参与者）	基于大众授权（>500名参与者）
开放科学从哪里创造？	参与科学生产	地方参与（如赫尔辛基）	全国参与（如芬兰）	地区参与（如欧盟）	全球参与

　　开放科学共享什么？在科学的产出方面，我们将其分为四个阶段：思想、数据、方法和结果。因此，科学成果的透明度取决于是否分享了一种或多种类型的成果。举例来说，系统分析实验室（Systems Analysis Laboratory）的研究团队负责人阿赫蒂·萨洛（Ahti Salo）介绍了包括算法在内的分享的研究成果："将它们上传至（全球开放的）存储库，我认为这是开放科学的一种体现。如果我们开发一个算法并声称它更好，就应该用经过测试的示例来证明。"我们发现，研究团队在科学成果的透明度方面存在差异，他们在实践中可能分享了一种或多种类型的科学成果，因为这种透明度取决于在科学过程中分享科学成果的程度。

　　与谁共享开放科学？科学产出的可获取性关乎谁能够获取这些成果。我们发现，可获取性受经济和政治利益、科学领域、法规和文化障碍的影响。本文区分了科学产出在地方、国家、区域和全球范围的可获取性，特别是在研究对象团队中可获取性有所不同的情况下。我们发现许多研究团队都希望使科学产出在全球范围可获取。例如，梅泽霍维射电天文台负责人乔尼·塔米说："我们努力使我们的数据完全可用或尽可能可用。"

如何创造开放科学？在科学生产中的授权方式正经历从保密原则的开放创新范式到基于信任原则的开放科学范式的转变。研究人员对不同研究利益相关者建立信任，通过采用新的"知识信任"机制（如群体权威）来创造科学知识。我们在对象研究团队中确定了四种授权的类别：基于社团、联盟、社区和大众的授权。例如，催化小组（Catalysis Group）的研究团队负责人里卡·普鲁宁（Riikka Puurunen）介绍了如何"与62位合著者共同提交了一篇合作论文"，是一个允许建立知识信任（基于联盟授权）和在公共与私营部门之间进行联合生产的开放科学实践的例子。

开放科学从哪里创造？科学生产中的参与需要关注的是科学发生的地点，而非具体的创造过程。我们发现，研究团队开放了研究实验室，建立了合作研究平台，并向群体（公民科学平台）开放了研究过程。这使分布在地理区域中的利益相关者能够参与科学知识的创造，参与开放科学生产从地方到国家、区域和全球各个层面都有，几个研究团队报告强调了日益全球化的参与。生物艺术基地，艺术、设计与建筑学院的实验室主任玛丽卡·赫尔曼（Marika Hellman）介绍了她的实验室运作模式："与其他生物艺术实验室、社团、艺术家、生物黑客在世界范围进行合作。"此外，她指出，"生物艺术基地，艺术、设计与建筑学院是一个空间车间，阿尔托社区的任何人都可以来，在他们的研究或学习中使用生物材料进行项目研究"。她进一步介绍了实验室参与的科学实践意味着"你是开放的，你分享你所拥有的，分享你的想法，倾听他人，就可以在艺术与科学领域之间找到合作空间"。

（三）促进和阻碍研究团队采用开放科学实践的因素

本研究揭示了促进和阻碍大学研究团队开展开放科学实践的因素（见表4）。我们发现，开放科学政策、开放科学研究领域的传统、研究团队开放的学习文化以及研究团队领导者的理念促进了开放科学实践的采纳。此外，我们发现，知识产权法律（大学规定以及国家/欧盟法律）、缺乏开放科学激励、缺乏开放科学标准（关于数据管理、基础设施、实践、出版协议、技能和技术支持的标准化）、对开放科学的误解以及混乱的出版实践阻止了开放科学实践被采纳。接下来，我们将更详细地审视每个促进和阻碍因素。

表4　研究团队采用开放科学实践的促进因素和阻碍因素

促进因素	阻碍因素
·开放科学政策 ·开放研究领域的传统 ·研究团队开放的学习文化 ·研究团队领导者的理念	·公司和其他研究机构的科学项目中的知识产权法 ·缺乏开放科学激励机制 ·缺乏开放科学标准：数据管理、基础设施、实践、出版协议、技能和技术支持 ·对开放科学的误解 ·混乱的出版实践

1. 促进研究团队采用开放科学实践的因素

在过去五年中，芬兰阿尔托大学的开放科学政策对研究团队的开放科学实践发挥了关键作用。这些政策推动了高度透明和高度可获取的科学产出，还促进了接受基于信任的权威新型组织形式，提高了科学生产参与度。在教育、研究和创新政策方面，欧洲和芬兰的政策制定者在过去几年致力于建立和培育开放生态系统。这些政策已成为大学年度预算谈判的一部分，并在实施过程中发挥作用。芬兰教育和文化部的开放科学与研究计划高级顾问萨米·尼尼玛基（Sami Niinimäki）告诉我们，教育部对高等教育机构的资金模型使用了开放文化的评估作为谈判基础。这些开放生态系统政策的目标是推动知识生产，促进研究机构、学术机构、公司和公民的共同创造。它们鼓励研究人员通过参与开放获取出版和分享数据来使科学产出和创造知识变得可获取。举例来说，芬兰学术之家作为主要的研究资助机构，要求研究人员在研究提案中提交数据管理计划。同时，欧洲层面的政策更专注推动不同开放存储库之间的互操作性。总体而言，这些开放科学政策为大学研究团队开展开放科学实践提供了推动力。

我们还发现，开放研究领域的传统对于采用具有高度透明度、可获取性、基于信任的权威性和参与性的开放科学实践至关重要。那些拥有快速测试或重组文化（例如设计或生物艺术）以及旨在合作探索传统边界、寻找解决社会挑战方案的研究领域（例如天文学和可持续材料），更显著地拥抱新颖的开放科学实践。此外，许多信息提供者告诉我们，在一个研究团队或部门中培养开放科学文化需要时间。阿尔托大学的开放科学经理安妮·桑妮卡（Anne Sunnika）生动地指出，"开放取决于人"。她强调："这取决于你所在的部门……开放的水平因人而异，培养文化需要时间。"

我们观察到，研究团队中深植的开放学习文化促进了具有高度授权和参与度的科学生产中的开放科学实践，并且创造了高度创新和具有企业精神的个体。正在发生变化的是人而不是系统。引领这一变革的是那些参与开放学习课程的研究者，这些课程旨在促进跨学科合作（例如 Bit Bang 讲座），在开放的实验室工作（例如生物艺术基地，艺术、设计与建筑学院活动）或跨学科研究平台（例如阿尔托大学的化学工程学院和艺术、设计与建筑学院），或者在他们的讲座中应用开放学习方法和手段（即体验式或基于经验的学习），这些都是通过数字手段（即慕课）实现的。化学工程学院和艺术、设计与建筑学院的研究团队联合领导者皮尔乔·凯阿里宁（Pirjo Kääriäinen）提供了深刻的见解和开放的视角，解释了信息的获取方式和位置："我看到这些年轻人一直在教育方面不断尝试着在不同领域寻找信息。例如，当他们希望培育细菌纤维素时，会在线上检索特定的配方。"

最后，研究发现，研究团队领导者的意识形态在推动开放科学实践方面起到了至关重要的作用。我们观察到那些坚信科学是推动社会进步的工具，并认为科学应该为公众开放的领导者，在促进具有高透明度、可获取、基于信任的权威和广泛参与的开放科学实践方面表现出了极大的积极性。这些领导者不认为科学是一种"象牙塔"活动。他们坚信科学是自然开放的，应该属于整个社会。学习环境研究团队领导者泰穆·莱诺宁的评论体现了这些想法："这几乎是一种意识形态上的决定……这是一个根植于科学和研究历史中的愿景，非常契合启蒙思想。"

2. 阻碍研究团队采用开放科学实践的因素

我们发现，当前的开放创新政策与公司和私人研究实验室等机构加强合作，通过严格的联合体协议来限制科学项目中的知识产权。我们观察到这些做法限制了研究团队采用高透明度和可获取的开放科学实践。反物质和核工程研究团队的负责人菲利普·图奥米斯托（Filip Tuomisto）强调："如果直接与公司合作，他们是阻止采用开放科学原则的人。"大学规章以及有关版权和专利的国家和欧盟法律也对科学产出的透明度和可获取性构成限制，包括开放数据、开放获取出版、开放协议和开放原型。芬兰教育和文化部负责芬兰开放科学与研究计划的高级顾问萨米·尼尼玛基也与我们分享了对这些限制的担忧："例如，版权立法并没有给予足够的空间以便迅速以完全开放的方式运作。它仍然过于倾向合同模式。"

我们还发现，在研究生涯发展中缺乏开放科学的激励机制，导致研究团队无法采用具有高透明度、可获取、基于信任的权威和广泛参与的科学实践。根据我们的研究，缺乏提高透明度、可获取性、基于信任的权威或参与度的直接激励，使得研究人员未能充分重视科学实践的开放性。世界各地许多大学，包括自 2009 年以来许多芬兰大学采用的终身教职制，强调发表在顶级期刊的论文、论文数量和引用次数，但对科学产出的开放性关注较少。目前的职业激励体系明显限制了开放科学实践的采用。正如阿尔托可持续发展中心（Aalto Sustainability Hub）研究团队负责人米娜·哈尔姆（Minna Halme）所言："基本上，通过论文来推进职业生涯……对我来说不再是问题，因为我是终身教授，但对于想要更多地走向开放科学道路的任何初级学者来说，这显然是一个问题。"

开放科学是一个新兴现象。本研究发现，由于这个原因，开放科学最近才出现在高等教育的政策议程中。不幸的是，在国家、欧洲和全球层面，仍然缺乏已建立的开放科学标准。缺乏已建立的、被广泛接受的标准和出版协议（例如，关于禁止期限应该持续多久没有统一标准）、数据治理（例如，对数据的获取、实际决策过程、如何进行决策）、电子基础设施互操作性和工具（例如，缺乏"足够好"的服务）。我们发现，这可能是由于缺乏开放科学的榜样实践，研究人员关于开放科学和开放科学实践的培训课程较少，以及大学缺乏资源和技术支持能力。芬兰科学院战略研究部高级科学顾问吉尔基·哈卡佩（Jyrki Hakäpää）说"人们不知道如何做（开放科学）"，并建议"大学应该为学者提供服务和支持，向他们展示并提供示例"。

我们还发现，研究人员对开放科学的定义以及未来几年开放科学可能带来的社会文化变革并没有清晰的理解。这在一定程度上是因为开放科学在大学内部缺乏足够的可见性。正如阿尔托大学开放科学经理安妮·桑妮卡说的那样："我会说阿尔托（大学）作为一个组织参与了开放科学，我们说这很重要，但是这种重要性的证据，也许在研究人员看来并不是很明显。"然而，除了缺乏可见性，对开放科学的误解和狭隘观念根植于大学中。一个更体现局限性的关于科学开放性的例证是来自其中一个研究团队负责人的介绍，他说"一般公众不应该阅读科学文章……他们从阅读科学文章中得不到任何东西"。对关于什么是开放科学以及为什么开放科学文化应该是一种愿望的误解使研究人员无法想象开放科学潜在的应用和对整个社会的影响。

最后，我们发现混乱的出版实践阻碍了研究团队采用高透明度和可获取性科学产出的开放科学实践。开放获取出版的高成本以及目前对开放获取期刊在排名中的分类，阻止了研究人员探索开放获取出版。其中一位研究团队负责人说："费用很高……实际上，每篇论文的文章处理费动辄 2000—3000 欧元。我们在出版物论坛（JUFO）^①评估了 1000 多种期刊（芬兰教育和文化部对大学资助的评估标准），而开放科学期刊在那个排名中并不十分出色。"

（四）研究团队的开放创新新实践

我们的研究显示，研究团队采纳开放科学实践和原则触发了新型创新原则和实践。我们发现，旨在将科学知识转化为产品和服务创新的新型开放创新实践，是由开放科学实践的先驱研究团队所开发的。基于对 15 个研究团队的研究，我们发现其中七个参与了各种新型开放创新实践：化学工程学院和艺术、设计与建筑学院知识与创新研究中心、企业系统、健康技术、学习环境、梅泽霍维射电天文台和系统分析实验室。通过访谈这七个研究团队的

---

① 译者注：出版物论坛（芬兰语通常称为 JUFO）是一个评级和分类系统，用于支持研究成果的质量评估。

研究领导者，我们归类出两种不同类型的实践。

1. 新型内部开放式创新实践：使用开放科学成果在研究团队中创造产品或创新服务

我们归纳出一种新型的内部开放式创新实践，这种实践基于使用开放科学成果，在大学研究团队中创造产品或服务创新。这种实践侧重使用人类基础设施作为知识输入，加速研究团队中的创新进程。这种新型实践指的是利用开放科学成果构建和发展新的应用创新，以解决社会、经济和文化挑战。一个关于此类实践发展的例证来自天文无线电观测站负责人乔尼·塔米，他说他的研究团队"正在开发一项服务，可以将原子钟的信号通过互联网传送给任何需要的人，为此，我们使用了一些从科学文献中发现的数据传输协议和技术解决方案"。他进一步阐释了这一过程及其益处："我们获取数据或者设计图，然后可以制作自己的版本。如果我们必须为专利付费或者为产品支付数万或数十万欧元，我们可能永远不会这样做。"健康技术研究团队负责人拉伊莫·塞波宁（Raimo Sepponen）举了另一个例子，他说他的研究团队"已经使用成像（技术）来评估来自数据库的磁共振成像，这些磁共振成像包括正常图像和病理图像，以便我们看到发生了什么，我们已经使用了来自开放源的数据（心电图）来诊断心律不齐"。他进一步向我们解释了这个过程："有大量的案例，然后你可以测试你的解决方案在这些案例上的表现。"他总结说，获取开放数据帮助研究团队在心律不齐诊断中推进原型和创新。总结来说，我们发现研究团队一直在利用开放科学成果作为知识输入，以创造内部产品或服务创新。

2. 新型外部开放式创新实践：与外部组织合作，共同利用开放科学成果

我们归纳出的另一种新型开放创新实践是外部开放创新实践，这种实践基于利用开放科学成果促进任何人的产品和服务创新。与内部方法相对，这种新型外部开放创新实践侧重使用非人类基础设施作为知识输出，加速外部创新。这种实践涉及完善和分享开放科学成果，重点是促进社会、经济和文化价值的实现。我们发现研究团队正在利用开放科学成果作为知识输出，

促进外部产品和服务创新。学习环境研究团队负责人泰穆·莱诺宁提供了这种新型开放创新实践的一个例证，他的研究团队正在参与其中："这个开放网络的理念，在某种意义上，任何人都可以很容易地从我们的应用程序，如LeMill（用于教师协作构建学习材料）中下载数据。因此，任何人都可以很容易地从那里获取数据，因为它在开放网络上，找出谁在什么样的主题上做出了较多工作，并将其用作研究数据。所以，这些学习应用程序最终也成为开放科学平台。"另一个新型外部开放创新实践的例证来自健康技术团队负责人拉伊莫·塞波宁，他向我们介绍，他们收集的听诊数据已经"公开可用，因为收集数据需要大量工作，将其公开是好事，因为这样其他人就不需要做所有的收集和评估工作，这确实有助于（科学发现、原型和创新的）发展"。然而，参与新型外部开放创新实践也引起了研究团队负责人的担忧。我们的信息提供者表达了类似的担忧，即难以识别和控制谁使用他们共享的数据、方法和其他科学成果："我知道那些听诊记录已经被使用了。我不知道是哪些公司或团队，但已经被使用了"以及"但我可以看到联系。我可以看到我们15年前做的事情现在市场上有了或在初创公司中出现。但我无法追溯它是如何最终被使用的。当然，因为我们一直在从事开放科学工作，所以它对每个人都是可用的"。因此，观察到的新型开放创新实践仍处于起步阶段，因此利用的原则也仍在发展和讨论之中。

五、讨论与启示

从启蒙时代开始，开放科学的规范和实践已被阐明（David，2004），直到今天，科学的开放性根据每个时期的经济、政治、社会文化和技术构建持续发展。包括软件、数据和硬件在内的数字技术、通信技术以及各种类型的数字平台的发展已经颠覆了科学可以如何在全球范围共享和协作进行的方式。数字技术使科学的分享和执行可以即时且互动地进行，这些技术正在激发大学研究团队的新开放科学原则和实践。这不仅为研究人员之间的合作创造了新的可能性，也形成了大学研究人员与研究机构、公司、地方政府、公民以及国际组织（例如联合国、世界银行和欧洲委员会）之间的新型互动。

尽管在国家、区域和全球层面，关于科学开放性的政策、辩论和行动似乎仍围绕"通过开放数据和开放获取共享科学成果"，但研究人员的心态已显著转变，更加致力于在整个研究周期增加更多开放性（Plutchak，2018），通过大学研究团队采纳和发展新型开放科学和创新实践。科学社区已经采用了开放共享实践，包括开放协议、开放数据共享或开放存储库，以及开放邀请实践——即开放实验室、参与式设计或跨学科研究平台，用于"共同创造科学"。

本实证研究对 15 个研究团队的研究结果有利于加深对大学研究团队当今使用和开发的新型开放科学和创新实践的深入了解。本研究为如何在数字世界中推进大学科学开放性提供了坚实的基础。具体来说，首先，我们发展了一个分类法（Doty & Glick，1998），用于概述当今数字世界中科学开放性的原则。我们认为，开放性是一个多维变量，可以通过所提出的科学成果的透明度、科学成果的可获取性、科学生产的授权和科学生产的参与来衡量和表示。其次，本研究揭示了大学研究团队采用的开放共享和邀请实践。再次，我们综合分析了影响这些开放科学实践被采纳的阻碍和促进因素。最后，本研究强调了开放学习环境在促进大学研究团队采纳开放科学原则和实践中的中心作用。将研究团队开放学习文化的引入作为促进因素，将对开放科学的误解作为阻碍因素，揭示了开放学习环境是模型中的一种情境因素。

本研究采用实证研究方法进一步揭示了大学创新开放性的重塑方式。新的科学开放性原则——透明度、可获取性、授权和参与——正在塑造既定的创新开放性，即揭示、销售、采购或获取（Dahlander & Gann，2010）。我们的研究展示了新的开放科学实践是如何触发大学先锋研究团队中新型开放创新实践的。我们归纳了一种依赖开放科学成果来创造产品、服务创新的新型内部开放创新实践；进一步归纳了一种依赖利用开放科学成果以促进大学外部产品和服务创新的新型外部开放创新实践。这些新兴的大学实践具有加速内部学术和外部社会学习和新知识创造过程的巨大潜力，加速研究和创新过程，以寻找实现可持续发展目标和应对社会重大挑战的解决方案，并培养创新和创业人才。

基于以上发现，我们判断，研究团队采纳的这些新开放科学实践和新型开放创新实践正在挑战大学研究和创新的既定治理。这种治理挑战与可靠数据共享、研究方法和结果的质量控制和可再现性以及联合研究平台、大学—产业关系、战略联盟、子公司、初创公司和联盟的管理有关。企业系统小组教授兼研究团队负责人马尔蒂·曼蒂莱（Martti Mäntylä）的一段话反映了这一观点："我们现在明白，这不仅是在开放科学中发布结果，还包括创建这种能促进采纳的机构。"在这个新的开放科学和创新时代，我们称之为开放探索时代，大学、传统的开放科学机构（David，2004）和新型开放创新机构（Chesbrough，2015）正在转型。它们必须更新其治理系统，以应对数字技术带来的新机遇和满足数字世界中新的开放科学、创新原则和实践的需求。

我们建议，可以通过采纳一个适应性和持续发展的开放治理模型来弥合大学开放科学和开放创新的普遍治理结构与新兴的开放科学和创新原则和实践之间的差距。为了开展这项工作，我们提出了一种促进大学数字世界中开放科学和创新之间联系的新型开放探索政策。大学的开放探索政策将大学视为一个整体的开放科学、创新和学习生态系统——一个开放探索生态系统——在这个生态系统中，开放科学、创新和学习实践共同促进科学突破和社会创新。

大学的开放探索政策有促进与国际组织（例如联合国、欧盟、经济合作与发展组织和世界银行）灵活合作的潜力，以开发创新解决方案解决社会重大挑战：终结贫穷和饥饿、确保人们的健康生活和福祉、确保包容和公平的优质教育、实现性别平等、确保可持续的城市和社区以及应对气候变化。这些创新解决方案包括通信解决方案、医疗解决方案、人道援助、交通解决方案、能源和水解决方案以及保护平民等。开放探索政策追求通过研究人员、研究机构、公司、国家、政府、公民和国际组织之间的知识共创，为重大挑战寻找创新解决方案。

从学术角度来看，本研究通过在数字世界中明确四个科学开放性原则扩展了默顿关于开放科学的规范（Merton，1973）。开放分享和邀请实践不仅基于默顿的公有主义、普遍主义、无私利性、有条理的怀疑主义（CUDOS）的机构要求，还推动了科学合作精神。此外，需要进一步分析我们现在归纳出的两种新型大学开放创新实践，以归纳和区分数字世界中开放科学实践的各种不同的子类型。

从大学领导层的角度来看，本研究概述了数字世界中大学开放科学和创新的治理模型。该模型为设计、建立和实施大学的开放科学和创新实践提供了有用的指导。此外，我们的模型为如何衡量大学开放科学和创新的进展提供了实际建议。我们的框架可以帮助政策制定者评估大学科学和创新的开放程度。本研究提出的治理模型可以帮助设计有效的政策、路线图和资金工具，以促进开放科学，并在大学中弥合开放科学和开放创新之间的差距。例如，在欧盟，本研究的研究发现及提出的开放科学和创新治理模型可以为推进欧盟委员会开放政策平台设立的欧洲开放科学议程提供有用的指导。在全球范围，该模型对于签署了联合国可持续发展目标协议的大学来说非常有用，并可为通过全球知识共创推动负责任、可持续和人文性的研究和创新提供指导，正如联合国 2030 年可持续发展议程所规定的。

总之，开放科学、创新和学习是探索知识边界以创造未来的开放、具有远见和高产的大学环境的驱动力。本研究中开放科学和创新治理模型以及为大学研究和创新提出的开放探索政策旨在促进从知识和开放社会中创造更多社会价值。这项新政策是构建地方、国家、地区和全球知识社区并提高各自福祉的工具。我们正处在开放探索时代的黎明。

致谢

感谢芬兰国家教育署（EDUFI Fellowship）、图拉·泰里教授（Tuula Teeri）、克拉拉·马丁内斯·富恩特斯教授（Clara Martinez-Fuentes）、联合国信息通信技术工程师史蒂芬·奥沙利文（Stephen O'Sullivan）以及博士候选人埃罗·阿尔托（Eero Aalto）对本文的支持和贡献。

附录 1　访谈提纲

问题 1. 研究团队 / 阿尔托大学管理者 / 政策制定者

您是否参与了开放科学？

问题 2. 研究团队 / 阿尔托管理者 / 政策制定者

哪些是促进开放科学的因素，（您和您的研究团队 / 阿尔托的研究人员 / 芬兰研究人员）已采用了哪些？

问题 3. 研究团队 / 阿尔托管理者 / 政策制定者

在采用开放科学实践时，（您和您的研究团队 / 阿尔托的研究人员 / 芬兰研究人员）面临或曾经面临哪些阻碍因素？

问题 4. 研究团队 / 阿尔托管理者

（您和您的研究团队 / 阿尔托的研究人员）通过哪些实践参与开放创新？

问题 5. 政策制定者

（芬兰研究人员）使用哪些最佳实践参与开放创新？

问题 6. 研究团队 / 阿尔托管理者 / 政策制定者

（您和您的研究团队 / 阿尔托的研究人员 / 芬兰研究人员）是否使用了来自开放科学平台的知识来创造产品或服务创新？

问题 7. 研究团队 / 阿尔托管理者 / 政策制定者

（您或您的研究团队 / 阿尔托的研究人员 / 芬兰研究人员）在开放科学项目中所做的科学知识实践开发是否被其他研究人员或公司用来创造产品或服务创新？

问题 8. 研究团队 / 阿尔托管理者 / 政策制定者

您是否参与开放学习？

参考文献：

Aalto University Strategy 2016–2020: Shaping the future, 2015.

Ayris, P., Lopez, A., Maes, K., Labastida, I., 2018. Open Science and its role in universities: A roadmap for cultural change. Advice paper, LERU.

Baregheh, A., Rowley, J., Sambrook, S., 2009. Towards a multidisciplinary definition of innovation. Management Decision, 47（8）, 1323–1339.

Bedford, T., Kinnaird, Y., Migueis, R., Paolucci, E., Vos, A., Wijlands, B., 2018. Role of Universities of Science and Technology in Innovation Ecosystems: Towards Mission 3.1. White paper. Cesaer.

Birks, M., Mills, J., 2015. Grounded Theory: A Practical Guide, 2nd edition. SAGE.

Bogers, M., Zobel, A.K., Afuah, A., Almirall, E., Brunswicker, S., Dahlander, L.,Hagedoorn, J., 2017. The open innovation research landscape: Established perspectives and emerging themes across different levels of analysis. Industry and Innovation, 24（1）,8–40.

Chesbrough, H., Vanhaverbeke, W., West, J., 2006. Open Innovation: Researching a New Paradigm. Oxford University Press on Demand.

Chesbrough, H., Bogers, M., 2014. Explicating open innovation: clarifying an emerging paradigm for understanding innovation. In: Chesbrough, H., Vanhaverbeke, W., West,J.（Eds.）, New Frontiers in Open Innovation. Oxford University Press, Oxford, pp. 3–28.

Chesbrough, H., 2015. From Open Science to Open Innovation. Institute for Innovation and Knowledge Management, ESADE.

Chubin, D.E., 1985. Open science and closed science–Tradeoffs in a democracy. Science, Technology & Human. Values, 51, 73–81.

Corbin, J.M., Strauss, A., 1990. Grounded theory research: procedures, canons, and evaluative criteria. Qualitative Sociology, 13（1）, 3–21.

Corbin, J., Strauss, A., 2008. Basics of Qualitative Research（3rd ed.）: Techniques and Procedures for Developing Grounded Theory. SAGE Publications, Thousand Oaks, CA.

Cornell University, 2018. The Global Innovation Index 2018: Energizing the World with Innovation. WIPO and CII, Ithaca, Fontainebleau, and Geneva.

Cribb, J., Sari, T., 2010. Open Science: Sharing Knowledge in the Global Century. CSIRO Publishing.

Dahlander, L., Gann, D.M., 2010. How open is innovation? Research Policy, 39(6), 699–709.

David, P.A., 1998. Common agency contracting and the emergence of "Open Science" institutions. American Economic Review, 88（2）, 15–21.

David, P.A., 2004. Understanding the emergence of 'Open Science' institutions: Functionalist economics in historical context. Industrial and Corporate Change, 13（4）, 571–589.

Doty, D.H., Glick, W.H., 1998. Common methods bias: does common methods variance really bias results? Organizational Research Methods, 1（4）, 374–406.

Enkel, E., Gassmann, O., Chesbrough, H., 2009. Open R&D and open innovation: exploring the phenomenon. R&D Management, 39（4）, 311–316.

Economist Intelligence Unit for Pearson, 2014. The Learning Curve Report 2014. Pearson.

European Commission, 2014. Boosting Open Innovation and Knowledge Transfer in the European Union.

European Commission, 2016. Open innovation, Open Science, Open to the World: A Vision for Europe.

European Innovation Scoreboard, 2018.

Gephart, R.P., 2004. Qualitative research and the academy of management journal. Academy of Management Journal, 47, 454–462.

Glaser, B.G., Strauss, A.L., 1967. The Discovery of Grounded Theory: Strategies for qualitative research. Aldine, Chicago.

McMillan, G.S., Mauri, A., Casey, D.L., 2014. The scientific openness decision model: "Gaming" the technological and scientific outcomes. Technological Forecasting and Social Change, 86, 132–142.

Merton, R.K., 1973. The Sociology of Science: Theoretical and Empirical Investigations. University of Chicago Press.

Murray–Rust, P., 2008. Open data in science. Serials Reviev, 34（1）, 52–64.

Perkmann, M., Walsh, K., 2007. University–industry relationships and open innovation: towards a research agenda. International Journal of Management Reviews, 9（4）, 259–280.

Perkmann, M., et al., 2013. Academic engagement and commercialisation: a review of the literature on university–industry relations. Handbook of University Technology

Transfer 42. The University of Chicago Press. Research Policy, pp.423–442.

Perkmann, M., West, J., 2014. Open science and open innovation: sourcing knowledge from universities. In: Link, AN, Siegel, DS, Wright, M（Eds.）, The Chicago Handbook of University Technology Transfer and Academic Entrepreneurship. University of Chicago Press, Chicago, pp.41–74.

Plutchak, T. S., 2018. OSI Issue Brief 1: what do we mean by open? Proceedings of the Open Scholarship Initiative.

Suddaby, R., 2006. What grounded theory is not. Academy of Management Journal, 49, 633–642.

Tacke, O., 2010. Open Science 2.0: how research and education can benefit from open innovation and Web 2.0. On collective intelligence. Springer, Berlin, Heidelberg, pp. 37–48.

Tracy, S.J., 2010. Qualitative quality: Eight "big-tent" criteria for excellent qualitative research. Qualitative Inquiry, 16（10）, 837–851.

Tuomin, L., 2016. The impact of the Finnish Open Science and Research Initiative （ATT）.

UNIFI, 2017. The Finnish Universities Vision for 2025.

Vicente-Saez, R., Martínez-Fuentes, C., 2018. Open Science now: a systematic literature review for an integrated definition. Journal of Business Research, 88, 428–436.

West, J., Salter, A., Vanhaverbeke, W., Chesbrough, H., 2014. Open innovation: the next decade. Research Policy, 43（5）, 805–811.

（马萧萧　译）

马来西亚综合公立大学实施开放科学计划的准备 *

马赫福兹·艾哈迈德（Mahfooz Ahmed）

罗西娜·奥斯曼（Roslina Othman）

（马来西亚国际伊斯兰大学）

摘 要

本研究探讨了马来西亚综合性公立大学实施开放科学计划的准备情况，采用了定量和定性两种研究方法。向所选大学的学术研究人员和图书馆专业人员发放了调查问卷，为补充定量研究方法的数据，对图书馆馆长及副馆长进行了半结构化访谈。调查结果表明，对大多数参与者来说，开放科学还是个新词，马来西亚公立大学部分参与了开放科学。只有 10% 到 30% 的内容向公众开放，机构资料库是这些大学推广和实践开放科学的常用手段。不过，这些机构目前正在努力实施一项政策，以指导运作和充分参与其他方面的开放科学实践，如开放数据、开放合作、开放创新等。

* 文献来源：Ahmed, M. , Othman, R.（2021）. Readiness towards the implementation of open science initiatives in the Malaysian Comprehensive Public Universities. The Journal of Academic Librarianship, 47, 102368.

注：限于篇幅，图表有删改。

一、引言

自人类诞生以来，知识一直是许多社会和不同时代进步和领先的动力。任何一个国家要想进步，尤其是学术界要想进步，研究人员和学者就必须同他人分享知识，并在自身内部共同推进实现研究目标。早在 2016 年 6 月，欧洲和国际图书馆共同体（European and International Library Community）就提倡开放科学的理念，并试图将其付诸实施，以支持研究和知识在创造、管理和向全社会扩散等方面的快速转型（EBLIDA et al.，2016）。

开放科学为研究和教育开辟了新的道路，不仅为研究人员提供了一个宣传研究成果的途径，还有利于其开展合作、共享知识，从而使社会个体充分应用其研究成果，为科学进步做出贡献。开放科学运动不仅提升了教育领域的质量，而且涉及全球研究专家间的合作，试图解决能源、食品、健康和水等多个领域的重重挑战，因为这些挑战都是全球性的，需要依赖国际合作才能解决（Väänänen & Peltonen，2016）。

如今，人们倡导免费提供研究数据、实验笔记和其他研究过程，允许研究及基础数据和方法的再利用、再传播和再现。鲁西和拉克索分析了截至 2019 年 5 月神经科学、物理学和运筹学领域一些高被引期刊的研究数据共享政策。在 120 种期刊中，92 种（77%）期刊已将研究数据政策纳入其编辑流程（Rousi & Laakso，2020）。简而言之，许多学会目前正在启动一种透明、可访问的知识系统，通过合作网络共享和发展知识（Vicente-Sáez & Martínez-Fuentes，2018）。例如，"开放科学框架"（https://osf.io）是一个免费开放的平台，它大力支持研究，并促使研究人员相互合作直至成果出版。FOSTER 门户网站也是一个电子学习平台，汇集了最好的培训资源，面向那些需要了解更多开放科学知识或需要在日常工作中开展开放科学实践的人。许多用户（早期研究者、数据管理者、图书馆员、研究管理者）和研究生院均可以从这个门户网站中受益。

在现代科研体系中，开放科学被视为一个宽泛的概念。这一概念代表着向更开放、参与性更高的学术研究出版和评估方式的过渡，其核心目标是在所有研究阶段加强合作和提高透明度。开放科学将带来更稳健的科研成果、更高效的科学研究、更快速的科研成果传播等结果。在适应新的评价方式的基础上，这些结果又会产生更大的社会和经济影响（Kramer & Bosman，2018）。

许多政府和国际组织，如欧盟委员会、欧洲议会、欧洲理事会、经济合作与发展组织、联合国、世界银行和世界卫生组织，都已经认识到开放科学在应对多数重大人文社会挑战方面的重要性，如气候变化、公共卫生、可持续粮食生产、高效能源、智能交通等（Vicente-Sáez & Martínez-Fuentes，2018）。

同样，在当代联合国可持续发展目标（SDGs）中，开放科学是解决人类面临的全球性挑战的一种新方法，包括消除贫困、改善健康和教育、经济增长以及应对气候变化。开放科学是实现 17 项可持续发展目标中大多数目标的一个关键的、贯穿各个领域的促进因素，尤其是发展科学、技术和创新（STI）以及让所有人都能立即获取国际研究成果（OpenAIRE，2020）。具体而言，开放科学将对实现第四项可持续发展目标产生重大影响，即提高各级教育的普及率和入学率，这可以通过开放科学领域的"开放教育资源"和"公民科学"来实现。

许多发达国家已经按照利益相关者的准备情况和意愿推进了开放科学实践。尤其是在研究和学术机构内部，他们负责开展研究，以提高学术水平，并通过创造和传播知识来解决现实世界中的问题。因此，本实证研究重点考察了马来西亚公立大学的研究人员和图书馆员对实施开放科学计划的准备情况。该研究试图通过保持整个研究周期（从开始到结束）的开放原则，或通过促进研究人员之间的知识共享和合作，了解当前研究人员和图书馆员参与新的开放科学计划的意识、模式和平台。

二、文献综述

根据本研究的主题，本部分对一些选定的文献进行了综述。本研究的主题是概述开放科学倡议与开放科学的其他相关要素，如研究生命周期、开放科学资料库和开放科学政策。文献综述旨在进一步探讨已有研究中的研究目标。

虽然发达国家已经发表了不少关于开放科学及其相关概念的著作，但在这方面马来西亚鲜有著述，这可能是因为开放科学相对较新，即使在发达国家也是一个新兴研究领域。

（一）开放科学准备

开放科学的概念为科学研究的开展方式带来了新的社会文化和技术变革，其基础是开放性和连通性，以及科学研究的设计、实施、捕捉和评估。简而言之，开放科学是一种通过协作网络，共享和开发透明、可获取的知识（Banks et al.，2019; Vicente-Sáez & Martínez-Fuentes，2018）。这里的"准备"涵盖了马来西亚大学对开放科学倡议的认识、实践和预期收益（Abdullah，2019）。

班克斯等指出并澄清了开展开放科学实践相关的重要问题，例如数据共享、研究预注册和开放获取期刊（Banks et al.，2019）。他们的研究首先从总体上描述了开放科学在组织研究中的含义，即促进研究的开放性、完整性和可重复性的实践。研究采用了问答的形式，重点关注具体开放科学实践的应用，包括免费提供研究材料（如数据、测量方法、实验方案和分析文件）、预注册研究设计（即在数据收集前注册研究和分析计划）以及提供期刊内容的开放访问。这项研究提出了一些问题，如：开放科学实践的主要缺点是什么、开展开放科学实践面临哪些挑战、为促进开放科学实践采取了哪些主要措施、未来应在哪些方面开展与开放科学实践相关的研究。最后，所有这些问题都会形成一系列具体可行的建议，以帮助研究人员、审稿人、期刊编辑和其他利益相关者发展更加开放的研究环境和文化。

维森特·赛斯和马丁·富恩特还通过系统的文献综述，对开放科学建立了一个严格的、综合的、最新的术语定义。他们对开放科学的最终定义是：通过协作网络共享和开发透明的、可获取的知识，以普遍帮助科学界、商界、政治参与者和公民对什么是开放科学有一个共同和清晰的认识（Vicente-

Sáez & Martínez–Fuentes，2018）。这项工作有助于从学术角度为开放科学研究领域建立一个理论框架。研究最终确定的变量是"透明的知识""可获取的知识""共享的知识""合作开发的知识"。

开放科学框架（OSF）和开放科学中心（COS）是网络平台，通过捕捉研究生命周期的不同方面和不同成果，促进开放的集中式工作流程。这包括提出研究想法、设计研究、存储和分析收集到的研究数据、撰写和发布研究报告。开放科学框架平台（https://osf.io/）将开放科学一词解释为开放的思想交流，以加快科学进步，解决人类最棘手的问题。通过这个平台，人们可以共同应对疾病、贫困、教育、社会公正和环境等方面的全球性挑战，因为解决这些问题迫在眉睫。

这一研究系统的成果和发现总是免费、及时地被共享，以便在专家之间实现可复制性，而且大多采用数字格式（Foster & Deardorff，2017）。因此，研究数据管理的"可发现、可访问、可互操作和可重用"原则遵循了整合和系统的通用标准和最佳实践，在应对共享数字资源的挑战中发挥了重要作用（Clarke et al.，2019）。

此外，博克等对利益相关者对开放科学概念和应用的认识进行了一些实证研究，他们研究了保加利亚作者对开放获取的认识和偏好，旨在描述对保加利亚教师的调查结果，即他们的研究在多大程度上向公众开放。这项研究采用了调查研究方法，对保加利亚六所大学的 584 名教师开展了调查，只有222 名教师做出了回答。研究结果表明，保加利亚的研究人员意识到应支持开放获取，他们认为这有利于他们学科的研究人员。但只有略多于三分之一的教师熟悉欧盟到 2020 年开放所有公共资助研究的目标。在向他们充分解释了这一概念之后，他们往往会表示支持（Boock et al.，2020）。不过，该研究的作者可能并不完全了解绿色和金色开放获取的全部细节，但他们愿意通过在开放获取期刊上发表文章（金色开放获取）或在开放获取资料库中存放文章（绿色开放获取）来实现欧盟的目标。他们的这种意愿也可能与以下原因有关：他们的研究是公共资金资助的，这意味着研究是由政府资助的（例如使用纳税人的资金）。

有研究者研究了英国学术界的开放获取政策和数据共享实践（Zhu，2020）。这是因为近年来学术界一直呼吁免费获取数据、工具和方法。随着在线出版的兴起，以学科为基础的机构资料库和数据中心也随之出现，许多科学记录，包括已发表的文章和数据，都可以通过这些平台获取。在英国，大多数主要研究资助机构现在都有一项数据政策，要求研究人员在申请资助时附上一份数据共享计划。全面开展数据共享还存在一些障碍，这些障碍不仅是技术方面的，还有心理和社会方面的。研究得出的结论是，虽然大多数学者认识到共享研究数据的重要性，但他们中的大多数人从未共享或再利用过研究数据。不同性别、学科、年龄和资历的研究人员在数据共享程度上也存在差异。研究中还注意到，对英国研究委员会（Research Council of UK，RCUK）开放获取政策的认识、金色和绿色开放获取出版的经验、认为数据共享重要的态度、使用二手数据的经验，都与数据共享的实践有关。只有一小部分研究人员使用推特、博客和脸书等社交媒体来推广他们在线共享的研究数据。

最后，为了在每个社会中全面实施开放科学实践及流程，研究人员必须充分了解如何在其研究工作流程的各个方面保持开放。这必须从查找和审查他人关于特定研究课题的工作的第一阶段开始，一直到发表研究成果以造福社会的各个阶段。如图1所示，如今有许多开放工具和平台，研究人员可以从中受益，管理不同的研究阶段。反过来，使用这些开放性工具和平台也可以激励研究人员在开放的平台上提供他们的研究成果。

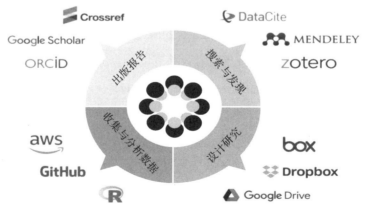

图1　用于研究周期整合的开放科学软件工具

（二）研究生命周期

对"研究"一词的简单定义是对材料和来源进行系统的调查或研究，以确立事实，有时甚至得出新的结论。科瓦尔茨克将研究定义为使用科学或实证方法，即通过实验或收集数据，对特定问题、关切或议题进行认真细致的研究（Kowalczyk，2018）。研究可以针对任何事物进行，例如疾病、贫困、教育、社会公正等方面的挑战。开放科学框架对研究的当代精确定义是为解决人类最顽固的问题而取得的科学进步（OSF，2020）。开放科学框架是一个免费的开源项目管理平台，它将研究人员与一些工具联系起来，使研究周期的管理变得更加容易。它由开放科学中心设计和维护，该中心是一家非营利组织，致力于提高研究的开放性、完整性和可重复性。

研究生命周期包括研究人员为完成一个项目或研究而进行的所有过程，从项目开始到完成（Chung et al.，2016）。开放科学的目标是确保研究从开始到结束的整个研究周期都遵循开放性原则，并在最后促进知识共享和科学家之间的合作（Kuprienė & Petrauskienė，2018）。

为了解专业研究人员在进行专业研究的整个过程中需要经历哪些基本阶段，有研究者通过韩国实验科学家的实践，考察了科学研究和开发项目的生命周期，并最终确定了其中所包括的基本阶段（Kwon et al., 2012）。他们所确定的主要阶段包括：产生研究想法、获得研究资金支持、收集或实验并分析研究数据、产生研究产品或研究结果、交流和评估研究结果。互联网及其相关技术的进步使大部分工作得以在虚拟环境中完成，这也让研究人员认识到共同努力在应对全球和人类挑战方面的优势。表 1 列出了研究不同阶段以及这些阶段所需的相关开放工具。

表 1 不同阶段用以推进研究过程的相关开放工具

研究阶段	描述	开放工具	链接
生成想法	检索和发现想法	Hypothes.is	https://web.hypothes.is/
		TED	https://www.ted.com/
	使用共享参考库	Zotero	https://www.zotero.org/
		Mendeley	https://www.mendeley.com/
筹集资金	分享（资助）提案	政府和学术机构	https://riojournal.com/
实验、分析和数据管理	预注册研究	OSF 或 AsPredicted	https://osf.io/ https://aspredicted.org/
	共享研究和数据	Dryad, Zenodo 或 Dataverse	https://datadryad.org/stash https://zenodo.org/ https://dataverse.org/
生成研究成果（写作）	共享代码	GitHub	https://github.com/
	共享笔记本	OpenNotebookScience	http://onsnetwork.org/
	共享协议和工作流程	Protocols.io	https://www.protocols.io/
	使用可操作的格式	Jupyter 或 CoCalc	https://jupyter.org/ https://cocalc.com/
	开放性 XML-drafting	背书或授权	https://www.overleaf.com https://www.authorea.com
出版和评估	共享预印本	OSF 或 arXiv 或 bioRxiv	https://osf.io/ https://arxiv.org/ https://www.biorxiv.org/
	采用开放式同行评审	期刊或 PubPeer	https://www.peerageofscience.org/ https://www.scienceopen.com/ https://pubpeer.com/
	发表开放获取论文	绿色或金色	https://openaccess.mpg.de/ Berlin-Declaration https://doaj.org/
	使用开放许可证	CC0 或 CC-BY	https://creativecommons.org/
	共享海报和演讲	FigShare	https://figshare.com/

研究阶段	描述	开放工具	链接
出版和评估	通过社交媒体交流	推特	https://twitter.com/
	加入和选择性评估	替代计量学	https://www.altmetric.com/ https://our-research.org/ https://plumanalytics.com

（三）开放式科学资料库（基础设施）

机构资料库（Institutional Repository，IR）一直是收集、存储和传播学术成果的工具，有时也在学术和研究机构之外使用。随着时间的推移，机构资源库已被用于多种服务，包括管理和传播机构及其社区成员创建的数字资料。这是通过收集教研人员和讲师的科研成果，为他们服务，以便进行长期访问并保存和管理科研成果（Prost & Schöpfel，2014）。卡亚勒、达斯和班纳吉将资源库定义为一种知识管理工具，用于普遍访问信息和知识，尤其是在学术图书馆和其他相关机构（Kayal et al.，2018）。这里的资源库也可以指作者自行存档的学术文章的数字资源集合。

有研究者将其定义为一套提供开放式访问数字存档资源的服务，这些资源主要是由教职员工和学生创建的机构学术著作和交流（Hwang, et al.，2020）。有学者将其定义为展示和宣传学术成果的理想平台，这些成果可能不适合在同行评审期刊上发表，或者必须满足开放存取的要求（Demetres, et al., 2020）。这些成果包括但不限于学生的学术和实践项目工作、演讲、工作论文（working papers）[①]、会议论文、通讯、电子论文和学位论文、发行量有限的期刊以及其他相关的电子档案材料。

基于开放科学与机构资料库之间的密切相关性，研究人员发表了一系列关于机构资料库对开放科学影响的研究，其中包括以维尔纽斯大学（Vilnius University）图书馆为例考察机构资料库开放科学的研究（Kuprienė & Petrauskienė，2018）。该研究详细阐述了图书馆在开发开放存取资料库方面

[①] 译者注：工作论文指一种尚未正式出版的研究报告，通常用于征求同行评审或作为研究成果支持材料的论文。

的重要贡献，从批准开放获取制度政策到传播开放获取或开放教育资源的信息、组织培训和咨询，管理技术问题等。对参与研究的研究人员进行了采访，以确保维尔纽斯大学更好地分享和分发研究成果。该研究的发现表明，开放科学的基础设施非常重要，在和该大学的研究人员进行深入讨论后，才能确定路线图和机构存储库开发和改进的优先事项。

（四）开放科学政策

开放科学政策指一些旨在促进开放科学原则并承认其实践的战略和行动。这些政策通常由研究执行机构、研究资助者、政府或出版商制定（FOSTER，2020）。在大多数情况下，开放科学政策的目的是公开传播研究成果，其理念是公共资助的研究成果应该不受任何限制地提供给公众。科尔曼指出了制定政策的三个基本步骤：政策制定（包括研究计划和评估阶段）、政策实施和政策评估（Kelman，1992）。

开放科学政策的一个典型案例是英国研究与创新（UKRI）政策，该政策制定于 2018 年 12 月，具体内容如下：

第一，除非有特殊理由，所有接受英国研究与创新资助的研究人员应以负责任的态度及时向学术界提供他们的数据。

第二，七项原则将公共资助的研究数据描述为一种"公共产品"，应该在尽可能少的限制下公开提供。

第三，这些原则规定了数据管理计划、良好的元数据实践和引用的使用方法。

第四，他们认识到发布数据的道德和法律障碍，以及使用禁令允许研究人员在发表前充分使用其数据。

第五，承认与数据管理和研究数据共享相关的成本，并将其作为研究资助申请的合法部分。

三、方法论

本研究的方法论解释了在解决研究问题时通常遵循的各种步骤以及它们背后的逻辑。为了达到本研究的既定目标，采用了定量和定性相结合的混合研究方法。

参与这项研究的人员包括来自四所马来西亚综合性大学的学术研究人员，包括教授、副教授、助理教授、讲师和学术研究员，以及图书馆专业人员，包括首席图书馆员、高级图书馆员和图书馆助理。这四所大学被选中代表全国全部 20 所公立大学中仅有的四所综合性大学（MOHE，2020）。

本研究的定量部分采用了分层随机抽样方法，这是一种随机方法，将总样本分为较小的、互不重叠的几个群体，确保每个群体的代表性（Taherdoost，2016）。使用简单随机抽样代表整个样本，并在不考虑任何其他因素的情况下从人群中随机抽取个体。为确保抽取的随机性，使用免费的在线随机数生成器（https://www.random.org/）在样本的每个群体中等额抽取，最终结果见表 2。

本研究的定量部分采用在线问卷方式，定性部分采用访谈方式。联系被选中的机构图书馆馆长和副馆长并进行访谈，由部门办公室发出正式邀请函，征求他们的同意后进行访谈。计划访谈 8 人，但最终只访谈到了 6 人。

此外，本研究收集的数据分为两部分，使用的工具不同。定量数据是通过问卷调查收集的，从受访者的机构网站上搜集其官方电子邮件，汇总至谷歌表单以方便浏览，向受访者的官方电子邮件发送调查问卷，通过免费的谷歌会议应用程序在线开展访谈收集定性数据。

与本研究的目标保持一致，定量和定性研究工具中的项目（item）采用了已有的关于开放科学的一些研究成果。在收集数据之前，首先通过预研究进一步完善研究工具，以保证后续的主要研究参与者可以完全理解问卷和访谈提纲中的问题。问卷调查和访谈项目的主题及其来源见表 3。

表 2　样本量

调查对象类别	总体					样本（回答）					置信区间	置信水平	比例
	IIUM	UNIMAS	UITM	UMS	总数	IIUM	UNIMAS	UITM	UMS	总数			
学者	1370	822	1869	572	4633	71	63	45	34	213	6.56	95%	50%
	29.57%	17.74%	40.34%	12.35%									
	296	177	403	124	1000								
	29.57%	17.74%	40.34%	12.35%									
图书馆员	168	82	172	99	521	23	2	11	6	42	14.6	95%	95%
	32.25%	15.74%	33.01%	19.00%									
	97	47	99	57	300	94	65	56	40	255			
总计					6454								

译者注：IIUM 指马来西亚国际伊斯兰大学；UNIMAS 指伊斯兰格里马布大学；UIIM 指大学；UITM 指伊斯兰格里马大学；UMS 指马来西亚沙巴大学。

表 3　访谈问题

序号	主题	来源
1	研究参与者简介	研究者
2	开放科学意识及其相关内容	UNESCO（2020） Pardo Martínez & Poveda（2018）
3	开放科学对大学的益处	UNESCO（2020）
4	大学已有的开放科学政策	UNESCO（2020）
5	由大学参与的国家开放科学框架	Pardo Martínez & Poveda（2018） LERU（2018）
6	高校实施开放科学实践	Zhu（2020） LERU（2018）
7	大学现有的开放科学基础设施可使用的存储库	UNESCO（2020）
8	在图书馆开展的研究数据管理和相关能力建设活动，以实现并促进开放科学	UNESCO（2020）
9	开放科学和新冠病毒	UNESCO（2020）
10	开放科学与全球卫生危机	Boock et al.（2020）

最后，在使用相关工具收集本研究所需的所有数据后，将定量研究的数据制成表格并进行分析，根据研究问题对数据进行分类，并进行相关的统计分析，以得出有效的结论。使用 SPSS 统计分析软件构建交叉表（cross-tabulation）[①] 和图表，以良好和自明的方式预测研究结果，之后对每个发现进行描述性分析。我们转录了访谈中的定性数据，随后使用研究参与者评论中的相关评论作为所有相关研究问题的论据，对数据进行了三角验证以汇总研究的主要发现。

四、研究结果

本部分概述了从问卷调查、访谈以及两者的三角验证中得出的研究结果。概述内容如下。

---

① 译者注：交叉表是一种统计方法，用于显示两个或多个变量之间的关系，通常以表格的形式呈现。

（一）受访者概况

如表 2 所示，在发放的调查问卷中，共收到 255 份回复，回复率为 25%。然而，由于本研究采用了在线调查的方式，通过电子邮箱向受访者发送电子版调查问卷（Dillman，2011），因此回复率较低也在意料之中。

回复人数最多的是马来西亚国际伊斯兰大学（IIUM）94 人，占回复总数的 37%；其次是伊斯兰马格里布大学（UNIMAS）65 人，占回复总数的 25%；伊斯兰大学（UITM）56 人，占回复总数的 22%；马来西亚沙巴大学（UMS）40 人，占回复总数的 16%。

（二）开放科学意识及其相关内容

为了确定这些大学开放科学计划所涉及的范围，询问受访者对开放科学的认识。

总体而言，只有 45% 的受访者表示他们知道开放科学的概念，但没有参与开放科学实践；38% 的受访者表示不了解；15% 的受访者表示他们正在实践开放科学；2% 的受访者表示他们积极参与并推广开放科学。开放科学期刊和开放教育资源一直是这些大学广为人知的开放科学实践手段。这表明，大多数受访者知道开放科学，但并非所有受访者都参与了开放科学的实践，尤其是开放评估、公民科学、众包和开放创新。

本文的分析还表明，马来西亚的公立大学参与了开放科学，目前实践开放科学的唯一途径是开放科学期刊和开放教育资源。

因此，政府、科研资助者和这些大学的相关部门必须进一步引导大学并为大学提供基础设施，使开放科学系统的相关组成部分能够发挥作用，如开放研究数据、开放基础设施、开放创新、开放评估、开放合作、众包和公民科学。

（三）开放科学对大学的益处

需要指出的是，大学通过参与开放科学实践可以获得一些益处，为了了解这些益处，受访者被问及根据他们的经验，当前的开放科学实践是否对其所在大学的所有利益相关者都有益（见表4）。48%的受访者认为当前的开放科学实践对研究人员有利，31%的受访者表示不太了解大学开放科学的益处，20%的受访者表示开放科学在其大学中部分是有益的，1%的受访者认为完全没有益处。

（四）大学可利用的开放科学政策

要在这些大学开展好开放科学的实践，就必须有关于如何管理和使用开放资源的适当指导方针和政策。受访者被问到其大学目前是否有开放科学政策或战略（见表5），或专门负责开放科学实践的部门/实体（见表6）。就"是否有开放科学政策和战略"而言，59%的受访者表示不知道，23%的受访者表示有，9%的受访者表示没有但在建设，9%的受访者表示完全没有。

尽管拉赫曼强调了开放科学的必要性，但马来西亚目前还没有开放科学政策（Abd Rahman，2019）。然而，马来西亚能源、科学、技术、环境和气候变化部（MESTECC）和马来西亚科学院（ASM）刚刚发起了马来西亚开放科学平台（MOSP）倡议，也呼吁制定有据可查的政策。

出台开放科学政策将促进高校对开放科学原则及实践的认可。建议这些大学、政府、研究资助者和出版商共同制定一项开放科学政策，不断规范相关人员从业制度。此外，所有大学都应设立专门部门，或在大学图书馆中设立一个栏目，向相关人员宣传开放科学的特征以及如何进行开放科学研究。

表4　开放科学实践对大学的利益相关者是否有利

单位：人

问题	选项	大学名称				总数
		IIUM	UNIMAS	UITM	UMS	
当前的开放科学实践对研究人员有利吗？	不知情	26	33	9	10	78
	完全没有	1	0	2	0	3
	部分有	18	18	12	4	52
	有	49	14	33	26	122

表 5　高校开放科学政策与战略的可用性

单位：人

问题	选项	大学名称				总数
		IIUM	UNIMAS	UITM	UMS	
你们学校目前有开放科学政策或战略吗？	不知情	57	49	20	25	151
	完全没有	10	4	6	2	22
	没有但是在建设	5	6	5	8	24
	有	22	6	25	5	58

表 6　所在高校是否有专门的开放科学部门 / 实体

单位：人

问题	选项	大学名称				总数
		IIUM	UNIMAS	UITM	UMS	
你的大学有专门的开放科学部门 / 实体吗？	不知情	50	39	20	19	128
	完全没有	16	12	14	4	46
	没有，但是在建设	4	2	10	6	22
	有	24	12	12	11	59

（五）由大学参与的国家开放科学框架

受访者还被问到所在大学参与的国家开放科学框架的意识，或是否知道有任何具体平台可让大学中不同的开放科学利益相关者参与马来西亚开放科学建议的咨询过程。

研究结果表明，64% 的受访者对其所在大学参与开放科学国家框架的意识一无所知。其中 24 人（9%）提到了马来西亚的一些开放科学平台，如 MyCite、Researchgate 和 Akademi Sains，这些平台可以让大学中不同利益相关者参与开放科学的咨询过程。17% 的受访者表示所在大学没有参与开放科学国家框架的意识。10% 的受访者表示虽然所在大学没有参与开放科学国家框架的意识，但正在建设。因此，图书馆必须不断向各自的利益相关者宣传什么是开放科学，尤其是开放获取平台的含义。

（六）高校实施开放科学实践

马来西亚政府目前已经启动了一个平台，以促进开放科学实践。本研究请受访者就马来西亚如何顺利实施开放科学提出建议，并指出他们在各自大学就开放科学达成全国共识方面可能会遇到的障碍。

从受访者的回答中可以归纳出顺利实施开放科学的基础，包括提高对开放科学系统的认识、加大财政支持、提供安全可靠的平台（基础设施）、制定支持开放科学系统的政策。

（七）大学现有的开放式科学基础设施

为进一步了解这些大学开放科学活动的范围，本研究还进一步询问受访者其大学目前是否拥有研究数据存储库，并指出存储库中的研究数据类型。

就"对所在大学数据存储库的了解程度"而言，大多数受访者（67%）表示其所在大学拥有研究数据存储库，此外，58 名受访者（23%）表示不知道自己的大学是否拥有研究数据存储库；16 名受访者（7%）表示自己的大学没有数据存储库；3% 的受访者表示没有数据存储库，但正在建设过程中。

从以上回答中可以发现，大多数受访者将研究数据存储库误认为研究期刊或研究成果存储库。这是从对图书馆负责人的访谈中发现的，他们都表示自己的大学目前只拥有研究期刊资料库。有些大学目前正计划建立研究数据存储库。一些受访者表示，研究方法和工作流程、幻灯片、人工制品、标本、样本、调查问卷和计算机软件源代码是其资料库中的数据类型。

研究结果表明，研究人员大多将其最终发表的研究成果提交给资料库，但没有将其研究数据存入资料库。不过，这可能是因为没有数据存储库，也可能是因为研究人员需要更多有关数据管理和版权问题的支持才能便于他们将更多研究数据存入存储库。

所有大学都有研究期刊资料库也与以下原因有关，即政府和科研资助者现在都在采取政策，要共享开放科学期刊论文，这就要求作者在成果发表后提供给开放存取平台，在大多数情况下，资料库已成为支持这些政策的关键基础设施。

（八）资料库的利用

为了解机构资料库的使用程度，受访者还被问及其所在的大学将研究数据存放在哪里，并给出了四个选项供选择，分别是：第三方数据云（Dropbox）、谷歌硬盘等，学院或机构资料库，公共领域（如 researchgate、academia 和 zenodo）以及共享硬盘驱动器。他们还被问及将研究数据存储在哪里，以及他们认为哪些基础设施对于在大学中实施开放数据至关重要。

85% 的受访者表示学院或机构资料库是其所在机构存储研究数据的地方，仅有 6% 的受访者表示使用公共领域和共享硬盘驱动器。这表明，这些大学的大多数研究人员都将其研究数据保存在第三方数据云、谷歌硬盘以及学院或机构存放处。但他们不会通过公共平台共享研究数据。然而，受访者提到的在大学中实施开放科学最重要的条件是基础设施建设，包括可用的高速互联网、管理良好和安全的存储库、能力建设意识。

（九）图书馆为推动开放科学而开展的研究数据管理和相关能力建设活动

受访者被问及其所在的大学是否提供任何有关研究数据管理的培训，并从给定的开放科学要素清单中指出他们的大学可以提供哪些培训。

48% 的受访者承认其所在大学提供了管理研究数据方法的培训。30% 的受访者不知道自己所在的大学是否提供管理研究数据方法的培训。22% 的人表示没有培训。受访者所熟知的开放科学是在开放获取期刊和论文集上发表文章的开放获取途径。所有受访者均表示所在大学已提供开放获取期刊；42% 的受访者表示从来没有使用过所在大学的开放获取资源；分别有 23.6% 的受访者表示使用了所在大学的开放数据或开放研究数据。而最不实用的开放科学实践是开放合作，这意味着这些大学的研究人员并不热衷于通过合作开展科学研究，也不热衷于公民科学，公民科学是指公众积极参与研究项目，仅有 11.5% 的受访者表示所在高校提供公民科学实践。

这些发现与乌纳尔等的研究结果一致，他们研究了大学研究人员的研究数据管理和数据共享行为。他们的研究结果还表明，开放获取在研究人员中普及度不高，因为他们主要关注赞助商和出版商的数据伦理和法律问题，并且大多数研究人员也没有接受过任何研究数据管理方面的培训，如数据管理规划元数据（data management planning metadata）或文件命名（Unal et al.，2019）。

（十）开放科学与全球健康危机

研究人员还被问及是否有必要加强科学合作，以及最迫切需要哪类机制来支持这种合作。90% 的受访者认为需要加强科学合作。对于建设科学合作机制，大多数受访者的意见是：构建科学社会网络、提供研究补助金以及为开放科学利益相关者组织能力建设。

总体而言，在与图书馆馆长的访谈中还发现，大多数机构目前开放科学的实践和促进方式是通过其机构资料库，向社区提供研究出版物（开放获取）。这些机构实施开放科学的另一个平台是机构网站，在网站上提供研究人员的完整资料，包括他们的资历、专业和以前的项目，以便全球各地的潜在资助者和合作者获取这些信息。

不过，其中一些机构目前也在提议建立研究数据存储库，以便收集研究人员的研究数据。为了提高研究数据的透明度和可获取性，并使其研究成果具有可复制性和可推广性，研究人员需要将研究数据集中储存到一个地方。

五、结论

研究结果表明，参与本研究的大学已经具备了开展开放科学实践的某些基础。但是，由于缺乏系统的认识、未成立开放科学专门机构、没有成文的开放科学政策为其实践提供路线图，因此这一概念还没有被利益相关者完全接纳。从调查结果中还可以得出如下结论，马来西亚的公立大学关注到了开放科学，但并非所有大学都参与了开放科学实践，尤其是开放评估、公民科学、众包和开放创新。但是，他们实践开放科学的唯一途径是开放其科学期刊和机构资料库中的其他开放教育资源。受访者提到，支持机构向开放科学过渡的基础包括配备更多支持开放科学的现代基础设施，并配备相关专家，同时为研究参与者提供更多关于开放科学的指导。这是因为受访者列出了就开放科学达成全国共识的一些障碍，包括利益相关者对其好处的普遍认识、对开放科学系统的财政支持以及支持开放科学系统的可靠平台和政策。

六、建议

根据本研究的结果和得出结论，提出以下建议。

第一，由大学研究人员和图书馆员组成的利益相关者应加强对开放科学实践的内容的了解。

第二，科研人员应该熟悉一些可用的开放平台，将其整合到研究实践和活动的不同阶段。

第三，大学的图书馆员应该参与向研究参与者推广现有的国内和国际学术社交网络平台。比如 MyCite，MyUniNet，以及马来西亚的相关网站。

第四，科研机构的主管部门还应提供更先进的数字基础设施，以充分支持开放科学实践。

第五，应鼓励和激励研究参与者向开放系统贡献所有类型的研究材料、研究方法、研究发现和最终发表的报告。

第六，主管部门应该对参与者，尤其是研究人员进行现代研究内容管理的系统培训。

第七，应该有高级专业技术人员参与实施机构中的开放科学项目。

第八，政府和其他相关机构应该为研究人员和研究机构提供更多的财政支持和研究经费。

第九，应该在机构中建立一个专业部门，为开放科学实践提供成文的政策和战略。尽管它将附属于所在机构的图书馆。

致谢

作者感谢马来西亚国际伊斯兰大学（IIUM）语义知识体与技术研究实验室（Semantic Body of Knowledge and Technology Research Lab）的管理层和所有工作人员为研究所做的贡献。

参考文献：

Abd Rahman, N.（2019）. The need for open science. Journal of Research Management & Governance, 2（1）. https://ejournal.um.edu.my/index.php/JRMG/article/view/19517.

Abdullah, A.（2019）. Malaysian researchers on open science readiness: Call for action. Exploratory Discourse: Charting the Way Forward For MOSP. www.akademisains.gov.my.

Banks, G. C., Field, J. G., Oswald, F. L., O'Boyle, E. H., Landis, R. S., Rupp, D. E., & Rogelberg, S. G.（2019）. Answers to 18 questions about open science practices. Journal of Business and Psychology, 34（3）, 257–270.

Boock, M., Todorova, T., Trencheva, T., & Todorova, R.（2020）. Bulgarian author open access awareness and preferences. Library Management, 41（1）.

Chung, E., Kwon, N., & Lee, J.（2016）. Understanding scientific collaboration in the research life cycle: Bio-and nanoscientists' motivations, information-sharing and communication practices, and barriers to collaboration. Journal of the Association for Information Science and Technology, 67（8）, 1836–1848.

Clarke, D. J. B., Wang, L., Jones, A., Wojciechowicz, M. L., Torre, D., Jagodnik, K. M., Silverstein, M. C.（2019）. FAIRshake: Toolkit to evaluate the findability, accessibility, interoperability, and reusability of research digital resources. BioRxiv, 657676.

Demetres, M. R., Delgado, D., & Wright, D. N.（2020）. The impact of institutional repositories: A systematic review. Journal of the Medical Library Association: JMLA, 108（2）, 177.

Dillman, D. A.（2011）. Mail and internet surveys: The tailored design method—

2007 update with new internet, visual, and mixed–mode guide.

EBLIDA, IFLA, & LIBER. （2016）. Be open to open science: Stakeholders should prepare for the future, not cling to the past. http://libereurope.eu/blog/2016/06/09/be-open–to –open–science.

FOSTER. （2020）. What is Open Science? Introduction丨Facilitate Open Science Training for European Research. FOSTER. https://www.fosteropenscience.eu/node/1420.

Foster, E. D., & Deardorff, A.（2017）. Open science framework（OSF）. Journal of the Medical Library Association: JMLA, 105（2）, 203.

Hwang, S.Y., Elkins, S., Hanson, M., Shotwell, T., & Thompson, M.（2020）. Institutional repository promotion: Current practices and opinions in Texas academia. New Review of Academic Librarianship, 26（1）, 133‒150.

Kayal, S., Das, B., & Banejee, S.（2018）. The development of open access repositories（OAR） in Library & Information Science: A case study of Asianand European countries.

Kelman, S.（1992）. Adversary and cooperationist institutions for conflict resolution in public policymaking. Journal of Policy Analysis and Management, 11（2）, 178‒206.

Kowalczyk, D.（2018）. Purposes of research. Melalui. https://study.com/academy/less on/purposes–of–research–exploratory–descriptive–explanatory.html.

Kramer, B., & Bosman, J.（2018）. Rainbow of open science practices. Zenodo. https://doi.org/10.5281/zenodo.1147025

Kupriene, J., & Petrauskiene, Ž.（2018）. Opening science with institutional repository: A case study of Vilnius University library. LIBER Quarterly, 28（1）.

Kwon, N.H., Lee, J.Y., & Chung, E.K.（2012）. Understanding scientific research lifecycle: Based on bio–and nano–scientists' research activities. Journal of the Korean Society for Library and Information Science, 46（3）, 103‒131.

LERU.（2018）. Open Science and its role in universities: A roadmap for cultural change LEaGUE OF EUROPEan RESEaRCH UnIVERSITIES（Issue may）. https://ec.europa. eu/research/openscience/index.cfm.

MOHE.（2020）. Kategori UA. Ministry of Higher Education https://www.mohe. gov.my/institusi/universiti–awam/kategori–ua.

OpenAIRE. (2020). Open-science-as-a-cornerstone-of-the-sustainable-development-goalsopenaire-as-a-key-open-access-contributor. UN Press Release. https://www.openaire. eu/open-science-as-a-cornerstone-of-the-sustainable-development-goals-openaireas-a-key-open-access-contributor.

OSF. (2020). Open science framework. https://osf.io/.

Pardo Martínez, C. I., & Poveda, A. C. (2018). Knowledge and perceptions of open science among researchers-A case study for Colombia. Information, 9 (11), 292.

Prost, H., & Schöpfel, J. (2014). Degrees of openness: Access restrictions in institutional repositories. D-Lib Magazine, 20 (7/8), 16.

Rousi, A. M., & Laakso, M. (2020). Journal research data sharing policies: A study of highly-cited journals in neuroscience, physics, and operations research. Scientometrics, 124 (1), 131–152.

Taherdoost, H. (2016). Sampling methods in research methodology; how to choose a sampling technique for research. In How to choose a sampling technique for research (April 10, 2016).

Unal, Y., Chowdhury, G., Kurbanõglu, S., Boustany, J., & Walton, G. (2019). Research data management and data sharing behaviour of university researchers. Information Research: An International Electronic Journal, 24 (1).

UNESCO. (2020). UNESCO Recommendation on Open Educational Resources (OER). UNESCO. https://en.unesco.org/science-sustainable-future/open-science/recommendation.

Väänänen, I., & Peltonen, K. (2016). Promoting open science and research in higher education: A Finnish perspective. Online survey, 281.

Vicente-Sáez, R., & Martínez-Fuentes, C. (2018). Open Science now: A systematic literature review for an integrated definition. Journal of Business Research, 88, 428–436.

Zhu, Y. (2020). Open-access policy and data-sharing practice in UK academia. Journal of Information Science, 46 (1), 41–52.

（宋宇 译）

课堂中的开放科学：大脑和行为研究中的学生实验设计和同行评审研究 [*]

卡米拉·马图克 [1]（Camillia Matuk） 露西·耶特曼－迈克尔森 [1]（Lucy Yetman-Michaelson） 瑞贝卡·马丁 [2]（Rebecca Martin） 维娜·瓦苏德万 [3]（Veena Vasudevan） 金·布尔加斯 [4]（Kim Burgas） 伊多·大卫斯科 [5]（Ido Davidesco） 尤里·舍甫琴科 [6]（Yury Shevchenko） 金姆·查洛 [7]（Kim Chaloner） 苏珊娜·戴克 [1]（Suzanne Dikker）

（1.纽约大学；2.宾夕法尼亚大学；3.匹兹堡大学；4.独立研究人员；5.康涅狄格大学；6.康斯坦茨大学；7.格蕾丝教堂学校）

摘　要

公民科学项目为基础教育阶段（K-12）的学生提供了参与真实场景中科学探究的机会。然而，这些项目往往没有将学习者作为整个科学探究过程的主体，这与科学界日益兴盛的开放科学运动形成了鲜明对比。值得注意的是，研究构思和同行评审是科学研究的核心，通常情况下，专业科学家才会开展上述科研活动。本研究阐述了使高中生参与科学探究完整周期的开放科学课程的实施过程。我们探讨了学生的研究设计和同行评审的重点和质量，以及他们在参与项目的基础上形成的对开放科学的看法。具体来

* 文献来源：Matuk, C., Yetman-Michaelson, L., Martin, R., Vasudevan, V., Burgas, K., Davidesco, I., Shevchenko, Y., Chaloner, K., & Dikker, S.（2023）. Open science in the classroom: Students designing and peer reviewing studies in human brain and behavior research. Instructional Science, 51,（5）, 793-845.

注：限于篇幅，译文和图表有删改。

说，我们在三所高中的六个班级中实施了人类大脑和行为的公民科学学习专题。在学习了开放科学和公民科学相关知识后，学生参与由科学家发起的研究项目，与科学家合作提出自己的研究设计，以调查个人对人类行为和大脑研究感兴趣的问题。然后，学生们对其他学校学生的研究计划开展同行评审。基于对学生在学习过程中创作的研究成果的前后测的定性和定量分析，我们通过研究设计和同行评审来描述他们的兴趣、能力和自我报告的经历。研究结果表明，参与大脑和行为研究背景的开放科学能够让学生参与实验设计的关键环节以及以人为主体的研究中的特有问题，如研究伦理。与此同时，学生的学习设计和同行评审的质量发生了显著但复杂的变化。虽然学生论证研究重要性的能力有所提高，但他们将研究方法与研究问题结合起来的能力并没有提高。在同行评审方面，学生们普遍认为，同行的反馈是有帮助的，但分析结果表明，学生评审者很难明确提出具体的改进建议。根据这些研究发现，我们讨论了开设通过培养学生的兴趣促进其研究和评审能力发展，同时指导学生将这些能力应用到一系列重点研究项目上的课程的必要性。

关键词： 公民科学；开放科学；课堂；科学素养；实验设计；同行评审

一、引言

公民科学项目可以通过向公众公开科学探究过程来提高公众的科学素养。在很多情况下，由科学家决定探究哪些问题以及采用什么方法探究这些问题，而公众参与仅限于提供或分析数据（Phillips et al.，2018）。公众很少被邀请参与研究构思和论文评审。因此，许多公民科学项目可能会错过公众通过追问自己感兴趣的问题以及通过参与可以产生科学知识的社区驱动的科学研究过程来提高自己科学素养的机会。

本研究探讨基于课堂教学的、开放的公民科学方法如何让高中生参与科学家还未解决的科学问题的研究过程，主要包括研究构思和同行评审两个过程。本研究是在开发一个新的公民科学平台和课程的早期阶段开展的，该平台和课程指导学生提出研究问题，并将研究设计概念化，经由科学家审查，通过公众参与收集数据并开放数据。截至论文写作时，一些由学生主导的研究已经吸引了数百名研究参与者（Dikker et al.，2022）。通过描述在此过程中学生的学习设计和评审能力，本研究有助于帮助人们了解公民科学如何为学生提供很难在课堂环境中实现的真实的研究性学习体验，这也有利于提高研究参与者的科学素养。

（一）参与式科学学习：通过开放科学培养科学素养

我们的研究建立在参与式科学学习的基础上。这种社会文化视角将学习视为一个社区认同过程，并通过关注真实的问题、协商理解以及扮演更有知识的同事的角色来强化学习过程（Barab & Hay，2001; Gee，2003; Koomen et al.，2018; Lave & Wenger，1991; National Research Council et al.，2012; NGSS Lead States，2013）。参与式科学学习反映了真实科学的社会性质，公民科学也非常强调这一点。

虽然专家学者对公民科学的定义因地理、科学学科和背景差异而有所不同（Haklay et al.，2021b），但广义上，公民科学这个术语描述了一系列让公众参与科学过程的方法，从提供数据到分析数据，再到让非专家与专家合作，构思并实施科研项目（Bonney et al.，2009; Haklay et al.，2021a; Haklay et al.，2021b）。公民科学通过通力合作，使科学探究过程更加透明，公众更容易获取（Fecher & Friesike，2014），被视为开放科学的更广泛运动的一部分。开放科学的六大原则是：使知识免费获取（民主），使科学进展更高效、更具有目标导向（务实），每个人都能公开获取科学（公共），创建和维护开放科学的工具和服务（基础设施），评估研究的科学影响（测量），支持社区融合与社区承诺（community commitment）[①]（Fecher & Friesike，2014; Leible et al.，2019）。面对公共卫生突发事件，开放科学的重要性尤为凸显，因为世界各地的科学家共同协作，通过确定研究重点，科学家内部以及与公众实时分享工具和早期研究发现，以预防出现公共卫生突发事件（Fry et al.，2020; Lee & Campbell，2020; Rempel，2020）。

本研究重点关注实验设计和同行评审。这两个科学过程的基石（Scott，2007）在开放科学中尤为重要，因为两者反映了科学的社会性和参与性，以及社区在生产科学知识方面所发挥的作用。在典型的同行评审过程中，期刊编辑会邀请2—3名具有相关专业知识背景的评审专家对研究进行书面评论。评审标准包括研究问题的重要性、现有的研究基础、方法的合理性和研究结果的有效性（包括对局限性、潜在的混淆因素[②]和替代性解释的关注）（Kelly et al.，2014）。理想情况下，审稿人还会提供建设性的修改建议，以确保研究的严谨性和相关性。各种评审惯例确保高质量的论文评审。例如，期刊可能遵循开放、单盲或双盲的评审过程。期刊倾向于开展独立评审；而资助机构倾向于组织评审人小组，评审人小组将他们的评阅意见综合起来，形成联合评审。虽然论文评审惯例因领域、期刊和机构的不同而有所差异，但他们的共同目标是通过减少审稿人的潜在偏见以确保提出有用的反馈意见，并使

---

① 译者注：社区承诺是指个人或组织对所在社区的责任和义务的承诺，包括但不限于参与社区活动、支持社区建设、维护社区安全等方面。

② 译者注：潜在的混淆因素，又称混杂变量，是一种与研究的自变量和因变量相关的外来变量。一个变量必须满足两个条件才能成为混淆因素：一是与自变量相关，可能是一种因果关系，但它不一定是；二是与因变量有因果关系。

评审专家能够提出批评意见而不必担心遭到打击报复（Kelly et al.，2014）。

在开放科学模式中，已经完成的研究和拟定的研究均可以开展同行评审。尽早邀请同行评审专家参与科学研究过程，能够引入多种视角改进研究，并使审稿人在把握研究方向方面做出更大的贡献。更具体地说，开放科学的倡导者鼓励研究人员在期刊上预注册他们的研究方案，例如，在收集数据之前提交一个数据分析方案（Ledgerwood，2018; Nosek et al.，2018; Open Science Collaboration，2015; van't Veer & Giner-Sorolla，2016）。如果经过同行评审，该研究问题被认为是重要的，并且研究这些问题的方法是合适的，不管研究结论如何，接受预注册的期刊将发表这篇论文。目前已有80多个科学期刊提供注册报告。与传统的出版模式相比，科学家公开研究计划的开放科学模式有助于加快科学进步速度，减少发表偏见，提高研究结果的可重复性以应对复制性危机（Maxwell et al.，2015; Open Science Collaboration，2012）。

（二）通过真实的探究学习体验提升科学素养

接触开放科学，包括公民科学，提供了真实的研究性学习经验，具有促进学生加深对科学的理解并提高对科学的重视的潜力。例如，现有研究发现，参与公民科学对加强初、高中学生理解科学探究的本质以及形成对科学、技术、工程和数学（STEM）学科的积极态度具有积极的影响（Crawford，2012）。此外，参与研究构思和同行评审的学生对科学的社会属性以及他们在生产科学知识方面可能扮演的角色有更准确的了解（Harris et al.，2020; Robnett et al.，2015）。这种角色扮演能够进一步加强科学的个人和社会相关性，而不是重复那些结果已知的经典实验——这是基于课堂教学的典型教学方法（Furtak & Penuel，2019; Linn et al.，2016）——学生享有提出并回答与他们自己以及所在社区相关的开放性问题的自由。这种以学生驱动的探究方法可以激励学习者，并进一步让他们体验和理解克服自身感兴趣的、有意义的挑战的满足感（Buchanan，2019）。

早期的科学探究经历可以塑造对科学的积极价值观和态度，这对于培养科学素养（科学教育的一个主要目标）至关重要（American Association for the Advancement of Science，1989；National Research Council，1996；National Science Foundation，1996；Osborne，2010），同时也是公民科学的重要目标（Brossard et al.，2005；Jordan et al.，2011；Roche et al.，2020；Saunders et al.，2018）。根据国家研究委员会（National Research Council）的定义，有科学素养的人能够理解并应用科学过程和概念，能有效地参与日常和高风险的决策制定（American Association for the Advancement of Science，1989，2011；National Research Council，1996；National Science Foundation，1996；Osborne，2010）。科学素养包括以下能力：阐述和确定问题答案，描述、解释和预测观察结果，根据实证数据的质量和收集实证数据的方法生成并评估科学信息和主要观点。

因此，科学素养包括实验设计和同行评审的能力，这两种能力都需要理解和应用概念来设计和评估科学知识产生的过程。

（三）学生的实验设计能力

1. 什么是有效的实验设计

稳健的实验设计有以下几个特点：由可测试的问题或指定变量之间关系的假设驱动；根据问题或假设区分自变量和因变量；使用有效和可靠的手段来操纵变量；控制其他变量，以便开展比较和因果推理；在样本选择和抽样过程中，考虑代表性和普遍性；基于调查结果得出结论，并注意研究的局限性和可能的替代性解释（Walters，2020）。

从小学到大学，在课堂环境中培养学生的实验设计能力面临各种各样的挑战（Roche et al.，2020）。认知方面的障碍，包括在理解和应用与学科和实验设计相关的概念和技能方面的挑战，要掌握足够多的该领域的知识，从而将有用的科学贡献概念化。情感方面的障碍，包括学生由于对感知到的困难感到焦虑，或者他们未能认识到研究与个人的相关性而降低学习研究方法的动力（Earley，2014）。后勤保障方面的障碍，包括设备、研究参与者和研究时间不足（Perlman & McCann，2005；Woolley et al.，2018），课堂时长和传统的学校课程结构通常不利于开展以学生为主导的探究性学习

（Fitzgerald et al.，2019）。文化方面的障碍，包括在课堂环境中培育开放科学实践的挑战，在课堂环境中，评价标准倾向于鼓励独立工作，这违背了开放科学的基本原则。更重要的是，教师作为学生公民科学参与的关键中介，也可能缺乏支持学生学习的信心和准备（Fitzgerald et al.，2019; Jenkins et al.，2015; Kelemen-Finan & Dedova，2014）。

2. 支持学生学习实验设计

考虑到以上障碍，就不难理解为什么学生会在实验设计中遇到困难了。例如，学生很难提出一个可探究的研究问题；识别和操纵变量；设计符合研究问题的方法；在解释数据时要注意到局限性、潜在的混淆因素和替代性的解释（Chen & Klahr，1999; Dasgupta et al.，2014; Fuller，2002; Kuhn & Dean，2005; Shi et al.，2011; Woolley et al.，2018）。对初中生和高中生来说，识别和操纵变量（Bullock et al.，1999; Burns et al.，1985; Dolan & Grady，2010; Fuller，2002），以及控制实验设计的可变性都十分困难（Chen & Klahr，1999; Kuhn & Dean，2005）。小学生们往往会发现，找出别人实验控制中的错误比自己设计实验更容易（Bullock et al.，1999）。这些挑战不仅局限于基础教育阶段的课堂中，本科生也很难确定证明一个假设需要测量的变量（Salangam，2007），在阐述假设时调整处理变量（treatment variables）[①]和结果变量（Beck & Blumer，2012; D'Costa & Schlueter，2013; Griffith，2007; Harker，2009; Libarkin & Ording，2012; Salangam，2007），以及根据实验结果得出结论（Dolan & Grady，2010; Harker，2009; Hiebert，2007; Tobin & Capie，1982）。

先前的研究发现，真实而有意义的科学探究可以提升大学生的实验设计能力（例如，Killpack et al.，2020; Sujarittham et al.，2019）。到目前为止，基础教育阶段很少有这样的实验（Deemer et al.，2021），现有的类似实验一般聚焦于物理和生命科学（例如，Etkina et al.，2003; Harris et al.，2020; Robnett et al.，2015）。尽管大学前的学段与职业选择之间的相关性越来越

---

① 译者注：处理变量是在实验或研究中，用于衡量或控制的变量，以便观察其对结果的影响。

大，但人们对心理科学中学生的实验设计和同行评审能力了解不多（Iandoli & Shen，2021; Kadir & Broberg，2021; Shneiderman，2020）。

（四）学生的同行评审能力

1. 同行评审的价值

与实验设计不同，作为一种标准的形成性评估实践，同行评审对于学生和教师来说都比较熟悉。基于课堂的同行评审涉及学生对彼此作业的交换反馈，也被称为同行评估或同行反馈。虽然同行评审是科学探究的关键部分，但目前对它的研究主要在语言艺术课堂和高校中（Double et al.，2020），或者天文学等物理科学和生态学等生命科学领域（Anker-Hansen & Andrée，2019；Ketonen et al.，2020; Tsivitanidou et al.，2012）。

关于同行评审的研究表明，这种评估实践对处于不同教育阶段的学生和教师有多重好处（Black & Wiliam，1998; Dolezal et al.，2018; Double et al.，2020; Dysthe et al.，2010; Ed et al.，2001; Hattie & Timperley，2007; Kennedy et al.，2008; Li et al.，2020; Loretto et al.，2016; Noonan & Randy Duncan，2005; Shute，2008; Sluijsmans，2002; Tsai et al.，2002; Tsivitanidou et al.，2011; van Gennip et al.，2010; Wanner & Palmer，2018; Xiao & Lucking，2008）。具体来说，教师从同行评审中受益，因为评价的负担从教师身上转移到了学生身上（Wanner & Palmer，2018）。同时，同行评审对学生的益处是双向的：受益于同行评审的改进意见，学生的作业质量得以提升；开展评审的过程也使评审者十分受益（Huisman et al.，2018）。学生在评审过程中，将自己的作业与同学的作业进行比较，从而促进反思（Panadero，2016; Race，2014）。通过这种方法，学生评审者可以了解高质量的作业标准（Kollar & Fischer，2010），并将这种标准应用到自己的作业中。在课堂中实施同行评审可以确保学生得到及时的、多角度的，甚至有时候是更有用的反馈，因为学生发现同伴的反馈意见比老师的反馈意见更容易理解（Black & Wiliam，1998）。重要的是，同行评审可以通过减少学生对老师的依赖来增强学生的自主意识（Shen et al.，2020）。与参与式学习的理念一致，同行评审可以通过突出学生的专业知识为学生赋权[1]（Sackstein，2017）。研究结果表明，与教师评审和不开展评审相比，同行评审更有助于提升学业成就，与自我评估所取得的效果相似（Dolezal et al.，2018; Huisman et al.，2018; Li et al.，2020; Loretto et al.，2016; Noonan & Randy Duncan，2005; Tsai et al.，2002; Tsivitanidou et al.，2011）。

2. 什么是有效的同行评审

在科学教育中，高质量的同行评审指对同行工作的优势和劣势进行合理评估，并提出具体的改进建议。对一项研究开展有效的评审需要具备一系列特殊的能力、理解力和性情（Gaynor，2020），包括对实验设计开展充分的概念化理解以便确认研究问题并提供具体的解决方案、以对接受者有帮助的方式交流批判性建议能力。也就是说，同行评审通过对批评性建议的清晰解释给予接受者具体的改进建议。

一项对同行评审影响的元分析研究结果表明，最有影响力的反馈是提供了更好地执行一项任务的具体建议。影响较小的反馈只关注目标是否实现，仅仅是对作业的赞扬或批评（Hattie & Timperley，2007）。先前的研究发现，高中生更容易理解的同伴反馈是改进研究项目的建议，更容易接受用赞美来缓和批评的反馈意见，那些他们同意的、能提供解释的、表达不确定性的（例如，可能……也许可以这样……）、能够被理解的反馈更容易被采纳（Wu & Schunn，2020a）。

3. 支持学生学习同行评审

和实验设计一样，学生在开展同行评审的时候也遇到很多认知和情感挑战。研究发现，学生与一系列如何给出和接受同行评审的复杂社会影响（social influences）[2]做斗争，包括信任、动机和彼此之间的适应（Kasch et al.，2021; Kaufman & Schunn，2011; Panadero，2016; van Gennip et al.，2010; Zou

---

[1] 译者注：为学生赋权是指给予学生权力、自主性和自信心，使他们能够更好地掌握知识和技能，发挥潜力。

[2] 译者注：社会影响是个体为适应社会环境而调整自己行为的方式，包括顺从、社会化、同伴压力、服从、领导、说服、销售和营销等多种形式。

et al., 2018)。例如，在同行评审过程中，学生往往不太关心评审意见的准确性，而更关心评审观点是否会引起尴尬或不友善（Christianakis，2010; Peterson，2003)。

学生开展同行评审的方法各有不同。一些研究发现，学生往往不信任同伴的专业知识（Kaufman & Schunn，2011），认为教师的反馈更有帮助（Tsui & Ng，2000），在修改作业时更愿意采纳教师的反馈而不是同伴的反馈（Yang et al.，2006）。与此同时，对同伴反馈的不信任会让学生更谨慎地接受批评（Bangert-Drowns et al.，1991），这与他们作为学习者的独立性和自主性有关（Yang et al.，2006）。

一些研究表明，反馈的内容而不是学生对反馈的看法影响了学生是否采纳反馈意见（Gielen et al.，2010; Kaufman & Schunn，2011; Strijbos et al.，2010）。这表明了学生学习提出有效的同行评审意见的重要性，并且需要有意地支持他们开展同行评审（Gielen et al.，2010; Hovardas et al.，2014; Lu & Law，2012; Topping，2009; van Zundert et al.，2010）。在同行评审中，有目的性的指导能够激发学生开展同行评审的动力，提高对同行评审价值的认识，对有帮助的评审意见所具备的特征达成共识，提升同行评审的影响力（Li，2017; Li & Grion，2019; Schunn et al.，2016; Tasker & Herrenkohl，2016）。值得注意的是，在课堂中引入专业同行评审的做法对学生会有所帮助。例如，一项针对大学生的研究结果表明，匿名同行评审帮助同行评审者关注同行的工作内容，而不是猜测他们的身份（Yu & Sung，2016）；提高了大学生对同行评审的价值感知；同时也鼓励更多批判性反馈（Howard et al.，2010; Ketonen et al.，2020; Panadero & Alqassab，2019）。

（五）研究问题和原理

实验设计和同行评审包含了科学素养中的许多技能和概念。同样地，这些都是科学探究中关键的、相互关联的过程，有可能相互受益：当同行评审者用他们自己的实验设计专业知识评审他人的成果时，他们也可以学习新的技术和观点，并把这些新的技术和观点应用到自己的实验设计中。学生主导的公民科学探究为培养科学素养提供了特别丰富的机会，因为此举允许学生开展自己感兴趣的研究。然而，这种优势带来了如何培养学生个人兴趣的问题，在指导学生形成表达、研究和评估更重要的研究问题的能力的同时（这些研究问题既可能与学生的个人兴趣相关，也可能与学生的个人兴趣无关），学生可能缺乏专业的学科知识。

为了更好地理解开放科学所蕴含的学习潜力，我们通过对学生参与公民科学平台以及人类大脑和行为研究课程的研究，探索学生的兴趣、经验、学习设计和同行评审能力的发展情况。具体而言，本文的研究问题是：

1. 学生设计了什么类型的研究？

a. 研究问题的焦点是什么？

b. 研究设计的质量有哪些特点？

c. 参与这项研究如何改变学生的研究设计能力？

2. 学生开展了什么类型的同行评审？

a. 同行评审的质量有哪些特点？

b. 参与这项研究如何改变学生的同行评审能力？

3. 学生参与开放科学的经验是什么？也就是说，他们如何看待设计研究和参与同行评审的价值和过程？

对于研究问题 1b、1c、2a 和 2b，学生在完成这个专项学习内容后，研究设计和同行评审能力的某些方面是否有一定程度的提升，考虑到这些技能的复杂性，以及掌握这些技能所需的时间，我们假设学生将在研究设计和同行评审的某些方面遇到困难。通过了解学生研究设计和同行评审的重点和质量（研究问题 1 和研究问题 2），描述学生对开放科学的看法（研究问题 3）。本文的研究目的是在公民科学和更广泛的开放科学背景下了解基于课堂的课程设计。

二、方法

为了在开放的科学环境中探索学生的兴趣、经验和科学素养，在公民科学平台"思维蜂箱"（MindHive）的帮助下，我们创建并实现了一个高中人类大脑和行为的学习专题。该平台有一个探索区，学生可以探索并参与由科学家和其他学生创建的研究；该平台还有一个发展区，学生可以创建研究、收集数据，并对学生创建的研究与班级内同学或其他学校的同学交换同行评审意见。教师可以邀请学生上课，查看学生的平台活动，并使用"我的课程"（My Classes）页面布置作业。迄今为止，"思维蜂箱"已被九所学校的约 350 名学生使用，包含了由学生和专业科学家创建的约 300 项研究。

通过对学生的作品、调查回复和访谈的定性和定量分析，我们探讨了学生在研究设计和同行评审方面具体维度的变化，以及他们对开放科学方法的价值的看法。

（一）研究参与者和背景

美国三个州的三所高中在 2021 年春季参加了这项研究（见图 1）。这里提到的学校都是化名，分别是位于东北部大城市的私立学校戈登尼亚（Gordonia）；一所位于南部小城的私立男子高中，默特尔（Myrtle）；一所位于中东部一个小城市的大型公立科学学校红莓（Redberry）。在六个课程阶段共有 104 名学生参与（戈登尼亚和默特尔各进行了一个阶段，红莓开展了四个阶段）。

参与调查的三位教师都有 8 年以上的基础教育阶段的教学经验，并且之前都在课堂上使用过"思维蜂箱"。教师具有科学领域的专业背景，也接受过正式的科学培训，其中一位教师（戈登尼亚）曾研究过环境科学教育；一位教师（默特尔）曾是癌症和免疫学科学家；一位教师（红莓）拥有生物化学博士学位，曾经从事生物技术工作。每位教师都重视并经常为学生提供实操的、学生主导的研究性学习体验，并将各种形式的同行评审纳入他们的教学。

这项研究中的学生第一次使用"思维蜂箱"。他们之前的探究性学习经验符合美国高中对学生探究性学习要求的标准。这些经验包括完成实验室报告，对假设进行调查、识别变量、分析数据和撰写基于实证的研究结论。在低年级阶段，这些项目都是建构式的。在高年级阶段，探究性学习越来越以学生为导向，为学生可能遇到的各种评估和考试做准备，比如大学理事会考试、国际文凭（IB）考试或高级独立研究项目。因此，对于参与此研究的学生而言，"思维蜂箱"是他们第一次参与如此高程度的由学生主导的探究体验。

表 1　研究参与者和研究数据汇总

学校	学科、年级、教师	[+]学生（N=104）	数据
戈登尼亚（Gordonia） ·城市私立学校 ·32.9% 非白人、7.2% 西班牙裔 ·29% 接受资金资助	·环境科学，11 年级和 12 年级 ·1 名教师，女，有 20 多年教学经验	·1 个课程阶段 ·15 名学生 ·11 年级和 12 年级	4 个访谈 6 份研究计划 30 份同行评审
默特尔（Myrtle） ·城郊私立学校 ·24% 非白人、1% 西班牙裔 ·29% 接受资金资助	·分子生物学，10 年级和 11 年级 ·1 名教师，女，有 11 年教学经验，曾是一名癌症和免疫学科学家	·1 个课程阶段 ·9 名学生 ·10 年级和 11 年级	4 个访谈 3 份研究计划 33 份同行评审
*红莓（Redberry） ·公立磁石学校① ·71% 非白人、23% 西班牙裔 ·15% 接受免费或打折午餐	·生物学，9 年级 ·1 名教师，女，有 9 年教学经验，具有儿科研究的经验 ·1 名教师，生物化学博士，具有生物技术领域从业经验	·4 个课程阶段 ·80 名学生 ·9 年级	21 份研究计划 78 份同行评审

注：*受研究伦理审查的限制，我们只收集了这所学校的去识别化的学生的数据。
　　[+]由于只有一半的研究参与者填写了性别，因此，此表不包含性别。

（二）学习专题及活动流程

所有的课堂活动都由"思维蜂箱"（www.mindive.science）引导，"思维蜂箱"是一个在线公民科学平台，提供支持教师、学生和科学家开展真实的人类大脑和行为研究的配套课程（Dikker et al., 2022）。"思维蜂箱"是根据开放

---

① 译者注：磁石学校是美国 20 世纪 70 年代后建立的一种学校类型，以自身独特的设施和专门化课程吸引（如同磁力吸引）本学区或本学区外学生就读，强调以数学、科学、艺术等为教学特色。

科学的原则设计的，旨在支持人类认知和神经科学领域的公民科学探究（下文用大脑和行为研究表示）。大脑和行为研究的重点是与学生直接相关的个人问题。因此，它为学习者提供了独特的机会去解决重要的研究问题，如伦理、包容和参与者经验，语境在解释研究发现中的重要性，以及以上内容与实证数据有效性之间的关系。此外，大脑和行为研究概念的交叉性使其能够轻松补充许多传统 STEM 课程的内容，包括那些以环境科学、分子生物学和研究方法为重点的课程，吸引更多的人学习 STEM，并为学生选择在人机交互、工程和用户体验等领域就业做好准备，这些领域都以人类大脑和行为研究为基础（Iandoli & Shen，2021; Kadir & Broberg，2021; Shneiderman，2020）。

"思维蜂箱"邀请学生和科学家进入一个开放科学社区，在那里他们可以开展并评审人类大脑和行为领域的研究。学生和科学家开展的评审研究被汇集到一个允许公众参与的研究库中。成员可以使用这些研究作为模型，并通过调整仪器和实验设计模式来重组研究。在我们支持的课堂中，科学家也会加入，在学生团队合作中担任指导教师。先前的研究发现，"思维蜂箱"在促进学生科学学习兴趣方面成效显著，包括增强学生对科学的迷恋程度以及作为公民科学家的能动性（Matuk et al.，2021）。

在本研究中，学生们在 6—9 周的时间里，每周 1—4 个学段完成该专题的 14 节课（见表 2），在此期间，他们以小组形式构思和提出研究设计，然后对彼此的研究计划开展同行评审。下面，我们描述了旨在支持学生的研究设计和同行评审的活动。

表2 "思维蜂箱"学习专题中的课程概览

课程数量和主题	作业
0 "思维蜂箱"课程概述和引导流程	• 预调查
1A 开展科学研究——提出问题 • 学生学习一个好的研究问题所包含的要素。哪些因素使一个问题具有相关性、普遍性和可测试性？ • 学生从探索如何遇到日常科学问题开始，学习表述科学探究本质的学术语言	• 期刊阅读：反思新冠疫情给日常生活带来的变化以及对你的影响。你对你自己或你的朋友受到的影响有什么了解吗？ • 阅读一篇大脑和行为研究的综述论文为下次课做准备
1B 开展科学研究——过程和交流 • 学生们将学习科学家在不同的研究过程中相互沟通以及与公众沟通的方法。科学界如何在快速发现和科学的严谨性之间保持平衡？	• 观看一段关于公民科学的短视频，为下节课准备一些引导性问题
2A 公众参与——公民科学 • 学生将学习公民科学的不同模式，并讨论科学家与公众伙伴关系的价值和可能的局限性	• 观看《华盛顿邮报》视频："中国如何在课堂上使用人工智能"
2B 公众参与——以人为主体的研究 • 通过过去和现在例子的对比，学生了解与开展人类研究课题相关的科学研究的好处和缺陷 • 学生体验并反思以人为主体的研究，参与科学和社会应该如何从作为研究主体的人那里获得研究数据的课堂讨论	• 参与"思维蜂箱"研究，反思研究参与者体验
3A 大脑和行为研究——开展科学研究 • 学生学习人类精神科学的基本概念以及神经科学和心理学家认识大脑如何支持并解释行为的工具	
3B 大脑和行为案例研究——风险承担 • 学生们学习多巴胺，因为它与年龄、冒险和情绪有关	• 参与并反思"思维蜂箱"风险承担研究
3C 大脑和行为案例研究——社会影响 • 学生将学习社会大脑以及同理心和社会影响如何解释人类行为	• 参与并反思"思维蜂箱"气候选择（Climate Choice）研究
3D 大脑和行为案例研究——正念 • 学生们通过不同类型的正念冥想，了解人类大脑的不同部分如何映射到不同的大脑功能中	• 参与并反思"思维蜂箱"正念研究
4A 优化研究——找到一个研究主题 • 学生们重温第1A课（什么是一个好的研究问题？），并反思他们迄今为止参与的"思维蜂箱"研究	• 创建"思维蜂箱"研究工作空间 • 填写头脑风暴研究计划卡

课程数量和主题	作业
4B 让研究问题与任务保持一致 •学生学习如何将他们的研究问题转化为可测试的假设，并创建一个适当的研究设计	
4C 完善研究计划——背景研究 •学生学习如何开展学习主题的背景研究，并探索平台上任务的功能	•查找并分享关于他们研究主题的2—3篇论文 •参与一项新的"思维蜂箱"任务并描述这项任务评估哪方面的能力
5A 同行评审 •修改研究计划，学生将了解同行评审在科学研究中发挥的作用，探索并讨论同行评审的原则和最佳实践。进一步讨论如何根据同伴反馈修改研究 •学生个体首先对其他班级学生的研究设计提供评审意见，然后以小组形式讨论和综合他们的评审意见	•期刊阅读：你的研究计划将如何受到同行评审过程的影响？ •个体同行评审 •小组综合
5B 同行评审总结 •学生们分小组继续综合他们的个人评审意见，并将同行评审的经历作为一个整体进行反思	•期刊阅读：你是如何发现同行评审过程的？ •评审后的调查
5C 修改研究 •学生学习同行评审意见并决定如何修改研究	•调查的后续测试

注：本表由作者改编。

（三）学生的研究设计过程

该项目通过多种方式指导学生开展研究设计。首先，通过互动讲座和小组讨论，向学生介绍了实验设计的基本原理。其次，他们通过参与和评审科学家设计的"思维蜂箱"研究，接触到实验设计的模型。从神经科学家同事网络中招募了四位科学家导师，他们是在美国攻读博士学位的神经科学专业的学生，参加了其中的一些课程（每所学校约5课时），分享他们的工作，并为学生的想法提供反馈意见。一位导师还在"思维蜂箱"平台上设计了一项研究，我们将其与正念和大脑的课程结合在一起。最后，学生按照我们设计的一系列提示来表达他们对人类大脑和行为的好奇心，阐明和证明研究问题，查阅相关文献，阐明假设和变量，描述参与者和招募情况，设计研究方法，讨论潜在的研究局限、潜在的混淆因素以及替代性解释和研究局限（见表3）。

表3　引导学生完善研究计划的提示

研究计划卡片类别	研究计划卡片标题	研究计划卡片描述
头脑风暴（可选择）	研究主题： 小组综合 学生研究创意1—6	• 在每个人单独花一些时间思考在这部分的其他卡片上的内容之后，以小组为单位填写这张卡片（指定一个抄写员）。用这张卡片综合每个人的想法并确定一个研究主题 • 每人单独填写"研究思路"。完成后，与小组讨论想法，集体确定一个研究主题。用这张卡片综合潜在的学习想法。收集课堂笔记、日记、网页链接以及在洗澡或与朋友交谈时产生的任何想法。同时列出任何你感兴趣的"思维蜂箱"任务和调查，并解释原因
研究目标	大的研究问题重要性	• 用一句话描述你的大的研究问题。不要担心这个问题是否足够具体到可以测试 • 用几句话概括研究目标及其重要性。根据在进行背景研究时所观察和阅读的内容，描述你正在研究的现象，以及是什么促使你的团队研究这一现象。注意你的受众：你在对谁讲话？他们能理解你的描述吗？他们会相信你的研究与他们和/或社会的相关性吗？
背景和知识鸿沟	知识鸿沟 背景：大脑 背景：行为 背景：发现1—6	• 你的研究试图填补什么样的知识空白？填补这一空白将如何帮助广大公众和科学界？ • 哪些大脑区域、过程或化学物质与你的研究主题和问题相关？综合每个人在他们的文献研究中发现的东西（参见本节中的其他卡片） • 与你的研究课题和问题相关的人类行为是什么？综合现有文献的相关研究发现的东西（参见本节中的其他卡片） • 每个学生单独填写一张卡片。探索你的初步想法和研究问题！开展文献研究，整理研究发现：列出并总结2到3篇文献，反思你学到的东西。你注意到你的主题有什么规律吗？有什么让你吃惊的事实吗？有没有什么是你想知道的，但目前在文献中是缺失的？你现在是否有一个迫切想解决的问题让你夜不能寐？

研究计划卡片类别	研究计划卡片标题	研究计划卡片描述
方法	任务、调查 研究参与者 过程 研究参与者招募计划	• 描述你将在本研究中使用的任务和调查方法 • 你在调查哪些群体？解释你的参与者是谁以及你将招募多少人（以组为单位，如果你有不同的研究参与者小组） • 你的研究参与者会被要求做什么？频率是多少？这项研究需要多长时间才能完成？ • 描述你计划如何招募研究参与者以及在什么时间内招募。你会发一封电子邮件吗？招募你的同学，还是招募别人？
研究问题和假设	研究问题、假设、预测变量、结果变量1—4	• 将大的研究问题转换为可验证的（分）研究问题，列出研究假设。你的预测变量（自变量）是什么？你的结果变量（因变量）是什么？在这里识别他们。如果测试多个问题，请使用多张卡片
讨论	替代性结果 研究局限 未来研究方向	• 你的研究的其他可替代性结果是什么？仔细检查你的假设，批判性地思考成功开展你的研究的其他方式 • 讨论你的研究可能存在的一些局限性。这些可能是你的设计或你的研究范围的缺陷等 • 根据未来可能的问题和研究，讨论你的研究发现任何可能的含义

（四）学生的同行评审过程

在学生创建自己的研究之后上一堂讨论课，讨论内容是同行评审在科学中发挥的作用，包括同行评审的原则和最佳实践，以及如何使用反馈来修改研究。在这节课之后，学生通过"思维蜂箱"中的同行评审工具提交已完成的研究，这能使他们的同学和合作学校的学生在班级网络的"评审"栏中看到这些内容。然后，学生被分配评审1—7项自己的或者不同学校合作班级的研究。

为了支持学生的同行评审，学生使用了"思维蜂箱"工具，该工具允许他们选择将要评审的研究计划。提示引导学生对研究计划的不同方面给出星级评分和书面反馈，如研究问题的重要性、变量的定义、研究任务的适切性（见表4）。

表 4　引导学生开展同行评审的提示

这个研究问题重要吗？为什么（不）？
研究设计是否合适？你会如何改进研究设计？
预测结果是否支持研究人员的假设？
研究人员是否考虑过研究结果的其他可替代性的解释？可能是什么呢？
这项研究是否尊重参与者的隐私、健康和努力？解释你的理由。
在后续研究中，你还能解决哪些问题？
参与这项研究有什么感觉？持续时间合适吗？任务是否明确？你是否有动力去努力回答问题？解释你的答案。
这个研究看起来有趣吗？你会选择参加这项研究吗？你愿意推荐吗？为什么（不）？

在完成个人评审后，学生重新回到他们的研究设计小组，组成评审小组讨论对评审的 2—3 项研究的个人意见，并得出综合评审意见。为了做到这一点，他们对提示做出了回应："我喜欢……我希望……我想知道……"评审小组活动旨在进一步模仿专业评审方法，其目的是通过鼓励评审人员验证解释并就其评审达成一致意见以加强评审人员的反馈。评审小组活动还旨在丰富学生的学习经验，因为这种活动方式允许同行评审者分享他们得出评审意见的理由。在这项研究中，我们只分析学生的个人评审意见，这些评论是在小组评审之前完成的。

三、数据

我们的数据包括学生的初始研究计划和修改后的研究计划、同行评审和调查结果，对三所学校教师的访谈，以及对戈登尼亚和默特尔的学生的访谈。

1. 研究计划

学生研究团队通过回答一系列提示问题，撰写了书面研究计划（表 3）。除其他事项外，这些提示有利于激发学生思考研究重点、阐明假设、定义变量，并讨论潜在的混淆因素。虽然我们有意让学生根据同行评审的意见修改研究计划，但由于课程进展的时间限制，学生几乎没有多余的时间修改研究计划。因此，我们主要分析学生的最终研究计划，这些研究计划实际上与学生提交给同行评审的研究计划相同。

2."思维蜂箱"

"思维蜂箱"研究是一系列在线研究参与活动，学生们根据研究计划进程实时更新交流研究介绍和任务报告。"思维蜂箱"的研究包括学生从公共数据库中选择、改编的调查和任务，或者由他们自己设计的研究（例如，在谷歌表单中）。"思维蜂箱"研究的相关链接可以用来收集研究参与者的数据，也可以在同行评审期间与研究计划一起供同伴审查。

3.同行评审

每位学生的同行评审包括由八个提示问题组成的简短回应（见表4）。这些问题要求审稿人审查研究问题的重要性，研究方法在多大程度上使研究方法与研究假设保持一致，充分考虑了可替代性解释，并阐明了对以人为研究对象的研究伦理问题。根据"思维蜂箱"评审系统的发展状态，评审不能追踪到个别学生，因此我们不可能将学生的评审在前测、专题和后测之间联系起来。

4.前测和后测

在专题学习前和学习后，我们进行了一项调查，旨在深入了解与更广泛的项目研究和设计目标相关的主题。我们的分析集中在几个选定的项目上。其中包括两组学习前和学习后的开放式项目，设计研究和审查研究由十个简短回答的问题组成，这些问题促使学生根据研究问题设计研究，并审查假设的研究（见表5）。两个后测项目让学生评估他们在同行评审过程中感知到的帮助程度和信任度。最后，我们使用了一个开放式的后测项目，让学生回答"你从同行评审过程中学到了什么"，以便获得定性数据。下文的数据描述中包括这些项目的细节。

表5　学生研究设计和评审能力的前后测条目

研究设计要点提示	研究评审要点提示
当地河流的污染情况已经很多年了。科学家是如何开展这条河的水质影响学生学业表现的研究的？ ·解释研究问题为什么重要？ ·怎样调查水质与学生学业表现之间的关系（例如，谁会成为研究参与者？测量什么？什么时候测量？怎样测量？） ·如果假设是正确的，你期待发现什么结果？ ·研究结论有什么可能的替代性解释？	研究人员想研究空气污染是否会影响学生户外运动的表现。他们决定在空气质量好和不好的日子分别测量10名跑步者的100米短跑成绩。如果大多数跑步者在空气质量不好的一天速度较慢，而在空气质量好的那天速度较快，那么研究人员将得出结论，空气污染对户外运动表现有负面影响。 ·这个研究问题重要吗？为什么（不）？ ·研究设计合理吗？如果不合理，你会如何改进研究设计？ ·预测结果能否支持研究假设？ ·研究人员是否考虑过研究结果的其他替代性解释？可能是什么？ ·这项研究是否尊重研究参与者的隐私、健康和对研究所做出的努力？请说明理由。 ·在后续研究中，你还能提出哪些问题？

5. 访谈

我们使用对学生和老师的访谈作为我们阐释研究结果的背景。访谈是通过 Zoom 开展的，对所有三所实施该项目的学校的四名教师进行了访谈，并对两所私立学校的八名学生（五男三女）进行了访谈，这些学生是根据教师的推荐以及家长的同意和支持而选出的。在其他主题中，教师访谈（约1小时）讲述了他们开展这项专题教学的经历和他们对学生学习的印象。学生访谈（约30分钟）主要关注学生在研究设计和同行评审方面的经验。

四、数据分析

（一）学生学习设计的重点和质量的定量分析（研究问题1）

为了描述学生的研究，我们分析了学生的书面研究计划和"思维蜂箱"研究。为了描述这些研究的焦点（研究问题1a），我们根据学生提出的研究设计对他们的研究问题进行了分类，并统计了不同类别的研究的数量。

为了研究学生的学习设计能力（研究问题 1b 和研究问题 1c），两位研究人员通过最初的几轮独立编码和一次对 3—4 项研究的集中讨论，得出评估学生研究设计能力的指标。本标准改编自评估学生实验科学探究的指标，这些指标涉及研究设计的相似维度（例如，概念化、解决问题、道德推理）（参见 Fine & Pryiomka，2020；Halonen et al.，2003）。本研究的大纲是为了配合课程的范围和重点，以及高中生研究参与者的发展阶段而设计的。一旦确定了工作指标，两位研究人员独立地使用它们对大约 10 项研究进行评分，通过讨论和重新编码对类别进行反复讨论，直到编码结果达到一致（科恩加权卡帕值 $K_w = 0.81$）（Fleiss et al.，2003；Landis & Koch，1977）。然后，一名研究人员对剩下的研究进行编码。

研究质量指标根据以下类别对学生的研究进行评分，包括对研究问题重要性的论证、相关现有研究的基础、变量的操作化定义、研究计划和在"思维蜂箱"中创建的研究任务之间的一致性、对潜在混淆因素和研究局限性的认识、对以人为主体的研究伦理的遵守和对参与者经验的关注。这些类别基于研究计划中提到的特征，并且与学生实验设计能力的现有研究结论保持一致。

为了评估学生的整体研究设计能力（研究问题 1b），我们对每项研究的整体研究质量给出一个评分，即评估指标中每个维度的得分之和，并计算了该总分的平均值。为了确定学生在研究设计的某些特定方面的表现，我们根据研究质量指标（例如，定义变量）进行评估，并得出每个维度的平均分。为了了解学生研究设计的质量，我们使用方差分析法比较了研究在个体质量维度的平均得分，并使用 Tukey 事后检验 [①] 来追踪任何显著差异。我们利用以上研究方法对研究的每个阶段开展了研究设计质量评估，即前测、中测和后测。

为了评估学生研究设计能力（研究问题 1c）的变化，我们运用根据研究

---

① 译者注：Tukey 事后检验是对组间差异的估计以及置信区间，对检验统计数据进行调整。

质量指标（见表6）改编的指标体系对测试前和测试后的研究设计项目（见表5）的个人反应进行了评分。改编的标准（见表7）能够确保我们将我们的评价标准与学生对前测、后测要点提示中的回应保持一致。在数据分析时，我们随机分配这些回应内容，这样研究编码人员就不知道哪些回复是之前的，哪些是之后的。一旦获得了研究实质性的一致性（$K=0.78$），由一位研究人员对其余的回答进行编码。

为了提高统计能力，在确定完成前测的两个班级（来自戈登尼亚和默特尔）的总体前测研究质量分数之间没有显著差异 [$F(1, 16)=1.48$, $p=0.242$], 六个班级在后测中没有显著差异 [$F(5, 77)=0.787$, $p=0.562$] 之后，我们合并所有班级的数据开展混合 t 检验（pooled t-test），比较学生在研究设计维度中的前后测得分，以了解学生的研究设计能力是否发生了变化，以及如何发生变化。

接下来，为了更深入地探索学生研究设计能力的前后变化，我们只研究那些符合前后测反应的学生（$N=17$）。使用夏皮罗－威尔克拟合优度检验，发现设计项目的前后差异得分呈正态分布（$W=0.921$, $p=0.135$）。然后，我们进行配对 t 检验，以研究这些学生的前后测的总体研究设计分数之间是否存在显著差异。

表6　学生在学习专题内的研究设计评分指标

编码	描述	评分
重要性论证	研究计划是否通过以下方式论证了研究问题的重要性： • 对此项研究感兴趣的个人原因 • 解释潜在发现的现实意义 • 避免夸大潜在发现的重要性、影响、适用性	0：不符合任何标准 1：符合 1—2 条 2：3 条全部符合

编码	描述	评分
文献综述	研究计划是否建立在现有文献基础上 • 研究计划中的文献是否与研究问题相关 • 研究方法中是否提到了至少一个文献来源的方法？提及的内容可以是模糊的，例如，"研究人员比较、研究、测试、调查" • 是否描述了至少一个文献的研究发现 • 是否至少有一个解释是关于文献来源影响了学生的研究计划的	0：没有文献，或不相关，或没有总结（既没有方法也没有发现） 1：有文献，并且相关，但总结只提到方法，或者只是初步的研究发现（例如，说个性与音乐偏好有关，但没有解释如何相关） 2：总结了相关文献，描述其方法和初步的研究发现，或者只具体描述研究结果（例如，说不同的性格如何与音乐偏好相关），也可以解释其与提案的联系，但不是2分的必要条件
变量	学生能否准确表达自变量和因变量 • 自变量和因变量是否有明确的定义和操作方法，以便明确测量什么和如何测量	0：与假设相关的所有变量的定义和操作都不正确，并且／或者没有相关说明 1：只有一些与研究问题相关的变量被定义和／或可操作，和／或没有明确说明，或不存在 2：所有变量定义清晰，可操作
一致性	• 学生是否建立了一个与他们提出的假设相一致的"思维蜂箱"研究 • 研究任务／变量是否与假设一致？换句话说，来自"思维蜂箱"研究的数据能验证这些假设吗	0：不，这项任务肯定不会产生验证假设所需的数据 1：大部分。任务比必要的多／少，或者生成的数据只能验证部分假设，或者提出的研究任务是好的，但在"思维蜂箱"研究中的任务不是，反之亦然 2：是的，任务与假设很吻合。这些假设肯定可以通过这项研究产生的数据来验证。没有必要任务之外的关键任务（如果调查包括人口统计学变量或其他与假设相关的背景信息就更好了）

续表

编码	描述	评分
招募研究参与者	标准 1： • 描述了研究参与者的目标人群，对研究目标而言较为合理 标准 2（以下两条满足其中一条即可）： • 提到了样本大小，对研究目标而言较为合理 • 对将要开展对比的每组研究参与者的比例设定较为合理 标准 3： • 有招募计划（例如，将在社交媒体发布研究链接）	0：不 1：只满足一个标准 2：满足两个标准，或者只满足一个标准，但解释得很好
潜在的混淆因素，研究局限	• 在避免潜在的混淆因素方面，研究计划是否使研究设计合理化？ • 研究计划是否承认可能存在的问题？ • 研究计划是否考虑了对研究预期结果的其他解释？ • 研究设计者是否解释了确定的潜在混淆因素和替代解释，这些解释可能如何影响预期结果？	0: 未提及潜在的混淆因素、可能的替代性结果或局限性 1：至少提到了潜在的混淆因素、可能的替代性结果或局限性中的两个，但没有解释 或至少提到并解释了以上三项内容中的一项 2: 至少提到了潜在的混淆因素、可能的替代性结果或局限性中的两个，并至少解释了一项，或者提到两项并且至少解释一项
研究伦理	协议是否符合人类受试者研究的伦理标准？标准如下： • 没有冒犯性问题（例如，一切都是匿名的）。不要求提供个人身份信息 • 没有任何研究任务使研究参与者处于危险之中，没有问题使他们感到不舒服（例如，问题不是诱导性的；任务不是故意不安全的，如果是这样，就会采取措施提醒研究参与者，由其自行选择是否继续） •数据保密，不与外部组织共享（例如，不需要登录谷歌账户完成谷歌调查）	0：满足 1 个标准 1：满足 2 个标准 2：满足 3 个标准

编码	描述	评分
研究参与者体验	研究计划和研究是否致力于创造积极的研究参与者体验？标准如下： • 任务长度适宜且与研究问题相关（即没有不必要的任务会产生未提出的数据） • 包括参与研究的动机（解释研究的重要性和/或特定任务的原因） • 参与研究的说明是明确的 • 适当地使用工具的支持/约束，以便易于参与（例如，任务是可行的，调查链接是可访问的）	0：满足 0—1 个标准 1：满足 2—3 个标准 2：满足 4 个标准

表7　学生的研究设计前后测评分指标

编码及可用的要点	描述	评分	举例
重要性论证： • 解释为何这个研究问题是重要的	研究计划是否论证了研究问题的重要性 • 解释为什么探究这个研究问题的答案很重要 • 解释潜在发现的现实意义 • 避免夸大潜在发现的重要性、影响、适用性	0：所有条件都不满足 1：满足 1—2 个条件 2：满足 3 个条件	0：研究问题是产生科学突破的基础，因此是科学方法的关键 1：因为该研究问题关注受影响社区的福祉 2：这很重要，因为污染对环境非常有害，尤其是在人类饮用的淡水中发现的污染，而淡水本身就是一种有限的资源。这个问题着眼于它对学生及学业表现的影响，这可以表明饮用水污染的危险影响，并可以进一步帮助理解污染对人类身体和大脑发育的危害

续表

编码及可用的要点	描述	评分	举例
变量： • 你会如何调查水质和学生成绩之间的关系？ （你会衡量什么，什么时候，为什么？） • "如果你的预测是正确的，你希望发现什么结果？"	学生是否能够清楚地表达自变量和因变量？ • 自变量和因变量是否有明确的定义并可操作，以便明确测量什么和如何测量？	0: 与假设相关的所有变量的定义和操作都不正确，并且/或者没有说明 1: 只有一些与研究问题相关的变量被定义和/或操作，和/或没有明确说明，或不存在 2: 所有变量定义清晰，可操作	0: 我希望能找到一个危害水质的环境因素（没有提到水质和学生成绩将如何互相影响） 1: 我会在五年的时间里跟踪一门课程的成绩 2: 所有的学生，看看他们都住在哪里，接触到什么水质，成绩如何。你需要所有这些信息来尝试找出相关性
一致性： • 你会如何调查水质和学生成绩之间的关系？ （你会衡量什么，什么时候，为什么？） • "如果你的预测是正确的，你希望发现什么结果？"	• 学生是否提出了一项与他们提出的假设相一致的研究？ • 研究任务/变量是否与假设一致？换句话说，这项研究的数据能证明这些假设吗？	0: 不，这项任务肯定不会产生验证假设所需的数据 1: 大部分。实际任务比必要的任务多/少，或者生成的数据能部分解释假设 2: 是的，所有的任务都与假设相吻合。假设肯定可以用这项研究产生的数据来解决。除必要任务外，没有其他实际的关键任务（调查询问人口统计学变量或其他与假设相关的背景信息更好）	0: 我会找那些离当地河流很近的学生，问他们喝了这个水后的感觉。如果他们出现腹泻、腹部痉挛、恶心或呕吐，我就能断定水被污染了（这种方法不会产生有关学生学业表现的数据） 1: 我会在五年的时间里监测一门课程的成绩。（这种方法只能得出学生成绩的数据，而不能得出成绩与水质之间关系的数据） 2: 可以研究考试成绩，谁在喝这些水等相关信息。附近水质较好的学生学业表现较好吗

编码及可用的要点	描述	评分	举例
研究参与者： • 你会如何调查水质和学生成绩之间的关系？ （你会衡量什么，什么时候，为什么？）	标准1： •描述了研究参与者的目标人群，对研究目标而言较为合理 标准2（以下两条满足一条即可）： •提到了样本大小，对研究目标而言较为合理 •对将要开展对比的每组研究参与者的比例设定较为合理 标准3： •有一个招募计划（例如，将在社交媒体发布研究链接）	0：不 1：只满足一个标准 2：满足两个标准，或者只满足一个标准，但解释得很好	0. 有水时学业表现更好，没有水时学业表现更差（没有提及研究参与者） 1：用不同的水质测试不同的组，看得分和比较（没有说明哪些研究参与者组成一个小组） 2：我会调查一些在学校饮用受污染水源的水的学生的学习情况，以及不饮用受污染水源的水的学生的学习情况。我们也会观察这些学生，看在污染前他们在学校的表现如何
替代性解释： • 你的研究计划有什么可替代性的解释？	• 该回应是否确定并解释了预测结果的可替代性解释？	0: 没有提到其他解释 1: 提到了可替代性解释，但没有说明原因 2: 提到并解释了可替代性解释，或者不止提到一种可替代性解释，虽然解释得不一定清楚	0：有些变量可能没有得到很好的控制或调节（没有提到其他解释） 1：可替代性解释可能是学生之间存在差异的因素，比如以前的学习成绩或家庭影响（提到了可替代性解释，但没有说明） 2：我们也可能看到，那些喝了被污染的水的学生被迫待在家里，他们因为水而生病了，这才是影响他们在学校学业表现的原因，而不是水对他们产生了精神上的影响。还有一种解释是，饮用受污染的水的学生来自低收入家庭，因此他们已经无法集中精力学习，他们有外部压力，而水没有发挥作用

续表

编码及可用的要点	描述	评分	举例
研究伦理： • 你会如何调查水质和学生成绩之间的关系？（你会衡量什么，什么时候，为什么？） • 如果你的预测是正确的，你希望发现什么结果？	协议是否符合人类受试者研究的伦理标准？ • 没有入侵性问题（例如，一切都是匿名的）。不要求提供个人身份信息 • 没有任何研究任务使研究参与者处于危险之中，没有问题使他们感到不舒服（例如，问题不是诱导性的；任务不是故意不安全的，如果是这样，就会采取措施提醒研究参与者，由其自行选择是否继续） • 数据保密，不与外部组织共享	0：该研究存在两个或更多的伦理问题，或一个严重问题 1：这项研究有一个伦理上的问题 2：这项研究没有伦理上的问题，这项研究是精心设计的，以避免让参与者处于危险之中	0：给不同的小组提供干净的水和被污染的水，观察学生学业表现的差异（故意给研究参与者不干净的饮用水有损参与者的健康和安全） 1：我会从不同年级随机挑选 20 个孩子。我会测量饮用水的 pH 值、学生每天对当地水的摄入量（一周，大约每天三次），并注意他们的考试成绩。每周，我都会提高饮用水的 pH 值，直到 pH 值达到 7，每周我都会观察他们的考试成绩。从这个实验中，我可以发现规律（美国环保署建议饮用水的 pH 值小于 8.5。然而，相关的研究设计提出饮用水的质量可以操控，这是一个安全的办法） 2：我会对所有的学生进行测试，包括那些离污染水源近和远的学生。然后，我将这些数据与污染程度最高的学生和污染程度最低的学生的成绩进行对比，看看是否有一种规律（建议进行相关研究，避免故意使参与者接触有害污染物）

（二）学生的同行评审质量的定性研究（研究问题 2）

为了分析学生的同行评审质量，选取两位研究人员开展独立编码并讨论在编码过程中形成的不同意见，经过反复讨论，完善了评审的质量指标体系，这一过程与研究问题 1b 和研究问题 1c 的过程相似。每次同行评审由一句到几句话的陈述组成，以回应八个提示要点（见表 4）。两名研究人员同时阅读 3—4 份评审意见，并讨论学生评审意见中以及文献中共同出现的关于什么是有益的同行评审的标准。基于涌现出的主题以及与文献的比较，我们将有效的同行评审定义为针对被评审的研究的评审，其为改进研究提供可行的建议，并为评估提供了解释。为了确定评审人对研究的批评程度，我们还对评审人是否找出了研究设计中识别出的缺陷（identified fault）进行了编码（见表 8）。

一旦我们确定了一套评价指标体系，两名研究人员依据这套指标体系每次分别给一组约 15 个评论意见打分（即由 3 名学生对所有评审要点的一套回应，见表 4），通过讨论分歧来完善类别定义，然后重复这一过程，直至达到一致（K_w=0.881）（Fleiss et al.，2003；Landis & Koch，1977）。然后，由一名研究人员对其余的同行评审进行编码。

为了评估同行评审的整体质量以及学生评论的优势和劣势（研究问题 2a），我们对每个学生的评审给出一个总体评审质量分数，即每个评审的独特性、建议和解释三项分数的总和。这个总体得分不包括识别出的缺陷，因为识别出的缺陷这个类别是为了对指出明确弱点的评审进行分类，而不是为了衡量同行评审的质量。同样，无论学生是否给出了建议，都假设他们已经隐约或明确地确定了研究需要改进的地方（即错误）。

为了理解同行评审不同维度之间的差异，我们为每份同行评审创建了四个维度分数，这是同行评审中每个陈述的特定标题类别（建议、独特性、解释、识别出的缺陷）的分数之和。我们通过使用 ANOVA 和 Tukey 事后检验来追踪显著差异，探讨了学生在主题学习过程中所做同行评审的质量（建议、独特性、解释）的均值有哪些不同。我们还使用混合 t 检验比较了学生测试前后的总体同行评审分数。为了探究学生在整个主题学习过程中是否变得更具批判性，我们使用方差分析来比较同行评审在三个时间点识别出的缺陷的均值：前测、中测和后测。此外，我们使用了一个集合 t 检验来比较是否以及识别出的缺陷在前测和后测过程中如何变得不同。

为了了解学生的同行评审能力随着时间的推移如何变化（研究问题 2b），我们使用同行评审质量指标（见表8）对同行评审的回复进行前后测评分。我们随机分配同行评审的回复，以确保编码人员不知道哪些回复是前测，哪些是后测。与前测同行评审质量分数一样，在确定前测时各班级的总体同行评审质量无显著差异 [$F(1, 16)=1.48$，$p=0.242$，$N=18$] 以及后测时各班级的总体评审质量无显著差异 [$F(5, 69)=1.48$，$p=0.207$，$N=75$] 之后，我们通过合并各班级的数据来提高统计能力。我们通过混合 t 检验来比较学生在同行评审项目上的前后测得分。

为了进一步调查学生同行评审能力的前后变化，我们接下来重点关注那些与测试前后反应匹配的学生（$N=17$）。我们采用 Shapiro Wilk 拟合优度检验，发现同行评审的差异得分呈正态分布（$W=0.968$，$p=0.764$）。然后，我们进行配对 t 检验，探求这些学生的前后测的总体同行评审分数之间是否存在显著差异。

表 8　学生同行评审评分指标

编码（1或0）	描述	在主题学习过程中的示例	前/后测示例
识别出的缺陷	• 评审人根据研究的特异性确定需要改进的地方 • 提出建议意味着评审人发现了错误	（作者）**没有提供**替代性解释	这是适当的，**但是应该进行多次试验**，因为无论空气质量如何，跑步者都可能有糟糕的一天，表现不佳
提出建议	• 评审人提供了具体的改进建议，为作者提供了如何改进的明确指示	我建议告诉研究参与者关注情绪	这是适当的，但是**应该进行多次试验**，因为无论空气质量如何，跑步者都可能有糟糕的一天，表现不佳

编码（1或0）	描述	在主题学习过程中的示例	前/后测示例
是否明确	• 同行评审是针对研究计划开展的，使用与研究内容或设计相关的关键词和术语，如通过描述确定的特定结构或使用的方法。毫无疑问，这篇综述适用于一项特定的研究	我认为（研究问题）很重要，伪装已经成为我们生活的重要组成部分，衡量情绪的能力影响着社会互动	这是适当的，但是应该进行多次试验，因为无论**空气质量如何，跑步者**都可能有糟糕的一天，表现不佳
提出解释	• 同行评审为评估提供了理由（有一个明确的或隐晦的"因为"，而不是简单的是或否）。 • 原因不是简单地重申提示，而是使用不同的术语来表明评审人考虑到了潜在的含义	我建议告诉研究参与者注意情绪，这样他们就知道该寻找什么，特别是因为他们提交后无法返回表单中的视频链接	这是适当的，但是应该进行多次试验，**因为无论空气质量如何，跑步者都可能有糟糕的一天，表现不佳**

（三）学生研究设计和同行评审的定性分析（研究问题 1 和研究问题 2）

为了补充研究问题 1 和研究问题 2 的定量分析数据，我们还对学生的作业进行了定性分析。具体来说，在上述学习质量和评审质量指标维度的指导下，两位研究者检查并比较了学生的学习设计和同行评审。我们的目标是描述学生在此过程中表现出的能力，并阐明我们的编码指标中没有捕捉到的特征。因此，我们专注于从学生的研究设计和同行评审中找出例子，以说明他们不同的推理能力、批评能力、对研究的启示、拟定的研究如何建立在先前研究的基础上、变量定义和操作化、潜在的混淆变量、遵守研究伦理以及优化研究参与者体验。根据评价指标主题得出研究发现，将其作为学生作业的说明性和对比性例子的定性描述。

（四）确定学生对开放科学的体验（研究问题 3）

我们对不同来源的数据进行三角验证，以描述学生参与开放科学（研究问题 3）的体验。首先，我们分析了学生对两个李克特 7 级评分量表（7-point Likert）后测项目的反应，这些项目要求学生对以下陈述的同意程度进行评分：

"同学的评论提供有用的反馈，我们用来完善研究"和"我基本上不同意同学的评论"。我们用这些问题来确定学生感知到的同行评审的帮助程度，以及学生对同行评审的信任程度。

其次，我们使用共识法（consensus approach）对学生事后调查（post-survey）中一个开放式问题的回答进行了分类（Cascio et al.，2019）。该项目询问"你从同行评审过程中学到了什么"，由一位研究人员初步阅读所有回答并开展编码、确定类属。然后，第二位编码人员使用这些类属对所有数据开展独立编码。我们通过讨论化解了分歧，根据讨论意见修改并重新对这些类属编码，再计算每个类属编码的频次。

最后，我们阅读了学生和教师的访谈记录，并确定了学生自我报告、教师观察和学生参与开放科学的实例。这些实例包括对参与研究设计和同行评审过程的挑战和感知价值的描述。我们使用这些实例来限定学生的经历，并补充我们对其他数据来源的解释。在下一部分的研究发现中，我们引用了访谈和对调查项目的简短回答来阐述浮现出来的主题。

五、研究发现

为了便于阅读，本部分首先介绍了关于学生研究设计（研究问题1）和同行评审（研究问题2）的定量研究结果，然后阐述了定性研究结果，以展示学生学习设计和同行评审的质量。

（一）研究问题1 学生设计什么样的研究？

1. 研究问题 1a 学生研究的关注点

一些学生的研究兴趣显示出了他们对人类大脑和行为科学方法可以回答的问题的好奇心和直觉。大多数学生提出的问题似乎都缘于对他们产生直接影响的日常经历和个人关切。正如一名学生提及对迷信的兴趣：

> 作为一个参与体育运动的人，我看到很多队友为了运气去做或不做某些事情。我真的很想知道人类是如何产生迷信的，以及我们为什么会

产生迷信。

另一个学生提及他们对出生顺序效应的好奇：

> 我的问题是"作为最小的、最大的、中间的或唯一的孩子，会影响你在 14—18 岁的日常生活中的独立性吗？"吸引我提出这些问题的一件事是我在生活中对这个问题产生的好奇和我注意到的周围的事情。我一直对人们在家庭子女中的排序很好奇，因为我觉得其中有一些东西会改变你的行为。

学生们最终与他们的研究小组共同提出的 26 项研究计划涵盖了不同的研究关注点，从流行病对心理健康的影响，到音乐对记忆的影响（见表 9）。例如，一些小组提出了研究理想的学习条件和策略，如"（一个人）醒来后的时间长度如何影响他们在批判性思维技能和记忆力方面的表现"，以表明"他们什么时候最擅长考试"。

无一例外，学生们都建议研究参与者是，或者至少包括像他们一样的青少年。除了自己处在这个年龄段，学生们似乎还意识到科学理解这个群体十分必要。正如一位学生写道：

> 我认为我们应该关注 14—18 岁或高中年龄段，因为很多科学家都想关注这个年龄段，这是一个非常有趣的年龄段，但缺乏相关信息。

表 9　研究团队的研究计划主题

主题	样本研究问题
教育	线上还是线下更容易集中注意力？
记忆	不同的音乐速度如何影响高中生记忆新信息的能力？
心理健康	封锁、被困在室内和社会隔离如何影响青少年表现出情绪障碍症状（如抑郁症）的可能性？

续表

主题	样本研究问题
音乐	不同类型的音乐是如何影响情感的？
情绪	词语的情感显著性如何影响你对它们的短期记忆？
发展	流行疾病如何影响不同年龄组的心理健康？
社会影响	青少年是否更有可能在看到一个知名且经过验证的账户发布推文后，改变他们对社交媒体上一条推文或一条信息的看法？
环境	新闻来源会影响人们关于环境预警方面的行为吗？
肤色偏见	不同种族的人会产生相同的情感—颜色联想吗？
睡眠	压力大对一个人的睡眠时长有什么影响？
语言	单词—颜色关联如何影响组织和感知？类别—颜色关联如何影响分类速度？
社会感知	政治派别是否会影响我们与他人的互动和看待他人的方式？
艺术	艺术是否激励人们创造社会变革？
文化	不同种族的人会产生相同的情感—颜色联想吗？

注：类属不互相排斥。

2. 研究问题 1b 学生在主题学习过程中的研究设计

在主题学习过程中的小组研究（$N=104$）的平均总体质量分值为 12.74，满分为 16（$SD=2.30$，范围 $=4$—16）。各维度的分值（每个维度的得分范围为 0—2）彼此之间存在显著差异，$F_{(7, 824)}=19.34$，$p<0.0001$（见表10）。研究设计在招募研究参与者（$M=1.88$，$SD=0.46$）、关注参与者体验和文献综述三个维度上分值最高。在假设与方法的一致性方面分值最低（$M=1.22$，$SD=0.65$），其次是潜在的混淆因素和研究局限性。

3. 研究问题 1c 研究质量在前后测过程中的变化

对学生在前后测中对研究设计的反应进行合并 t 检验，结果显示，前测（$M=7.70$，$SD=2.64$，$N=20$）和后测（$M=7.33$，$SD=2.72$，$N=83$）的总体学习质量得分无显著差异，$t_{(29.53)}=0.57$，$p=0.58$，$d=0.14$。排除不完整的回答后结果相似，对那些均完成了前测（$M=7.78$，$SD=0.59$，$N=18$）和后测（$M=7.44$，$SD=0.59$，$N=18$）的学生开展配对 t 检验比较，$t_{(16)}=1.04$，$p=0.31$，$d=0.58$。

表 10 研究团队的个别质量维度在主题学习前、中、后测的均值和标准差

研究质量维度	均值（标准差）			前后测 t 检验
	中测 （N=104）	前测 （N=20）	后测 （N=83）	
*重要性论证	1.62 （0.60）	0.85 （0.88）	1.34 （0.85）	t（28.17）=- 2.25, p=0.03, d=0.57
研究综述	1.85 （0.34）	N/A	N/A	N/A
变量定义和操作化	1.63 （0.55）	1.50 （0.51）	1.47 （0.61）	t（33.34）=0.23, p=0.82, d=0.05
一致性	1.19 （0.64）	1.55 （0.78）	1.52 （0.65）	t（27.82）=0.19, p=0.85, d=0.04
招募研究参与者	1.87 （0.46）	1.60 （0.60）	1.45 （0.72）	t（33.63）=1.00, p=0.33, d=0.23
*对潜在的混淆因素、研究局限性和可替代性解释能力的讨论	1.53 （0.70）	1.35 （0.88）	0.82 （0.78）	t（26.81）=2.48, p=0.02, d=0.64
对研究伦理的关注	1.78 （0.54）	0.85 （0.49）	0.73 （0.44）	t（27.04）=0.96, p=0.35, d=0.26
对研究参与者体验的关注	1.30 （0.61）	N/A	N/A	N/A

注：*表明前后测差异显著。

个别研究的质量在前后测中存在显著差异。具体而言，学生的后测（M=1.34，SD=0.85，N=83）数据比前测（M=0.85，SD=0.88，N=20）数据更能说明研究的重要性，t（28.17）=-2.25，p=0.03，d=0.57。然而，从前测（M=1.35，SD=0.88，N=20）到后测（M=0.82，SD=0.78，N=83），学生讨论研究设计的潜在混淆性因素、研究局限性和可替代性解释的能力似乎有所下降，t（26.81）=2.48，p=0.02，d=0.64。这些结果的效应量能够说明这项主题学习的实践意义一般。在前后测过程中，学生的学习质量能力没有变化。

个别质量维度在前后测中也存在显著差异，F（5，114）=5.02，

p=0.0003，N=20。对研究重要性的阐述和研究伦理的得分比其他维度的得分更低。

个别研究的质量在后测中也存在显著差异，$F（5，492）$=21.46，p<0.0001，N=83。与前测一样，学生在开展研究设计时很容易忽略研究伦理问题（M=0.73，SD=0.44）。与前测不同，学生们似乎很难注意到潜在的混淆因素和研究的局限性（M=0.82，SD=0.78），在阐述研究的重要性方面却表现较好（M=1.34，SD=0.85）。

表 11 呈现了学生在前后测过程中的反应的变化趋势，讨论部分探讨了形成这些趋势的可能原因。

表 11　　学生研究设计质量在前后测过程中的提升或下降的示例

编码及可用的要点	前测（得分）	后测（得分）
	要点：当地河流的污染情况已有多年。科学家会怎样研究这条河的水质如何影响学生的学业成绩？	要点：研究人员想弄清楚空气污染是否会影响户外运动。他们决定在空气质量好的一天和空气质量差的一天分别测量 10 名运动员在 100 米短跑中的成绩。如果大多数跑步者在空气质量差的那天速度较慢，而在空气质量好的那天速度较快，那么研究人员将得出结论，空气污染对户外运动具有负面影响
重要性论证：解释这个问题为什么重要	学生的学业表现和当地河流的水质都是衡量和比较关系的重要因素（0）	这个问题很重要，因为如果水质对学生的表现产生消极影响，可以确定并提出解决方案（2）
	研究问题很重要，因为它决定了科学家要研究什么（0）	这很重要，因为它会影响孩子们的生活，而孩子们长大后会有更多的后代，如果父母和后代的学习方式是消极循环，我们将无法进步（2）
	即使河流中的污染不是当地淡水的来源，也会很快进入当地城镇的淡水系统。饮用这种水的学生学业表现会更差，因为他们正在摄入毒素（1）	这个研究问题很重要，因为这是一个社会问题（气候变化和水污染），他可能对社区产生负面影响，这需要立即采取行动（2）

编码及可用的要点	前测（得分）	后测（得分）
可替代性解释：你的研究结论有哪些可能的替代性解释？	影响儿童教育的还有其他变量（0）	外部因素，比如学习环境，教师和家庭情况（1）
	有些变量可能无法控制或管理（0）	污染物实际上有利于学业成绩（1）
	还有其他因素会影响孩子的表现，比如家庭或健康问题（2）	这可能是因为得分没有太大的变化，因此不被认为是一个重要的问题（1）
	可能影响学业表现的其他外部原因，如流行病、趋势等（2）	也许是其他因素影响了学生的行为，而不是河流（1）
	这些学生可能感染了病毒，也可能吃了让他们感到恶心的东西。然而，不太可能所有人都因为其他水源而生病，因为他们共用一个供水系统（2）	对研究发现的另一种可能的解释可能是受污染水域的学校系统中，也许老师们的工作效率不高？（1）

（二）研究问题 2 学生开展了什么样的同行评审

1. 研究问题 2a 主题学习过程中同行评审的质量

在我们开展分析的所有维度上，同行评审的差异很大（参见表 12 中的例子），从对每个提示的简短回应（"我认为这是合适的，我没有看到任何问题"），到对研究设计的多个方面的详细评估。学生的评价总体上是正面的，大多给同伴的研究打 3 星及以上（1—2 星是那些不完整的研究计划，满分为 5 星），缺点很少（$M=2.28/6$，$SD=1.15$，$N=240$）。在主题学习中，评审意见对同行设计的研究同样是积极的（例如，"说实话，这项研究设计得很好——我真的很喜欢他的设计方式"），就像他们在前测（$M=2.33$，$SD=0.89$，$N=18$）和后测（$M=2.08$，$SD=0.97$）评审的研究一样，$F(2, 237)=1.66$，$p=0.19$。同样，这种积极反应在前后测过程中没有变化，$t(27.12)=1.05$，$p=0.30$，$d=0.27$。

个别同行评审在质量维度上的得分差异显著，$F(2, 438)=212.64$，$p < 0.0001$（见表 13）。学生的评审更有可能是具体的（$M=3.91$，$SD=1.37$），而不是提供建议（$M=1.15$，$SD=1.07$），$p<0.0001$，$d=2.25$。评

审也更倾向于给出解释（$M=3.78$，$SD=1.42$），而不是提供建议（$p<0.0001$，$d=2.09$）。这些结果较大的效应量彰显了其较大的实践意义。

我们的样本中有大量关于趋势的反思，这些信息展示了学生评审人如何识别出对数据有效性的特定威胁，但没有提出解决问题的建议。

表 12 同行评审研究质量每个维度的对比示例

同行评审质量维度	评审的研究主题	评审人提示	学生同行评审示例
独特性	学校对睡眠的影响	研究问题重要吗？为什么（不）？	示例1 我认为这个研究问题很重要，因为对很多人都适用
			示例2 了解压力在睡眠中的作用是很重要的。这可能是一个好选题，在未来开展深入研究，以找到减轻压力的方法
			示例3 我认为一个潜在的混淆变量是人们刚开始需要适应这个项目，所以这可能是人们一开始比较慢，到最后比较快的原因。此外，对所有的单词都必须按照规范大写感到有点烦
研究建议	音乐记忆	参与其中是什么感觉？（对持续时间、指示清晰度、参与质量的评论）	示例1 我觉得这个过程有点漫长和无聊，因为我必须多次完成记忆回忆任务，但总的来说，我很有动力，因为我认为这是一个非常有趣的研究问题。我建议大家参与这项研究，因为我认为这个问题需要大量的数据，所以看到从中得出的总体趋势会很有趣
			示例2 我参与的第一个任务很有趣，但当每项任务不断重复相同的图像时我开始失去动力。这让我更难以正确回答研究问题，因为我不太清楚是在这个任务之前还是在任务过程中看到了那个图像，这使我不能专注音乐。此外，我认为任务如果有更明确的排列顺序就好了，因为它们旁边有数字，虽然没有按照数字的顺序排列，但持续时间是正确的，大约15分钟。这项研究看起来确实很有趣，我很想知道结果，所以我会推荐！

同行评审质量维度	评审的研究主题	评审人提示	学生同行评审示例
研究建议	让我们说！聆听热点话题	研究设计合适吗？如果不合适，如何改进研究设计？	示例1 我认为这项研究是合适的，但是有些问题的措辞有些不清晰。此外，在初始隶属机构调查（Initial Affiliation Survey）中，按钮出了故障
			示例2 在最初隶属机构调查中，我真的不清楚我是否点击了答案，因为它没有显示任何内容。我认为设计一个一端是强烈同意、另一端是强烈不同意的滑块会更好，研究参与者使用起来会更方便。在第一组问题中，将"你将如何与她交谈"这个问题单列。其中有一个问题我不认同任何一个答案，如果有其他选项会更好
	戴口罩对高中生的情绪判断能力有什么影响？	研究设计合适吗？如果不合适，如何改进研究设计？	示例1 这是一个经过深思熟虑的研究过程，参与此项研究非常愉快。不过，研究人员可能要注意的一点是，每个人对情绪的解释都不同。另外，展示也很棒！
			示例2 这项研究的目标非常明确，所以做得很好！提出清晰、直接的研究问题和计划是困难的。录音有点重复，但我认为这项研究的主要问题是视频太长以及在英语课上读剧本。研究有太多细微差别。我们在英语课上分析了这篇文章，你知道它很复杂，不同的人可能有不同的解释。我认为，如果演员表达了一系列情绪，那么要更好地测试识别情绪的能力，研究参与者必须从一个大词汇库中识别这些情绪。如果你想保持目前的写作格式，我认为应该聚焦一个方向，如"请只写1—3句话"或"请在这里列出一种情绪"，这取决于你想要寻找多少细节——一些特定的东西来获得更加一致的数据。我不记得表格上是否有这个问题，但我建议告诉研究参与者注意情绪，这样他们就知道该寻找什么，特别是因为他们提交后不能返回到表格中的视频链接。此外，将1到100的范围改为1到20可能会使数据分析更容易。我喜欢"你对自己的评估有多少信心"这个问题。当然，展示也很到位

续表

同行评审质量维度	评审的研究主题	评审人提示	学生同行评审示例
解释	音乐的特点如何影响情绪	预测结果是否支持研究人员的假设？	示例1： 是的，预测结果支持研究人员的假设
			示例2： 大多数情况下，一些研究问题有点宽泛，可以缩小一点，让假设更有意义
			示例3 小组内部似乎有一点脱节，因为有人认为结果变量是听音乐引发的记忆。对假设的看法也有不同意见：一个人说快节奏会引起焦虑，另一个人说这样会让听众更快乐。所有的假设都得到了各自预测结果的支持，但没有达成一致的共识

2. 研究问题 2b 同行评审质量在前后测过程中的变化

同行评审总体质量评分在前测（$M=7.06$，$SD=2.98$，$N=18$）与后测（$M=6.83$，$SD=3.03$，$N=75$）中的差异无统计学意义，$t（26.11）=0.29$，$p=0.77$，$d=0.08$。对完成了前测（$M=7.12$，$SD=3.06$，$N=17$）和后测（$M=6.06$，$SD=3.47$，$N=17$）的学生的配对 t 检验结果显示，总体同行评审质量得分没有显著差异，$t（16）=1.526$，$p=0.147$，$d=0.32$。个体同行评审质量在前后测也没有显著差异（见表13）。

在前测中，个体同行评审质量得分差异显著，$F（2，51）=4.68$，$p=0.01$，$N=18$。与我们在主题学习过程中观察到的同行评审相似，学生的评审更有可能是具体的（$M=2.94$，$SD=1.30$），而不是提出改进建议（$M=1.67$，$SD=1.03$），$p=0.003$，$d=1.08$。该结果的效应量具有较好的现实意义。例如，请思考学生对给定的研究设计的前测的评审意见，作为"研究人员是否考虑了研究结果可能的替代性解释"可能是哪一个呢？

研究者没有考虑其他可能的结果。他们认为，空气质量以及在短跑中收到的数据能够证明他们关于空气质量及其影响的问题是正确的，但实际上，还有许多其他原因应该被考虑在内。

该学生的评论提供了一个具体的批评意见（即研究人员只考虑空气质量

影响跑步者的表现），但没有提出具体的改进建议（即对可能影响跑步者表现的其他变量的建议）。

我们还发现，在后测中，同行评审的质量维度之间存在显著差异，$F(2, 222)=33.32$，$p<0.0001$。特别是，学生更有可能针对研究计划发表评审意见（$M=2.95$，$SD=1.34$），而不是给出建议（$M=1.40$，$SD=0.94$，$p<0.0001$，$d=1.34$）。他们也更倾向于解释他们对研究的评审意见（$M=2.48$，$SD=1.25$），而不是给出建议（$p<0.0001$，$d=0.98$）。这两种差异都具有很好的现实意义。最后，学生的评审意见更有可能是具体的，而不是给出一个解释，尽管这一发现是边际显著，具有低到中等水平的现实意义（$p=0.045$，$d=0.363$）。

以下是后测同行评审的一个例子，可以证明这两个发现，它是在回答"这项研究是否尊重研究参与者的隐私、健康和对研究所做出的努力？解释你的理由"。

> 我相信是这样的。然而，该研究是在极端污染水平下测试研究参与者的健康水平，所以可能会对研究参与者造成伤害，实验是无效的。

这份同行评审提供了一个针对这项研究的批评意见（在提到研究的变量和背景时），并解释了为什么研究设计没有完全阐述尊重研究参与者健康的标准（因为它涉及接触严重污染）。然而，这篇综述并没有提出改进建议（例如，建议研究设计者进行自然实验而不是人为干预的实验）。

（三）学生研究设计和同行评审的定性描述

为了补充上述研究问题 1 和研究问题 2 的定量研究结果，本部分对学生研究设计和同行评审的质量进行了定性描述。具体来说，我们描述学生对以下问题的推理和批评意见：研究的研究意义、拟定研究的突破点、变量的定义和操作化、潜在的混淆变量、研究伦理、优化研究参与者体验。

1. 确定研究的个体和更广泛的启示意义

由于许多学生的研究兴趣源于他们的个人经历（例如，如何在学校获得成功），他们倾向通过获得对同龄人的研究启示（例如，提高考试成绩）来证明他们的研究是合理的。例如，一个研究团队研究了一项设计，确定人们在记忆、打字和反应时间测试中的最佳表现时间。他们对研究重要性的陈述如下：

> 通过观察某个人在什么时候表现最好，人们就可以根据表现最好的时间来安排任务和活动。可以在下午3点做作业（如果他们这个时间段表现最好的话），看看这是否有助于使他们更专心。

学生们还展示了将研究问题应用于自身之外的能力。例如，一个小组的研究计划是研究人格类型、压力和记忆之间的关系，这个主题很容易被用于解释学生的考试表现，但是，这个小组描述了他们的研究对刑事案件证词的影响。正如他们解释的那样："证人在作证时可能会因为焦虑而感到压力，这样法官就能知道他们应该在多大程度上相信证人，从而得出更真实的结论。"这些例子展示了学生表述预期研究发现的个人和更广泛的启示的能力，这是确保研究的相关性和适用性的关键。

表 13 学生同行评审的个体质量维度在主题学习前、中、后测的均值

同行评审质量维度	均值（标准差）			前后测 t 检验
	中测（N=147）	前测（N=18）	后测（N=75）	
总体	8.84（3.19）0—15	7.06（2.98）1—13	6.83（3.03）0—13	t（26.11）=0.29, p=0.77, d=0.08
提出建议	1.15（1.07）0—4	1.67（1.01）0—4	1.40（0.94）0—3	t（24.34）=1.00, p=0.33, d=0.28
独特性	3.91（1.37）0—6	2.94（1.30）0—5	2.95（1.34）0—5	t（26.38）=−0.01, p=0.99, d=−0.01
解释	3.78（1.42）0—6	2.44（1.42）0—5	2.48（1.25）0—5	t（23.63）=−0.10, p=0.92, d=−0.03
识别出的缺陷	2.37（1.25）0—6	2.33（0.89）1—4	2.08（0.97）0—5	t（27.12）=1.05, p=0.30, d=0.27

2. 建立在现有研究基础之上

学生们表现出在现有文献基础上开展研究的不同能力。考虑到要综述的文献标准的宽泛性，一些学生将已发表的、经过同行评审的文章作为文献基础，而另一些学生则依赖与研究主题相关的新闻文章和博客。学生们也在利用已有文献为现在研究设计提供信息方面做出了很多种尝试。这些尝试包括从简短提及其他研究的研究问题（例如，"这项研究调查了一个人生活中的创伤事件如何影响他们的冒险行为"），到对其他研究结果的粗略总结（例如，"最好听没有文字的音乐，最好是古典音乐，然而，这确实取决于人们的品位"）来反思这些研究发现。例如：

> 在别人在场的情况下，或独自一人放松时，听音乐能最大限度地减轻压力。我想知道他们在研究中使用了什么样的音乐？根据措辞，我认为研究参与者可以选择，但实际上可能是两种方式……我不认为在别人面前听音乐能减轻压力！

虽然许多学生的研究有很大的提升空间，但他们将自己的问题与现有研究联系起来的能力表明，他们有潜力认识到自己在推进科学知识方面所发挥的作用，这是我们课程的核心内容。

3. 定义变量并保持研究方法和研究假设的一致性

保持方法与假设的一致性是开展稳健的实验的核心，但这对学生来说十分具有挑战性。使用或改编"思维蜂箱"中现有的研究、调查和任务的研究团队在这方面遇到的问题较少。与此同时，那些试图回答创新性问题的学生则在保持研究方法和研究假设一致性方面遇到了较多的困难。

举个例子，一个研究团队的研究问题是"艺术能激发人们开展社会变革吗"。这些学生建议使用任务和调查来衡量研究参与者在观看具有环保意识的艺术家创作的一系列艺术品之前和之后的压力、情绪和正念。他们的目标是了解这些测量指标在研究参与者"了解某些艺术家如何影响环境：要么通过他们作品本身的视觉方面，要么从作品中获得的资金用于更大的环保事业"

之前和之后是如何变化的。

一位同行评审人评论了在定义已确定的变量方面所面临的挑战（"你将如何准确地评价人们灵感的变化"）。另一个人指出："研究参与者以自己的方式解读艺术，这可能与艺术家想要传达的信息大相径庭。"同一位评审人评论道："研究中的一些任务与所提出的问题联系并不紧密。研究问题也没有保持一致，从社会变革跳转到环境保护主义。"

这个例子表明了学生在识别和批评研究方法与研究问题之间不一致方面的能力，以及他们在自己的研究设计中实现研究方法和研究问题一致性的努力——即便是专家也能对此有明显的感觉。这个例子也表明了对公众开放的"思维蜂箱"的案例和资源对支持学生探究的价值。目前，"思维蜂箱"的案例和资源主要适用于涉及决策、感知和反应时间等问题的研究。然而，未来的发展可能会探索如何通过提供更加多样化的案例和工具来支持学生的研究兴趣。

4. 在实验设置中处理潜在混淆变量

学生对研究设计的局限性和潜在混淆变量进行推理的能力具有很大差异（见表11）。例如，一个学生研究小组针对"不同类型的音乐如何影响一个人的压力水平"提议开展调查研究，以测量研究参与者在听流行音乐之前和之后感受到的压力水平。尽管一些同行评审者认为这项研究设计没有问题，但也有同行评审人指出，音乐偏好可能是一个潜在的隐藏变量。一位同行评审人建议通过收集研究参与者的音乐偏好这个额外信息来解决这个问题：

在调查中，我可能会建议考虑加入研究参与者所喜欢的音乐类型，以帮助解释哪种类型的音乐可以缓解压力，即使没有一种类型适用于大多数研究参与者，调查仍然可以得出一个合理的结论。

另一位评审人评论道：

研究设计得很好。然而，如果将个人选择选项作为自变量之一添加到研究中会更好。我觉得这项研究可能会有一些误导性的证据，因为人们会在他们喜欢的音乐类型上表现得更好，而不是仅仅因为音乐类型这个单一变量。

还有一些例子能够说明人类大脑和行为研究与学生个体的相关性对学生开展有效的研究设计所发挥的作用。学生还提到了其他熟悉的学校经历。一位学生写道：

我们可能还看到，饮用受污染的水的学生被迫待在家里，他们因为水而生病，这是影响他们在学校的表现的原因，而不是水对他们精神上产生的影响。还有一种解释是，饮用受污染的水的学生来自低收入家庭，他们承受了较多的外部压力而无法集中精力学习，而水没有发挥实际作用。

总之，这些例子说明了学生如何使用日常经验来推理潜在的混淆变量。特别是，他们展示了对人类大脑和行为研究的关注如何使学生能够利用熟悉的经验来推理研究背景因素对潜在研究发现有效性的影响，在他们不熟悉的领域，这可能会比较困难。

5. 研究伦理推理

在学生设计的前后测研究中，研究伦理也是一个问题。学生们被要求根据这项提示提出一项研究："当地河流的污染已经被研究了很多年。科学家会怎样研究这条河的水质如何影响学生的学习成绩呢？"在没有提及研究伦理问题的情况下，一些学生提议控制研究参与者的饮用水质量，并观察其影响（例如，"给不同的群体提供干净的水和受污染的水，观察学生学业表现的差异"）。同样地，很少有学生提出使用历史的或现有的数据来调查这个问题，这表明学生对各种可能的研究方法的理解存在不足。

这些学生在研究伦理方面的挑战可能是由于在前测和后测中给出的研究背景的性质，这与他们在主题学习中设计的研究背景形成了反差。我们将在讨论部分进一步讨论这种可能性。

6. 优化研究参与者体验

对研究过程中收集到的数据的信效度的关注包括确保研究指示的明确性和任务的可行性，不对研究参与者提出不合理的要求。因为同行评审人可以检查同行上传至"思维蜂箱"的电子研究计划以及书面研究计划，我们注意到学生们能够就可用性问题（usability issues）[①]提供详细的、建设性的意见。例如，在评审"戴口罩对高中生的情绪判断能力产生什么样的影响"这个问题时，一位评审人写道："我建议告诉研究参与者注意情绪，尤其是那些提交后无法返回表单的视频链接中的研究参与者，这样他们就知道我们要收集哪方面的数据。"

我们还观察到，学生在研究设计中很好地平衡了敏感的研究目标与研究参与者体验之间的关系。一个小组在"思维蜂箱"研究的结尾设置了一个问题，要求研究参与者评论他们完成研究的经历。与此同时，另一个小组提及：

> 虽然我们想从研究参与者那里收集一段较长时间的数据，研究音乐对学生的长期影响，但我们的能力有限，为了避免让研究变得乏味和冗长，我们没有选择这样做。

总之，以上例子说明了参与"思维蜂箱"研究和撰写书面研究计划的优势，即对研究设计者和同行评审人来说，研究的可用性问题更加突出。

（四）研究问题 3 学生参与开放科学的体验如何？

在参与研究设计和同行评审的体验方面，学生普遍对同行评审的有用性评价较高（$M=5.24$，$SD=1.38$，中位数为 6），在 84 名回答该问题的学生中，78.6% 的学生表示比较同意或非常同意同行提供的有益反馈，反馈意见提高了研究质量，9.5% 的学生表示比较不同意或非常不同意同行评审的意见。关于对评审人的信任，10.1% 的学生表示不同意收到的同行评审意见（$M=2.98$，

---

① 译者注：可用性问题是指在使用产品或服务时遇到的问题，包括难以理解、难以操作、不符合用户期望等。

SD=1.41，中位数为 3），而不到一半的学生（84 名学生中的 48.6%）表示并没有不同意同行评审意见。以上数据表明，几乎一半的学生对同行评审持有某种程度的怀疑态度。

学生在调查的开放式问题中提到了参与同行评审的收获（见表 14）。学生描述了他们如何通过评审同伴的研究来反思并改进自己的研究计划，还提到了有效参与同行评审的策略。重要的是，他们还注意到同行评审作为研究设计者和评审者之间合作的一种形式所发挥的价值，这是开放科学模式独有的特征。

在访谈中，老师说他们的学生发现参与"思维蜂箱"的研究经历是新颖并引人注目的。他们很感谢学生有机会参与研究设计过程的每一步。正如一位老师所指出的："我认为（学生们）确实受益于创造实验的创造性挑战。"一位接受访谈的学生说，参与这个主题学习有助于思考"投入研究的工作量和时间"。另一位学生说，这种经历对帮助他们认识到"批判性地思考很有价值，这在科学研究和生活中都是非常重要的……能够再次深入研究某个问题……然后看看提出一个研究问题是如何发展成这项庞大的研究的"。

学生们表示，他们特别重视开放科学过程。老师们很感谢开放科学提供了学生通过与老师的互动参与真正的研究，并与从事类似工作的科学家和其他专业人士建立联系的机会。与此同时，学生们提及："很高兴能很容易地看到别人的作品，也很高兴有这么多人对你的研究项目做出回应，几乎可以立即得到你的意见。"

表 14　学生参与同行评审的收获

维度	收获	描述	示例	频次
关于研究设计	运用到自己项目中的策略	找到改进研究的方法	我们了解到，研究中有一个方面是令人困惑的，因为它要求用户启动计时器，但我们并没有一个具体的开始时间。我们又修改了研究计划，以改进研究	19
	研究设计过程	反思设计研究的经历	我了解到，作为研究开发人员，很容易陷入研究而忽略了重要的细节	4

续表

维度	收获	描述	示例	频次
关于同行评审	同行评审过程	反思同行评审的经验和进行评审的特定方法	我学会了如何将别人的想法融入自己的研究，以及如何在提供有建设性反馈的同时分析别人的研究结构	18
	开展同行评审的挑战	认识到给出有益评审的困难	我明白了要给出有建设性和有帮助的批评意见是多么困难	3
一般能力	合作的价值	认识到同行评审人对改进研究的贡献以及不同观点的价值，不同评审人对同一件事的解释也会不同，也会与研究设计者不同	我了解到，听取外界对你工作的意见是很有帮助的，因为他们可以发现你从未注意到的东西	13
	交流的重要性	认识到清晰交流的重要性	我了解到我们应该详细阐释研究说明，以便每个人都能理解	4
	其他主题	了解所评审的内容	从评审的研究主题中学到东西，我觉得很有趣	3
其他	模糊	这个表述不够清晰以至于无法归类	在同行评审过程中，我体会到了同行评审过程的真正价值	6
	无	在评审过程中什么也没有学到	说实话，我们之前已经经历过这个过程，所以我没有从这个过程中学到很多东西	4

六、讨论

　　大多数公民科学项目在研究构思和同行评审阶段不涉及普通公众或基础教育阶段的学生。我们与三所高中的六个班级合作，实施并测试了一项以人类大脑和行为研究为主题的开放科学、公民科学主题学习。学生们设计了自己的研究，然后对自己同学和不同学校的学生的研究计划进行同行评审。我们探讨了学生的研究兴趣、能力以及开展研究设计和同行评审的经验。具体来说，我们考察了（RQ1）学生在研究设计中提出的主要研究问题，以及参与该主题学习对学生研究设计能力的影响；（RQ2）学生开展同行评审的种类，以及参与该主题学习对学生同行评审能力的影响；（RQ3）通过参与开放科学项目"思维蜂箱"的一个例子，让学生们感受到开放科学的价值。

本研究中具有互补性的定量和定性分析表明，尽管学生的整体学习设计能力（RQ1b，RQ1c）的前后测没有变化，但他们在研究质量这一特定维度上能力的前后测发生了显著变化。例如，学生论述研究重要性的能力有所提高，这表明他们感知和阐释研究实践价值的能力有所提高。然而，前后测数据显示，学生识别潜在的混淆变量和研究的局限性方面的能力有所下降。

学生们努力保持研究方法和研究假设的一致性，印证了现有关于学生在实验设计方面面临的挑战的相关研究结论（Woolley et al., 2018）。有趣的是，在前后测中，学生并没有努力将研究方法与研究假设结合起来。在前后测中，学生对研究伦理的理解能力也有所不同，但方向相反：在我们分析研究质量时，前后测数据显示，学生在研究伦理维度上得分最低，但他们在主题学习期间的团队研究中，研究伦理的得分最高。

得到以上研究结果有两个潜在的、不相互排斥的可能性的原因：一是评估可能没有完全监测到学生研究设计能力的变化；二是课程本可以更好地支持学生学习设计研究。考虑到这些学生在学习人类行为科学知识的同时也提升了研究能力，这些问题尤为重要。因此，值得注意的是，正如我们在对学生作业的定性分析中所强调的问题，是学生在主题学习（RQ1a）中生成的研究主题脱节的问题——主要是在线任务和学生熟悉的变量（例如，背景音乐的风格、研究策略）——与研究前/后设计项目（水污染对学生表现的影响）的重点主题之间互相脱节。对于学生来说，这可能是一个挑战，在主题学习过程中，他们学习并实践了对个人感兴趣的研究问题的应用研究方法，然后被要求将这些方法应用于日常经验之外的研究领域。如果我们的前后测的研究重点与学生在主题学习期间的研究重点更相似，那么这次评估可能会更好地评估学生研究能力的变化。以上结果反映了评估研究设计中存在更广泛的挑战，即评估研究既要与研究任务保持一致，又要充分监测到学生能力的变化（Harris et al., 2019；Tiruneh et al., 2018）。此外，我们期望学生在他们对学科领域有更大的概念把握的情况下，有更精细的研究和同行评审能力。这一假设印证了对专业领域知识与技能关系的研究结论（Huang et al., 2017）。

这些发现表明，在课堂上开展公民科学教育（RQ1a），特别是在将学生作为研究设计和开展研究的代理人情境中，理解学生的好奇心的重要性。知道是什么让学生好奇，可以让我们支持、验证，并建立学生的兴趣范围。例如，学生可以结合科学家设立的不同的研究问题、方法和工具，并将其运用到自己的研究中。我们也可以设计支持学生更好地将研究兴趣与重要的研究问题结合在一起的研究。最后，我们可以引导他们发展将研究设计能力抽象并应用于更（不）相似的研究情景中的能力，这些能力对科学素养很重要。

尽管研究人员对学生学习质量的评价结果好坏参半，但教师们还是十分重视学生在人类受试者研究中有努力解决研究伦理问题的机会。正如一位老师所指出的那样，学生们"接触到了人体测试所需考虑的因素，这是他们从未接触过的……"这一发现表明，为学生提供有意义的环境来学习研究伦理问题的价值，这在人机交互、工程、用户体验设计和数据科学等几乎所有STEM领域变得越来越普遍（Gasparich & Wimmers，2014）。

关于 RQ2a（学生的同行评审质量），学生在同行评审中普遍持积极态度的事实与现有关于同行评审质量的研究结论一致。这些文献发现，学生在同行评审中往往是肤浅和积极的（Hovardas et al.，2014）。与我们对学生研究设计能力的分析一样，我们发现学生的同行评审能力前后是一致的（RQ2b）。与我们对学生实验设计能力的调查结果类似，这一观察结果可能是由于学生需要更好的主题学习支持以有效地开展同行评审研究，或我们的评估在捕捉学生的同行评审能力变化方面存在缺陷。具体而言，学生可能被要求在特定的研究情景（即空气污染对户外运动表现的影响）回顾与他们在主题学习过程中设计的研究情景有很大差异的研究。

就同行评审质量的具体维度而言，值得注意的是，无论是在学生的主题学习过程中的同行评审，还是在前后测中的同行评审，学生都能够更好地提出具体的评审意见，并为评审提供解释，但还无法提出具体的改进建议。这一发现可能说明提出建议相对困难，这需要产生新的想法，而具体的评审意见和对评审意见的解释只需要解释和传达自己的理解。

总之，学生同行评审中的这些趋势可能反映了他们仍在不断发展的能力。

建议有必要支持学生将同行评审能力抽象出来，并应用到与他们个人经历接近的研究情景之外的研究中。与此同时，这些研究结论与专业的科学同行评审中专业知识作用的研究发现一致，在同行评审中，个别评审者通常对被评审者的研究方法或主题的熟悉程度不同。虽然评审人可能不太能够为其领域以外的研究提供具体的建议，但如果评审人和研究设计者之间专业知识更对口，可能开展的评审更严格——尽管更具体（Gallo et al.，2016）。最终，开放科学课程具有有机会向学生展示在同行评审中包含多种观点的优势（Lee et al.，2013；Resnik & Elmore，2016）。

关于RQ3（学生如何看待同行评审），学生们普遍认为对同行开展评审的建议是有益的，并确定了从中获得的个人成长。然而，评审过程并非一帆风顺。根据我们提出的评审质量标准，参与访谈的学生表示希望同行评审能够提出具体的行动建议以改进研究，开展实质性的评审，而不是简单地复述研究计划，并解释评审的原因。这些发现与海蒂和泰姆博雷的研究结论互相呼应，他们发现最有帮助的评审是那些提供具体改进建议的评论，并解释了为什么提供这些建议（Hattie & Timperley，2007）。此外，几乎有一半的学生在一定程度上不同意同行评审中的评论，这一事实与其他关于不信任学生同行评审（而不是教师评审）的研究结果一致（Anker-Hansen & Andrée，2019）。不同班级之间很可能在沟通方式和对反馈数量和质量的期望方面存在显著差异。这些期望上的差异可能解释了一些学生对他们收到的草率而笼统的同行评审感到失望的原因。虽然是轶事，但这一观察强调了开展充分培训的重要性，以确保所有学生都了解同行评审的作用和期待同行评审发挥的作用。

七、研究局限

本研究的一个局限是完成前测的研究参与者人数较少（$N=20$）。六个班级中有三个班级无法参加前测，因此，本研究前后测的样本数量有很大差异。对本研究的复制性研究需要收集更大的、匹配性更高的样本数据。

本研究的第二个局限是，我们没有考虑同行评审的各种情感因素。鉴于现有文献关于影响管理和沟通策略的作用，如对冲（例如，包括像"可能"和"也许"这样的词，其中的例子见表10）有影响力的反馈（Wu & Schunn，2020a），未来对同行评审的情感维度的研究将提供一个更全面的学生评审能力框架。

第三个研究局限是，由于日程安排问题，大多数学生没有机会修改他们的研究。因此，我们无法看到同行评审如何影响学生的研究设计。一些研究表明，即使有时间，学生也倾向不使用同伴的反馈来改进他们的研究，要么是因为他们认为反馈是没有用的，因为他们不太会运用反馈意见（Jonsson，2013），要么是因为多种社会因素影响了其吸收同伴反馈的意见（Wu & Schunn，2020a，2020b）。评审人和受评审的人员之间的对话对鼓励接受反馈至关重要。但是，正如我们所经历的那样，在课堂中创造这样的机会是极具挑战性的（Tsivitanidou et al.，2012）。

第四个研究局限是，由于在开展本研究时平台不能记录数据，无法将主题学习过程和前后测的结果联系起来，因此，我们无法根据个体差异比较学生的体验。例如，不同前测得分的学生可能在主题学习期间和后测中遵循不同的发展规律。事实上，一些研究表明，不同能力水平的学生从对课程的干预中的获益也存在差异，甚至从与相同或不同能力水平的同龄人的研究分组合作中的获益也不同（Kyza et al.，2011；White & Frederiksen，1998）。我们将持续改进平台，为在未来的课程实施中开展这样的研究提供可能。

第五个研究局限是由于线下研究受限，我们无法系统地观察教师和科学导师如何支持学生开展研究设计和同行评审。未来的研究可能会关注教师和科学导师的专业知识在类似的基于课堂的开放科学社区中所发挥的作用。

八、结论

参与公民科学等开放科学活动可以提高学生的科学素养。然而，学生公民科学家不是全面科学探究的代理人。这项研究描述了一个公民科学项目，在这个项目中，学生自己开展人类大脑和行为研究设计并进行同行评审。它回应了让学生作为公民科学的共同创造者的呼吁，这可以确保这些项目既提出教育目标，也提出科学目标（Gray et al., 2012）。通过检查我们的项目对学生的研究设计和同行评审能力的影响，本研究说明了公民科学如何能够有意义地让学生参与作者和评审者之间的对话，以生产并验证科学知识。

参考文献：

American Association for the Advancement of Science.（1989）. Science for All Americans. A Project 2061 Report on Literacy Goals in Science, Mathematics, and Technology. Washington, D.C.: AAAS.

American Association for the Advancement of Science.（2011）. Vision and Change in Undergraduate Biology Education: A Call to Action. A Summary of Recommendations Made at a National Conference Organized by the American Association for the Advancement of Science. Washington, DC: AAAS. https://www. aaas. org/sites/default/files/content_ files/VC_ report. pdf. Accessed on 9 July 2023.

Anker-Hansen, J., & Andrée, M.（2019）. Using and rejecting peer feedback in the science classroom: a study of students' negotiations on how to use peer feedback when designing experiments. In Research in Science & Technological Education, 37(3), 346 - 365. https://doi.org/10.1080/02635143.2018.1557628.

Bangert-Drowns, R. L., Kulik, C.-L.C., Kulik, J. A., & Morgan, M.（1991）. The instructional effect of feedback in test-like events. Review of Educational Research, 6 61（2）, 213 - 238.

Barab, S. A., & Hay, K. E.（2001）. Doing science at the elbows of experts: Issues related to the science apprenticeship camp. Journal of Research in Science Teaching, 38（1）, 70 - 102.

Beck, C. W., & Blumer, L. S.（2012）. Inquiry-based ecology laboratory courses improve student confidence and scientific reasoning skills. Ecosphere, 3（12）, 112.

Black, P., & Wiliam, D.（1998）. Assessment and classroom learning. Assessment in Education: Principles, Policy & Practice, 5（1）, 7 - 74.

Bonney, R., Ballard, H., Jordan, R., McCallie, E., Phillips, T., Shirk, J., & Wilderman, C. C.（2009）. Public Participation in Scientific Research: Defining the field and assessing its potential for Informal Science Education. A CAISE inquiry group report. Online Submission. http://files.eric.ed.gov/fulltext/ ED519688. pdf.

Brossard, D., Lewenstein, B., & Bonney, R. (2005). Scientific knowledge and attitude change: The impact of a citizen science project. International Journal of Science Education, 27 (9), 1099 - 1121.

Buchanan, S. C. (2019). Using the hermeneutic phenomenological method to explore the middle school student lived experience of student driven inquiry. Qualitative and Quantitative Methods in Libraries, Special Issue: School Library Research and Educational Resources, 6, 61 - 74.

Bullock, M., Ziegler, A., Weinert, F. E., & Schneider, W. (1999). Scientific reasoning: Developmental and individual differences. In F. E. Weinert & W. Schneider (Eds.), Individual development from 3 to 12: Findings from the Munich longitudinal study (pp. 38 - 54). Cambridge University Press.

Burns, J. C., Okey, J. R., & Wise, K. C. (1985). Development of an integrated process skill test: TIPS II. Journal of Research in Science Teaching, 22,169 - 177.

Cascio, M. A., Lee, E., Vaudrin, N., & Freedman, D. A. (2019). A team−based approach to open coding: Considerations for creating intercoder consensus. Field Methods, 31 (2), 116 - 130.

Chen, Z., & Klahr, D. (1999). All other things being equal: Acquisition and transfer of the control of variables strategy. Child Development, 70 (5), 1098 - 1120.

Christianakis, M. (2010). "I Don't Need Your Help!" peer status, race, and gender during peer writing interactions. Journal of Literacy Research: JLR, 42 (4), 418 - 458.

Crawford, B. A. (2012). Moving the essence of inquiry into the classroom: engaging teachers and students in authentic science. In K. C. D. Tan & M. Kim (Eds.), Issues and challenges in science education research: moving forward (pp. 25 - 42). Springer.

D'Costa, A. R., & Schlueter, M. A. (2013). Scaffolded instruction improves student understanding of the scientific method & experimental design. The American Biology Teacher, 75, 18 - 28.

Dasgupta, A. P., Anderson, T. R., & Pelaez, N. (2014). Development and validation of a rubric for diagnosing students' experimental design knowledge and difficulties. CBE Life Sciences Education, 13（2）, 265 – 284.

Deemer, E. D., Ogas, J. P., Barr, A. C., Bowdon, R. D., Hall, M. C., Paula, S., Capobianco, B. M., & Lim, S.（2021）. Scientific research identity development need not wait until college: examining the motivational impact of a pre−college authentic research experience. Research in Science Education. https://doi.org/10.1007/s11165− 021−09994−6.

Dikker, S., Shevchenko, Y., Burgas, K., Chaloner, K., Sole, M., Yetman−Michaelson, L., Davidesco, I., Martin, R., & Matuk, C.（2022）. An online citizen science tool to support students and communities in authentic human brain and behavior science inquiry. Connected Science Learning, 4（2）.

Dolan, E., & Grady, J.（2010）. Recognizing students' scientific reasoning: A tool for categorizing complexity of reasoning during teaching by inquiry. Journal of Science Teacher Education, 21（1）, 31 – 55.

Dolezal, D., Motschnig, R., & Pucher, R.（2018）. Peer review as a tool for person− centered learning: computer science education at secondary school level. Teaching and learning in a digital world. Springer.

Double, K. S., McGrane, J. A., & Hopfenbeck, T. N.（2020）. The impact of peer assessment on academic performance: A meta−analysis of control group studies. Springer.

Dysthe, O., Lillejord, S., & Wasson, B.（2010）. Productive e−feedback in higher education: Two models and some critical issues. Learning across sites（pp. 255 – 270）. Routledge.

Earley, M. A.（2014）. A synthesis of the literature on research methods education. Teaching in Higher Education, 19（3）, 242 – 253.

Ed, P. J., Ed, C. N., & Ed, G. R.（2001）. Knowing What Students Know: The Science and Design of Educational Assessment. National Academy Press, 2102 Constitutions Avenue, N.W., Lockbox 285, Washington, DC 20055（$39.95）. Tel: 800 – 624 – 6242（Toll Free: 202 – 334 – 3313; Website: http://www.nap.edu.

Etkina, E., Matilsky, T., & Lawrence, M.（2003）. Pushing to the edge: Rutgers astrophysics institute motivates talented high school students. Journal of Research in Science Teaching, 40（10）, 958 – 985.

Fecher, B., & Friesike, S.（2014）. Open science: one term, five schools of thought.

Opening science（pp. 17‒47）. Springer.

Fine, & Pryiomka.（2020）. Assessing College Readiness through Authentic Student Work: How the City University of New York and the New York Performance Standards Consortium Are⋯⋯Learning Policy Institute. https://eric.ed.gov/?id=ED606677.

Fitzgerald, M., Danaia, L., & McKinnon, D. H.（2019）. Barriers inhibiting inquiry‒based science teaching and potential solutions: perceptions of positively inclined early adopters. Research in Science Education, 49（2）, 543‒566.

Fleiss, J. L., Levin, B., & Paik, M. C.（2003）. Statistical methods for rates and proportions. In Wiley Series in Probability and Statistics. https://doi.org/10.1002/0471445428.

Fry, C. V., Cai, X., Zhang, Y., & Wagner, C. S.（2020）. Consolidation in a crisis: Patterns of international collaboration in early COVID‒19 research. PLoS ONE, 15（7）, e0236307.

Fuller, R. G.（2002）. The second career‒Science education. A love of discovery（pp.303‒304）. Springer. https://doi.org/10.1007/978‒94‒007‒0876‒1_12.

Furtak, E. M., & Penuel, W. R.（2019）. Coming to terms: Addressing the persistence of "hands‒on" and other reform terminology in the era of science as practice: FURTAKandPENUEL. Science Education, 103（1）, 167‒186.

Gallo, S. A., Sullivan, J. H., & Glisson, S. R.（2016）. The influence of peer reviewer expertise on the evaluation of research funding applications. PLoS ONE, 11（10）, e0165147.

Gasparich, G. E., & Wimmers, L.（2014）. Integration of ethics across the curriculum: from first year through senior seminar. Journal of Microbiology & Biology Education: JMBE, 15（2）, 218‒223.

Gaynor, J. W.（2020）. Peer review in the classroom: Student perceptions, peer feedback quality and the role of assessment. Assessment & Evaluation in Higher Education, 45（5）, 758‒775.

Gee, J. P.（2003）. What video games have to teach us about learning and literacy. Computers in Entertainment, 1（1）, 20.

Gielen, S., Peeters, E., Dochy, F., Onghena, P., & Struyven, K.（2010）. Improving the effectiveness of peer feedback for learning. Learning and Instruction, 20（4）, 304‒315.

Gray, S. A., Nicosia, K., & Jordan, R. C.（2012）. Lessons learned from citizen science in the classroom. A response to the future of citizen science. Democracy and Education, 20（2）, 14.

Griffith, A. B.（2007）. Semester‒long engagement in science inquiry improves students' understanding of experimental design. Teaching Issues and Experiments in Ecology, 5（25）, 1‒27.

Haklay, M. M., Dörler, D., Heigl, F., Manzoni, M., Hecker, S., & Vohland, K.（2021a）. What is citizen science? In K. Vohland, A. Land‒Zandstra, L. Ceccaroni, R. Lemmens, J. Perelló, M. Ponti, R. Samson, & K. Wagenknecht（Eds.）, The science of citizen science（pp. 13‒33）. Springer. Springer. https://doi.org/10.1007/978‒3‒030‒58278‒4.

Haklay, M. M., Fraisl, D., Greshake Tzovaras, B., Hecker, S., Gold, M., Hager, G., Ceccaroni, L., Kieslinger, B., Wehn, U., Woods, S., Nold, C., Balázs, B., Mazzonetto, M., Ruefenacht, S., Shanley, L. A., Wagenknecht, K., Motion, A., Sforzi, A., Riemenschneider, D., & Vohland, K.（2021b）. Contours of citizen science: A vignette study. Royal Society Open Science, 8（8）, 202108.

Halonen, J. S., Bosack, T., Clay, S., McCarthy, M., Dunn, D. S., Hill, G. W., IV., McEntarffer, R., Mehrotra, C., Nesmith, R., Weaver, K. A., & Whitlock, K.（2003）. A rubric for learning, teaching, and assessing scientific inquiry in psychology. Teaching of Psychology, 30（3）, 196‒208.

Harker, A. R.（2009）. Full application of the scientific method in an undergraduate teaching laboratory. Journal of College Science Teaching, 29, 97‒100.

Harris, C. J., Krajcik, J. S., Pellegrino, J. W., & DeBarger, A. H.（2019）. Designing knowledge‒in‒use assessments to promote deeper learning. Educational Measurement Issues and Practice. https://doi.org/10.1111/emip.12253

Harris, E. M., Dixon, C. G. H., Bird, E. B., & Ballard, H. L.（2020）. For science and self: youth interactions with data in community and citizen science. Journal of the Learning Sciences, 29（2）, 224‒263.

Hattie, J., & Timperley, H.（2007）. The power of feedback. Review of Educational

Research, 77（1），81–112.

Hiebert, S. M.（2007）. Teaching simple experimental design to undergraduates: Do your students understand the basics? Advances in Physiology Education, 31（1），82–92.

Hovardas, T., Tsivitanidou, O. E., & Zacharia, Z. C.（2014）. Peer versus expert feedback: An investigation of the quality of peer feedback among secondary school students. Computers & Education, 71, 133–152.

Howard, C. D., Barrett, A. F., & Frick, T. W.（2010）. Anonymity to promote peer feedback: pre–service teachers' comments in asynchronous computer–mediated communication. Journal of Educational Computing Research, 43（1），89–112.

Huang, P. S., Peng, S.–L., Chen, H.–C., Tseng, L.–C., & Hsu, L.–C.（2017）. The relative influences of domain knowledge and domain–general divergent thinking on scientific creativity and mathematical creativity. Thinking Skills and Creativity, 25, 1–9.

Huisman, B., Saab, N., van Driel, J., & van den Broek, P.（2018）. Peer feedback on academic writing: undergraduate students' peer feedback role, peer feedback perceptions and essay performance. In Assessment & Evaluation in Higher Education, 43（6），955–968. https://doi.org/10.1080/02602938. 2018.1424318.

Iandoli, L., & Shen, J.（2021）. Towards a Design Framework for Humanized AI. Proceedings of the 5th HUMANIZE Workshop. http://ceur–ws.org/Vol–2903/IUI21 WS–HUMANIZE–2. pdf.

Jenkins, L. L., Walker, R. M., Tenenbaum, Z., Sadler, K. C., & Wissehr, C.（2015）. Why the secret of the great smoky mountains institute at tremont should influence science education—connecting people and nature. In M. P. Mueller & D. J. Tippins（Eds. ）, EcoJustice, citizen science and youth activism: situated tensions for science education（pp. 265–279）. Springer International Publishing.

Jonsson, A.（2013）. Facilitating productive use of feedback in higher education. Active Learning in Higher Education, 14（1），63–76.

Jordan, R. C., Gray, S. A., Howe, D. V., Brooks, W. R., & Ehrenfeld, J. G.（2011）. Knowledge gain and behavioral change in citizen–science programs. Conservation Biology: THe Journal of the Society for Conservation Biology, 25（6），1148–1154.

Kadir, B. A., & Broberg, O.（2021）. Human–centered design of work systems in the transition to industry 4.0. Applied Ergonomics, 92, 103334.

Kasch, J., Van Rosmalen, P., Henderikx, M., & Kalz, M.（2021）. The factor structure of the peer-feedback orientation scale（PFOS）: toward a measure for assessing students' peer-feedback dispositions. In Assessment & Evaluation in Higher Education. https://doi.org/10.1080/02602938.2021.1893650.

Kaufman, J. H., & Schunn, C. D.（2011）. Students' perceptions about peer assessment for writing: Their origin and impact on revision work. Instructional Science, 39（3）, 387–406.

Kelemen-Finan, J., & Dedova, I.（2014）. Vermittlung von Artenkenntnis im Schulunterricht. Ergebnisse einer Befragung von Lehrpersonal in Österreich und bildungspolitische Relevanz. Naturschutz Und Landschaftsplanung., 46（7）, 219–225.

Kelly, J., Sadeghieh, T., & Adeli, K.（2014）. Peer review in scientific publications: Benefits, critiques, & a survival guide. eJIFCC, 25（3）, 227–243.

Kennedy, K. J., Chan, J. K. S., Fok, P. K., & Yu, W. M.（2008）. Forms of assessment and their potential for enhancing learning: Conceptual and cultural issues. Educational Research for Policy and Practice, 7（3）, 197.

Ketonen, L., Hähkiöniemi, M., Nieminen, P., & Viiri, J.（2020）. Pathways through peer assessment: implementing peer assessment in a lower secondary physics classroom. International Journal of Science and Mathematics Education, 18（8）, 1465–1484.

Killpack, T. L., Fulmer, S. M., Roden, J. A., Dolce, J. L., & Skow, C. D.（2020）. Increased scaffolding and inquiry in an introductory biology lab enhance experimental design skills and sense of scientific ability. Journal of Microbiology & Biology Education: JMBE. https://doi.org/10.1128/jmbe.v21i2.2143.

Kollar, I., & Fischer, F.（2010）. Peer assessment as collaborative learning: A cognitive perspective. Learning and Instruction, 20（4）, 344–348.

Koomen, M. H., Rodriguez, E., Hoffman, A., Petersen, C., & Oberhauser, K.（2018）. Authentic science with citizen science and student-driven science fair projects. Science Education, 102（3）, 593–644.

Kuhn, D., & Dean, D., Jr.（2005）. Is developing scientific thinking all about learning to control variables? Psychological Science, 16（11）, 866–870.

Kyza, E. A., Constantinou, C. P., & Spanoudis, G.（2011）. Sixth graders' co-construction of explanations of a disturbance in an ecosystem: exploring relationships between grouping, reflective scaffolding, and evidence-based explanations. In International Journal of Science Education, 33（18）, 2489–2525. https://doi.org/10.1080/09500693.2010.550951.

Landis, J. R., & Koch, G. G.（1977）. The measurement of observer agreement for categorical data. Biometrics, 33（1）, 159–174.

Lave, J., & Wenger, E.（1991）. Situated learning: legitimate peripheral participation. Cambridge University Press.

Ledgerwood, A.（2018）. The preregistration revolution needs to distinguish between predictions and analyses [Review of The preregistration revolution needs to distinguish between predictions and analyses]. Proceedings of the National Academy of Sciences of the United States of America, 115（45）, E10516–E10517.

Lee, C. J., Sugimoto, C. R., Zhang, G., & Cronin, B.（2013）. Bias in peer review. In Journal of the American Society for Information Science and Technology, 64（1）, 2–17. https://doi.org/10.1002/asi.22784.

Lee, O., & Campbell, T.（2020）. What science and STEM teachers can learn from COVID-19: harnessing data science and computer science through the convergence of multiple STEM subjects. Journal of Science Teacher Education, 31（8）, 932–944.

Leible, S., Schlager, S., Schubotz, M., & Gipp, B.（2019）. A review on blockchain technology and blockchain projects fostering open science. Frontiers in Blockchain, 2, 16.

Li, L.（2017）. The role of anonymity in peer assessment. Assessment & Evaluation in Higher Education, 42（4）, 645–656.

Li, L., & Grion, V.（2019）. The Power of Giving Feedback and Receiving Feedback in Peer Assessment. All Ireland Journal of Higher Education, 11（2）. http://ojs.aishe.org/index.php/aishe-j/article/view/413.

Li, H., Xiong, Y., Hunter, C. V., Guo, X., & Tywoniw, R.（2020）. Does peer assessment promote student learning? A meta-analysis. Assessment & Evaluation in Higher Education, 45（2）, 193–211.

Libarkin, J., & Ording, G.（2012）. The utility of writing assignments in undergraduate bioscience. CBE Life Sciences Education, 11（1）, 39–46.

Linn, M. C., Gerard, L., Matuk, C., & McElhaney, K. W. (2016). Science education: From separation to integration. Review of Research in Education, 40 (1), 529–587.

Loretto, A., DeMartino, S., & Godley, A. (2016). Secondary students' perceptions of peer review of writing. Research in the Teaching of English, 51 (2), 134–161.

Lu, J., & Law, N. (2012). Online peer assessment: Effects of cognitive and affective feedback. Instructional Science, 40 (2), 257–275.

Matuk, C., Martin, R., Vasudevan, V., Burgas, K., Chaloner, K., Davidesco, I., Sadhukha, S., Shevchenko, Y., Bumbacher, E., & Dikker, S. (2021). Students learning about science by investigating an unfolding pandemic. AERA Open, 7, 23328584211054850.

Maxwell, S. E., Lau, M. Y., & Howard, G. S. (2015). Is psychology suffering from a replication crisis? What does "failure to replicate" really mean? The American Psychologist, 70 (6), 487–498.

Meyer, N. J., Scott, S., Strauss, A. L., Nippolt, P. L., Oberhauser, K. S., & Blair, R. B. (2014). Citizen Science as a REAL Environment for Authentic Scientific Inquiry. Journal of Extension, 52 (4). http://www.joe.org/joe/2014august/pdf/JOE_ v52_4iw3. pdf.

National Research Council. (1996). National science education standards. National Academy Press.

National Research Council Division of Behavioral and Social Sciences and Education, Board on Science Education, & Committee on a Conceptual Framework for New K–12 Science Education Standards. (2012). A framework for K–12 science education: practices, crosscutting concepts, and core ideas. National Academies Press.

National Science Foundation. (1996). Shaping the future: new expectations for undergraduate education in science, mathematics, engineering, and technology. Directorate for Education and Human Resources.

NGSS Lead States. (2013). Next generation science standards: for states. National Academies Press.

Noonan, B., & Randy Duncan, C. (2005). Peer and self-assessment in high schools. Practical Assessment, Research, and Evaluation, 10 (1), 17.

Nosek, B. A., Ebersole, C. R., DeHaven, A. C., & Mellor, D. T. (2018). The preregistration revolution. Proceedings of the National Academy of Sciences of the United States of America, 115 (11), 2600 - 2606.

Open Science Collaboration. (2012). An open, large-scale, collaborative effort to estimate the reproducibility of psychological science. Perspectives on Psychological Science: A Journal of the Association for Psychological Science, 7 (6), 657 - 660.

Open Science Collaboration. (2015). PSYCHOLOGY. Estimating the reproducibility of psychological science. Science, 349 (6251), 4716.

Osborne, J. (2010). Arguing to learn in science: The role of collaborative, critical discourse. Science, 328, 463 - 466.

Panadero, E. (2016). Is it safe? Social, interpersonal, and human effects of peer assessment: A review and future directions. In G. T. L. Brown, & L. R. Harris (Eds.), Handbook of human and social conditions in assessment (pp. 247 - 266). New York: Routledge.

Panadero, E., & Alqassab, M. (2019). An empirical review of anonymity effects in peer assessment, peer feedback, peer review, peer evaluation and peer grading. Assessment & Evaluation in Higher, 44 (8), 1253 - 1278.

Perlman, B., & McCann, L. I. (2005). Undergraduate research experiences in psychology: A national study of courses and curricula. Teaching of Psychology, 32 (1), 5 - 14.

Peterson, S. (2003). Peer response and students' revisions of their narrative writing. L1 Educational Studies in Language and Literature, 3 (3), 239 - 272.

Phillips, T., Porticella, N., Constas, M., & Bonney, R. (2018). A framework for articulating and measuring individual learning outcomes from participation in citizen science. Citizen Science Theory and Practice, 3 (2), 3.

Race, P. (2014). Making learning happen: A guide for post-compulsory education. SAGE.

Rempel, D. (2020). Scientific collaboration during the COVID-19 pandemic: N95DECON.org. Annals of Work Exposures and Health, 64 (8), 775 - 777.

Resnik, D. B., & Elmore, S. A. (2016). Ensuring the quality, fairness, and integrity of journal peer review: A possible role of editors. Science and Engineering

Ethics, 22（1）, 169 – 188.

Robnett, R. D., Chemers, M. M., & Zurbriggen, E. L.（2015）. Longitudinal associations among undergraduates' research experience, self–efficacy, and identity. In Journal of Research in Science Teaching, 52（6）, 847 – 867. https://doi.org/10.1002/tea. 21221.

Roche, J., Bell, L., Galvão, C., Golumbic, Y. N., Kloetzer, L., Knoben, N., Laakso, M., Lorke, J., Mannion, G., Massetti, L., Mauchline, A., Pata, K., Ruck, A., Taraba, P., & Winter, S.（2020）. Citizen science, education, and learning: challenges and opportunities. Frontiers in Sociology, 5, 613814.

Sackstein, S.（2017）. Peer feedback in the classroom: Empowering students to be the experts. ASCD.

Salangam, J.（2007）. The impact of a prelaboratory discussion on non–biology majors' abilities to plan scientific inquiry [Masters]. California State University.

Saunders, M. E., Roger, E., Geary, W. L., Meredith, F., Welbourne, D. J., Bako, A., Canavan, E., Herro, F., Herron, C., Hung, O., Kunstler, M., Lin, J., Ludlow, N., Paton, M., Salt, S., Simpson, T., Wang, A., Zimmerman, N., Drews, K. B., ⋯ Moles, A. T.（2018）. Citizen science in schools: Engaging students in research on urban habitat for pollinators. Austral Ecology, 43（6）, 635 – 642.

Schunn, C., Godley, A., & DeMartino, S.（2016）. The reliability and validity of peer review of writing in high school AP English classes. Journal of Adolescent & Adult Literacy: A Journal from the International Reading Association, 60（1）, 13 – 23.

Scott, A.（2007）. Peer review and the relevance of science. Futures, 39（7）, 827 – 845.

Shen, B., Bai, B., & Xue, W.（2020）. The effects of peer assessment on learner autonomy: An empirical study in a Chinese college English writing class. In Studies in Educational Evaluation, 64, 100821. https:// doi. org/ 10. 1016/j. stued uc. 2019. 100821.

Shi, J., Power, J., & Klymkowsky, M.（2011）. Revealing student thinking about experimental design and the roles of control experiments. International Journal for the Scholarship of Teaching and Learning. https://doi.org/10.20429/ijsotl.2011. 050208.

Shneiderman, B.（2020）. Human–centered artificial intelligence: reliable, safe & trustworthy. International Journal of Human–Computer Interaction, 36（6）, 495 – 504.

Shute, V. J. (2008) . Focus on formative feedback. Review of Educational Research, 78 (1) , 153 – 189.

Sluijsmans, D. (2002) . Establishing learning effects with integrated peer assessment tasks. The Higher Education Academy. https://www.researchgate.net/ profile/ Dominique–Sluijsmans/publication/237794992_Establishing learning_effect_with_ integrated_peer_assessment_tasks/links/54bf5d9d0cf2f6bf4e04e68d/Establishing– learning–effects–with–integrated–peer–assessment–tasks. pdf.

Strijbos, J.W., Narciss, S., & Dünnebier, K. (2010) . Peer feedback content and sender's competence level in academic writing revision tasks: Are they critical for feedback perceptions and efficiency? Learning and Instruction, 20 (4) , 291 – 303.

Sujarittham, T., Tanamatayarat, J., & Kittiravechote, A. (2019) . Investigating the students' experimental design ability toward guided inquiry based learning in the physics laboratory course. The Turkish Online Journal of Educational Technology, 18 (1) , 63 – 69.

Tasker, T. Q., & Herrenkohl, L. R. (2016) . Using peer feedback to improve students' scientific inquiry. Journal of Science Teacher Education, 27 (1) , 35 – 59.

Tiruneh, D. T., Gu, X., De Cock, M., & Elen, J. (2018) . Systematic design of domain–specific instruction on near and far transfer of critical thinking skills. International Journal of Educational Research. https://doi.org/10.1016/j.ijer.2017.10.005.

Tobin, K. G., & Capie, W. (1982) . Relationships between classroom process variables and middle–school science achievement. Journal of Educational Psychology, 74, 441.

Topping, K. J. (2009) . Peer assessment. Theory into Practice, 48 (1) , 20 – 27.

Tsai, C.C., Lin, S. S. J., & Yuan, S.–M. (2002) . Developing science activities through a networked peer assessment system. Computers & Education, 38 (1) , 241 – 252.

Tsivitanidou, O. E., Zacharia, Z. C., & Hovardas, T. (2011) . Investigating secondary school students' unmediated peer assessment skills. Learning and Instruction, 21 (4) , 506 – 519.

Tsivitanidou, O., Zacharia, Z. C., Hovardas, T., & Nicolaou, A. (2012) . Peer assessment among secondary school students: Introducing a peer feedback tool in the context of a computer supported inquiry learning environment in science. Journal of Computers in Mathematics and Science Teaching, 31（4）, 433－465.

Tsui, A. B. M., & Ng, M.（2000）. Do secondary L2 writers benefit from peer comments? Journal of Second Language Writing, 9（2）, 147－170.

van Gennip, N. A. E., Segers, M. S. R., & Tillema, H. H.（2010）. Peer assessment as a collaborative learning activity: The role of interpersonal variables and conceptions. Learning and Instruction, 20（4）, 280－290.

van Zundert, M., Sluijsmans, D., & van Merriënboer, J.（2010）. Effective peer assessment processes: Research findings and future directions. Learning and Instruction, 20（4）, 270－279.

van't Veer, A. E., & Giner-Sorolla, R.（2016）. Pre-registration in social psychology—a discussion and suggested template. Journal of Experimental Social Psychology, 67, 2－12.

Walters.（2020）. 2.2 Research designs in psychology. In S. Walters, C. Stangor, & J. Walinga（Eds.）, Pychology-1st Canadian edition. Thompson Rivers University.

Wanner, T., & Palmer, E.（2018）. Formative self-and peer assessment for improved student learning: The crucial factors of design, teacher participation and feedback. Assessment & Evaluation in Higher Education, 43（7）, 1032－1047.

White, B. Y., & Frederiksen, J. R.（1998）. Inquiry, modeling, and metacognition: making science accessible to all students. Cognition and Instruction, 16（1）, 3－118.

Woolley, J. S., Deal, A. M., Green, J., Hathenbruck, F., Kurtz, S. A., Park, T. K. H., Pollock, S. V., Bryant Transtrum, M., & Jensen, J. L.（2018）. Undergraduate students demonstrate common false scientific reasoning strategies. In Thinking Skills and Creativity, 27, 101－113. https://doi.org/10.1016/j.tsc. 2017. 12. 004.

Wu, Y., & Schunn, C. D.（2020a）. From feedback to revisions: Effects of feedback features and perceptions. Contemporary Educational Psychology, 60, 101826.

Wu, Y., & Schunn, C. D.（2020b）. When peers agree, do students listen? The central role of feedback quality and feedback frequency in determining uptake of feedback. Contemporary Educational Psychology, 62, 101897.

Xiao, Y., & Lucking, R.（2008）. The impact of two types of peer assessment on students' performance and satisfaction within a Wiki environment. The Internet and

Higher Education, 11（3）, 186 - 193.

Yang, M., Badger, R., & Yu, Z.（2006）. A comparative study of peer and teacher feedback in a Chinese EFL writing class. Journal of Second Language Writing, 15（3）, 179 - 200.

Yu, F.Y., & Sung, S.（2016）. A mixed methods approach to the assessor's targeting behavior during online peer assessment: Effects of anonymity and underlying reasons. Interactive Learning Environments, 24（7）, 1674 - 1691.

Zou, Y., Schunn, C. D., Wang, Y., & Zhang, F.（2018）. Student attitudes that predict participation in peer assessment. Assessment & Evaluation in Higher Education, 43（5）, 800 - 811.

（田京　译）

教育领域中的透明度拥护者：为鼓励开放科学实践，期刊审稿人可以做什么[*]

瑞秋·伦巴格（Rachel Renbarger）[1] 吉尔·阿迪森（Jill L. Adelson）[2]

约书亚·罗森伯格（Joshua M. Rosenberg）[3]

桑德拉·史蒂根加（Sondra M. Stegenga）[4]

奥利维亚·劳莱（Olivia Lowrey）[5]

帕米拉·巴克利（Pamela R. Buckley）[6] 张其杨[①]（Qiyang Zhang）[7]

（[1]家庭健康国际组织 360；[2]阿德尔森研究与咨询公司；[3]田纳西大学诺克斯维尔分校；[4]犹他大学；[5]弗吉尼亚州夏洛茨维尔市开放科学中心；[6]科罗拉多大学博尔德分校；[7]约翰·霍普金斯大学）

摘　要

　　随着教育特别是资优教育领域逐渐向开放科学转变，学术界越来越重视开放科学带来的透明度和开放性。然而，由于缺乏激励、增加额外工作负担、某些领域（如定性研究）应用开放科学的支持不足，一些研究人员不愿意采用开放科学实践。我们鼓励并为审稿人提供如下指导以支持开放科学实践，通过积极影响作者考虑将开放科学实践应用于定量、定性和混合方法的研究，并为作者提供充足的支持，以产出更高质量的学术成果。与其将开放科学实践强加给作者，我们主张审稿人提供一些小的、没有威胁性的建议以及具体的实施步骤支持作者，从而不至于让作者感到不知所措、被评判或受到惩罚。我们相信，审稿人采取的这些

---

* 文献来源：Renbarger, R.L., Adelson, J.L., Rosenberg, J.M., Stegenga, S.M., Lowrey, O., Buckley, P.R., & Zhang, Q.（2023）. Champions of transparency in education: What journal reviewers can do to encourage open science practices. Gifted Child Quarterly, 67, 337 − 351.

① 译者注：此处为音译。

举措将产生影响，为研究人员采用更开放的科学实践创造一个更加支持性的环境。

关键词：开放科学；期刊审稿人；教育；研究透明度

2018年，麦克比等呼吁优秀的研究人员采用开放科学实践，例如，预注册、注册报告、预印本，以及使他们的数据、编码和材料可用（或开放）（McBee et al., 2018）。2019 年，《资优儿童季刊》（*Gifted Child Quarterly*）的联合编辑发表了一篇关于该杂志对透明度、开放性和研究改进承诺的社论（Adelson & Matthews，2019）。他们所做的改变包括在论文提交选项中引入简要报告（鼓励复制性研究）和注册报告，承诺在透明度和开放性促进指南（Transparency and Openness Promotion，TOP）的所有八个领域达到 1 级或更高水平，并实施开放科学徽章。鉴于以上向开放科学转变的措施已经实施了多年，我们认为有必要对科研界开展进一步的教育，了解在开放科学和透明范式下开展审稿的最佳实践。

一、什么是开放科学？

开放科学运动是一种旨在使科学过程和科学研究成果更容易被广大受众获取和重用的集体努力（UNESCO，2021）。这个具有包容性的定义强调了开放科学实践的诸多好处，即在使研究生命周期更加民主和透明的过程中，科学界可以提升研究过程和成果的完整性和严谨性，有助于创造日益严格和透明的科学过程和科研成果的哲学和实践是开放科学的操作性定义。

由于缺乏可复制性研究的尝试、开展复制性研究时得到不一致的研究成果，质疑当代的研究实践（McBee et al.，2018），其中一些不一致是由于统计误报、多重比较、研究和发表偏见、已知结果后提出假设（HARKing）和 p 值黑客（McBee et al.，2018）。范德泽和赖希指出，开放科学实践试图解决四种问题：可重复性研究失败、文件抽屉问题（file-drawer problem）[①]、科研人员的关系结构和自由度、获取成本（van der Zee & Reich，2018）。

尽管学术界可能重视透明度和开放性，但研究人员往往缺乏将开放科学实践纳入其研究和报告的动力，或者很难获得相关支持（Kessler et al.，2021; Nosek et al.，2015）。期刊同行审稿人在公众投稿过程中发挥着独特的作用，并有机会影响作者在科学研究和成果发表过程中考虑并更多地采用开放科学实践。

二、教育中的开放科学

促使作者从事开放科学实践的动因有很多，这些开放科学的实践既适用于教育，也适用于其他领域。许多开放科学实践能够提升研究过程和研究发现的可信度。例如，当数据结果与预期不同时，作者可以启动研究的应急计划（例如，数据不是正态分布；样本量太小，无法得出科学的效应值；一些研究参与者不同意接受访谈）。按照研究计划开展研究，并且根据研究的实际情景考虑可行的研究方案能够提高研究发现的科学性。研究人员不必被迫刻意按照预期的方式得出数据结果，能够对多种数据结果开放。此外，开放科学实践支持研究过程的民主化（Arza & Fressoli，2017）。无论是通过提供开放的数据、编码或协议以适应深度分析，还是在传统的付费出版渠道之外获得科研成果，开放科学有利于加强科研后备力量和提高读者对研究项目的公开获取程度。开放科学促进研究方法不断改进并完善。基于对科研创新的追求，定量和定性研究方法以及现在非常流行的混合研究方法都在向开放科学模式转变。开放科学也可以被看作是研究过程的一种进化——不是一种必需的改变，而是一个在研究允许的情况下整合研究过程的机会。

特别是在教育领域，作者参与开放科学实践的动力有很多。学术资源获取受限的群体，例如教育工作者和独立（非大学附属）作者，可以越来越多

[①] 译者注：文件抽屉问题也指出版偏见，研究者可能会将大量未能证实猜想的不显著的结果悄悄收进文件柜，而只挑出一部分"漂亮"的数据向学术期刊投稿，论文的评审者也可能更倾向挑选那些吸引人的显著性结果。

地获取研究成果和研究技术。提供开放科学与教育情景相关的证据能够建立合作者之间的信任关系（Grand et al.，2012）。例如，学校能够与以前从未获取过研究成果的研究人员共享数据，研究人员也能够以更快、更易于获取的格式共享科研成果。开放科学可能有助于在没有能力完成研究或整合最新研究的成员之间搭建桥梁。许多潜在的隐忧——比如共享数据会泄露学生、家庭的身份信息，或者其他研究人员"窃取"研究的想法——在使用适当的、特定于某项研究的开放科学实践时，往往不再是问题（Laine，2017；Liu & Wei，2023）。

事实上，教育研究人员应该在适当的时候找到将开放科学实践融入其工作的方法。首先，学生、教室、学校、地区、州和国家之间存在很大差异。记录不同背景下的研究方法和研究决策（例如，通过共享数据、编码、材料和预注册协议等方法）能够支持复制性研究，以确定哪些干预措施是有效的，以及对谁有效。最近的研究发现，教育研究人员坚信要使用开放科学实践，但并没有在最新的研究项目中付诸实践（Nosek，2022）。不幸的是，教育研究人员甚至自我报告说他们参与了开放科学力图解决的有问题的研究实践，如不报告非显著性变量或研究结果（62%）、在还没有完成研究时报告结果（67%）、最初的研究方法达不到统计学显著性时改变分析类型（50%）（Makel et al.，2021）。因此，为教育研究者提供为什么要使用开放科学实践的指导以及如何在一篇文章中进行开放科学实践非常重要。

三、对同行评审的需要

虽然同行评审是学术期刊的标准做法，但许多审稿人对评审的目的持有不同的看法。我们的观点是，同行评审的重点不是针对微小的细节对作者吹毛求疵，或者告诉作者应该如何开展这项研究，而是通过评审提供专业意见（无论是内容、方法，还是两者兼而有之）提高论文质量，避免潜在的学术不端行为。审稿人还可以鼓励采用现代的研究方法，如开放科学实践。之前已经发表的论文记录了资优教育研究人员的最佳科研实践（Snyder，2018），但并没有考虑开放科学。开放科学审稿人指南聚焦心理学研究（Davis et al.，2018），在教育研究领域有少量应用，但目前还没有质性研究的开放科学指南。因此，教育审稿人需要了解如何审查资优教育领域的研究，尤其是对开放科学实践的运用。

四、目的

本文旨在帮助教育期刊的审稿人了解他们如何在不过于死板的情况下支持开放科学实践。我们首先讨论审稿人如何通过请求增加开放科学信息来支持以上实践，然后简要描述审稿人如何鼓励在研究的整个过程中都采用开放科学实践，这个过程包括研究概念化、数据收集、分析、传播研究成果。最后，本文强调了开放科学实践中定量、定性和混合方法之间的差异。

五、一般的开放科学实践

由于论文作者愿意认真听取审稿人的评审意见，审稿人有能力激励作者在科研工作中采用开放科学。崔等认为，科学家有 3P 目标：出版物（publications）、专利（patents）和教授职位（professorships）。审稿人对出版物有很大的影响，可以改变作者对开放科学的态度（Choi et al.，2005）。因此，审稿人可以激励作者采用开放科学实践。

审稿人可以将自己定位为能够为作者提供建设性的、尊重的反馈意见的同伴。这意味着当审稿人要求作者考虑采用开放科学实践时，语气应该是温和而舒适的。其目的是热情地推动作者朝着开放科学最佳实践的方向前进，而不是通过威胁拒绝作者的投稿论文来引起他们的反感。

《青年与青少年杂志》（*Journal of Youth and Adolescence*）的编辑在审稿信中对预注册的评论是一个很好的例子：

> 由于我们的期刊是多学科的，一些领域现在正朝着鼓励预注册的方向发展，并且考虑到我们试图让作者区分验证性分析和探索性分析，我们现在鼓励作者注意他们的部分研究是否进行了预注册。如果不是，那

就忽略它。如果是，请提供相关链接（统一资源定位符①、数字对象标识符或其他链接到一个公共的、开放访问的存储库的永久路径），并注明注册的内容（研究设计、假设、目标分析等）。

编辑还对开放数据发表评论："我们现在还要求一份数据共享声明。声明的目的绝不是要求作者分享他们的数据。如果有的话，我们确实要求应该让读者知道。"这些评论传达了一个信息，即该杂志以及该领域正处于一个过渡期，并在不久的将来会转向开放科学。这些话背后隐含的信息是，该杂志目前不要求作者采用所有开放科学实践，但可能在不久的将来会这样做。对于没有采用开放科学实践的作者来说，这些评论没有威胁性，并且是低风险的，可以忽略，因为开放科学不是必选项。然而，仅仅通过提出这些问题就表明期刊或期刊审稿人对开放科学实践的大力支持，这可以促使作者认真考虑在未来的工作中采用开放科学实践。

对于审稿人来说，了解并支持期刊政策很重要。例如，不同的期刊以不同的方式共享数据。虽然一些期刊要求共享数据以确保作者符合开放科学实践的要求，但其他期刊为想要存储数据而不要求共享数据的作者提供补充支持（Levesque，2017）。例如，一些期刊，如《资优儿童季刊》要求作者签署开放科学披露声明并向作者提供开放科学徽章。这样，如果作者选择遵循开放科学建议，就可以获得期刊的支持，从而减轻了没有太多经验或资源开展开放科学实践的作者的压力。

期刊要求共享数据是出于好意，但可能会使作者成为不称职的分享者（Tenopir et al.，2011），并最终危害未来的研究人员。期刊应该根据不同领域的学术发展状况灵活制定开放科学政策。在教育和心理学领域，我们还没有准备好强制实施开放科学实践。在这个关键时刻，热情地鼓励作者采用开放科学实践，并为作者提供支持和指导是最好的方式（Levesque，2017）。

因此，作为审稿人，您应该了解并尊重特定期刊关于披露声明、数据共

---

① 译者注：统一资源定位符（Uniform Resource Locator, URL），是互联网上标准资源的地址。

享、材料／编码共享等方面的政策及其他开放科学实践。不过，也可以慢慢推动开放科学的进程。例如，《资优儿童季刊》的审稿人在审查方法部分时可能会注意到，他们希望作者考虑共享这些数据，或者作者考虑将他们的分析语法文件发布到开放科学框架（http://osf.io/prereg/）或将其通过世哲（SAGE）期刊在 Figshare 平台上作为补充文件上传。这些建议给期刊提供了支持，而不是产生当审稿人"要求"一些期刊不需要的东西时引发审稿人、编辑和作者之间的冲突的状况。

本文的其余部分主要关注审稿人在进行同行评审时如何在研究过程的每个阶段鼓励开放科学实践。

六、研究概念化

（一）预注册

预注册是一个带有时间戳的记录，它创建在一个结构化的、基于网络的、可公开访问的注册表中，记录了研究设计、假设、数据收集程序和分析决策的计划方案，是研究人员使研究决策更加透明的一种方式（Nosek et al.，2018）。预注册有助于减少有选择地报告研究结果的常见科研伦理问题（John et al.，2012），并有两个主要目的。首先，预注册通过记录先验假设，并将假设独立于数据分析过程中得到的结果，从而能够使基于验证性研究和探索性假设产生的结果更加清晰。其次，预注册为读者提供了一个开放获取的机会，让读者有机会审查所在研究领域的研究进展，即在预注册协议中报告了多少研究，在期刊文章或报告中发表了多少研究（Nosek et al.，2015；Nosek et al.，2018）。因此，人们可以推断，如果最初的研究计划被发布到在线存储库，那么研究人员更有可能报告所有的结果，而不考虑研究结果的重要性或新颖性（如 ClinicalTrials.gov、美国经济协会、RCT 注册登记、开放科学框架注册登记；Hardwicke & Ioannidis，2018）。具体到教育研究领域，教育效能研究学会（Society for Research on Educational Effectiveness，SREE）开发了效率和效果研究登记处（Registry of Efficacy and Effectiveness Studies，

REES），这是一个用于预注册研究的开源存储库，旨在对教育中"什么有效"进行因果推论（Anderson et al.，2019）。然而，预注册并不局限于实验研究。档案类研究、实地观察、相关性研究、纵向研究、调查研究、元分析等研究计划都可以采用预注册的方式（Mayo-Wilson et al.，2021）。预注册定性研究还有助于确保维护在数据分析之前做出的决策以及产生的有意的偏差，以上内容都会记录在案（Haven & van Grootel，2019）。

此外，这是一个审稿人可以通知并推动作者采用开放科学实践的方式。审稿人可以在评审意见中提出："这项研究是否有预注册？"如果有，请鼓励作者在投稿稿件中提交注册身份码（例如，在摘要或方法部分标注），并考虑询问与预注册的研究方法相比，最终的研究是否做了修改，如果有，请说明做了哪些修改。虽然，对于作者来说，回到研究开始的时候预注册这项研究已经来不及了，但是通过提出预注册的提醒，审稿人正在播下一颗种子，即作者可以在未来的出版物中考虑开展预注册的可能性。

（二）分析计划

分析计划是对开展的研究进行分析的方法和决策的详细解释（Gamble et al.，2017）。作为一个独立的文档，分析计划仍应与预注册的协议和其他协议一起进行审稿，如向伦理审查委员会或资助者提交的申请。预注册一份分析计划的目的是详细说明分析决策是如何随时间变化而变化的，从而提高研究发现的可信度及对研究发现的理解。此外，向读者公开的协议和分析计划允许用户考虑研究结果是否与研究证据总体一致（Chan et al.，2013）。对于定量研究人员而言，综合统计分析计划（SAP）包括：（1）列出了所有的研究目标和假设；（2）识别数据集；（3）列出纳入标准和排除标准；（4）说明计划协变量、置信区间和 alpha 值；（5）报告拟进行统计分析的软件；（6）确定填充研究结果的表格、图表和列表的方法、公式和算法（Gamble et al.，2017）。定性分析的研究人员也可以预注册一份分析计划，以道德和法律上适当的方式共享各种形式的数据，包括照片、录音、访谈记录和田野笔记（Antonio et al.，2020）。

由于不同的分析方法有可能产生不同的结果，并且偏离原计划的方法可能会产生研究偏差，因此应该记录并报告偏离计划方法的性质、时间和基本原理。预注册和预注册分析计划支持这项工作，并且是相互促进的透明实践。换句话说，如果研究人员已经预注册了分析计划，那么预注册分析计划会更容易实现（Mayo-Wilson et al., 2021）。

在收集和分析数据之前发布前瞻注册（prospective registry）表，可以提高透明度并减少对研究过程和报告的偏见。回顾注册（retrospective registration）发生在数据分析或项目完成之后，比不注册要好，因为任何形式的注册都可以帮助研究人员识别以前的试验，并将多个试验报告联系起来（Altman et al., 2014; Cybulski et al., 2016）。

尽管近年来预注册变得越来越普遍，但仍处于起步阶段（Gennetian et al., 2020）。预注册需要时间，而且也可能比较困难。然而，期刊有机会通过实践加速培养研究人员的预注册技能。例如，Declare Design（http://declaredesign.org/）等决策工具提供结构化的工作流程，旨在帮助研究人员预测常见决策，并为记录和报告这些决策提供指导（Nosek et al., 2019）。

此外，这是一个审稿人可以成为开放科学的拥护者并播种开放科学种子的契机。他们可能会建议作者回顾注册分析计划，或者通过询问分析计划是否预注册、分析与计划有何不同这样的问题来推动作者制订分析计划。

（三）注册报告

尽管大多数需要审稿的投稿稿件都是使用标准出版模型出版的，但也有可能要求审稿人审查注册报告的提交情况，特别是对于像《资优儿童季刊》这样提供注册报告提交选项的期刊。注册报告描述了一种出版模式，旨在通过关注研究问题、研究方法和论文质量来减少发表偏见和有问题的研究实践（Nosek & Lakens, 2014）。这是通过两个审稿阶段来完成的，第一个审稿阶段在数据收集开始之前进行。

注册报告和预注册有相似之处，但在许多关键方面有差异。注册报告和预注册都是在研究开展之前创建的带有时间戳的研究计划。然而，尽管预注册被提交给公共登记处并不一定会获得同行的反馈，但第一阶段注册报告要经过审查，这可能会影响研究方法。注册报告还能发挥减少发表偏见的优势（Rosenthal，1979）。事实上，施切尔等发现，在采用标准方法发表的文章中，96%的第一假设有积极结果，而通过注册报告发表的文章中，只有44%的第一假设有积极结果（Scheel et al.，2021）。原则上，期刊在数据收集和分析之前接受稿件，并承诺发表研究结果，而不考虑主要结果如何（尽管没有预先定义的质量保证措施可能成为第二阶段被拒稿的理由）。

在注册报告模型中，作者向期刊提交第一阶段的稿件，其中包括介绍部分、方法部分以及可能已经进行的任何预研究。然后审稿人对提交的材料进行评估，提供关于方法和研究设计的反馈意见。他们也可以在这一步骤中推荐质量控制措施，如检查地板效应和天花板效应或采取积极的控制措施，以证明正确实施了研究方法。就像常规的审稿过程一样，第一阶段的稿件在被接受之前可能会经过一轮或多轮的修改。一旦修改通过，期刊可以向作者提供原则上接受（IPA）的用稿通知。通过提供原则上接受的用稿通知，如果研究是按照第一阶段协议中的要求开展的，该期刊同意发表研究结果。在收到原则上接受的用稿通知以后，作者按照研究计划开展研究，并提交第二阶段的稿件和最终研究结果。结果可以包括预注册的分析计划的结果，以及任何明确识别的探索性分析。在第二阶段稿件的第二轮审稿之后，审稿人评估数据是否能够证明结论，并发表稿件（Center for Open Science，2022）。

作为审稿人，第一阶段审稿重点考查研究问题的重要性、假设背后的推理、方法和分析的质量（可能包括统计能力），以及纳入足够多的结果中立检验以确保对假设进行适当的检验。在第二阶段，审稿人应根据收集的数据是否恰当地检验了原始假设、介绍材料和假设是否与第一阶段的稿件一致、是否遵守了预先规定的实验程序、是否进行了适当的未注册分析、收集的数据是否证明结论是正确的等标准来综合判定稿件质量（改编自 https://osf.io/pukzy）。

七、数据收集

（一）深描

在定性研究中，深描能够为读者提供足够的研究背景和研究参与者的信息及分析过程的细节。例如，对研究参与者在回答某些访谈问题时的肢体语言的描述，可以提供比简单陈述更重要的细节（Mill & Ogilvie，2003）。期刊通常有页数或字数限制，但这些深描数据可以添加到在线存储库中，而不用总是添加在正文文本中。例如，《资优儿童季刊》接受补充材料。当审稿人不知道某些特定的文化背景时，审稿人可以要求作者提供深描，尽管这应该与不去无意地识别研究参与者身份或背景的需要相平衡。我们鼓励审稿人承认论文版面限制可能是一个问题，并在适当的时候建议可以在补充文件中提供哪些材料。

（二）数据分享

数据共享似乎是一项具有挑战性的开放科学实践，但有学者认为，有许多长期存在的这种开放科学实践的例子（van der Zee & Reich，2018），如国家教育统计中心共享的数据（National Center for Education Statistics，2022）和与许多大规模评估相关的数据（Bailey et al.，2022）。尽管共享教育数据的方式有很多种，但有证据表明，根据要求提供数据并不是非常有效的实践方法（Tedersoo et al.，2021；Wicherts et al.，2006）。

数据共享有几个好处。一方面，它允许其他研究人员利用你在所在的研究领域做出的贡献来推进知识增长。另一方面，它允许其他人验证你的研究，并在这个过程中建立信任。此外，大多数公认的数据存储库（如开放科学框架）为共享数据提供持久的数字对象标识符，从而鼓励广泛引用共享研究的所有相关内容，而不仅是已经发表的论文（Gennetian et al.，2020）。

在共享多种类型的数据时，我们建议采用以下策略：

第一，分享一个稳定的地址。虽然在个人网站上共享数据是一个很好的方法，但我们建议研究人员在一个稳定的地址共享数据，并承诺在相当长的一段时间内托管数据。与个人网站甚至许多商业化的存储方式相比，开放科学框架和机构存储库可能是更好的选择（例如，谷歌云端硬盘）。

第二，尊重隐私。共享数据并不意味着损害隐私。相反，考虑到数据共享在开放科学这一势在必行的背景下的重要性，我们建议研究人员尊重个人隐私（Lundberg et al.，2019）。在实践中，这意味着可能要小心地匿名化或以部分共享的形式处理数据集（作者在决定什么可以分享、什么不可以分享时，也应该与伦理审查委员会核实）。

第三，记录数据集。我们建议研究人员至少有一个密码笔记本，包含变量的名称和对变量的简要描述。

我们注意到，对于定性数据，由于样本量较小，识别研究参与者的可能性增加，因此公开共享数据可能更加困难，但直接与研究参与者共享数据（例如，他们的访谈数据副本、确认使用的引用）或以分级方式共享数据（例如，仅向某些人提供部分数据）可以增强关键受众的信心（Humphreys et al.，2021；Steltenpohl et al.，2022）。此外，并非需要共享所有的数据。考虑到定性数据通常包括音频和视频记录、转录文本、访谈提纲、备忘录、文件等，平衡数据共享的类型对于尊重和保护研究参与者至关重要。

审稿人在使开放科学成为教育研究中更规范的实践方面发挥了重要作用。他们可能会建议或敦促作者考虑公开数据。在审稿定量研究文章时，审稿人可以建议，如果数据不能公开，那么作者至少提供一个方差——协方差矩阵，允许一些分析结果即使没有原始数据也可以被复制。定性研究的审稿人可能会要求访问某些数据（例如，对特定访谈问题的回答、以特定方式回答问题的人数）或向作者询问有关数据的后续问题，以增强研究发现的可信度，而不需要完全开放数据共享。

（三）编码共享

编码共享可以应用于定量和定性分析。我们在下面讨论这两个问题，因为每个问题的侧重点不同。

1.定量分析编码

与数据共享一样，共享用于定量分析的分析编码也有一定的好处。本研究中的分析编码是指语法（即 SPSS 语法）或使用统计软件和编程语言 R 进行分析的编码。

共享分析编码的一个好处是能够增强研究的透明度：当编码被共享时，研究人员所做的研究决策会变得清晰。例如，读者可以看到确定了哪些模型，以及这些模型是如何被确定的，这可能比投稿文件中研究方法部分包含的信息更详细。此外，共享分析编码可以开展更广泛领域的能力建设：如果其他研究人员可以看到复制复杂分析所需要的编码，那么其他研究人员就可以更容易地开展数据分析。这种共享的最后一个好处是，它增加了研究可以被复制的机会。在实践中，最有可能需要开展复制性研究的受众是开展这项研究的研究团队本身。一个常见的场景是：作者向期刊投一篇稿件，几个月后收到审稿意见，需要修改论文。如果一个人的 SPSS 或 R 编码处于无序状态，那么重新进行分析可能是一个挑战——甚至不可能复制这项研究。但是，如果一个人在投稿的时候分享了他的编码，那么打开文件并从上次结束的地方开始研究就会变得容易得多。

一组良好的共享编码策略也支持共享数据（如上所述）。在使用的任何软件中共享的编码都应该（如果可能的话）从原始数据源开始分析，并且分析的所有关键结果都应该能够在编码中重现。在实践中，这可能是一个难以实现的目标：一些数据收集或处理步骤可能已经用另一个工具（例如，Microsoft Excel）进行了，但这不应该限制编码的共享。相反，在这种情况下，我们建议共享编码，使用任何必要的数据集来重现分析的关键结果，在投稿稿件或附录中记录编码中未包含（例如，在 Microsoft Excel 中准备数据）的步骤，目的是告知读者和研究人员作者所采取的研究步骤，以便他们（或作者）在将来对所采取的研究步骤开展复制性研究。

审稿人在使分析编码可用的过程中扮演着重要的角色。在审稿过程中，审稿人简单地询问分析编码是否可以在存储库中共享（例如，开放科学框架、GitHub 存储库或作为补充文件），可以提示审稿人通过共享编码来阐释上述问题。此外，审稿人可能会考虑请求将编码作为他们审稿内容的一部分，这样他们就可以对模型、假设等开展更彻底的审稿。

话虽如此，我们承认要求审稿人不仅要查看并确保编码如声明的那样可用，而且要重新运行编码，这是潜在的负担。存在几个潜在的影响因素。首先，编辑需要确保清楚审稿人的期望是什么（例如，确保有编码链接 vs. 检查以确保它是真正可用的 vs. 进行验证检查／重新运行编码）。审稿人应该知道，有些期刊的工作人员会进行验证检查，了解已经完成了哪些检查将减少审稿人的工作量。其次，如果期刊选择进行验证（例如，运行编码并提供对分析的审稿人反馈），可能会有单独的审稿人来提供对编码和分析的反馈。然而，这可能会在已经很难招募到审稿人的情况下限制并维护审稿人的数量。最后，审稿人还可以逐个考虑验证过程。如果他们已经建议作者更改研究模型，就不应该检查编码。如果怀疑有错误，他们可以检查或询问编辑是否可以在最终出版前由其他审稿人或工作人员完成审稿工作。审稿人可能会对运行他们不知道的模型或程序的编码感到不舒服，这是可以理解的。审稿人可以将这些需求传达给编辑团队，并允许编辑做出决定。通过理解和限制角色，编辑和审稿人可以确保同意审稿的审稿人不会因为在他们现有的职责上增加审稿任务而感到精疲力竭。

2. 定性编码方案

大数据和计算机辅助分析方法不再仅仅是定量研究的一部分。近年来，自然语言处理和其他形式的机器学习与以人为中心的分析相结合，在定性研究中开辟了一系列广泛的分析方法（例如，Anderson et al.，2020；Baumer et al.，2017；Nelson，2020）。这些计算机辅助的分析方法确实涉及通过传统统计编程语言（如 R 或 Python）编写的编码，这些编码可能以一种极其类似于用于定量分析的编码共享的方式进行共享。然而，除了这种类型的计算机编码共享，还应该共享来自更传统形式的定性研究的非计算机辅助编码方案。这种情况将根据一系列因素而有所差异。

定性编码方案根据研究的方法和目的而有所差异，编码方案依赖在整个迭代编码过程中的各种过程决策。一些定性研究学者概述了定性研究报告中较为推荐的高质量要素，其中编码和主题开发是所推荐的主要报告要素（例如，Tong et al.，2007）。这些编码过程的研究决策过程能够通过补充文件或手稿本身很容易地共享。然而，一些定性研究人员认为，佟等（Tong et al.，2007）推荐的质量要素规定性过强，并且建立在有问题的理论原则之上，不能展现出定性研究背后的更广泛的变化（Buus & Perron，2020）。近年来，一些学者一直致力于提高定性研究报告标准的严谨性和推理性（O' Brien et al.，2014）。然而，尽管取得了一些进步，但由于定性研究方法和分析方法的复杂性和多样性，制定一个可以被普遍接受的一刀切的共享和报告标准非常困难。

在定性研究中，所有这些报告和编码共享的最佳实践建议的基础，必须是审稿人能够批判性思考并确定哪些元素可以、应该或不应该被共享、报告或公开。这些决策必须基于研究目标、方法论和定性分析方法。审稿人必须有能够超越以上推荐的共享清单的思维。这似乎是一个让审稿人了解研究方法的简单的声明。然而，定性研究常常被分配给不具备相应专业知识的审稿人审稿。在审稿过程中，审稿人具备相应的专业知识是必要的，而且将变得更加重要。审稿人不仅必须理解研究设计和方法的严谨性，还必须确定哪些要素应该被共享、哪些要素不适合开放共享，因为不可能有一个适用于所有定性研究的万能方法。因此，我们鼓励定性研究的同行审稿人思考他们是否可以审阅编码的哪些要素可以共享，如果他们没有专业知识来提出相应的建议，那么可以推荐其他审稿人。

（四）材料共享

研究人员遵循透明研究实践的另一种方法是分享他们的研究材料（例如，调查工具、结构化访谈计划、结果测量、干预手册）。与共享数据和编码一样，共享研究材料有助于防止出现可能导致报告不正确结果的无意错误，实现数据重用，并促进潜在的复制性研究或可再现性研究（Mayo-Wilson et al.，2021）。定性研究人员还可以共享材料，如详细的备忘录、编码本和有关内部编码者之间可靠性的信息（Lorenz & Holland，2020）。考虑到法律、伦理和专有约束（proprietary constraints），研究人员可以在 GitHub、Dataverse、Dryad、Vivli 和大学政治和社会研究联盟（Interuniversity Consortium for Political and Social Research）等存档库中共享研究资料（Christensen et al., 2019）。另外，当向学术期刊投稿时，提交的材料可以包括一个补充的在线文档。理想状态下，已注册的协议和已发表的报告或文章还应说明部分或全部研究材料是否可以购买、是否可以在指定的公共存储库中免费获得、是否可以在网站上免费获得、是否可以通过第三方获得、是否可以通过与作者联系获得。

这是审稿人可以作为开放科学的捍卫者挺身而出的地方。特别是如果这些材料是为审查研究目的而专门准备的，审稿人可能会要求查看这些材料，以便评估这些材料对回答研究问题的适当性以及基于这些材料而得出的结论的有效性。审稿人也可以通过一些积极的建议促使作者考虑公开相关的研究材料。

八、引用二手数据来源

《资优儿童季刊》以及其他刊物要求作者适当地引用"从现有来源中提取的所有数据、程序和其他方法或内容"（https://journals.sagepub.com/pb-assets/cmscontent/GCQ/GCQ_Author_Submission_Guidelines.pdf）。《美国心理学会出版手册》（*Publication Manual of the American Psychological Association*）第 7 版提供了如何引用这些内容的指导。如果审稿人注意到作者使用了二手数据源、二手程序编码或其他方法、现有来源的内容，他们应该建设性地指出作者需要包括对这些材料（以及参考文献）的引用，并且引用应该包括 DOI 或其他可用的永久标识符。

九、数据分析

作者可以通过多种方法提高分析的透明度。然而，与定性研究相比，定量研究的透明度有所不同。

对于定量和定性研究，在公开分析材料之前，作者必须对研究的主题保持透明，提供足够的细节，以便审稿人了解研究可以推广到谁或数据描述了什么。在资优教育领域，必须公开如何确定"资优"的范围及其操作性定义。如果作者没有公开研究样本，审稿人应该询问相关内容。

对于定量研究而言，分析的透明度主要集中在再现性研究上。具体地说，它检查编码和分析过程是否有足够好的文档材料，可以由外部研究人员执行，并重现相同的结果。至少，作者应该提供包括研究的方程或模型的图形描述，以便审稿人确切地知道研究包括哪些变量以及分析了哪些相关关系。此外，他们需要对如何处理丢失数据保持透明。关于不同定量方法报告的最佳实践，审稿人可以参考由汉考克等编写的《社会科学定量方法审稿人指南》（*The Reviewer's Guide to Quantitative Methods in the Social Sciences*）（Hancock et al., 2018）。

对于定性研究而言，由于与不同研究方法相关的分析过程的复杂性，分析透明度超出了且通常可能不包括对分析过程或编码的复制。对定性研究中可复制性研究的讨论才刚刚开始，在文献中出现了一些常见的前提，包括编写分析备忘录，以及保留跟踪文档以备审稿检验。

（一）假设

已知结果后提出假设（HARKing）、*p* 值黑客（为了寻找统计上显著的结果而重复分析数据）和未报告研究（发表偏见）等做法可能导致高估研究效果，并提供比实际存在更有力的证据（Anderson et al., 2019）。正如麦克比等在关于资优教育中的可复制性文章中所讨论的那样，"……期刊寻求发表令人兴奋和新颖的研究成果……它讲述了一个引人入胜、直截了当的故事……最重要的是，用统计上显著的证据来支持文章的中心观点"（McBee et al., 2018, 第 376 页）。因此，审稿人必须保持警惕，以确定研究中是否存在与这些观点相关的问题。

（二）探索性分析 vs. 验证性分析

验证性分析检查基于先验假设的研究主张，探索性分析检查基于探索数据时产生的研究主张（Nosek et al.，2015）。换句话说，研究人员使用探索性分析来产生假设，验证性分析来检验先验假设。例如，研究人员可能会测试他们的假设，发现数据不支持假设，然后决定用相同的数据测试一些替代假设。当这样做时，应该明确哪些分析是验证性的，哪些分析是探索性的。撰写论文时，包括文献综述和围绕这些事后假设的过程，就好像这些假设是被证实的一样，这种做法被称为已知结果后提出假设（McBee et al.，2018），但这是不应当的。如前所述，预注册假设和分析计划是确定这种分析是验证性的还是探索性的一种方法。

在审稿时，审稿人应该寻找能够清晰识别的假设，并且研究人员应该明确哪些假设是验证性的、哪些假设是探索性的。如果不清楚，审稿人应该向研究人员询问假设的性质。此外，审稿人可能会询问研究人员在研究过程的哪个阶段提出了假设。虽然探索性分析与验证性分析是专门关于假设是在结果已知之前还是之后提出的，但知道假设是在收集数据之前还是之后提出的也很重要。

（三）p 值黑客

p 值黑客包括多种情况，但本质上，p 值黑客是指将不显著的结果转化为具有统计显著 p 值的结果。因此，初始假设可以帮助理解研究人员如何或是否添加或更改要运行的模型、添加或删除变量、删除异常值或缺失数据、进行多次分析以提高类型 I 错误率。

虽然已知结果后提出假设和 p 值黑客主要与定量研究有关，但理论上，在定性研究中也有类似的现象。一些学者认为经验的真实性，“文本证据在多大程度上支持理论主张”，在定性研究中很少被怀疑（Moravcsik，2014，第 50 页）。例如，作者可以挑选文本证据来支持理论假设，或者在分析文本证据后只引用支持文本证据的理论结果。在这些实践中，作者创造了一种他们支持原始假设的形象，而不是努力解决理论和结果之间的差异，这导致了高度争议的论文，作者只使用支持现有偏见的某些文献，而不是当前该领域文献的全部研究发现的真实情况（Moravcsik，2014）。一个可能的解决方案是确保审稿人不仅可以通过补充文件（例如，编码和相关引用）轻松访问文本数据和对定性研究结果 / 结果的支持，还可以访问文献中引用的所有参考文献。通过所有参考文献的超链接可以实现提供快速访问文献的渠道，这同时需要确保审稿人能够访问与文章相关的可用的数据库。一些审稿人和研究人员可能认为这是理所当然的，但是访问学术文章数据库的途径在不同大学之间差异非常大，更不用说在不同的国家和地区了。我们需要具有不同知识背景的审稿人，并且迫切需要确保获得高质量审稿所需的工具。

在定性研究和定量研究中，最小化确认偏差和选择性发现的另一个可能的关键途径是用文档记录分析方法和决策推理过程。这些文件记录的研究决策必须证明支持当前学术文献和最佳实践关于类似研究问题的推理。研究表明，在研究报告中，特别是在混合方法设计和以实践为重点的研究中（Raskind et al.，2018），往往缺少明确的定性方法。缺乏清晰的细节使定性研究的 p 值黑客有很大的可乘之机。审稿人可能会要求作者提供一份补充文件，详细说明定性研究中的这些决策过程，就像他们可能需要一份表格或各种定量模型的列表一样。

（四）立场 / 自反性声明

立场声明通常包含在方法部分，提供有关研究人员的背景以及这些背景如何影响研究的信息，例如研究人员和研究参与者之间潜在的权力不平衡（Merriam et al.，2001；Patton，2014）。这些声明通常详细描述了研究人员如何在整个研究过程中思考他们作为研究工具的角色，从提出研究问题到数据收集、分析和解释（Guillemin & Gillam，2004）。例如，在一项研究干预措施和学生特征（如种族、民族、社会经济地位）对音位意识（phonemic awareness）作用的元分析中，研究人员描述了他们在给予和接受（或不接受）残疾干预方面的经历以及他们的背景（Rehfeld et al.，2022）。这有助于为读者提供背景信息，以便读者能够理解研究人员为什么这样做以及如何得出结论：所有人以前都在学校工作过，因此知道在实践中可能影响这些阅读评估的有效性和可靠性的细微差别。然而，审稿人必须记住，这些立场声明不需要由所有作者以相同的方式编写或分享，为了避免需要隐藏身份（如性或性别认同、残疾状况）的群体"暴露出"自己（Secules et al., 2021）。

审稿人可能会要求作者考虑添加立场声明。通过以上做法，审稿人应该考虑分享在评阅该项研究论文中出现的问题，这些问题可以通过了解作者的背景信息获得答案，以帮助指导作者理解立场陈述的价值，并了解哪些背景因素可能影响了研究。

十、成果传播

（一）预印本

预印本是论文在审稿前的版本。预印本有几个优点。首先，预印本允许广泛传播研究成果。其次，预印本允许作者在向期刊投稿之前（或同时）获得反馈，这可以改善最终成果。通常，预印本是通过预印本服务器（如用于预印本的开放科学框架平台）共享的。应用比较广泛的预印本服务器包括PsyArXiv 和 EdArXiv。预印本不需要有什么特别之处：许多预印本是通过在Microsoft Word 中将文档保存为 PDF 格式创建的，也有些人通过像 Overleaf这样的工具使用语言 LaTeX 来创建看起来更精致的文档，但这不是必要的。许多作者在他们的预印本上加上备注，表明文章是尚未经过审稿的预印本。在提交预印本时，作者被要求回答几个问题，包括所有作者的姓名和联系方式。一些预印本服务器会对提交的论文进行调节，这样提交的论文在几个小时或几天后才会被分享，而另一些文章则会在提交后立即分享。大多数期刊允许提交预印本（并在评审过程中保持在线），尽管有些期刊可能要求在评审过程中将预印本匿名处理。当文章在期刊上发表时，预印本通常在网上保存，尽管其通常包括对已发表文章的引用。

关于预印本的相关知识对于单盲同行评审来说没有问题，因为作者不知道审稿人是谁，但审稿人知道作者是谁。然而，预印本对进行双盲同行评审的期刊提出了更多的挑战。如果期刊，如《资优儿童季刊》，进行盲审，审稿人不应该知道作者是谁，审稿人不应该寻找预印本来确定作者。鉴于人们对出版预印本越来越感兴趣，审稿人在互联网上检索文章信息可能会影响作者的匿名性（尽管我们认为审稿人不应该刻意避免深入研究一篇正在审稿的文章，包括其内容和出处）。如果审稿人已经阅读了文章的预印本，并确定了作者的身份，这种情况类似于在审稿之前在会议上听取了研究人员的研究报告。这时审稿人应该联系编辑，让他们知道自己已经了解了这篇文章和作者，并诚实地披露这是否会使他们的审稿产生特定的偏见。请注意，一些编辑可能会选择删除知道作者身份的审稿人，而不管审稿人是否透露了特定的偏见，以避免隐性偏见。例如，尽管我们不知道期刊评论中有专门针对偏见的研究，但美国国家卫生研究院基于性别的拨款在同行评审中发现了隐性偏见（Magua et al.，2017）。

作为开放科学的拥护者，审稿人可能会在审稿中提到，他们希望作者将投稿稿件作为预印本发布，这样其他人就可以随即阅读投稿文章，而不是等待审稿过程完成和文章发表。如果是这样，审稿人可以鼓励作者通过引用预印本来源（例如，开放科学框架）和分配给预印本的 DOI 来标注其投稿稿件的预印本。同样，这是一种温和的方式，让作者知道共享预印本是促进开放获取研究的一种选择。

（二）后印本

后印本是一篇期刊已经被接受并同意发表，但还没有经过编辑或排版的文章版本。通常，后印与预印会被混淆，但它们是不同的，至少在原则上遵循不同管理策略。虽然大多数期刊允许预印本提交审查（并最终出版），但并非所有期刊都允许发表后印本，因为这些文章受益于审查过程（并通过审查过程进行了修订）。当文章被接受时，一些作者将他们发布的预印本更新为后印本，还有一些作者共享未作为预印本但在预印本服务器上发表的后印本。

我们对作者和审稿人的建议是，在他们的网页上或通过 Sherpa Rome 网站[①] 查阅所投稿期刊。审稿人的角色在分享预印本和后印本的实践中被削弱

---

① Sherpa Romeo 网站：https://v2.sherpa.ac.uk/romeo/.

了（相对于我们讨论过的其他开放科学实践）。特别是当一篇投稿稿件接近评审过程的尾声并且可能被接受时，审稿人可以建议作者在发表时分享期刊条款允许他们分享的任何版本的作品，以提高研究的可用性，特别是对于那些无法访问拥有图书馆订阅期刊的机构和个人而言。根据期刊政策，对于那些允许预印或后印的期刊，审稿人应确保作者报告公共领域共享的所有版本的 DOI，以便读者可以识别以前的研究并链接有关特定研究的多个报告（Altman et al.，2014）。

（三）开放获取

许多研究资助机构制定了要求作者将他们的科研成果开放获取的相关政策。例如，教育科学研究所（Institute of Education Sciences，IES）出台了一项政策，即所有受资助者和承包商（contractors）必须在接受同行评审的期刊上发表成果或作为部门最终可交付的成果，向 ERIC 数据库提交最终投稿稿件的电子版本。自 2012 财年以来，这一公共访问要求已适用于大多数由教育科学研究所研究和培训计划资助和合同支持的同行评审出版物，包括设置付费门槛的研究论文。然而，我们注意到，尽管开放获取是开放科学的核心部分，特别是考虑到资助者要求开放获取论文的趋势（van der Zee & Reich，2018），但它是开放科学的一部分，相对而言超出了审稿人通过同行评审可以影响的范围。尽管如此，审稿人还可以采取一个步骤（除了建议作者共享预印本和后印本并报告与所有研究产品相关的 DOI）。在开放获取不是资助部门强制要求的情况下，我们建议审稿人鼓励作者与出版商考虑开放获取机会，以便可以让更广泛的受众阅读研究成果。基于前面提到的分享预印本和后印本的好处，深入研究预印本和后印本可能对研究领域尤其重要，比如教育领域，目的是与教育领导者和教育者分享研究成果，以便研究成果对实践产生影响。

十一、讨论

本文讨论了一些常见的开放科学实践，审稿人可以成为这些实践的拥护者。在考虑研究概念化时，开放科学实践可以倡导研究的预注册、分析计划的预注册、将来使用预注册报告。在考虑收集研究数据时，开放科学实践可以提倡对定性研究使用深描，对定量、定性和混合方法研究提倡数据共享、编码共享和材料共享。如果一篇论文是一项使用二手数据的研究，审稿人应确保该数据来源引用适当。在对数据分析开展审稿时，应该考虑探索性分析与验证性分析，以及在审查假设时 p 值黑客的可能性，并应酌情提倡立场声明和自反性声明。最后，审稿人还可以提倡预印本和后印本，以帮助研究者传播研究成果。有关本文建议的摘要和概述，请参见表1。

表1　审稿人作为开放科学拥护者的建议

部分研究或出版过程	开放科学或透明的实践	给审稿人的建议
准备	支持期刊政策	熟悉该期刊的开放科学政策，如开放科学徽章和开放科学披露声明的使用，以及其在共享数据和材料/编码方面的立场
研究概念化	披露预注册	鼓励作者注意他们的研究是否进行了预注册，以及投稿稿件中的研究决策与预注册的差别
	预注册分析计划	如果分析计划没有预注册，建议对分析计划进行回顾注册
	创建注册报告	如果审稿内容是第一阶段或第二阶段的注册报告，熟悉研究意图和应该审稿及评估的内容。如果审稿稿件是传统手稿，鼓励作者在未来考虑注册报告
数据收集	提供深描	对于定性数据，当不熟悉特定的文化和背景时，要求提供深描。承认篇幅有限，但建议使用补充文件
	数据分析	鼓励作者共享数据，对于定量研究，至少包括共方差—协方差矩阵
	编码分析：定量分析编码	请求提供分析编码
	编码分析：定性分析编码	如果您不具备在研究设计和方法方面的专业知识，请向编辑建议换一位具备相关专业知识的审稿人。如果您具备相关专业知识，请评论可以共享哪些编码内容
	材料分享	要求查看并评估材料（特别是陈述正在审稿的论文的研究目的的相关材料），并敦促作者考虑将材料公开

续表

部分研究或 出版过程	开放科学 或透明的实践	给审稿人的建议
二手数据	合理引用数据来源	如果作者使用了二手数据、二手程序代码、其他方法或现有材料，请指出作者需要注明以上内容的引用和参考文献
数据分析	透明：被试和样本	被试和样本的透明度
	透明：定量研究	检查编码和分析过程是否有相应的文件记录，以供外部研究人员开展复制性研究。至少，应该包括模型的方程式或图形描述，以及如何处理丢失数据的说明
	透明：定性研究	鼓励在补充材料中提供分析备忘录、文件记录、文本数据和支持/结果
	减少假设中的偏见	要警惕已知结果后提出假设、p值黑客和未报告研究的问题。要求提供清晰的分析推理和研究方法记录。也可以要求提供一份补充文件，详细说明定性研究中的研究决策，或者提供运行的各种定量模型的表格或列表
	假设：探索性分析 vs.验证性分析	寻找明确识别的假设，并且请作者明确哪些假设是验证性的、哪些假设是探索性的
	提供立场/自反性声明	建议作者考虑添加立场声明
成果传播	分享预印本	如果期刊是盲审，审稿人不要通过预印本来确定作者。如果你已经阅读了预印本，请联系编辑，让他们知道你已经了解了该论文，以及在审稿中可能引入的任何特定偏见。鼓励作者发布预印本，特别是那些可能引起别人产生阅读或引用兴趣具有时效性的研究
	分享后印本	如果稿件已接近审稿尾声，并且很可能被接受，建议在发表时分享期刊条款允许的任何版本，以提高研究的可用性
	分享论文开放获取版本	鼓励作者与出版商考虑开放获取，让更多的人有机会公开获取研究成果

我们对《资优儿童季刊》的开放科学实践提出了一些具体的建议（例如接受注册报告、提供开放科学徽章、通过 SAGE 的 Figshare 允许补充材料），但我们注意到，随着该领域接受并大力促进开放科学实践，以及编辑团队的变化，期刊实践将会并且一定会发生变化。除了查阅期刊的投稿指南，审稿人（和作者）了解期刊在开放科学和透明度实践方面的承诺和实践水平的一个资源是 TOP Factor（https://topfactor.org/）。例如，在提交论文时，《资优儿童季刊》和《卓越儿童》（*Exceptional Children*）都提供开放科学徽章，提出了明确的数据引用和研究设计透明度的标准，而《天才教育杂志》（*Journal for the Education of the Gifted*）和《高级学术杂志》（*Journal of Advanced Academics*）没有采用以上任何措施。虽然这四种期刊都接受注册报告，并在本出版物发表时鼓励可复制性研究，但《高能力研究》（*High Ability Studies*）没有采用以上实践方法。

《资优儿童季刊》一直站在实施透明和开放科学实践的最前沿。从颁发开放科学徽章的数量不断增加可以看出，一些资优教育研究人员已经将许多开放科学实践融入他们的研究和研究成果。尽管在开放科学领域已经取得了很多有益的进展，但仍有巨大的进步空间，特别是在发布预印本和后印本、加大对预注册和注册报告的使用、保持数据收集和数据分析过程中的透明度方面。该领域推进这些努力的一种方式是让审稿人充当开放科学的拥护者。

成为开放科学的拥护者并不意味着要求所有的研究人员在任何时候都采用所有的开放科学实践。相反，审稿人应该使用温和的助推方法告知并鼓励作者采用更多的开放科学实践。此外，审稿人应该对所审稿件的方法的透明度持批评态度，以帮助提高结果的可信度。本文为审稿人提供了一些具体的建议。

与此同时，我们鼓励审稿人通过他们对作者的反馈来温和地推动作者采用开放科学实践。我们注意到，这绝不意味着审稿人承担推进开放科学实践的唯一责任。相反，我们认为审稿人的工作可以作为一个重要的杠杆（在其他杠杆中），可以帮助作者和更多人在更大程度上接受开放科学实践。与此同时，我们也认识到，对于普及开放科学来说，资优教育和更广泛的教育领域的其他变化并不是必要的——尤其是我们向审稿人提出的建议可能会额外增加审稿人和作者花费的时间。因此，我们认为，学术机构、专业协会和学科的领导也有责任在更大程度上鼓励和支持开放科学实践。此项研究加入了一些学者在以开放科学方式进行研究的价值上进行范式转变的呼吁（Kessler et al.，2021；Nosek et al.，2015）。

因此，我们对审稿人的建议是从小事做起。审稿人不需要鼓励作者将每一个开放科学实践纳入所审的每一份稿件。审稿人可以通过他认为最舒适的实践，或者选择两到三个看起来最合适且对正在审查的稿件没有威胁的实践开始。我们鼓励从小的改变开始，不仅是为了审稿人，也是为了作者。如果审稿人提出了很多关于纳入开放科学实践的建议，作者可能会感到不知所措，并可能选择不采取任何措施。

我们的另一条建议是记住"相当好的"实践可以有所作为。如果作者正在努力整合开放科学实践，即使他们没有在"伟大"的层面上执行开放科学，也要花时间积极认可他们所做出的努力。接受那些"还不错"的实践，不要严格要求必须是最严格的实践，或者根本什么也不做。

利益冲突声明

作者声明在本文的研究、作者身份和发表方面没有潜在的利益冲突。

资助

作者在研究、撰写和发表本文时未获得任何资金支持。

开放科学公开声明

本研究不是基于数据的研究，因此，没有数据、协议、编码或新创建的材料可以分享。

参考文献:

Adelson, J. L., & Matthews, M. S.（2019）. Gifted Child Quarterly's commitment to transparency, openness, and research improvement. Gifted Child Quarterly, 63（2）, 83–85. https://doi.org/10.1177/0016986218824675.

Altman, D. G., Furberg, C. D., Grimshaw, J. M., & Shanahan, D. R.（2014）. Linked publications from a single trial: A thread of evidence. Trials, 15（369）, 1–3. https://doi.org/10.1186/1745-6215-15-369.

Anderson, D., Rowley, B., Stegenga, S., Irvin, P. S., & Rosenberg, J. M.（2020）. Evaluating content-related validity evidence using a text-based machine learning procedure. Educational Measurement: Issues and Practice, 39（4）, 53–64. https://doi.org/10.1111/emip.12314.

Anderson, D., Spybrook, J., & Maynard, R.（2019）. REES: A registry of efficacy and effectiveness studies in education. Educational Researcher, 48（1）, 45–50. https://doi.org/10.3102/0013189X18810513.

Antonio, M. G., Schick-Makarof, K., Doiron, J. M., Sheilds, L., White, L., & Molzahn, A.（2020）. Qualitative data management and analysis within a data repository. Western Journal of Nursing Research, 42, 640–648. https://doi.org/10.1177/0193945919881706.

Arza, V., & Fressoli, M.（2017）. Systematizing benefits of open science practices. Information Services & Use, 37（4）, 463–474. https://doi.org/10.3233/ISU-170861.

Bailey, P., Emad, A., Huo, H., Lee, M., Liao, Y., Lishinski, A., Nguyen, T., Xie, Q., Yu, J., Zhang, T., Buehler, E., Lee, S., Sikali, E., Bundsgaard, J., C'deBaca, R., & Christensen, A. A.（2022）. Package "EdSurvey." https://cloud.r-project.org/web/packages/EdSurvey.

Baumer, E. P., Mimno, D., Guha, S., Quan, E., & Gay, G. K.（2017）. Comparing grounded theory and topic modeling: Extreme divergence or unlikely convergence? Journal of theAssociation for Information Science and Technology, 68（6）, 1397–1410. https://doi.org/10.1002/asi.23786.

Buus, N., & Perron, A.（2020）. The quality of quality criteria: Replicating the development of the Consolidated Criteria for Reporting Qualitative Research（COREQ）. International Journal of Nursing Studies, 102, 103452. https://doi. org/10.1016/ j.ijnurstu.2019.103452.

Center for Open Science.（2022）. Registered reports. https://www.cos.io/ initiatives/registered-reports.

Chan, A. W., Tetzlaf, J. M., Gøtzsche, P. C., Altman, D. G., Mann, H., Berlin, J. A., Dickersin, K., Hrójartsson, A., Schulz, K. F., Parulekar, W. R., Krleža-Jerić, K., Laupacis, A., & Moher, D.（2013）. SPIRIT 2013 explanation and elaboration: Guidance for protocols of clinical trials. British Medical Journal, 346, e7586. https://doi. org/10.1136/bmj.e7586.

Choi, B. C., Pang, T., Lin, V., Puska, P., Sherman, G., Goddard, M., Ackland, M. J., Sainsbury, P., Stachenko, S., Morrison, H., & Clottey, C.（2005）. Can scientists and policy makers work together? Journal of Epidemiology & Community Health, 59（8）, 632 - 637. https://doi.org/10.1136/jech.2004.031765.

Christensen, G., Freese, J., & Miguel, E.（2019）. Transparent and reproducible social science research: How to do open science. University of California Press.

Cybulski, L., Mayo-Wilson, E., & Grant, S.（2016）. Improving transparency and reproducibility through registration: The status of intervention trials published in clinical psychology journals. Journal of Consulting and Clinical Psychology, 84（9）, 753 - 767. https://doi.org/10.1037/ccp0000115.

Davis, W. E., Giner-Sorolla, R., Lindsay, D. S., Lougheed, J. P., Makel, M. C., Meier, M. E., Sun, J., Vaughn, L. A., & Zelenski, J. M.（2018）. Peer-review guidelines promoting replicability and transparency in psychological science. Advances in Methods and Practices in Psychological Science, 1（4）, 556 - 573. https://psycnet.apa.org/ doi/10.1177/2515245918806489.

Gamble, C., Krishan, A., Stocken, D., Lewis, S., Juszczak, E., Dor é , C., Williamson, P. R., Altman, D. G., Montgomery, A., Lim, P., Berlin, J., Senn, S., Day, S., Barbachano, Y., & Loder, E.（2017）. Guidelines for the content of statistical analysis plans in clinical trials. Journal of the American Medical Association, 318（23）, 2337 - 2343. https:// doi.org/10.1001/jama.2017.18556.

Gennetian, L. A., Tamis-LeMonda, C. S., & Frank, M. C.（2020）. Advancing transparency and openness in child development research: Opportunities. Child Development Perspectives, 14（1）, 3–8. https://doi.org/10.1111/cdep.12356.

Grand, A., Wilkinson, C., Bultitude, K., & Winfield, A. F. T.（2012）. Open science: A new "trust technology"? Science Communication, 34（5）, 679–689. https://doi.org/10.1177/1075547012443021.

Guillemin, M., & Gillam, L.（2004）. Ethics, reflexivity, and "ethically important moments" in research. Qualitative Inquiry, 10（2）, 261–280. https://doi.org/10.1177/1077800403262360.

Hancock, G. R., Stapleton, L., & Muller, R. O.（2018）. The reviewer's guide to quantitative methods in the social sciences. Routledge.

Hardwicke, T. E., & Ioannidis, J. P.（2018）. Populating the data ark: An attempt to retrieve, preserve, and liberate data from the most highly-cited psychology and psychiatry articles. PLOS ONE, 13（8）, Article e0201856. https://doi.org/10.1371/journal.pone.0201856.

Haven, T. L., & van Grootel, D. L.（2019）. Preregistering qualitative research. Accountability in Research, 26（3）, 229–244. https://doi.org/10.1080/08989621.2019.1580147.

Humphreys, L., Lewis, N. A., Jr., Sender, K., & Won, A. S.（2021）. Integrating qualitative methods and open science: Five principles for more trustworthy research. Journal of Communication, 71（5）, 855–874. https://doi.org/10.1093/joc/jqab026.

John, L. K., Loewenstein, G., & Prelec, D.（2012）. Measuring the prevalence of questionable research practices with incentives for truth telling. Psychological Science, 23（5）, 524–532. https://doi.org/10.1177/0956797611430953.

Kessler, A. M., Likely, R., & Rosenberg, J.（2021）. Open for whom? The need to define open science for science education. Journal of Research in Science Teaching, 58（10）, 1590–1595. https://onlinelibrary.wiley.com/doi/epdf/10.1002/tea.21730.

Laine, H.（2017）. Afraid of scooping—Case study on researcher strategies against fear of scooping in the context of open science. Data Science Journal, 16, Article 29. https://doi.org/10.5334/dsj-2017-029.

Levesque, R. J. R.（2017）. Data sharing mandates, developmental science, and responsibly supporting authors. Journal of Youth and Adolescence, 46（12）, 2401–

2406. https://doi.org/10.1007/s10964–017–0741–1.

Liu, B., & Wei, L.（2023）. Unintended effects of open data policy in online behavioral research: An experimental investigation of participants' privacy concerns and research validity. Computers in Human Behavior, 139, 107537. https://doi.org/10.1016/j.chb.2022.107537.

Lorenz, T. K., & Holland, K. J.（2020）. Response to Sakaluk（2020）: Let's get serious about including qualitative researchers in the open science conversation. Archives of Sexual Behavior, 49（8）, 2761–2763. https://doi.org/10.1007/s10508–020–01851–3.

Lundberg, I., Narayanan, A., Levy, K., & Salganik, M. J.（2019）. Privacy, ethics, and data access: A case study of the Fragile Families Challenge. Socius, 5. https://doi.org/10.1177/2378023118813023.

Magua, W., Zhu, X., Bhattacharya, A., Filut, A., Potvien, A., Leatherberry, R., Lee, Y. G., Jens, M., Malikireddy, D., Carnes, M., & Kaatz, A.（2017）. Are female applicants disadvantaged in National Institutes of Health peer review? Combining algorithmic text mining and qualitative methods to detect evaluative differences in R01 reviewers' critiques. Journal of Women's Health, 26（5）, 560–570. https://doi.org/10.1089/jwh.2016.6021.

Makel, M. C., Hodges, J., Cook, B. G., & Plucker, J. A.（2021）. Both questionable and open research practices are prevalent in education research. Educational Researcher, 50（8）, 493–504. https://doi.org/10.3102/0013189X211001356.

Mayo–Wilson, E., Grant, S., Supplee, L., Kianersi, S., Amin, A., DeHaven, A., & Mellor, D.（2021）. Evaluating implementation of the Transparency and Openness Promotion（TOP）guidelines: The TRUST process for rating journal policies, procedures, and practices. Research Integrity and Peer Review, 6（1）, 1–11. https://doi.org/10.1186/s41073–021–00112–8.

McBee, M. T., Makel, M. C., Peters, S. J., & Matthews, M. S.（2018）. A call for open science in giftedness research. Gifted Child Quarterly, 62（4）, 374–388. https://doi.org/10.1177/0016986218784178.

Merriam, S. B., Johnson–Bailey, J., Lee, M.–Y., Kee, Y., Ntseane, G., & Muhamad, M.（2001）. Power and positionality: Negotiating insider/outsider status within and across cultures. International Journal of Lifelong Education, 20（5）, 405－416. https://doi.org/10.1080/02601370110059537.

Mill, J. E., & Ogilvie, L. D.（2003）. Establishing methodological rigour in international qualitative nursing research: A case study from Ghana. Journal of Advanced Nursing, 41（1）, 80－87. https://doi.org/10.1046/j.1365–2648.2003.02509.x.

Moravcsik, A.（2014）. Transparency: The revolution in qualitative research. PS: Political Science & Politics, 47（1）, 48－53. https://doi.org/10.1017/S1049096513001789.

National Center for Education Statistics.（2022）. Data & tools. https://nces.ed.gov/datatools/.

Nelson, L. K.（2020）. Computational grounded theory: A methodological framework. Sociological Methods & Research, 49（1）, 3－42. https://doi.org/10.1177/0049124117729703.

Nosek, B. A.（2022）. Opening education research [Conference session]. Open Science in Education Convening, Charlottesville, VA, United States. https://osf.io/ewhuy.

Nosek, B. A., Alter, G., Banks, G. C., Borsboom, D., Bowman, S. D., Breckler, S. J., Buck, S., Chambers, C. D., Chin, G., Christensen, G., Contestabile, M., Dafoe, A., Eich, E., Freese, J., Glennerster, R., Goroff, D., Green, D. P., Hesse, B., Humphreys, M., & Yarkoni, T.（2015）. Promoting an open research culture. Science, 348（6242）, 1422－1425. https://doi.org/10.1126/science.aab2374.

Nosek, B. A., Beck, E. D., Campbell, L., Flake, J. K., Hardwicke, T. E., Mellor, D. T., van't Veer, A. E., & Vazire, S.（2019）. Preregistration is hard, and worthwhile. Trends in Cognitive Sciences, 23（10）, 815－818. https://doi.org/10.1016/ j.tics.2019.07.009.

Nosek, B. A., Ebersole, C. R., DeHaven, A. C., & Mellor, D. T.（2018）. The preregistration revolution. Proceedings of the National Academy of Sciences, 115（11）, 2600－2606. https://doi.org/10.1073/pnas.1708274114.

Nosek, B. A., & Lakens, D.（2014）. Registered reports. Social Psychology, 45（3）, 137－141. https://doi.org/10/gffnpc.

O'Brien, B. C., Harris, I. B., Beckman, T. J., Reed, D. A., & Cook, D. A.（2014）. Standards for reporting qualitative research: A synthesis of recommendations. Academic Medicine, 89（9）, 1245－1251. https://doi.org/10.1097/ acm.0000000000000388.

Patton, M. Q. (2014). Qualitative research & evaluation methods: Integrating theory and practice. Sage. https://doi.org/10.4324/9781315755649.

Raskind, I. G., Shelton, R. C., Comeau, D. L., Cooper, H. L., Griffith, D. M., & Kegler, M. C. (2018). A review of qualitative data analysis practices in health education and health behavior research. Health Education & Behavior, 46, 32 – 39. https://doi.org/10.1177/1090198118795019.

Rehfeld, D., Kirkpatrick, M., O'Guinn, N., & Renbarger, R. (2022). A meta-analysis of phonemic awareness instruction provided to children suspected of having a reading disability. Language, Speech, and Hearing Services in Schools, 53 (4), 1177 – 1201. https://doi.org/10.1044/2022_LSHSS–21–00160.

Rosenthal, R. (1979). The file drawer problem and tolerance for null results. Psychological Bulletin, 86 (3), 638 – 641. https://doi.org/10/d5sxt3.

Scheel, A. M., Schijen, M. R. M. J., & Lakens, D. (2021). An excess of positive results: Comparing the standard psychologyliterature with Registered Reports. Advances in Methods and Practices in Psychological Methods, 4 (2), 1 – 12. https://doi.org/10.1177/2515245921107467.

Secules, S., McCall, C., Mejia, J. A., Beebe, C., Masters, A. S. L., Sánchez–Peña, M., & Svyantek, M. (2021). Positionality practices and dimensions of impact on equity research: A collaborative inquiry and call to the community. Journal of Engineering Education, 110 (1), 19 – 43. https://doi.org/10.1002/jee.20377.

Snyder, K. E. (2018). How to become a more effective reviewer. Gifted Child Quarterly, 62 (2), 251 – 254. https://doi.org/10.1177/0016986218754495.

Steltenpohl, C. N., Lustick, H., Meyer, M. S., Lee, L. E., Stegenga, S. M., Standiford Reyes, L., & Renbarger, R. (2022). Rethinking transparency and rigor from a qualitative open science perspective. PsyArxiv. https://psyarxiv.com/bpu5f.

Tedersoo, L., Küngas, R., Oras, E., Köster, K., Eenmaa, H., Leijen, Ä., Pedaste, M., Raju, M., Astapova, A., Lukner, H., Kogermann, K., & Sepp, T. (2021). Data sharing practices and data availability upon request differ across scientific disciplines. Scientific Data, 8 (1), 1 – 11. https://doi.org/10.1038/s41597–021–00981–0.

Tenopir, C., Allard, S., Douglass, K., Aydinoglu, A. U., Wu, L., Read, E., & Frame, M. (2011). Data sharing by scientists: Practices and perceptions. PLOS ONE, 6 (6),

Article e21101. https://doi.org/10.1371/journal.pone.0021101.

Tong, A., Sainsbury, P., & Craig, J.（2007）. Consolidated criteria for reporting qualitative research（COREQ）: A 32-item checklist for interviews and focus groups. International Journal for Quality in Health Care, 19（6）, 349-357. https://doi.org/10.1093/intqhc/mzm042.

UNESCO.（2021）. UNESCO recommendation on open science. UNESCO. https://unesdoc.unesco.org/ark:/48223/pf0000379949.

van der Zee, T., & Reich, J.（2018）. Open education science. AERA Open, 4（3）, 1-15. https://doi.org/10.1177/2332858418787466.

Wicherts, J. M., Borsboom, D., Kats, J., & Molenaar, D.（2006）. The poor availability of psychological research data for reanalysis. American Psychologist, 61（7）, 726-728. https://doi.org/10.1037/0003-066x.61.7.726.

（田京　译）

教育部哲学社会科学研究重大课题攻关项目
"我国在开放科学领域有效参与全球治理研究"
（项目批准号：22JZD043）阶段性成果

开放科学全球治理研究丛书

开放科学

学术前沿与趋势（下）

阙 阅 田 京◎主编

OPEN SCIENCE

ACADEMIC FRONTIERS AND TRENDS

ZHEJIANG UNIVERSITY PRESS

浙江大学出版社

·杭州·

图书在版编目（CIP）数据

开放科学：学术前沿与趋势 / 阚阅，田京主编.
杭州：浙江大学出版社，2024.12. -- （开放科学全球
治理研究丛书 / 阚阅主编）. -- ISBN 978-7-308-25864-
7

Ⅰ. G3

中国国家版本馆CIP数据核字第2025WZ9268号

开放科学：学术前沿与趋势
KAIFANG KEXUE：XUESHU QIANYAN YU QUSHI
阚　阅　田　京　主编

责任编辑	吴伟伟
文字编辑	梅　雪
责任校对	马一萍
封面设计	雷建军
出版发行	浙江大学出版社
	（杭州天目山路148号　邮政编码310007）
	（网址：http://www.zjupress.com）
排　　版	浙江大千时代文化传媒有限公司
印　　刷	杭州高腾印务有限公司
开　　本	710mm×1000mm　1/16
印　　张	49.75
字　　数	736千
版 印 次	2024年12月第1版　2024年12月第1次印刷
书　　号	ISBN 978-7-308-25864-7
定　　价	248.00元（共两册）

版权所有　侵权必究　　印装差错　负责调换

浙江大学出版社市场运营中心联系方式：（0571）88925591；http://zjdxcbs.tmall.com

开放科学与科研变革

促进一种开放的研究文化 *

布莱恩·A. 诺塞克（Brian A. Nosek）等

（弗吉尼亚大学心理系）

透明度、开放性和重复性往往被公认为是科学的重要特征（McNutt，2014；Miguel et al.，2014）。当被问及这个问题时，大多数科学家将这些特征视为学科规范和价值观（Anderson et al.，2007）。因此，人们可能会期望这些有价值的特征在日常实践中成为惯例。然而，越来越多的证据表明情况并非如此（Ioannidis et al.，2014；John et al.，2012；O'Boyle et al.，2017）。

造成这种脱节的罪魁祸首可能是缺乏充分激励开放实践的学术奖励制度（Nosek et al.，2012）。在目前的奖励制度中，强调创新可能会破坏支持验证的实践。发表要求（无论是实际的还是感知的）通常很难鼓励透明、开放和可重复的科学（Miguel et al.，2014；Ioannidis et al.，2014；Asendorpf et al.，2013；Simmons et al.，2011）。例如，在透明的科学中，既可以获得无效结果，也可以获得具有统计意义的结果，这些研究结果可以帮助其他人更准确地评估某一现象的证据基础。然而，在目前的文化中，与统计上显著的结果相比，无效结果的发表频率更低（Franco et al.，2014）。因此，这些无效结果更有可能无法获取并丢失在"文件抽屉"中（Rosenthal，1979）。

这种情况是典型的集体行动问题。如果每个人都更透明，科学的可信度将会受益，但许多研究人员缺乏更透明的强烈动机。遗憾的是，目前我们还没有通过普遍的科学政策和程序来协调个人和公共激励的集中手段。大学、拨款机构和出版商都为研究人员提供了不同的激励机制。鉴于这些复杂性，推动科学实践走向更大程度的开放需要所有利益相关者的互补性和协调性努力。

---

* 文献来源: Nosek, B. A. et al.（2015）. Promoting an open research culture. Science, 348（6242）,1422−1425.

2014 年 11 月，透明与开放促进委员会在弗吉尼亚州夏洛茨维尔（Charlottesville）的开放科学中心召开会议，讨论了激励机制的一个重要因素：期刊的出版程序与政策。该委员会由学科带头人、期刊编辑、拨款机构代表以及主要来自社会科学和行为科学的学科专家组成。通过制定跨期刊开放实践的共享标准，希望将科学规范和价值观转化为具体的行动，并改变当前的激励结构，从而推动研究人员的行为更加开放。尽管各学科之间存在一些特殊的问题，但我们希望形成关注跨学科共性的指导意见。

（1）标准。透明与开放促进委员会指导意见提出了八个标准，每个标准都将科学交流推向更大程度的开放。这些标准是模块化的，便于被全部或部分采用。然而，它们也相辅相成，因为对一个标准的承诺可能有助于采用其他标准。此外，该指导意见也指出妨碍开放的一些障碍。例如，该指导意见阐明了由于道德问题、知识产权问题或必要资源的可用性，而允许共享的例外程序。完整的指导意见以及截至 2015 年 6 月 15 日 86 种期刊和 26 个组织的签署者名单，可在透明与开放促进委员会信息共享区中获取（网址为 http://cos.io/top）。表 1 提供了该指导意见的内容摘要。

首先，有两个标准是对研究人员在开放实践中所花费的时间和精力给予的激励。一是引用标准（citation standards）将现有的论文引用规范扩展到数据、代码和研究材料。规范和严谨地引用这些材料会使其成为原创性的智力贡献。二是重复标准（replication standards）承认重复对于独立验证研究结果的价值，并确定在何种条件下可在期刊上发表重复性研究。科学要进步，既需要创新，也需要自我修正。重复提供了自我修正的机会，从而帮助研究者更有效地识别有前景的研究方向。

其次，有四个标准描述了开放在整个科学过程中的意义，以便研究可以被复现和评估。可重复性增加了对结果的信心，也使学者更多地了解结果的意义。一是设计标准（design standards）增强研究过程的透明度，减少对研究方法的模糊或不完整的报告。二是研究材料标准（research materials standards）鼓励提供研究方法的所有要素。三是数据共享标准（data sharing standards）激励作者在可信的存储库中提供数据，如 Dataverse、Dryad、政治和社会研究校际联盟（ICPSR）、开放科学框架、定性数据存储库。四是分析方法标准（analytic methods standards）对研究所涉统计模型或模拟的代码也做同样的规定。目前存在很多特定学科的披露标准，特别是临床试验和更普遍的健康研究领域（例如，www. equator-network.org）。其他学科也涌现出很多的标准，例如《心理科学》（*Psychological Science*）期刊开发的标准（Eich，2014）。

最后，有两个标准强调的是预注册产生的价值。一是研究预注册的标准（standards for preregistration of studies）通过确保研究信息被记录在公共存储库中促进对研究发现甚至未发表研究的了解。二是分析计划的预注册（preregistration of analysis plans）主要是证明验证性研究和探索性研究之间的区别，或者也称假设检验与假设生成研究之间的区别。明确验证性方法和探索性方法之间的区别有助于提高可重复性（Anderson et al.，2007；Wagenmakers et al.，2011；Chambers，2013）。

（2）级别。透明与开放促进委员会认识到，并非所有标准都适用于所有期刊或所有学科。因此，透明与开放促进委员会并非提倡一套单一的指导意见，而是为每个标准定义了三个级别。1 级的设计几乎没有采用障碍，同时也提供了开放的激励。例如，根据分析方法标准，作者必须在文本中说明代码是否可获取以及在何处获取。2 级对作者有更高的期望，但通常避免给采用该标准的编辑或出版商增加成本。在 2 级中，期刊将要求作者把代码存储在可信的存储库中，检查链接是否出现在文章中并解析到正确的位置。3 级是最高的标准，有可能在某些期刊的实施中存在一些障碍。例如，《政治分析》（*Political Analysis*）和《政治科学季刊》（*Quarterly Journal of Political Science*）要求作者提供代码以供审查，同时编辑会对所报告的分析结果进行验证。在表 1 中，我们提供了"0 级"，用于比较不符合透明度标准的期刊政策。

表 1 透明与开放促进委员会指导意见提出的八项标准和三个级别

标准	0 级	1 级	2 级	3 级
引用标准	期刊鼓励引用数据、代码和材料——或不采取任何措施	期刊用清晰的规则和例证向作者描述指导意见中的数据引用	论文对所使用的数据和材料提供适当的引用，符合期刊作者指导意见	论文只有在提供了符合期刊作者指导意见的数据和材料的适当引用后才能发表
数据共享标准透明度	期刊鼓励数据共享——或不采取任何措施	论文说明数据是否可用，如可用，在哪里可以获取	数据必须发布到受信任的存储库。例外情况必须在提交论文时说明	数据必须发布到可信的存储库，所报告的分析需在发表前做独立的重复检验
分析方法标准	期刊鼓励代码共享——或不采取任何措施	论文说明代码是否可用，如可用，在哪里可以获取	代码必须发布到可信的存储库。例外情况必须在论文提交时说明	代码必须发布到可信的存储库，所报告的分析需在发表前做独立的重复检验
研究材料标准透明度	期刊鼓励材料共享——或不采取任何措施	论文说明材料是否可用，如可用，在哪里可以获取	材料必须发布到受信任的存储库。例外情况必须在论文提交时说明	材料必须发布到可信的存储库，所报告的分析需在发表前做独立的重复检验
设计标准	期刊鼓励设计与分析的透明度或不采取任何措施	期刊说明设计透明度标准	期刊要求遵守评审和出版的设计透明度标准	期刊要求并强制遵守评审和出版的设计透明度标准
研究预注册的标准	期刊不采取任何措施	期刊鼓励预注册研究，如已预注册需提供论文预注册链接	期刊鼓励预注册研究，并在论文中提供预注册链接，以及符合预注册徽章要求的证明	期刊要求预注册研究，并在论文中提供预注册链接，以及对符合要求的论文授予徽章

续表

标准	0级	1级	2级	3级
分析计划的预注册	期刊不采取任何措施	期刊鼓励预分析计划，如已预注册需在论文中提供已注册分析计划的链接	期刊鼓励预分析计划，并在论文中提供链接，以及符合已注册分析计划徽章要求的证明	期刊要求研究和分析计划的预注册，并在论文中提供链接，对符合要求的授予徽章
重复标准	期刊不采取任何措施	期刊鼓励提交重复性研究	期刊鼓励提交重复性研究，并对结果进行盲评	期刊使用注册报告作为重复性研究的提交选项，在观察研究结果之前进行同行评审

注：每项标准从 1 级到 3 级越来越严格，0 级为不符合标准。

（3）采用。定义多个级别和不同的标准有助于期刊做出明智的决策。从此举能看到研究透明度的规范在不断变化。根据学科或出版要求的差异，有些标准可能与期刊不相适应。期刊和出版商的决定可以基于许多因素，包括他们是否愿意对作者采取适度更高的透明度标准、期刊内部运作，以及学科规范和期望。例如，在经济学领域，《美国经济评论》（*American Economic Review*）等许多知名度很高的期刊，已经采取了要求数据共享的强有力政策，而很少有心理学期刊提出类似的要求。

通过这种方式，这些级别旨在促进逐步采用最佳实践。期刊可以从一个奖励坚持的标准开始，也许作为要求实践的一步。例如，《心理科学》为"开放数据""开放材料"和"预注册"颁发徽章（Eich，2014），大约 25% 被录用的论文在该制度运行的第一年至少获得了一个徽章。

1 级指导意见期望对期刊效率和工作流程产生最小的影响，同时也对透明度产生可衡量的影响。此外，尽管更高的级别可能需要更多的前期实践工作，但这些工作可能有利于出版商和编辑以及提高出版物的质量。例如，减少与作者和审稿人沟通所花费的时间、提高报告标准、提高出版前错误的可检测性、确保与出版相关的数据可以长期访问。

（4）评价和修订。开放科学中心的信息共享和支持团队（top@cos.io）可以帮助期刊选择和采用各种标准，并跟踪期刊的采用情况。此外，采用该标准的期刊可建议做出修订，从而完善指导意见，使其更灵活或适应特定子学科的需要。

目前版本的指导意见并非科学开放性标准的最后结论。与任何研究事业一样，现有的经验证据将随着这些指导意见的应用和使用而丰富。为了反映这一演进过程，指导意见附有版本号，并将随着经验的积累而改进。

（5）结论。期刊论文是研究交流过程的核心。针对论文作者的指导意见定义的研究过程应该提供给学术界来评估、批评、重用和扩展。科学家认识到透明度、开放性和可重复性的价值。改进期刊政策可以帮助在日常实践中更加彰显这些价值观，并最终提高公众对科学和科学本身的信任。

参考文献

Anderson, M. S., Martinson, B. C., & De Vries, R.（2007）. Normative dissonance in science: Results from a national survey of U.S. Scientists. Journal of empirical research on human research ethics : JERHRE, 2（4）, 3－14. https://doi.org/10.1525/jer.2007.2.4.3.

Asendorpf, J. B., Conner, M., De Fruyt, F., De Houwer, J., Denissen, J. J. A., Fiedler, K., Fiedler, S., Funder, D. C., Kliegl, R., Nosek, B. A., Perugini, M., Roberts, B. W., Schmitt, M., Van Aken, M. A. G., Weber, H., & Wicherts, J. M.（2013）. Recommendations for Increasing Replicability in Psychology. European Journal of Personality, 27（2）, 108–119. https://doi.org/10.1002/per.1919.

Chambers, C. D.（2013）. Registered Reports: A new publishing initiative at Cortex [Editorial]. Cortex: A Journal Devoted to the Study of the Nervous System and Behavior, 49（3）, 609－610. https://doi.org/10.1016/j.cortex.2012.12.016.

Eich, E.（2014）. Business Not as Usual. Psychological Science, 25（1）, 3–6. https://doi.org/10.1177/0956797613512465.

Franco, A., Malhotra, N., & Simonovits, G.（2014）. Publication bias in the social sciences: Unlocking the file drawer. Science, 345（6203）, 1502－1505. https://doi.

org/10.1126/science.1255484.

Ioannidis, J. P. A., Munafò, M. R., Fusar–Poli, P., Nosek, B. A., & David, S. P. (2014). Publication and other reporting biases in cognitive sciences: Detection, prevalence, and prevention. Trends in Cognitive Sciences, 18 (5), 235‒241. PubMed. https://doi.org/10.1016/j.tics.2014.02.010.

John, L.K., Loewenstein, G., & Prelec, D. (2012). Measuring the Prevalence of Questionable Research Practices With Incentives for Truth Telling. Psychological Science, 23, 524–532.

McNutt, M. (2014). Reproducibility. Science,343, (6168), 229–229.

Miguel, E., Camerer, C., Casey, K., Cohen, J., Esterling, K., Gerber, A., Glennerster, R., Green, D., Humphreys, M., Imbens, G., Laitin, D., Madon, T., Nelson, L., Nosek, B., Petersen, M., Sedlmayr, R., Simmons, J., Simonsohn, U., & Laan, M. (2014). Promoting Transparency in Social Science Research. Science (New York, N.Y.), 343, 30‒31. https://doi.org/10.1126/science.1245317.

Nosek, B. A., Spies, J. R., & Motyl, M. (2012). Scientific utopia: II. Restructuring incentives and practices to promote truth over publishability. Perspectives on Psychological Science, 7 (6), 615‒631.

O'Boyle, E. H., Jr., Banks, G. C., & Gonzalez–Mulé, E. (2017). "The chrysalis effect: How ugly initial results metamorphosize into beautiful articles": Corrigendum. Journal of Management, 43 (2), NP1. https://doi.org/10.1177/0149206316667701.

Rosenthal, R. (1979). The file drawer problem and tolerance for null results. Psychological Bulletin, 86 (3), 638‒641. https://doi.org/10.1037/0033–2909.86.3.638.

Simmons, J. P., Nelson, L. D., & Simonsohn, U. (2011). False–Positive Psychology: Undisclosed Flexibility in Data Collection and Analysis Allows Presenting Anything as Significant. Psychological Science, 22 (11), 1359–1366. https://doi.org/10.1177/0956797611417632.

Wagenmakers, E. J., Wetzels, R., Borsboom, D., & van der Maas, H. L. (2011). Why psychologists must change the way they analyze their data: the case of psi: comment on Bem (2011). Journal of Personality and Social Psychology, 100 (3), 426‒432. https://doi.org/10.1037/a0022790.

致谢

本项工作受到劳拉和约翰·阿诺德基金会（Laura and John Arnold Foundation）的支持。

补充材料

www.sciencemag.org/content/348/6242/1422/suppl/DC1.

（阚阅　译）

促进对研究和研究人员的信任：开放科学与科研诚信如何相互交织 [*]

塔马林多·黑文（Tamarinde Haven）[1] 高里·戈帕拉克里希南（Gowri Gopalakrishna）[2] 约尔·提丁科（Joeri Tijdink）[3,4] 多利安·范·德·司格特（Dorien van der Schot）[4] 莱克斯·布特（Lex Bouter）[2,4]

（[1]德国夏瑞蒂医科大学波黑负责任的研究质量、伦理、开放科学、翻译中心；[2]荷兰阿姆斯特丹大学流行病学和数据科学系、荷兰阿姆斯特丹大学医学中心；[3]荷兰阿姆斯特丹大学医学中心伦理、法律与人文学系；[4]荷兰阿姆斯特丹自由大学人文学院哲学系）

摘 要

开放科学的支持者经常提到与科研诚信相关的问题。在这篇评论中，我们认为，负责任的研究实践、透明度和开放科学等概念是相互关联的，但它们各有不同的侧重点。我们认为，负责任的研究实践更侧重严谨的研究行为，透明度主要侧重完整的研究报告，开放科学的核心是传播研究成果。要公正地贯彻这些理念，需要研究人员和研究机构采取行动，使诚信科研变得可能、容易、规范和有益。针对开放科学中心行为改变金字塔中的每一个层次，我们就研究人员和研究机构如何促进科研诚信文化提出建议。最后，我们简要介绍了对其他研究团体和利益相关者的倡议，并呼吁科研诚信和开放科学领域的工作者密切关注彼此的工作。

关键词：开放科学；科研诚信；透明度；负责任的研究实践

[*] 文献来源：Haven, T., Gopalakrishna, G., Tijdink, J., van der Schot, D., & Bouter, L.（2022）. Promoting trust in research and researchers: How open science and research integrity are intertwined. BMC Research Notes, 15（1）, 302.

注：参考文献略有删改。

一、导言

高度曝光的学术不端（Levelt et al.，2012）案例引发了人们对负面科研诚信的关注，其中篡改、捏造和剽窃被视为研究人员的三大"原罪"。同样，对可重复性研究的担忧（Baker，2016; Goodman et al.，2016）[①] 也引发了关于研究在多大程度上涉嫌违规的争论。与此同时，越来越多的人推动研究更加开放，这往往具有更积极的含义。开放科学已日益成为各学科讨论和评价的话题。一些资助机构和学术期刊最近开始强制推行开放科学实践，如公开研究数据（Kozlov，2022）。

尽管内涵不同，开放科学的支持者会提及与研究诚信相关的问题，反之亦然（Munafò et al.，2017）。本评论[②]将展示一些常用概念（科研诚信、负责任的研究实践、透明度和开放科学）的相互关系。主要观点是，这些概念对于提高研究的可追溯性和可验证性，从而加强人们对研究和研究人员的信任至关重要。我们认为，对研究过程中特定阶段的关注有助于进一步理解这些概念，因为正是所强调的重点不同，这些概念才变得互补和相互增益。我们用一个虚构的研究项目作为例子来说明这一点，并提供了一个概念缺失的例子，详细阐述了影响科研诚信的不同因素，并将其与研究机构可以做些什么来促进研究诚信联系起来。

图 1 阐明了不同概念之间如何相互联系，使研究更具可追溯性和可验证性，旨在增强对研究和研究人员的信任度。

---

① 可复制性研究和重复性研究经常交替使用，本文采用美国国家科学院的表达方法，但也有其他概念（Goodman et al.，2016）。

② 译者注：本文是一篇评论性文章。

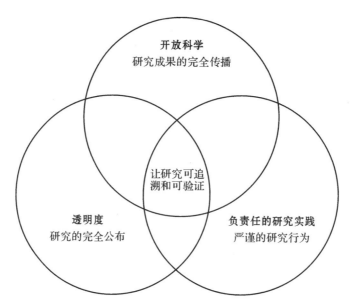

图1　负责任的研究实践、透明度、开放科学及其重点相互交织的概念

二、正文

（一）相互交织的概念

简言之，我们认为，负责任的研究实践（RRPs）更注重严谨的研究行为，透明度主要注重在研究生命周期的每个阶段完整地报告研究情况，而开放科学的核心是传播研究成果（见图1）。尽管如此，我们希望在此向读者强调，我们并不认为这些概念相互排斥，而是认为在许多情况下这些概念可以交替使用。

科研诚信远不止学术不端（例如捏造——编造并不存在的数据、伪造——在没有正当理由的情况下篡改数据或结果、剽窃），它指的是"旨在确保研究有效性和可信度的原则和标准"（Bouter et al.，2021）。科研诚信侧重研究人员的个人行为，通常分为三类：捏造、伪造、剽窃，有问题的研究实践（QRPs），负责任的研究实践（Steneck，2002）。剽窃显然会影响研究的可信度，但我们认为这种情况相对少见。相较于剽窃，包括选择性报告、*p*

值黑客或在已知结果后提出假设等有问题的研究实践更加常见，并且危害更大（Xie et al.，2021；Haven et al.，2019）。虽然有问题的研究实践可能是马虎的结果，但也可能是有意为之，目的是获得干净利落的研究结果，以期在著名期刊上发表。负责任的研究实践是研究人员可以采取的有助于确保研究质量和可信度的行为。这些行为的共同点是关注研究方式。例如，运用经过验证的测量工具、就所建议的数据分析模型的适当性咨询统计学家、全面记录研究过程中做出的决定、仔细检查手稿以避免错误（Gopalakrishna et al.，2022）。

在报告研究如何进行或将如何进行时，透明度发挥了作用，例如，在研究开始前制订详细的研究计划，并在研究开始后报告所有结果。其他的例子还包括开放笔记本或开放实验记录本（Schapira et al.，2019），研究人员可以在其中公开整个研究过程，而不仅是研究计划或最终结果。在这种情况下，记录的详细程度很重要。这种详细的洞见可以让手册的读者或审稿人对研究结果的可信度做出自己的判断，因为他们可以全面了解研究是如何建立或进行的。

开放科学是一个总括术语。说到研究人员可以做些什么来使他们的工作更具可追溯性和可验证性，开放科学的一个主要内容就是研究成果的传播方式。开放科学还拓宽了对研究成果的传统解释：开放科学的支持者呼吁通过预注册（如通过 osf.io）、公开共享研究方法，在相关存储库（如 protocols.io 或 plos.org/protocols）中存放或发布研究方案和数据分析计划，公开共享用于分析数据的代码、完整的数据集本身及其元数据，并以预印本的形式快速、免费地提供研究成果，理想情况下，在预印本之后还将发表经同行评审的开放存取出版物。

让我们通过对一个研究项目的实例分析了解这些概念是如何相互促进的。一个研究团队确立了一个研究问题。一名团队成员负责确定是否有经过验证的、面向目标人群的调查问卷可用于回答感兴趣的研究问题（开展研究）。另一名团队成员计算适当的样本量，以检测感兴趣的效应量（开展研究）。然后，团队成员综合这些信息，开始起草研究方案。他们将该方案公布在可公开访问的资料库中，让评审专家或他们的同事评估是否完成了承诺的工作（报告研究结果）。科研团队继续进行数据收集和分析。他们使用报告指南来组织撰写研究结果，并确保手稿中包含相关细节（报告研究结果）。由于团队希望践行开放科学，因此他们发布数据的方式要确保数据的可发现、可访问、可互操作和可重用（Wilkinson et al., 2016），以传播研究结果。不过，为了确保数据对他人有用，该团队非常用心地编写了一本与数据集相链接的综合代码书，解释元数据和变量名（报告研究结果）。

现在，让我们回顾一个公开透明但并不严谨的研究实例。一项研究可以预注册完整的研究方案，并以 FAIR 格式共享数据，但如果这些数据是草率收集的（例如，研究不是随机的、样本量少、非盲法、报告不相关的结果或对相关结果的评估较差等），那么它仍然是一项质量较差的研究。在这里，开放科学能够提高透明度，允许其他人对研究方案、方法、数据、分析和结论进行评估，以确定研究是否严谨、是否避免了偏见。通过这种方式，我们可以评估研究质量，因为研究的所有部分都是开放的，可以接受他人的审查。

一项研究也可以采用严谨的方法，并以透明的方式报告研究结果，但如果不能公开获取，就只能被目标群体中的一部分人阅读和使用。大多数研究人员都知道一些绕过付费门槛的方法，但可能会被相关政策制定者遗漏，导致政策或指导方针可能被扭曲。

一项研究既可以是严谨的，也可以是公开的，但如果没有透明的报告，读者就有可能不完全了解所采用的数据收集和分析方法。这可能会导致错误的解释，也可能会因为认为可信度低而完全忽视一项有用的研究。

这些例子突出说明了负责任的研究实践、透明度和开放科学相互促进的一些方式。负责任的研究实践有助于降低偏倚风险，提高研究质量。开放科学通过提供分享研究细节（无版面、字数或付费门槛）的基础设施来提高透明度。一些开放科学格式（如预注册）可能有助于发现有问题的研究实践，如选择性报告以及以数据为导向修改研究方案和数据分析计划，因为它为读者提供了全面、开放的渠道，让读者可以获取事先确定的所有研究细节。要使开放科学实践具有意义，所采取的方法和所生成的数据的跨学科性至关重要。透明度报告还能在必要时开展重复研究（Errington et al.，2021），也可以将数据用于合并数据综合或回答其他研究问题。这样一来，对研究和研究人员的信任可能会（顺理成章地）得到加强。

（二）研究人员和研究机构能做些什么？

上述行动最终掌握在研究人员个人手中。但是，是什么促使研究人员诚信地开展工作呢？基于开放科学中心的行为改变金字塔理论（pyramid of behaviour change），我们回顾了研究人员和研究机构可以做些什么来促进科研诚信文化。

为使研究工作能够以诚信的方式进行，研究机构必须拥有必要的基础设施，以便根据 FAIR 原则整理和存储数据。

为了让这一切变得容易，研究机构应为研究人员提供适当的支持。这包括配备研究数据管理专家和统计人员。研究人员为长期存储数据或请求统计支持而需要使用的系统必须是用户友好型的。此外，机构还可以通过提供最先进的研究诚信培训来支持研究人员（Labib et al.，2023）；也可以通过社区活动开展非正式培训，如 ReproducibiliTea（reproducibilitea.org）或开放科学社区（openscience.nl）。将负责任的研究正式纳入课程或专业发展教育与更多非正式活动相结合，可能是实现开放科学文化变革最快捷、最有效的方法。此外，各机构还可以通过培训来支持其负责指导初级研究人员的教师履行这些职责（Haven et al.，2022）。

为了使其规范化，研究人员可以通过树立严谨地开展研究的榜样，或通过在机构层面游说变革的基层倡议（如英国可复制性网络，ukrn.org），进一步推动文化变革。一方面，为生存而进行指导[①]等因素可能会破坏研究的完整性；另一方面，实践证明，遵守科学规范，如根据研究而不是研究人员来评估有效性，以及在接受研究结果之前对其进行批判性评估，也称默顿规

---

① 即让处于职业发展早期的研究人员学会偷工减料的"艺术"，以期最大限度地增加发表论文、引用文章和基金的数量（Roumbanis，2019）

范（Merton，1942），可以降低发生有问题的研究实践和研究不当行为的可能性，同时促进研究人员实施负责任的研究实践。负责任的指导等其他因素也能促进科研诚信（Abdi et al.，2021）。

为了让研究人员获得回报，研究机构应充分重视奖励在科研中恪守科研诚信的研究人员。很明显，如果研究人员觉得自己受到了所在部门或机构的不公平对待，他们就更有可能开展有问题的研究，或者更有甚者，为了弥补这种不公平感而从事有问题的研究实践（Gopalakrishna et al.，2022）。研究机构应制定公平评估研究人员的政策和程序（Aubert Bonn & Bouter，2021），并确保将研究诚信纳入这些政策（Mejlgaard et al.，2020）。

其他不正当的激励措施也发挥着重要作用，例如研究成果的量化和商品化（Edwards & Roy，2017）。这导致评估系统将资金、量化科学产出和学生人数作为大学可用的财政资源的重要参数（Halffman & Radder，2015）。国际上有各种改变研究人员评估系统的努力，其中最引人注目的是《关于科研评价的旧金山宣言》（见 sfdora.org）。很多研究机构签署了《关于科研评价的旧金山宣言》，并承诺将《关于科研评价的旧金山宣言》的建议纳入内部晋升标准，这意味着他们也会奖励那些公开、透明地提供科研成果的研究人员。此外，《香港原则》（Hong Kong Principles）（Moher，2020）阐释了如何改革研究人员的评估方法，以促进研究诚信和开放科学实践。

三、展望

我们在讨论开放科学的概念时，主要考虑的是实证量化研究。不过，值得注意的是，部分人文学科正在开展一些有趣的活动（Peels & Bouter，2021）。例如，研究人员正试图在历史领域开展复制性研究（Van Eyghen et al.，2022）。此外，人们也在讨论在一些定性研究中开展预注册（Haven et al.，2020）。

虽然我们关注的重点是研究人员个人和研究机构在提高研究质量和可信度方面可以做些什么，但必须承认，期刊和资助者等其他利益相关者也发挥着同样重要的作用，特别是在更系统层面的成因方面。要最终加强人们对研究和研究人员的信任，需要所有利益相关者共同努力。

我们的启示是，对开放科学感兴趣的研究人员应关注邻近的科研诚信社区同行的工作。这两个社区都在不断发展壮大，为了防止重复劳动，我们必须跟进他人的研究，并在促进对研究和研究人员的信任方面加强合作。

缩略语

FFP：篡改、捏造和剽窃；QRPs：有问题的研究实践；RRPs：负责任的研究实践；FAIR：可发现、可访问、可互操作、可重用。

参考文献：

Abdi, S., Pizzolato, D., Nemery, B., Dierickx, K.（2021）.Educating PhD students in research integrity in Europe. Science and Engineering Ethics.27,（1）,5.

Aubert Bonn, N., & Bouter, L.M.（2021）. Research assessments should recognize responsible research practices：Narrative review of a lively debate and promising developments.

Baker, M.（2016）1500 scientists lift the lid on reproducibility. Nature 533, 452‒454. https://doi.org/10.1038/533452a.

Bouter, L., Horn, L., Kleinert, S.（2021）Research integrity and societal trust in research South African. Journal of SA Heart,18,（2）. https://doi.org/10.24170/18‒2‒4879.

Edwards, M. A., & Roy, S.（2017）. Academic Research in the 21st Century: Maintaining Scientific Integrity in a Climate of Perverse Incentives and Hypercompetition. Environmental Engineering Science, 34（1）, 51‒61. https://doi.org/10.1089/ees.2016.0223.

Errington, T.M., Denis, A., Perfto, N., Iorns, E., Nosek, B.A.（2021）. Challenges for assessing replicability in preclinical cancer biology. Elife. https://doi.org/10.7554/eLife.67995.

Goodman, S. N., Fanelli, D., & Ioannidis, J. P.（2016）. What does research reproducibility mean?. Science translational medicine, 8（341）, 341ps12. https://doi.org/10.1126/scitranslmed.aaf5027.

Gopalakrishna, G., Ter Riet, G., Vink, G., Stoop, I., Wicherts, J. M., Bouter, L. M.（2022）. Prevalence of questionable research practices, research misconduct and their potential explanatory factors: a survey among academic researchers in The Netherlands. PLoS ONE.17,（2）, e0263023.

Halffman, W., & Radder, H.（2015）. The Academic Manifesto: From an Occupied to a Public University. Minerva, 53（2）, 165–187. https://doi.org/10.1007/s11024–015–9270–9.

Haven, T. L., Tijdink, J. K., Pasman, H. R., Widdershoven, G., Ter Riet, G., Bouter, L. M.（2019）. Researchers' perceptions of research misbehaviours: a mixed methods study among academic researchers in Amsterdam. Research Integrity and Peer Review. 4, 25. https://doi.org/10.1186/s41073–019–0081–7.

Haven, T., Bouter, L., Mennen, L., Tijdink, J.（2022）. Superb supervision: A pilot study on training supervisors to convey responsible research practices onto their PhD candidates. Accountability in Research.30,（8）,574–591. https://doi.org/10.1080/08989621.2022.2071153.

Haven, T.L., Errington, T.M., Gleditsch, K.S., van Grootel, L., Jacobs, A.M., Kern, F.G., Piñeiro, R., Rosenblatt, F., & Mokkink, L.B.（2020）. Preregistering Qualitative Research: A Delphi Study. International Journal of Qualitative Methods, 19,13.

Kozlov, M.（2022）.NIH issues a seismic mandate: share data publicly. Nature. 602（7898）:558–9.

Labib, K., Evans, N., Pizzolato, D., Aubert–Bonn, N., Widdershoven, G., Bouter, L., et al.（2023）. Co–creating research integrity education guidelines for research institutions. Science and Engineering Ethics.29,28. https://doi.org/10.31222/osf.io/gh4cn.

Levelt, W.J., Drenth, P.J., & Noort, E.V.（2012）. Flawed science: The fraudulent research practices of social psychologist Diederik Stapel.

Mejlgaard, N., Bouter, L. M., Gaskell, G., Kavouras, P., Allum, N., Bendtsen, A.–K., Charitidis, C. A., Claesen, N., Dierickx, K., Domaradzka, A., Reyes Elizondo, A., Foeger, N., Hiney, M., Kaltenbrunner, W., Labib, K., Marušić, A., Sørensen, M. P., Ravn, T., Ščepanović, R., ⋯ Veltri, G. A.（2020）. Research integrity: Nine ways to move from talk to walk. Nature, 586（7829）, 358－360. https://doi.org/10.1038/d41586-020-02847-8.

Merton, R.K.（1942）.Science and technology in a democratic order. J Legal Political Sociol. 1,11.

Moher, D., Bouter, L., Kleinert, S., Glasziou, P., Sham, M. H., Barbour, V., Coriat, A.M., Foeger, N., & Dirnagl, U.（2020）. The Hong Kong Principles for assessing researchers: Fostering research integrity. PLoS Biology, 18（7）, e3000737. https://doi.org/10.1371/journal.pbio.3000737.

Munafò, M. R., Nosek, B. A., Bishop, D. V. M., Button, K. S., Chambers, C. D., du Sert, N. P., Simonsohn, U., Wagenmakers, Eric-Jan, Ware, J. J. & Ioannidis, J. P. A.（2017）. A manifesto for reproducible science. Nature Human Behaviour. 1,0021.

Peels, R., & Bouter, L.M.（2021）. Replication and trustworthiness. Accountability in Research, 30, 77－87.

Roumbanis, L.（2019）. Symbolic violence in academic life: a study on how junior scholars are educated in the art of getting funded. Minerva 57, 197－218. https://doi.org/10.1007/s11024-018-9364-2.

Schapira, M., The Open Lab Notebook Consortium and Harding, R. J.（2019）. Open laboratory notebooks: good for science, good for society, good for scientists [version 2; peer review: 2 approved, 1 approved with reservations]. F1000Res,8, 87. https://doi.org/10.12688/f1000research.17710.2.

Steneck N. H.（2002）. Institutional and individual responsibilities for integrity in research. The American journal of bioethics : AJOB, 2（4）, 51－53. https://doi.org/10.1162/152651602320957574.

Van Eyghen, H., Pear, R., Peels, R., Bouter, L., van den Brink, G., van Woudenberg, R.（2022）. Testing the relation between religious and scientifc reform: a direct replication of John Hedley Brooke's 1991 study registration 2022. https://doi.org/10.17605/OSF.IO/XNDWT.

Wilkinson, M. D., Dumontier, M., Aalbersberg, I. J., Appleton, G., Axton, M., Baak, A., et al.（2016）The FAIR guiding principles for scientifc data management and stewardship. Sci Data. 2016;3:160018. https://doi.org/10.1038/sdata.2016.18.

Xie, Y., Wang, K., Kong, Y.（2021）. Prevalence of research misconduct and questionable research practices: a systematic review and meta-analysis. Science and Engineer Ethics, 27, （4）, 41.

（宋宇　译）

开放科学与公众对科学的信任：来自两项研究的结果 *

汤姆·罗斯曼（Tom Rosman）[1] 迈克尔·博斯尼亚克（Michael Bosnjak）[1] 亨宁·席尔伯（Henning Silber）[2] 乔安娜·科斯曼（Joanna Koßmann）[1] 托比亚斯·海克（Tobias Heycke）[2]

（[1] 德国莱布尼茨心理学研究所；[2] 德国莱布尼茨社会科学研究所）

摘　要

　　我们开展了两项研究检验开放科学实践（如使研究的材料、数据和代码公开可获取）是否在公众对科学的信任方面产生了积极影响。我们还探究了研究由私人（如商业企业）资助可能带来的信任损害效应是否可以通过这些实践得到缓解。在预注册了六个假设后，我们在两个德国普通人群样本中进行了一项调查研究（研究 1；N=504）和一项实验研究（研究 2；N=588）。在两项研究中，我们都发现了开放科学实践对信任产生积极效应的证据。不过应该注意，在研究 2 中，结果稍有不同。然而，并没有发现上述缓冲效应的证据。我们得出结论，尽管开放科学实践可能有助于增加公众对科学的信任，但不应低估使开放科学实践变得透明的重要性。

关键词：认知信任；实验研究；开放科学实践；科学交流；调查研究；科学信任

---

*　文献来源：Rosman, T., Bosnjak, M., Silber, H., Koßmann, J., & Heycke, T.（2022）. Open science and public trust in science: Results from two studies. Public Understanding of Science, 31（8）, 1046–1062.

　　注：限于篇幅，图表有删改。

一、引言

最近，温根等提出，在当前的政治氛围中，"质疑科学证据的可信度，科学受到削减资助的威胁"（Wingen et al.，2020，第461页）。这种发展在很大程度上是由于未能复制关键发现（例如在心理学领域，参见 Open Science Collaboration，2015）和科学家采用有问题的研究实践（Anvari & Lakens，2018）等原因导致的。为了平衡这些问题，许多科学领域已向开放科学转变（Chambers & Etchells，2018；Lewandowsky & Bishop，2016；Vazire，2018；Wallach et al.，2018），开放科学的一般定义为：

> 以这样一种方式进行科学实践，即其他人可以合作和贡献，研究数据、实验室笔记和其他研究过程可以自由获取，在某些条件下使研究及其数据和方法可重用、再分配和再生产（Bezjak et al.，2018）。

尽管科学界越来越遵循开放科学实践，但关于公众对这些实践的期望以及它们对科学可信度的影响，我们知之甚少。这一点十分引人注意，因为了解开放科学实践是否导致信任增加无论是对研究过程本身还是对科学发现的传播而言都有重要的影响。例如，关于新冠疫情的研究表明，那些相信科学是证明知识主张（knowledge claims）[①]的权威人士不太可能相信与新冠疫情相关的阴谋论（Beck et al.，2020），更有可能从事保护性行为（Soveri et al.，2021），并表现出更高的疫苗接种意愿（Rosman et al.，2021）。考虑到这些积极效应，研究认知信任的预测因素变得极其重要——在这方面，开放科学实践是一个特别重要的潜在因素，因为它与研究过程本身（的质量）直接相关。基于此，本文提出以下研究问题：公众在多大程度上重视开放科学实践？是否有可能通过这些实践加强公众对科学的信任？开放科学实践能否减少商业资助研究引发信任降低的情况？本研究试图勾勒出公众对开放和透

---

① 译者注：知识主张是指对一个简单知识的陈述。

明科学实践的假设和价值，特别关注这些实践是否有助于加强公众对科学的信任以回答上述问题。我们主要关注德国普通人群，但预计本文的分析也适用于其他人群，因为研究材料在很大程度上是独立的。

本研究由两项子研究组成。在第一项研究中，我们通过在线调查平台询问受访者对科学和科学过程的看法，从而勾勒出公众对开放科学实践的一般期望及其潜在的信任增强效应。在第二项研究中，我们采取更能控制偏见的方法来复制和扩展这些研究问题：通过基于情景的实验设计，我们研究了某些科学实践（即开放科学实践和公共与私人资助）是否会影响个体对科学的信任和看法。

二、背景

（一）开放科学实践与对科学的信任

我们提出了两个主要机制，通过这些机制，开放科学实践可能影响公众对科学的信任。在科学本身层面，如果科学家更广泛地采用开放科学实践，可能会提高研究质量：开放科学实践限制了科学家的自由度，从而有效减少了如已知结果后提出假设（Kerr，1998）、p值黑客（Wicherts et al.，2016）等不良行为。这反过来减少了获得虚假积极结果的机会（Wicherts et al.，2016），从而提高了研究可复制的概率（Munafò，2016；Munafò et al.，2017）。考虑到可复制性研究明显有助于加强对心理学理论的信任（van den Akker et al.，2018），低可复制性会损害公众对科学的信任（Anvari & Lakens，2018；Chopik et al.，2018；Hendriks et al.，2020；Wingen et al.，2020），开放科学实践很可能加强信任。然而，应该注意的是，其中一部分假设无法通过实证测试验证，至少有一项研究发现低可复制性研究对公众对科学的看法没有太大的负面影响（Mede et al.，2021）。此外，通过提高科学质量来增加对科学的信任可能需要几年时间。

作为第二个（更直接的）机制，我们认为，可见的开放科学实践可能会加强信任，因为接收者可能将它们视为质量标准。例如，透明度表明相关人员（或组织）没有什么可隐藏的（Bachmann et al.，2015）、相关人员对行为负责任（Medina & Rufin，2015）、允许独立验证其声明（Lupia，2017；Nosek & Lakens，2014）。此外，公众可能仅仅是简单地期望科学家开放和透明地工作（Fitzpatrick et al.，2020）。也就是说，如果科学家不符合这些期望，信任度就会下降。皮尤研究中心的一项研究验证了这两个假设，该研究发现"57%的美国成年人表示，如果科学家公开数据，他们会更加信任科学研究结果"（Pew Research Center，2019）。此外，在2011年对英国公众的一项调查中，33%的参与者提到"如果我能自己看到原始研究"（Ipsos MORI，2011）是增加信任的因素。

尽管庞大和多样化的样本为此类调查研究提供了坚实的实证依据，但它们通常依赖自我报告，可能受社会期望等偏见的影响。因此，补充查看实验研究（提供更好的偏见控制）是明智的。不幸的是，正如下一段所概述的，迄今为止进行的少数实验研究显示，关于开放科学实践与其对科学信任之间的关系，结果相当不确定。

实际上，据我们所知，迄今为止进行的四项实验研究中，只有一项发现开放科学实践对信任有益。施耐德等通过向参与者展示包含或不包含开放科学徽章的期刊文章标题页发现，获得开放科学徽章对参与者对科学家的信任产生了积极影响（Schneider et al.，2022）。然而，另外两项研究的结果不确定，还有一项研究甚至发现开放科学实践具有负面作用。菲尔德等让来自心理学领域的209名学者阅读了实证研究的描述，在这些研究中，他们通过实验操纵了这些研究是否预注册。随后，他们评估了这种操纵对认知信任的影响。然而，由于操纵检查（manipulation check）[①]失败，他们不得不排除了86%的数据，导致对几乎所有研究问题的不确定的证据（inconclusive evidence）[②]（Field et al.，2018）。此外，应该注意的是，这项研究检查的是专家样本（即学者）而非普通人群。温根等的研究评估了通过告知参与者复制失败可

---

① 译者注：操纵检查是在实验研究中用于检验实验操纵是否有效的方法，通常通过问卷或其他方式评估实验参与者能否理解并接受对实验操纵的影响。

② 译者注：不确定的证据是指不能确定结论的证据，无法证明或证伪某个假设或论点。

能引起的对科学的信任下降是否可以通过额外告知他们关于提出的开放科学改革（即开放科学和增加透明度）来缓解。然而，他们的分析没有产生显著结果——因此，告知参与者关于提出的开放科学改革似乎在修复信任方面并不有效（Wingen et al.，2020）。安瓦里和拉肯斯测试了告知参与者关于复制失败、有问题的研究和提出的改革是否会影响对心理科学的信任。然而，他们的结果表明，"了解复制性危机的三个方面（复制失败、对有问题的研究实践的批评和建议的改革）降低了对心理科学未来研究的信任"（Anvari & Lakens，2018）。

（二）当前的研究

值得注意的是，这四项实验研究都涉及心理学或教育研究，而之前介绍的调查研究则关注科学整体。尽管如此，我们对两种类型研究结果之间的差异感到好奇。因此，考虑到关于开放科学影响的实证研究仍处于起步阶段，并且需要更多相应的研究，本研究的第一部分有两个目标：首先，我们旨在复制上述提出的研究结果（即关于开放科学实践对信任的积极影响）。为了更细致地解读以上结果，我们不仅询问参与者对整体科学的信任情况，还将重点关注两个特定的学术领域——心理学和医学。其次，为了阐明现有实验研究中不确定的结果（见上文），我们结合基于调查的方法与基于情景的实验方法，以确定开放科学实践是否确实对科学信任产生了因果效应。

此外，增加研究透明度等开放科学实践远非影响信任感知的唯一因素（Bachmann et al.，2015）。例如，几项研究一致发现，公众对私人组织（如商业企业）资助的研究的信任显著低于公共机构（如大学）资助的研究（Critchley，2008；Krause et al.，2019；National Science Board，2018；Pew Research Center，2019）。有趣的是，克里奇利通过中介分析发现，公众对公共资助研究的信任增加是因为公共科学家"更有可能将研究的好处传递给公众"（Critchley，2008）。鉴于后一假设在 2016 年的科学作者调查中获得了实证支持（Boselli & Galindo-Rueda，2016），这为开放科学实践提供了一个有趣的联系，因为它暗示由私人资助的研究引起的信任下降可能会因为向公众提供更多研究好处而得到缓解——这是开放科学运动的一个核心目标（Lyon，2016；Munafò et al.，2017）。因此，在本研究的第二部分，除了试图复制关于公共与私人资助的上述效应，我们还将研究资助类型（公共与私人）和开放科学实践采纳（是与否）对科学信任的相互作用。

（三）预注册和假设

正如上文所述，本研究有两个研究目标。首先，我们使用调查问题和实验方法检验开放科学实践是否对公众对科学的信任产生积极影响。其次，我们实验性地调查私人资助的研究（如商业企业资助）对信任造成的损害效应是否可以通过开放科学实践得到缓解。在所有假设中，我们关注的开放科学实践是使材料、数据和分析代码公开可获取。根据论述和上述文献，提出以下假设，其中前三个基于调查问题（见表1），后三个利用基于情景的实验设计（3个开放科学实践 vs. 无开放科学实践 vs. 未提及开放科学实践）×2（公共 vs. 私人）的双因素设计。所有假设及相应的研究程序、目标样本量、操纵检查、推理标准和分析程序均在 PsychArchives 上预注册（Rosman et al.，2020）。

表 1　调查问题（研究 1）

序号	措辞	回应格式	均值	标准差	积极回应（%）
SQ1	您认为免费向公众提供科研成果（如互联网）是否重要？	7级量表，从"完全不重要"到"非常重要"	5.96	1.19	87.2
SQ2	您认为以下科研成果免费向公众提供（如互联网）是否重要？ SQ2c.个别研究的研究材料、数据集、分析代码	7级量表，从"完全不重要"到"非常重要"	5.09	1.32	64.3
SQ3	当看到科学家公开研究材料、数据集和分析代码时，我对科学研究的信任会增加	7级量表，从"完全不重要"到"非常重要"	5.25	1.26	74.0

序号	措辞	回应格式	均值	标准差	积极回应（％）
SQ4	当看到科学家公开研究材料、数据集和分析代码时，我对心理学领域研究的信任会增加	7 级量表，从"完全不重要"到"非常重要"	5.11	1.28	68.7
SQ5	当看到科学家公开研究材料、数据集和分析代码时，我对医学领域研究的信任会增加	7 级量表，从"完全不重要"到"非常重要"	5.36	1.25	76.6
SQ6	当看到一些研究是由公共机构（而非商业机构）资助时，我对该研究的信任会增加	7 级量表，从"完全不重要"到"非常重要"	4.74	1.47	53.4
SQ7	当看到一些心理学领域的研究是由公共机构（而非商业机构）资助时，我对该研究的信任会增加	7 级量表，从"完全不重要"到"非常重要"	4.70	1.49	53.2
SQ8	当看到一些医学领域的研究是由公共机构（而非商业机构）资助时，我对该研究的信任会增加	7 级量表，从"完全不重要"到"非常重要"	4.81	1.49	56.9

注：N=504；积极回应＝选择 7 级量表上 5—7 选项的参与者百分比；所有项目都是用德语进行的（参见预注册；Rosman et al., 2020）并由作者翻译成现在的论文。请注意，SQ2 问题中包含了两个未在此处显示的额外项目（SQ2a：通俗语言摘要；SQ2b：期刊文章和学术书籍；详见预注册）。

假设 1. 超过一半的参与者表示研究人员向公众公开其发现"相当重要""重要"或"非常重要"（调查问题 SQ1）。

假设 2. 超过一半的参与者表示研究人员向公众公开其材料、数据和分析代码"相当重要""重要"或"非常重要"（调查问题 SQ2c）。

假设 3. 超过一半的参与者"相当同意""同意"或"完全同意"以下声明：如果他们看到研究人员公开其材料、数据和分析代码，他们对科学（H3a）、心理科学（H3b）、医学科学（H3c）的信任会增加（调查问题：H3a:SQ3，

H3b:SQ4 和 H3c:SQ5 ）。

假设 4. 面对描述使用开放科学实践的实证研究（即说明研究人员公开其材料、数据和分析代码）的情景的参与者，与面对描述相同实证研究但提到未实施开放科学实践（H4a）或未提及是否实施开放科学实践（H4b）的情景的参与者相比，前者对这些研究的信任更高。从统计上讲，我们期望得到"开放科学实践"因素的显著主效应。

假设 5. 面对描述使用公共资金（即由大学资助）的实证研究的参与者，与面对描述相同实证研究但提到研究由私人资助（即由商业企业资助）的参与者相比，前者对这些研究的信任更高。从统计上讲，我们期望得到"资助"因素的显著主效应。

假设 6. 在上述情景实验中，私人资助的研究导致的信任损害效应（见假设 5）被开放科学实践缓解：与使用开放科学实践的研究相比，未使用开放科学实践（H6a）或未提及开放科学实践（H6b）的研究中，私人和公共资助研究之间的信任差异更大。从统计上讲，我们期望"开放科学"和"资助"因素之间具有显著交互作用。

三、研究 1

（一）研究设计和过程

研究 1 旨在验证假设 1—3，采取在线调查方式和非实验性的横断面相关设计。所有研究程序一次完成。在筛选和评估人口统计学变量后，测量了一般协变量（如对科学的信任），随后开展调查。所有研究材料，包括情景、测量、协变量和操纵检查，都可以在罗斯曼等（Rosman et al., 2022c）的研究中找到。反向问题被重新编码，并在适当时计算了量表均值。

（二）研究参与者

由于假设 1—3 不需要推理测试，出于实际考虑，我们在 PsychArchives 预注册的目标样本量为 500 人（Rosman et al., 2020）。样本由商业调查小组在 2021 年 1 月招募。使用 Unipark 调查软件收集数据，所有研究材料使用德语。参与者使用自己的设备完成数据收集，并由调查小组支付参与费用。签署包含有关研究程序、数据隐私和参与者权利详细信息的知情同意书是参与的必要条件。参与者需要会说德语，年龄为 18—65 岁。此外，通过调查软件中的配额配置，我们强调样本大致符合德国普通人群的性别（50% 女性，50% 男性）和年龄（以 7 年间隔）分布。此外，调查小组确保研究 1 和研究 2 的参与者无重叠。

总样本量为 $N=504$。性别分布均匀，有 252 名女性和 252 名男性。年龄分布如下：18—24 岁占 11.0%，25—31 岁占 14.5%，32—38 岁占 14.5%，39—45 岁占 13.3%，46—52 岁占 14.7%，53—59 岁占 17.7%，60—66 岁占 14.3%，这大致符合德国普通人群的年龄分布。教育水平分布如下：初中毕业（lower secondary school leaving qualification）占 10.9%，实科中学毕业（middle maturity）占 32.5%，文理中学毕业（higher education entrance qualification，"Abitur"，德国中学毕业考试）占 55.4%，无结业证书（no qualification）占 0.2%，1.0% 的参与者仍在接受中等教育。

（三）测量

用于验证假设 1—3 和我们的探索性分析（见下文）的调查问题可以在表 1 中找到。所有问题都以相同的顺序向所有参与者提出。

（四）结果

没有发生重大的协议偏差，因此所有计算都使用完整数据集（$N=504$）进行。研究数据以及分析代码和输出方法参考罗斯曼等的研究（Rosman et al., 2022a, 2022b）。有关研究变量的描述性统计数据见表 1。

1. 验证性分析

假设 1—3 得到验证。具体来说，87.2% 的参与者表示他们认为研究人员向公众公开研究发现是"相当重要""重要"或"非常重要"的，从而为假设 1 提供了强有力的支持。此外，64.3% 的参与者表示研究人员向公众公开研究材料、数据和分析代码是"相当重要""重要"或"非常重要"的，假设 2 成立。关于假设 3a，74.0% 的参与者表示"相当同意""同意"或"完全同意"如果他们看到研究人员公开其材料、数据和分析代码，他们对科学研究的信任会增加。当被问及关于心理学研究的同样的问题（假设 3b）时，该比例为 68.7%，而被问及医学领域研究（假设 3c）时，该比例为 76.6%。详细分析见分享到 PsychArchives 上的在线补充材料（Rosman et al., 2022a）。

2. 探索性分析

为了测试假设 1—3 的描述性分析是否经得起推理测试，我们用二分法对相应变量赋值，将表示积极回应的选项赋值为 1（如"相当同意""同意"或"完全同意"用于假设 1），并将所有其他实质性回应，即不包括缺失数据的选项赋值为 0。随后，我们对这些采用二分法赋值的变量均值进行了单样本 t 检验，以测试是否高于 0.5。如果相应变量的均值高于 0.5 且相应的 t 检验显著，则表明具有积极回应的参与者百分比显著高于 50%，从而允许对假设 1—3 进行统计显著性测试。这些分析为假设 1[t（503）=24.83，$p<0.001$]、假设 2[t（503）=6.69，$p<0.001$] 和假设 H3a[t（503）=12.28，$p<0.001$]、H3b[t（503）=9.02，$p<0.001$] 和 H3c[t（503）=14.08，$p<0.001$] 提供了全面支持，从而强调公众认为开放获取和开放科学很重要，并且后者可能有助于加强公众对科学的信任。

我们开展了补充探索性分析，并详细研究了 SQ4 和 SQ5 中的变量（见表 1），发现与对心理学的信任（68.7%）相比，更多的参与者表示开放科学实践会增加他们对医学的信任（76.6%）。为了验证其显著性，我们进行了配对样本 t 检验，比较了这两个变量的均值，得出了高度显著的差异 [t（503）=7.36，$p<0.001$；Cohen's $U3$=0.37]。此外，我们调查了资助是否影响信任。在这项分析中，我们发现，53.4% 的参与者"相当同意""同意"或"完全同意"如果他们看到一项科学研究是由公共资金资助的（SQ6 变量），他们的信任会增加。这一比例对于心理学研究略低（53.2%），对于医学领域的研究略高（56.9%）。配对样本 t 检验表明，两个变量的均值（SQ7 和 SQ8）

之间存在显著差异 [$t_{(503)}$=3.21，$p<0.01$；Cohen's $U3$=0.44]。

最后，我们进行了一系列探索性单因素方差分析（ANOVAs），以测试参与者对调查问题的回应是否在七个年龄组（见参与者部分）、性别和教育水平方面存在差异。这些分析未发现与年龄有关的显著差异，但在 SQ3、SQ4 和 SQ5 问题上发现了性别差异。更具体地说，男性更可能同意以下声明：如果他们看到科学家公开分享他们的研究材料、数据集和分析代码，他们对科学研究的信任会增加 [SQ3；$F_{(1, 504)}$=8.18，p=.004，η_p^2=.016]，当这个声明聚焦心理学 [SQ4；$F_{(1, 504)}$=5.97，p=0.015，η_p^2=0.012] 或医学 [SQ5；$F_{(1, 504)}$=8.18，p=0.004，η_p^2=0.016] 时，分析也得出了显著结果。此外，参与者的教育水平[①] 对 SQ1 和 SQ2c 的主要影响显著为：教育水平较高的参与者认为向公众公开科学结果更为重要 [SQ1；$F_{(2, 498)}$=6.31，p=0.002，η_p^2=0.025]，也认为公开个别研究的材料、数据集和分析代码更为重要 [SQ2c；$F_{(2, 498)}$=3.14，p=0.044，η_p^2=0.013]。Tukey 事后检验显示，在这两种情况下，只有初中毕业和文理中学毕业之间具有显著差异（即最高和最低教育水平之间的差异；Rosman et al.，2022a）。

四、研究 2

（一）研究设计、过程和材料

研究 2 旨在使用混合实验设计验证假设 4—6。在筛选参与者和评估人口统计学变量之后，测量了一般协变量（例如对科学的信任；详见预注册），紧接着开展了包含四个情景的研究，这些情景描述了医学和心理学领域的实证研究。实验操作涉及系统性地改变这些情景的特定方面，形成了 $2 \times 3 \times 4$ 的混合设计，其中"开放科学实践"和"资助类型"是组间因素（见表 2），"文本"是组内因素（四篇文本涵盖以下主题：资优学生的在线培训、治疗高空恐惧症的治疗方法、治疗高血压的药物、早期检测肌肉萎缩的方法）。

---

① 需要指出的是，在本研究中，由于本小组人数较少，我们删除了无结业证书参与者（n=1）和仍在接受中等教育的参与者（n=5）。

关于"开放科学实践"因素，文本的变化在于（1）科学家（据称）通过公开其研究材料、数据和分析代码采用开放科学实践（开放科学实践条件）；（2）科学家没有采用这种开放科学实践（无开放科学实践条件）；（3）文本没有提及是否采用开放科学实践（未提及开放科学实践条件）。关于资助因素，文本的变化在于研究被描述为（1）私人资助（例如由商业企业资助）；（2）公共资助（例如由大学资助）。此外，所有研究材料，包括情景、测量、协变量和操纵检查（德语），参考罗斯曼等（Rosman et al., 2022c）的方法。

表2　各实验组的样本量和平均信任度（研究2）

开放科学实践类型	资助类型	
	公共资助	私人资助
无开放科学实践	$n=95$	$n=100$
	$M_{\text{trust}}=4.10$	$M_{\text{trust}}=4.02$
	$SD_{\text{trust}}=0.71$	$SD_{\text{trust}}=0.84$
未提及开放科学实践	$n=98$	$n=98$
	$M_{\text{trust}}=4.26$	$M_{\text{trust}}=3.97$
	$SD_{\text{trust}}=0.93$	$SD_{\text{trust}}=0.83$
开放科学实践	$n=99$	$n=98$
	$M_{\text{trust}}=4.21$	$M_{\text{trust}}=4.10$
	$SD_{\text{trust}}=0.74$	$SD_{\text{trust}}=0.76$

注：在所有四个文本中对信任评级的均值（M）和标准差（SD）进行平均。

（二）研究参与者

在收集数据之前，使用GPower 3.1（Faul et al., 2009）测算样本量。中小型预期效应量为$f=0.15$，分析显示总共需要576名参与者，或每组96名参与者（$f=0.15$；$\alpha=0.01666$；$1-\beta=0.90$；六组，四个测量点；测量间相关性：$r=0.5$）。

采用与研究1相同的样本招募方法，并确保只邀请未参加研究1的参与者参加研究2。参与者标准、知情同意以及所有其他数据收集程序与研究1

相同，数据采集时间为 2021 年 1 月。共招募了 588 名参与者[①]。性别分布均匀，有 298 名女性和 290 名男性。年龄分布如下：18—24 岁占 11.5%，25—31 岁占 14.3%，32—38 岁占 14.5%，39—45 岁占 12.6%，46—52 岁占 14.6%，53—59 岁占 18.0%，60—66 岁占 14.5%。教育水平分布如下：初中毕业占 8.7%，实科中学毕业占 35.7%，文理中学毕业占 54.4%，无结业证书占 0.7%，0.5% 的参与者仍在接受中等教育。

（三）测量

研究 2 的主要结果变量是对相应研究的信任程度。如上所述，这是针对四个情景分别测量的。在一段简短的介绍性文字之后（"现在请对这项研究进行简要评价"），参与者被要求用三句话（"这项研究是可信的"；"我立即相信这项研究的结果"；"我相信这项研究是被正确开展的"；由作者翻译）在 1（完全不同意）至 6（完全同意）的 6 级量表上开展评价。探索性因子分析显示，这三个项目在所有四个测量场合（measurement occasions）都显示出清晰的一维结构，量表具有较强的可信度，克隆巴赫系数（Cronbach's α）为从 $\alpha =0.88$ 到 $\alpha =0.90$。

（四）操纵检查

1. 开放科学实践因素

使用强制选择问题来测试开放科学实践实验性组间操作是否成功（"文本中描述的研究者是否公开提供研究材料及数据集和分析代码？" 回应选项："是的，他们做到了"；"不，他们没有"；"文本没有对此进行任何陈述"；详见预注册的德语原文）。根据我们预注册的标准，操纵检查成功：如预期，（1）开放科学实践条件下（$n=146$, 49.32%）与无开放科学实践条件下（$n=56$, 18.92%）和未提及开放科学实践条件下（$n=91$, 30.74%）相比，在开放科学实践条件下回应表示研究者采用开放科学实践的频率显著高于其他两个条

---

① 由于技术原因（所有同时进行调查的参与者都被允许完成调查，即使在参与调查的过程中，已超过所在组的样本配额），本研究的目标样本量（$N=576$）略有偏差，小组人数也略有不同（见表 2）。

件。（2）数据显示，与开放科学实践条件下（$n=18$，12.68%）和未提及开放科学实践条件下（$n=24$，16.90%）相比，研究者没有采用开放科学实践的频率在无开放科学实践条件下更高（$n=100$，70.42%）。（3）与开放科学实践条件下（$n=33$，21.57%）和无开放科学实践条件下（$n=39$，5.49%）相比，数据显示文本没有提及研究者是否采用开放科学实践的频率在未提及开放科学实践条件下更高（$n=81$，52.94%），$\chi^2(4)=157.41$，$p<0.001$。然而，有趣的是，与参与者（$n=81$，41.33%）正确指出文本没有提及开放科学实践相比，大多数来自未提及开放科学实践条件的参与者仍然表示研究者采用了开放科学实践（$n=91$，46.43%）。这可能是因为公众普遍期望科学家会公开其材料、数据和代码，即使这并未被明确提及。

2. 资助因素

另一个强制选择问题用于测试公共与私人资助的实验性（组间）操纵是否成功（"这四项研究是在哪里进行的？"回应选项："在私人公司，例如一家公司""在公共机构，例如一所大学"；详见预注册的德语原文）。如预期，数据显示，与公共资助条件下相比（$n=17$，9.34%；$\chi^2(1)=171.41$，$p<0.001$），研究是私人资助的频率在私人资助条件下显著更高（$n=165$，90.66%）。因此，根据我们预注册的标准，操纵检查成功——尽管应该注意，在私人资助条件下错误表示研究是公共资助的参与者数量相当高［错误回应（$n=131$，44.26%）vs. 正确回应（$n=165$，55.74%）］。相比之下，在公共资助条件下，错误答案的频率要低得多［错误回应（$n=17$，5.82%）vs. 正确回应（$n=275$，94.18%）］。因此，公共资助条件下的绝大多数参与者正确识别了公共资助的研究，而私人资助条件下只有略多数的参与者正确识别了私人资助的研究。

（五）结果

没有发生重大的协议偏差，因此所有计算都使用完整数据集（$N=588$）进行。研究变量的描述性统计数据见表2。研究数据以及分析代码和输出参考罗斯曼等（Rosman et al., 2022a，2022b）的研究。

1. 验证性分析

根据预注册的规定，我们使用 $p<0.05$ 标准确定结果的显著性。假设 4—6 在一个单一[1]混合的单因素方差分析（即包括组内和组间因素[2]的单因素方差分析）中进行了验证。这个分析的组间因素是开放科学实践、资助类型及其交互作用；组内因素是文本，因变量是对相应文本的信任。

描述性结果见表 2。在验证假设 4 时，未发现开放科学实践组间因素的显著效应 $[F_{(2, 582)}=0.71, p=0.494]$。假设 4 不成立。关于假设 5，私人资助组与公共资助组之间的差异显著且与预期相符 $[F_{(1, 582)}=5.66, p=0.018, \eta_p^2=0.010]$。因此，假设 5 成立。最后，假设 6 未被验证——分析未发现两个组间因素开放科学实践和资助之间的显著交互作用 $[F_{(2, 582)}=0.99, p=0.372]$。

2. 探索性分析

为了进一步调查这些结果，我们进行了一系列探索性分析。首先，测试假设 4 的混合单因素方差分析揭示了组内因素（文本）和组间因素开放科学实践之间的显著交互作用 $[F_{(5.87, 1706.79)}=2.71, p=0.014$；Greenhouse-Geisser 校正]。这意味着实验组（开放科学实践因素）之间的差异因不同文本而异，这就是为什么假设 4 可能在某些文本中成立，而在其他文本中不成立。为了更仔细地研究这一点，我们对每个文本分别进行了四个单变量单因素方差分析，开放科学实践作为组间因素，对相应研究的信任作为因变量。然而，这些分析均未发现显著的组间差异（所有的 $p>0.11$）。此外，我们还测试了教育水平是否影响了研究结果。这是因为，由于阅读能力强、受过更高教育的参与者更有可能正确识别情景中与我们实验操纵相关的元素（如关于是否采用开放科学实践的信息）。为了提高分析的统计功效，我们首先

---

[1]　这与我们的预注册计划存在偏差，在预注册中，我们计划分别进行三次经邦费罗尼（Bonferroni）校正的方差分析（ANOVA）。我们感谢一位匿名审稿人指出，这些计算也可以在一个方差分析中进行，这样就无需开展邦费罗尼校正。原始统计和新统计见 PsychArchives 的在线增刊（Rosman et al.，2022a）。

[2]　需要说明的是，我们在预注册时将其标注为"重复测量方差分析"，但严格来说，"混合方差分析"更为正确。

将教育水平变量重新编码为二分法格式。这个新变量将我们的样本分为两个更大的组——参与者拥有高等教育入学资格（德国中学毕业考试；$n=320$）或没有（$n=268$）。随后，我们将这个变量作为额外的组间因素添加进去，在分析中也包括了这个新变量与开放科学实践（假设 4）和资助（假设 5）的交互作用。关于假设 4，我们发现开放科学实践和教育之间不存在显著交互作用 $[F（2，582）=0.003，p=0.997]$，这表明教育水平不会显著影响本研究中假设 4 的结果。由于资助和教育之间的交互作用不显著 $[F（1，584）=0.020，p=0.887]$，以上结论也适用于假设 5。

作为额外的探索性分析，我们在排除未通过相应操纵检查的参与者后重新进行了验证性分析。在对正确指明了其文本的开放科学实践状态的参与者子样本（$n=327$）重新测试以验证假设 4 时，尽管相应效应相对较小（$\eta_p^2=0.024$），但组间差异变得显著 $[F（2，321）=3.89，p=0.022]$。关于假设 5，我们在排除未能正确指明其研究是私人资助还是公共资助的所有参与者后重新进行了所有分析。在这个子样本中（$n=440$），发现私人资助和公共资助条件之间存在高度显著的差异 $[F（1，434）=11.65，p<0.001，\eta_p^2=0.026]$——正如我们在假设 5 中所预期的一样。最后，在排除所有在两个操纵检查中的无效数据后重新验证假设 6（$n=261$），仍然未发现两个组间因素之间的显著交互作用 $[F（2，255）=1.641，p=0.196]$。总的来说，探索性分析验证了假设 4 和 5，但假设 6 没有得到验证。

五、讨论

在两项研究中，我们旨在评估开放科学实践（如使研究的材料、数据和分析代码公开可获取）是否对科学的信任产生了积极影响。此外，我们还调查了研究由私人资助可能对信任造成的损害效应是否可以通过这些实践得到缓解。在预注册了六个假设后，我们进行了一项调查研究（研究 1）和一项实验研究（研究 2），每项研究约有 500 名参与者。这两个样本在性别分布和年龄分布方面大致符合德国普通人群。

（一）主要发现

研究 1 的在线调查直接询问了参与者对开放科学实践的看法，以及看到科学家采用这些实践是否会使他们更值得信任。我们样本中的绝大多数人认为，研究人员公开其发现（假设 1）并实施开放科学实践（假设 2）很重要。此外，大量参与者表示，如果他们看到研究人员公开材料、数据和分析代码，他们对科学研究的信任会增加（假设 3）。因此，研究 1 调查的所有三个假设都得到了验证，从而证实了我们的预期，即开放科学实践是加强信任的因素。

与这些结果相反，研究 2 的发现不那么直接。我们使用实验设计，向参与者呈现了四个描述虚构研究的情景。我们在这些情景中实验性地操纵了（1）负责研究的科学家是否采用开放科学实践（采用 vs. 不采用 vs. 未提及）和（2）相应研究的资助来源（公共 vs. 私人）。尽管操纵检查成功，但预注册的标准并未满足假设 4 和 6。在探索性分析中排除了所有未通过操纵检查的参与者后，我们确实发现描述采用开放科学实践的科学家的文本组与明确提到未采用开放科学实践的文本组之间存在显著差异。因此，尽管假设 4 没有得到验证，但我们的数据中有一些迹象表明使用开放科学实践可能会加强信任——也应该注意，相应的效应量相对较小。关于假设 5，本文为研究的资助类型对信任的影响提供了实证依据，即公共资助的研究比私人资助的研究更受信任。这一发现也是测试最后一个验证性假设的前提，即研究由私人资助可能造成的信任损害效应可能会被开放科学实践缓解（假设 6）。然而，我们的数据显然不支持这一假设。

（二）启示和未来研究方向

当比较两项研究结果时，考虑到假设在概念层面上非常相似，研究 1 对假设的强有力的实证支持与研究 2 中较小的效应量形成了鲜明对比。这种差异的一个可能解释是研究 2 中相对较高的信任水平。虽然这与先前研究（Mede et al., 2021；Pew Research Center，2019；Wissenschaft im Dialog/

Kantar Emnid，2018）结论完全一致，但这可能意味着存在天花板效应（Wang et al.，2009），从而阻碍发现假设的效应。本研究进一步认为，研究1和研究2发现之间的差异可能部分是由于研究1中的社会期望性导致的，而在研究2的实验设计中该因素得到了控制。另一个可能的解释是，直接询问研究实践的差异（研究1）比在场景中嵌入（研究2）更容易识别。在这方面，应该注意，第二项研究的设计侧重对实证研究的书面描述。包括更具体的开放科学实践遵守指标，例如，开放科学徽章等视觉质量标志，这可能会导致更强的效应量。在这方面，本研究的结果与之前关于开放科学实践对信任影响的研究一致：通过比较安瓦里和拉肯斯（Anvari & Lakens，2018）、施耐德等（Schneider et al.，2022）和温根等（Wingen et al.，2020）的研究发现，更具体地操纵研究的开放科学实践"状态"（例如徽章；Schneider et al.，2022）会对信任产生更显著的影响，而以书面形式告知参与者提出的改革（Anvari & Lakens，2018；Wingen et al.，2020）的更一般方法则效果较弱。由于基于情景的操纵的力度介于这两者之间，所以在数据中发现开放科学实践对信任产生积极影响的一些迹象，但没有强有力的证据支持我们的预期并不奇怪。综合两项研究的发现，这意味着人们可能确实认识到开放科学是加强信任的因素，尤其是在直接询问时，但其他因素如沟通策略可能在科学信任的发展中发挥更强的作用。

关于资助作为影响信任的因素方面，研究结果更为直接。首先，研究1的大多数参与者表示，如果看到科学研究是由公共机构资助的，他们对该研究的信任会增加。此外，研究2揭示了在公共资助研究和私人资助研究之间，人们对前者的信任更高的实验性证据。然而，也应该指出，资助因素的效应量相对较小，这可能是因为至少有一些人相比公共机构更信任私营部门。例如，格尔顿等在研究公众接受共享数据用于抗击新冠疫情时发现，参与者更愿意与私人公司共享数据，而不是公共机构（Gerdon et al.，2021）。然而，当严格关注研究资助时，现有证据则更清楚地表明，私人资助降低了信任（Critchley，2008；Krause et al.，2019；Pew Research Center，2019）。在这个背景下，我们关于资助的结果也构成了测试假设6的前提条件——如果资助没有产生负面影响，探究如何应对这些负面影响将是徒劳的。

然而，正如上文所述，假设 6 在验证性分析和额外的探索性分析中都没有得到支持。我们认为，这些负面结果可能是由开放科学实践对信任的小于预期的影响所致。事实上，仅仅告诉人们科学家采用开放科学实践可能不足以减少对私人资助研究的更普遍不信任，从而强调了需要额外努力。例如，科学传播框架强调了普通公众作为科学传播中的积极参与者的角色，他们为科学发现的解释带来自己的观点（Akin & Scheufele，2017；Dietz，2013），甚至参与科学知识的生产（Silvertown，2009）。因此，将提高的透明度与这些参与性方法结合起来可能比单独的透明度更有希望加强对科学的信任。

考虑到本研究实验设置中的小效应量，我们建议未来采用基于情景的操纵的研究招募更多参与者，以增加发现小到中等效应的可能性。此外，如果决定采用与本研究相同的情景，建议做一些微调，以减少未通过操纵检查的参与者数量——或者可以考虑改变分析计划，使只有通过操纵检查的参与者被纳入分析（尽管应该注意，这可能会由于组别大小不等而带来统计挑战）。此外，未来的研究应该调查本研究的结果是否确实可以推广到德国以外的样本。鉴于本研究情景在很大程度上不依赖任何国家背景，研究结果具有可推广性。这尤其是考虑到上述关于科学信任的研究结果无论是在德国还是国际背景下进行的，差异并不大（Ipsos MORI，2011；Mede et al.，2021；Pew Research Center，2019）。尽管如此，未来的研究应该尝试用实证证据支持这一主张。

六、结论

总的来说，本研究表明，开放科学实践可能有助于加强对科学和科学家的信任。然而，不应低估使这些实践的操作可视化和具体化的重要性。此外，考虑到开放科学实践操纵检查答案的错误率，人们可能需要明晰开放科学真正意味着什么，然后才能识别它。此外，虽然我们认识到了开放科学实践在减轻复制和信任危机的负面影响方面的潜在作用，但应该注意，公众对科学的信任通常很高（Mede et al.，2021；Pew Research Center，2019）。然而，在否认科学证据的群体中建立信任尤为重要，这个群体虽然小，但意义重大（Lazić & Zeželj，2021），广泛采用开放科学原则可能是有效的方法。然而，我们承认，在这种情况发生之前，需要变革科学的激励结构，使采用开放科学原则不仅能够获得公众信任的回报，还能够使科学家受益。

致谢

作者感谢丽莎·特里尔韦勒（Lisa Trierweiler）和西安娜·格罗瑟（Sianna Grösser）对文字的校对和编辑。

参考文献:

Akin, H. and Scheufele, D.A.（2017）. Overview of the science of science communication. In: Jamieson KH,Kahan DM, Scheufele DA and Akin H（eds）The Oxford handbook ofthe science of science communication: Oxford: Oxford University Press, 25–33.

Anvari, F. and Lakens, D.（2018）. The replicability crisis and public trust in psychological science. Comprehensive Results in Social Psychology, 3,（3）, 266–286.

Bachmann, R., Gillespie, N. and Priem, R.（2015）. Repairing trust in organizations and institutions: Toward a conceptual framework. Organization Studies, 36,（9）, 1123–1142.

Beck. S.J., Boldt, D., Dasch, H., Frescher, E., Hicketier, S., Hoffmann, K., et al.（2020）. Examining the Relationship between Epistemic Beliefs（Justification of Knowing）and the Beliefin Conspiracy Theories.PsychArchives. Available at: https://doi.org/10.23668/PSYCHARCHIVES.3149

Bezjak, S., Clyburne–Sherin, A., Conzett, P., Fernandes, P., Görögh, E., Helbig, K., et al.（2018）. Open Science Training Handbook. Zenodo. Available at: https://doi.org/10.5281/zenodo.1212496

Boselli, B. and Galindo–Rueda, F.（2016）. Drivers and implications of scientific open access publishing: Findings from a pilot OECD international survey of scientific authors. OECD Science, Technology and Industry Policy Papers, 33, 1–67.

Chambers, C. and Etchells, P.（2018）. Open science is now the only way forward for psychology. The Guardian,23 August. Available at: https://www.theguardian.com/ science/head–quarters/2018/aug/23/open–sci–ence–is–now–the–only–way–forward– for–psychology

Chopik, W.J., Bremner, R.H., Defever, A.M. and Keller, V.N.（2018）. How（and whether）to teach undergraduates about the replication crisis in psychological science. Teaching of Psychology, 45,（2）, 158–163.

Critchley, C.R.（2008）. Public opinion and trust in scientists: The role of the research context, and the perceived motivation of stem cell researchers. Public Understanding of Science, 17,309–327.

Dietz, T.（2013）. Bringing values and deliberation to science communication. Proceedings of the National Academy of Sciences of the United States of America, 110, 14081–14087.

Faul, F., Erdfelder, E., Buchner, A. and Lang, A–G.（2009）. Statistical power analyses using G*Power 3.1: Tests for correlation and regression analyses. Behavior Research Methods, 41,（4）, 1149–1160.

Field, S.M., Wagenmakers, E–J., Kiers, H., Hoekstra, R., Ernst, A.F. and van Ravenzwaaij, D.（2018）.The Effect of Preregistration on Trust in Empirical Research Findings. London: The Royal Society.

Fitzpatrick, A., Hamlyn, B., Jouahri, S., Sullivan, S., Young, V., Busby, A., et al.（2020）. Public attitudes to science 2019: Main report. Available at: https:// assets.publishing.service.gov.uk/government/uploads/system/uploads/attachment_data/ file/905466/public–attitudes–to–science–2019.pdf.

Gerdon, F., Nissenbaum, H., Bach, R.L., Kreuter, F. and Zins, S.（2021）. Individual acceptance of using health data for private and public benefit: Changes during the COVID–19 pandemic. Harvard Data Science Review.Epub ahead of print 6 April. DOI: 10.1162/99608f92.edf2fc97.

Hendriks, F., Kienhues, D. and Bromme, R.（2020）. Replication crisis = trust crisis? The effect of successful vs failed replications on laypeople's trust in researchers and research. Public Understanding of Science, 29,（3）,270–288.

Ipsos, MORI.（2011）. Public attitudes to science 2011: Main report. Available at: https://www.ipsos.com/sites/default/files/migrations/en–uk/files/Assets/Docs/Polls/sri–

pas−2011−main−report.pdf.

Kerr, N.L.（1998）. HARKing: Hypothesizing after the results are known. Personality and Social Psychology Review, 2,（3）, 196−217.

Krause, N.M., Brossard, D., Scheufele, D.A., Xenos, M.A. and Franke, K.（2019）. Trends: Americans' trust in science and scientists. Public Opinion Quarterly. 83,（4）, 817‒836.

Lazić, A. and Žeželj, I.（2021）. A systematic review of narrative interventions: Lessons for countering anti−vaccination conspiracy theories and misinformation. Public Understanding of Science, 30,（6）, 644−670.

Lewandowsky, S. and Bishop, D.（2016）. Don't let transparency damage science. Nature, 529, 459−461.

Lupia, A.（2017）. The role of transparency in maintaining the legitimacy and credibility of survey research. In: Vannette DL and Krosnick JA（eds）The Palgrave Handbook of Survey Research. Cham: Palgrave Macmillan, 315−318.

Lyon, L.（2016）. Transparency: The emerging third dimension of Open Science and Open Data. Liber Quarterly 25（4）: 153−171.

McGill R, Tukey J. W. and Larsen W. A.（1978）Variations of box plots. American Statistician 32（1）: 12−16.

Mede, N.G., Schäfer, M.S., Ziegler, R. and Weißkopf, M. (2021) The "replication crisis" in the public eye: Germans' awareness and perceptions of the (ir)reproducibility of scientific research. Public Understanding of Science, 30（1）: 91‒102.

Medina, C. and Rufin, R.（2015）. Transparency policy and students' satisfaction and trust. Transforming Government: People, Process and Policy, 9,（3）,309−323.

Munafò, M.R.（2016）. Open Science and research reproducibility. Ecancermedicalscience, 10,ed56.

Munafò, M.R., Nosek, B.A., Bishop, DVM., Button, K.S., Chambers, C.D., du Sert, N.P., et al.（2017）. A manifesto for reproducible science. Nature Human Behaviour, 1, 0021.

National Science Board,（2018）. Science & engineering indicators 2018. Available at: https://www.nsf.gov/statistics/2018/nsb20181/assets/nsb20181.pdf.

Nosek, B.A. and Lakens, D.（2014）. Registered reports: A method to increase the credibility of published results. Social Psychology 45（3）: 137–141.

Open Science Collaboration, （2015）. Estimating the reproducibility of psychological science. Science, 349,（6251）, aac4716.

Pew Research Center（2019）. Trust and mistrust in Americans' views of scientific experts. Available at: https://www.pewresearch.org/science/wp–content/uploads/sites/16/2019/08/PS_08.02.19_trust.in_.sci–entists_FULLREPORT_8.5.19.pdf.

Rosman, T., Adler, K., Barbian, L., Blume, V., Burczeck, B., Cordes, V., et al.（2021）. Protect ya grandma! The effects of students' epistemic beliefs and prosocial values on COVID–19 vaccination intentions. Frontiers in Psychology, 12, 683987.

Rosman, T., Bosnjak, M., Silber, H., Koßmann, J. and Heycke, T.（2020）. Preregistration: Open Science and the Public's Trust in Science. PsychArchives. Available at: https://doi.org/10.23668/PSYCHARCHIVES.4470.

Rosman, T., Bosnjak, M., Silber, H., Koßmann, J. and Heycke, T.（2022a）. Code for: Open Science and Public Trust in Science: Results from Two Studies. PsychArchives. Available at: http://dx.doi.org/10.23668/psycharchives.6494.

Rosman, T., Bosnjak, M., Silber, H., Koßmann, J. and Heycke, T.（2022b）. Dataset for: Open Science and Public Trust in Science: Results from Two Studies. PsychArchives. Available at: http://dx.doi.org/10.23668/psycharchives.6495.

Rosman, T., Bosnjak, M., Silber, H., Koßmann, J. and Heycke,T.（2022c）.Survey / Study Materials for: Open Science and Public Trust in Science: Results from Two Studies. PsychArchives. Available at: http://dx.doi.org/10.23668/psycharchives.6496.

Schneider, J., Rosman, T., Kelava, A. and Merk, S.（2022）.Do open science badges increase trust in scientists among student teachers, scientists, and the public? Psychological Science. Advance online publication. DOI: 10.1177/09567976221097499.

Silvertown, J.（2009）. A new dawn for citizen science. Trends in Ecology & Evolution, 24,（9）,467–471.

Soveri, A., Karlsson, L.C., Antfolk, J., Lindfelt, M. and Lewandowsky, S.（2021）. Unwillingness to engage in behaviors that protect against COVID–19: The role of conspiracy beliefs, trust, and endorsement of complementary and alternative medicine. BMC Public Health, 21,（1）,684.

van den Akker, O., Alvarez, L.D., Bakker, M., Wicherts, J.M. and van Assen,

MALM.（2018）.How do academics assess the results of multiple experiments? PsyArXiv. Available at: https://psyarxiv.com/xyks4/download?format=pdf.

Vazire, S.（2018）. Implications of the credibility revolution for productivity, creativity, and progress. Perspectives on Psychological Science, 13,（4）, 411–417.

Wallach, J.D., Boyack, K.W. and Ioannidis, JPA.（2018）. Reproducible research practices, transparency, and open access data in the biomedical literature, 2015–2017. PLoS Biology, 16,（11）,e2006930.

Wang, L., Zhang, Z., McArdle, J.J. and Salthouse, T.A.（2009）. Investigating ceiling effects in longitudinal data analysis. Multivariate Behavioral Research, 43,（3）, 476–496.

Wicherts, J.M., Veldkamp, C.L.S., Augusteijn, H.E.M., Bakker, M., van Aert, R.C.M. and van Assen, MALM.（2016）. Degrees of freedom in planning, running, analyzing, and reporting psychological studies: A checklist to avoid p–hacking. Frontiers in Psychology, 7, 1832.

Wingen, T., Berkessel, J.B. and Englich, B.（2020）. No replication, no trust? How low replicability influences trust in psychology. Social Psychological and Personality Science, 11,（4）,454–463.

Wissenschaft, im Dialog/Kantar Emnid.（2018）. Detaillierte Ergebnisse des Wissenschaftsbarometers 2018 nach Subgruppen. Available at: https://www.wissenschaft-im–dialog.de/fileadmin/userupload/Projekte/Wissenschaftsbarometer/Dokumente_18/Downloads_allgemein/Tabellenband Wissenschaftsbarometer2018_final.pdf.

（马箫箫　译）

开放科学如何帮助研究人员取得成功 [*]

依琳·麦吉尔南（Erin C. McKiernan） 菲利普·伯恩（Philip E. Bourne）
提图斯·布朗（Titus Brown） 斯图亚特·巴克（Stuart Buck） 埃米·肯
德尔（Amye Kenall）詹妮弗·琳（Jennifer Lin）达蒙·麦克杜格尔（Damon
McDougall） 布莱恩·诺塞克（Brian A. Nosek） 卡西克·拉姆（Karthik
Ram）考特尼·索德伯格（Courtney K. Soderberg）杰弗里·斯皮斯（Jeffrey
R. Spies） 凯特琳·塞恩（Kaitlin Thaney） 安德鲁·艾德格伍（Andrew
Updegrove） 卡拉·伍（Kara H. Woo） 塔尔·雅科尼（Tal Yarkoni）

摘　要

　　开放获取、开放数据、开放源代码和其他开放学术实践越来
越受欢迎，也越来越有必要。然而这些做法尚未得到广泛应用。
其中一个原因是研究人员不确定分享研究成果会对他们的职业生
涯产生什么影响。我们回溯文献后发现，开放研究与引用次数、
媒体关注度、潜在合作者、工作机会和资助机会的增加有关。这
些发现证明，相较于传统封闭式研究方法，开放研究方法为研究
人员带来了巨大的益处。

＊　文献来源：McKiernan, E. C., Bourne, P. E., Brown, C. T., Buck, S., Kenall, A., Lin, J., McDougall, D.,
Nosek, B. A., Ram, K., Soderberg, C. K., Spies, J. R., Thaney, K., Updegrove, A., Woo, K. H., & Yarkoni,
T.（2016）. How open science helps researchers succeed. eLife, 5, e16800.

　　注：限于篇幅，图表有删改。

一、导言

对开放研究实践的认同程度和应用度与日俱增，其中包括增加公众获取学术文献（开放获取；Björk et al., 2014; Swan et al., 2015）、鼓励共享数据（开放数据；Heimstädt et al., 2014; Michener, 2015; Stodden et al., 2013）和代码（开放源代码；Stodden et al., 2013; Shamir et al., 2013）的新政策。此类政策往往源于伦理、道德或功利性动机（Suber, 2012; Willinsky, 2006），例如，纳税人有权获取受公共资助的研究成果（Suber, 2003），公共软件和数据提交（data deposition）[①]可以提高研究的可复制性（Poline et al., 2012; Stodden, 2011; Ince et al., 2012）。尽管这些论点可能很有价值，但它们并没有解决研究人员所遇到的实际困难，如人们普遍认为开放实践可能会给职业发展带来风险。在此篇论文中，我们将消除这些顾虑，并指出开放实践的益处大于潜在的风险。

我们采取以研究人员为中心的方法，概括开放研究行动的益处。研究人员可以通过开放的做法赢得更多引用、媒体关注、潜在合作者、工作机会和资助机会。我们探讨了有关开放研究的常见谬见，如担忧开放获取期刊同行评审的严谨性、承担经济收入和职位晋升的风险以及丧失作者权利。我们认识到研究人员当前承受的压力，对如何在现有的学术评价和激励体系下践行开放科学提出了建议。我们从出版、资金筹措、资源管理与共享、职业发展四个方面讨论这些问题，最后讨论了一些开放性问题。

二、出版

（一）公开出版物获得更多引用

有证据表明，公开出版与更高的引用率有关（Hitchcock, 2016）。例如，艾森巴赫曾透露，在《美国国家科学院院刊》（PNAS）上发表的开放获取

---

① 译者注：数据提交是将实验或研究中收集到的数据提交给数据库或数据存储库的过程。

论文在发表后 4—10 个月内被引用的可能性是非开放获取论文的两倍，在发表后 10—16 个月内被引用的可能性是非开放获取论文的近三倍（Eysenbach，2006）。哈杰姆等研究了 10 个不同学科在 12 年内发表的 130 多万篇论文，发现开放获取论文比非开放获取论文的引用率高出 36%—172%（Hajjem et al.，2006）。虽然有些研究表示未能发现开放获取论文与非开放获取论文之间的引用差异，或将差异归因于开放获取以外的因素（Davis，2011；Davis et al.，2008；Frandsen，2009a；Gaulé & Maystre，2011；Lansingh & Carter，2009），但更多的研究证实了开放获取论文存在引用优势。研究发现，截至 2016 年 6 月，在欧洲学术出版和学术资源联盟（Scholarly Publishing and Academic Resources Coalition，SPARC）引文数据库收录的 70 项研究中，有 46 项研究（66%）具有开放获取的引用优势，17 项研究（24%）没有表现出优势，7 项研究（10%）没有表现出相关联系（SPARC Europe，2016）。对开放科学引用优势的估算分别为从 –5% 到 600% 不等（Swan，2010）以及从 25% 到 250% 不等（Wagner，2010）。不同学科的开放科学引文优势具有差异性。值得注意的是，无论论文是发表在完全开放获取期刊、有开放获取选项的订阅期刊（混合期刊）上，还是自行存档在开放库中，都能获得开放获取引文优势（Eysenbach，2006；Hajjem et al.，2006；Gargouri et al.，2010；Research Information Network，2014；Wang et al.，2015；Swan，2010；Wagner，2010）。此外，至少在某些情况下，这种优势并不能用选择偏差（即作者故意将自己更好的成果发布到开放平台上）来解释，因为无论归档是由作者发起还是由机构或资助者强制要求，公开归档的论文都会获得引文优势（Gargouri et al.，2010；Xia & Nakanishi，2012）。

（二）开放出版物获得更多媒体报道

研究人员获得知名度的方法之一是在社交媒体上分享他们的论文，并由主流媒体进行报道。有证据表明，公开发表论文有助于研究人员获得关注。对《自然·通讯》（*Nature Communications*）上发表的 2000 多篇论文进行的一项研究表明，公开发表的论文所获得的推特和 Mendeley[①] 阅读量是非开放获取论文的近两倍（Adie，2014）。对《自然·通讯》1700 多篇论文进行的类似研究发现，开放获取论文的页面浏览量是非开放获取论文的 2.5—4.4 倍，通过推特和脸书获得的社交媒体关注度也更高（Wang et al.，2015）。有初步证据表明，新闻报道会带来引文优势。例如，1991 年的一项小型准实验研究发现，被《纽约时报》（*New York Times*）报道的论文比未被报道的论文最多多出 73% 的引用率（Phillips et al.，1991）。2003 年的一项相关研究也支持这些发现，即媒体报道的论文被引率更高（Kiernan，2003）。

（三）声望和期刊影响因子

西德尼·布伦纳（Sydney Brenner）在 1995 年写道，"一篇论文最重要的意义在于它的科学内容……没有什么能替代了解或阅读它"（Brenner，1995）。遗憾的是，学术机构往往依赖期刊影响因子（IF）等替代指标快速评估研究人员的工作。影响因子是一个有缺陷的指标，与论文质量的相关性很差（Brembs et al.，2013；Neuberger & Counsell，2002；PLOS Medicine Editors，2006；Seglen，1997）。事实上，本文的几位作者已经签署了《关于科研评价的旧金山宣言》，建议不要将影响因子用作研究评估指标（American Society for Cell Biology，2013）。不过，在研究机构停止在评估中使用影响因子之前，研究人员关注期刊影响因子是可以理解的。

在对作者的调查中，研究人员多次将影响因子和期刊声誉列为其决定在何处发表论文的最重要的影响因素之一（Nature Publishing Group，2015；Solomon，2014）。研究人员也意识到，在《自然》或《科学》等高影响因子期刊上发表论文会带来相应的声誉。因此，开放获取倡导者应认识到并尊重研究人员至少部分基于影响因子选择发表渠道面临的压力。

幸运的是，关注影响因子并不妨碍研究人员公开发表论文。首先，编入索引的开放获取期刊的影响因子正逐步接近订阅期刊的影响因子

---

① 译者注：Mendeley 是一个文献管理软件。

（Björk & Solomon，2012）。在《2012 年期刊引证报告》（2012 *Journal Citation Report*）中，超过 1000 种（13%）有影响因子的期刊是开放获取期刊（Gunasekaran & Arunachalam，2014）。在这些开放获取期刊中，39 种期刊影响因子超过 5.0，9 种期刊的影响因子超过 10.0。2015 年，中高影响因子的生物和医学领域开放获取期刊包括《科学公共图书馆·医学》（*PLOS Medicine*）（13.6）、《自然·通讯》（11.3）和美国生物医学中心（*BioMed Central*）的《基因组生物学》（*Genome Biology*）（11.3）。辅助因子期刊筛选工具（The Cofactor Journal Selector Tool）帮助作者搜索到有影响因子的开放获取期刊（Cofactor Ltd，2016）。我们重申，我们提供此类信息的目的并不是支持将影响因子作为衡量学术影响力的有效指标，而是为了证明研究人员在做出发表决定时不必在影响因子和开放获取之间纠结。

此外，许多订阅式的高影响因子期刊为作者提供了付费开放其论文的选择。虽然我们可以讨论出版商同时采取读者付费和作者付费模式的长期性和优点（Björk，2012），但在短期内，希望在传统期刊上公开发表论文的研究人员可以这样做。研究人员也可以在高影响因子订阅期刊上发表论文，并自行公开存档（参见下文"在您想发表的地方发表论文并公开存档"部分）。我们希望，在未来几年内，使用影响因子作为衡量标准的情况将会减少或完全停止。在此期间，研究人员可以选择公开发表论文，同时仍能满足与影响因子相关的评估和职业晋升标准要求。

（四）严格透明的同行评审

与大多数订阅期刊不同，一些开放获取期刊拥有公开透明的同行评审程序。《同行》（*PeerJ*）和《皇家学会的开放科学》（*Royal Society's Open Science*）等期刊为审稿人提供了签署同行评审意见的机会，并且作者可以选择在发表论文的同时公布完整的同行评审记录。2014 年，《同行》报告称，约 40% 的审稿人在审稿报告上签名，约 80% 的作者选择公开审稿记录（PeerJ Staff，2014）。生物医学中心（BioMed Central，BMC）主办的《大数据科学》（*GigaScience*）、生物医学中心的所有医学系列期刊、哥白尼期刊（*Copernicus*

Journals）、《F1000 研究》（*F1000Research*）和多学科数字出版机构（MDPI）旗下的《生命》（*Life*）都要求公开审稿人的审稿意见，作为出版前审稿流程的一部分，或在出版后公布。一些研究表明，与封闭式评审相比，开放同行评审可能会提高评审质量，包括证据更充分的论断和更具建设性的批评意见（Kowalczuk et al.，2013；Walsh et al.，2000）。其他研究也认为，透明的同行评审流程与质量衡量标准有关（Wicherts，2016）。其他研究报告称，开放评审与封闭评审的质量没有差异（van Rooyen et al.，1999；van Rooyen et al.，2010）。这方面还需要更多的研究。

遗憾的是，开放获取期刊同行评审不力或不存在同行评审的声音一直存在。这让很多人认为开放获取期刊质量不高，也让研究人员担心在这些刊物上发表论文会被认为在学术评价中威望较低。据我们所知，还没有任何研究比较过开放获取期刊和订阅期刊的同行评审。一些人论证开放获取期刊同行评审薄弱的研究，如约翰·博汉南（John Bohannon）抨击一篇假论文被几家开放获取期刊接受（Bohannon，2013），这些研究因方法不当，包括没有提交订阅期刊进行比较，而受到学术界的广泛批评（Joseph，2013；Redhead，2013）。事实上，博汉南承认，"一些因质量控制不力而受到批评的开放获取期刊也采用了最严格的同行评审"。他以《科学公共图书馆综合》为例，称这是唯一对他提交的论文提出研究伦理方面问题的期刊（Bohannon，2013）。

订阅期刊也未能从同行评审的问题中幸免。2014 年，施普林格以及电气和电子工程师学会（IEEE）从几家订阅期刊上撤回了 100 多篇已发表的假论文（van Noorden，2014a；Springer，2014）。世哲（SAGE）期刊的编辑工作不力为同行评审造假大开方便之门，最终导致 60 篇论文被撤回（Bohannon，2014；Journal of Vibration and Control，2014）。其他订阅期刊出现类似问题的还有撤稿观察网（Retraction Watch）[①] 上记录在案的论文（Oransky & Marcus，2016）。因此，同行评审的问题显然是存在的，但并不排除开放获

---

① 撤稿观察网是一个专门报告论文撤稿状况的网站。

取期刊。事实上，大规模的实证分析表明，传统同行评审程序本身的可靠性还有待提高。博尔曼及其同事回溯了 48 项关于审稿人之间意见一致性的研究，发现意见一致的平均水平很低（平均组内相关系数[①]为 0.34，科恩卡帕系数为 0.17）远低于心理测量学或其他专业定量评估领域所规定的适当水平（Bornmann et al.，2010）。开放同行评审，包括允许作者和审稿人进行实时讨论，有助于解决部分问题。

随着时间的推移，我们预计随着研究人员阅读审稿并确认开放获取期刊的同行评审过程通常与订阅期刊一样严格，透明度将有助于消除开放获取期刊同行评审不力的说法。作者可以利用公开审稿向学术委员会证明其发表论文的同行评审过程的严谨性，并强调审稿人对其作品重要性的评论。作为审稿人的研究人员也可以从开放方法中获益，因为这可以让他们从这一宝贵的服务中获得荣誉。像 Publons[②] 这样的平台可以让研究人员创建审稿人档案来展示他们的成果（Publons，2016）。

（五）在您想发表的地方发表论文并公开存档

有些研究人员可能不认为在开放获取期刊上发表论文是一种可行的选择，他们可能希望在特定的订阅期刊上发表论文，因为这些期刊在他们的领域享有盛誉。重要的是，有一些方法可以使他们在订阅期刊上发表论文的同时公开共享研究成果。

1. 预印本

作者可以在正式的同行评审和期刊发表之前，将论文作为预印本发布，以提供开放的论文获取途径。预印本服务器对作者和读者都是免费的。目前已有多个涉及不同学科领域的预印本存档服务器（见表 1，表 1 的清单只是一部分，除此之外，还有许多其他服务器和机构资料库也接受预印本）。

[①] 译者注：组内相关系数反映测量之间相关性和一致性的程度。

[②] 译者注：Publons 是一个同行评审认证平台，可将审稿工作和学术评论转化为可衡量的产出。科研人员可以在 Publons 平台上一站式地记录他们为世界各地的期刊所进行的同行评审和编辑工作。

表 1 预印本服务器和接受预印本的通用存储库

预印本服务器或数据库 *	学科领域	数据库是否开放获取	公共应用程序编程接口（API）	是否能留下反馈 †	是否有第三方永久身份证
arXiv① arxiv.org	物理、数学、计算机科学、定量生物学、定量金融、统计学	否	是	否	否‡
bioRxiv② biorxiv.org	生物学、生命科学	否	否	是	是（DOI）
欧洲核子研究中心机构库（CERN） cds.cern.ch	高能物理	是（GPL）	是	否	否
Cogprints③ cogprints.org	心理学、神经科学、语言学、计算机科学、哲学、生物学	否	是	否	否
EconStor econstor.eu	经济学	否	是	否	是（handle）
e-LiS eprints.rclis.org	图书馆和信息科学	否§	是	否	是（handle）
figshare figshare.com	所有学科	否	是	是	是（DOI）

① 译者注：arXiv 是一个收集物理学、数学、计算机科学、生物学与数理经济学的论文预印本的网站，成立于 1991 年 8 月 14 日。

② 译者注：bioRxiv 是一个提供免费的在线存储和发布服务，专门用于发布生物学、生命科学领域的未发表论文预印本的平台。它并非传统意义上的杂志，而是隶属于非营利研究和教育机构美国冷泉港实验室（CSHL）的一个平台。

③ 译者注：CogPrints 是一个由英国南安普敦大学电子与计算机系开发的认知科学（认知科学是心理学、神经医学、语言学、计算机科学、生物医学、人类学乃至自然哲学等交叉发展的学科）的电子文档仓储库。

预印本服务器或数据库 *	学科领域	数据库是否开放获取	公共应用程序编程接口（API）	是否能留下反馈†	是否有第三方永久身份证
Munich Personal RePEc Archive mpra.ub. unimuenchen.de	经济学	否¶	是	否	否
开放科学框架（Open Science Framework）osf.io	所有学科	是（Apache 2）	是	是	是（DOI/ARK）
PeerJ Preprints peerj.com/ archivespreprints	生物、生命、医学和计算机科学	否	是	是	是（DOI）
科学哲学存储库（PhiloSci Archive）philSci–archive. pitt.edu	科学哲学	否**	是	否	否
自我科学杂志（Self–Journal of Science）www.sjscience.org	所有学科	否	否	是	否
社会科学研究网（Social Science Researcher Network）ssrn.com	社会科学及人文科学	否	否	是	是（DOI）
The Winnower thewinnower.com	所有学科	否	否	是	是（DOI）††
Zenodo zenodo.org	所有学科	是（GPLv2）	是	否	是（DOI）

注：* 所有这些服务器和数据库都被谷歌学术索引。

† 大多数（如果不是全部的话）标有"是"的服务器和资源库都需要登录或注册才能发表评论。

‡arXiv 提供内部管理的持久性标识符。

§e-LiS 基于开放获取软件（EPrints）构建，但资源库本身（包括对代码、插件等的修改）并非开放获取。

¶MPRA 基于开放获取软件（EPrints）构建，但资源库本身（包括对代码、插件等的修改）都不是开放获取的。

**PhilSci Archive 基于开放获取软件（EPrints）构建，但资源库本身（包括对代码、插件等的修改）都不是开放获取的。

†† The Winnower 对指定的 DOI 收取 25 美元的费用。

许多期刊允许发表预印本，包括《科学》《自然》和《美国科学院院刊》，以及大多数开放获取期刊。期刊预印本政策可通过维基百科（Wikipedia，2016）和 SHERPA/RoMEO 数据库（SHERPA/RoMEO，2016）查询。在 SHERPA/RoMEO 数据库中的 2000 多家出版商，46% 的出版商明确允许发布预印本。预印本可以在谷歌学术中编入索引，并在文献中被引用，这样作者就可以在论文还在审稿阶段时就积累引用次数。举一个极端的案例，一位作者发表的预印本在三年内被引用了 50 多次（Brown et al.，2012），并在美国国家卫生研究院的基金评审中得到认可。

在某些领域，预印本可以确定科学优先权。在物理学、天文学和数学领域，预印本已成为研究和出版工作流程中不可或缺的一部分（Brown，2001；Larivière et al.，2014；Gentil-Beccot et al.，2010）。在正式发表前以预印本形式发布的物理学论文往往比仅在传统期刊上发表的论文被引次数多（Gentil-Beccot et al.，2010；Schwarz & Kennicutt，2004；Metcalfe，2006）。遗憾的是，由于预印本在生物和医学领域的应用进展缓慢，很少有对预印本在这些领域的引文优势的研究。不过，随着向 arXiv 定量生物学板块以及 bioRxiv 和 PeerJ PrePrints 等专门的生物学预印本服务器投稿的数量不断增加，此类研究应该是可行的。研究人员主张在生物学领域更多地使用预印本（Desjardins-Proulx et al.，2013）。2016 年召开的促进生物学科学与出版（ASAPbio）会议表明，研究人员、资助者和出版商对生命科学预印本的兴趣和支持与日俱增（Berg et al.，2016；ASAPbio，2016）。

2. 后印本

作者在传统期刊上发表论文后，还可以在开放平台上存档（后印本）。SHERPA/RoMEO 允许作者查询 2200 多家出版商的政策，其中 72% 的出版商允许作者存档后印本，根据政策，可以是作者接受同行评审后的稿件，也可以是出版商的格式化版本（SHERPA/RoMEO, 2016）。值得注意的例子是《科学》，它允许作者立即在其网站上发布已接受的稿件版本，并在发表 6 个月后发布到更大的资源库，如 PubMed Central。《自然》杂志同样允许在发表 6 个月后将录用论文存档到开放库中。

如果作者发表论文的期刊没有明确支持自归档，作者可以提交一份作者附录，允许他们保留在开放存储库中发布论文副本的权利。学术出版和学术资源联盟（SPARC）提供了一个附录模板以及有关作者权利的信息（SPARC, 2016）。学者版权附录引擎（Scholar's Copyright Addendum Engine）可帮助作者生成定制附录，并发送给出版商（Science Commons, 2016）。并非所有出版商都接受作者附录，但有些出版商愿意就出版协议条款进行谈判。

（六）通过开放许可证保留作者权利并控制重复使用

为了让人们了解自己的研究成果，科学工作者历来会放弃对自己智力劳动成果的所有权，将版权或独家再使用权转让给出版商。相比之下，在开放获取期刊上发表论文的作者几乎保留了对其成果和材料的所有权利。开放获取论文通常在知识共享协议下发布，该协议在版权法的法律框架内发挥作用（Creative Commons, 2016）。在这些协议中，作者保留版权，只是授予出版者和其他用户特定（非排他性）的再使用权。此外，知识共享协议还要求署名，这样作者就可以凭借自己的成果获得荣誉并积累引用。许可人可以规定署名不仅包括作者姓名，还包括指向原作品的链接。向开放获取期刊投稿的作者应查看期刊的提交规则，了解期刊允许作者选择何种协议。

如果用户违反了知识共享协议的条款，协议可以撤销；如果不能撤销，可以诉诸法律以施行强制手段。有几个维护知识共享协议的合法先例，包括：（1）亚当－库里诉奥德克斯出版公司案（Court of Amsterdam, 2006;

Garlick，2006a）；（2）SGAE 诉 Ricardo Andrés Utrera Fernández（Juzgado de Primera Instancia Número Seis de Badajoz，Espanã，2006；Garlick，2006b）；（3）Gerlach 和 Deutsche Volksunion（DVU）的官司（Linksvayer，2011）。因此，通过开放许可协议，研究人员保留了对他人如何阅读、分享和使用其成果的控制权。

一个新兴而有趣的进展是采用保留权利的开放获取政策（Harvard Open Access Project，2016）。迄今为止，全球至少有 60 所学校和机构采用了此类政策，其中包括加拿大、冰岛、肯尼亚、沙特阿拉伯以及哈佛大学（Harvard Library，Office for Scholary Communication，2016）、麻省理工学院（MIT Libraries，Scholarly Publishing，2016）等美国大学。这些政策涉及教师同意授予大学对未来出版成果的非排他性再使用权。通过在出版前制定这样的政策，教师的成果可以公开存档，而无需与出版商协商保留或收回权利——公开是默认的做法。我们预计未来几年采用此类政策的情况会越来越多。

（七）低成本或无成本出版

研究人员经常提到，高昂的费用，主要是文章处理费，是在开放获取期刊上发表论文的障碍。虽然有些订阅型和开放型的出版商确实会收取高额费用（Lawson，2016；Wellcome Trust，2016c），但许多其他出版商根本不收取任何费用。2014 年对 1357 种开放获取期刊的研究显示，71% 的期刊没有收取任何文章处理费（West et al.，2014）。2011 年至 2015 年对 10300 多种开放获取期刊的研究同样发现，71% 的期刊不收费（Crawford，2016）。Eigenfactor.org 有一份各领域数百种不收费开放获取期刊列表（Eigenfactor Project，2016）。研究人员还可使用辅助因子期刊筛选工具检索免费开放获取期刊（Cofactor Ltd，2016）。目前不向作者收取出版费用的开放获取期刊包括《电子生命》（*eLife*）、《皇家学会开放科学》（*The Royal Society Open Science*）以及由人文开放图书馆（Open Library of Humanities）和高能物理开放出版计划（SCOAP3）等联盟出版的所有期刊。科学在线图书馆（SciELO）和拉丁美洲、加勒比、西班牙和葡萄牙科学期刊网络（Redalyc）

各拥有 1000 多种期刊，为作者提供免费出版服务。

许多开放获取期刊收费极低，文章处理费平均约为 665 美元（Crawford，2016）。以 PeerJ 为例，作者只需一次性支付 199 美元的会员费，即可终身每年免费发表一篇论文，并接受同行评审（注：由于 PeerJ 要求论文的每位作者支付会员费，最多 12 位作者，因此一篇论文的最高费用为 2388 美元。这是一次性费用，之后同一作者的后续论文将免费）。大多数 Pensoft 开放获取期刊收费约为 100—400 欧元，少部分期刊免费。Ubiquity 出版商的开放获取期刊的平均文章处理费为 300 英镑，其开放数据和软件元期刊收费 100 英镑。科景（Cogent）的开放获取期刊都采用灵活的付费模式，作者只需根据自己的财力支付相应的费用。重要的是，大多数开放获取期刊不收取任何额外的投稿或彩图费用。许多订阅型出版商收取的费用动辄数百或数千美元，例如，爱思唯尔的《神经元》（Neuron）对第一张彩图收费 1000 美元，之后的每张彩图收费 275 美元。因此，在开放获取期刊上发表论文并不会更贵，有时还会更便宜。

大多数收取较高文章处理费的开放获取出版商（如 PLOS 或 Frontiers，每篇稿件通常收费 1000 美元以上）都会应经济拮据的作者要求减免费用。政策因出版商而异，但通常包括对低收入国家作者的自动全额减免，以及对中低收入国家作者的部分减免。任何国家的研究人员如果无力支付，都可以申请部分或全部豁免。一些出版商（如 BioMed Central、F1000、Hindawi 和 PeerJ）有会员计划，机构可通过该计划为本机构的作者支付部分或全部文章处理费。一些机构也有用于支付开放获取出版费的可支配资金。越来越多的资助者提供开放获取出版基金，或允许研究人员将这些基金写入他们的资助中。PLOS 保留了一份支持开放获取出版费用的机构和资助者的可搜索列表（Public Library of Science，2016）。最后，正如之前在"在您想发表的地方发表论文并公开存档"部分所讨论的，研究人员可以通过自行存档预印本或后印本的方式免费公开其科研成果。

三、资金筹措

（一）奖励和特别资助

对于多数学者来说，获得资助对其职业发展和研究项目成功至关重要。在过去三年中，多个组织为开放研究设立了新的资助项目（见表2）。虽然不能保证这些特定的资助机制会一直保持下去，但它们反映了科学界规范的变化，并说明通过公开分享自己的研究成果获得认可和资源的机会越来越多。

表2　为开放研究、培训和宣传提供特别资助机会

资助	说明	链接
沙特尔沃思（Shuttleworth）基金会奖学金计划	资助公开研究各种问题的研究人员	shuttleworthfoundation.org/fellows/
摩斯拉（Mozilla）科学奖学金	资助开放数据和开放源代码研究人员	www.mozillascience.org/fellows
莱默-罗森塔尔（Leamer-Rosenthal）开放社会科学奖，加州大学伯克利分校和约翰-邓普顿（John Templeton）基金会	奖励从事开放研究和教育实践的社会科学家	www.bitss.org/prizes/leamer-rosenthal-prizes/
开放大会研学奖学金（研究联盟和SPARC）	资助学生和青年学者参加开放大会，并接受开放实践和宣传的培训	www.opencon2016.org/
预注册挑战（开放科学中心）	奖励公开预注册研究结果的科研人员	cos.io/prereg/
开放科学奖（惠康信托基金会、美国国家卫生研究院和哈佛大学医学院）	资助旨在提升生物医学研究开放性的服务、工具和平台开发行动	www.openscienceprize.org/

（二）资助方对论文和数据共享的授权

越来越多的资助者不仅倾向于而且强制要求受资助项目公开共享研究成果。美国国家卫生研究院在这方面一直处于领先地位。2008 年，美国国家卫生研究院实施了一项公共访问政策，要求所有接受美国国家卫生研究院资助的项目产生的论文在发表后一年内存入美国国家医学图书馆的公共医学中心开放存储库（PubMed Central）中（Rockey，2012）。

美国国家卫生研究院还要求每年获得 50 万美元或更多直接费用的项目制订一项数据管理计划，明确规定研究人员将如何共享其数据（National Institutes of Health，2003）。美国国家卫生研究院打算在不久的将来将其数据共享政策推广到更广泛的项目中。自 2011 年起，美国国家科学基金会也鼓励共享数据、软件和其他研究成果（National Science Foundation，2011）。所有国家科学基金会的研究人员都必须提交一份计划，说明数据管理和可用性。2015 年，美国政府机构，包括国家科学基金会、疾病控制和预防中心、国防部、美国国家航空航天局等，宣布计划实施论文和数据共享要求，以响应白宫科学和技术办公室关于公共访问的备忘录（Holdren，2013）。一项众包工作收集了有关这些机构政策的信息，并将继续更新（Whitmire et al.，2015）。

世界上许多政府机构和慈善机构都实施了更严格的开放获取政策。例如，惠康信托基金会（Wellcome Trust）的政策规定，受资助项目的论文必须在发表后 6 个月内开放获取，如果基金会提供出版费支持，还特别要求在知识共享署名许可下发表（Wellcome Trust，2016b）。荷兰科学研究组织（NWO）要求，所有使用公共资金取得的科研成果的手稿必须立即公开（NWO，2016）。欧洲核子研究中心（CERN，2014）、联合国教科文组织（UNESCO，2013）和比尔及梅林达·盖茨基金会（Bill & Melinda Gates Foundation，2015）等机构制定了相关政策，并越来越多地涉及数据共享。资助者认识到，某些类型的数据（如临床记录）具有敏感性，需要采取特殊的保障措施，才能在保护患者隐私的同时实现数据共享。惠康基金会、英国癌症研究中心、经济与社会研究理事会和医学研究理事会合作成立了数据访问专家咨询小组（EAGDA），就制定人类研究数据共享政策的最佳实践向资助者提供建议（Wellcome Trust，2016a）。

研究人员可以通过 SHERPA/JULIET（SHERPA/JULIET，2016）查看本国资助者的论文和数据共享政策。生物共享还维护着一个可检索的数据库，收录了全球资助者和出版商的数据管理与共享政策（Biosharing.org，2016）。在国际上，开放获取政策的数量在过去十年中稳步增长。包括美国国家卫生研究院（NIH）和惠康信托基金会（Wellcome Trust）在内的一些资助方已经开始暂停或扣减不符合其政策要求的研究人员的资金（National Institutes of Health，2012；van Noorden，2014b；Wellcome Trust，2012）。因此，由各种来源资助的研究人员很快将不仅被鼓励，而且被要求采用开放的实践来接受和保留资助。那些已经参与这些实践的研究人员将可能拥有竞争优势。

四、资源管理与共享

在我们以研究人员为中心的方法中，基于资助者授权的数据共享理由可以简单地理解为"资助者希望你共享数据，因此这样做符合你的利益"。这可能是一个令人信服但不令人满意的公开实践理由。幸运的是，还有其他令人信服的共享理由。

（一）记录和可再现性优势

首先，向独立的存储库提交数据和研究材料可确保将来对这些内容的保存和可访问性——既可供自己访问，也可供他人访问。这对满足他人对数据或材料的需求特别有利。在项目的活跃阶段准备研究材料以供共享，要比重新构建多年前的研究容易得多。其次，计划发布数据、软件和材料的研究人员可能会从事短期内容易跳过但长期内有实质性利益的行为，如清晰记录研究的主要成果。除了对自己有直接好处，便于日后重复使用，这种做法还能提高已发表研究成果的可再现性，使其他研究人员更容易使用、扩展和引用这些成果（Gorgolewski & Poldrack，2016）。最后，共享数据和资料表明研究人员重视透明度，并对自己的研究充满信心。

（二）通过共享数据获得更多引用和知名度

数据共享也会带来引用优势。皮瓦和威新分析了 2001—2009 年发表的 1 万多项带有基因表达微阵列数据的研究，发现共享数据的论文总体上有 9% 的引用优势，而较早的研究则有 30% 左右的引用优势（Piwowar & Vision，2013）。海内肯和阿卡玛兹发现，链接到开放数据集的天文学论文有 20% 的引用优势（Henneken & Accomazzi，2011）。多奇等发现，天体物理学论文的引用优势为 28%—50%（Dorch，2015），而西尔斯报告的天体物理学论文的引用优势为 35%（Sears，2011）。在社会科学领域，数据共享也产生了类似的积极影响。格莱迪奇发现，《和平研究期刊》（*Journal of Peace Research*）中以任何形式提供数据的论文——无论是通过附录、全球资源定位器（URLs），还是联系地址——被引用的平均次数是没有数据但作者资历相当的论文的两倍（Gleditsch et al.，2003）。公开发布代码的研究也比不公开代码的研究更容易被引用（Vandewalle，2012）。除了更多的引用，彭塔等还发现，数据共享与更高的出版效率有关。他们报告说，在国家科学基金会和美国国立卫生研究院的 7000 多项奖励中，有存档数据的研究项目发表的论文中位数为 10 篇，而没有存档数据的项目仅为 5 篇（Pienta et al.，2010）。

重要的是，引文研究可能会低估与资源共享相关的科学贡献和由此产生的知名度，因为许多数据集和软件包都是作为独立成果发表的，与论文无关，但可能会被广泛重复使用。幸运的是，数据和软件论文的新渠道允许研究人员描述感兴趣的新资源，而不一定要报告新发现（Chavan & Penev，2011；Gorgolewski et al.，2013）。人们也越来越意识到，数据和软件是独立的、一流的学术成果，需要纳入网络化的研究生态系统。许多开放数据和软件资料库都有为这些产品分配数字对象标识符的机制。《数据引用原则联合宣言》建议使用像 DOI 这样持久、唯一的标识符来促进数据引用（Data Citation

Synthesis Group，2014）。研究人员可以注册一个唯一的开放研究者和贡献者身份识别码（ORCID）（Haak et al.，2012），以跟踪他们的研究成果，包括数据集和软件，并建立更丰富的贡献档案。这些发展应共同支持"数据有价值"的努力，进一步激励共享，并确保数据生成者和软件创建者的工作获得更大的荣誉（Kratz & Strasser，2015）。

总之，数据和软件共享对研究人员有好处，因为它符合新出现的任务要求，还因为它标志着可信度，并产生良好的研究实践，可以减少错误，促进重复使用、推广和引用。

五、职业发展

（一）寻找新项目和合作者

合作研究对促进知识进步至关重要，但要找到合适的合作者并与之建立联系并非易事。开放实践可以提高研究人员成果的可见度和关注度，促进快速获取新数据和软件资源，并创造与正在进行的公共项目互动和参与的机会，从而使研究人员更容易建立联系。例如，2011 年，一位作者发起了一个复制研究样本的项目，以评估心理科学的可复制性（Open Science Collaboration，2012；Open Science Collaboration，2014）。由于在一个实验室里完成大量有意义的重复研究相当困难，因此作者将项目构想发布到列表服务器上，将其作为一个开放合作项目。最终，超过 350 人参与了这项研究，其中 270 人是论文的共同作者（Open Science Collaboration，2015）。开放合作促进研究人员共同分担并各自发挥专长，对项目的成功至关重要。许多其他项目也借鉴了类似方法，成功开展了大规模合作研究（Klein et al.，2014）。

类似的原则是蓬勃发展的开放获取科学软件生态系统的核心。在许多科学领域，广泛应用的最先进的数据处理和分析软件包都是公开开发的，并且是开放的，几乎所有人都可以贡献力量。用于机器学习的 scikit-learn Python 软件包开发过程（Pedregosa et al.，2011）也许是一个典型案例。短短五年多的时间，该软件包吸引了 500 多名独特的贡献者、2 万多份单个代码贡献和

2500次论文引用。如果采用传统的封闭源代码方法，则很难完成一个类似的软件包，并且需要数千万美元的预算。虽然scikit-learn是一个例外，但数百个其他开放获取科学软件包也以类似的方式满足了更多特定领域的需求，如神经成像领域的NIPY[①]项目（Gorgolewski et al., 2016）。重要的是，这些贡献不仅创造了新的功能，使更广泛的科学共同体从中受益，而且为各自的作者带来更多的学界好评，并创造了新的项目和就业机会。

（二）机构对开放研究实践的支持

越来越多的机构认识到期刊级指标的局限性，并探索论文级指标和替代指标在评估具体研究成果方面的潜在优势。2013年，美国细胞生物学学会与学术界不同的利益主体共同发布了《关于科研评价的旧金山宣言》（American Society for Cell Biology，2013）。该宣言建议各机构停止使用包括期刊影响因子在内的所有期刊指标来评估用于晋升和申请终身教职所使用的研究成果，转而关注研究内容。其他建议还包括承认数据和软件是有价值的研究产品。截至2016年3月，已有12000多名个人和600多个组织支持并签署了《关于科研评价的旧金山宣言》，其中包括世界各地的大学。2015年，英格兰高等教育基金委员会（HEFCE）针对英国高等教育机构研究质量评估体系——卓越科研框架的报告也反对使用影响因子和其他期刊指标来评估研究人员用于聘任和晋升的科研成果，并建议各机构探索各种定量和定性的研究影响指标，以及认可共享多样化研究成果的方法（Wilsdon et al., 2015）。

美国一些机构已通过决议明确在职业晋升和终身教职评审中认可开放科学实践，包括弗吉尼亚联邦大学（Virginia Commonwealth University Faculty Senate，2010）以及印第安纳大学和普渡大学印第安纳波利斯分校（Indiana University–Purdue University Indianapolis，2016）。2014年，哈佛大学工程与应用科学学院启动了一项试点计划，鼓励教师将论文存档到该校的开放资源库中，作为其晋升和获得终身教职的程序之一（Harvard Library, Office for

---

① NIPY是开源神经成像分析工具，用于分析并处理神经成像数据。

Scholarly Communication，2014）。列日大学则更进一步，要求教师在该校开放获取资源库中发表论文才具备晋升资格（University of Liège，2016）。开放实践的重要性甚至开始出现在教师的招聘中，如慕尼黑工业大学的招聘启事要求求职者描述其开放研究活动（Schönbrodt，2016）。

六、讨论

（一）开放问题

新兴的元科学领域为开放实践的价值提供了一些证据，但还远远不够。目前有许多旨在增加开放实践的举措，但尚未有足够的公开证据证明其有效性。例如，期刊可以提供徽章，以认可开放数据、开放材料和预注册等开放实践（Open Research Badges，2016）。来自单一采用期刊（single adopting journal）《心理科学》（*Psychological Science*）和对比期刊样本的初步证据表明，这种简单的激励措施可将数据共享率从不到 3% 提高到 38% 以上（Kidwell et al.，2016）。需要进行更多跨学科研究，以跟进这一令人鼓舞的证据。加州大学洛杉矶分校的知识基础设施项目将了解数据共享实践以及阻碍或促进四个合作科学项目共享数据的因素作为重要目标（Borgman et al.，2015；Darch et al.，2015）。

开放研究的支持者经常把可重复性作为数据和代码共享的好处之一（Gorgolewski & Poldrack，2016）。有一种合乎逻辑的论点认为，能够获取数据、代码和材料，就能更容易地复制从研究内容中得出的证据。与无法获得数据的论文相比，数据共享能够减少报告错误（Wicherts，2016），这可能是由于积极的数据管理实践所致。不过，目前还没有直接证据表明开放实践本身会为研究进展带来净收益。加州大学河滨分校（University of California at Riverside）和开放科学中心（Center for Open Science）发起了一项由国家科学基金会（NSF）支持的随机试验，评估接受培训以使用开放科学框架管理、归档和共享实验室研究材料和数据的影响。全校实验室的科研人员将被随机分配接受培训，其研究成果将在多年内得到评估。

研究设计和分析计划的预注册是一种提高已公开研究可信度的方法，也是提高研究工作流程透明度的一种手段。然而，预注册很少得到实践。在美国，法律要求在临床试验之外进行预注册，这也是在大多数发表临床试验的期刊上发表论文的条件之一。研究表明，预注册可能会抵制一些有问题的研究，如为了找到积极的结果而灵活定义分析模型和结果变量（Kaplan & Irvin，2015）。公开注册还可以对同一研究的出版物和注册进行比较，以发现结果被更改或未报告的情况，这也是牛津大学 COMPare 项目的重点（COMPare，2016）。类似的工作还包括由一个国际团队负责的 AllTrials 项目，该项目不仅对计划进行的研究进行预注册，还对之前进行的临床试验进行追溯注册并开展透明报告（AllTrials，2016）。另一个例子是 AsPredicted 项目，该项目由宾夕法尼亚大学和加州大学伯克利分校的研究人员负责，为所有学科提供预注册服务（AsPredicted，2016）。为了在基础科学和临床前科学领域开展类似的研究工作，开放科学中心发起了预注册挑战赛，为发表预注册研究成果的研究者提供 1000 美元奖励（Center for Open Science，2016）。

（二）开放性是一系列连续的实践

虽然开放获取（Chan et al.，2002）、开放数据（Open Knowledge，2005；Murray-Rust et al.，2010）和开放源代码（Open Source Initiative，2007）都有明确的定义和最佳实践，但开放性并非处于"要么全有或要么全无"的状态（Open Knowledge，2005；Murray-Rust et al.，2010）。并非所有研究人员都能接受相同程度的共享，开放的形式也多种多样。因此，开放性可以用一系列实践来定义，从最基本的公开自我存档后印本开始，到最高级别的公开实时共享拨款提案、研究协议和数据。完全开放的研究是长期努力才能实现的目标，并非一蹴而就。

许多关于开放性的讨论都围绕着相关的担忧展开，而我们也需要鼓励人们探索相关的好处。随着研究人员分享他们的工作并体验到其中的益处，他们可能会越来越乐于分享，并愿意尝试新的开放实践。承认并支持循序渐进的步骤是尊重研究人员现有经验和舒适度的一种方式，也是实现从封闭式研究到开放研究的渐进式文化变革的一种方式。对研究人员进行职业生涯早期培训至关重要，可以将开放科学和现代科学计算实践纳入现有研究生课程。方法课程可以纳入出版实践培训，如正确引用、作者权利和开放存取出版选项。机构和资助者可以提供论文、数据和软件自我归档的技能培训，以满足授权要求。重要的是，我们建议将教育和培训与常规课程和研讨会活动结合起来，以免加重本已繁忙的学生和研究人员的时间负担。

七、总结

公开共享论文、代码和数据对研究人员有益的证据非常充分，而且还在不断增加。每年都有越来越多的研究报告显示开放引用的优势；越来越多的金融机构宣布鼓励、强制或专门资助开放研究的政策；越来越多的雇主认可学术评估中的开放实践。此外，越来越多的工具使共享研究成果的过程变得更简单、更快捷、更具成本效益。彼得·苏伯（Peter Suber）在 2012 年出版的《开放获取》（*Open Access*）一书中对此做了最好的总结，"开放获取提高了作品的透明度、可检索性、使用率和被引频次，这些都有助于职业发展。对于出版学者来说，即使成本高、难度大、耗时长，这也是值得的"（Suber，2012）。

参考文献：

Adie, E.（2014）. Attention A study of open access vs non–open access articles. Figshare. doi: 10.6084/m9. figshare, 1213690.

AllTrials.（2016）. All trials registered, all results reported. Retrieved March 2016 at from http://www.alltrials.net/.

American Society for Cell Biology.（2013）. San Francisco declaration on research assessment. Retrieved March 2016 from http://www.ascb.org/dora/.

Antelman, K.（2004）. Do open–access articles have a greater research impact? College & Research Libraries 65:372 –382. doi: 10.5860/crl.65.5.372.

ASAPbio.（2016）. Opinions on preprints in biology. Retrieved May 2016 from http://asapbio.org/survey. Data available via figshare https://dx.doi.org/10.6084/m9.

figshare.2247616.v1.

AsPredicted.（2016）. Pre-registration made easy. Retrieved May 2016 from https://aspredicted.org/. Atchison A, Bull J. 2015. Will open access get me cited? an analysis of the efficacy of open access publishing in political science. Political Science & Politics 48:129–137. doi: 10.1017/S1049096514001668.

Berg, J.M., Bhalla, N., Bourne, P.E., Chalfie, M., Drubin, D.G., Fraser, J.S., Greider, C.W., Hendricks, M., Jones, C., Kiley, R., King, S., Kirschner, M.W., Krumholz, H.M., Lehmann, R., Leptin, M., Pulverer, B., Rosenzweig, B., Spiro, J.E., Stebbins, M., Strasser, C., et al.（2016）. Preprints for the life sciences. Science, 352,899–901. doi: 10. 1126/science.aaf9133.

Bill & Melinda Gates Foundation.（2015）. Open Access Policy. Retrieved March 2016 from http://www.gatesfoundation.org/How-We-Work/General-Information/Open-Access-Policy.

Biosharing.org.（2016）. A catalogue of data preservation, management and sharing policies from international funding agencies, regulators and journals. Retrieved March 2016 from biosharing.org/policies.

Björk, B-C.（2012）. The hybrid model for open access publication of scholarly articles: A failed experiment? Journal of the American Society for Information Science and Technology, 63,1496– –1504. doi: 10.1002/asi.22709.

Björk, B-C., Laakso, M., Welling, P., Paetau, P.（2014）. Anatomy of green open access. Journal of the Association for Information Science and Technology, 65,237–250. doi: 10. 1002/asi.22963.

Björk, B-C., Solomon, D.（2012）. Open access versus subscription journals: a comparison of scientific impact. BMc Medicine, 10,73. doi: 10.1186/1741-7015-10-73.

Bohannon, J.（2013）. Who's afraid of peer review? Science, 342,60–65. doi: 10.1126/science.342.6154.60.

Bohannon, J.（2014）. Lax reviewing practice prompts 60 retractions at SAGE journal. Science Insider, 2014. Retrieved March 2016 from http://www.sciencemag.org/news/2014/07/updated-lax-reviewing-practice-prompts-60-retractions-sage-journal.

Borgman, C.L., Darch, P.T., Sands, A.E., Pasquetto, I.V., Golshan, M.S., Wallis, J.C., Traweek, S.（2015）. Knowledge infrastructures in science: data, diversity, and digital libraries. International Journal on Digital Libraries, 16,207‒227.doi: 10.1007/s00799‒015‒0157‒z.

Bornmann, L., Mutz, R., Daniel, H.D.（2010）. A reliabilitygeneralization study of journal peer reviews: a multilevel meta‒analysis of inter‒rater reliability and its determinants. PLoS One 5:e14331. doi: 10.1371/journal.pone.0014331.

Brembs, B., Button, K., Munafó, M.（2013）. Deep impact: unintended consequences of journal rank. Frontiers in Human Neuroscience, 7,291. doi: 10.3389/fnhum.2013.00291.

Brenner, S.（1995）. Loose end. Current Biology, 5,568. doi: 10.1016/S0960‒9822（95）00109‒X.

Brown, C.（2001）. The E‒volution of preprints in the scholarly communication of physicists and astronomers. Journal of the American Society for Information Science and Technology, 52,187‒200.

Brown, C.T., Howe, A., Zhang, Q., Pyrkosz, A.B., Brom, T.H.（2012）. A reference‒free algorithm for computational normalization of shotgun sequencing data. arXiv,1203,4802.

Center for Open Science.（2016）. The 1,000,000 Preregistration Challenge. Retrieved March 2016 from https://cos.io/prereg/.

CERN.（2014）. Open Access Policy for CERN Physics Publications. Retrieved March 2016 from http://cds.cern.ch/record/1955574/files/CERN‒OPEN‒2014‒049.pdf.

Chan, L., Cuplinskas, D., Eisen, M., Friend, F., Genova, Y., Guédon J‒C., Hagemann, M., Harnad, S., Johnson, R., Kupryte, R., La Manna, M., Rév, I., Segbert, M., de Souza, S., Suber, P., Velterop, J.（2002）. Budapest Open Access Initiative. Retrieved March 2016 from http://www.budapestopenaccessinitiative.org/.

Chavan, V., Penev, L.（2011）. The data paper: a mechanism to incentivize data publishing in biodiversity science. BMC Bioinformatics, 12,S2. doi:10.1186/1471‒2105‒12‒S15‒S2.

Cofactor Ltd.（2016）. Cofactor Journal Selector Tool. Retrieved March 2016 from http://cofactorscience. com/journal‒selector.

COMPare.（2016）. Tracking switched outcomes in clinical trials. Retrieved March 2016 from http://compare‒trials.org/.

Court of Amsterdam. （2006）. Adam Curry v. Audax Publishing. Retrieved March 2016 from http://deeplink.rechtspraak.nl/uitspraak?id=ECLI:NL: RBAMS:2006:AV4204.

Crawford, W. （2016）. Gold Open Access Journals 2011–2015. Cites & Insights Books.

Creative Commons. （2016）. About The Licenses. Retrieved March 2016 from https://creativecommons.org/licenses/.

Darch, P.T., Borgman, C.L., Traweek, S., Cummings, R.L., Wallis, J.C., Sands, A.E. （2015）. What lies beneath?: Knowledge infrastructures in the subseafloor biosphere and beyond. International Journal on Digital Libraries, 16,61‒77. doi: 10.1007/s00799–015–0137–3.

Data Citation Synthesis Group. （2014）. Joint declaration of data citation principles. Retrieved March 2016 from https://www.force11.org/group/joint–declaration–data–citation–principles–final.

Davis, P., Fromerth, M. （2007）. Does the arXiv lead to higher citations and reduced publisher downloads for mathematics articles? Scientometrics, 71,203‒215. doi: 10.1007/s11192–007–1661–8.

Davis, P.M., Lewenstein, B.V., Simon, D.H., Booth, J.G., Connolly, M.J.L. （2008）. Open access publishing, article downloads, and citations: randomised controlled trial. BMJ, 337,a568. doi: 10.1136/bmj.a568.

Davis, P.M. （2011）. Open access, readership, citations: a randomized controlled trial of scientific journal publishing. FASEB Journal, 25,2129‒2134. doi:10.1096/fj.11–183988.

Desjardins–Proulx, P., White, E.P., Adamson, J.J., Ram, K., Poisot, T., Gravel, D. （2013）. The case for open preprints in biology. PLOS Biology, 11,e1001563. doi: 10.1371/journal.pbio.1001563.

Donovan, J.M., Watson, C.A., Osborne, C. （2015）. The open access advantage for American law reviews. Edison: Law +Technology, 2015,1‒22.

Dorch, S.B.F., Drachen, T.M., Ellegaard, O. （2015）. The data sharing advantage in astrophysics. arXiv,1511.02512.

Eigenfactor Project. （2016）. No–fee open access journals for all fields. Retrieved March 2016 from www.eigenfactor.org/openaccess/fullfree.php.

Eysenbach, G.（2006）. Citation advantage of open access articles. PLoS Biology 4:e157. doi: 10.1371/journal.pbio.0040157.

Frandsen, T.F.（2009a）. The effects of open access on unpublished documents: A case study of economics working papers. Journal of Informetrics, 3,124‐133. doi: 10.1016/j.joi.2008.12.002.

Frandsen, T.F.（2009b）. The integration of open access journals in the scholarly communication system: three science fields. Information Processing & Management, 45,131‐141. doi: 10.1016/j.ipm.2008. 06.001.

Gargouri, Y., Hajjem, C., Larivière, V., Gingras, Y., Carr, L., Brody, T., Harnad, S.（2010）. Self‐selected or mandated, open access increases citation impact for higher quality research. PLoS One, 5,e13636. doi: 10.1371/journal.pone.0013636.

Garlick, M.（2006a）. Creative Commons Licenses Upheld in Dutch Court. Retrieved March 2016 from https://creativecommons.org/2006/03/16/creativecommonslic ensesupheldindutchcourt/.

Garlick, M.（2006b）. Spanish Court Recognizes CCMusic. Retrieved March 2016 from https://creativecommons.org/2006/03/23/spanishcourtrecognizesccmusic/.

Gaulé, P., Maystre, N.（2011）. Getting cited: Does open access help? Research Policy, 40,1332‐1338. doi: 10.1016/j.respol.2011.05.025.

Gentil‐Beccot, A., Mele, S., Brooks, T.C.（2010）. Citing and reading behaviours in high‐energy physics. Scientometrics, 84,345‐355.

Gleditsch, N.P., Metelits, C., Strand, H.（2003）. Posting your data: will you be scooped or will you be famous? International Studies Perspectives, 4,89‐97. doi: 10.1111/1528‐3577.04105.

Gorgolewski, K., Esteban, O., Burns, C., Ziegler, E., Pinsard, B., Madison, C., Waskom, M., Ellis, D.G., Clark, D., Dayan, M., Manhães‐Savio, A., Notter, M.P., Johnson, H., Dewey, Y.O., Hamalainen, C., Keshavan, A., Clark, D., Huntenburg, J.M., Hanke, M.,Nichols, B.N., et al.（2016）. Nipype: a flexible, lightweight and extensible neuroimaging data processing framework in python. Zenodo, doi: 10.5281/zenodo.50186.

Gorgolewski, K.J., Margulies, D.S., Milham, M.P.（2013）. Making data sharing count: a publication‐based solution. Frontiers in Neuroscience, 7,9. doi: 10.3389/ fnins.2013.00009.

Gorgolewski, K.J., Poldrack, R. (2016). A practical guide for improving transparency and reproducibility in neuroimaging research. bioRxiv, doi: 10.1101/039354.

Gunasekaran, S., Arunachalam, S. (2014). The impact factors of open access and subscription journals across fields. Current Science, 107,380.

Haak, L.L., Fenner, M., Paglione, L., Pentz, E., Ratner, H. (2012). ORCID: a system to uniquely identify researchers. Learned Publishing, 25,259–264. doi: 10.1087/20120404.

Hajjem, C., Harnad, S., Gingras, Y. (2006). Ten-year crossdisciplinary comparison of the growth of open access and how it increases research citation impact. arXiv:cc/0606079.

Harnad, S., Brody, T. (2004). Comparing the impact of open access (oa) vs. non-oa articles in the same journals. D-Lib Magazine 10.

Harvard Library, Office for Scholarly Communication. (2014). Harvard's School of Engineering and Applied Sciences Recommends Open-Access Deposit for Faculty Review Process. Retrieved March 2016 from http://bit.ly/1X8cLob.

Harvard Library, Office for Scholary Communication. (2016). Open access policies.Retrieved March 2016 from https://osc.hul.harvard.edu/policies/.

Harvard Open Access Project. (2016). Good practices for university open-access policies. Retrieved March 2016 from http://bit.ly/goodoa.

Heimstädt, M., Saunderson, F., Heath, T. (2014). From toddler to teen: growth of an open data ecosystem. eJournal of eDemocracy & Open Government, 6,123–135.

Henneken, E.A., Accomazzi, A. (2011). Linking to dataeffect on citation rates in astronomy. arXiv, 1111.3618.

Hitchcock, S. (2016). The effect of open access and downloads ('hits') on citation impact: a bibliography of studies. Retrieved March 2016 from Last updated March 2013 http://opcit.eprints.org/oacitationbiblio.html.

Holdren, J.P. (2013). Increasing access to the results of federally funded scientific research. Retrieved March 2016 from https://www.whitehouse.gov/sites/default/files/microsites/ostp/ostp_public_access_memo_2013.pdf.

Ince, D.C., Hatton, L., Graham-Cumming, J. (2012). The case for open computer programs. Nature, 482,485 – 488. doi: 10.1038/nature10836.

Indiana University–Purdue University Indianapolis.（2016）. IUPUI Promotion & Tenure Guidelines. Retrieved March 2016 from http://www.facultysenate.vcu.edu/tag/open–access–scholarshippromotion–and–tenure/.

Joseph, H.（2013）. Science magazine's open access sting. SPARC blog, 2013. Retrieved March 2016 from http://www.sparc.arl.org/blog/sciencemagazine–open–access–sting.

Journal of Vibration and Control.（2014）. Retraction notice. Journal of Vibration and Control, 20,1601–1604. doi: 10.1177/1077546314541924.

Juzgado de Primera Instancia Número Seis de Badajoz, Espanã.（2006）. Sociedad General de Autores y Editores v. Ricardo Andres Utrera Ferna´ ndez. Retrieved March 2016 from http://www.internautas.org/archivos/sentencia_metropoli.pdf.

Kaplan, R.M., Irvin, V.L.（2015）. Likelihood of Null Effects of Large NHLBI Clinical Trials Has Increased over Time. PLoS One, 10:e0132382. doi: 10.1371/journal.pone.0132382.

Kidwell, M.C., Lazarević, L.B., Baranski, E., Hardwicke, T.E., Piechowski,S., Falkenberg, L.S., Kennett, C., Slowik, A., Sonnleitner, C., Hess–Holden, C.,Errington, T.M., Fiedler, S., Nosek, B.A.（2016）. Badges to Acknowledge OpenPractices: A Simple, Low–Cost, Effective Method for Increasing Transparency. PLOS Biology, 14, e1002456. doi: 10.1371/journal.pbio.1002456.

Kiernan, V.（2003）. Diffusion of news about research. Science Communication, 25,3 – 13. doi: 10.1177/1075547003255297.

Klein, R. A., Ratliff, K. A., Vianello, M., Adams, R. B., Jr., Bahn í k, Š., Bernstein, M. J., Bocian, K., Brandt, M. J., Brooks, B., Brumbaugh, C. C., Cemalcilar, Z., Chandler, J., Cheong, W., Davis, W. E., Devos, T., Eisner, M., Frankowska, N., Furrow, D., Galliani, E. M.,…… Nosek, B. A.（2014）. Investigating variation in replicability: A "many labs" replication project.Social Psychology, 45（3）, 142 – 152. https://doi.org/10.1027/1864–9335/a000178.

Koler–Povh, T., Južnič, P., & Turk, G.（2014）. Impact of open access on citation of scholarly publications in the field of civil engineering. Scientometrics, 98, 1033 – 1045.

Kowalczuk, M.K., Dudbridge, F., Nanda, S., Harriman, S.L., & Moylan, E.C.(2013). A comparison of the quality of reviewer reports from author–suggested reviewers and editor–suggested reviewers in journals operating on open or closed peer review models. F1000Research, 4.

Kratz, J,E,, Strasser, C. (2015). Comment: Making data count. Scientific Data, 2,150039. doi: 10.1038/sdata. 2015.39.

Lansingh, V.C., Carter, M.J. (2009). Does open access in ophthalmology affect how articles are subsequently cited in research? Ophthalmology, 116,1425 – 1431. doi: 10.1016/j.ophtha.2008.12.052.

Larivière, V., Sugimoto, C.R., Macaluso, B., Milojević, S., Cronin, B., Thelwall, M. (2014). arXiv E–prints and the journal of record: An analysis of roles and relationships. Journal of the Association for Information Science and Technology, 65,1157 – 1169.doi: 10.1002/asi.23044.

Lawrence, S. (2001). Free online availability substantially increases a paper's impact. Nature, 411,521. doi: 10. 1038/35079151.

Lawson, S. (2016). APC data for 27 UK higher education institutions in 2015. Figshare. doi: 10.6084/m9.figshare.1507481.v4.

Linksvayer, M. (2011). Creative Commons AttributionShareAlike license enforced in Germany. Creative Commons Blog, 2011. Retrieved March 2016 from https://creativecommons.org/2011/09/15/creativecommons–attribution–sharealike–license–enforced–ingermany/.

McCabe, M.J., Snyder, C.M. (2014). Identifying the effect of open access on citations using a panel of science journals. Economic Inquiry, 52,1284 – 1300. doi: 10.1111/ecin.12064.

McCabe, M.J., Snyder, C.M. (2015). Does online availability increase citations? Theory and evidence from a panel of economics and business journals. Review of Economics and Statistics, 97,144 – 165. doi:10.1162/REST_a_00437.

Metcalfe, T.S. (2006). The citation impact of digital preprint archives for solar physics papers. Solar Physics, 239,549 – 553. doi: 10.1007/s11207–006–0262–7.

Michener, W.K. (2015). Ecological data sharing. Ecological Informatics 29,33 – 44. doi: 10.1016/j.ecoinf.2015.06.010.

MIT Libraries, Scholarly Publishing. （2016）. MIT Faculty Open Access Policy. Retrieved March 2016 from http://libraries.mit.edu/scholarly/mit-open-access/open-access-at-mit/mit-open-access-policy/.

Murray-Rust, P., Neylon, C., Pollock, R., Wilbanks, J. （2010）. Panton Principles, Principles for open data in science. Retrieved March 2016 from http://pantonprinciples.org/.

National Institutes of Health. （2003）. NIH Data Sharing Policy and Implementation Guidance. Retrieved March 2016 from http://grants.nih.gov/grants/policy/data_sharing/data_sharing_guidance.htm.

National Institutes of Health. （2012）. Upcoming Changes to Public Access PolicyReporting Requirements and Related NIH Efforts to Enhance Compliance. Retrieved June 2016 from http://grants.nih.gov/grants/guide/notice-files/NOT-OD-12-160.html.

National Science Foundation. （2011）. Digital Research Data Sharing and Management. Retrieved March 2016 from www.nsf.gov/nsb/publications/2011/nsb1124.pdf.

Nature Publishing Group. （2015）. Author Insights 2015 Survey. Figshare. doi: 10.6084/m9.figshare.1425362.v7.

NWO. （2016）. Open Science. Retrieved March 2016 from http://www.nwo.nl/en/policies/open+science.

Neuberger, J., Counsell, C. （2002）. Impact factors: uses and abuses. European Journal of Gastroenterology& Hepatology, 14,209 - 211. doi: 10.1097/00042737-200203000-00001.

Norris, M., Oppenheim, C., Rowland, F. （2008）. The citation advantage of open-access articles. Journal of the American Society for Information Science and Technology, 59,1963 - 1972. doi: 10.1002/asi.20898.

Open Knowledge. （2005）. The Open Definition. Retrieved March 2016 from http://opendefinition.org/.

Open Research Badges. （2016）. Retrieved March 2016 from http://openresearchbadges.org/.

Open Science Collaboration. （2012）. An Open, LargeScale, Collaborative Effort to Estimate the Reproducibility of Psychological Science.Perspectives on Psychological

Science, 7,657－660. doi: 10.1177/1745691612462588.

Open Science Collaboration. (2014). The reproducibility project: a model of large-scale collaboration for empirical research on reproducibility. In: Stodden V, Leisch F, Peng RD (Eds). Implementing Reproducible Research. CRC Press, Taylor & Francis Group,299－324.

Open Science Collaboration. (2015). Estimating the reproducibility of psychological science. Science, 349,aac4716. doi: 10.1126/science.aac4716.

Open Source Initiative. (2007). The Open Source Definition. Retrieved March 2016 from https://opensource.org/osd.

Oransky, I., Marcus, A. (2016). Retraction Watch: Tracking retractions as a window into the scientific process. Retrieved March 2016 from http://retractionwatch. com/.

Pedregosa, F., Varoquaux, G., Gramfort, A., Michel, V., Thirion, B., Grisel, O., Blondel, M., Louppe, G., Prettenhofer, P., Weiss, R., Weiss, R.J., Vanderplas, J., Passos, A., Cournapeau, D., Brucher, M., Perrot, M., & Duchesnay, E. (2011). Scikit-learn: Machine Learning in Python. ArXiv, abs/1201.0490.

PeerJ Staff. (2014). Who's Afraid of Open Peer Review? PeerJblog, 2014. Retrieved March 2016 from https://peerj.com/blog/post/100580518238/whos-afraid-ofopen-peer-review/.

Phillips, D.P., Kanter, E.J., Bednarczyk, B., Tastad, P.L. (1991). Importance of the lay press in the transmission of medical knowledge to the scientific community. New England Journal of Medicine, 325,1180－1183. doi: 10.1056/NEJM199110173251620.

Pienta, A.M., Alter, G.C., Lyle, J.A. (2010). The enduring value of social science research: the use and reuse of primary research data. Presented at "The Organisation, Economics and Policy of Scientific Research" workshop in Torino, Italy. Retrieved March 2016 from https://deepblue.lib.umich.edu/handle/2027.42/78307.

Piwowar, H.A., Vision, T.J. (2013). Data reuse and the open data citation advantage. PeerJ, 1,e175. doi: 10. 7717/peerj.175.

PLOS Medicine Editors. (2006). The impact factor game. PLOS Medicine, 3,e291. doi: 10.1371/journal.pmed.0030291.

Poline, J. B., Breeze, J. L., Ghosh, S., Gorgolewski, K., Halchenko, Y. O., Hanke, M.,

Haselgrove, C., Helmer, K. G., Keator, D. B., Marcus, D. S., Poldrack, R. A., Schwartz, Y., Ashburner, J., & Kennedy, D. N. (2012). Data sharing in neuroimaging research. Frontiers in neuroinformatics, 6, 9. https://doi.org/10.3389/fninf.2012.00009.

Public Library of Science. (2016). Open Access Funds. Retrieved March 2016 from www.plos.org/publications/publication-fees/open-access-funds/.

Publons. (2016). Get credit for peer review. Retrieved March 2016 from https://publons.com/.

Redhead, C. (2013). OASPA's response to the recent article in Science entitled "Who's Afraid of Peer Review?". Open Access Scholarly Publishers Association, 2013.Retrieved March 2016 from http://oaspa.org/response-to-the-recent-article-inscience/.

Research Information Network. (2014). Nature Communications: Citation analysisRetrieved March 2016 from http://www.nature.com/press_releases/ncomms-report2014.pdf.

Rockey, S. (2012). Revised Policy on Enhancing Public Access to Archived Publications Resulting from NIHFunded Research. National Institutes of Health, Office of Extramural Research, Extramural Nexus. Retrieved June 2016 from http://nexus.od.nih.gov/all/2012/11/16/improving-public-access-to-researchresults/.

Sahu, D.K., Gogtay, N.J., Bavdekar, S.B. (2005). Effect of open access on citation rates for a small biomedical journal. Retrieved June 2016 from https://web.archive.org/web/20121130165349/http://openmed.nic.in/1174/.

Schwarz, G.J., Kennicutt, R.C. (2004). Demographic and citation trends in astrophysical journal papers and preprints. ArXiv, astro-ph/0411275.

Schönbrodt, F. (2016). Changing hiring practices towards research transparency:The first open science statement in a professorship advertisement. RetrievedMarch 2016 from http://www.nicebread.de/open-science-hiring-practices/.

Science Commons. (2016). Scholar's Copyright Addendum Engine. Retrieved March 2016 from http://scholars.sciencecommons.org/.

Sears JRL. (2011). Data sharing effect on article citation rate in paleoceanography. Presented at Fall Meeting of the American Geophysical Union, 2011. Retrieved March 2016 from figshare 10.6084/m9.figshare.1222998.v1.

Seglen, P.O. （1997）. Why the impact factor of journals should not be used for evaluating research, BMJ314,497. doi: 10.1136/bmj.314.7079.497.

Shamir, L., Wallin, J.F., Allen, A., Berriman, G.B., Teuben, P.J., Nemiroff, R.J., Mink, J.D., Hanisch, R.J., & DuPrie, K. （2013）. Practices in source code sharing in astrophysics. Astron. Comput., 1, 54–58.

SHERPA/RoMEO. （2016）. Publisher copyright policies and self-archiving. Accessed May 2016 at http://www.sherpa.ac.uk/romeo/index.php.

SHERPA/JULIET. （2016）. Research funders' open access policies. Accessed March 2016 at http://www.sherpa.ac.uk/juliet/index.php.

Solomon, D.J. （2014）. A survey of authors publishing in four megajournals. PeerJ, 2,e365. doi: 10.7717/peerj.365.

SPARC. （2016）. Author Rights & the SPARC Author Addendum. RetrievedMarch 2016 from http://sparcopen.org/our-work/author-rights/.

SPARC Europe. （2016）. The Open Access Citation Advantage Service. Retrieved June 2016 from http://sparceurope.org/oaca/.

Springer. （2014）. Springer statement on SCIgengenerated papers in conference proceedings. Retrieved March 2016 from http://www.springer.com/about+springer/media/statements?SGWID=0-1760813-6-1456249-0.

Stodden, V., Guo, P., Ma, Z. （2013）. Toward Reproducible Computational Research:An Empirical Analysis of Data and Code Policy Adoption by Journals.PLoS One, 8,e67111. doi: 10.1371/journal.pone.0067111.

Stodden, V.C. （2011）. Trust your science? Open your data and code. Amstat News, 409,21 – 22.

Suber, P. （2003）. The taxpayer argument for open access. SPARC Open Access Newsletter. Retrieved March 2016 from https://dash.harvard.edu/handle/1/4725013.

Suber, P. （2012）. Open Access. MIT Press. http://bit.ly/oa-book.

Swan, A., Gargouri, Y., Hunt, M., Harnad, S. （2015）. Open access policy: Numbers, analysis, effectiveness. arXiv,1504.02261.

Swan, A. （2010）. The Open Access citation advantage: Studies and results to date. eprints, 2010. Retrieved March 2016 from http://eprints.soton.ac.uk/268516/.

UNESCO. （2013）. Open Access Policy concerning UNESCO publications.

Retrieved March 2016 from http://www.unesco.org/new/fileadmin/MULTIMEDIA/HQ/ERI/pdf/oa_policy_rev2.pdf.

University of Liège. (2016). Open Access at the ULg. Open Repository and Bibliography. Retrieved March 2016 from https://orbi.ulg.ac.be/project?id=03.

van Noorden, R. (2014a). Publishers withdraw more than 120 gibberish papers. Nature, doi: 10.1038/nature.2014.14763.

van Noorden, R. (2014b). Funders punish open-access dodgers. Nature, 508,161. doi: 10.1038/508161a.

van Rooyen, S., Delamothe, T., Evans, S.J. (2010). Effect on peer review of telling reviewers that their signed reviews might be posted on the web: randomised controlled trial. BMJ, 341,c5729. doi: 10.1136/bmj.c5729.

van Rooyen, S., Godlee, F., Evans, S., Black, N., Smith, R. (1999). Effect of open peer review on quality of reviews and on reviewers' recommendations: a randomised trial. BMJ, 318,23–27. doi: 10.1136/bmj.318.7175.23.

Vandewalle, P. (2012). Code sharing is associated with research impact in image processing. Computing in Science & Engineering, 14,42–47. doi: 10.1109/MCSE.2012.63.

Virginia Commonwealth University Faculty Senate. (2010). VCU Faculty Senate Resolution on Open Access Publishing. Retrieved March 2016 from http://www.facultysenate.vcu.edu/tag/open-accessscholarship-promotion-and-tenure/.

Wagner, B. (2010). Open access citation advantage: An annotated bibliography. Issues in Science and Technology Librarianship, 60. doi: 10.5062/F4Q81B0W.

Walsh, E., Rooney, M., Appleby, L., Wilkinson, G. (2000). Open peer review: a randomised controlled trial. The British Journal of Psychiatry, 176,47–51. doi: 10.1192/bjp.176.1.47.

Wang, X., Liu, C., Mao, W., Fang, Z. (2015). The open access advantage considering citation, article usage and social media attention. Scientometrics, 103,555–564. doi: 10.1007/s11192-015-1547-0.

Wellcome Trust. (2012). Wellcome Trust strengthens its open access policy. Retrieved June 2016 from https://wellcome.ac.uk/press-release/wellcome-truststrengthens-its-open-access-policy.

Wellcome Trust. (2016a). Expert Advisory Group on Data Access. Retrieved March 2016 from http://www.wellcome.ac.uk/About-us/Policy/Spotlightissues/Data-sharing/EAGDA/.

Wellcome Trust. (2016b). Position statement in support of open and unrestricted access to published research. Retrieved March 2016 from http://www.wellcome.ac.uk/About-us/Policy/Policy-and-positionstatements/WTD002766.htm.

Wellcome Trust. (2016c). Wellcome Trust and COAF Open Access Spend, 2014-15. Retrieved June 2016 from https://blog.wellcome.ac.uk/2016/03/23/wellcome-trust-and-coaf-open-access-spend-2014-15/. Data available via figsharehttps://dx.doi.org/10.6084/m9.figshare.3118936.v1.

West, J.D., Bergstrom, T., Bergstorm, C.T. (2014). Cost effectiveness of open access publications. Economic Inquiry, 52,1315 - 1321. doi: 10.1111/ecin.12117.

Whitmire, A., Briney, K., Nurnberger, A., Henderson, M., Atwood, T., Janz, M., Kozlowski, W., Lake, S., Vandegrift, M., Zilinski, L. (2015). A table summarizing the Federal public access policies resulting from the US Office of Science and Technology Policy memorandum of February 2013. Figshare, doi: 10.6084/m9.figshare.1372041.

Wicherts, J.M. (2016). Peer review quality and transparency of the peer-review process in open access and subscription journals. PLoS One, 11, e0147913. doi: 10.1371/journal.pone.0147913.

Wikipedia. (2016). List of academic journals by preprint policy. Retrieved March2016 from https://en.wikipedia.org/wiki/List_of_academic_journals_by_preprint_policy.

Willinsky, J. (2006). The Access Principle: The Case for Open Access to Research and Scholarship. MIT Press.

Wilsdon, J., Allen, L., Belfiore, E., Campbell, P., Curry, S., Hill, S.A., Jones, R., Kain, R.J., Kerridge, S., Thelwall, M.A., Tinkler, J., Viney, I., Wouters, P., Hill, J., & Johnson, B. (2015). The metric tide: report of the independent review of the role of metrics in research assessment and management. doi: 10.13140/RG.2.1.4929.1363.

Wohlrabe, K., & Birkmeier, D. (2014). Do open access articles in economics have a citation advantage. Munich Personal RePEc Archive, 56842. https://mpra.ub.uni-muenchen.de/id/eprint/56842.

Xia, J., Nakanishi, K.（2012）. Self-selection and the citation advantage of open access articles. Online Information Review 36:40–51. doi: 10.1108/14684521211206953.

Xu, L., Liu, J., & Fang, Q.（2011）. Analysis on open access citation advantage: an empirical study based on Oxford open journals. Proceedings of the 2011 iConference.

Zawacki-Richter, O., Anderson, T., Tuncay, N.（2010）. The growing impact of open access distance education journals: a bibliometric analysis. International Journal of E-Learning & Distance Education, 24.

Zhang, Y.（2006）. The effect of open access on citation impact: A comparison study based on web citation analysis. Libri. 56,145–156. doi: 10.1515/LIBR.2006.

（宋宇　译）

心理学定性研究开放科学转向的三个步骤[*]

皮特·布兰尼（Peter E. Branney）[1]　乔安娜·布鲁克斯（Joanna Brooks）[2]　劳拉·基尔比（Laura Kilby）[3]　克里斯蒂娜·纽曼（Kristina Newman）[4]　艾玛·诺里斯（Emma Norris）[5,6]　玛德琳·伯纳尔（Madeleine Pownall）[7]　凯瑟琳·塔尔伯特（Catherine V. Talbot）[8]　加雷斯·卓哈尼（Gareth J. Treharne）[9]　坎迪斯·惠特克（Candice M. Whitaker）[10]

（[1]英国布拉德福德大学社会科学学院心理学系；[2]英国曼彻斯特大学曼彻斯特健康心理学中心；[3]英国谢菲尔德哈勒姆大学心理、社会与政治学系；[4]英国诺丁汉特伦特大学心理学系；[5]英国伦敦布鲁内尔大学卫生科学系；[6]英国伦敦大学行为改变中心；[7]英国利兹大学心理学院；[8]英国伯恩茅斯大学心理学系；[9]新西兰奥塔哥大学心理学系；[10]英国利兹三一大学心理与治疗研究学院）

摘　要

　　随着开放科学运动在很多研究领域取得了很大进展，心理学领域开始使用开放科学及其主要原则回应人们日益增长的关于研究的可复制性、透明性、可再现性和稳健性问题的关切。本研究旨在集体建构在心理学领域适用的，并能达到最好效果的一系列定性和混合研究方法的开放科学实践和体系。我们通过描述开放研究实践的三个领域（贡献者、预注册和开放数据），以及探索定性研究人员为什么以及怎么样将定性研究范式融合至开放科学

---

* 文献来源：Branney, P., Brooks, J., Kilby, L., Newman, K., Norris, E., Pownall, M., Talbot, C., Treharne, G., & Whitaker, C.（2023）. Three Steps to Open Science for Qualitative Research in Psychology, Social and Personality Psychology Compass, 17, 4, e12728.

注：参考文献略有删改。

实现上述研究目的。我们认为，开放研究实践不应该排除定性研究，定性研究者需要反思如何能够有意义地参与心理学的开放科学运动。

关键词： 作者身份；贡献者身份；FAIR 原则；开放数据；开放科学；预注册；定性方法；注册报告

开放科学(也称开放研究或开放学术)的应用及其主要原则既有一个"长"的历史，也有一个"短"的历史（Branney et al., 2019）。"长"的历史可以追溯至 20 世纪 30 年代到 20 世纪 40 年代，社会学家罗伯特·默顿（Robert Merton）提出的对追求"民主的"科学的承诺（Turner, 2007）。德里克·丘宾（Derek Chubin）修正了默顿的观点，并深入批判了"封闭"科学这一当时西方的主流实践（Chubin, 1985）。尽管开放科学历史悠久，但心理学对开放科学的关注才刚开始。"短"的历史大约是由最近十年对研究的可复制性、透明度、可再现性和稳健性的担忧驱使而来（Open Science Collaboration, 2015）。心理学研究的"复制性危机"是促进心理学领域开放科学发展的关键事件（Norris & O'Connor, 2019）。此外，期刊、资助主体、学术界的招聘和晋升标准也成为心理学领域开展开放科学运动的动力（Reeves et al., 2021）。目前，心理学领域的开放研究实践主要以开展定量、实证和实验研究为主。事实上，发展开放定性研究的一个障碍是，许多新的（但越来越主流的）开放研究实践主要是零假设显著性检验（Null Hypothesis Significance Testing）范式下的实验研究。因此，被要求开展开放科学实践的定性研究者，可能会认为用评价定量研究的标准评价他们的研究是不适当、不相关或不相容的（Brooks et al., 2018a; Pratt et al., 2020）。

本研究的目的是明确集体建构开放研究实践的方法和体系，这些实践和体系适用于心理学领域的定性和混合研究方法的全部范畴，并能获得最佳实践效果。本研究以心理学和其他学科关于开放科学的辩论为基础，主要围绕开放科学的要素开展，如开放数据以及对开放数据的约束和条件持怀疑态度的观点（Bishop，2005，2007；Branney et al.，2017，2019；Corti，2006；Corti et al.，2014；Parry & Mauthner，2004；Pownall et al.，2022；Reeves et al.，2021）。本研究旨在提升心理学领域定量研究者将开放科学原则应用于定性研究的"一个开放研究行为"而做出明智决策的能力（Norris & O'Connor，2019，第1403页）。本研究运用"步骤"的隐喻表明心理学定性研究者在研究中开展的一项积极运动。具体讨论三个步骤：（1）从"作者身份"到"贡献者身份"；（2）收集数据前预注册研究方法；（3）公开（"元"）数据。我们详细解释了每一个步骤，并考虑了心理学定量研究者在进行上述每一步实践过程中可能遇到的障碍和机遇。本文适用于广泛采用定性研究方法的科研人员，从学生开始的初级研究人员，到经验更为丰富、对开放科学感兴趣并希望了解开放研究对研究实践（职业生涯）产生何种影响的研究人员均适用。

一、第一步："作者身份"到"贡献者身份"

"作者身份"是记录人们对特定研究项目所做贡献的主要方法。根据温哥华标准（Vancouver criteria, International Committee of Medical Journal，1997，2021），作者是指在研究项目的各个阶段参与度都比较高的人。相比而言，"贡献者身份"寻求对设计研究计划、开展研究和撰写论文过程中涉及的所有人的认可。贡献者不必参与所有的研究过程。此外，文责在贡献者之间分配，而不是集中到一小部分表面上是整个研究"担保人"的作者身上。

由多个利益相关者团体开发的贡献者角色分类法（Allen et al.，2014，2019；Brand et al.，2015）为那些不熟悉贡献者身份的人提供了一个有效的参考。贡献者角色分类法提供了认可作者在研究过程中所扮演的角色名称及对角色的描述的一系列方法（见表1）。贡献者可以被分配多个角色，每个角色可以容纳多名贡献者。角色被刻意设定为"高层次的"，因此可以应用于元数据研究，通过这种方法为投稿、检索、研究和研究人员评价提供支持。

表 1　贡献者角色分类法（CRediT）角色 [a]

构思	方法	软件	验证
数据分析	调查	资源	数据清洗
写作：初稿	写作：审阅和编辑	可视化	监管
项目管理	获取资助		

注：[a] 关于角色描述，可参考 https://credit.niso.org/。

类似地，ORCID 提供了一个数字标识，可以唯一和持久地标识研究人员和其他研究工作的贡献者，并且日益成为期刊投稿和基金申请的标准化要求。值得注意的是，2021 年 ORCID 更新了应用程序用户界面，新的界面使用贡献者角色分类法。现在，ORCID 界面列出了贡献者，尤其是贡献者的角色，而不是作者。此外，越来越多的机构和出版商开始使用贡献者角色分类法系统，其中包括英国心理学会（British Psychological Society）和威利出版社（Allen et al.，2019）。附录 1[①] 中列举了两篇使用贡献者角色分类法的论文以及一篇提供贡献者声明的论文。此外，鲍姆探讨了作者顺序和贡献者角色分类法（Baum et al.，2022），以及一个叫作 Tenzing 的基于网络的应用程序（Holcombe et al.，2020），通过使研究人员组织和监管贡献者身份为研究人员提供更多的支持。Tenzing 提供了一个添加姓名并选择贡献的表格。上传后，Tenzing 能够生成一系列文件用于投稿（本文中的贡献者角色分类法就是由 Tenzing 生成的）。

（一）实施注意事项

如上所述，贡献者身份能够惠及参与研究的所有人。而且对定性研究者有特别的好处。首先，它能够确保研究成员的贡献得到认可，而在作者身份模式下，这些贡献是不可能得到认可的。合作研究和跨学科研究是定性研究的主要特征（Drenth，1998；Erlen et al.，1997；Pruschak，2021），定性研究有很多数据收集和分析的方法（Madill & Gough，2008）。包括那些得益于

① 译者注：正文中未见附录 1，可参考文末"其他支持信息可以通过本文末尾的支持信息部分在线获取"。

不熟悉学术界的人参与才得以开展的研究，例如，联盟、共同发起的研究和参与式行动研究（Scholz et al.，2021）。这些研究贡献者并没有积极参与论文写作或编辑过程，贡献者身份提供了一个机会和一个认可的框架，以祝贺并感谢整个研究过程中所有研究参与者的付出（在他们同意的情况下）。值得注意的是，虽然每个项目都可以开发定制的作者署名方法，但当它们不被更大范围的出版生态系统认可时，可能会产生问题。例如，约翰斯等区分了"主要"作者和"贡献"作者（Jones et al.，2018），但依赖（正如我们在审稿人善意地指出我们的错误之前所做的错误行为一样）参考书目的DOI，意味着最终只引用了两位主要作者。

知情同意书问题是贡献者声明能否成功开展的关键要点。即考虑到研究参与者的参与程度，并开展持续对话确保研究角色经过（重新）协商，所有研究参与者同意他们对研究所做的贡献都是可识别的。管理和批准程序不利于一些特殊群体研究参与者使用贡献者身份，如病人或者16岁以下的研究参与者或缺乏签署知情同意书能力的人。此外，出版商层面的管理流程可能同时使用温哥华标准和贡献者角色分类法，要求对投稿稿件签署意见，如版权形式，这意味着如果没有签署意见，就会被排除在"作者身份"之外。因此，一开始就需要讨论并商定贡献者身份，特别是在成员不断变化的科研项目中。虽然签署知情同意书面临的挑战可能是抵制贡献者身份的原因，但我们认为这与定性研究者后续的研究权益有关。即它支持研究人员共同反思他们的研究参与身份，并提供一个讨论和同意角色的框架。

反思是很多定性研究的核心，在发表或出版定性研究成果时，期刊或出版社一般都会要求提供反思和研究反身性的证据。例如，一般定性研究的APA期刊文章报告标准（APA Journal Article Reporting Standards）[①]要求作者在方法部分汇报"研究者描述"，并在数据收集和数据分析部分汇报研究的反身性（Levitt et al.，2018）。作者身份可能会混淆人们在研究中的角色，并在那些有或没有机会和资源参与写作的人之间产生错误的二分

---

① 译者注：APA期刊文章报告标准指美国心理学会引文格式，是一个被广泛接受的研究论文撰写格式。

法（Holcombe，2019；Scott，1997）。与之相关，作者身份的传统标注方法在实践中可能会产生很多问题。纽曼和琼斯指出了"幽灵作者"（ghost authorship）的问题（Newman & Jones，2006），"幽灵作者"是指一些人，通常是处在科研生涯早期或从事科研工作尚未稳定下来的研究人员，对科研工作和论文发表做出了实质贡献，但没有获得作者身份，或者被降级到致谢中，甚至完全没有被承认。此外，客座作者（guest）、馈赠（gift）作者和声望（prestige）作者获得了高于对论文实际贡献的认可，主要是由于他们有助于提升其他作者的声望，可能有助于稿件被期刊录用（Eastwood et al.，1996; Holcombe，2019）。事实上，有必要反思后者的行为——研究人员采取这种办法分担他们对所知甚少的研究领域的研究责任（Rennie，1994），表明了温哥华指南和作者身份实践之间存在分歧。

贡献者身份框架邀请所有成员讨论并反思研究，使人们探索围绕作者身份的态度和行为，为反思研究活动中"谁重要"的假设提供机会。长期坚持作者署名传统范式的资深研究人员还不太适应这种变革，同样地，对处于职业生涯早期的研究人员来说，在与资深研究人员合作时不能获得作者身份也是一个挑战。例如，资深科研工作者很难接受研究中所有被涉及的人员都需要为研究成果负责，而处于职业早期的研究人员可能会感到无法承受如此大的责任。虽然这些问题超越了研究传统，但在定性研究的传统中，反思是最受重视的。因此，定性研究人员似乎很适合支持这种潜在的作者身份变革实践。

二、收集数据前预注册研究方法

预注册报告和注册报告旨在提高研究过程的透明度和研究质量，能够帮助专家学者以及时、协作的方式对研究计划提出反馈和指导意见（Nosek et al.，2018）。这两者都是定性研究人员希望推进开放科学实践所关心的话题。

预注册是创建带有研究时间节点的研究计划和数据分析计划的过程，在收集数据或访问在线存储库之前上传研究计划，例如，开放科学框架或AsPredicted预注册平台。在撰写本文时，大多数预注册的参考模板是为假设检验和定量研究设计的，要求作者预先制订他们的假设、方法和统计分析方案（O'Connor，2021）。这反映了预注册期待解决的原始问题（例如减少有问题的定量研究，如 p 值黑客）。这也导致一些人认为，预注册对定性研究人员来说是不可行的（Humphreys et al.，2013），因为定性研究几乎不存在假设验证，定性研究者也很少互相修改研究设计（例如，在收集数据过程中对研究观点做出恰当的解释）。一些专门为定性研究设计的预注册模板并不完全适合定性研究（这也许是因为缺乏对定性研究的理解）（Haven & Grootel，2019）。人们就提升和改进定性研究预注册模板做出了很多努力，例如，定性预注册模板（Haven et al.，2020），或使用普洛斯彼罗模板（Prospero template）进行定性综合分析（Leather et al.，2020）。

注册报告是期刊论文的一种形式，作为预注册的延伸，其试图最大限度地减少期刊中重大的或"新颖"的研究发现存在的偏见（Chambers et al.，2015; Henderson，2022）。注册报告能够提供更快速的发表途径，因为研究在数据收集之前原则上已被注册报告的期刊接收，可以避免在找到合适的期刊之前将完整的论文投给多个期刊。对于使用注册报告的研究，稿件写作和审查分两个阶段进行。在第一阶段，作者在数据收集或访问之前向接收注册报告的期刊提交研究计划（Chambers et al.，2015; Hardwicke & Ioannidis，2018）。论文被接收与否取决于研究计划的质量。第二阶段是在收集数据、分析和撰写成文后审查论文全文，包括对第一阶段研究计划的执行程度（或者变化是如何被记录和证明的）。目前，仅有少数期刊接收定性注册报告（例如，*BMJ Open Science*; *F1000Reseach*; *Infant and Child Development*; *Journal of Cognition*; *Meta-Psychology*; *PeerJ*）。研究者发起了同行社区（Peer Community In，PCI）注册报告倡议，期刊可以根据同行评审的推荐意见接收相关注册报告。截至 2022 年 6 月，已有 29 个同行社区的推荐报告。只有一个是关于定性研究的（Karhulahti et al.，2020），而且比较少的期刊接收定性研究的注册报告。然而，令人鼓舞的是，同行社区倡议将定性研究纳入其中，定性研究人员正在参与这一同行社区倡议。

（一）实施注意事项

除了解决开放研究的具体问题，预注册方法和分析计划可能为定性研究人员提供新的机遇，鼓励研究人员反思性地、批判性地开展研究，从而提升研究质量。在广泛的定性方法论中存在一系列定义质量标准的方法，人们普遍认为，质量标准取决于研究的具体目标和采用特定的研究方法（Easterby-Smith et al.，2008; Harley & Cornelissen，2022）。尽管如此，定性研究质量标准的核心原则包括透明度、可信度和严谨性（Treharne & Riggs，2015）。如上所述，反身性是研究人员详细分析他们为研究带来的片面的、有立场性的和情感性的视角，是定性研究的重要组成部分（Gough，2017; Lazard & McAvoy，2020）。

作为定性研究人员，我们精通批判性地反思我们正在做什么以及为什么这么做，也许（可以说）比定量研究人员更精通。预注册定性研究有助于记录这些稳健的、反思性的研究过程，甚至可以扩大人们的认识，即所有研究都涉及认识论和本体论的假设和考虑。此外，预注册定性研究可以促进并更容易地证明我们为坚持工作中提出的核心原则和相关因素所做的工作。例如，预注册可能允许作者提供通常不包括在已发表的定性论文中的信息。因此，虽然在定性方法的广度上，预注册的价值可能不同，但预注册使研究者在定性研究的过程中所开展的对方法论和具体研究步骤都十分有益的反思性工作变得可见。开放科学框架中的定性研究模板包括研究人员在什么地方开展反身性讨论的模块，通过反思所站的立场，使研究人员反思自身的主观立场对研究问题、与研究参与者的互动以及数据分析和解释产生的影响（Dean et al.，2018; Rose，2020）。更重要的是，预注册能够在开放科学框架中更新，以适应研究过程中研究者产生的新想法以及在方法论方面的思考。因此，虽然根据定义，预注册是在收集数据或获取数据前开展的，但这一过程可以适当灵活地适应方法和自反性地更改和更新过程。虽然在此过程中产生的很多材料作为论文补充材料是有争议的，但预注册提供了在伴随着整个研究过程中，而不是在研究最后开展研究反思的可能性。

提高数据收集方法和分析步骤的透明度对定性研究方法的教学来说非常有价值，也可以成为开展研究、分析数据以及得出研究结论的有用的审查跟踪记录。在定性研究中，报告定性分析过程会因为缺乏细节而使研究人员学习如何开展自己的定性研究项目变得非常困难（Hammer & Berland，2014），对于处于职业生涯早期的研究人员来说这种情况尤为显著，一些人之前主张提高研究过程的透明度（Tuval-Mashiach，2017）。对定性研究人员来说，预注册研究方法的目的最好被理解为提高透明度并使透明度最大化。重要的是，预注册方法不是限定定性研究内在灵活性的约束因素。定性预注册模板需要充当"活的"（而不是固定的）文件（Haven & Grootel，2019），捕捉并解释整个研究过程中所做的研究决策。

三、公开（"元"）数据

我们使用"（元）数据"这个术语表明数据分享可以包括共享或者不共享研究"数据"和数据信息（元数据）。例如，在元数据公开的情况下，数据可能不可用。开放和可复制性研究培训框架（Framework for Open and Reproducible Research Training，FORRT）术语表将开放数据定义为其他人可以"免费或无限制地"获取和使用的数据，同时补充说，敏感数据可能需要"更多选择性获取选项"（FORRT，2021）。英国心理学会关于开放数据的立场声明强调了保密、知情同意和隐私的重要性，并提倡一种"尽可能开放，必要时保密"的方法。相应地，"FAIR原则"（可发现、可访问、可互相操作、可重用）的适用对象是"（元）数据"，并说明虽然元数据随时可用，但获取底层数据可能会受到限制（Wilkinson et al.，2016）。在其他地方，亚历山大等（Alexander，2020）和英国数据服务中心（UK Data Service）讨论了访问的"水平"，它随着从开放到限制的两极维度而变化。例如，要获取保存在英国数据服务中心的受控数据，研究人员必须向数据获取委员会提出申请。我们可以从以上讨论中清楚地看到，定性数据共享并不受"开放"或"封闭"数据的二元选择的支配。此外，参与数据共享并不需要研究人员放弃谨慎的数据管理方案。相反，正如"FAIR原则"指出的那样，（元）数据共享涉及对有价值的数字资产的"长期维护"管理，其目标是单独或与新生成的数据相结合，发现并重新用于下游调查（Wilkinson et al.，2016，第1页）。

开放研究数据是支持和促进开放科学不可或缺的一步（British Psychological Society，2020），许多资助机构和期刊现在都制定了开放数据政策（Prosser et al.，2022）。

表2　数据管理 FAIR 原则示例 [a]

原则	定义	如何开展阐释性视频访谈定性研究
可发现 F1	可以通过网络查找获取（元）数据 [b] 被分配了一个全球唯一且持久的标识符	·使用数据档案，在网上公开档案目录 ·使用提供 DOI 数据档案，例如开放科学框架或者英国数据服务中心
可访问 A1	（元）数据可以通过使用标准化的通信协议的标识符获取	不用特殊的技巧或工具就可以获取（元）数据，使用数据档案
可互相操作 I1	（元）数据采用正式的、可获取的、共享的和广泛适用的语言进行知识表征 [①]	首先，用研究中涉及的群体和学科都能理解的语言写出来；其次，用机器可读的系统命名文件
可重用 R1	用多个准确和相关的特征丰富地描述元（数据）	存档数据，提供信息以便于数据档案的用户能够理解数据收集的背景。例如，在 APA 期刊定性研究方法报告标准中提供所有"方法部分"的背景信息细节

注：[a] 根据威尔金森等（Wilkinson et al.，2016）和 Go FAIR 倡议（the Go FAIR Initiative）整理而成。

[b] 术语"（元）数据"运用于元数据及其数据特征。对于敏感和受管控的数据档案，仅指元数据，不包括受管控数据。

定性研究人员很可能没有准备好满足开放数据的要求，例如，当在投稿系统中投稿时，解释数据集和相关解释性文件的可获取途径时（Branney et al.，2017）。在定性研究中，数据共享无疑带来了合法敏感性问题，如与研究参与者隐私相关的问题（Ashdown et al.，2018）。定性研究人员面临的问题和使用的定性方法一样复杂和微妙，因此，在此过程中出现的问题（包

---

① 译者注：知识表征（knowledge representation）是人工智能中的概念，指将人类知识以某种形式表达出来，以便计算机能够理解和处理。

括隐私、知情同意和匿名）理所当然值得仔细审查。在很多公开数据的定性研究中，有必要通过掩盖数据中的所有标识符来保护隐私。然而，一些定性研究允许研究参与者选择是否被命名，当研究参与者同意并且被识别出符合他们的意愿和对研究的理解时，掩盖标识符的方法就不合时宜了（Ashdown et al.，2018）。提高数据分享的能力非常重要，这种数据分享能力包括详细了解在适当的伦理审查和知情协商的基础上深入理解定性数据分享的边界，同时确保数据收集能够提供数据分析和结果呈现所需要的充足的背景信息（Branney et al.，2019; Mauthner，2019; Mauthner et al.，1998; Mauthner & Parry，2013）。本研究的目的是为定性研究人员提供一个数据共享的切入点，并为数据共享提供一些方向性指导。

从根本上说，在定性研究中创建"开放数据"包括（1）将数据存入图书馆（术语为"数据档案"）的同时确保潜在的用户能够在使用最少的技术知识的情况下发现并获取这些数据，图书馆（数据档案）是长期可持续性运用和保护数据的基础设施；（2）提供充足的关于数据收集背景的信息，以便他人能够以有意义的方式使用数据（Branney et al.，2019）。表2提供了 FAIR 原则的定义和示例说明，包括如何实现每一个原则。表2是在一项对一个敏感话题的说明性视频访谈研究的基础上得出的（Branney et al.，2011，2014; Branney & Witty，2019;Witty et al.，2013）。附录2[①]提供了列出所有 FAIR 原则的一个更详细的图表。

心理学定性研究者需要做的第一步是判定哪些是数据，并考虑如果有限制的话，哪些限制是必要的。这些限制必须得到研究参与者的知情同意。约翰斯等提供了一个在原始研究作为决定数据获取适当水平基线的过程中，用这个水准处理数据的有用框架（Jones et al.，2018）。简单地说，原始研究中对数据的处理水平越低，数据的可识别性就越强，数据分享的限制就越多。这种方法可以与研究伦理、理论和实践一起使用（Branney et al.，2019）。表3展示了约翰斯等如何将数据处理水平和获取标准应用于同一个说明性视

---

① 译者注：正文中未见附录2，可参考文末"其他支持信息可以通过本文末尾的支持信息部分在线获取"。

频访谈研究中的示例。

表 3 研究参与者对数据存档知情同意的说明性视频访谈研究数据处理和获取水平示例

数据	处理水平	获取水平	需要考虑的额外知情同意
访谈录像文件	0- 原始数据，包括所有标识	C- 由数据获取委员会控制[a]	访谈者
专业转录人员开展访谈转录	1- 修订直接标识符	C- 由数据获取委员会控制[a]	转录人员和访谈者
用说明性引用对主题描述的初稿（尽管表明研究参与者同意在最终的网络平台上分享录像、录音或引用文本）	3- 主题聚合与摘录文本	B- 限制	
用解释性录音、文本和录像引用描述主题的最终版本（取决于研究参与者的知情同意情况）	4- 主题或专题分析（文本引用 =3- 修改直接或间接标识符的摘录文本；录音和录像引用 =- 原始数据，包括所有标识符）	A- 开放	

注：[a] 见约翰斯等（Jones et al.，2018），"控制"的获取由研究者管理。根据英国心理学会（the British Psychological Society，BPS）立场声明指出的对基础设施和资源的需求（而不是依赖单个研究人员），我们采用了英国数据服务的"控制"的获取概念，即"控制"的只对受过相关培训并获得授权，且数据使用对获得相关数据获取委员会批准的人员开放。

（一）实施注意事项

数据共享具有显著的效益，而且数据不共享的影响也越来越大（Karhulahti，2022）。英国实施了由税收直接或间接支持的推动研究数据开放的一系列政策（Higher Education Funding Council for England et al.，2016；National Institute for Health Research，2021；Open Data Task Force，2018；United Kingdom Research & Innovation，2021a，2021b）。此外，一些大学

出台了"大力提倡"FAIR 或类 FAIR 元数据分享政策（Aston University，2019）。在提交稿件时，许多期刊要求研究人员提供有关数据可用性的声明，包括要求研究人员说明数据是否在可信的存储库中可用，以及解释"数据共享"声明中的特殊情况。例如，参见 TOP 指南的"数据透明度"标准，也可以在其中检索期刊并查看其数据共享标准。美国心理学会的期刊要求作者遵循他们的伦理原则，其中包括共享数据以便开展验证。此外，研究者具有"生产性"和"限制性"责任，在确保保护数据的同时将研究参与者的时间最大化（Branney et al.，2019）。（元）数据分享提供了一个实现这些期待的有价值的路径，能够帮助解决研究参与者疲劳的问题（Clark，2008），研究参与者可能被参与邀请淹没（Ashley，2021）。同样值得注意的是，虽然很少有定性研究人员共享或使用共享的数据（Parry & Mauthner，2005），但定性方法中仍然存在数据共享的历史。例如，数据共享融入了交互分析（Huma & Joyce，2022），人们对二手数据分析存在争论，这与英国数据档案的发展密切相关（Hammersley，1997，2007，2010a，2010b; Heaton，1998，2004）。

意识到适当的"管理数据"并降低研究人员获取数据的技术难度非常重要。实际上，开放获取政策（National Institute for Health Research，2021；United Kingdom Research & Innovation，2021b）强调制度性"基础设施、资源、培训和投资"的重要性（British Psychological Society，2020）。FAIR 原则（见表 2）只适用于适当的研究档案，这些国家具有允许数据存档用于研究目的的专门的数据分析法律，这可能"取决于实施适当的技术和组织措施"（Information Commissioner's Office，2018，第 49 页）。因此，当定性研究人员缺乏包括基础设施、充足的额外管理数据的时间在内的宽领域的支持时，抵制数据共享可能非常重要。普鲁瑟等详细论述了关于出版商对定性方法的数据共享政策（Prosser et al.，2022）。同样的，如果数据共享可能对研究参与者构成障碍，或者担心将来数据会被滥用，则不适合开展数据共享。例如，我们不知道有一个数据档案可以提供持续更新的知情同意书，这对于定性研究，特别是以儿童为研究参与者的定性研究而言可能会非常重要。

　　对于某些主题，研究参与者不太可能分享个人的和敏感的信息，研究人员可能担心数据被盗或未来的法律和政策变化，允许刚开始"受控制的"人员获取研究数据。例如，在英国，有证据表明，基于种族主义通过"不是种族主义者"的竞选活动会形成针对移民的敌对环境（Capdevila & Callaghan，2008），而且定性研究人员提及移民问题是一个数据可能被侵占的话题（Branney et al.，2019）。FAIR原则也可能与实现参与者自决存在不一致的情况（Walter et al.，2020）。鉴于以上原因，定性研究人员需要考虑与每个项目相关的数据共享，并在他们如何参与或不参与的问题上保持高度的灵活性。

　　定性研究开放科学的更多挑战与期刊版面限制有关，期刊版面限制增大了适当地记录定性数据收集和管理过程的难度，例如，发表定性数据的反思性经验（DuBois et al.，2018）。然而，有趣的是，最新的英国研究与创新政策要求出版物包括"即使没有数据或数据不可获取，也要提供数据获取声明"（UK Research and Innovation，2022，第4页）。这也意味着未来科研评估的要求将会发生相应的变化。布鲁克斯等探讨了关于定性方法和英国科研评估的背景（Brooks et al.，2018a）。因此，根据FAIR原则存放数据也应该允许有空间详细记录数据收集的过程，同时也提供一种方法，通过这种方法可以识别研究人员对研究所做的贡献（这可以链接到步骤1中概述的"贡献者身份"）。

四、讨论

　　开放科学运动在心理学领域具有强大的吸引力，并被视为发生在该学科领域的一场"革命"（Norris & O'Connor，2019）。从历史上看，尽管定性研究的合法性低于心理学中的其他研究范式，定性研究现在也被认为是一种核心方法论，整个学科的研究中使用了定性研究和混合研究方法（Brooks et al.，2018b; Willig & Stainton Rogers，2017）。因此，我们认为，开放科学不应该排除定性研究（即使是无意中），这一点至关重要，我们鼓励定性心理学家反思如何以一种对他们的研究方法、认识论和方法论有意义的方式参与开放科学运动。虽然开放研究实践最初可能是为了回应与定量研究相关的问题而提出的，但我们理解开放研究的核心原则是围绕确保所有研究都是透明的、协作的、严谨的和可访问的而展开的。我们撰写本文的合作讨论和共同动力源自我们相信定性心理学家在开放科学的持续发展中发挥着至关重要的作用。也就是说，如果我们希望开放科学发展成为一套灵活的实践和行为，它必须真正包容并向研究界的所有成员开放。在这方面，我们认同"开放科学的多样化和包容性定义对于真正改革学术实践是必要的"这一观点（Whittaker & Guest，2020，第 35 页）。

开放科学不仅是定性研究人员遵循定性研究预先规定的一套严格的实践。当然，创造灵活的开放科学实践能够满足定性研究参数多样化的要求，并且在实践中不断促进定性研究发展。事实上，开放科学仍处于萌芽阶段，将会以我们阐述的灵活的方式发展，在某种程度上，在每一个项目提出新的问题，需要详细规划和持续反思的情况下，开放科学还是一个新兴领域。因此，对参与其中的人来说，开放科学带来了开展成功开放科学实践所需要的时间、基础设施和资源等方面的挑战。如果缺乏以上三个要素的足够的支持，开放科学是站不住脚的。我们认为，需要花时间研究是追寻开放科学的另一个动力，这在许多方面使开放研究与慢学术、慢科学运动的价值观和实践是一致的（Berg & Seeber，2016；Frith，2020）。从根本上说，慢学术研究是由一套基本的道德和研究诚信驱动的，我们认为，所有研究人员都应该遵守这些道德和诚信规范。以这种方式工作需要投入大量的时间，正如伯格和席博指出的那样，"道德可能意味着有时效率低下"（Berg & Seeber，2016）。然而，正如他们进一步论证的那样，这是一个"值得冒的风险"。我们邀请定性研究人员团结起来，拥抱这些风险，感受为所有人的利益探索开放科学并在为开放科学做贡献的过程中所获得的快乐。

本文论述了贡献者身份、预注册和开放数据三个方面的开放科学实践。我们对这些实践的探索有助于深入了解心理学的定性研究人员如何以及为什么会考虑以与定性研究范式相容的方式参与这些实践。我们建议，至少在一定程度上，通过参与开放研究，开展定性研究的心理学家可以在与心理科学相关的学术改革过程中发声，从而支持透明度和可访问性的广泛开放学术的理想（Open Source Alliance & Robinson，2018）。然而，我们也注意到定性研究人员面临的挑战，他们可能不相信任何或所有开放科学步骤对他们的研究的价值。正如我们希望在本文的每个阶段所传达的观点那样，开放科学要以一种真正包容的方式发展，必须确保研究人员的监督权和灵活性，并确保每个研究项目都能根据其独特的需求开展项目管理。简而言之，重要的是支持研究人员选择与他们相关、兼容和可访问的开放科学实践，而不是千篇一律的、自上而下的强制要求，这种强制要求缺乏灵活性和认识论上的响应性。

致谢

我们要感谢英国心理学会心理学定性方法分会对这项关于开放科学和定性方法的工作的支持。我们还要感谢布伦丹·高夫（Brendan Gough）教授委托我们进行这项工作，感谢西蒙·古德曼（Simon Goodman）博士和匿名审稿人花时间和精力阅读本文的早期版本，并提供富有见地和建设性的反馈。

利益冲突

皮特·E.布兰尼（Peter E. Branney）、劳拉·基尔比（Laura Kilby）、凯瑟琳·V.塔尔伯特（Catherine V. Talbot）和玛德琳·伯纳尔（Madeleine Pownall）是《英国社会心理学杂志》关于开放科学和定性方法特刊的客座编辑。本文其他贡献者没有利益冲突。

参考文献：

Alexander, S. M., Jones, K., Bennett, N. J., Budden, A., Cox, M., Crosas, M., Game, E. T., Geary, J., Hardy, R. D., Johnson, J. T., Karcher, S., Motzer, N., Pittman, J., Randell, H., Silva, J. A., da Silva, P. P., Strasser, C., Strawhacker, C., Stuhl, A., & Weber, N.（2020）. Qualitative data sharing and synthesis for sustainability science. Nature Sustainability, 3（2），81‑88. Article 2. https://doi.org/10.1038/s41893‑019‑0434‑8.

Allen, L., O'Connell, A., & Kiermer, V.（2019）. How can we ensure visibility and diversity in research contributions? How the contributor role taxonomy（CRediT） is helping the shift from authorship to contributorship. Learned Publishing, 32（1）, 71－74. https://doi.org/10.1002/leap.1210.

Allen, L., Scott, J., Brand, A., Hlava, M., & Altman, M.（2014）. Publishing: Credit where credit is due. Nature, 508（7496）, 312－313. https://doi.org/10.1038/508312a.

Ashdown, J., Pidduck, P., Neha, T. N., Schaughency, E., Dixon, B., Aitken, C. E., & Treharne, G. J.（2018）. The ethics of allowing participants to be named in critical research with indigenous peoples in colonised settings: Examples from health research with Mā ori. In C. I. Macleod, J. Marx, P. Mnyaka, & G. J. Treharne（Eds.）, The Palgrave handbook of ethics in critical research（pp. 273－289）. Springer International Publishing. https://doi.org/10.1007/978－3－319－74721－7_18.

Ashley, F.（2021）. Accounting for research fatigue in research ethics. Bioethics, 35（3）, 270－276. https://doi.org/10.1111/bioe.12829.

Aston University.（2019）. Open research data policy. Aston University. https://www.aston.ac.uk/library/research－support/open－research/open－research－data.

Baum, M. A., Braun, M. N., Hart, A., Huffer, V. I., Meßmer, J. A., Weigl, M., & Wennerhold, L.（2022）. The first author takes it all? Solutions for crediting authors more visibly, transparently, and free of bias. British Journal of Social Psychology, bjso.12569. https://doi.org/10.1111/bjso.12569.

Berg, M., & Seeber, B. K.（2016）. The slow professor: Challenging the culture of speed in the academy. University of Toronto Press.

Bishop, L.（2005）. Protecting respondents and enabling data sharing: Reply to Parry and Mauthner. Sociology, 39（2）, 333－336.

Bishop, L.（2007）. A reflexive account of reusing qualitative data: Beyond primary/secondary dualism. Sociological Research Online, 12（3）, 43－56. https://doi.org/10.5153/sro.1553.

Brand, A., Allen, L., Altman, M., Hlava, M., & Scott, J.（2015）. Beyond authorship: Attribution, contribution, collaboration, and credit. Learned Publishing, 28（2）, 151－155. https://doi.org/10.1087/20150211.

Branney, P., Reid, K., Frost, N., Coan, S., Mathieson, A., & Woolhouse, M.（2019）. A context－consent meta－framework for designing open（qualitative）data studies.

Qualitative Research in Psychology, 16（3），483 - 502. https://doi.org/10.1080/147808 87.2019.1605477.

Branney, P., & Witty, K.（2019）. Hidden, visceral and traumatic: A dramaturgical approach to men talking about their penis after surgery for penile cancer. International Social Science Journal, 69（232），147 - 159. https://doi.org/10.1111/issj.12216.

Branney, P., Witty, K., Braybrook, D., Bullen, K., White, A., & Eardley, I.（2014）. Masculinities, humour and care for penile cancer: A qualitative study. Journal of Advanced Nursing, 70（9），2051 - 2060. https://doi.org/10.1111/JAN.12363.

Branney, P., Witty, K., & Eardley, I.（2011）. Patients' experiences of penile cancer. European Urology, 59（6），959 - 961. https://doi.org/10.1016/ J.EURURO.2011.02.009.

Branney, P., Woolhouse, M., & Reid, K.（2017）. The 'innocent collection of details' and journal requests to make qualitative datasets public post−consent: Open access data, potential author response and thoughts for future studies. QMiP Bulletin, 23, 19 - 23.

British Psychological Society.（2020）. Position statement: Open data. British Psychological Society. https://www.bps.org.uk/ sites/www.bps.org.uk/files/Policy/ Policy%20−%20Files/Open%20data%20position%20statement.pdf.

Brooks, J., Goodman, S., Locke, A., Reavey, P., Riley, S., & Seymour−Smith, S.（2018a）. Writing for the research excellence framework 2021: Guidance for qualitative psychologists. British Psychological Society. https://www.bps.org.uk/ sites/ www.bps.org.uk/files/Member%20Networks/Sections/Qualitative/Writing%20for%20 the%20REF%202021%20−%20Guidance%20for%20Qualitative%20Psychologists.pdf.

Brooks, J., Goodman, S., Locke, A., Reavey, P., Riley, S., & Seymour−Smith, S.（2018b）. Writing for the research excellence framework 2021: Guidance for qualitative psychologists. British Psychological Society. https://www.bps.org.uk/sites/ www. bps.org.uk/files/Member%20Networks/Sections/Qualitative/Writing%20for%20 the%20REF%202021%20−%20Guidance%20for%20Qualitative%20Psychologists.pdf.

Capdevila, R., & Callaghan, J. E. M.（2008）. 'It's not racist. It's common sense'. A critical analysis of political discourse around asylum and immigration in the UK. Journal of Community & Applied Social Psychology, 18（1），1 - 16. https://doi.

org/10.1002/CASP.904.

Chambers, C. D., Dienes, Z., McIntosh, R. D., Rotshtein, P., & Willmes, K. (2015). Registered reports: Realigning incentives in scientific publishing. Cortex, 66, A1 – A2. https://doi.org/10.1016/j.cortex.2015.03.022.

Chubin, D. E. (1985). Open science and closed science: Tradeoffs in a democracy. Science, Technology & Human Values, 10 (2), 73 – 80. https://doi.org/10.1177/016224398501000211.

Clark, T. (2008). 'We're over–researched here!': Exploring accounts of research fatigue within qualitative research engagements. Sociology, 42 (5), 953 – 970. https://doi.org/10.1177/0038038508094573.

Corti, L. (2006). Qualitative archiving and data sharing: Extending the reach and impact of qualitative data. IASSIST Quarterly, 29 (3), 8 – 13. https://doi.org/10.29173/iq370.

Corti, L., van den Eynden, V., Bishop, L., & Woollard, M. (2014). Managing and sharing research data: A guide to good practice. SAGE.

Dean, J., Furness, P., Verrier, D., Lennon, H., Bennett, C., & Spencer, S. (2018). Desert island data: An investigation into researcher positionality. Qualitative Research, 18 (3), 273 – 289. https://doi.org/10.1177/1468794117714612.

Drenth, J. P. H. (1998). Multiple authorship. The contribution of senior authors. JAMA, 280 (3), 219 – 221. https://doi.org/10.1001/jama.280.3.219.

DuBois, J. M., Strait, M., & Walsh, H. (2018). Is it time to share qualitative research data? Qualitative Psychology, 5 (3), 380 – 393. https://doi.org/10.1037/qup0000076.

Easterby–Smith, M., Golden–Biddle, K., & Locke, K. (2008). Working with pluralism: Determining quality in qualitative research. Organizational Research Methods, 11 (3), 419 – 429. https://doi.org/10.1177/1094428108315858.

Eastwood, S., Derish, P., Leash, E., & Ordway, S. (1996). Ethical issues in biomedical research: Perceptions and practices of postdoctoral research fellows responding to a survey. Science and Engineering Ethics, 2 (1), 89 – 114. https://doi.org/10.1007/BF02639320.

Erlen, J. A., Siminoff, L. A., Sereika, S. M., & Sutton, L. B. (1997). Multiple authorship: Issues and recommendations. Journal of Professional Nursing, 13（4）, 262‐270. https://doi.org/10.1016/S8755‐7223（97）80097–X.

FORRT.（2021）. Open data. FORRT—Framework for open and reproducible research training. https://forrt.org/glossary/open–data/.

Frith, U.（2020）. Fast lane to slow science. Trends in Cognitive Sciences, 24（1）, 1‐2. https://doi.org/10.1016/j.tics.2019.10.007.

Gentleman, A.（2020）. The windrush betrayal: Exposing the hostile environment.

GO FAIR initiative: Make your data & services FAIR.（n.d.）. GO FAIR. Retrieved February 17, 2022, from https://www.gofair.org/.

Gough, B.（2017）. Reflexivity in qualitative psychological research. The Journal of Positive Psychology, 12（3）, 311‐312. https://doi.org/10.1080/17439760. 2016. 1262615.

Hammer, D., & Berland, L. K.（2014）. Confusing claims for data: A critique of common practices for presenting qualitative research on learning. The Journal of the Learning Sciences, 23（1）, 37‐46. https://doi.org/10.1080/10508406.2013.802652.

Hammersley, M.（1997）. Qualitative data archiving: Some reflections on its prospects and problems. Sociology, 31（1）, 131‐142. https://doi.org/10.1177/003803 8597031001010.

Hammersley, M.（2007）. The issue of quality in qualitative research. International Journal of Research and Method in Education, 30（3）, 287‐305. https://doi. org/10.1080/17437270701614782.

Hammersley, M.（2010a）. Can we re–use qualitative data via secondary analysis? Notes on some terminological and substantive issues. Sociological Research Online, 15（1）, 1‐7. 10.5153/sro.20.

Hammersley, M.（2010b）. Reproducing or constructing? Some questions about transcription in social research. Qualitative Research, 10（5）, 553‐569. https://doi. org/10.1177/1468794110375230.

Hardwicke, T. E., & Ioannidis, J. P. A.（2018）. Populating the Data Ark: An attempt to retrieve, preserve, and liberate data from the most highly–cited psychology and psychiatry articles. PLoS One, 13（8）, e0201856. https://doi.org/10.1371/journal. pone.0201856.

Harley, B., & Cornelissen, J. (2022). Rigor with or without templates? The pursuit of methodological rigor in qualitative research. Organizational Research Methods, 25(2), 239–261. https://doi.org/10.1177/1094428120937786.

Haven, T. L., Errington, T. M., Gleditsch, K. S., van Grootel, L., Jacobs, A. M., Kern, F. G., Piñeiro, R., Rosenblatt, F., & Mokkink, L. B. (2020). Preregistering qualitative research: A Delphi study. International Journal of Qualitative Methods, 19, 1609406920976417. https://doi.org/10.1177/1609406920976417.

Haven, T. L., & Grootel, D. L. V. (2019). Preregistering qualitative research. Accountability in Research, 26 (3), 229–244. https://doi.org/10.1080/08989621.2019.1580147.

Heaton, J. (1998). Secondary analysis of qualitative data. Social Research Update. Working Paper No. 22. http://sru.soc.surrey.ac.uk/SRU22.html.

Heaton, J. (2004). Reworking qualitative data. Sage.

Henderson, E. L. (2022). A guide to preregistration and registered reports. MetaArXiv. https://doi.org/10.31222/osf.io/x7aqr.

Higher Education Funding Council for England, Research Councils UK. Universities UK, & Wellcome Trust. (2016). Concordat on Open Research Data. https://www.ukri.org/files/legacy/documents/concordatonopenresearchdata–pdf/.

Holcombe, A. O. (2019). Contributorship, not authorship: Use CRediT to indicate who did what. Publications, 7 (3), 48. https://doi.org/10.3390/publications7030048.

Holcombe, A. O., Kovacs, M., Aust, F., & Aczel, B. (2020). Documenting contributions to scholarly articles using CRediT and tenzing. PLoS One, 15 (12), e0244611. https://doi.org/10.1371/journal.pone.0244611.

Huma, B., & Joyce, J. B. (2022). 'One size doesn't fit all': Lessons from interaction analysis on tailoring Open Science practices to qualitative research. British Journal of Social Psychology. Advance online publication. https://doi.org/10.1111/bjso.12568.

Humphreys, M., de Sanchez la Sierra, R., & van der Windt, P. (2013). Fishing, commitment, and communication: A proposal for comprehensive nonbinding research registration. Political Analysis, 21 (1), 1–20. https://doi.org/10.1093/pan/mps021.

Information Commissioner's Office. (2018). Guide to the general data protection regulation（GDPR）. https://assets.publishing.service.gov.uk/government/ uploads/ system/uploads/attachment_data/file/711097/guide-to-the-general-data-protection- regulation-gdpr-1-0.pdf.

International Committee of Medical Journal.（1997）. Uniform requirements for manuscripts submitted to biomedical journals. JAMA, 277（11）, 927 - 934. https://doi. org/10.1001/jama.1997.03540350077040.

International Committee of Medical Journal.（2021）. ICMJE l recommendations l defining the role of authors and contributors. http://www.icmje.org/ recommendations/ browse/roles-and-responsibilities/defining-the-role-of-authors-and contributors.html.

Jones, K., Alexander, S. M., Bennett, N., Bishop, L., Budden, A., Cox, M., Crosas, M., GameGeary, J., Hahn, C., Hardy, D., Johnson, J., Karcher, S., LaFevor, M., Motzer, N., Pinto da Silva, P., Pittman, J., Randell, H., Silva, J.,······ Winslow, D.（2018）. Qualitative data sharing and re-use for socio-environmental systems research: A synthesis of opportunities, challenges, resources and approaches. https://doi. org/10.13016/M2WH2DG59.

Karhulahti, V.M.（2022）. Reasons for qualitative psychologists to share human data. British Journal of Social Psychology. Advance online publication. https://doi. org/10.1111/bjso.12573.

Karhulahti, V.M., Siutila, M., Koskimaa, R., & Vahlo, J.（2020）. Gaming at the workplace: Phenomenology and health. https://doi.org/10.17605/OSF.IO/7V5BJ.

Lazard, L., & McAvoy, J.（2020）. Doing reflexivity in psychological research: What's the point? What's the practice? Qualitative Research in Psychology, 17（2）, 159 - 177. https://doi.org/10.1080/14780887.2017.1400144.

Leather, M., Arden, M., Kilby, L., & Leather, J.（2020）. Barriers and facilitators to physical activity in women: A qualitative evidence synthesis with findings mapped onto COM-B. PROSPERO. CRD42020171355. https://www.crd.york.ac.uk/prospero/ display_ record.php?ID=CRD42020171355.

Levitt, H. M., Bamberg, M., Creswell, J. W., Frost, D. M., Josselson, R., & Su á rez- Orozco, C.（2018）. Journal article reporting standards for qualitative primary, qualitative meta-analytic, and mixed methods research in psychology: The APA Publications and Communications Board task force report. American Psychologist, 73（1）,

26‑46. https://doi.org/10.1037/amp0000151.

Madill, A., & Gough, B.（2008）. Qualitative research and its place in psychological science. Psychological Methods, 13（3）, 254‑271. https://doi.org/10.1037/a0013220.

Mauthner, N. S.（2019）. Toward a posthumanist ethics of qualitative research in a big data era. American Behavioral Scientist, 63（6）, 669‑698. https://doi.org/10.1177/0002764218792701.

Mauthner, N. S., & Parry, O.（2013）. Open access digital data sharing: Principles, policies and practices. Social Epistemology, 27（1）, 47‑67. https://doi.org/10.1080/02691728.2012.760663.

Mauthner, N. S., Parry, O., & Backett‑Milburn, K.（1998）. The data are out there, or are they? Implications for archiving and revisiting qualitative data. Sociology, 32（4）, 733‑745. https://doi.org/10.1177/0038038598032004006.

National Institute for Health Research.（2021）. NIHR position on the sharing of research data. https://www.nihr.ac.uk/documents/nihr‑position‑on‑the‑sharing‑of‑research‑data/12253.

Newman, A., & Jones, R.（2006）. Authorship of research papers: Ethical and professional issues for short‑term researchers. Journal of Medical Ethics, 32（7）, 420‑423. https://doi.org/10.1136/jme.2005.012757.

Norris, E., & O'Connor, D. B.（2019）. Science as behaviour: Using a behaviour change approach to increase uptake of open science. Psychology and Health, 34（12）, 1397‑1406. https://doi.org/10.1080/08870446.2019.1679373.

Nosek, B. A., Ebersole, C. R., DeHaven, A. C., & Mellor, D. T.（2018）. The preregistration revolution. Proceedings of the National Academy of Sciences, 115（11）, 2600‑2606. https://doi.org/10.1073/pnas.1708274114.

O'Connor, D. B.（2021）. Leonardo da Vinci, preregistration and the architecture of science: Towards a more open and transparent research culture. Health Psychology Bulletin, 5（1）, 39‑45. https://doi.org/10.5334/hpb.30.

Open Data Task Force.（2018）. Realising the potential: Final report of the open research data Task Force（p. 64）.

Open Science Collaboration.（2015）. Estimating the reproducibility of psychological science. Science, 349（6251）, aac4716-aac4716. https://doi.org/10.1126/science.aac4716.

Open Source Alliance, & Robinson, D.（2018）. What is open? OSAOS handbook. http://osaos.codeforscience.org/what-is-open/.

Parry, O., & Mauthner, N. S.（2004）. Whose data are they anyway?: Practical, legal and ethical issues in archiving qualitative research data. Sociology, 38（1）, 139–152. https://doi.org/10.1177/0038038504039366.

Parry, O., & Mauthner, N.（2005）. Back to basics: Who re-uses qualitative data and why? Sociology, 39（2）, 337–342. https://doi.org/10.1177/0038038505050543.

Pownall, M., Talbot, C. V., Kilby, L., & Branney, P.（2022）. Opportunities, challenges, and tensions: Open science through a lens of qualitative social psychology. PsyArXiv. https://doi.org/10.31234/osf.io/8fusj.

Pratt, M. G., Kaplan, S., & Whittington, R.（2020）. Editorial essay: The Tumult over transparency: Decoupling transparency from replication in establishing trustworthy qualitative research. Administrative Science Quarterly, 65（1）, 1–19. https://doi.org/10.1177/0001839219887663.

Prosser, A. M. B., Hamshaw, R. J. T., Meyer, J., Bagnall, R., Blackwood, L., Huysamen, M., Jordan, A., Vasileiou, K., & Walter, Z.（2022）. When open data closes the door: A critical examination of the past, present and the potential future for open data guidelines in journals. British Journal of Social Psychology. Advance online publication. https://doi.org/10.1111/bjso.12576.

Pruschak, G.（2021）. What constitutes authorship in the social sciences? Frontiers in Research Metrics and Analytics, 6, 655350. https://doi.org/10.3389/frma.2021.655350.

Reeves, J., Treharne, G. J., Theodore（Ngāpuhi and Te Arawa）, R., Edwards（Taranaki Iwi, Ngāruahine, Tāngahoe, Pakakohi, Ngāti）, W., Ratima（Whakatōhea and Ngāti Awa）, M., & Poulton, R.（2021）. Understanding the data-sharing debate in the context of Aotearoa/New Zealand: A narrative review on the perspectives of funders, publishers/journals, researchers, participants and Māori collectives. Kō tuitui: New Zealand Journal of Social Sciences Online, 17, 1–23. https://doi.org/10.1080/1177083X.2021.1922465.

Rennie, D. (1994). Authorship! Authorship!: Guests, ghosts, grafters, and the two-sided coin. JAMA, 271 (6), 469. https://doi.org/10.1001/jama.1994.03510300075043.

Rose, J. (2020). Dynamic embodied positionalities: The politics of class and nature through a critical ethnography of homelessness. Ethnography, 23 (4), 146613812091306. https://doi.org/10.1177/1466138120913061.

Scholz, B., Gordon, S. E., & Treharne, G. J. (2021). Special issue introduction-Working towards allyship: Acknowledging and redressing power imbalances in psychology. Qualitative Research in Psychology, 18 (4), 451‑458. https://doi.org/10.1080/14780887.2021.1970358.

Scott, T. (1997). Authorship. Changing authorship system might be counterproductive. BMJ British Medical Journal, 315 (7110), 744.

Treharne, G. J., & Riggs, D. W. (2015). Ensuring quality in qualitative research. In P. Rohleder & A. C. Lyons (Eds.), Qualitative research in clinical and health psychology (pp. 57‑73). Macmillan Education UK. https://doi.org/10.1007/978‑1‑137‑29105‑9_5.

Turner, S. (2007). Merton's 'Norms' in political and intellectual context. Journal of Classical Sociology, 7 (2), 161‑178. https://doi.org/10.1177/1468795X07078034.

Tuval‑Mashiach, R. (2017). Raising the curtain: The importance of transparency in qualitative research. Qualitative Psychology, 4 (2), 126‑138. https://doi.org/10.1037/qup0000062.

UK Research Innovation. (2022). UKRI open access policy. https://www.ukri.org/wp‑content/uploads/2021/08/UKRI‑090222‑UKRIOpenAccessPolicy‑4.pdfRefstyled.

United Kingdom Research & Innovation. (2021a). Making your research data open. https://www.ukri.org/manage‑your‑award/publishing‑your‑research‑findings/making‑your‑research‑data‑open/.

United Kingdom Research & Innovation. (2021b). Open research. https://www.ukri.org/our‑work/supporting‑healthy‑research‑and‑innovation‑culture/open‑research/.

Walter, M., Kukutai, T., Carroll, S. R., & Rodriguez‑Lonebear, D. (2020). Indigenous data sovereignty and policy. Routledge. https://doi.org/10.4324/9780429273957.

Whitaker, K., & Guest, O. (2020). #bropenscience is broken science | The

Psychologist. The Psychologist, 33, 34‐37. https://thepsychologist.bps.org.uk/volume‐33/november‐2020/bropenscience‐broken‐science.

Wilkinson, M. D., Dumontier, M., Aalbersberg, I. J., Appleton, G., Axton, M., Baak, A., Blomberg, N., Boiten, J.‐W., da Silva,Santos, L. B., Bourne, P. E., Bouwman, J., Brookes, A. J., Clark, T., Crosas, M., Dillo, I., Dumon, O., Edmunds, S., Evelo, C. T., Finkers, R., ⋯ Mons, B.（2016）. The FAIR Guiding Principles for scientific data management and stewardship. Scientific Data, 3（1）, 160018. https://doi.org/10.1038/sdata.2016.18.

Willig, C., & Stainton Rogers, W.（2017）. The Sage handbook of qualitative research in psychology（2nd ed.）. SAGE Inc.

Witty, K., Branney, P., Evans, J., Bullen, K., White, A., & Eardley, I.（2013）. The impact of surgical treatment for penile cancer‐Patients' perspectives. European Journal of Oncology Nursing, 17（5）, 661‐667. https://doi.org/10.1016/J.EJON.2013.06.004.

（田京　译）

开放科学、公共文化与科学发展的女性参与[*]

玛丽·墨菲（Mary C. Murphy）[1] 阿曼达·梅希亚（Amanda F. Mejia）[2] 豪尔赫·梅希亚（Jorge Mejia）[3] 颜晓然（Xiaoran Yan）[4] 萨普纳·切尔扬（Sapna Cheryan）[5] 尼兰贾娜·达斯古普塔（Nilanjana Dasgupta）[6] 梅斯敏·德斯坦（Mesmin Destin）[7,8,9] 斯蒂芬妮·弗莱贝格（Stephanie A. Fryberg）[10] 朱莉·加西亚（Julie A. Garcia）[11] 伊丽莎白·海因斯（Elizabeth L. Haines）[12] 朱迪斯·哈拉凯维奇（Judith M. Harackiewicz）[13] 艾莉森·莱杰伍德（Alison Ledgerwood）[14] 科琳·莫斯·拉库辛（Corinne A. Moss-Racusin）[15] 洛拉·帕克（Lora E. Park）[16] 西尔维亚·佩里（Sylvia P. Perry）[7,8,17] 凯特·拉特利夫（Kate A. Ratliff）[18] 阿内塔·拉坦（Aneeta Rattan）[19] 戴安娜·桑切斯（Diana T. Sanchez）[20] 克里希纳·萨瓦尼（Krishna Savani）[21] 丹尼斯·塞卡夸特瓦（Denise Sekaquaptewa）[10]、杰西·史密斯（Jessi L. Smith）[22,23] 瓦莱丽·琼斯·泰勒（Valerie Jones Taylor）[24,25]、达斯汀·托曼（Dustin B. Thoman）[26] 达里尔·沃特（Daryl A. Wout）[27]、帕特里夏·马布里（Patricia L. Mabry）[28] 苏珊娜·雷塞尔（Susanne Ressl）[29,30] 阿曼达·迪克曼（Amanda B. Diekman）[1] 佛朗哥·佩斯蒂利（Franco Pestilli）[1,31]

（[1]印第安纳大学布卢明顿分校心理与脑科学系；[2]印第安纳大学布卢明顿分校统计系；[3]印第安纳大学布卢明顿分校凯利商学院；[4]印第安纳大学布卢明顿分校网络科学研究所；[5]华盛顿大学心理学系；[6]马萨诸塞州阿默斯特大学心理与脑科学学院；[7]西北大学心理学系；[8]西北大学政策研究所；[9]西北大学教育与社会政策学院；[10]密歇根大学安娜堡分校心理学系；[11]加州州立理

---

[*] 文献来源：Murphy, M. C., Mejia, A. F., Mejia, J., Yan, X., Cheryan, S., Dasgupta, N., Destin, M., Fryberg, S. A., Garcia, J. A., Haines, E. L., Harackiewicz, J. M., Ledgerwood, A., Moss-Racusin, C. A., Park, L. E., Perry, S. P., Ratliff, K. A., Rattan, A., Sanchez, D. T., Savani, K., Sekaquaptewa, D., ⋯ Pestilli, F. (2020). Open science, communal culture, and women's participation in the movement to improve science. Proceedings of the National Academy of Sciences of the United States of America, 117, (39), 24154-24164. https://doi.org/10.1073/pnas.1921320117

工大学心理与儿童发展系；[12] 威廉帕特森大学心理学系；[13] 威斯康星大学麦迪逊分校心理学系；[14] 加州大学心理学系；[15] 斯基德莫尔学院心理学系；[16] 纽约州立大学布法罗分校心理学系；[17] 东北大学医学社会科学系；[18] 佛罗里达大学心理学系；[19] 伦敦商学院组织行为学系；[20] 罗格斯大学心理学系；[21] 南洋理工大学领导、管理与组织学院；[22] 科罗拉多斯普林斯大学研究办公室；[23] 美国科罗拉多大学心理学系；[24] 利哈伊大学心理学系；[25] 利哈伊大学非洲研究系；[26] 美国圣地亚哥州立大学心理学系；[27] 纽约城市大学约翰·杰伊刑事司法学院心理学系；[28] 健康伙伴研究所研究部；[29] 印第安纳大学布卢明顿分校分子与细胞生物化学系；[30] 德克萨斯大学奥斯汀分校神经科学系；[31] 德克萨斯大学奥斯汀分校心理学系）

摘　要

科学正经历一场以可再现性（可复制性）和开放科学实践为焦点的快速变革。在这个变革时刻，科学转向内部审视其方法和实践，为解决科学史中缺乏多样性和非包容性文化问题提供了机会。通过网络建模和语义分析，我们对开放科学和可再现性文献中的结构、文化框架和女性参与情况进行了初步探索，涉及2926篇文章和会议论文。网络分析表明，开放科学和可再现性文献正在相对独立地发展，彼此之间很少共享论文或作者。接下来，我们检验了这些文献是否以不同的方式纳入了合作、亲社会的理念，众所周知，与独立、赢者通吃的方法相比，这种理念更能吸引代表性不足群体的成员。我们发现，与可再现性相比，开放科学有更紧密的协作结构。对论文摘要的语义分析显示，这些文献采纳了不同的文化框架：开放科学比可再现性研究更明确地包含了共同体和亲社会语言。最后，与文献中提出的共同体和亲社会目的多样性的益处一致，我们发现女性在开放科学中（与可再现性研究相比）更频繁地发表高地位作者位置（如第一作者或最后作者）的文章。此外，这一发现还受团队规模和时间的进一步影响。在可再现性研究中，女性在更大的团队中更有代表性，而在开放科学中，女性的参与随时间增加而增加，在可再现性研究中则在减少。我们最后提出了一些建议，以培养更亲近社会和多元化的科学文化。

关键词：开放科学；可再现性；可复制性；女性；文化

目前，科学正在经历一场以自我改进为主旨的"革命"（Travis，2011）。这场"革命"的目标是大胆的。在核心理念上，改善科学的运动包括两个主要目标：（1）理解过去科学研究过程和研究结果的缺陷、弱点和可再现性（例如，评估证据的力度）；（2）通过更高的严谨性和透明度改进研究实践（例如，开放共享数据、代码、资源，标准化统计程序，预注册）。与任何革命一样，动荡时期也是机遇之时。事实上，参与改善科学的研究人员已经意识到性别多样性问题（Finley，2017；Nosek，2017），这场"革命"为以更包容的方式重塑科学文化提供了机会。如果改善科学的运动延续传统的科学文化，即重视独立、主导或对抗性价值观，存在继续让许多才华横溢的人处于边缘且感到不受欢迎和被排斥的风险（Cech et al.，2017）——将加剧科学界试图解决的全球性问题（UNESCO，2015）。在改进研究方法和可复制性的过程中，我们想知道科学是否也在改善其本身的性别代表性和包容性。本文应用文化和网络分析探求改善科学运动中的新兴文化，并研究这些新兴亚文化中女性的代表性，特别是在可复制性和开放科学文献中。我们讨论了这些不同文化方式对未来科学的影响。

在文化分析中，个体的行为和认知既源自也产生于群体和机构的规范和实践（Markus & Kitayama，2010）。此外，"谁"和"如何"进行文化实践是密不可分的："如何"运作一个亚文化影响"谁"参与该亚文化；而"谁"参与该亚文化影响"如何"运作一个亚文化。当前科学改革运动的文化实践影响着科学改革运动的参与者。新兴的改革运动植根于更广泛的科学、技术、工程和数学（STEM）文化，这可能成为妇女参与科研和职业晋升的障碍（Luthar，2017；Mitchneck et al.，2016；Syed，2017）。科学文化长期以来一直重视个人才华、竞争和赢者通吃的功利模式（Roediger et al.，2016）。特别是，STEM 领域内外的人士认为 STEM 领域比亲社会性和协作提供更多个人成功和成就的机会（Diekman et al.，2010）。

科学实践中奖励个人成就的做法可能在无意中培养了一种更独立、更具竞争性的文化，忽视甚至可能阻碍合作（Feist，2016；Zárate et al.，2017）。这些文化实践对谁加入并在科学领域晋升产生影响。例如，STEM 文化中的缺乏亲社会和协作文化已被证明阻止了女性参与（Diekman et al.，2010，2011）。事实上，协作实践和亲社会的目的在关注科学改革的领域可能尤为重要：无论多么善意或委婉地提出，对成熟的作者或实践的点评往往被视作批评，使被批评者处于防御状态。

批评者的角色对女性科学家来说可能特别冒险和不具吸引力。首先，女性可能会觉得不太有能力对既定政策提出异议（尤其是在人数上处于少数的情况下），因为这种容易引发冲突的立场违反了性别角色的期望（Eagly & Karau，2002）。被认为是自我推销或咄咄逼人的女性比男性面临更多负面评价（Rudman et al.，2012）。因此，女性参与批评或辩论可能引起比男性更强烈的反对，而仅仅是对这种反对的预期就可能阻碍女性在这些领域的参与。其次，出于实用主义和原则上的原因，女性可能更倾向采用集体合作的方式。从实用角度看，人数多可能会让女性获得心理上的安全感（Murphy et al.，2007；Sekaquaptewa & Thompson，2003；Murphy & Taylor，2011），如果女性是一个更大科学团队的成员，她们可能更容易提出批评意见，且批评意见可能更容易被接受。此外，由于好斗和对抗行为被视为男性行为，女性可能比男性更少涉及这些行为，或者认为这些行为令人反感且不太可能奏效（Cheryan & Markus，2020）。从原则上讲，如果挑战者是为了自身利益（即获得认可），而不是为了集体利益（即改进和推动科学发展），那么集体主义取向可能会不赞成对体制的挑战。

不过，我们也关注另一个因果关系：相比于同质性强的亚文化，女性占比高的亚文化（或其他代表性不足的群体成员）可能会采取不同的做法。例如，女性议员比例较高的立法机构会更多地参与教育和医疗保健相关领域的政策制定（Swers，2001，2002，2013）。文化是一个循环往复的过程，因此，更大程度地包容女性并提高女性的地位会促进完善各种规范和行为，而这些规范和行为反过来又有助于提高性别多样性（UNESCO，2015；Nolad et al.，2016）。

迄今为止，改善科学的运动有两种实践。第一种实践的重点为评估已发表的科学结果的可再现性和可复制性。我们注意到，国家科学、工程和医学院（National Academies of Sciences，Engineering and Medicine）最近才正式区分了可再现性和可复制性（Fineberg et al.，2019）。在此之前，这两个术语在不同领域含义不同，使用"可再现性"一词更为普遍（Fineberg et al.，2019；Stodden，2018；Stodden et al.，2013；Nosek & Errington，2017；Freedman et al.，2015；Poldrac，2019；Begley & Ioannidis，2015）。因此，本文（使用跨领域的历史数据）没有区分这两个概念，相反，本文使用"可再现性"一词来指代我们分析的文献。[①]第二种实践包括"开放科学"，这些实践促进了研究资产（例如，数据、代码）的共享和再利用，以提高严谨性并加速科学发现进程（Spies，2013；Poldrack et al.，2013；Nosek et al.，2015）。简而言之，我们将与这两种实践相关的文献称为"可再现性"和"开放科学"。事实上，与这两种实践相关的文献都旨在改善科学，由科学家领导，并深入分析和批判当前的科学实践，同时提供改善科学实践的指导和建

---

① 在当今科学界，人们公认可再现性在不同科学领域含义不同。我们探讨了不同方法对可再现性（例如，可重复性、数据共享）的分类方式。我们发现所有带有"可重复性"MAG（微软学术图谱）领域标签的论文都被我们的方法归类为"可再现性"论文，这与国家科学院（NAS）对可再现性的概念界定一致。此外，几乎所有带有"开放数据"或"数据共享"MAG领域标签的论文都被我们归类为"开放科学"论文，这也在预料之中。值得注意的是，本报告的数据集是在 2018 年编制的，也就是在国家科学院报告正式区分可再现性和可复制性的前一年。

议。在这里，我们探讨了可再现性和开放科学文献是否表现出不同的协作结构、明确的亲社会性重点以及女性科学家的参与情况。我们预计这项初步研究将揭示可再现性与开放科学文献中不同的新兴文化——对这些开放科学运动未来的代表性和实践产生影响。

我们的团队对开放科学和可再现性文献进行了网络分析，发现这些文献几乎没有共同的引文和作者——这表明这些改进方法相对独立地发展。鉴于此，我们比较了这些文献在协作和亲社会文化方面的特征。我们发现，与可再现性文献相比，开放科学中的作者网络联系更紧密，对文章摘要的语义文本分析显示，开放科学和可再现性文献似乎采用了不同的明确文化框架。与可再现性相比，开放科学包含更多反映亲社会性文化价值的语言。我们检查了这些文献中女性的参与情况，发现女性参与的模式与理论观点一致，即在更协作和更亲社会的文化中，女性参与受到的限制较少。与可再现性相比，女性学者更有可能在开放科学中占据高地位的作者位置（担任第一作者或最后作者）。此外，在较小的团队内，女性的高地位作者身份在可再现性中出现的频率较低（与开放科学相比）；在更大的团队中，可能提供更大的集体安全感或共同目的，两种文献中女性领导角色的代表性几乎没有差异。最后，我们发现，随着时间的推移，女性以高地位作者身份参与在开放科学领域不断增加，而在可再现性中却逐渐减少。

综合来看，尽管当前存在争议（Finley，2017），但改善科学运动中的开放科学是协作和亲社会文化的种子，如果进一步培养，可能会继续吸引更多女性的参与。我们相信，开放科学的协作性、前瞻性特点有潜力促进更大的多样性和包容性。虽然本文关注作者性别的动机部分是由于能够应用验证过的、自动化的编码方法（高度可复制）来确定作者性别，但我们仍然预测对其他代表不足群体的学者也会有类似的研究结论。当所在领域更具对抗性且不太亲社会时，代表不足群体的个体（包括女性）可能不太有动力参与（Schneider et al.，2016），至少部分原因是上述所描述的权力动态。相反，强调协作和亲社会规范的领域激发了代表不足群体中更多人的参与（Thoman et al.，2015）。需要指出的是，对抗性和协作文化都可以参与严格的辩论和批评。然而，协作文化可能提供更具建设性的批评，这是优秀、前瞻性科学的标志，也是所有科学家对同行的期望。如果我们希望改进和推进科学领域的发展，那么研究者的责任就是培养一种能吸引并留住多样性人群的文化（Valantine & Collins，2015；Intemann，2009；Edmonds，2008）。

一、结果

我们进行了网络科学和语义文本分析，以建立开放科学和可再现性文献以及女性在其中参与的结构概览和文化重点。为此，我们分析了来自微软学术图谱（MAG）的数据（Sinha et al.，2015），包括 2010 年至 2017 年发表的 2926 篇科学论文和会议论文，这些论文都以"开放科学"或"可再现性"作为研究领域代码（见"三、方法"和 SI 附录[①]）。这个样本包含 879 篇开放科学论文和 2047 篇可再现性论文。只有 2.3% 的论文同时有"开放科学"和"可再现性"领域代码，这表明这些方法正在相对独立地发展（详见 SI 附录）。

开放科学和可再现性在其网络社区结构上存在差异。我们分析了开放科学文献中的 3157 个独立文章作者识别号（ID）和可再现性文献中的 8766 个独立文章作者识别号。我们使用来自 MAG 的作者 ID 构建了两个合作网络（见图 1）。这些网络中的节点代表科学文章，边表示共同作者关系，即如果至少一位作者出现在两篇论文中，则两个节点共享一条边（详细信息见"三、方法"）。结果显示，开放科学网络包含 879 个节点和 389 条边，而可再现性网络包含 2047 个节点和 856 条边。重要的是，开放科学网络的边密度（0.101%）高于可再现性网络（0.041%）——显示了更高程度的相互联系，这表明开放科学文献中有更密集的协作网络（单侧费舍尔精确检验：$p < 0.001$）。

---

① 译者注：附录见原文链接，下同。

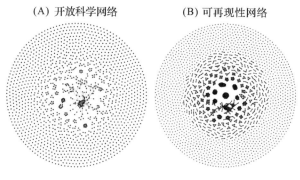

图1 作者社区结构的差异

注：每个圆形或节点代表一篇科学文章。如果至少有一名作者在两篇论文中出现，则这些论文之间会共享一条边（连接两个节点的线）。尽管两种文献中的网络都相对稀疏，但与可再现性网络相比，开放科学文献形成了一个更大的协作网络（即这种社区结构可以通过可视化中心的高度连接节点群体看出）。数据使用 Gephi（Bastian et al.，2009）进行可视化。

我们还对每种文献进行了连通分量分析（Newman，2018；Barabási & Pósfai，2016），以衡量每种文献中单独子网络文章的孤立程度。结果显示，可再现性网络（1641；每篇文章 0.80 个组件）比开放科学网络（661；每篇文章 0.75 个组件）包含更多孤立文章（共享较少的作者）。这表明，可再现性文献的网络更加碎片化。检查两个网络的组件大小差异可以作为连接度的另一个指标，我们发现开放科学网络的平均组件大小（ACS）也更高（1.33 vs. 1.25）。图 1 直观展示了两种文献中的网络连接度和碎片化差异。总之，我们发现开放科学文献有更多论文之间的连接（共享作者），而可再现性文献包含更多孤立和更小的论文网络——这两种文献之间的差异在统计上是显著的（如上文所述，$p < 0.01$）。作为稳健性检查，我们进行了相同的分析，但排除了所有独立作者论文。结果显示，这些发现对这种替代分析是稳健的（详见 SI 附录）。

语义文本分析表明，开放科学和可再现性文献的显性文化不同。使用经过验证的文本挖掘词典（Frimer et al.，2015），我们测量了两种文献的摘要出现的共同体和亲社会构建（例如，贡献、鼓励、帮助、培养等，详见SI附录）。
我们排除了没有摘要的论文和非英文标题的论文。最终数据集包括595篇开
放科学论文和1169篇可再现性论文。在开放科学数据集中，76%的文章使
用了与共同体和亲社会构建相关的词汇，而在可再现性数据集中，这一比例
仅占44%（双侧二项式比例相等性检验，$p < 0.001$）。我们计算了每个数据
集中的"亲社会词汇密度"（PWD），作为摘要中反映共同体和亲社会构建
的词汇百分比（见图2和"三、方法"）。开放科学摘要包含的共同体和亲
社会词汇比可再现性摘要多（开放科学的平均PWD为2.4%，中位数PWD
为1.8%；可再现性的平均PWD为0.9%，中位数PWD为0.0%）。双侧置换
检验显示，与可再现性文献相比，开放科学文献中显著更频繁地使用共同体
和亲社会词汇（平均和中位数PWD的$p < 0.001$）。因此，我们发现开放科
学文献的摘要中明显包含更多与共同体和亲社会性相关的词汇。

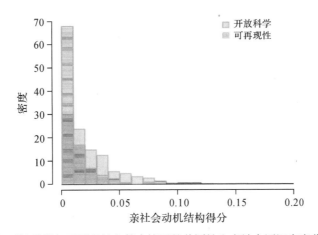

图2 开放科学与可再现性文献中摘要的共同性和亲社会词汇密度分布

注：与可再现性文献相比，开放科学文献的摘要中包含的与共同性和亲社会性
相关的词汇明显更多。

另一种假设是这些文本差异仅由学科领域驱动。为了检验这一可能性，
我们按学术领域（即计算机科学、工程、医学）对模型进行了分层，发现了
类似的效果（详见SI附录）。因此，与可再现性相比，开放科学包含更多

明确的亲社会性语言，以上结论在学科领域中分类是稳健的。

女性在开放科学和可再现性中的参与模式不同。在开放科学中（与可再现性相比），女性更有可能作为高地位作者。女性学者在开放科学文献中以高地位作者身份（即第一作者或最后作者）出现的可能性显著高于可再现性文献。本文分析了独立作者和多作者论文中开放科学和可再现性文献的性别代表性。独立作者子集包括 255 篇开放科学论文和 342 篇可再现性论文，多作者子集包括 624 篇开放科学论文和 1705 篇可再现性论文。由于不同领域的惯例不同，我们认为，如果一位学者在多作者论文中占据第一作者或最后作者位置，则拥有高地位的作者身份。

我们首先分析了可识别性别的独立作者论文［我们使用了一种利用人口普查数据将作者姓名归类为性别二分法的算法（详见附录）］。与科学出版业更广泛的情况一样（West et al., 2013；Fox et al., 2018；Larivière et al., 2013），结果显示，总体而言，与男性相比，女性在这两种文献中发表独立作者论文的可能性显著偏低。确切的单侧二项式检验表明，开放科学文献中女性独著的比例为 33.0%，可再现性文献中为 28.1%；两者均低于 50% 的性别平等比例（两种测试的 $p < 0.001$）。这表明，尽管女性在两种文献中都被低估，但与独著的男性相比，女性独著对在每个主题领域的参与程度相当。

接下来的分析，我们主要关注多作者论文。在开放科学文献的多作者论文中，女性为高地位作者的比例为 60.6%，而在可再现性文献中，这一比例为 57.9%。注意，若性别平等，预期的多作者论文中女性作为高地位作者（第一或最后作者）的比例应为 75%（包括 25% 的概率为女性第一和最后作者，25% 的概率为女性第一和男性最后作者，以及 25% 的概率为男性第一和女性最后作者）。

我们进行了回归分析，以更好地理解这两种文献中高地位作者的性别差异。具体来说，我们拟合了一个控制时间趋势、团队规模和稿件类型（即期刊文章或会议论文）的逻辑样条（spline term）回归模型。对于这项分析，我们使用了一部分多作者论文的子集，我们能够确定女性是否占据高地位（即在一定程度上，可以确定第一和最后作者的性别，或者可以识别出第一或最后作者的性别为女性，即使其他作者无法识别）。我们还排除了超过 12 位作者的 28 篇开放科学论文和 40 篇可再现性论文，以避免这些论文对回归拟合产生不成比例的影响。最终数据集包括 454 篇开放科学论文和 955 篇可再现性论文。在控制团队规模、发表年份和稿件类型后，我们发现可再现性文献中的多作者论文与开放科学文献相比，女性作为高地位作者的概率降低了 61%（$p < 0.001$；详见附录）。因此，尽管女性在两种文献的多作者论文中的高地位作者位置均被低估（相对于性别平等），但在开放科学（相对于可再现性）文献中，女性作者作为高地位作者的代表性显著更高。

然而，另一个假设是，这些高地位作者的性别差异仅仅由学科领域驱动。为了检验这一可能性，我们在控制学术领域的情况下拟合了该模型，并发现了类似的效果（详见附录）。因此，在不同学科领域，开放科学（相对于可再现性）文献中高地位作者的性别代表性差异具有稳健性。

女性在可再现性文献中的高地位作者身份受团队规模的限制比在开放科学中更严格。女性的高地位作者身份在这两种文献中受团队规模的影响不同（见图 3）。在多作者论文中，女性在开放科学文献中作为高地位作者的可能性在较小团队中（两到三位作者的论文）最大，并且可能性随着团队变大而增大。然而，在可再现性文献中，女性在较小团队中（两到三位作者的论文）作为高地位作者的可能性较低，而在较大团队中（六到七位作者的论文）则有更大可能。回归分析在控制了包括发表年份和稿件类型等其他重要变量后证实了这一差异。

我们还考虑了另一个替代假设，即领域差异可能驱动女性参与和团队规模之间的关系。为此，我们按领域进行了相同的回归分析，并发现结果在各个领域中基本稳健。也就是说，在较小的团队中，女性在可再现性文献中的高地位作者位置被低估（与开放科学文献相比；详见附录中对这些分析和发现的详细描述）。综合来看，我们发现女性在可再现性文献中的高地位作者位置的参与比在开放科学中更受限制，相对来说，在可再现性文献的较大团队中更常见。

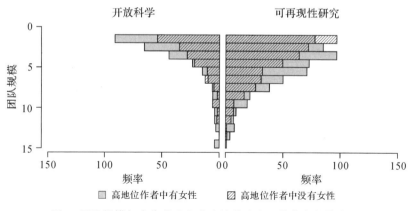

图3　团队规模与多作者论文中女性作为高地位作者的代表性

注: 在开放科学和可再现性研究中, 女性作为高地位作者(第一作者和最后作者)的代表性受团队规模的影响有不同的情况。在开放科学领域, 女性在较小和较大团队中一直处于高地位; 而在可再现性研究中, 她们只在较大团队中更频繁地处于高地位。

随着时间的推移, 女性在开放科学中的高地位作者身份的代表性不断增加, 在可再现性中则减少。我们发现, 在控制团队规模和稿件类型后, 2010年至2017年, 开放科学文献中女性作为高地位作者的概率以每年约15.6%的速度增长($p < 0.01$; 详见附录)。在同一时期, 可再现性文献中女性作为高地位作者的代表性下降了约3.6%, 尽管这种下降在统计上不显著($p = 0.20$)。比较这些趋势之间的差异, 发现这两种文献中女性代表性随时间变化的趋势具有统计学意义上的显著差异($p < 0.01$)。

最后, 我们再次探讨了一个替代领域假设, 即女性参与随时间变化是由领域差异驱动的。具体来说, 我们对不同领域进行了相同的回归分析, 发现结果在各个领域基本上是稳健的。也就是说, 我们发现在开放科学中, 女性的参与随时间增加; 而在可再现性研究中, 在除心理学之外的每个领域, 女性的参与都在减少, 在心理学领域, 女性在可再现性研究中的参与随时间增加(National Science Foundation, 2020)(详细的分析和发现见附录)。

二、讨论

我们的研究结果揭示，改善科学的运动由两个相对独立的研究类别组成，它们采用不同的方法：开放科学和可再现性研究。这些文献中共同的论文和作者相对较少，表明它们是独立的、不重叠的社群。每个社群在作者对单篇论文的贡献方面表现出明显不同的社群结构。开放科学文献在共同作者方面关联度更高，可再现性文献则更为碎片化。对于这些不同新兴文化的另一个指标来自语义文本分析，它表明开放科学和可再现性文献中明确的亲社会文化的性质不同。与可再现性文献的摘要相比，开放科学摘要包含更多明确的共同体和亲社会术语。与这些结构和文化的差异一致，我们发现女性学者的参与模式不同。总体而言，女性更有可能在开放科学文献中占据领导地位（即高地位作者位置），而这种更大的参与还受团队规模和时间的影响。当作者团队相对较小（两到三名作者）时，女性获得高地位作者身份的可能性在开放科学中比在可再现性研究中更大。女性在可再现性研究中的参与更受限制，更多出现在较大的团队中，而在开放科学中则更自由（在较小和较大的团队中都同样频繁）。最后，女性在这些文献中的参与随时间推移的变化不同，即在开放科学中增加，而在可再现性研究中减少。

鉴于这些发现，我们有充分的理由认为，包括科学改革的两个亚文化在内的科学，总体上应该采纳包容和亲社会的文化。首先，将科学描绘为非共同体的文化并不反映科学工作的实际展开方式——特别是在当今强调重大挑战、跨学科研究和网络科学的背景下。实际上，科学家的（错误）原型是这样的：一位科学家（通常是白人男性）独自在实验室中努力工作，直到在"尤里卡"（euraka）时刻灵感闪现（Bian et al.，2018；Leslie et al.，2015；Rattan et al.，2018）。一些最负盛名的奖项体现了这种文化，这些奖项庆祝个人的努力和贡献，而不是团队的努力（例如，诺贝尔奖、麦克阿瑟奖学金奖、美国国家卫生研究院领导先驱奖、美国国家科学基金会职业奖、美国国家卫生研究院"独立研究员"等）。此外，用于终身职位和晋升教职的教员评估几乎完全重视个人表现——在某些情况下，要求科学家展示他们对协作项目的独立贡献和计算第一作者或最后作者（而不是合著）论文的数量（Mcgovern，2009）。今天的科学依赖团队协调努力、共享见解和方法、基于先前的研究、发展新的问题和方法（Halpern，2017）。这些协作和互补过程在本地发生（例如，与其他实验室的直接工作），也在全球范围发生，例如，扩大科学界，共享设备、数据和获取权（Smith，1987）。今天的科学更有可能是一种协作努力，而不是个人努力——团队规模可能很重要。事实上，更大、更具多样性的团队可能是实现更大影响的必要条件（Larivière et al.，2014）。然而，问题在于，虽然科学越来越多地基于团队开展，但同质性过程意味着许多团队在人口学统计变量、行为和内在个人特征方面相对同质化（Mcpherson et al.，2001），应该积极主动地关注团队的结构。

与上述观点一致，科学家和资助机构越来越认识到，要解决这个时代最紧迫的科学、社会和健康问题，需要多学科的"团队科学"。过去十年，包括美国国家卫生研究院、美国国家科学基金会等在内的组织已经投入资源促进团队科学。这项工作体现在联邦资助公告和项目中对跨学科与多学科团队的要求（例如，国家通用医学研究所多学科团队合作项目资助、美国国家科学基金会多学科活动办公室、美国国家卫生研究院共同基金的跨学科项目及其前身、国家癌症研究所的团队科学工具包、美国国家科学基金会大数据区域创新中心计划、美国国家科学基金会协作计算神经科学计划、美国国家科学基金会多学科活动办公室、美国国家科学基金会和美国国家卫生研究院计划和优先事项下的许多其他项目）。此外，资助者正在积极尝试解决女性和少数族裔的代表不足问题（例如，美国国家科学基金会扩大参与计划），尽管在这些过程中仍存在不平等（Ginther et al.，2011）。

确实，我们目前在科学中遇到的问题的复杂性要求多个学科协调，共同工作（Wuchty et al.，2007; Jones et al.，2008）。例如，解决阿片类药物成瘾（opioid addiction）问题需要整合研究疼痛、成瘾、神经科学、经济学、计算机科学、心理学、社会学、生物化学、人口学、医学和公共卫生等领域的研究者的知识，仅举此例。知识上多样性、多学科的团队通过以创新方式结合现有知识创造新见解（Disis & Slattery，2010; Post et al.，2009）。实际上，来自美国专利和商标局的数据显示，由团队生成的专利展现了更多的突破，位于所有被引用专利的前 95%，而不是表明创造性的个人发明家的专利（Singh & Fleming，2009）。类似地，多作者文章比独著文章更常被引用（Larivière et al.，2014；Fox et al.，2016；Gazni & Didegah，2011），虽然有人认为这可能是因为自引，但其他人提出这更可能是因为高度协作的项目包括更具多样性的数据和更高质量的想法，从而产生更大的影响（Katz & Martin，1997）。重要的是，也有人指出，虽然大团队推进科学和技术，小团队也可以颠覆既定的科学理解。这两种类型的贡献似乎都非常重要（Azoulay，2019；Wu et al.，2019）。无论如何，如果多样性的团队科学是未来的趋势，那么机构必须重新考虑以个人为中心的激励结构，因为如果科学家仍然受个人激励的约束，这些结构可能不会快速进步。

第三个支持亲社会科学文化的理由与我们和其他研究的结论一致，即非共同体实践和价值观可能会阻止那些重视共同体、相互依存和亲社会目标的人，包括女性、代表不足的少数族裔（Thoman et al.，2015；Harackiewicz et al.，2016）、第一代大学生（Harackiewicz et al.，2016）和以共同体为导向的男性（Diekman et al.，2010）。如果改善科学的运动要利用这种多样性，目前看来，开放科学比可再现性研究更具吸引力和包容性。然而，以上两种变革都有共同的目标，即提高我们的知识水平、严谨性和理解程度。当各种不同背景的科学家为充分参与这两种方法而努力时，这些贡献可能会得到增强。

缺乏多样性可能对科学有害。科学团队内的社会多样性（例如，性别和种族多样性）不足可能对科学有害。有许多案例研究表明了同质化团队在关键结果上产生过严重的知识失败。例如，如果工程和研发团队中没有女性，就会只制造适合男性身体的心脏瓣膜和安全带（导致女性的死亡率显著上升），语音识别软件只能识别男性的声音（Lee，2015）。包含并倾听众人的声音和经验可以促进更多人受益。虽然性别和文化多样性更高的团队更有可能开发新产品并将创新推向市场（Díaz-García et al.，2013；Nathan & Lee，2013），而且多样性高的科学团队撰写的论文被引用的次数更多，影响因子更高（Freeman & Huang，2015），但仅仅具有社会多样性并不足以促进多样性社会群体的平等参与。例如，对当代科学论文的大规模分析发现，女性更有可能承担技术任务，而男性更多地开展概念研究（Macaluso et al.，2016）。同样，在性别多样性的工程学团队中，女性在呈现技术内容方面的能力被低估，而男性则被高估（Meadows & Sekaquaptewa，2013）。实际上，社会多样性的潜力经常被忽视，导致无效或负面的团队绩效结果（Galinsky et al.，2015；Dijk et al.，2012；Eagly，2016；Apfelbaum et al.，2014）。

为了充分挖掘社会多样性的潜力，科研团队需要直接应对社会多样性带来的挑战。例如，多样性团队内的互动和沟通可能更困难，尤其是刚开始的时候（Rink & Ellemers，2009；Dasgupta et al.，2015；Knippenberg et al.，2004）。然而，社会多样性在复杂任务中具有巨大潜力。社会多样性的团队可以更准确地编码和处理信息（Levine et al.，2014），尤其是当分享不同的事实是成功的必要条件时更是如此（Phillips et al.，2009）。仅仅是有来自社会多样性背景的人，就会改变多数群体成员的认知和行为，促进提高思考和沟通的精确度（Sommers，2006）。在社会多样性环境中，多数群体成员提出的事实更多，错误更少，并且当出现错误时，他们更有可能被纠正（Sommers，2006）。当社会多样性团队提出问题和异议时，比在同质团队中引发的思考更多、考虑更周全（Antonio et al.，2004）。最后，具有代表性不足问题的群体成员可以提高其他代表性不足群体成员的参与度。一个例子是，包含更多女性的性别多样性团队会促进女性积极参与团队项目，而以男性为主的团队往往会使女性沉默（Dasgupta et al.，2015）。

新兴的改善科学运动。心理学和脑科学（PBS）处于重新定义科学规则和标准努力的前沿（Ledgerwood，2014；Yong，2014）。这一新兴运动有许多值得学习的地方，其他几个领域（Baker，2016；Lowndes et al.，2017；Reilly et al.，1994；Baker & Dolgin，2017；Mullard，2017）也在进行类似的自我审视，包括生物统计学（Buckheit & Donoho，1995；Buck，2015）、计算机科学（Hutson，2018）和医学（Casadevall & Fang，2010；Aarts et al.，2015）。例如，理论和实验物理学中的团队科学方法展示了如何通过大规模联合体和成功的科学协作模式来改善科学（Abbott et al.，2016）。同样，结构生物学这一协作学科为代码、数据的共享和存储设立了标准（参见协作计算项目第 4 号和结构生物信息学研究合作社），在开展这些社区活动的同时，妇女在该领域的参与范围也在不断扩大（Ward，2019）。

总之，开放科学拥有共同体和分享文化的潜力，如果培育得当，可能继续促进对女性的包容性和女性的参与度。我们认为，向这种文化风格转变有助于在不损害核心目标的情况下丰富可再现性运动的多样性。我们认为，开放科学协作的、前瞻性的特征有潜力通过两种方式促进多样性和包容性。首先，共享代码、数据和资源降低了参与科学的门槛和成本，从而建立了更公平的竞争环境，并增强了对代表性不足群体的包容性——例如，在获得资金和其他资源方面，在少数族裔服务机构工作的科学家机会较少（Matthews，2010）。其次，共享、相互依赖和协作的文化与上述研究（引用）一致，表明这些文化特征对女性、有色人种、低社会经济背景的人和以共同体为导向的男性更有吸引力。

改善科学运动的一些方面，明确专注于促进包容性的文化价值和实践。例如，心理科学改进协会在其使命宣言中明确包括致力于打造包容性的文化，而在线方法和实践讨论小组 PsychMAP 成立的目的，是为讨论提供更具协作性和共同体的空间（参见社区基本规则）。当然，从文化转变中反思和学习是困难的。我们的分析表明，可以通过社会多样性进一步改善科学。我们建议，只有当团队既在社会上又在知识上具有多样性，并在欢迎和追求多样性的环境中运作时，才能发挥团队科学的优势，创新、创造力和科学质量才能蓬勃发展——尽管最初可能需要调整和忍受不适。科学需要女性和其他代表不足群体的参与。开放科学的目标和理想有潜力促进多样性和更广泛的科学参与。然而，这些新兴文化趋势的承诺尚未成为既定事实。实际上，主流科学文化的某些特征可能会阻止那些有助于加强多样性思维力量的个体的参与。通过推动向亲社会价值、共享、教育和跨学科合作方向的文化变革，而不是独立和竞争性，改善科学运动可能对进一步发展知识生产、民主化和科学包容性产生积极作用。

可以采取具体步骤来促进和推进我们正在提倡的多样性。部门、机构和专业协会可以为开放科学创建共同体和亲社会结构，如开放基础设施和相关倡议，以建立教育网络、培训、资源和数据共享。其他具体例子包括开放透明度和开放性促进指南以及建立基于云平台和相关用户社区的用于共享的研究资产，请参见 PBS 中的示例，在 OpenNeuro.org 中的数据、在 brainlife.io 中的分析和在开放科学框架中的注册研究（Gorgolewski et al.，2017；Pestilli，2018；Hayashi et al.，2017；Avesani et al.，2019；Nosek et al.，2015）。独立研究者可以了解其团队的人员、时间、方式和原因，包括关注代表人群的范围、确定吸纳不同声音的机会以及分析团体或个人参与的原因和障碍。强调科学进程和成功的协作性和公共性的组织，可以突出科学中的联系，了解他人是如何帮助我们克服障碍的，并奖励体现开放科学价值观的团队。每位研究者都可以努力扩大他们的合作和指导网络。我们鼓励读者和所有科学界成员以学习的心态接受团队科学和社会多样性团队。科学总有更多东西可以教授，文化转变的回报并非空谈，它们来自时间、精力、理解和行动的投资。

三、方法

1. 数据来源

我们使用了 2018 年 2 月 23 日的 MAG（https://academic.microsoft.com）数据库，共收集了 11338 篇论文。在 MAG 中检索了所有带有"开放科学"或"可再现性"特定"研究领域标签"的论文。研究领域标签是由微软内部算法基于每篇论文的内容和元数据（例如，摘要）产生的（不是作者生成的）。在所有记录中，只有 68 篇论文被同时归类为"开放科学"和"可再现性"。此外，在这些文献中的 36296 个独立作者 ID 中，很少有（$n = 457$）作者同时出现在两种文献中。这些发现表明，这两种文献正在相对独立地发展。为了分析目的，我们移除了同时被归类为"开放科学"和"可再现性"的论文，以避免论文重复计算和分析偏差。

在所有文献记录中，我们只考虑了正式发表的"期刊"或"会议"论文，最终数据集包括 3431 篇开放科学论文和 7839 篇可再现性论文。我们移除了

43篇标题重复的论文，检查了每种文献每年发表的剩余论文数量（见附录）。由于2010年之前发表的开放科学论文非常少，且在2018年之前，两个领域的论文都很少，因此我们只使用了2010年至2017年发表的论文数据，共计2926篇，其中包括879篇开放科学论文和2047篇可再现性论文。这是本研究的最终数据集，另有说明的除外。

分析用的数据可以在开放科学框架（Open Science Framework，https://osf.io/97vcx）（Murphy et al.，2020）中找到，用于此项工作的代码可在GitHub（https://github.com/everyxs/openScience）上获得。

基于2010年至2017年的样本，我们构建了879篇开放科学论文和2047篇可再现性论文的论文合著网络。每个节点代表一篇科研论文。如果至少一名作者同时出现在两篇论文中，则两个节点共享一条边。基于MAG作者ID，我们在开放科学文献中识别出3157名独立作者，在可再现性文献中识别出8766名作者。在开放科学文献中，网络包含389条边（即至少有一组共同作者的论文对），在可再现性文献中包含856条边。

2. 网络分析

对于两个网络，我们进行了边密度和连接组件分析，如下所述。边密度：对于一个有 n 个节点和 m 条边的无向网络[①]，边密度定义为：

$$\rho = \frac{m}{[n \times (n-1)]/2}$$

为了测试开放科学网络的边缘密度是否高于可再现性网络，我们进行了单侧费舍尔精确检验（one-side Fisher's exact text）。假设所有节点对之间的边缘生成过程符合二项分布，并测试了两个网络的优势比（odds ratio）大于1的假设。使用两个网络的边缘密度估算优势比：

$$\frac{\rho_1(1-\rho_2)}{\rho_2(1-\rho_1)'}$$

其中，ρ_1代表开放科学网络的边缘密度，ρ_2代表可再现性网络的边缘密度。

---

① 译者注：无向网络指一种网络结构，其中网络中的边没有方向，表示节点之间的关系是双向的。

由于网络密度的值较小（0.057%和0.047%），我们采用优势比检验而非线性尺度进行检验。该检验排除了开放科学网络的边缘密度不高于可再现性网络的不显著假设，P值为$7.35e^{-5}$。

3. 关联组件分析

我们估算了每个网络的子组件的连接度（或隔离度）。对于一个无向网络，连接组件被定义为一个最大子图，其中任何两个节点都通过一系列边缘连接在一起。在我们的案例中，两个网络都很稀疏，有许多独立的连接组件。我们比较了两个网络在最大连接组件的大小以及 ACS（平均连接组件大小，定义为网络大小除以连接组件数量）方面的差异，并使用 Gephi 软件（Bastian et al.，2009）分析连接组件。

我们对只包含多作者论文的网络（排除独立作者论文）进行了相同的边缘密度和连接组件分析作为稳健性检验。这些分析和可视化结果可以在附录中找到。

4. 摘要的语义文本分析

从上述提到的开放科学和可再现性的 2926 篇论文中，我们首先删除了没有可用摘要的论文（205 篇开放科学和 815 篇可再现性论文），然后删除了非英语标题的论文（79 篇开放科学论文和 63 篇可再现性论文），标题语言是使用 R 语言的 textcat 包（Hornik et al.，2013）确定的。用于文本分析的最终数据集包括 1764 篇论文，其中包括 595 篇开放科学论文和 1169 篇可再现性论文。我们随后进行了标准的文本预处理，去除了停用词（stop words）[①]、词干和标点，并使用 Sentiment Analysis R 包将文本转换为小写。我们通过计算验证过的词典（Hornik et al.，2013）中的 127 个单词的出现频率来测量文本中的亲社会结构（例如，贡献、鼓励、帮助、培养，详见附录）。这个词典已被证明与人类评判者具有可接受的一致性（$r = 0.67$）（Frimer et

---

① 译者注：停用词是自然语言处理领域的一个重要工具，通常被用来提升文本特征的质量，或者降低文本特征的维度。

al.，2014）。亲社会单词密度是每个摘要中亲社会单词数量与总单词数量的比值。按领域划分的语义文本分析见附录。

5. 性别参与分析

我们通过识别第一作者和最后作者的姓名来进行传统的性别分析。为此，我们使用了 *gender* R 包（https://github.com/ropensci/gender）（Blevins & Mullen，2015）来确定第一作者和最后作者为女性的概率。*gender* 包使用历史上关于性别的数据，根据一个人的名字和出生年或年份范围来预测其性别。对于每篇论文，我们假设作者在发表时的年龄在 25 岁到 65 岁之间。为了识别每位作者的名字，首先假设数据中的每个姓名部分由一个空格分隔，然后考虑了名字和中间名（如果有），排除了所有其他首字母以进行性别检测。我们计算了至少有一个完整（非首字母）名字或中间名部分的每位作者是女性的可能性。概率超过 0.5 的作者被标记为"女性"，概率低于 0.5 的作者被标记为"男性"。我们使用 *gender* 包的"ssa"选项，它基于美国社会保障管理局 1932 年至 2012 年的婴儿名字数据进行查找。

根据上述方法，如果第一作者或最后作者被标记为"女性"，我们就将论文标记为在高地位作者位置有女性。我们排除了高地位女性作者身份未知的论文，其中包括第一作者和最后作者都被标记为"未知"的论文，以及一位被标记为"男性"而另一位为"未知"的论文。我们排除了独著论文，因为与多作者论文相比，这些论文中有女性高地位作者的比例预计会更低（因为在概率意义上，多作者论文中有两个"机会"获得高地位作者，而独立作者论文只有一个"机会"）。在图 3 中，我们还排除了作者超过 15 人的论文，以便于可视化。

之后我们进行了逻辑回归分析，探究多作者论文中女性高地位作者的比重在每种文献中按团队规模的变化。考虑到团队规模与女性主要作者比重之间的非线性关系证据，我们在每种文献中包含了团队规模的样条项。我们排除了超过 12 位作者的 28 篇开放科学论文和 40 篇可再现性论文，以避免对这些样条项估计的不当影响。结果数据集包括 454 篇开放科学论文和 955 篇可再现性论文。

为了检验开放科学网络的边缘密度是否高于可再现性网络，我们建立了一个逻辑回归模型，将高地位作者女性的对数几率与发表年份、作者数量（使用灵活的样条项）、出版类型（会议论文或期刊文章）以及每篇论文所属的文献类型相关联。我们允许通过交互项，分别为每种文献确定发表年份和作者数量的影响。我们使用 R 语言的 mgcv 包中的 gam 函数估计模型系数，该函数采用二项式家族和对数连接。这个函数将平滑系数曲线表示为惩罚样条，并使用广义交叉验证来估计每个曲线的平滑度（Wood et al., 2015）。具体来说，我们拟合了以下模型：

$$\log\left\{\frac{Pr(Y_i=1)}{1-Pr(Y_i=1)}\right\} = \beta_0 + \beta_1 Rep_i + \beta_2 Year_i + \beta_3 Year_i Rep_i$$
$$+ f_1(Authors_i) + f_2(Authors_i Rep_i) + \beta_4 Conf_i + \varepsilon_i \varepsilon_i \sim N(0, \delta^2)$$

$Y_i = 1$ 表示论文 i 的高地位作者位置有女性，$Rep_i = 1$ 表示论文 i 属于可再现性文献，$Year_i$ 是发表年份（以 2017 年为中心），$Authors_i$ 是团队规模（以 2 为中心，这是多作者论文的最小值），$Conf_i = 1$ 表示会议论文。函数 $f_1()$ 和 $f_2()$ 是平滑系数曲线，将团队规模映射到每种文献中的女性高地位作者的对数几率（log-odd），给定其他系数的固定值。基于估计的回归系数和标准误差，我们估计了在特定预测变量集合下担任高地位作者位置的女性的对数几率，以及正常的 95% 置信区间。然后我们将对数几率和置信区间转换为几率和概率（probabilities）以便更好地解释数据结果。SI 附录中的表 S3 报告了每个参数（即非样条）系数在几率尺度上的估计值和置信区间。简而言之，我们发现属于可再现性文献的影响是负面的，估计值为 0.393，表示与开放科学中的论文相比，在一定团队规模、发表年份和手稿类型中，女性作为高地位作者的几率（odds）降低了约 61%。发表年份靠后对开放科学论文的影响是正面的，但对可再现性论文的影响是负面的。所有参数系数在 0.05 水平上均具有统计学意义。

通过检验随着年份和团队规模变化而变化的高地位女性作者的预测概率，进一步探索了发表年份和团队规模的影响。本研究发现，对于开放科学论文，团队规模的影响是负面的，较小的团队拥有高地位女性作者的概率略高。对于可再现性论文，团队规模的影响是非线性的，对于小团队而言，拥有高地位女性作者的概率明显较低，在约七位作者的团队中达到峰值，然后略有下降。我们还发现，发表年份对开放科学和可再现性论文的影响差异显著，开放科学论文随时间呈上升趋势，而可再现性论文随时间略有下降趋势。这表明，随着时间的推移，女性在开放科学文献中作为高地位作者的参与度提高，而在可再现性文献中则出现下降或停滞。附录提供了控制领域和按领域分层分析的稳健性检验。

数据可用性

与本报告相关的所有数据和分析代码均可公开获取。本研究的数据见开放科学框架（Open Science Framework，https://osf.io/97vcx），本研究的代码见 GitHub（https://github.com/everyxs/openScience）。

参考文献：

Aarts, A., Anderson, J., Anderson, C., Attridge, P., Attwood, A., Axt, J., Babel, M., Bahník, Š., Baranski, E., Barnett–Cowan, M., Bartmess, E., Beer, J., Bell, R., Bentley, H., Beyan, L., Binion, G., Borsboom, D., Bosch, A., Bosco, F., & Pen, M.（2015）. Estimating the reproducibility of psychological science. Science, 349. https://doi.org/10.1126/science.aac4716.

Abbott, B. P., Abbott, R., Abbott, T. D., Abernathy, M. R., Acernese, F., Ackley, K., Adams, C., Adams, T., Addesso, P., Adhikari, R. X., Adya, V. B., Affeldt, C., Agathos, M., Agatsuma, K., Aggarwal, N., Aguiar, O. D., Aiello, L., Ain, A., Ajith, P., … Zweizig, J.（2016）. Observation of Gravitational Waves from a Binary Black Hole Merger. Physical Review Letters, 116（6），061102. https://doi.org/10.1103/PhysRevLett.116.061102.

Antonio, A. L., Chang, M. J., Hakuta, K., Kenny, D. A., Levin, S., & Milem, J. F.（2004）. Effects of racial diversity on complex thinking in college students. Psychological Science, 15（8），507–510. https://doi.org/10.1111/j.0956–

7976.2004.00710.x.

Apfelbaum, E. P., Phillips, K. W., & Richeson, J. A.（2014）. Rethinking the Baseline in Diversity Research: Should We Be Explaining the Effects of Homogeneity? Perspectives on Psychological Science : A Journal of the Association for Psychological Science, 9（3）, 235－244. https://doi.org/10.1177/1745691614527466.

Avesani, P., McPherson, B., Hayashi, S., Caiafa, C. F., Henschel, R., Garyfallidis, E., Kitchell, L., Bullock, D., Patterson, A., Olivetti, E., Sporns, O., Saykin, A. J., Wang, L., Dinov, I., Hancock, D., Caron, B., Qian, Y., & Pestilli, F.（2019）. The open diffusion data derivatives, brain data upcycling via integrated publishing of derivatives and reproducible open cloud services. Scientific Data, 6（1）, 69. https://doi.org/10.1038/s41597-019-0073-y.

Azoulay, P.（2019）. Small research teams "disrupt" science more radically than large ones. Nature, 566（7744）, 330－332. https://doi.org/10.1038/d41586-019-00350-3.

Baker, M.（2016）. 1,500 scientists lift the lid on reproducibility. Nature, 533（7604）, 452－454. https://doi.org/10.1038/533452a.

Baker, M., & Dolgin, E.（2017）. Cancer reproducibility project releases first results. Nature, 541（7637）, 269－270. https://doi.org/10.1038/541269a.

Barabási, A. L., Pósfai, M.（2016）. Network Science. Cambridge: Cambridge University Press..

Bastian, M., Heymann, S., Jacomy, M.（2009）. Gephi: An open source software for exploring and manipulating networks. Icwsm 8, 361-362（2009）.

Begley, C. G., & Ioannidis, J. P. A.（2015）. Reproducibility in science: Improving the standard for basic and preclinical research. Circulation Research, 116（1）, 116－126. https://doi.org/10.1161/CIRCRESAHA.114.303819.

Bian, L., Leslie, S., Murphy, M.C., & Cimpian, A.（2018）. Messages about brilliance undermine women's interest in educational and professional opportunities. Journal of Experimental Social Psychology, 76, 404-420.

Blevins, C., Mullen,L.（2015）. Jane, John... Leslie? A historical method for algorithmic gender prediction. DHQ 9, 3.

Buck, S.（2015）. Solving reproducibility. Science（New York, N.Y.）, 348（6242）,

1403. https://doi.org/10.1126/science.aac8041.

Buckheit, J. B. Donoho, D. L.（1995）. "WaveLab and reproducible research" in Wavelets and Statistics,（Lecture Notes in Statistics, Springer, 1995）, pp.55–81.

Casadevall, A., Fang, F. C.（2010）. Reproducible science. Infect. Immun.78, 4972–4975.

Cech, E.A., Metz, A.M., Smith, J.L., & Devries, K.（2017）. Epistemological Dominance and Social Inequality. Science, Technology, & Human Values, 42, 743 – 774.

Cheryan, S., & Markus, H. R.（2020）. Masculine defaults: Identifying and mitigating hidden cultural biases. Psychological Review, 127（6）, 1022 – 1052. https://doi.org/10.1037/rev0000209.

Dasgupta, N., Scircle, M. M., & Hunsinger, M.（2015）. Female peers in small work groups enhance women's motivation, verbal participation, and career aspirations in engineering. Proceedings of the National Academy of Sciences of the United States of America, 112（16）, 4988 – 4993. https://doi.org/10.1073/pnas.1422822112.

Díaz–García, M., Moreno, Á., & Saez–Martinez, F.（2013）. Gender diversity within R&D teams: Its impact on radicalness of innovation. Innovation: Management, Policy & Practice, 15, 149 – 160. https://doi.org/10.5172/impp.2013.15.2.149.

Diekman, A. B., Brown, E. R., Johnston, A. M., & Clark, E. K.（2010）. Seeking congruity between goals and roles: A new look at why women opt out of science, technology, engineering, and mathematics careers. Psychological Science, 21（8）, 1051 – 1057. https://doi.org/10.1177/0956797610377342.

Diekman, A. B., Clark, E. K., Johnston, A. M., Brown, E. R., & Steinberg, M.（2011）. Malleability in communal goals and beliefs influences attraction to stem careers: Evidence for a goal congruity perspective. Journal of Personality and Social Psychology, 101（5）, 902 – 918. https://doi.org/10.1037/a0025199.

Dijk, H., Engen, M.L., & Knippenberg, D.V.（2012）. Defying conventional wisdom: A meta–analytical examination of the differences between demographic and job–related diversity relationships with performance. Organizational Behavior and Human Decision Processes, 119, 38–53.

Disis, M. L., & Slattery, J. T.（2010）. The road we must take: Multidisciplinary team science. Science Translational Medicine, 2（22）, 22cm9. https://doi.org/10.1126/

scitranslmed.3000421.

Eagly, A.（2016）. When Passionate Advocates Meet Research on Diversity, Does the Honest Broker Stand a Chance? Journal of Social Issues, 72, 199 – 222. https://doi.org/10.1111/josi.12163.

Eagly, A. H., & Karau, S. J.（2002）. Role congruity theory of prejudice toward female leaders. Psychological Review, 109（3）, 573 – 598. https://doi.org/10.1037/0033–295x.109.3.573.

Edmonds, B.（2008）. The Difference: How the Power of Diversity Creates Better Groups, Firms, Schools, and Societies, Princeton: Princeton University Press.

Feist, G. J.（2016）. Intrinsic and Extrinsic Science: A Dialectic of Scientific Fame. Perspectives on Psychological Science : A Journal of the Association for Psychological Science, 11（6）, 893 – 898. https://doi.org/10.1177/1745691616660535.

Fineberg, H. V. et al.,（2019）. Reproducibility and Replicability in Science, Washington: National Academies Press.

Finley, K.（2017）. Diversity in open source is even worse than in tech overall. WIRED. Rwtrieved August 8, 2020, from https://www.wired.com/2017/06/diversity-open–source–even–worse– tech–overall/.

Fox, C., Paine, C., & Sauterey, B.（2016）. Citations increase with manuscript length, author number, and references cited in ecology journals. Ecology and Evolution, 6, 7717–7726. https://doi.org/10.1002/ece3.2505.

Fox, C.W., Ritchey, J., & Paine, C.E.（2018）. Patterns of authorship in ecology and evolution: First, last, and corresponding authorship vary with gender and geography. Ecology and Evolution, 8, 11492 – 11507.

Freedman, L. P., Cockburn, I. M., & Simcoe, T. S.（2015）. The Economics of Reproducibility in Preclinical Research. PLoS Biology, 13（6）, e1002165. https://doi.org/10.1371/journal.pbio.1002165.

Freeman, R. B., Huang, W.（2015）. Collaborating with People Like Me: Ethnic Coauthorship within the United States. Journal of Labor Economics, 33, S289 – S318. https://doi.org/10.1086/678973.

Frimer, J., Schaefer, N., & Oakes, H.（2014）. Moral Actor, Selfish Agent. Journal of personality and social psychology, 106, 790 – 802. https://doi.org/10.1037/a0036040.

Frimer, J.A., Aquino, K., Gebauer, J.E., Zhu, L.L., & Oakes, H. (2015). A decline in prosocial language helps explain public disapproval of the US Congress. Proceedings of the National Academy of Sciences, 112, 6591 – 6594.

Galinsky, A., Todd, A., Homan, A., Phillips, K., Apfelbaum, E., Sasaki, S., Richeson, J., Olayon, J., & Maddux, W. (2015). Maximizing the Gains and Minimizing the Pains of Diversity: A Policy Perspective. Perspectives on Psychological Science, 10, 742 – 748. https://doi.org/10.1177/1745691615598513.

Gazni, A., & Didegah, F. (2011). Investigating different types of research collaboration and citation impact: a case study of Harvard University's publications. Scientometrics, 87, 251–265.

Ginther, D. K., Schaffer, W. T., Schnell, J., Masimore, B., Liu, F., Haak, L. L., & Kington, R.(2011). Race, ethnicity, and NIH research awards. Science(New York, N.Y.), 333 (6045), 1015 – 1019. https://doi.org/10.1126/science.1196783.

Gorgolewski, K., Esteban, O., Schaefer, G., Wandell, B., Poldrack, R.(2017). "OpenNeuro–A free online platform for sharing and analysis of neuroimaging data" in 23rd Annual Meeting of the Organization for Human Brain Mapping (OHBM) 2017, (F1000 Research, 2017), 1055.

Halpern, D. F. (2017). Whither Psychology. Perspectives on Psychological Science : A Journal of the Association for Psychological Science, 12 (4), 665 – 668. https://doi.org/10.1177/1745691616677097.

Harackiewicz, J. M., Canning, E. A., Tibbetts, Y., Priniski, S. J., & Hyde, J. S. (2016). Closing achievement gaps with a utility–value intervention: Disentangling race and social class. Journal of Personality and Social Psychology, 111 (5), 745 – 765. https://doi.org/10.1037/pspp0000075.

Hayashi, S., Avesani, P., Pestilli, F. (2017). Open diffusion data derivatives. Retrieved August 8, 2020, from https://doi.org/10.25663/BL.P.3.

Hornik, K., Mair, P., Rauch, J., Geiger, W.M., Buchta, C., & Feinerer, I. (2013). The textcat Package for n–Gram Based Text Categorization in R. Journal of Statistical Software, 052, 1–17.

Hutson, M. (2018). Missing data hinder replication of artificial intelligence studies. Science Magazine. Retrieved August 8, 2020, from https://www.sciencemag.org/

news/2018/02/missingdata-hinder-replication-artificial-intelligence-studies.

Intemann, K.（2009）. Why Diversity Matters: Understanding and Applying the Diversity Component of the National Science Foundation's Broader Impacts Criterion. Social Epistemology, 23, 249-266.

Jones, B. F., Wuchty, S., & Uzzi, B.（2008）. Multi-university research teams: Shifting impact, geography, and stratification in science. Science（New York, N.Y.）, 322（5905）, 1259－1262. https://doi.org/10.1126/science.1158357.

Katz, J. S., & Martin, B. R.（1997）. What is research collaboration. Research Policy, 26, 1-18.

Knippenberg, D., De Dreu, C., & Homan, A.（2004）. Work Group Diversity and Group Performance: An Integrative Model and Research Agenda. The Journal of applied psychology, 89, 1008－1022. https://doi.org/10.1037/0021-9010.89.6.1008.

Larivière, V., Ni, C., Gingras, Y., Cronin, B., & Sugimoto, C. R.（2013）. Bibliometrics: Global gender disparities in science. Nature, 504（7479）, 211－213. https://doi.org/10.1038/504211a.

Larivière, V., Sugimoto, C., Tsou, A., & Gingras, Y.（2014）. Team size matters: Collaboration and scientific impact since 1900: On the Relationship Between Collaboration and Scientific Impact Since 1900. Journal of the Association for Information Science and Technology, 66, 1323-1332. https://doi.org/10.1002/asi.23266.

Ledgerwood, A.（2014）. Introduction to the Special Section on Advancing Our Methods and Practices. Perspectives on Psychological Science : A Journal of the Association for Psychological Science, 9（3）, 275－277. https://doi.org/10.1177/1745691614529448.

Lee, W.（2015）. How tech's lack of diversity leads to racist software. SFGate. Retrieved February 28, 2018, from https://www.sfgate.com/business/article/How-tech-s-lack-of-diversity-leads-to-racist-6398224.

Leslie, S.-J., Cimpian, A., Meyer, M., & Freeland, E.（2015）. Expectations of brilliance underlie gender distributions across academic disciplines. Science（New York, N.Y.）, 347（6219）, 262－265. https://doi.org/10.1126/science.1261375.

Levine, S.S., Apfelbaum, E.P., Bernard, M.M., Bartelt, V.L., Zajac, E.J., & Stark, D.（2014）. Ethnic diversity deflates price bubbles. Proceedings of the National

Academy of Sciences, 111, 18524 – 18529.

Lowndes, J. S. S., Best, B. D., Scarborough, C., Afflerbach, J. C., Frazier, M. R., O'Hara, C. C., Jiang, N., & Halpern, B. S.（2017）. Our path to better science in less time using open data science tools. Nature Ecology & Evolution, 1（6）, 160. https://doi.org/10.1038/s41559–017–0160.

Luthar, S. S.（2017）. Doing for the Greater Good: What Price, in Academe? Perspectives on Psychological Science : A Journal of the Association for Psychological Science, 12（6）, 1153 – 1158. https://doi.org/10.1177/1745691617727863.

Macaluso, B., Larivière, V., Sugimoto, T., & Sugimoto, C. R.（2016）. Is Science Built on the Shoulders of Women? A Study of Gender Differences in Contributorship. Academic Medicine : Journal of the Association of American Medical Colleges, 91（8）, 1136 – 1142. https://doi.org/10.1097/ACM.0000000000001261.

Markus, H. R., & Kitayama, S.（2010）. Cultures and Selves: A Cycle of Mutual Constitution. Perspectives on Psychological Science : A Journal of the Association for Psychological Science, 5（4）, 420 – 430. https://doi.org/10.1177/1745691610375557.

Matthews, C. M.（2010）. Federal research and development funding at historically Black Colleges and Universities. 39 – 55.

Mcgovern, V.（2009）. Perspective: How to Succeed in Big Science and Still Get Tenure. Science. https://doi.org/10.1126/science.caredit.a0900092.

Mcpherson, M., Smith–Lovin, L., & Cook, J.（2001）. Birds of a Feather: Homophily in Social Networks. Annual Review of Sociology, 27, 415–444 https://doi.org/10.3410/f.725356294.793504070.

Meadows, L. A., Sekaquaptewa, D.（2013）. The influence of gender stereotypes on role adoption in student teams" in Proceedings 120th ASEE Annual Conference Exposition, American Society for Engineering Education, Washington, DC, 2013, 1–16.

Mitchneck, B.A., Smith, J.L., & Latimer, M.（2016）. A recipe for change: Creating a more inclusive academy. Science, 352, 148 – 149.

Mullard, A.（2017）. Cancer reproducibility project yields first results. Nature Reviews. Drug Discovery, 16（2）, 77. https://doi.org/10.1038/nrd.2017.19.

Murphy, M. C., Mejia, A. F., Mejia, J., Yan, X., Cheryan, S., Dasgupta, N., Destin, M., Fryberg, S. A., Garcia, J. A., Haines, E. L., Harackiewicz, J. M., Ledgerwood, A.,

Moss–Racusin, C. A., Park, L. E., Perry, S. P., Ratliff, K. A., Rattan, A., Sanchez, D. T., Savani, K., ⋯⋯Pestilli, F.（2020）. Open science, communal culture, and women's participation in the movement to improve science. Proceedings of the National Academy of Sciences of the United States of America, 117（39）, 24154 – 24164. https://doi. org/10.1073/pnas.1921320117.

Murphy, M. C., Steele, C. M., & Gross, J. J.（2007）. Signaling threat: How situational cues affect women in math, science, and engineering settings. Psychological Science, 18（10）, 879 – 885. https://doi.org/10.1111/j.1467–9280.2007.01995.x.

Murphy, M. C., & Taylor, V. J.（2011）. The Role of Situational Cues in Signaling and Maintaining Stereotype Threat. In M. Inzlicht & T. Schmader（Eds.）, Stereotype Threat: Theory, Process, and Application（p. 0）. Oxford University Press. https://doi. org/10.1093/acprof:oso/9780199732449.003.0002.

Nathan, M., & Lee, N.C.（2013）. Cultural Diversity, Innovation, and Entrepreneurship: Firm–level Evidence from London. Economic Geography, 89, 367 – 394.

National Science Foundation.（2020）. NSF Report: Women, underrepresented minorities gain ground in behavioral science. APS Observer, 25 March 2020. Accessed Retrieved August 8, 2020 from https://www.psychologicalscience.org/observer/nsf–report–women–underrepresented–minorities–gain–ground–in–behavioral–science.

Newman, M.（2018）. Networks, Oxford University Press, 2018.

Nolad, M., Moran, T., Kotschwar, B.（2016）. Is gender diversity profitable? Evidence from a global survey（working paper）（Petersen Institute for International Economics, 2016）.

Nosek, B.（2017）. How can we improve diversity and indlusion in the open science move–ment? Center for Open Science. Retrieved August 8, 2020, from https:// www.cos.io/blog/how–can–we–improve–diversity–and–inclusion–open–science–movement.

Nosek, B. A., & Errington, T. M.（2017）. Making sense of replications. eLife, 6, e23383. https://doi.org/10.7554/eLife.23383.

Nosek, B. A., Alter, G., Banks, G. C., Borsboom, D., Bowman, S. D., Breckler, S. J., Buck, S., Chambers, C. D., Chin, G., Christensen, G., Contestabile, M., Dafoe, A., Eich,

E., Freese, J., Glennerster, R., Goroff, D., Green, D. P., Hesse, B., Humphreys, M., ……
Yarkoni, T. (2015). SCIENTIFIC STANDARDS. Promoting an open research culture.
Science (New York, N.Y.), 348 (6242), 1422‒1425. https://doi.org/10.1126/
science.aab2374.

Pestilli, F. (2018). Human white matter and knowledge representation. PLoS
Biology, 16 (4), e2005758. https://doi.org/10.1371/journal.pbio.2005758.

Phillips, K. W., Liljenquist, K. A., & Neale, M. A. (2009). Is the pain
worth the gain? The advantages and liabilities of agreeing with socially distinct
newcomers. Personality & Social Psychology Bulletin, 35 (3), 336‒350. https://doi.
org/10.1177/0146167208328062.

Poldrack, R. A. (2019). The Costs of Reproducibility. Neuron, 101 (1), 11‒
14. https://doi.org/10.1016/j.neuron.2018.11.030.

Poldrack, R.A., Barch, D.M., Mitchell, J.P., Wager, T.D., Wagner, A.D., Devlin, J.T.,
Cumba, C., Koyejo, O., & Milham, M.P. (2013). Toward open sharing of task‒based
fMRI data: the OpenfMRI project. Frontiers in Neuroinformatics, 7,12.

Post, C., De Lia, E., DiTomaso, N., Tirpak, T.M., & Borwankar, R. (2009).
Capitalizing on Thought Diversity for Innovation. Research‒Technology Management, 52,
14‒25.

Rattan, A., Savani, K., Komarraju, M., Morrison, M. M., Boggs, C., & Ambady,
N. (2018). Meta‒lay theories of scientific potential drive underrepresented students'
sense of belonging to science, technology, engineering, and mathematics (STEM).
Journal of Personality and Social Psychology, 115 (1), 54‒75. https://doi.org/10.1037/
pspi0000130.

Reilly, D., Taylor, M. A., Beattie, N. G., Campbell, J. H., McSharry, C., Aitchison, T.
C., Carter, R., & Stevenson, R. D. (1994). Is evidence for homoeopathy reproducible?
Lancet (London, England), 344 (8937), 1601‒1606. https://doi.org/10.1016/
s0140‒6736 (94) 90407‒3.

Rink, F. A., & Ellemers, N. (2009). Temporary versus permanent group
membership: How the future prospects of newcomers affect newcomer acceptance and
newcomer influence. Personality & Social Psychology Bulletin, 35 (6), 764‒775.
https://doi.org/10.1177/0146167209333177.

Roediger, H. L. 3rd. （2016）. Varieties of Fame in Psychology. Perspectives on Psychological Science : A Journal of the Association for Psychological Science, 11（6）, 882‒887. https://doi.org/10.1177/1745691616662457.

Rudman, L.A., Moss‒Racusin, C.A., Glick, P., & Phelan, J.E. （2012）. Reactions to Vanguards. New York: Academic Press,167–227.

Schneider, M.C., Holman, M.R., Diekman, A.B., & McAndrew, T. （2016）. Power, Conflict, and Community: How Gendered Views of Political Power Influence Women's Political Ambition. Political Psychology, 37, 515–531.

Sekaquaptewa, D., & Thompson, M. （2003）. Solo status, stereotype threat, and performance expectancies: Their effects on women's performance. Journal of Experimental Social Psychology, 39, 68–74.

Singh, J., & Fleming, L. （2009）. Lone Inventors as Source of Breakthroughs: Myth or Reality? Entrepreneurship & Economics eJournal.

Sinha, A. et al., （2015）. "An overview of Microsoft Academic Service（MAS）and applications" in Proceedings of the 24th International Conference on World Wide Web, Www'15 Companion,（ACM, 2015）, pp.243–246.

Smith, S.W. （1987）. IRIS—A university consortium for seismology. Reviews of Geophysics, 25, 1203–1207.

Sommers, S. R. （2006）. On racial diversity and group decision making: Identifying multiple effects of racial composition on jury deliberations. Journal of Personality and Social Psychology, 90（4）, 597‒612. https://doi.org/10.1037/0022–3514.90.4.597.

Spies, J. R. （2013）. "The Open Science Framework: Improving science by making it open and accessible," PhD thesis, University of Virginia, Charlottesville, VA （2013）.

Stodden, V. （2018）. "Reproducibility in computational and data‒enabled science" in Proceedings of the 27th International Symposium on High‒Performance Parallel and Distributed Computing,（Association for Computing Machinery, 2018）.

Stodden, V., Borwein, J. Bailey, D. H. （2013）. Setting the default to reproducible in computational science research. SIAM News 46, 4–6.

Swers, M. L. （2002）. The Difference Women Make: The Policy Impact of Women in Congress. Chicago: University of Chicago Press.

Swers, M. L. (2013). Women in the Club: Gender and Policy Making in the Senate. Chicago: University of Chicago Press.

Swers, M.L. (2001). Understanding the Policy Impact of Electing Women: Evidence from Research on Congress and State Legislatures. PS: Political Science & Politics, 34, 217–220.

Syed, M. (2017). Why Traditional Metrics May Not Adequately Represent Ethnic Minority Psychology. Perspectives on Psychological Science : A Journal of the Association for Psychological Science, 12 (6), 1162 – 1165. https://doi.org/10.1177/1745691617709590.

Thoman, D. B., Brown, E. R., Mason, A. Z., Harmsen, A. G., & Smith, J. L. (2015). The Role of Altruistic Values in Motivating Underrepresented Minority Students for Biomedicine. Bioscience, 65 (2), 183 – 188. https://doi.org/10.1093/biosci/biu199.

Travis, K. (2011). The team science revolution. Science Magazine. Retrieved August 10, 2020, from http://www.sciencemag.org/careers/2011/06/team–science–revolution.

UNESCO. (2015). UNESCO Science Report: Towards 2030, (UNESCO Publishing, 2015).

Valantine, H. A., & Collins, F. S. (2015). National Institutes of Health addresses the science of diversity. Proceedings of the National Academy of Sciences of the United States of America, 112 (40), 12240 – 12242. https://doi.org/10.1073/pnas.1515612112.

Ward, S. (2019). Inspiring women in crystallography (The Cambridge Crystallographic Data Centre [CCDC], (2019).

West, J. D., Jacquet, J., King, M. M., Correll, S. J., & Bergstrom, C. T. (2013). The role of gender in scholarly authorship. PloS One, 8 (7), e66212. https://doi.org/10.1371/journal.pone.0066212.

Wood, S.N., Pya, N., & Säfken, B. (2015). Smoothing Parameter and Model Selection for General Smooth Models. Journal of the American Statistical Association, 111, 1548 – 1563.

Wu, L., Wang, D., & Evans, J. A. (2019). Large teams develop and small teams disrupt science and technology. Nature, 566 (7744), 378 – 382. https://doi.

org/10.1038/s41586-019-0941-9.

Wuchty, S., Jones, B. F., & Uzzi, B. (2007). The increasing dominance of teams in production of knowledge. Science (New York, N.Y.), 316 (5827), 1036‑1039. https://doi.org/10.1126/science.1136099.

Yong, E. (2014). Psychology's credibility crisis. Discover Magazine. Retrueved August 8, 2020, from https://www.discovermagazine.com/mind/psychologys-credibility-crisis.

Zárate, M. A., Hall, G. N., & Plaut, V. C. (2017). Researchers of Color, Fame, and Impact. Perspectives on Psychological Science: A Journal of the Association for Psychological Science, 12 (6), 1176‑1178. https://doi.org/10.1177/1745691617710511.

（马箫箫　译）

开放科学与学术创业

开放科学的经济影响：一项快速实证评估 *

迈克尔·J·费尔（Michael J. Fell）

（伦敦大学学院能源研究所）

摘 要

通过促进研究成果和研究数据创造经济利益是开放获取的基本动力，但目前这方面的研究较为零散。本研究系统地分析了开放科学可以产生不同类型的经济影响（积极的和消极的）的实证研究成果，以及这些影响是怎么产生的、如何将利益最大化。目前尚未有明确的研究追溯开放科学成果的功用，大部分对开放科学影响的证据是基于访谈、调查，以及基于成本的推论、建模方法得出的。大量实证结果表明，对研究结论或数据的开放获取能够节省获取成本、人力成本和交易成本。开放科学促进产生新产品、服务、公司、研究，以及促进科研合作的例子不胜枚举。建模研究表明，如果开放获取允许提高数据的可获取性和使用效率，将会获得更多的科研回报。当前，开放科学面临缺乏检索、解释，挖掘数据能力不足，缺乏对在哪个环节产生效益的清晰认识等问题。思考谁从开放科学中获益最大（例如，部门、小公司还是大公司、数据类型）需要考虑背景因素。本文基于分析提出如下建议：对开放科学开展更多的研究、监测和评估（包括研发监测指标），促进开放科学产生积极效益，并不断开展能力建设，使开放科学成果更容易被受众接受。

关键词：开放科学；开放获取；开放数据；经济影响

---

* 文献来源：Fell, M. J.（2019）. The Economic Impacts of Open Science: A Rapid Evidence Assessment. Publications, 7, 46. doi:10.3390/publications7030046.

注：附录及参考文献有删改。

一、引言

提高科研的开放性是英国和国际社会科研实践的发展趋势。目前人们对开放科学抱有一种期待，即除了特定的情况，受英国研究委员会（UK Research Council）资助的研究将会以公开获取的方式出版，研究数据将被免费分享。欧盟在开放科学方面有多个项目，包括发布一项开放科学原则宣言和一个开放科学监测计划。在美国，《公平获取科学技术研究法》（Fair Access to Science and Technology Research Act）要求受公共资金资助的科研成果可以在线上免费公开获取。在其他利益的基础上，开放科学带来了"显著的社会和经济利益"（ElSabry，2017a）。虽然有研究讨论过这个话题（ElSabry，2017b；Tennant et al.，2016），但目前还没有系统研究总结开放科学产生经济利益的相关实证依据，并描绘开放科学可能带来的经济影响、这些经济影响是如何产生的以及如何使经济利益最大化的清晰图景。

本研究采用快速实证评估（REA）的方法，旨在找出最能回答如下问题的最佳可用证据：开放科学产生了哪些经济影响？具体而言，本研究的研究目标如下：

第一，明确目前开放科学产生的直接和间接经济影响的类型。

第二，找出开放科学产生经济影响的内在机制。

第三，明确开放科学是否产生了经济影响、在多大程度上产生了经济影响及其背景特征、开放科学在多大程度上作为产生以上经济影响的必要条件。

第四，评估不同类型（积极的和消极的）经济影响的重要性和重要程度。

第五，明确哪种经济影响（已经被建议）被记录或被测量，以及反事实因果（counterfactuals，如非开放科学方法）是如何被估算的。

第六，明确能够帮助促进产生经济效益最大化并减少开放科学相关成本的政策（或其他措施，包括但不仅限于更清晰或更好的知识交流和开放科学的方式）。

第七，明确经济影响和其他影响之间的权衡关系。

"开放科学"的意义丰富，范围广阔，涵盖从出版研究成果（而不是保密保存）到免费分享研究成果的各个环节，包括研究工具、数据分析过程和记录（OECD，2015）。其核心是公开透明、可获取、分享和合作（Vicente-Saez & Martinez-Fuentes，2018）。本研究中快速综述的范围限定在研究结果（通常通过开放获取出版的方式）和研究数据（开放研究数据）的开放获取，因为这是发展最成熟、最有可能成为证据并且研究资助者要求最清楚的部分。本文中的综述并不包含与开放科学相关的所有实践产生的全部影响。

本文综述了开放科学作为促成因素（contributory factor）产生的直接经济影响，包括对生产力、竞争力、就业、收入、投资和价值的影响。本文聚焦普遍意义的经济影响，而不局限于学术交流系统（例如，出版商、大学图书馆预算等），因为后者在向开放获取出版转型的讨论中已被充分讨论了。间接利益——例如，通过基于开放科学的科研成果研发药物或治疗手段提高了健康水平从而提高了经济生产力——被认为是潜在非常重要的议题，但不在本文研究的范围内。值得注意的是，经济影响一定不是开放科学做出积极（或消极）贡献的唯一的，或者最重要的方面——获取知识和数据具有远超以上方面的内在和外在的利益——但这些影响不是本文的研究内容。

本研究的重点是开放科学的经济影响。有研究关注开放科学的社会影响（ElSabry，2017a），如政策制定者和实践者如何利用研究成果，虽然也包括一些经济问题，但没有给出详尽的、有针对性的分析结果。本研究基础的方法论细节并没有展示如何确定研究论文和提取数据的方法。塔南特等的研究详细论述了开放获取研究成果的学术、经济和社会影响（Tennant et al.，2016），虽然提出了一些对非出版者的经济影响（是本研究的主要内容），但论述较少，也没有陈述筛选研究资料的过程。因此，十分有必要开展有针对性的、系统的关于开放科学的经济影响的研究。

接下来，本研究陈述了系统的综述方法，并呈现了综述研究结果。下文将这些内容分成几个部分，分别是评估经济影响的方法、开放科学的经济影响本身（分为收益和成本/挑战）、背景因素、在审查中提出的建议，最后得出结论并提出一些建议。

二、材料和方法

快速实证评估是用系统的综述方法找出研究主题的主要特点，提供符合相关主题政策利益的证据服务决策，找出研究缺口（补充材料）。它可以限制研究重点，以适应资源限制和政策时间表，是一种被广泛应用于英国政策制定的研究方法（Wilson & Sonderegger，2016）。与非系统评估相比，其主要优点为能够明确研究目标的层次，并减小遗漏重要实证结果的可能性。

在开展快速实证评估的过程中，需要在可涵盖材料的广度和在既定的研究条件下所能做出的综述的综合性之间做出权衡。对一个较小领域的研究问题做出系统和综合综述是可行的，因为这能提高不遗漏特定领域关键实证资料的概率，也能在不重新研究旧有研究材料的情况下寻找研究空间，并使持续更新综述数据成为可能。随着研究数据的不断增多，研究范围在未来可能被扩大，采用快速实证评估不用重新追溯先前的综述资料。

基于以上研究方法，本研究尤其关注研究方法、研究结果（开放获取出版）和研究数据（开放研究数据）免费传播产生的经济影响。预研究结果表明，在现有可获得的研究资源的基础上，开展综合的综述是可能的，但是增加其他相关主题（例如为研究开放资源软件）能够极大地增加综述材料的总量。在研究过程中获得大量关于开放获取/数据（例如需要专门开放资源软件以充分利用开放研究数据之处）的相关研究资料。为避免产生误解，没有直接服务研究目的的开放数据相关研究成果不是本研究的分析对象。

快速实证评估需要提前制订研究计划，具体说明如何确定研究资料、采用什么样的标准筛选资料、在现有资料中提取哪些信息、如何综合分析这些信息。本研究最初的研究计划详见 http://osf.io/jd3eb。管理限制（administrative restrictions）是指在研究初始阶段，研究工具不能公开获取。本研究计划征求了开放科学领域顶尖专家的意见，并采纳了相关建议。

下文描述了本研究的研究过程，重点阐述了在原始研究计划的基础上对研究计划做了哪些相关修改，并阐述了做出这些修改的理由。本研究遵循系统综述和元分析优先报告条目（Preferred reporting Items for Systematic Review and

Meta-analyses，PRISMA）指南中必要时保密的原则（Liberati et al.，2009）。

（一）检索、筛选和质量评估

检索策略指如何确定综述的分析材料的过程。本研究采用在线检索、引文查找、专家咨询的方式获得研究资料。在线检索需要明确具有可操作性的研究概念。表1为本研究确定检索的概念和术语，并显示了Scopus数据库中一个说明性检索字符串。

论文检索聚焦论文的主题、摘要、关键词，提高了与本研究研究问题直接相关的论文的采样率，但可能会遗漏一些相关的研究成果。预研究结果表明，使用全文拓展检索会引发难以管理大量样本的问题。术语"开放获取"被限定检索，以实现开放获取论文的检索结果最小化（开放获取经常出现在摘要的版权说明中）。在修订研究计划阶段，加入了一些其他检索词，包括缩略词CBA（cost benefit analysis，成本效益分析）和BCA（benefit cost analysis，效益成本分析），以及"一般均衡模型""投资回报率""增长核算"。所有检索过程详见附录B。

表 1　数据库检索词的构建

类别	开放科学	经济影响
概念	开放科学；开放数据；开放研究数据；开放获取；开放指标	经济影响；财政影响；货币影响；成本/效益分析；投入—产出；一般均衡模型；投资回报；增长核算
检索词	"open scien*"；"open data"；"open research data"；"open access" W/1 publ* OR paper* OR journal* OR book*；"open metric*"	econom*;finance*;cost*;mone*;cba; bca；"input-output"；"general equilibrium"；"return on investment"；"growth accounting"
Scopus 数据库检索式示例	TITLE-ABS-KEY［"open scien*" OR "open data" OR "open research data" OR（"open access" W/1 publ* OR paper* OR journal* OR book*）OR "open metric*" OR TITLE（"open access"）］AND TITLE-ABS-KEY（econom* OR financ* OR cost* OR mone* OR cba OR bca OR "input-output" OR "general equilibrium" OR "return on investment" OR "growth accounting"）	

本研究的检索策略在以下允许使用布尔运算符的数据库中运用：Scopus；Web of Science（所有数据库）；ScienceDirect。

对以下数据库的检索综合运用了上述检索词。这些数据库包括 JISC；英国政府网站（gov.uk）；创新英国（Innovate UK）；英国研究委员会（UK Research Council）和英格兰高等教育基金委员会（HEFCE）网站；谷歌学术［仅检索标题，只能显示前 300 条检索结果（Haddaway et al., 2015）］；开放数据机构（Open Data Institute）；数据策展中心（Digital Curation Science）；内斯塔（Nesta）；开放科学中心（Centre for Open Science）；开放研究资助者集团（Open Research Funders Group）；开放学术计划（Open Scholarship Initiative）；开放获取参考书目（Open Access Bibliography）；开放获取索引（Open Access Directory）；英国大学协会（Universities UK）；经济合作与发展组织图书馆（OECD Library）；欧盟网站（Europa.eu）；欧洲大学协会（European Universities Association）。

下载以上数据库的所有检索结果，并保存到参考文献管理软件中（Zotero v5.0，乔治梅森大学，阿灵顿，弗吉尼亚，美国）。本研究下载并保存了符合检索标准的其他文献的标题和初始筛选结果。在某些情况下，在文件检索过程中限定文献类型。例如，通过谷歌下载的资料仅限定为 PDF 格式。因为预研究表明，如果不这样限制，不便开展文献管理的大量普通资料检索结果通常需要重新检索。大量实证研究报告为 PDF 格式。虽然这种方式有遗失数据的风险，但在充分使用其他形式数据来源识别方式的基础上，考虑到可以节省大量时间，这种方法仍然是可行的。开放科学课题组检索到的所有文献资料都经过内部文件审核才最终确定下来。在此过程中开展了两次非正式的专家讨论，补充了专家建议增补的资料[①]。数据采集从 2017 年底开始启动，2018 年进行了一次非正式数据更新，2019 年 4 月开始论文写作时更新了小部分资料。

所有的参考文献都被导入系统综述管理软件 EPPI-Reviewer 4 中，并删

---

① 同样运用以上访谈方法确认、精简了案例研究的目标和访谈计划。

除了重复数据。由一名研究人员基于保留或排除标准筛选文献资料（见表 2 ）。首先对标题和摘要开展第一轮筛选，然后对文献资料内容进行第二轮筛选。

表 2 保留或排除标准筛选情况

保留	排除
英文资料	非英文资料
包括对研究方法、结果可公开获取的讨论和分析（开放获取出版），包括对研究数据可公开获取的讨论和分析（开放研究数据）	不包含研究方法、结果或数据公开获取的经济影响的讨论或分析
包括清晰地阐述了（通过实证研究）直接或间接经济影响的资料（有没有定量价值估算都包含在内）	没有阐述基于实证数据的经济影响
	只包含开放资源软件，没有讨论开放数据或开放获取出版
	关于开放获取出版或基于开放数据的研究，但概念阐述不清晰
	只关注出版商、大学和研究资助者在学术交流系统中的经济影响[1]
	宽泛地讨论开放数据，没有翔实的研究数据

根据以上标准，重新核查了所保留的文献资料清单，将所有相关文献资料都导入 EPPI-Reviewer 软件，通过全部筛选过程，研究团队成员对最终保留的文献资料开展逐一、详细的分析，重点讨论了在筛选过程中可能遗漏的文献资料。文献筛选过程以及每个筛选环节保留的文献资料数量见图 1。

在文献资料分析过程中，本研究通过文献质量评估确保质量较差的文献资料不被赋予过高的权重。由于本研究为探索性分析，进入分析阶段后，没有一篇文献由于质量标准而被删除。本研究基于 TAPUPAS[2] 理论开展文

---

① 这条标准是在研究计划已经确定后加入的,由于很多资料符合这条标准,正如引言中所说的那样,这种影响不是本研究所分析的经济影响的关键内容。

② 译者注：TAPUPAS 指透明性、准确性、目的明确性、实用性、适当性、可获取性、专一性（transparency, accuracy, purposivity, utility, propriety, accessibility, specificity），参见：https://www.scie.org.uk/publications/research mindedness/findingresources/assessingresearchquality/。

献资料质量评估，每份资料按照从差（0分）到好（2分）赋值（最初的研究计划为1—5分量表，但由于这种赋值方法不够准确又重新改成这个方案）。为最大限度地确保全面分析开放科学的经济影响，本研究在 EPPI 中心（EPPI-Centre）数据（经济）提取部分使用了七个观察点开展质量评估。受项目资源的限制，这是能够使用的最为详细的分析方法。

（二）提取

根据以下标准提取研究资料：

第一，作者机构，学术机构；工业企业；政府机构；其他非政府机构。

第二，国家。

第三，资助资金（如适用）。

第四，涵盖范围，开放获取出版；开放研究数据；其他。

第五，研究的主要目的。

第六，数据收集和分析方法，访谈；调查；宏观经济模型；成本效益分析；案例研究；其他。

第七，主要发现（对经济的影响）。

第八，引用到的相关政策。

第九，建议。

第十，质量评估（0—2赋分），透明；准确；研究目的明确；实用；适当；可获取性；专一性。

运用 NVivo（质性分析软件）对以上资料开展辅助性编码分析以提炼研究主题。

（三）分析

本研究围绕研究目的开展数据分析，采用主题分析法分析每一项研究的研究目的。例如，为分析经济影响的类型，在广泛的普遍主题（如节省劳动成本）背景下分析具体的例子，可以分析与量化数据相关的"影响"这个主题（例如，财政成本、岗位增加/损失等，都可以涵盖在这个主题中）。有的主题是基于相关背景因素被提炼出来的，本研究尤其关注对经济的持续影响（针对这个问题，单一的统计分析很难做到）。

（四）数据更新

2017年底到2018年初对本研究开展了最初的数据分析。2019年4月在撰写论文前又更新了数据，采用相同的文献检索方法，增补了2018—2019年的相关文献资料（详见附录B）。按照上述文献资料的筛选方法确定最终文献。

（五）结果描述

本研究对研究方法开展了总结性评价，探究了尚未被发现的利益和挑战（预估价值也包含在内），详细分析了与结果相关的背景因素，总结了促进利益最大化的建议。在数据分析过程中，详细的资料来源包括一些不可能或不希望被完全掌握的提示或背景信息。本文尝试分析相关局限性和背景信息。在论述正文之前，对以上情况的说明能够增加有用的背景和附加信息。

三、概括性综述总结

图1是快速实证评估的流程图，包括每个阶段保留或去除的文献的数量。

在本研究开始时，最早期的研究资料筛查包含了20篇需要详细摘录的资料，在数据更新阶段，增补了1篇文献，共包含21篇文献。这21篇文献的研究类型丰富多样，对文献质量评估提出了挑战。针对以上问题，采用了灵活的质量保障（Quality Assurance，QA）方法（TAPUPAS），有2篇论文由于缺乏详细的研究方法和结论分析而放在了数据分析的后半部分，另保留了5篇没有实证数据但研究问题与本研究的研究目的密切相关的论文。

从五种主要数据库收集的文献资料聚焦英国，其他的文献关注美国、加拿大、丹麦、芬兰或其他国家。除7篇文献外，所有的文献发表时间均在2014年以后。开放获取出版（8篇）和研究数据（9篇）两种类型的文献数量基本持平，有6篇论文的主题还与其他开放科学议题相关。本研究重点关注开放获取出版的经济影响，仅仅关注在大学、出版商和资助者系统产生的经济影响的文献不包含在此研究中。

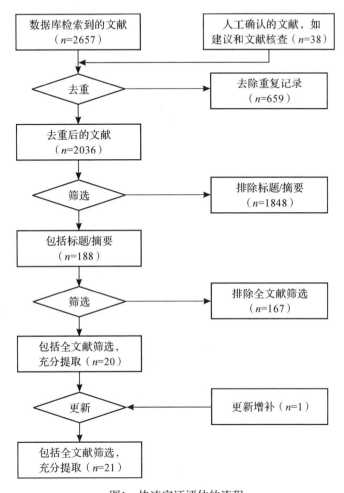

图1　快速实证评估的流程

　　本文最后保留下来的文献资料在作者和研究方法方面具有高度一致性。例如，约翰·霍顿（John Houghton）是6篇论文的合作者，很多研究都采用了相似的研究方法。相比于其他保留的文献资料（多以综合访谈、调查、桌面研究^①等研究方法分析经济影响，而不是只提供一种访谈数据），以上研

---

① 译者注：桌面研究（desk researeh）是不进行一手资料的实地调研和采集，而直接通过电脑、书籍等现有二手资料进行分析和研究的方法。

究的实证数据更加多样。重点关注对开放科学经济价值分析清晰度高的文献资料。对研究方法主要目的的总结分析见附录 A。

四、评估经济影响的方法

本研究根据评估学术界（通过引用即可测算）以外开放科学成果和效益的困难程度采用多种测算开放科学经济影响的方法。通常情况下，用户在访问开放科学成果时，在输入时不会留下足迹，并且不需要对开放科学的使用情况做出声明。现实情况中存在一种可能，当在使用开放科学过程中获得其在竞争中还没有意识到的优势时，公司会隐藏他们使用开放科学的事实。即便使用开放科学的行为是公开透明的，也会由于开放科学成果的开放性而增加评估具体经济影响的难度。

下文列出了研究者为克服以上挑战开展价值评估的一系列方法，主要包括通过调查和访谈获得用户信息及其对开放科学的看法，开展成本效益分析以及建模分析（通过对成本、效益以及用户的输入和假设的桌面研究）。以上方法被运用在某个特定的案例中（例如数据存储的科研合作）或被广泛应用于多个研究中（例如某一个国家层面）。通常，同一项研究综合使用多个研究方法。与采用标准的研究方法相比，研究方法的异质性增加了对比独立研究结果的难度。

（一）基于问题的方法

由于测量开放科学行为（例如直接观察开放科学实践）较为困难，人们通常采用直接询问用户的开放科学行为来开展研究。伯格里和霍顿采用了调查和访谈相结合的研究方法评估英国数据存储库（Beagrie & Houghton，2014）和欧洲生物信息研究所（European Bioinformatics Institute）（Beagrie & Houghton，2016）的开放科学实践所产生的经济影响。访谈的目的之一是完善问卷内容，例如，访谈给出了增加哪种成本效益分析的建议，同时对成本和效益是如何产生的开展了深入和详尽的分析。访谈法适用于研究被试数量较少、非随机分布，且研究结论不适合大范围推广的研究情景，例如，大量用户受特定因素的影响。本研究的文献资料中有较多的研究采用了访谈法（McDonald & Kelly，2017；Houghton et al.，2011；Parsons et al.，2011）。

伯格里（Beagrie）和霍顿（Houghton）的调查包括用户估算经济影响的因素、准备上传数据和处理下载数据所用的时间、不能获得开放数据的情况下完成工作的程度。结合估算工资成本、准备/使用开放数据的花费（也被称为投资价值）回答开放科学所产生的经济影响的问题。关于研究的其他问题，调查还要求用户估算愿意支付多少费用获得开放科学服务（目前是免费的），或者（愿意接受）以多少费用来放弃访问。条件价值评估（Contingent Valuation）允许免费价值评估，会通过了解其价值而阻止有支付能力的人提高支付意愿。从使用价值中减去支付意愿（在福利方法中）可以深入了解消费者剩余[①]。调查研究的主要缺点在于很难判定数据在多大程度上反映了"客观现实"。例如，在伯格里和霍顿的研究中，受访者被要求评估访问存储库中的数据对其工作效率的影响程度（百分比问卷）。在开展预研究的情况下也无法保证所有的被访者都用同样的方式回答该问题，或者做出准确的估算（或者明确知道在这种情况下效率的准确含义）。作者热衷于强调如上局限性，但当主要的研究结论从背景中获取时就很容易忽略以上警告。本研究中的一些其他文献资料也采用了调查研究法（Houghton et al.，2011）。

（二）成本效益分析（以及类似的）方法

本研究中，结合来自调查和访谈的数据以及基于桌面研究的信息和假设，以探讨成本效益分析的变体。在标准的成本效益分析中，研究者总结了利益相关者参与的可识别的现存或预期成本和收益（转换为货币术语），以测算产生哪种全面的成本和效益，谁负担了成本，对谁产生了效益。例如，在对人类基因组计划（Human Genome Project）的评估中，巴特尔（Battelle）能够计算出与开放科学相关的合作和组织所提供的额外就业价值，包括由此产生的税收收入（Tripp & Grueber，2011）。在对开放科学出版价值的评估中，

---

① 译者注：消费者剩余是指消费者消费一定数量的某种商品愿意支付的最高价格与这些商品的实际市场价格之间的差额。

霍顿等（Houghton et al.，2009），以及 CEPA LLP[1] 和 Mark Ware 咨询有限公司使用了在现行系统中的最佳成本估算方法，采用建模方法呈现在可替代性出版模式中成本是如何被改变的。在通过文本挖掘（包括开放科学的效益）研究经济价值的研究中，麦克唐纳和凯利借鉴了英国财政部关于政府评价的《绿色和品红书》（Green and Magenta Books）和关于风险管理的《橘色书》（Orange Book）推荐的成本效益分析技术（McDonald & Kelly，2017）。

CEPA LLP 和 Mark Ware 咨询有限公司使用的成本效益分析方法有效地阐明了学术交流体系中的成本和效益问题，但缺乏对其在更宽领域的经济影响的解释力。因此，霍顿等的研究使用了附加建模方法。他们使用了测算技术进步对经济增长影响（由科研驱动）的修正后的索洛—斯旺模型（Solow-Swan）。该模型通过对未来几年经济产生的价值的测算得出科研投入的回报率（Houghton et al.，2009）。本研究的文献资料根据科研产出的可获得性（例如，在多大程度上反映了技术进步）和科研经费对技术发展（这可能会通过减少重复研究或提高研究可复制性的开放科学实践得到改善，见下一部分）的转化效率修正测量模型。修正后的模型并没有阐明开放科学方法在多大程度上可以提高效率和可获得性（这些都是基于假设的），但提供了一种不同程度上提升可获得性或效率对价值的含义的指示。

关于开放获取出版的研究关注预估成本和收益，大量开放科学对经济影响的实证研究的实证数据通过案例研究采集而得。例如，欧洲生物信息学研究所（European Bioinformatics Institute）（Beagrie & Houghton，2016）、结构基因组学协会（Structural Genomics Consortium）（Jones et al.，2014）、结构生物信息学研究合作实验室蛋白质数据库（the Research Collaboratory for Structural Bioinformatics Protein Data Bank）（Sullivan et al.，2017）、经济和社会数据服务（Economic and Social Data Service）（Beagrie & Houghton，2012）等组织或数据库的科研合作研究活动。在用以上技术测算一般价值时，通常采用子案例研究的方法。在欧洲生物信息学研究所的案例中，部分工作

---

[1]　CEPA LLP 是英国的一家全球性金融和政策咨询服务公司。

涉及对某个公司开展案例研究以测量开放科学的经济影响。通过找出个案研究中的相关结论，本研究揭示了如何产生开放科学经济影响的具体案例。虽然这些案例的普遍性有限，但确实也有助于说明产生经济影响的途径，或者强调了没有预料到的产生经济影响的其他途径。

在评估开放数据影响时所采用的其他方法总体上更广泛地考虑了其可能产生的影响，包括社会投资回报率（仅为建议的方法）（Stuermer & Dapp，2016）和麦肯锡公司开展的对教育、健康和能源等领域的经济分析（Manyika et al., 2013）。该分析着眼于交通运输领域的问题，如改善基础设施规划和管理、优化快速投资（fleet investment）以及更好地了解消费者决策。麦肯锡公司的估算方法没有提供估算细节，但估算值非常高（开放科学每年对全球经济贡献 3 万亿美元）。然而，G20 开放数据报告认为，麦肯锡公司的估值低估了开放科学对全球的实际经济贡献（Gruen et al., 2014）。值得注意的是，开放数据的一般趋势不同于与经济影响相关的开放研究数据，详见以下背景性分析。

五、经济影响

本研究确立了测算与开放获取研究成果和数据相关的经济成本和效益的一系列方法，以及一系列价值估算，在下文中有详细说明。利益部分分为效率和实现两部分。

效率指在投入最少（通常是公共研究资助）的情况下获得相同的科研或创新成果。例如，如果开放获取出版允许在成本最低的情况下使相同数量的研究人员获取研究成果，这就是一种效率节约。然而，本研究并没有主要关注大学或出版领域的经济影响，这种效率常与提升科研回报率的更宽泛的经济影响相关。

实现指由开放科学引发的，在封闭环境中不太可能发生的经济影响行为。

其他部分展示了关于效率和实现的利益、成本和挑战、背景问题的证据，以及作者基于文献综述提出的相关建议。

（一）效率

效率的主要效益体现在节约访问成本、节约劳动力成本或提高生产率的潜力以及其他效率效益（如降低交易成本）等方面。本部分将更详细地探讨这些效益的相关实证依据。

1. 节约访问成本

在传统封闭模式下，用户必须付费才能获取研究成果或数据，或者自己付费创建研究数据或结论。有证据表明，开放研究结论和数据能够节约成本，并适用于研究的公共资助者（研究者是研究成果的最大消费者）和商业用户。

日本工业标准委员会（Japanese Industrial Standards Committee，JISC）2011 年的研究发现，英国高校中超过三分之二（68%）的研究者表示没有获取足够的期刊和会议论文；在工商业界，这一比例仅为 18%。然而，就期刊论文而言，在工商业界，四分之一的研究参与者认为获取期刊论文较为困难；在高等教育机构，这一比例仅为 5%（Rowlands et al.，2011）。获取资料的最主要的障碍是支付意愿。丹麦的一项获取研究成果的研究发现，一些公司采用变通方法（Houghton et al.，2011），例如在高校科研工作者和学生之间建立互惠访问的正式或非正式关系，或亲自去大学图书馆使用终端设备查找资料。

霍顿等总结了在开放或付费获取模式下与获取研究成果（如生产、出版、传播）相关的费用和成本节约。根据他们的分析，与收费获取方法相比，开放获取的每篇期刊论文便宜 813—1180 英镑，相当于每年（2007 年）为英国高等教育系统节省 0.8 亿—1.16 亿英镑，在图书出版领域节省的成本与之大致相当（Houghton et al.，2009）。这些数据引发了质疑估算出版费用准确性的争议。此研究及其他研究表明，英国的政策正向开放获取出版模式变革。一项关于英国大学的研究表明，向开放获取转型的过程受日益增长的文章处理费的影响（Jubb et al.，2017），对开放科学的净收益产生负面影响。

不同于出版物，研究数据并不倾向以组织订阅的方式获取，所以在该领域不适合使用相似的分析方法。然而，最近几年数据存储库发展迅速，用户在没有最低注册要求的情况下也可以访问很多数据。伯格里和霍顿开展了测量用户使用数据存储库节省了多少成本的研究，包括经济和社会数据服务（ESDS）（Beagrie & Houghton，2012）、考古数据服务（ADS）（Beagrie & Houghton，2013b）、英国大气数据服务（BADS，现为 CEDA 档案馆的一部分）（Beagrie & Houghton，2013a）、由欧洲生物信息学研究所（EBI）（Beagrie & Houghton，2016）管理的数据存储库。值得注意的是，其中一些存储库不仅包括开放的研究数据，还包括大量开放的政府数据。以下研究中包含的价值没有区分不同的数据来源，因此会高估与（单独）研究数据相关的价值。大多数英国数据服务中的数据向研究和教学用途的用户免费开放，商业用户需要付费。

作者通过调查询问这些数据服务的用户（主要来自研究部门），他们愿意为保留访问权限支付多少费用（愿意支付），以及他们愿意为了多少费用失去访问权限（愿意接受）。他们还要求用户估算使用数据服务的时间（包括上传前准备数据的时间），这可能涉及劳动成本。本研究的研究方法部分也提到，准确预估支付意愿非常困难，原因包括受访者在估算价值方面的困难，以及掩盖真实价值估计的动机、估算价值与实际购买行为之间的不匹配等方面也存在困难（Breidert et al.，2015）。

这些警告都被接受了，经济和社会数据服务（ESDS）的案例发现，每年的消费者剩余为 2100 万英镑——也就是说，用户表示愿意支付 2100 万英镑，而不是他们目前在数据服务劳动力成本上投资的 400 万英镑。由于提供数据服务的成本每年约为 300 万英镑，这相当于每年产生 1800 万英镑的净经济价值，是运营数据服务成本的 5 倍多。欧洲生物信息学研究所（European Bioinformatics Institute）的一项类似研究表明，用户愿意支付的费用约为 3.22 亿英镑，大约是年度运营预算（约 4700 万英镑）的 6 倍。采用类似方法估算结构生物信息学研究合作实验室蛋白质数据库经济影响的研究也发现了巨大的正向回报。例如，条件价值（或假设的支付意愿乘以根据网站访问量估计的用户数量）比项目的年度运营成本高出 100 多倍（Sullivan et al.，2017）。然而，应该指出的是，这项研究严重依赖以往估值工作的假设。

测量用户的付费意愿可能会低估他们对一项服务的价值，因为这些用户的资源非常有限。考古数据服务就是这种情况，用户支付数据服务的意愿非常低，以至于消费者剩余和净经济价值为负值。作者认为，在某些情况下（如在资金相对匮乏的部门），关注用户在没有资源限制的情况下接受付费的意愿更有指导意义。如果用这个来代替支付意愿，数据服务的净经济价值大约是 70 万英镑，约是运营预算的 8 倍。作者指出，英国大气数据服务（BADC）的用户也存在类似的资源限制，在这种情况下，受访者表示愿意支付的费用表明，在运营预算略高于 200 万英镑的情况下，该数据库的净经济价值略低于 100 万英镑。这些具体的例子说明了在提供免费资源对经济影响的一般指标之外的任何东西，以及（最多）提供潜在利益的有限证据方面所面临的挑战。

除了降低与获取研究成果相关的直接成本，开放科学还可以降低交易成本。结构基因组学联盟（Structural Genomics Consortium，SGC）[1]是一个旨在通过共享前竞争生物结构的开放获取信息来支持药物研发的合作研究机构。通过评估发现，其开放的协作方式避免了在合作伙伴之间建立多种材料转让协议而产生的直接成本和劳动力成本（Jones et al.，2014）。另一项研究估计，单个合作协议的成本可能高达数十万美元，考虑到结构基因组学联盟已经实现了广泛的合作（数百个设施之间），节省的成本相当可观。

使用文本/数据挖掘也可能节省交易成本。正常情况下，这些计划开展文本/数据挖掘的用户需要与多个发布者和内容提供商达成使用协议（McDonald & Kelly，2017）。文本和数据挖掘版权例外的引入减轻了非商业用途的公开获取负担，但商业用途仍然受到限制，在大量下载材料和分享产出方面还存在其他障碍。欧盟层面正在开展运动以解决这些问题。除了达成此类协议所需的成本和时间，它增加了此类项目的不确定性，因为有些协议可能无法达成。开放获取方法有可能降低此类成本[2]。

---

① 结构基因组学联盟是一个致力于开放科学的全球公私合作伙伴关系的机构，参见 https://www.thesgc.org/about/what_is_the_sgc。

② 尚没有发现节约此类成本规模的资金测算。

2. 节约劳动力成本或提高生产率

企业和研究人员获取研究成果需要花费时间成本，反映为劳动力成本。人们获取封闭研究成果比获取开放研究成果需要花费更长的时间。霍顿等在丹麦开展的一项调查发现，知识型中小企业员工平均花费 51 分钟来获取他们较难获取的最新研究成果，大学研究人员平均花费 63 分钟（Houghton et al.，2011）。假设他们每年有 17 篇文章较难获取，基于员工平均工资测算，这种延迟成本可能高达 7000 万欧元（尽管作者指出，他们的样本不具有代表性）[①]。理论上，在消除了获取障碍的情况下，可以节省以上成本。然而，与开放获取相关的实际节省的时间还没有经过测算。帕森斯（Parsons）等（Parsons et al.，2011）开展的一项访谈研究结果也支持上述结论。

上面提到的伯格里和霍顿也在开展数据存储库研究试图估算数据存储库用户累计节省的时间。通过询问研究参与者估算处理存储库数据的时间（价值基于平均工资测算），使用百分比测算与不可使用数据存储库相比获取数据的时间效率。这种测算遇到很多困难，研究者也用不同方式报告了研究参与者对该问题的理解的相关问题。然而，开放式问题使深入理解这种阐释成为可能。例如，用户考虑到了解决填表、实地访问数据库的时间，以及与运用数据库数据相关的其他效率。根据这些反馈，研究人员认为，经济和社会数据服务（ESDS）每年可能会获得价值 6800 万到 1 亿英镑的效率收益。与之相比，考古数据服务（ADS，1300 万—5800 万英镑）和英国大气数据服务（BADC，1000 万—5800 万英镑）的效率收益较小，但也产生了积极的效益[②]。据估算，欧洲生物信息学研究所节省了大约 10 亿—50 亿英镑，至少是直接运营成本的 20 倍。

除了使个人研究成果更容易被获取，开放获取还可以促进文本和数据挖掘，从而允许通过分析大量文本或数据来生成新信息。这样做的一个关键好处是，可以减少从源文件中提取有用信息花费的时间（与手动方法相比）很难估算节省时间的程度，但麦克唐纳和凯利提出了以下建议：如果文本挖掘

---

① 相比之下，英国的国民生产总值是丹麦的 8.5 倍。

② 注意，作者强调由于数据的计算方式存在差异，数据之间不能直接相比。

能够使生产力提高 2%，相当于每位科研工作者每周工作的 45 分钟，这意味着超过 470 万工作小时和每年价值 1.235 亿至 1.568 亿英镑的额外生产力（McDonald & Kelly，2017）。

值得注意的是，文本和数据挖掘的一些应用，如过滤和只向用户展示相关研究，可能会产生诸如缺少关键证据的负面后果，除非有相当大比例的可用内容可供挖掘。

3. 其他效率效益

开放科学可以通过多种方式提高研究效率，从而产生积极的经济影响。封闭研究会导致高重复率，即不同的研究团队在互相不知情的情况下开展相同的研究。研究的封闭性本质上使这种重复性研究难以估算，但对 18 家大公司的药物专利的分析表明，86% 的目标化合物是由两家以上的公司研究的（Leeson & St-Gallay，2011）。明确区分重复性研究和可再现性研究非常重要（后者有助于提高结论的可信度）。重复性研究是一个问题，因为多家公司可能会投资开发（或其他创新）一种已经被证明无效的化合物（Savage，2016）。冗余的研究比开放科学的问题更为广泛，这与诸如"无效"结果普遍未发表之类的挑战有关（Chalmers & Glasziou，2009）。诸如注册试验之类的开放方法可以改善这种状况，在这种情况下，通过减少抑制"不显著"的结果，避免重复使用已被证明无效的方法而造成浪费。文本和数据挖掘使识别之前的研究发现变得更加容易（McDonald & Kelly，2017）。现有研究反复强调降低研究生产力的挑战（Bloom et al.，2017），上述因素有可能缓解这种情况。

到目前为止，实证证据集中在效率上，或者用更少的投入做同样的事情。从这里得到的启发是，企业能够在封闭的情况下获取研究成果和数据，但付出了更高的财务和其他资源成本。然而，也存在一种开放方法使获取、连接和合作都不可能发生，或者发生得更慢的机制。这是下一部分的主要内容。

（二）实现

实现的效益主要以新产品、服务、公司和协作的形式出现，以及许可工作（原本无法进行）。

1. 新产品、服务、公司

开放科学方法有可能导致新产品、新服务、新公司甚至新产业的发展（Gruen et al.，2014；Houghton & Sheehan，2006）。本研究没有揭示出任何经济——甚至行业——试图估算发生这种情况的程度。然而，有一些案例阐述了存在这种机制，并分析了这种机制产生的背景。这些案例均来自生命科学领域（参见下面关于上下文问题的进一步讨论）。

最大的开放研究数据项目可能是人类基因组计划，该计划从 1990 年持续到 2003 年，主要由美国政府资助（38 亿美元）。研究发现的数据在 24 小时内公开。人类基因组计划中数据的可用性促进了新的诊断测试和新技术的发展，并为许多新的疾病治疗和治疗方法提供了信息。例如，遗传信息的使用为新的测试提供了信息，从而可以预测不良反应——这减少了对易受伤害的病人的伤害，同时允许有效药物继续用在不对其构成风险的人的身上（Tripp & Grueber，2011）。从农业和环境到法医和工业生物技术等一系列领域都广泛使用了这一产品和服务。对该项目的经济影响评估发现，它产生了 7960 亿美元的经济（产出）影响，个人收入超过 2440 亿美元，并创造了 380 万个就业岗位（Tripp & Grueber，2011）。

由于研究报告没有特别关注项目的"开放性"，因此无法评估在更封闭的模式下如何产生收益。然而，其他研究利用了这样一个事实：由赛莱拉公司（Celera）[①] 运行的一个并行的、相对封闭的测序工作产生了一些知识产权保护的数据（Williams，2013）。据估算，"赛莱拉公司的知识产权导致随后的科学研究和产品开发减少了 20%—30%"，这是使用赛莱拉公司数据将带来的额外交易成本的结果。需要注意的是，这一发现可能并不代表研究工作"失败"——它可能只是集中在非赛莱拉公司的基因上。

有很多从其他相似项目中产生新产品和新公司的例子。结构基因组学联盟是一个非营利性的公私合作伙伴关系，从事蛋白质结构的研究，免费发布结构数据，不受专利保护。一项评估发现，在一项小样本（共 17 名受访者）调查中，有一半的受访者认为他们的研究成果将会被开发或试验成一种药物

---

① 译者注：赛莱拉公司（Celera）是专注于基因测序和相关技术的公司。

产品，三名受访者表示他们的研究已经被开发成了药物。JQ1[①]，一项与结构基因组学联盟的合作研究发现，治疗癌症的方法就是一个很好的例子。在这一发现之后，葛兰素史克（GlaxoSmithKline）启动了专利研究项目，并在两年内进行了临床试验。有研究比较了与 JQ1 相关的专利数量，四年后，已申请到 105 项专利，而两种类似的化合物没有公开发表，平均申请到 29 项（Arshad et al.，2016）。结构基因组学联盟产生了三家子公司，其中一家是与 JQ1 相关的 Tensha Therapeutics，它获得了 1500 万美元的原始投资，并在一年内被罗氏公司（Roche）以 5.35 亿美元的价格收购。

2. 协作

人们并没有很清楚地认识到，如果最初的项目本质上不是开放的就不会产生新产品或新公司的结构基因组学联盟的经验表明，这种开放模型可以产生额外的效益，这意味着研究可能会发生，如果不是开放模型，研究则不会发生，这是一种新的竞争前多方利益相关者合作研究（pre-competitive multi-stakeholder collaborative research）。结构基因组学联盟的案例表明，可能存在的利益冲突能够提高校企合作的标准（Perkmann & Schildt，2015）。例如，企业希望获得与学术公开发表的要求背道而驰的知识产出，或者大学提出自己的知识产权要求。结构基因组学联盟通过多种方式达到上述目标，比如在不附带公司信息的情况下公布目标蛋白质列表（从而保护公司的研究利益），以及不公开披露的目标列表蛋白质结构，只有在分解时才会被释放。通过提供这种保障措施——被认为是"深思熟虑地揭示"和为了"实现多重目标"——结构基因组学联盟能够从惠康信托基金（Wellcome Trust）、葛兰素史克公司、诺华（Novartis）、默克（Merck）、政府组织和其他小基金会中吸引资金。2011 年，该联盟的报告称，包括辉瑞（Pfizer）在内的两个新成员加入，新成员与老成员一道承诺为未来四年的研究提供 5000 万美元资金支持，并于 2010 年提供 900 万美元的实物捐款。另一个主要的公开合作是在蒙特利尔神经学研究所和医院的早期阶段。虽然目前还没有评估其影响，但是已经制订了一项评估计划，该计划还将更广泛地考察开放科学方法在国际上的影响、

---

① 译者注：JQ1 是一种能够抑制 BRD4 蛋白与染色质结合并抑制其转录调节功能的小分子抑制剂。

新指标的潜力，以及其他相关问题。

开放科学合作也发生在其他学科领域，例如奥胡斯大学（Aarhus University）的智能聚合物和纳米复合材料（SPOMAN）项目。合作重点更多的是合作构想，由合作公司参与确定研究重点。这项研究的重点是基础知识，合作伙伴可能不会申请专利。相反，所有的产出（包括数据、代码和实验记录）都是公开共享的，公司可以自由地就研究结果的具体应用申请专利。目前还没有对该项目进行经济评估。

3. 许可工作

开放科学的一个重要贡献是在开放科学成果的基础上能够开展在封闭模式下不可能开展的延续性研究。例如，欧洲生物信息研究所发现45%的受访者无法通过数据存储库找到数据，也无法自己创设数据（Beagrie & Houghton，2016）。基于这些数据开展的很多研究工作就像在不存在这个机构的情况下重复劳动（虽然必须考虑的一个反事实是机构应该分配多少研究基金）。对经济和社会数据服务（Economic and Social Data Service）的评估报告显示，大约37%的受访者遇到了相似的情况（Beagrie & Houghton，2012）。

通过开放科学技术提高文本和数据挖掘能力能够发现先前研究中未被发掘的不同研究领域的可能性联系（McDonald & Kelly，2017）。这样的案例提供了一种分析工具，用于分析互不相关的生物医学文献以确立药物沙利度胺（thalidomide）可能的新疾病靶点，如果不是在开放科学的条件下，这样的延续研究未来很难开展（Weeber et al.，2003）。如上所述，如果研发对经济产生积极的影响，在开放科学成果基础上开展的任何额外研究（例如，相比于重复现有数据）都有助于实现这一目标。

本研究在研究方法中指出，采用了宏观经济模型在更宽的经济领域探讨更多的开放科学研究方式的科研回报率，具体关注以下两个因素的影响：第一，可访问性，或研究成果可被用户访问的程度；第二，效率，或研发产生的对社会或经济有用的知识的程度（Houghton & Sheehan，2009）。

这些变量概括了上述的许多影响。这种研究模型需要很多大型的研究假设，所以结果非常可靠。然而，保守估计，如果英国数据的可访问性和效率提高 5%，公共研发部门每年的回报就会增加 1.72 亿英镑（Houghton et al.，2009）。由于每年都会获得这种回报（假设可访问性、效率的增长是永久的），所以能够促进经济增长。

（三）成本和挑战

本研究也关注是否存在开放科学对经济产生消极影响的相关实证依据。虽然有一些花费额外成本的案例（如准备数据或支付文章处理费），但还没有总体价值估算为负值的研究。除直接成本外，也有一些研究表明开放科学没有产生足够的效益，或者甚至有一些负面影响。然而，没有一项研究试图评估这些影响。本部分重点讨论这些问题的实证依据。

一些研究表明，公司（或其他组织）缺乏使用开放研究的能力会减少潜在的效益。例如，霍顿等（Houghton et al.，2011）在丹麦开展的研究发现，开放获取的第二个困难是在线检索论文，但检索不到。作者表示主要是中小企业缺乏高水平的信息素养技能导致的。约翰逊等指出，类似的技能短缺导致缺乏开放数据（一般而言）所强调的责任（Johnson et al.，2017），相似地，缺乏对文本挖掘价值的认识被认为是无法充分实现开放科学效益的原因（McDonald & Kelly，2017）。胡贝尔等也强调了影响开放数据（不仅是研究数据）效益最大化的认知和技能障碍，同时也强调了一些其他障碍，如未来数据可用性的不确定性、被模仿的风险（因为别人可以获取数据）、法律和声誉风险（Huber et al.，2018）。

重要的问题还包括参与开放科学的好处是什么，以及开放科学对一般的研究行为意味着什么。以上问题部分与商业回报直接相关。例如，像结构基因组学联盟早期的合作研究是成功的，（与经济利益直接相关）后期的研究应采用不太适用于开放科学的方法，因为公司在这个阶段很难保护知识产权（Savage，2016）。摩根（Morgan）指出，如果政府能够对以开放方式研发的药物提供"监管排他性"，那这也是一种替代性保护方案（Morgan et al.，2018）。研究人员在开展开放科学研究的过程中会产生间接效益或不利条件等相关问题。主要存在的潜在冲突是机构期望将研究成果发表在某些不支持开放获取的期刊上（Chataway et al.，2017）。研究人员还担心由于发表开放科学成果而被视为缺乏信誉（Schomberg，2015）。

一些研究关注研究人员推迟发表论文的潜在动机是什么，因为成果发表经常要求研究人员公开研究数据，这不利于研究人员充分利用这些研究数据（Mueller-Langer & Andreoli-Versbach，2017）。共享数据的要求甚至变成了收集数据的抑制性因素（因为研究人员期望充分利用收集到的研究数据的价值）。一项关注研究人员收集和分享研究数据的模型化研究结果表明，如果强制公开数据的要求导致发表延迟，将会影响学术界的整体（经济）福利。

另一种推测是研究人员面临研究机构或资助者对研究成果商业化以及公开分享研究结果和数据的期望和要求之间的压力。虽然原则上这种紧张关系被证明是存在的（在个人资助者关于商业化和公开性的政策声明中），但目前还没有实证依据表明研究人员意识到了这种紧张关系（Caulfield et al.，2012）。本研究没有对接受公共资助（例如，通过大学专利或衍生产品）的研究成果的直接商业化所产生的经济价值与开放科学成果的商业转化的对比开展任何成本效益分析。最后，在普遍开放数据的背景中提出一个问题，即为可能用于商业用途的数据提供公共资金是否意味着补贴（Johnson et al.，2017）。这会引发如果数据的商业化应用仅对公民产生有限的利益的担忧。

（四）情境性问题

本篇综述揭示了开放科学在一些研究领域的关注点。所有对公共、私人开放研究合作的经济评估都集中在生命科学领域，如人类基因组计划、结构基因组学联盟和欧洲生物信息学研究所。共同点是合作者希望共同支持（而非重复）能为产品开发提供信息的基础分析。就像萨维奇所提出的，将这种合作拓展到药物研发过程中的努力却不太成功（Savage，2016）。目前还没有在其他领域开展开放研究合作的经济分析。这种现象的原因还不太明确——可能是基础发现转化为商业治疗的比例在下降，加上现有药物专利过期，导致制药公司尤其倾向采用开放创新方法（De Vrueh & Crommelin，

2017）。该行业受到严格的监管，比其他行业更能激励成本分担。然而，没有理由认为生命科学在提供基础研究合作的可能性以支持未来发展方面是独一无二的。智能聚合物和纳米复合材料项目在材料科学领域的例子，以及得益于接受英国地质调查局（British Geological Survey）公共资助而运行的国家地质存储库（National Geological Repository，NGR）的案例说明了这一点。自然环境研究委员会（Natural Environment Research Council）的一项评估强调了国家地质存储库公开提供的岩心样本在提高钻井和岩土工程公司运营效率方面的作用。

有证据表明，开放科学的经济影响更容易发生在特定的商业领域。韦尔的研究发现，大公司 86% 的受访者表示通过公司订阅获得研究信息，这一比例在中小型公司中为 77%；大公司中使用公开获取资源的比例为 68%，中小型公司的比例为 71%。在大公司中，27% 的受访者使用内部信息服务，而中小企业的这一比例为 15%（Mark Ware Consulting Ltd，2009）。然而韦尔没有明确指出，虽然没有考虑使用开放信息的能力，中小企业似乎从研究成果开放获取日益增加中获得不成比例的收益（详见下文中的建议部分）。

基于对开放数据商业模式的广泛分析可以明显发现，很多人依赖获取诸如气象或运输条件（如城市地图服务[①]）的实时数据。虽然有实施开放研究数据馈送的例子（如伦敦航空[②]提供空气污染程度的信息），但本篇综述中的研究数据只涉及离散的、固定的研究数据。即使在数据频繁发布的情况下（如人类基因工程，在数据收集后的 24 小时内公开），也不允许有城市地图服务类的商业模式，因为对大多数开放研究数据而言，这条商业化道路是行不通的。也有人提出，研究数据的颗粒度降低了其商业潜力。蒂姆·瓦内因（Tim Vines）在学术厨房（Scholarly Kitchen）网站上写到，与以个人或单位为共同线索的社交媒体或城市数据不同，大多数科学数据具有规模小且收集这些数据是为了回答一个非常具体的问题的特点（Vines，2017）。

在本研究的综述文章中，也有关于不同地区研发回报的讨论，根据不

---

① https://citymapper.com/london.

② https://www.londonair.org.uk/LondonAir/Default.aspx.

同的地区可以推断研究数据、结果的开放程度。例如，霍顿等提出，就国内经济价值而言，国内知识的权重应为 66%—73%，而国外知识的权重应为 27%—33%（Houghton et al.，2009）。但是，他们并没有估算开放研究结论和数据是否或者怎样影响以上权重。在地方层面，没有证据表明当地研究团队产生的开放成果对当地经济产生了直接影响。然而，就像在上文"效率"部分所分析的那样，公司有时确实会因为靠近当地大学，能够获取图书馆的研究资源而受益。研究结果和数据开放获取的不断增加可能会降低这种靠近图书馆的"变通方法"的重要性。

（五）综述中提出的建议

综述中的大部分研究资料包含关于提高开放科学的积极经济影响以及支持未来相关研究的建议。大部分建议建立在普遍推广开放科学方法的基础上，包括确保数据准备和出版费用的资金支持（Houghton et al.，2009）以及创建更多数据期刊和鼓励大学支持数据即时公开（Mueller-Langer & Andreoli-Versbach，2017）。还有人呼吁创建对研究结果的文本和数据挖掘的特殊获取条件（McDonald & Kelly，2017）。学者也提出了一些关注使用开放科学成果所产生的效益的建议。帕森斯等发现，缺乏检索技巧和对专业知识的解释能力是使用开放获取资源的障碍（Parsons et al.，2011）。建议建立用户友好型的数据存储库（例如，简化用户界面，提供概要，改进与业务相关的元数据，为学者提供如何向商业受众呈现研究成果的相关建议）。

在确定新的评估指标的帮助下，对开放科学的经济影响开展更多的研究、监测和评估与开放科学的经济影响密切相关。就像前文中提到的，目前缺乏开放科学成果实际应用情况的可用的、可比较的数据，因此很难确定其经济影响。研究依赖报告的使用情况（如通过调查）、设想或详细的案例研究。论文被引率这样的常规科研评价指标和专利创新性指标（在开放创新的背景中）与开放科学经济影响的相关度较小，或对开放科学成果对创新的贡献缺乏深入的解释力。如果缺乏强有力的证据证明可以将开放科学的积极经济影响最大化，就很难设计开放科学的有效支持政策。

反思对数据存储库（Beagrie & Houghton，2014）和欧洲生物信息学研究所（Beagrie & Houghton，2016）的评价，作者建议收集、报告更多关于成本、使用和用户（意愿）的数据，并用标准化的方式收集数据，以便可以开展更多的比较和细致分析。目前很多研究正在朝着这样的方向发展，例如 Crossref 的 DOI 事件跟踪器试点。霍顿和希恩呼吁采用更好的方法来跟踪研发产生的知识转化为经济价值（这取决于科研成果的开放程度），确定价值本地化或溢出到其他地区的程度（Houghton & Sheehan，2006）。这些领域的研究确实也取得了一些进展（Mowery & Ziedonis，2014；Fukugawa，2016），但本研究并没有发现关于这些研究进展融入开放科学的经济影响的实证依据（虽然在加拿大麦吉尔大学正在开展的研究中包括开放科学对当地的影响）。其塔韦等指出，需要更好地了解开放获取研究成果如何影响公司使用的相关研究，尤其是研究数据，并强调为了支持此观点人们已经做出的努力（Chataway et al.，2017）。霍顿等提出了研究指标和激励措施的案例，这些指标和激励措施更好地反映了创新的开放式研究交流模式的价值（Houghton et al.，2009）。帕森斯等提出了一系列建议，包括开放获取如何影响搜索引擎的可发现性，在不同组织背景中使用开放材料的意识，数据存储库对商业用户的可用性，以及不同组织、能力在使用开放材料中所发挥的作用（Parsons et al.，2011）。

（六）研究局限性

如上文所言，本研究可能会遗漏开放科学其他积极或消极经济影响的文献。本研究的方案包括广泛的检索策略，结合引文追踪和专家输入或审查，旨在最大限度地减少这种可能性——但仍然存在这种可能性。由于本研究的文件筛选和编码是由作者一人完成的，所以可能会存在资源限制的问题——如果有第二位研究人员编码能够增强论文筛选结果和分析结果的准确性。在制定和开展这项研究综述的整个过程中收到的专家意见将在很大程度上减小这种风险。

从更广泛意义上而言，我在文章的摘要中提及本研究的实证依据具有零散和多样的特点。我尝试分析不同研究方法的优势和不足。然而，我们必须意识到在已经发表的或者正在开展的研究中存在系统性偏见的风险。发表偏见（作者、编辑、审稿人等不太可能提交或接受"不显著"的结果或那些与期望甚至愿望相反的结果）的挑战是众所周知的现象（Rothstein et al.，2005）。我们应该问一问研究人员（或项目资助者）是否更愿意检查或评估那些没有取得明显成功的开放科学的案例，而不是那些明显取得成功的开放科学的案例。他们可能愿意，但也不能肯定地说，在定量元分析中识别这一点的技术（如漏斗图）在本研究中并不适用。我们也应该认识到，人们对开放科学很可能存在强烈的社会期望偏见——很难反驳自由便捷地获取研究结果和数据的理念。研究参与者可能倾向支持这一观点。这也不是说本研究中的文献都是有偏见的。更确切地说，我们应该对研究综述中由于各种原因没有意识到（通常更有可能是负面结果）的研究结果缺失的可能性保持警惕。这也是呼吁更多的研究从更广泛的来源获取资料的另一个动机。

六、结论和建议

（一）结论

本研究呈现了旨在确定开放科学经济影响的最佳可用证据的一项快速实证评估结果。本部分将简要总结本研究的主要发现以及对政策制定者可能产生的影响。

使用开放科学成果（如公司）通常不会留下明显的痕迹，所以大部分关于开放科学影响的证据是在访谈、调查、基于现有成本的推断和建模方法的基础上获得的。例如，使用调查法询问开放数据用户收集数据所花费的时间以及在开放数据条件下节省的时间，然后通过工资估算评估节省下的劳动力成本。采用支付/接受方式的意愿估算免费资源的价值。这种方式可能会引起测量误差，对现有成本（如发表研究成果涉及的费用）的假设也经常备受争议。

本研究发现了开放获取研究结果和数据通过效率和实现产生积极的经济影响，但是实证数据较为分散且多样。效率意味着用较少的投入（通常指公共研究资助）获得相同的科研或创新成果。例如，如果开放获取出版可以证明能够使相同数量的研究人员以较低的总成本获取研究成果，则意味着效率的节约。这意味着开放科学方法产生经济上有影响力的活动的方式，这些活动在封闭条件中不太可能发生。

就效率而言，目前有明确的证据表明，开放获取结果、数据能节约获取成本、劳动力成本和交易成本。开放获取能够在大学、出版系统中实现节约成本的效果，虽然（如上所述）建模假设存在争议，并且在过渡到某些模型时成本较高，但开放获取能够降低企业获取研究结果（或提高可用性）的成本，如果企业缺乏获取、使用研究成果、数据的能力，这可能只是一种"潜在的"成本节约。更早获取研究结果、数据能够减少获取所需要的时间，从而节省劳动力成本。也有一些证据表明开放科学降低了交易成本，如数据挖掘的材料转让协议（虽然开放科学本身并没有消除这种障碍，但文本和数据挖掘版权例外适用于非商业用途）。

开放科学催生新产品、新服务、新公司、新研究和新合作的例子不胜枚举。诸如人类基因组计划、结构基因组学联盟和欧洲生物信息学研究所等多方利益相关方的合作，都是通过尽早公开数据的协议得以实现的。结构基因组学联盟发现了一种具有治疗癌症潜力的化合物（JQ1）。葛兰素史克在此基础上开展了产品临床试验。与发现 JQ1 相关的专利数量的一项对比研究发现，四年后，与 JQ1 相关的研究已申请了 105 项专利，而没有公开发布的两种类似的化合物平均只申请了 29 项专利。结构基因组学联盟产生了三家子公司，其中一家是与 JQ1 有关的 Tensha Therapeutics。它获得了 1500 万美元的初始投资，并在一年内被罗氏以 5.35 亿美元收购。欧洲生物信息学研究所的评估发现，45% 的受访者既无法通过其他地方的数据存储库找到他们想访问的数据，也无法自己创建数据。

模型研究表明，开放获取通过更高的可获得性和效率产生更高的研发回报。现有研究采用宏观经济建模方法探索更开放的科学方法对更广泛经济中研发回报的潜在影响。具体来说，此类研究关注以下因素的影响：第一，可访问性，或研究成果可被用户访问的程度；第二，效率，或研发产生的对社会或经济有用的知识的程度。

据估算，2009年，英国通过在可获得性和效率方面提高5%，对公共部门研发产生每年1.72亿英镑的价值。这样的模型包括许多一般假设。

虽然本研究明确了与更大的开放性相关的特定额外或不同成本（例如为发表准备数据而产生的额外成本），但没有一项整体净值估算是负值。使用开放科学成果的主要障碍包括缺乏检索、解释和文本挖掘方面的技能，以及缺乏对收益来源的明确认识。有证据表明，中小企业缺乏更高层次的信息技能。建模数据表明，强制性的数据共享可能会导致科研人员推迟发表科研成果，从而影响学术界的整体利益。也有研究指出（但几乎没有证据），研究商业化和更开放的方法之间存在紧张关系。

对于谁从开放科学中获益最大（例如，哪些部门，中小企业还是大企业）、数据类型（实时的还是静态的）、产生的地方效益的程度分析均考虑到了情境性。所评估的主要的科研合作均在生命科学领域，合作者共同支持基础科学。后期的研究合作没有那么成功。与大公司相比，中小企业不太可能选择机构订阅（例如，期刊），因此能够从开放获取中获得更多的效益，但也面临需要更多的时间和技能的限制。与其他形式的开放数据（如公共交通发车）相比，研究数据具有更静态、更细粒度的特点，也因此降低了其商业潜力。尽管以前的评估表明，国内知识比国外知识更有价值，但目前还没有关于开放科学在效益本土化中所扮演角色的实证依据。

研究中的建议包括对该领域开展更多的研究、监测和评价（包括指标），促进效益和能力建设，使产品对受众更加友好。目前缺乏关于开放科学成果实际应用的可用的、可比较的数据，在可能的情况下，数据库和开放合作应该收集更多关于成本、使用和用户的数据。最近开发了一个用于跟踪开放科学影响的工具包，有利于过程的改进和形式化（Gold et al.，2019）。需要开展更多开放如何影响本地和全球研发回报的工作。需要更好地理解公司如何应用包括开放产出在内的研发成果。应该考虑促进材料开放的好处，加强当地公司使用开放成果的能力建设。改进数据存储库的设计和内容，便于更多用户更容易访问和使用数据库（例如，简化用户界面、提供摘要、改进与业务相关的元数据、就如何向商业受众展示研究发现向学者提供建议）。

（二）建议

上述研究发现表明，开放科学具有产生一系列经济效益的潜力。基于这些研究发现，我向政策制定者和研究资助者提出如下建议。这些建议不包括增加开放成果的数量以及加强可用性/相互操作性等措施，这些是更广泛的开放科学政策的目标。这些建议关注开放科学所产生的积极的经济影响可能最大化的具体方式。每项建议的相关性将因国家情况而异。

1. 促进和支持新的开放合作

本研究提供了一些利益相关者公私合作解决竞争前研究挑战的案例。这些案例支持增加研发资金和发展新产品和公司的结论。研究资助者应该审查特定课题的责任范围（例如，可能为后续创新提供信息的基础研究，多个大型私营竞争对手、重大的监管负担），并在适合的领域促进合作。应制定一般原则和指导意见，以平衡开放要求与公司合作伙伴的商业利益（如结构基因组学联盟开放科学信托协议）。充分探索这种合作的益处，并积极向潜在的商业伙伴宣传。

2. 简化文本和数据挖掘

目前，围绕很多开放获取成果存在一系列许可条件，意味着文本和数据挖掘的障碍要么是禁止文本和数据挖掘，要么增加了交易成本。在英国，文本和数据挖掘版权例外已经在一定程度上解决了这个问题，但仍然将商业应用排除在外，并存在其他障碍。在撰写该论文时，这个问题依然存在，因为围绕在数字单一市场中引入新的欧盟版权指令的辩论仍在继续。在文本和数据挖掘可能具有更广泛应用的背景下（欧盟正在开展此项运动），应该进一步简化许可。加强支持药物治疗监测（TDM）访问企业和学术图书馆获取开放获取资料的基础设施建设。欧盟资助的 OpenMinTeD 项目很好地说明了这一点。

3. 开发面向企业的开放获取结果、数据门户

研究成果开放的大多数基础设施主要针对学术界，这可能会降低研究成

果对很多公司的可用性、削弱其发挥的作用。需要开发能提供更相关的前端架构的专门门户网站（根据对用户的研究和以往类似举措的经验教训），例如，按相关业务部门或业务功能对开放成果分类，在可用的情况下优先处理总结性信息。采取合并使用现行数据存储库等基础设施的办法将资源需求最小化。内容管理服务可以让那些看起来最有可能对商业有用的数据集或数据流凸显出来（由与其他数据库相联系的能力、实时更新等特点决定），或者甚至积极推动产生新的业务。这些门户网站将会作为促进开放科学成果产生商业利益的联络点，并为那些寻求从这些成果中获取最大价值的企业提供支持和培训材料。康费尔（Konfer）和格罗斯泰斯特主教大学（Bishop Grosseteste University）的新 LORIC 中心的服务形式就是这种模式，大学可以作为中立的、值得信赖的召集人发挥关键作用。

4. 在开放科学和商业化之间形成一贯的立场

鼓励开放科学的政策目标和促进研究商业化的政策目标之间存在潜在的矛盾。虽然目前几乎没有证据表明机构和研究人员在多大程度上认识到这种矛盾，但为了避免混淆，就这个问题而言，政策的措辞和意图应该保持一致。各国都应该审查旨在促进商业化和开放科学的政策和措施。根据对互补性和矛盾性内容的分析，以及关于如何最有效地平衡两者的现有经验，应形成一贯的立场，以解决研究人员、大学、公司和更经济的优先事项和重要关切。

5. 继续支持开放研究数据存储库

有充足的证据表明，开放研究数据存储库可以产生积极的经济效益（尽管这因情况而异）。如果收集更多关于用户和数据使用情况的信息（特别是目前很少留下痕迹的商业用途的信息），就更容易证明有效性和影响，也将有助于更好地进行国际比较。

6. 继续研究新的评估标准和激励措施

需要继续研究并制定能够更有效地反映产生开放科学成果的更广泛影响的指标。可以考虑社会评估指标——例如，公司可以表明他们使用或批准数据库的方式（类似于脸书上的"喜欢"）。可以作为引文的非学术等价物，为科研影响评估提供基础。

补充资料

快速实证评估协议可在 http://osf.io /jd3eb 上获取。

附录 A：

表 A   本研究中的主要研究目的和方法总结

序号	研究目的和方法
	Beagrie, N. & Houghton, J. The Value and Impact of Data Sharing and Curation: A synthesis of three recent studies of UK research data centres.（JISC, 2014）.
1	三个相似的研究的综合，本综述引用了每个研究的完整报告，并一起讨论，是因为以上论文的目标、方法和研究计划非常相似 目标：确定三个研究数据存储库的用户和存储人的价值和影响——经济和社会数据服务、考古数据服务和英国大气数据中心 方法： ·对每个数据服务的利益相关者进行半结构化访谈（$n = 13$—25） ·对用户（$n = 299$—141）和存储人（$n = 42$—193）的在线调查 ·基于索洛－斯旺模型的宏观经济建模，探讨研究成果可获取性和效率的提高对研发回报的影响 ·投资价值、或有价值（基于支付或接受意愿）、使用价值的计算、估计消费者剩余和净经济价值的福利方法，以及估计效率节约的作业成本法
	Beagrie, N. & Houghton, J. The value and impact of the European Bioinformatics Institute.（EMBL–EBI, 2016）.
2	目标：探讨 EMBL–EBI 的成本和成本节约、其对用户的价值以及更广泛的影响 方法： ·访谈 29 个外部用户 ·用方便抽样法对用户开展在线调查，收到 4185 个有效回复（回复率 17%） ·基于索洛－斯旺模型的宏观经济建模，探讨研究成果可及性和效率的提高对研发回报的影响 ·投资价值、或有价值（基于支付或接受意愿）、使用价值的计算、估计消费者剩余和净经济价值的福利方法，以及估计效率节约的作业成本法 ·三个详细的影响案例研究

序号	研究目的和方法
3	CEPA LLP & Mark Ware Consulting Ltd. Heading for the open road: costs and benefits of transitions in scholarly communications.（Research Information Network , JISC, Research Libraries UK, the Publishing Research Consortium and the Wellcome Trust, 2011）.
	这项研究的重点是论述向开放获取过渡 目标：为学术传播利益相关者提供证据，以了解向改善研究成果获取的转变动态 方法：对于学术交流系统之外的影响，使用索洛－斯旺模型方法测量不同情景下开放科学对英国经济整体的潜在影响
4	Chataway, J., Parks, S. & Smith, E. How Will Open Science Impact on University-Industry Collaborations? Foresight and STI Governance 11, 44 - 53（2017）.
	目的：考虑开放科学方法对校企合作可能产生的影响 方法：这不是一项实证研究，而是结合以往研究的结果来发展和支持论点
5	Giovani, B. Open Data for Research and Strategic Monitoring in the Pharmaceutical and Biotech Industry. Data Science Journal 16,（2017）.
	目的：探讨如何从生物技术领域的数据中提取价值，以及公司如何管理知识产权，从而从开放数据中受益，同时保护自己的业务 方法：访谈和在线调查。回复率非常小，提供的方法细节有限
6	Houghton, J. Open Access: What are the Economic Benefits? A Comparison of the United Kingdom, Netherlands and Denmark.（Social Science Research Network, 2009）.
	包括荷兰和丹麦
7	Houghton, J. & Sheehan, P. The economic impact of enhanced access to research findings.（Centre for Strategic Economic Studies, Victoria University, 2006）.
	目的：评估在经济合作与发展组织国家增加对研究成果开放获取的价值 方法：基于索洛－斯旺模型的宏观经济建模，探索提高研究成果的可获取性和效率对研发回报的影响
8	Houghton, J., Swan, A. & Brown, S. Access to research and technical information in Denmark.（2011）.
	目的：审查丹麦知识型中小企业获取和使用技术信息的情况，并确定障碍、成本和收益 方法： • 对中小企业代表进行了 23 次访谈，其中一些参与了国家孵化器计划，一些没有（根据调查结果进行了后续访谈） • 向约 1000 家知识型中小企业发放在线调查（非随机），回收了 98 份有效问卷

续表

序号	研究目的和方法
9	Houghton, J. et al. Economic implications of alternative scholarly publishing models: Exploring the costs and benefits. （Jisc, 2009）. 目的：确定开放获取在学术出版，以及更广泛的英国经济背景中的成本和收益 方法（涉及学术传播生态系统之外的更广泛的经济影响，这是本综述的主题）：基于索洛－斯旺模型的宏观经济建模，探讨提高研究成果可获取性和效率对研发回报的影响
10	Johnson, P. A., Sieber, R., Scassa, T., Stephens, M. & Robinson, P. The Cost（s）of Geospatial Open Data. Transactions in GIS 21, 434－445（2017）. 该文献并没有特别关注研究数据，但它提供了与开放数据相关的成本方面有价值的视角 目的：确定开放数据的外在的和非特意的影响 方法：这不是一项实证研究，而是结合以往的研究结果来发展和支持论点
11	Jones, M. M. et al. The Structural Genomics Consortium: A Knowledge Platform for Drug Discovery. 19（RAND Corporation, 2014）. 目的：了解通过结构基因组学联盟为合作伙伴和更广泛的研究社区带来的好处的性质及其多样性，包括考虑开放与更封闭的操作模型的相对优点 方法： •文献综述 •与研究人员／合作者（18）、现任或前任资助者（17）和外部利益相关者（9）进行半结构化访谈 •结构基因组学联盟主要调查人员的在线调查 •结构基因组学联盟产出的经济影响评估 •内部未来情景研讨会
12	Lateral Economics. Open for Business: How Open Data Can Help Achieve the G20 Growth Target.（Omidyar Network, 2014）. 目的：测算和说明开放数据（一般情况下，但包括研究数据）在实现 G20 增长目标（重点是澳大利亚）方面的潜力，并估计开放数据政策可以实现目标的比例 方法： •基于索洛－斯旺模型的宏观经济模型（澳大利亚），探索研究成果的可获得性和效率的提高对研发回报的影响 •七个描述性案例研究，说明产生各种影响的过程

序号	研究目的和方法
13	McDonald, D. & Kelly, U. Value and benefits of text mining.（Jisc, 2017）.
	目标：探索在现有和替代许可条件下文本挖掘的价值和好处，包括考虑到成本、风险和障碍的影响 方法： • 与主要利益相关者进行有针对性磋商 • 桌面研究 • 成本效益分析基于对所有已确定证据的经济分析，考虑成本节约和生产率提高、更广泛影响 / 创新的潜力、效率和市场公平性 • 案例研究部分基于现有研究 • 还借鉴了其他国家的证据
14	Mueller-Langer, F. & Andreoli-Versbach, P. Open access to research data: Strategic delay and the ambiguous welfare effects of mandatory data disclosure. Information Economics and Policy 42, 20–34（2018）.
	目标：调查强制性数据披露政策对研究人员决策的影响（例如，围绕出版和数据披露） 方法：研究人员决策的数学建模
15	ODI. Open data means business.（Open Data Institute, 2015）.
	目标：确定英国公司对开放数据的使用（没有具体关注研究数据，但考虑使用科学和研究数据） 方法： • 有 79 个回复的在线调查（回复率约为 20%） • 对完成调查的 12 家公司进行了后续访谈
16	Parsons, D., Willis, D. & Holland, J. Benefits to the private sector of open access to higher education and scholarly research.（Jisc, 2011）.
	目标：确定和量化开放获取大学研究成果对私营部门的好处，以及这些好处的促成因素、机制和背景因素 方法： • 系统文献综述 • 对商业机构的访谈（14），对 44 家企业的半结构化电话访谈，以及 9 个详细的企业简介
17	RAND Europe. Open Science Monitoring Impact Case Study—Structural Genomics Consortium.（European Commission Directorate-General for Research and Innovation, 2017）.
	目标：概述结构基因组学联盟的影响 方法：这不是一项实证研究，而是结合了先前研究的结果来描述影响（包括经济 / 金融）

续表

序号	研究目的和方法
18	Sullivan, K. P., Brennan-Tonetta, P. & Marxen, L. J. Economic Impacts of the Research Collaboratory for Structural Bioinformatics（RCSB）Protein Data Bank. RCSB Protein Data Bank（2017）. doi:10.2210/rcsb_pdb/pdb-econ-imp-2017. 目标：研究结构生物信息学研究合作实验室的价值和经济影响 方法：本研究在很大程度上遵循了文献的研究方法。关于（例如）支付意愿和薪金费用的资料是直接从该研究中借鉴过来的，基于结构生物信息学研究合作实验室的数据
19	Tennant, J. P. et al. The academic, economic and societal impacts of Open Access: an evidence-based review. F1000Research 5, 632（2016）. 目标：综述关于开放获取出版对学术、经济和社会影响的证据，简要考虑开放研究数据 方法：这不是一项实证研究，而是基于非系统的文献综述给出了影响的例子，包括一小部分对非出版商的经济影响的证据
20	Tripp, S. & Grueber, M. Economic Impact of the Human Genome Project.（Battelle Memorial Institute, 2011）. 目标：评估基因组测序的经济（和其他）影响 方法：投入产出模型基于对人类基因组计划的直接投资，对与人类基因组计划相关的后续研究的投资，以及通过人类基因组计划发展和培育的更广泛的基因组学产业
21	Tuomi, L. Impact of the Finnish Open Science and Research Initiative（ATT）.（Profitmakers Ltd., 2016）. 目标：分析开放科学与研究计划在国内和国际上的影响，并为该计划的其余部分提供建议 方法： • 行业代表访谈 • 通过电子邮件发放和回收问卷、"网络头脑风暴"和桌面调查

附录 B:

表 B 在线检索的检索式、检索日期、每次检索的记录及其说明

数据库（+#）	检索日期	检索式	采样数	备注
Scopus 1	2017 年 9 月 20 日	TITLE-ABS（"open scien*" OR "open data" OR "open research data" OR（"open access" W/1 publ* OR paper* OR journal* OR book*）OR "open metric*"）OR TITLE（"open access"）AND TITLE-ABS-KEY（econom* OR financ* OR cost* OR mone*）	1926	从第一部分中删除关键字，因为有些论文带有开放数据标签
Web of Science 1	2017 年 9 月 20 日	（TS =（"open scien*" OR "open data" OR "open research data" OR "open access publ*" OR "open access paper*" OR "open access journal*" OR "open access book*" OR "open metric*"）OR TI =（"open access"））AND TS =（econom* OR financ* OR cost* OR mone*）Timespan: All years. Indexes: SCIEXPANDED, SSCI, A&HCI, CPCI-S, CPCI-SSH, BKCI-S, BKCI-SSH, ESCI, CCR-EXPANDED, IC.	982	
Science Direct 1	2017 年 9 月 20 日	（tak（"open scien*" OR "open data" OR "open research data" OR "open access publ*" OR "open access paper*" OR "open access journal*" OR "open access book*" OR "open metric*"）OR ttl（"open access"））AND tak（econom* OR financ* OR cost* OR mone*）	197	不清楚为什么与 Scopus 数据库相比文献这么少

续表

数据库 （+#）	检索日期	检索式	采样数	备注
JISC（通过谷歌检索）	2017 年 9 月 20 日	"open science" OR "open access" OR "open data" OR "open research data" site:jisc.ac.uk filetype:pdf	60（保存 2 个）	仅限于 PDF，通过下载的来源判断能否通过筛选
Gov.uk（通过谷歌检索）	2017 年 9 月 20 日	"open science" OR "open access" OR "open data" OR "open research data" "research" – "open-access-land" site:gov.uk filetype:pdf	33100（保存 15 个）	仅限于 PDF，通过下载的来源判断能否通过筛选。除 BIS 外，不包括部门 OD 策略。综述到第 5 页，没有相关材料
Innovate UK	2017 年 9 月 20 日	N/A—hosted at gov.uk so would be picked up by above.		
AHRC 1	2017 年 9 月 20 日	"open science" OR "open access" OR "open data" OR "open research data" site:ahrc.ac.uk filetype:pdf	51（保存 7 个）	仅限于 PDF，通过下载的来源判断能否通过筛选
BBSRC 1	2017 年 9 月 20 日	"open science" OR "open access" OR "open data" OR "open research data" site:bbsrc.ac.uk filetype:pdf	60（保存 3 个）	仅限于 PDF，通过下载的来源判断能否通过筛选
ESRC 1	2017 年 9 月 20 日	"open science" OR "open access" OR "open data" OR "open research data" site:esrc.ac.uk filetype:pdf	78（保存 1 个）	仅限于 PDF，通过下载的来源判断能否通过筛选
EPSRC 1	2017 年 9 月 20 日	"open science" OR "open access" OR "open data" OR "open research data" site:epsrc.ac.uk filetype:pdf	74（保存 5 个）	仅限于 PDF，通过下载的来源判断能否通过筛选

数据库 （+#）	检索日期	检索式	采样数	备注
MRC 1	2017 年 9 月 20 日	"open science" OR "open access" OR "open data" OR "open research data" site:mrc.ac.uk filetype:pdf	107（保存 1 个）	仅限于 PDF，通过下载的来源判断能否通过筛选
NERC 1	2017 年 9 月 20 日	"open science" OR "open data" OR "open research data" site:nerc.ac.uk filetype:pdf	124（保存 8 个）	仅限于 PDF，通过下载的来源判断能否通过筛选
STFC 1	2017 年 9 月 20 日	"open science" OR "open access" OR "open data" OR "open research data" site:stfc.ac.uk filetype:pdf	65（保存 2 个）	仅限于 PDF，通过下载的来源判断能否通过筛选
HEFCE 1	2017 年 9 月 21 日	"open science" OR "open access" OR "open data" OR "open research data" site:hefce.ac.uk filetype:pdf	10（保存 0 个）	仅限于 PDF，通过下载的来源判断能否通过筛选
谷歌学术 1	2017 年 9 月 21 日	allintitle: economic "open science" OR "open access" OR "open data" OR "open research data"	199（保存 7 个）	通过下载的来源判断能否通过筛选

参考文献：

Arshad, Z., Smith, J., Roberts, M., Lee, W. H., Davies, B., Bure, K., Hollander, G. A., Dopson, S., Bountra, C., & Brindley, D.（2016）. Open Access Could Transform Drug Discovery: A Case Study of JQ1. Expert Opinion on Drug Discovery, 11（3），321–332. https://doi.org/10.1517/17460441.2016.1144587.

Beagrie, C., & Houghton, J.W.（2012）. Economic impact evaluation of the economic and social data service.

Beagrie, N., & Houghton, J.W.（2013a）. Value and Impact of the British Atmospheric Data Centre.

Beagrie, N., & Houghton, J.W.（2014）. The Value and Impact of Data Sharing and Curation A synthesis of three recent studies of UK research data centres.

Beagrie, N., & Houghton, J.W.（2016）. The Value and Impact of the European Bioinformatics Institute.

Beagrie, N., & Houghton, J.（2013b）. The Value and Impact of the Archaeology Data Service: A Study and Methods for Enhancing Sustainability.

Bloom, N., Jones, C.I., Van Reenen, J., & Webb, M.（2017）. Are Ideas Getting Harder to Find?.

Breidert, C., Hahsler, M., & Reutterer, T.（2015）. A Review of Methods for Measuring Willingness–to–Pay. Innovative Marketing, 1.

Caulfield, T., Harmon, S. H., & Joly, Y.（2012）. Open science versus commercialization: A modern research conflict? Genome Medicine, 4（2）, 17. https://doi.org/10.1186/gm316.

Chalmers, I., & Glasziou, P.（2009）. Avoidable waste in the production and reporting of research evidence. Lancet（London, England）, 374（9683）, 86‑89. https://doi.org/10.1016/S0140–6736（09）60329–9.

Chataway, J., Parks, S., & Smith, E.（2017）. How will Open Science impact on university/industry collaborations?

De Vrueh, R. L. A., & Crommelin, D. J. A.（2017）. Reflections on the Future of Pharmaceutical Public–Private Partnerships: From Input to Impact. Pharmaceutical Research, 34（10）, 1985‑1999. https://doi.org/10.1007/s11095–017–2192–5.

ElSabry, E.（2017a）. Claims About Benefits of Open Access to Society（Beyond Academia）. International Conference on Electronic Publishing,6–7,34–43.

ElSabry, E.（2017b）. Who needs access to research? Exploring the societal impact of open access. Revue Française des Sciences de l'Information et de la Communication. DOI:10.4000/RFSIC.3271.

Fukugawa, N.（2016）. Knowledge spillover from university research before the national innovation system reform in Japan: localisation, mechanisms, and intermediaries. Asian Journal of Technology Innovation, 24, 100–122.

Gold, E. R., Ali–Khan, S. E., Allen, L., Ballell, L., Barral–Netto, M., Carr, D., Chalaud, D., Chaplin, S., Clancy, M. S., Clarke, P., Cook–Deegan, R., Dinsmore, A. P., Doerr, M., Federer, L., Hill, S. A., Jacobs, N., Jean, A., Jefferson, O. A., Jones,

C.，⋯ Thelwall, M.（2019）. An open toolkit for tracking open science partnership implementation and impact. Gates Open Research, 3, 1442. https://doi.org/10.12688/gatesopenres.12958.2.

Gruen, N., Houghton, J., & Tooth, R.（2014）. Open for business: how open data can help achieve the G20 growth target.

Haddaway, N. R., Collins, A. M., Coughlin, D., & Kirk, S.（2015）. The Role of Google Scholar in Evidence Reviews and Its Applicability to Grey Literature Searching. PloS One, 10（9）, e0138237. https://doi.org/10.1371/journal.pone.0138237.

Houghton, J.（2009）. Open Access: What are the Economic Benefits? A Comparison of the United Kingdom, Netherlands and Denmark. SSRN Electronic Journal. https://doi.org/10.2139/ssrn.1492578.

Houghton, J., & Sheehan, P.（2009）. Estimating the Potential Impacts of Open Access to Research Findings. Economic Analysis and Policy（EAP）, 39, 127–142. https://doi.org/10.1016/S0313-5926（09）50048-3.

Houghton, J., Swan, A., & Brown, S.（2011）. Access to research and technical information in Denmark.

Houghton, J.W., & Sheehan, P.（2006）. The Economic Impact of Enhanced Access to Research Findings.

Houghton, J.W., Rasmussen, B., Sheehan, P., Oppenheim, C., Morris, A., Creaser, C., Greenwood, H., Summers, M.A., & Gourlay, A.（2009）. Economic implications of alternative scholarly publishing models : exploring the costs and benefits. JISC EI-ASPM Project. A report to the Joint Information Systems Committee（JISC）.

Huber, F., Wainwright, T., & Rentocchini, F.（2018）. Open Data for Open Innovation: Managing Absorptive Capacity in SMEs. R& D Management, 50. https://doi.org/10.1111/radm.12347.

JISC The Text and Data Mining Copyright Exception: Benefits and Implications for UK Higher Education.（2019）. Retrieved April 12, 2019 from https://www.jisc.ac.uk/guides/text-and-data-mining-copyright-exception.

Johnson, P., Sieber, R., Scassa, T., Stephens, M., & Robinson, P.（2017）. The Cost（s）of Geospatial Open Data: JOHNSON et al. Transactions in GIS, 21, 434–445. https://doi.org/10.1111/tgis.12283.

Jones, M., Castle-Clarke, S., Brooker, D., Nason, E., Huzair, F., & Chataway, J. (2014). The Structural Genomics Consortium: A Knowledge Platform for Drug Discovery: A Summary. Rand health quarterly, 4, 19.

Jubb, M., Plume, A., Oeben, S., Brammer, L., Johnson, R., Bütün, C., & Pinfield, S. (2017). Monitoring the transition to open access.

Leeson, P. D., & St-Gallay, S. A. (2011). The influence of the "organizational factor" on compound quality in drug discovery. Nature Reviews. Drug Discovery, 10(10), 749 - 765. https://doi.org/10.1038/nrd3552.

Liberati, A., Altman, D. G., Tetzlaff, J., Mulrow, C., Gøtzsche, P. C., Ioannidis, J. P. A., Clarke, M., Devereaux, P. J., Kleijnen, J., & Moher, D. (2009). The PRISMA statement for reporting systematic reviews and meta-analyses of studies that evaluate health care interventions: Explanation and elaboration. PLoS Medicine, 6 (7), e1000100. https://doi.org/10.1371/journal.pmed.1000100.

Manyika, J., Chui, M., Farrell, D., Kuiken, S., Groves, P., & Doshi, E. (2013). Open data: Unlocking innovation and performance with liquid information.

Mark Ware Consulting Ltd. (2009). Access by UK Small and Medium-Sized Enterprises to Professional and Academic Information; Publishing Research Consortium: Hamburg, Germany.

McDonald, D., & Kelly, U. (2017). Value and Benefits of Text Mining.

Morgan, M.R., Roberts, O.G., & Edwards, A.M. (2018). Ideation and implementation of an open science drug discovery business model - M4K Pharma. Wellcome Open Research, 3.

Mowery, D., & Ziedonis, A. (2014). Markets versus spillovers in outflows of university research. Research Policy, 44. https://doi.org/10.1016/j.respol.2014.07.019.

Mueller-Langer, F., & Andreoli-Versbach, P. (2017). Open Access to Research Data: Strategic Delay and the Ambiguous Welfare Effects of Mandatory Data Disclosure. Information Economics and Policy, 42. https://doi.org/10.1016/j.infoecopol.2017.05.004.

Open Data Institute. (2015). Open Data Means Business. Open Data Institute: London, UK.

OECD. (2015). Making Open Science a Reality. Organisation for Economic Co-Operation and Development: Paris,France.

Parsons, D., Willis, D., & Holland, J. (2011). Benefits to the Private Sector of Open Access to Higher Education and Scholarly Research.

Perkmann, M., & Schildt, H. (2015). Open data partnerships between firms and universities: The role of boundaryorganizations. Research Policy, 44, 1133–1143.

Rothstein, H., Sutton, A., & Borenstein, M. (2005). Publication Bias in Meta-Analysis: Prevention, Assessment and Adjustments. https://doi.org/10.1002/0470870168.

Rowlands, I., Nicholas, D., & Brown, D. (2011). Access to scholarly content: Gaps and barriers. https://doi.org/10.13140/2.1.2402.3844.

Savage, N. (2016). Competition: Unlikely partnerships. Nature, 533 (7602), S56–58. https://doi.org/10.1038/533S56a.

Schomberg, R. (2015). Validation of the results of the public consultation on Science 2.0: Science in Transition. https://doi.org/10.13140/RG.2.1.4549.0726.

Stuermer, M., & Dapp, M.M. (2016). Measuring the Promise of Open Data: Development of the Impact Monitoring Framework. 2016 Conference for E-Democracy and Open Government (CeDEM), 197–203.

Sullivan, K., Brennan-Tonetta, P., & Marxen, L. (2017). Economic Impacts of the Research Collaboratory for Structural Bioinformatics (RCSB) Protein Data Bank. RCSB Protein Data Bank. https://doi.org/10.2210/rcsb_pdb/pdb-econ-imp-2017.

Tennant, J. P., Waldner, F., Jacques, D. C., Masuzzo, P., Collister, L. B., & Hartgerink, C. H. J. (2016). The academic, economic and societal impacts of Open Access: An evidence-based review. F1000Research, 5, 632. https://doi.org/10.12688/f1000research.8460.3.

Tripp, S., & Grueber, M. (2011). Economic Impact of the Human Genome Project.

Vicente-Saez, R., & Martinez-Fuentes, C. (2018). Open Science now: A systematic literature review for an integrated definition. Journal of Business Research, 88, 428–436. https://doi.org/10.1016/j.jbusres.2017.12.043.

Vines, T. (2017). Is There a Business Case for Open Data? Retrieved April 12, 2019 from https://scholarlykitchen.sspnet.org/2017/11/15/business-case-open-data/.

Weeber, M., Vos, R., Klein, H., De Jong-Van Den Berg, L. T. W., Aronson, A. R., & Molema, G. (2003). Generating hypotheses by discovering implicit associations in the literature: A case report of a search for new potential therapeutic uses for thalidomide. Journal of the American Medical Informatics Association : JAMIA, 10（3）, 252‑259. https://doi.org/10.1197/jamia.M1158.

Williams, H.L.（2013）. Intellectual Property Rights and Innovation: Evidence from the Human Genome. Journal of Political Economy, 121, 1–27.

Wilson, S., & Sonderegger, S.（2016）. Understanding the Behavioural Drivers of Organisational Decision–Making: Rapid Evidence Assessment.

（田京　译）

开放的科学：学术界和产业界的开放科学议程 [*]

萨沙·弗里斯克（Sascha Friesike）[1]

巴斯蒂安·怀顿梅耶（Bastian Widenmayer）[2]

奥利弗·加斯曼（Oliver Gassmann）[3]

托马斯·希尔德豪尔（Thomas Schildhauer）[4]

（[1] 德国维尔茨堡大学；[2] 瑞士百超激光有限公司；[3] 瑞士圣加仑大学技术管理学院；[4] 德国亚历山大·冯洪堡互联网与社会研究所）

摘　要

开放创新的变革潮流极大地改变了学术界和产业界对合作创新的理解。关于开放创新的研究刚刚兴起，大量研究关注创新过程的后期阶段。到目前为止，学术界和创业科学领域创新过程的前期阶段更加开放的趋势所产生的影响及其实践意义被忽略了。本文提出了作为一种新的研究方式的开放科学的概念化定义。基于实证数据和现有文献，分析了开放科学现象，提出了开放科学的四个视角。此外，本文概述了开放科学当前的发展趋势，并指出了未来的发展方向。

关键词：开放科学；科研管理；科学；开放创新

* 文献来源：Friesike,S., Widenmayer,B., Gassmann,O.,Schildhauer,T.（2015）. Opening science: towards an agenda of open science in academia and industry. The Journal of Technology Transfer,40,581−601.

一、导言

几个世纪以来，科学一直建立在开放地创造和分享知识的过程中。然而，随着时间的推移，科研产出的数量、质量和速度都发生了变化，科学的开放性也发生了变化。在伽利略时代，科学家通过换位符号（anagrams）[①]来避免宗教审查（inquisition）。后来，科学家用信件在同行之间传播知识。1665年《哲学学报》（*Philosophical Transactions*）创刊时，科学家开始在科学期刊上发表观点。20世纪，科学期刊数量激增。与此同时，知识的传播速度放缓了。在某些领域，同行评审过程使科研论文从首次提交到最终发表需要花费数年时间（Björk & Solomon，2013）。新的基于信息技术的论文投稿和追踪平台也几乎没有缩短论文的发表时间，审稿人的审稿时间是改善这个问题的关键。现在，越来越多的学术机构通过使用开放获取期刊、共享研究数据或将他人纳入研究过程来实现开放科学。像西门子、国际商业机器公司（IBM）或特斯拉这样的大公司也是开放科学现象的重要组成部分。他们没有申请知识专利，而是公开发表了大部分研究成果，以便参与科学社区。通过采取以上措施，保持研究发现的前沿性，并阻止其他人申请专利。

尽管开放科学已经成为一种趋势，但开放科学现象并没有引起管理学学者的重视。这种现象很令人惊讶，因为开放科学领域的活动与开放创新领域的活动之间存在显著关联。科学的目的是通过不断增加理论或经验见解来拓展知识领域的边界，而创新的目的是开发新产品或服务并将其推向市场。目前使用最广泛的开放科学定义来自尼尔森，他指出，"开放科学是一种理念，即在知识发现的过程中，只要可行，各种科学知识都应该公开分享"（Nielsen，2011）。相比之下，开放创新被定义为"利用有目的的知识流入和流出来加速内部创新，并扩大外部创新使用的市场。（这种范式）假设公司在寻求技术进步时，可以而且应该同时使用外部和内部的想法，以及内部和外部的市场路径"（Chesbrough，2006，第1页）。这两种定义都通过共享知识来加

---

① 译者注：换位符号又称组字游戏，指拆散字母重组新词语。17世纪的一些科学家把在科学上的新发现用换位符号先记录下来，以免在不断实验和证明的过程中被别人剽取。

速发展进程。许多科学发现后来变成了创新。因此，理解开放科学与开放创新之间的关系非常重要，因为以上定义表明开放科学可以引发开放创新。

目前关于开放创新的研究主要采用以企业为中心的视角。这种视角假定公司的主要动机是追求利润。许多研究调查了公司内部如何利用外部想法开发新产品（Dahlander & Gann，2010）。此外，学者还分析了将内部产生的知识以知识产权（Intellectual Property，IP）的形式商业化，以便确保在公司边界之外产生利润的可能性（Chesbrough，2003a，2003b）。科学研究被理解为获得新知识的促进者（Koen et al.，2001）。然而，目前关于开放创新的研究几乎没有对研究和科学的早期阶段进行分析。换言之，我们目前正在经历一场围绕开放科学的科学理论的激烈辩论（Bartling & Friesike，2014; Jong & Slavova，2014）。然而，这场辩论大多忽略了开放科学与创新的相互依赖性。

本文基于文献综述和对首席技术官（CTO）、研究经理（research managers）、开放创新主管、开放获取领导者、工业研究人员和科学家的半结构化访谈，提供了开放科学的惯例化解释。本文的结构如下：第二部分对开放创新和开放科学的文献进行综述，探究这两个概念之间的异同。第三部分介绍了研究方法。第四部分根据经验见解分析并讨论了当前开放科学的发展趋势。最后，本文提出了对未来研究的启示和建议（第五部分）。

二、背景

（一）开放创新的研究脉络

20 世纪 80 年代初，大型工业研究实验室未能推动科学进步以创造价值，这是一种改变创新规则的反常现象。1984 年，思科公司成立不久就开始实施开放研发战略，最终击败了全球最大的研发中心——美国电话电报公司的贝尔实验室。在库恩看来，这意味着创新管理的范式转变（Kuhn，1962）。从此以后，实践界和学术界呼吁建立更开放的创新模式（Chesbrough，2003a，2003b; Christensen et al.，2005）。

在过去十年的学术研究中，关于开放创新的几个特殊问题深化了创新观念的根本性变化。作为开放创新的子领域，开源软件开发的一些特殊问题补充说明了以上观点。从业者和研究人员对该问题的持续关注表明，开放创新已经远远超出了短期热点或炒作的范畴。在开放创新领域，可以总结出以下七个研究方向。

一是整合价值链上的外部合作伙伴。在价值链下游，冯希贝尔关于领导用户集成的研究突出了用户协作对于突破性创新的价值（von Hippel，1986）。大量研究调查了用户特征及其对创新程度、用户整合方式和用户协作动机的影响（Bilgram et al.，2008; Franke et al.，2006; Luethje，2004）。免费分享的现象以及用户是唯一具有使用体验的外部协作伙伴的事实使用户成为非常有价值的合作伙伴（Nambisan & Baron，2010; von Hippel & von Krogh，2006）。在价值链上游，现有研究强调了供应商整合的重要性。在早期阶段将供应商整合到开发过程中可以显著提高大多数行业的创新绩效（Hagedoorn，1993）。

二是合作与联盟。高度专业化使许多公司需要与来自相同或其他行业的合作伙伴公司进行合作（Hagedoorn，2002; Schildhauer，2011）。学者特别对跨行业创新和非供应商创新现象开展了深入研究（Howells，2008; Herstatt & Kalogerakis，2005）。成熟的工程公司也扮演着创新中介的角色，调节合作者之间的开放创新活动（Howells，2006）。这种创新过程的间接开放，在传统的研发外包模式和战略创新伙伴关系中撬动着跨行业的创新过程。

三是开放创新过程。开放创新可以分为三个核心过程：由外向内、由内向外和耦合。这种分类为如何通过外部的边缘信息补充并扩展内部创新过程提供了指导（Gassmann & Enkel，2004）。大多数大公司，如西门子和巴斯夫（BASF），开始制定详细的公司特定的开放创新流程。此外，宝洁（Procter & Gamble）和西门子（Siemens）等公司还为开放创新流程负责人设置了专门的职位和头衔，负责公司内部的开放创新。这两家公司的以上负责人在公司内部都受到了极大的关注。

四是开放创新工具。目前涌现出了许多工具作为实施开放创新的手段，这些工具大多支持整合外部创新资源（West & Lakhani，2008）。创新中心（InnoCentive）、99 设计（99design）、佳沃图（Jovoto）、九西格玛（Nine Sigma）或阿提佐（Atizo）等众包平台将寻求解决方案的人和解决问题的人聚集在一起（Bullinger et al.，2010; Sieg et al.，2010; Dahlander et al.，2008）。因此，以上平台为创新想法和问题解决方案创造了一个虚拟市场。大规模定制的工具包允许根据基于迭代创建过程的客户偏好来调整设计产品特性（Piller & Walcher，2006）。基于社区的创新使公司能够使用博客和论坛与公司外部的大量利益相关者开展交流。

五是开放知识产权贸易。知识产权仅被用作确保公司运营自由的手段的时代已经结束了。对知识产权持有更加开放的态度改变了它在公司价值创造过程中的角色和重要性（Pisano，2006）。知识产权在内外授权中的积极使用开启了新的商业模式，现有研究对该问题进行了广泛讨论。近年来出现了专利基金、专利流氓（patent trolls）[①]、专利捐赠等新现象，日益引发科学研究的关注（Reitzig et al.，2007; Ziegler et al.，2014）。目前，欧盟的政策制定者正在讨论是否应该为知识产权创建一个金融市场。支持新技术转让模式的决策者以及对新产品类别感兴趣的金融机构是推动这一进程的主要力量。

六是开放商业模式。开放创新范式在某种意义上影响了商业模式，开放创新成为价值创造的一个组成部分。商业模式思维与开放创新的融合似乎至关重要（Chesbrough，2006; Kim & Mauborgne，2004）。因为在理想主义视角下出现了成千上万的开源软件计划，例如，埃里克·雷蒙德（Eric Raymond）著名的"大教堂和集市"（The Cathedral and the Bazaar），开放创新似乎往往是非商业性的。商业模式判断的是价值是否能被创造和获取。以林纳斯（Linux）或阿帕奇（Apache）[②]为例，许多商业上成功的服务业务都是围绕开源模型开发的。

---

① 译者注：专利流氓指没有或几乎没有实体业务、主要通过积极发动专利侵权诉讼而生存的公司。

② 林纳斯是一种开源电脑操作系统内核；阿帕奇是世界使用排名第一的网络服务器软件，可以运行在几乎所有广泛使用的计算机平台上。

七是开放创新文化。克服"非我所创"（not-invented-here）①综合征（Katz & Allen，1982）是开放创新的核心挑战之一。赫尔佐格的研究揭示了开放创新文化的决定因素及其对企业文化、沟通和激励制度的影响（Herzog，2011）。明尼苏达矿业及机器制造公司（3M）或宝洁等公司开始将开放创新作为企业文化的基本组成部分。在 3M 的案例中，鼓励由外而内思维的程度成为评估领导力的核心。

通过对开放创新领域现有研究的综述可以看出，现有研究较强调应用和商业化，但是缺乏对知识创造和科学领域的合作和开放的详细的和深入的见解。

（二）开放科学的视角

在学术研究和产业科学的背景中，信息的共享和组合被视为知识创造的核心过程（Thursby et al.，2009）。随着科学问题变得越来越专业化和复杂化，在过去的几十年里，科研合作在各个学科不断扩展也就不足为奇了。例如，在社会学领域，在过去的 70 年里，合著的论文比例几乎翻了五倍（Hunter & Leahey，2008）。政治学（Fisher et al.，1998）、物理学（Braun et al.，1992）和经济学（Maske et al.，2003）等学科中也出现了类似的趋势。研究甚至表明，h 指数较高的作者与他人广泛合作，形成强大的合作联盟，他们不太可能仅仅与某个内部团体构成合作关系（Pike，2010; Tacke，2010）。

默顿指出，开放原则一直是学术界不可或缺的一部分（Merton，1973）。这种开放性根植于一种奖励制度，即第一个为科学界贡献新发现的人会得到多种形式的认可（Stephan，1996; McCain，1991; Hagström，1965）。然而，新的通信技术使学术界的科学更加"开放"，这就产生了"开放科学"一词。在这里，开放科学必须与以前的现状（例如，出版物只对期刊的订阅者开放，并且只有在出版后才可以使用）形成对比，而不是与"封闭科学"形成对比。矛盾的是，相比于开放，产业界的科学家被认为

① 译者注："非我所创"（not-invented-here）是一种文化现象，指由于非技术或法律原因不接受非自创产品、研究成果或知识。

更关心保密，以作为确保研发投资回报的一种手段（Cohen et al.，2000）。然而，有研究表明，随着跨机构合作的不断增多，这种差距似乎正在缩小（Murray，2006; Powell et al.，2005）。例如，霍伊斯勒（Haeussler，2011）发现，对于学术和产业科学家来说，合作和交流的可能性取决于所需要的信息的竞争价值，以及研究人员所在社区符合"开放科学规范"的程度（Rhoten & Powell，2007）。学术研究和产业研究之间的差异变得模糊（Vallas & Kleinman，2008）。因此，学术和产业科学从"公共科学与专有科学的二元体系转变为两者要素的结合"（Rhoten & Powell，2007，第346页）。学术和产业科学的融合以及合作和开放的重要性日益增加，促使人们更深入地了解开放科学的特征。

在相关文献的基础上，我们建立了一个由四个不同视角组成的框架，以分析开放科学领域的举措和趋势。这个框架包括来自以下文献的开放科学的各个元素：开放资源（例如，von Krogh & von Hippel，2003），联盟与伙伴关系（例如，Howells，2008; Herstatt & Kalogerakis，2005），开放科学（例如，Bartling & Friesike，2014; de Roure et al.，2010; Grand et al.，2012; Gowers & Nielsen，2009; Haeussler，2011; Jong & Slavova，2014; Lievrouw，2010; Meyer & Schroeder，2013; Mukherjee & Stern，2009; Neylon & Wu，2009; Nielsen，2012; Procter et al.，2010; Scheliga & Friesike，2014; Tacke，2010; Waldrop，2008），以及开放创新（Chesbrough，2003a，2003b，2006; Dahlander & Gann，2010; van de Vrande et al.，2010）。

开放科学的参与者包括大学和公司等机构和独立的研究者。从价值链的角度来看，开放科学包括基础科学、应用科学和应用研究的前端活动。尽管有学术界和产业界的背景，但研究更多是受好奇心、声誉和社会认可的驱动，而不是利润和应用导向的思维。我们区分了开放科学的四个视角。

（1）慈善视角。开展研究需要基础设施和与研究内容相关的研究资源，然而，访问这些资源受到限制。目前开放科学的趋势促进了科学和研究的民主化，即自由地共享科学内容、工具和基础设施。许多大学开始提供公开的讲座或课程，以便使科学研究更接近社会，并促进科学发现的市场化。大部分公开的讲座是在线的，全世界都可以通过网络获取（Tacke，2010）。此外，开放科学的发展趋势还包括开放获取期刊的兴起，这些期刊为用户提供了阅读、下载、复制、分发、打印、检索或链接到文章全文的无限制的权利。大多数传统期刊是基于用户订阅获得收益，而大多数开放获取期刊的营利方式是由作者支付出版费用。在过去的几年中，由于开放获取期刊数量的增加和开放获取期刊目录的建立，开放获取期刊的知名度和重要性显著提高。

（2）膨胀视角。目前有一种趋势是在出版前免费提供科研成果。知识在研究过程的早期阶段开放共享。此举具有多重动机。研究人员能够反思最初的研究想法，公布初步的科研结果，并在科学界推广新的想法。因此，这标志着隐性知识和声誉，可能会吸引其他研究人员或机构的关注（Hicks，1995）。此外，开放科学能够对未来的研究方向产生积极影响，并开始新的科学讨论。邀请同事和业余爱好者提供研究反馈并参与知识的协同创造过程。外部人员的参与减少了封闭的科学研究团队所遭遇的局部搜索偏见（local search bias）[①]和群体思维问题困境。同时，期刊和出版商在论文发表前期阶段也有自己的利益考量：在印刷之前就通过网络发表的论文会被更频繁地引用，有利于提高论文引用率，增加期刊的吸引力。此外，万维网（World Wide Web）的记忆性和透明性使人们能够追踪思想和知识的创造过程。这样可以最大限度地减小丢失作者身份的风险，同时可能会在研究存在较多不确定性的阶段获得来自同行的评价和建议。

（3）建构主义视角。科学和研究的开放使知识创造的新合作形式成为可能。这种知识创造不仅带来了新的知识，也为新用户模式和新业务带来了新机遇。众包就是一个典型的例子：寻求问题的人通过向一群未知的潜在问题解决者提出问题以获得新的科学解决方案。虚拟空间是一个交流平台，问题的寻求者和解决者可以在此互动。小团体以知识创造为目标，形成虚拟交流平台，开展松散或适度的交流。开放平台通常比典型的学科主流期刊更能以跨学科的方式处理多个领域的研究问题。一个领域内的多个科学学科的整合

---

① 译者注：局部搜索（local search）与全局搜索（global search）相对应，是从一个初始解出发，通过连续的小步骤改进来逐渐寻找最优解的策略。

促进了研究人员和科学家的跨学科合作。这种跨学科的方法增强了技术融合，有利于产生创新性的解决方案（Kodama，1992）。

（4）开发视角。大多数研究人员倾向关注产生新的科学发现，而忽视了研究发现在现实生活中的应用。科学知识的积极共享和发展使研究人员能够更快地缩小这一差距，开展面向应用的知识开发。在与实践者的合作中，基于最新科学发现共同构建新产品变为可能。

表 1 为上述开放科学四种视角的概述。

表 1　从开放科学的四个角度概述开放科学的倡议

倡议	描述	开放科学的视角			
		慈善 视角	膨胀 视角	建构主 义视角	开发 视角
Acadmica.edu	学术界分享并关注的在线学术平台	√	√	√	
Alexandria（UniSG）	圣加仑大学出版物出版平台和目录，开放获取	√			
替代计量学 （Altmetrics）	基于社交媒体、报纸、政府政策文件和其他来源的文章及替代计量学			√	√
arXiv	开放获取平台，允许免费研究科学领域的电子论文	√	√		
Atlas Twiki Portal	开放存取平台，发布欧洲核子研究中心（CERN）实验室的结果	√	√		
Banyan	研究人员协作、分享和发布其成果的平台		√	√	
BioMed central	252 种开放获取，在线，同行评审期刊的出版商	√	√		
欧洲核子研究中心 （CERN）	核能物理学家实验室，使科学成果在知识创造过程的早期可用		√	√	
CiteULike	文献维护、文章研究或综述工具		√	√	
公民网络科学 中心（Citizen Cyberscience Centre）	公民科学项目平台	√			

续表

倡议	描述	开放科学的视角			
		慈善视角	膨胀视角	建构主义视角	开发视角
CleanTechNRW	推动清洁科技，并促进学术界与商业界的交流			√	√
CoLab 开源科学	研究项目的开放获取平台，使全球和跨学科合作成为可能		√		
Colwiz	一套用于合作研究的工具，如引文管理或研究团队管理	√		√	
知识共享（CreativeCommon）	通过免费的合法工具来分享和使用创新性的想法和知识	√			
DataCite	由不同的服务组成，用于查找、访问和重用数据	√		√	
DiagnosticSpeak	传染病调查人员讨论最新问题的论坛		√		
开放获取期刊目录	提供所有开放获取科学和学术期刊简介的平台	√			
Eco World Styra	拥有 200 多家绿色科技公司和研究中心的开放式集群			√	√
欧洲案例交流中心	出版并传播许多商学院的案例研究；举办案例教学和写作研讨会	√			√
F1000Research	生物学和医学完全开放获取出版计划	√			
Figshare	用于学术数据共享的数据库，所有文件格式都可以发布	√		√	
Fidus Writer	专门为学者制作的在线协作编辑器			√	
芬兰清洁技术集群	由四个芬兰科学和商业中心组成的清洁技术集群			√	√
Fold it	一个电脑游戏功能，用户可以用于开展科学研究	√		√	
Frontiers	科学界发表开放获取的文章并与同行交流的在线平台	√		√	
基金科学	科学家和公众合作塑造未来研究项目的生态系统	√		√	

倡议	描述	开放科学的视角			
		慈善视角	膨胀视角	建构主义视角	开发视角
星系动物园	邀请公众协助在网络上为上百万个星系按形状分类的全民科学案例	√		√	
HAL—Hyper Articles en ligne	个人或公共教学和研究机构的科学研究论文的多学科开放获取档案	√			
人类基因组计划	解码人类基因的全球研究项目		√	√	√
iAMscientist	由研究人员组成的全球社区，旨在加速研究、支持职业发展并为科学研究筹资	√		√	
ImpactStory	一个为研究人员提供的网站，可以快速方便地查看研究成果所产生的影响			√	√
iversity	目标是超越现有的教学形式，实现全新的在线教学和学习形式	√			
JISC 公开引文	目的是使书目引文链接像网络链接一样容易使用			√	
期刊终端操作控制系统	检索超过 14000 种在线期刊和其他出版服务目录	√			
LIBRE—LIBerate REsearch together	由作者自己安排和处理同行评审过程的一个创新的、免费的、多学科的研究平台		√	√	
Marblar	一个创造性平台，利用被忽视的技术，释放出一群多学科背景的研究人员以发现新的应用				√
Mendeley	部分免费的参考管理软件；用户组和新闻推送支持协作和交换软件	√	√		
Method Space	SAGE 研究方法论在线发布平台；用户组、博客、问答和免费访问指定的期刊，以开展有效的交流		√	√	
microryza	收集需要（大众）资助的创新研究项目	√			
myExperiment	查找、使用和执行科学工作流程的互联网平台	√	√	√	

续表

倡议	描述	开放科学的视角			
		慈善视角	膨胀视角	建构主义视角	开发视角
myGrid	为科学家提供了一系列高度复杂的工具来建立科研团队并管理工作流程	√		√	
MyScienceWork	促进多学科科学家联系以支持科学知识传播的平台			√	
自然网络（Nature Network）	虚拟工作场所为研究人员提供应用程序，并通过论坛和博客促进协作和信息共享		√		
新英格兰绿色能源委员会	倡导加速新英格兰的清洁能源经济成为全球领导者；有 400 多名理事会代表			√	√
开放知识基金会	一个开放社区，促进开放知识的创造和使用，并提供不同学科的科研项目	√			
开放科学项目	提供免费开源科学软件的倡议	√			
OpenWetWare	生物学和生物工程的维基平台，使信息和专有技术的公开交换、共享成为可能	√	√		
开放科学数据云	为科学界提供的云服务，促进数据分析、管理和共享	√	√		
开放科学框架	促进科学实践公开讨论和研究的平台	√			
Open SNP	允许直接面向客户开展基因测试的客户发布测试结果	√			
开放资源项目	来自世界各地的学术研究人员合作提出并开展基础研究项目的平台		√	√	
开放生命树（Open Tree of Life）	目标是制作和发布所有 180 万个已命名物种的首个在线生命树	√			
开放科学（Opening Science）	开放科学领域的倡议共享，并主办开放科学可编辑的书的平台	√	√		

倡议	描述	开放科学的视角			
		慈善视角	膨胀视角	建构主义视角	开发视角
同行评估（PeerEvaluation）	学术交流的同行评审平台，使用户的研究成果通过学术搜索引擎可见	√			
个人基因计划（Personal Genome Project）	自愿公开分享其 DNA 序列和其他个人信息的研究参与者数据储存库	√	√	√	
PKP 公共知识项目（PKP Public Knowledge Project）	期刊、会议管理和出版的开源软件	√			
公共科学图书馆（Public Library of Science）	非营利性出版企业，为科学家提供高知名度的期刊发表研究成果	√		√	
阅读立方（ReadCube）	帮助快速组织和查找科学论文的工具	√			
研究者身份（ResearcherID）	唯一标识符，使研究人员能够管理出版物，跟踪引用数，识别潜在合作者并避免作者误认		√		
研究之窗（ResearchGate）	一个致力于科学和研究的社交网络	√	√	√	
RxPG	医生和学生专业网络；提供讨论和同行指导的论坛	√		√	
科学 3.0（Science 3.0）	分享想法、工具和建立联系的社区		√		
科学要点（ScienceGist）	科研论文的简化摘要				
Sci 伴侣（Sci-mate）	快速发布思想和知识的平台	√	√		
Sci 表（Scitable）	开放的在线教学/学习门户网站，结合基于技术的社区功能撰写的教育文章	√			
Sci 话题（SciStarter）	鼓励人们通过非正式和正式的研究工作了解、参与科学，并为科学做出贡献	√			

续表

倡议	描述	开放科学的视角			
		慈善视角	膨胀视角	建构主义视角	开发视角
SciVal	增强有关绩效、规划和资金的数据的可见性和可获取性	√		√	
SHERPA/RoMEO	可以搜索期刊论文在网络以及存储库上自归档的出版商政策的数据库	√	√		
西门子公司 – 科技论文（Siemens—Technical Papers）	免费提供西门子出版物（如会议论文）的在线网站	√	√		
社会科学研究网络（SSRN）	致力于传播社会科学研究成果的科学网络；存储系列工作论文	√	√		
Versita Open	开放存取平台，拥有近 200 种学术期刊的全文，这些期刊隶属于许多学会、大学和研究机构	√			
VIVO	目的是使跨学科的研究和学术发现成为可能			√	
世界青年科学家协会（Ways）	由联合国教科文组织发起；社交网络是为研究人员促进工作、寻求帮助、分享信息、寻找工作机会而设计的		√		
Zotero	开源管理软件；允许交换文献作品	√	√		

三、研究方法

鉴于本文的研究问题是新兴的研究问题，本研究的实证研究主要采用基于访谈、网络研究和文献分析的定性探索性研究方法。在研究的早期阶段，这种三角互证的定性方法是一种适当的研究方法，能够发现研究现象和研究背景之间不明确的界限。本研究的研究数据主要依赖半结构专家访谈以及公司新闻稿和互联网信息。2008 年至 2011 年，我们对技术密集型产业和学术研究中的不同研究参与者进行了 38 次访谈，包括首席技术官、研发经理、开放创新总监、资深产业和学术研究人员、研究所所长、学术期刊编辑和审稿人以及大学校长。这种三角互证可以将研究者的个人研究偏见最小化，增强信息的有效性。

在开始抽样时，我们详细查阅了个人联系方式、研究机构的网站、研究数据库和公共媒体，以便能够确认并邀请到对开放科学领域最有见地的专家作为本研究的研究参与者。我们的目标是生成一个异质性样本，使我们能够从不同的角度分析开放科学，并验证研究结果。每次访谈结束后，我们请求研究参与者介绍他们的同事参与本研究，用滚雪球抽样的方法获得更多观点。当没有新的观点出现时即达到理论饱和，访谈停止。

本研究根据以上研究框架采集并分析数据。在这个框架的基础上，我们制定了一个访谈提纲，并根据研究过程中出现的新观点调整访谈提纲。在综合评述科学文献的基础上，我们收集了一手数据资料并开展迭代分析。至此，本研究交替使用归纳和演绎的研究方法（Eisenhardt，1989）。为了综合发挥非结构化和半结构化访谈方法的优势，研究从开放式问题开始，并拟定结构化问卷调查提纲。除了访谈机构开放科学的动机和障碍等问题，在研究过程中，本研究鼓励研究参与者提供日常工作中的相关案例，包括当前正在开展的研究项目。访谈的目的是明晰开放科学和研究的驱动因素、抑制因素和当前趋势。

数据主要通过个人面对面或电话访谈收集，平均访谈时间为 40 至 120 分钟。每次访谈数据都被转录。用 Excel 分类整理转录材料，将访谈分解成单句的陈述。对每句话开展释义和类属归纳。从类属中浮现出已经确定的开放科学的发展趋势。为提高分析结果的有效性，我们邀请两名研究人员独立分析数据，并开展交叉比较。

本研究访谈了下述单位的学术研究代表：伯克利大学、欧洲核子研究中心（CERN）、苏黎世联邦理工学院、利希研究中心、亚琛工业大学、斯坦福大学、瑞士技术与创新委员会（CTI）、瑞士联邦材料科学与技术实验室（EMPA）、多特蒙德工业大学、慕尼黑工业大学、曼彻斯特大学、科隆大学、圣加仑大学。从行业来看，包括以下公司：阿西布朗勃法瑞公司（ABB）、拜耳、戴姆勒、汉高、国际商业机器公司、微软、雀巢、诺华、宝洁、思爱普（SAP）、迅达和西门子。

2013 年初，我们进行了第二阶段的实地调查，并对开放科学领域的专家进行了 22 次二次访谈，主要目的是深入了解个别研究人员如何应对开放科学中的挑战（例如，开放获取期刊使出版刊物广泛可用，但研究人员的职业生涯不是由研究成果的可用性决定的，而是由出版物的排名决定的）。本研究使用这些二次深度访谈来验证两年前最初访谈数据的有效性。所有访谈均使用 NVivo 软件逐字转录和编码。讨论开放科学个体因素的结果已由斯琪利嘉（Scheliga）和福雷斯克（Friesike）发表（Scheliga & Friesike，2014）。

四、开放科学的发展趋势

开放科学范式为科学研究中的新任务分工和新角色理解奠定了基础。科学界内部，以及学术研究和更具有应用导向的机构之间均出现了新的联系和合作形式。以洪堡的知识创造为最终目标的由研究所构筑智力堡垒的时代似乎在大多数领域已经结束。在过去的几十年里，科学问题的复杂性和解决这些问题所需的投资（时间、专业知识和材料）急剧增加，需要通过外部合作开辟新的领域（Bozeman & Corley，2004）。我们明晰了几个支撑科学开放的趋势。

（一）研究成果传播：从封闭期刊到开放获取出版物

许多研究机构在开放获取平台上开放研究成果，以加速知识的传播，从而促进知识创造。在世界最大的高能物理实验室欧洲核子研究中心，来自 38 个国家 174 个研究所的 3000 名科学家在预算为 10 亿瑞士法郎的 27 公里长的加速器上进行实验（大型强子对撞机，2011 年的状态），研究结果发表在开放获取平台阿特拉斯－提维基门户（Atlas Twiki Portal）上，全球约 1.5 万名高能物理学家可以立即阅读。在此过程中，高能物理学界为新形式的科学交流和沟通铺平了道路，从而实现了快速的同行评审出版。高能物理社区注定是开放获取的，因为这个社区相当封闭。在管理学和经济学领域，出版的开放进程较慢。圣加仑大学（University of St. Gallen）的亚历山大（Alexandria）是开放获取的早期参与者，虽然起步缓慢，但近年来获取数据的速度在迅速

加快。与许多同行评审期刊缓慢而严格的出版程序相比，基于互联网的开放
平台使及时发布研究成果成为可能，并主张思想领导力。根据欧洲核子研究
中心在高能物理方面的经验，开放获取计划使知识传播速度加快了一年多。
2008 年，大型强子对撞机加速器的蓝图在网上发布时，几天内就有数千次下
载。对引文数据的分析表明，免费和即时的在线预印本传播具有巨大的引文
优势（Gentil-Beccot & Mele，2009）。许多公共资助的研究项目要求研究成
果必须免费开放共享。在瑞士科技创新委员会，以公布结果的形式建立知识
分享平台有利于获得资助。在大多数由欧盟资助的项目中，知识的公开共享
已经成为获得资助的先决条件。

（二）研究机构的角色：从象牙塔到知识经纪人

从传统意义上而言，以研究为导向的大学和以应用为导向的私营公司之
间存在差距。随着学术界和产业界之间任务分配的变化，这种差距正在缩小。
许多大学和私营公司推动的技术转移的巨大增长进一步缩小了科学与实践之
间的差距。苏黎世联邦理工学院和国际商业机器公司在苏黎世联合运营宾宁
和罗勒纳米技术中心（Binnig and Rohrer Nanotechnology Center）是一个很好
的例子，该中心为双方研究人员提供了一个合作平台。作为平等的合作伙伴，
双方都有权发表科研成果，或使共同研发的知识产权商业化。事实证明，在
当地整合许多创新团队可以加速知识创造过程，并为现有成果的商业化转化
开辟了快速路径。此外，苏黎世联邦理工学院和国际商业机器公司的共同职
业发展道路体现了两个实体之间的联合管理，并产生了溢出效应，特别是在
隐性知识的转移方面。近年来，许多高校和科研机构的自我观念发生了变化。
许多公共机构从提供基础研究转向以应用为中心的研究。为了在全球范围实
现研究多元化并整合研究能力，不同的研究机构组成了网络，旨在为商业问
题提供直接解决方案。自动识别实验室就是一个典型的例子。他们代表了无
线射频识别（RFID）领域全球领先的学术研究实验室网络——分布在四大洲，
包括麻省理工学院实验室、苏黎世联邦理工学院实验室、剑桥实验室、复旦
实验室和庆应义塾实验室。自动识别实验室的目标是构建"物联网"，并提

供高效的基础设施，以无线射频识别技术为基础，促进新的商业模式和应用。

（三）外包研究：从制造到购买

减少价值链活动以关注核心能力的产业趋势也影响了私营、应用导向型企业与研究机构之间的关系。在这种趋势中，许多公司削减了公司基础研究的开支。因此，许多公司开始将研究活动外包：电梯公司迅达（Schindler）与科隆大学（University of Cologne）应用数学研究所合作。在提出精确要求的基础上，迅达将其最新电梯控制系统的遗传算法开发外包。在这方面，科隆大学应用数学研究所成了迅达公司创新过程最前端的知识和技术的供应方。戴姆勒公司将许多远程信息处理研究外包给几所研究机构和大学。阿西布朗勃法瑞公司将其设备检测机器人的研究外包给了与苏黎世联邦理工学院合资的一家企业。思爱普公司已经在大学校园建立了几个分散的研究实验室，如达姆施塔特工业大学（TU Darmstadt）、苏黎世联邦理工学院和圣加仑大学。诺华公司（Novartis）越来越依赖创业公司和研究机构来填补药物研究和临床前开发的技术空缺。此外，研究活动的外包为中小企业提供了克服"小的责任"的新可能性（Gassmann & Keupp，2007）。在此之前，由于资源的限制，很多中小企业无法自主开展基础研究。因此，将科学问题外包给研究机构可以提高其竞争力。

（四）研究资助：从单一来源到多来源资助

近年来，公共家庭（public households）的成本压力越来越大，导致许多公共研究机构的预算下降。大学以前主要由公共资金资助，现在被迫寻找其他方式来资助其研究活动，从而逐步寻求第三方资助。各大学加强了技术转让和知识产权商业化活动。例如，25 个巴伐利亚学术机构组成了一个专利利用网络，由专利局协调。在弗劳恩霍夫（Fraunhofer）研究所体系中，拜恩州专利（BayernPatent）负责知识产权的商业化。此外，它还帮助发明人申请专利，并与当地专利律师和办公室密切合作。拜恩州专利承担 100% 的专利申请和维护费用，从而将学术机构的风险降至最低。发明者（25%）、教师

（25%）、大学（25%）和拜恩州专利（25%）平均分配收入。当大学从公共资助转向更多的私人资助时，许多公司却做出了相反的转变。在20世纪80年代，西门子大约80%的企业技术是由未承诺开展研发的企业基金资助的。如今，超过70%的项目必须由企业技术公司通过第三方资金或业务部门自行出资。阿西布朗勃法瑞公司、戴姆勒和飞利浦等其他几家大公司也反映了这一趋势，这些公司被迫与大学合作，并在基础研究上投入种子资金，这支持了大学的科研。

（五）研究文化：从封闭的学科思维到开放的跨学科思维

几十年来，科学主要是由学科研究驱动的。在科学界，科学研究的方向受少数几种专业的、特定主题期刊的影响。科研论文所从属的狭窄领域和学科框架增加了其被期刊录用的可能性。此外，"不发表就出局"的教条迫使研究人员对他们的工作保密——至少在竞争的早期阶段是这样——直至将研究成果提交给科学期刊。这一发展带来了科学进步，但也带来了学科孤岛。在过去的几十年，跨学科期刊的数量不断增长，新的基于互联网的合作形式出现了。这提供了新的出版和合作方式，引起了人们对更开放的和跨学科研究的思维上的变化。不同研究领域之间新的科学交叉联系为出版提供了新的平台。在这种情况下，整个科学领域不断变化，新的研究领域出现，也有研究领域消失。

（六）研究重点：从广泛的大学到特定的研究所

在科学领域，公共和私营部门的研究机构的专业化程度有所提高。提高成本效率的要求迫使研究活动与执行机构的核心能力——价值创造和产生利润——密切相关。在公共部门，成立了专门的研究机构，吸引新的研究人员和私营公司。在德国的环境技术领域，这样的例子不胜枚举。在私营部门，公司有意投资重要战略领域的基础研究。例如，苏尔寿研发中心（Sulzer Innotec）成为计算流体动力学的专业机构。后来，该机构在模拟软件方面的专业知识被应用于多种产品的开发。

（七）专利：从储备到专利捐赠

过去几年，私营公司的全球专利申请数量急剧增加。因此，公司对专利的归档和维护成本不断增加。最近出现了一种趋势：私营公司向研究机构捐赠专利。许多公司保留在其业务领域免费使用该专利的权利。这样，研究机构就可以在其他领域使用专利，并将知识运用到新的应用领域，从而实现跨行业创新。杜邦公司（DuPont）是专利捐赠者的一个典型案例。该公司向宾夕法尼亚州立大学和弗吉尼亚理工大学捐赠了价值6400万美元的专利。凯洛格（Kellogg）公司向密歇根州立大学赠送了价值4900万美元的专利。两家公司都可因此获得重要的税收优惠，削减成本，并从积极的公共关系中受益（Ziegler et al.，2014）。

从以上趋势可以看出，很显然，科学正变得越来越开放。作为一种现象，开放科学在自由地揭示新思想和新知识方面取得了进步。考虑到私营机构和公共机构之间的背景和动机不同，他们之间形成了一种明显的共生关系，研究机构开展研究，私营公司将知识商业化。

五、定义开放科学未来的领域

开放科学是一个总称，用来描述如何开展科学研究的一系列变化。不同的利益相关者对开放科学应该开放什么内容有不同的看法。因此，在未来，这一概念将聚焦于几个领域。本部分将介绍几个未来塑造开放科学运动的领域。

（一）对开放获取的更高接受度

一项研究结果表明，89%的科学家喜欢开放获取期刊，但实际上只有8%的人在这些期刊上发表文章（Dallmeier-Tiessen et al.，2010）。尽管"开放获取期刊使内容可以公开获取，加速了科学的发展"，欧洲核子研究中心主任梅乐（Mele）说——不同的科学领域对开放获取期刊的接受程度并不一样，在医学和高能物理领域，开放获取期刊的影响因子很高，但在管理领域的接受度很低。我们可以观察到，在所有的领域，越来越多的人接受和使用开放获取期刊发表论文。如何才能提高对开放科学的接受度？似乎有必要考虑建立除声誉外的开放科学平台用户的激励和奖励制度（Scheliga & Friesike，2014）。

（二）开放评审和新的评估措施

正如英国议会科学技术办公室所言（Parliamentary Office of Science and Technology，2002），同行评审"本质上是一个保守的过程……（它）……鼓励了自私自利的审稿人小团体的出现，他们更有可能对彼此的基金申请计划和出版成果进行更有利的评议，而不会对那些来自团体外的研究人员提交的申请书和论文提供有利的评议。因此，需要开发新的评估科研成果的补充方法，有必要开发一个科学影响力 2.0 的系统"。尽管有这种明显的批评意见，但开放评审过程的倡议很难被接受。2006 年 6 月，《自然》杂志开展了一项开放同行评审过程的实验。一些已提交至常规评议程序的论文也可供网上公开评议。只有 5% 的作者同意参与实验，其中接近一半的论文（46%）甚至没有收到一条评审意见。需要更多的研究来解释为什么研究人员不愿意开放评审过程，以及需要采取哪些措施来提高其接受度。现在对科研成果影响的评估主要基于所刊载的期刊的影响因子。这种衡量相当缓慢、封闭，而且受到社会群体效应的影响。建立新的科学影响评估标准的一个关键因素可以由发布个人用户衡量标准的服务方（例如，Research Gate 或 Google Scholar）发挥作用。在这里，不同的影响测量向公众开放：例如，每篇论文和每位作者的平均被引用次数，赫希（Hirsch）的 h 指数及相关参数，张（Zhang）的 e 指数，埃格赫（Egghe）的 g 指数以及年龄加权引用率，或在研究之窗（Research Gate）中的得分。可以通过在社交媒体上传播研究成果以克服同行评审期刊经常与实践和社会相互孤立的现象。在这里，研究可以被阐述、评论和更好地营销。出版物可以由感兴趣的读者选择和评价。社交媒体已经在替代计量学中发挥了突出作用，但还需要更多的经验证据证明其在科研成果影响力评价中发挥作用（Priem et al.，2012；Piwowar，2013）。

（三）虚拟知识创造

随着互联网的普及使用，分享和产生知识的新形式出现了，这带来了新的挑战：集体产生的知识如何发表？如何认定剽窃行为？剽窃行为应该如何处理？在盎格鲁—撒克逊人主导的科学领域，每个研究人员都是根据其个人的科学贡献来评估的。这就要求明确标注对科研成果所做的贡献。虚拟网络中的协作知识创造——通常被描述为电子科学——挑战了这一教条，因为精确识别单个研究人员及其贡献往往是不可能的。如何明晰并分配作者的贡献需要新的解决方案。

（四）科研成果内容的质量保障

科学的成功开放以明确的措施来保证科研成果内容的质量为前提。考虑到开放科学平台的兴起，必须制定有关用户授权和访问权限的相关管理办法。在许多情况下，普通公民参与调查科学问题（Franzoni & Sauermann，2014）。这些研究人员没有科学背景，这给科研管理带来了新的挑战。确保研究严谨性的新形式的评估和审查系统应该是什么样的？透明度似乎是关键。从产生最初的想法到形成最终的结果，整个研究过程的可理解性对保障大众科学项目的质量至关重要。平台的选择仍然存在一个悬而未决的问题：哪个平台适合哪个项目？

（五）加速跨学科科学

基于开放科学平台，对不同科学学科和主题领域开展不设限的研究成为可能。它带来了审视现有知识的新方法。新的检索方式和语言处理技术对形成新的跨学科观点有什么影响？

（六）中小企业外包研究

在一个经济体中，中小企业是数量最多的。开放科学对中小企业科研合作的影响还有待进一步深入研究（van de Vrande et al.，2009）：成功的因素是什么？合作过程有哪些特点？科研与中小企业对接的相关中介和平台有哪些？

（七）知识产权交易

如前所述，以知识产权为形式的知识的可交易性是开放科学的催化剂。然而，目前缺乏对成功贸易决定因素的相关调查研究。专利评估仍然是一个挑战，因为大多数专利交易都没有公开披露。有效的知识产权市场可能会引导产生更开放的研究方法，因为他们将在专利评估方面提供更多指导。此外，开放知识产权贸易可能产生负面后果，例如，专利流氓对价值创造的影响——必须开展更详细的调查。如何使知识产权交易更加便利？

六、结论

总的来说，很明显，开放科学的支持者努力争取一个改进的科学体系。他们希望科学体系产出更好的成果，任何人都能公开获取科研成果，并促进所有相关方之间的合作。为此，人们可以认为，开放科学描述了创新漏斗（innovation funnel）[①] 最前端的一种不可逆转的范式转变。然而，在开放科学领域提出的许多概念在个人层面上缺乏明确的动机。作为一个整体，开放科学系统具有明显优势。然而，这些优势是否足以激励个别研究人员追求更开放的科学还有待观察。开放的科学研究体系不仅可以提高学术研究水平，而且具有巨大的产业应用潜力。在这里，我们需要更多地了解如何支持和管理这种交互作用。总的来说，目前的科学贡献仍然是碎片化的，远远没有呈现出开放科学的整体图景。各个领域的许多知识差距非常明显。解决对科学家的个人激励问题需要制定明确的政策。作为一个非常有前景的理念，开放科学伴随着许多可能的挑战，为了使这种研究范式发挥作用，需要解决这些挑战。开放科学领域仍处于早期阶段，未来的研究前景广阔。我们邀请研究人员为这个新兴且令人着迷的领域做出贡献，并帮助回答许多未解决的问题。

---

① 译者注：创新漏斗是一种用于描述创新过程的模型，从初始的创意到最终的产品或服务推出，经过一系列的筛选，最终留下最有前途的想法。

七、研究局限

鉴于本研究的研究设计，本研究存在一些局限性。首先，作为典型的定性研究，本研究描述了一个当前的现象。但我们无法量化，无法提供关于"开放"研究实际上有多开放以及有多少研究人员从事开放科学的研究结论。其次，本研究从总体上概述了这个新兴的现象。我们没有开展学科比较，也没有重点研究开放科学的促进和阻碍因素，这些因素有助于解释为什么某些学科比其他学科的开放科学参与度更高。再次，我们不关注个别行为体。开放科学的理念及其关键论点（使研究过程尽可能透明和开放）对整个社会都有好处，然而，它没有考虑到个体研究人员的利益。在许多情况下，对社会有益的东西并不符合研究人员自己的最大利益。目前的职业激励和制度政策可能会阻碍开放科学的进程。最后，本研究的数据主要关注德国的科研和商业领域。为了尽量减少局部偏见并确保研究结论在全球范围内的有效性，我们访谈了具有国际背景的管理人员和研究人员。实际上，我们选择了以前在国际期刊上发表过论文的研究人员和在全球商业环境中工作的管理人员，以确保研究结果在德语世界以外的地区具有可推广性。

参考文献：

Bartling, S., & Friesike, S.（2014）. Opening science: The evolving guide on how the internet is changing research, collaboration and scholarly publishing. Cham: Springer.

Bilgram, V., Brem, A., & Voigt, K.-I.（2008）. User-centric innovations in new product development—Systematic identification of lead users harnessing interactive and collaborative online-tools. International Journal of Innovation Management, 12（3），419‒458.

Björk, B.-C., & Solomon, D.（2013）. The publishing delay in scholarly peer-reviewed journals. Journal of Informetrics, 7（4），914‒923.

Bozeman, B., & Corley, E.（2004）. Scientists' collaboration strategies: Implications for scientific and technical human capital. Research Policy, 33（4），599‒616.

Braun, A., Gomez, I., Mendez, A., & Schubert, A. (1992). International co-authorship patterns in physics and its subfields, 1981 - 1985. Scientometrics, 24 (2), 181 - 200.

Bullinger, A. C., Neyer, A.-K., Rass, M., & Moeslein, K. M. (2010). Community-based innovation contests: Where competition meets cooperation. Creativity and Innovation Management, 19 (3), 290 - 303.

Chesbrough, H. W. (2003a). Open innovation: The new imperative for creating and profiting from technology. Boston: Harvard Business School Press.

Chesbrough, H. W. (2003b). The era of open innovation. MIT Sloan Management Review, 44 (3), 35 - 41.

Chesbrough, H. W. (2006). Open business models: How to thrive in the new innovation landscape. Cambridge, MA: Harvard Business School Publishing.

Christensen, J. F., Olesen, M. H., & Kjær, J. S. (2005). The industrial dynamics of open innovation—Evidence from the transformation of consumer electronics. Research Policy, 34 (10), 1533 - 1549.

Cohen, W. M., Nelson, R. R., & Walsh, J. P. (2000). Protecting their intellectual assets: appropriability conditions and why U.S. manufacturing firms patent (or not). NBER Working Paper 7552.

Dahlander, L., Fredriksen, L., & Rullani, F. (2008). Online communities and open innovation: Governance and symbolic value creation. Industry and Innovation, 15 (2), 115 - 123.

Dahlander, L., & Gann, D. M. (2010). How open is innovation? Research Policy, 39 (6), 600 - 709.

Dallmeier-Tiessen, S., Darby, R., Goerner, B., Hyppoelae, J., Igo-Kemenes, P., Kahn, D., Lambert, S.,Lengenfelder, A., Leonard, C., Mele, S., Polydoratou, P., Ross, D., Ruiz-Perez, S., Schimmer, R., Swaisland, M., & van der Stelt, W. (2010). First results of the SOAP project. Open access publishing in 2010, working paper. http://arxiv.org/abs/1010.0506v1.

de Roure, D., Goble, C., Aleksejevs, S., Bechhofer, S., & Bhagat, J. (2010). Towards open science: the myExperiment approach. Concurrency and Computation: Practice and Experience, 22, 2335 - 2353.

Eisenhardt, K. (1989). Building Theories from Case Study Research. Academy of Management Review,14 (4), 532‑550.

Fisher, B. S., Cobane, C. T., Vander Ven, T. M., & Cullen, F. T. (1998). How many authors does it take to publish an article? Trends and patterns in political science. PS. Political Science and Politics, 31 (4),847‑856.

Franke, N., von Hippel, E., & Schreier, M. (2006). Finding commercially attractive user innovations: A test of lead user theory. Journal of Product Innovation Management, 23 (4), 301‑315.

Franzoni, C., & Sauermann, H. (2014). Crowd science: The organization of scientific research in open collaborative projects. Research Policy, 43 (1), 1‑20.

Gassmann, O., & Enkel, E. (2004). Towards a theory of open innovation: Three core process archetypes. Proceedings of the R&D Management Conference, Lisbon, Portugal, 6‑9 July.

Gassmann, O., Kausch, C., & Enkel, E. (2010). Negative side effects of customer integration. International Journal of Technology Management, 50 (1), 43‑63.

Gassmann, O., & Keupp, M. M. (2007). The internationalisation of research and development in Swiss and German born globals: Survey and case study evidence. International Journal of Entrepreneurship and Small Business, 4 (3), 214‑233.

Gentil‑Beccot, A., & Mele, S. (2009). Citing and reading behaviours in high‑energy physics. How a community stopped worrying about journals and learned to love repositories. http://arxiv.org/abs/0906.5418.

Gowers, T., & Nielsen, M. (2009). Massively collaborative mathematics. Nature, 461, 879‑881.

Grand, A., Wilkinson, C., Bultitude, K., & Winfield, A. F. T. (2012). Open Science: A New, "Trust Technology"? Science Communication, 34, 679‑689.

Haeussler, C. (2011). Information‑sharing in academia and the industry: A comparative study. Research Policy, 40 (1), 105‑122.

Hagedoorn, J. (1993). Understanding the rationale of strategic technology partnering: Inter‑organizational modes of cooperation and sectoral differences. Strategic Management Journal, 14 (5), 371‑385.

Hagedoorn, J. (2002). Inter‑firm R&D partnerships: An overview of major trends and patterns 1960. Research Policy, 31（4）, 477 - 492.

Hagström, W. O.（1965）. The scientific community. New York: Basic Books.

Herstatt, C., & Kalogerakis, K.（2005）. How to use analogies for breakthrough innovations. International Journal of Innovation and Technology Management, 27（3）, 418 - 436.

Herzog, P.（2011）. Open and closed innovation: Different cultures for different strategies. Wiesbaden: Gabler Verlag.

Hicks, D.（1995）. Published papers, tacit competencies and corporate management of the public/private character of knowledge. Industrial and Corporate Change, 4（2）, 401 - 424.

Howells, J.（2006）. Intermediation and the role of intermediaries in innovation. Research Policy, 35（5）, 715 - 728.

Howells, J.（2008）. New directions in R&D: Current and prospective challenges. R&D Management, 38（3）, 241 - 252.

Hunter, L., & Leahey, E.（2008）. Collaborative research in sociology: Trends and contributing factors. The American Sociologist, 39（4）, 290 - 306.

Jong, S., & Slavova, K.（2014）. When publications lead to products: The open science conundrum in new product development. Research Policy, 43（4）, 645 - 654.

Katz, R., & Allen, T. J.（1982）. Investigating the not invented here（NIH）syndrome: A look at the performance, tenure, and communication patterns of 50 R&D project groups. R&D Management, 12（1）, 7 - 19.

Kim, W. C., & Mauborgne, R.（2004）. Blue ocean strategy. Harvard Business Review, 82（10）, 76 - 84.

Kodama, F.（1992）. Technology fusion and the new Research-and-Development. Harvard Business Review, 70（4）, 70 - 78.

Koen, P., Ajamian, G., Burkart, R., Clamen, A., et al.（2001）. Providing clarity and a common language to the "Fuzzy Front End". Research and Technology Management, 44（2）, 46 - 55.

Kuhn, T.（1962）. Structure of scientific revolutions. Chicago: University of Chicago Press.

Lievrouw, L. A.（2010）. Social media and the production of knowledge: A return to little science? Social Epistemology, 24, 219 - 237.

Luethje, C. (2004). Characteristics of innovating users in a consumer goods field—An empirical study of sports-related consumers. Technovation, 23 (9), 683 - 695.

Maske, K. L., Durden, G. C., & Gaynor, P. E. (2003). Determinants of scholarly productivity among male and female economists. Economic Inquiry, 41 (4), 555 - 564.

McCain, K. (1991). Communication, competition, and secrecy: The production and dissemination of research-related information in genetics. Science, Technology and Human Values, 16, 491 - 516.

Merton, R. K. (1973). The sociology of science: Theoretical and empirical investigations. Chicago: University of Chicago Press.

Meyer, E. T., & Schroeder, R. (2013). Digital Transformations of Scholarship and Knowledge. In W. H. Dutton (Ed.), The Oxford handbook of internet studies (pp. 307 - 327). Oxford: Oxford University Press.

Mukherjee, A., & Stern, S. (2009). Disclosure or secrecy? The dynamics of open science. International Journal of Industrial Organization, 27, 449 - 462.

Murray, F. (2006). The oncomouse that roared: Hybrid exchange strategies as a source of productive tension at the boundary of overlapping institutions. MIT Sloan School of Management Working Paper.

Nambisan, S., & Baron, R. A. (2010). Different roles, different strokes: Organizing virtual customer environments to promote two types of customer contributions. Organization Science, 21 (2), 554 - 572.

Neylon, C., & Wu, S. (2009). Open science: Tools, approaches, and implications. Pacific Symposium on Biocomputing, 14, 540 - 544.

Nielsen, M. (2011). An informal definition of open science. The OpenScience Project. http://www.openscience.org/blog/?p=454.

Nielsen, M. (2012). Reinventing discovery: The new era of networked science. Princeton, NJ: Princeton University Press.

Parliamentary Office of Science and Technology. (2002). Postnote—Peer review, (182), 1 - 4. http://www.parliament.uk/documents/post/pn182.pdf.

Pike, T. W. (2010). Collaboration networks and scientific impact among behavioral ecologists. Behavioral Ecology, 21 (2), 431 - 435.

Piller, F. T., & Walcher, D. (2006). Toolkits for idea competitions: A novel method to integrate users in new product development. R&D Management, 36 (3), 307–318.

Pisano, G. (2006). Profiting from innovation and the intellectual property revolution. Research Policy, 35 (8), 1122–1130.

Piwowar, H. A. (2013). Altmetrics: Value all research products. Nature, 493, 159.

Powell, W. W., White, D. R., Koput, K. W., & Owen-Smith, J. (2005). Network dynamics and field evolution: The growth of interorganizational collaboration in the life sciences. American Journal of Sociology, 110, 1132–1205.

Priem, J., Piwowar, H. A., & Hemminger, B. M. (2012). Altmetrics in the wild: Using social media to explore scholarly impact. http://arxiv.org/abs/1203.4745.

Procter, R., Williams, R., Stewart, J., Poschen, M., & Snee, H. (2010). Adoption and use of Web 2.0 in scholarly communications. Philosophical Transactions of the Royal Society A: Mathematical, Physical and Engineering Sciences, 368, 4039–4056.

Reitzig, M., Henkel, J., & Heath, C. (2007). On sharks, trolls, and their patent prey—Unrealistic damage awards and firms' strategies of "being infringed". Research Policy, 36 (1), 134–154.

Rhoten, D., & Powell, W. W. (2007). The frontiers of intellectual property: Expanded protection vs. new models of open science. Annual Review of Law and Social Science, 3, 345–373.

Scheliga, K., & Friesike, S. (2014). Putting open science into practice: A social dilemma? First Monday, 19,9.

Schildhauer, T. (2011). Open Innovation und digitale Kommunikation – Vier Thesen zum Aufbruch in neue und unbekannte Welten. In T. Schildhauer, N. Tropisch, & C. Busch (Eds.), Magie und Realitä t des Heldenprinzips heute (pp. 152–157). M ü nster: Verlagshaus Monsenstein und Vannerdat.

Sieg, J. H., Wallin, M. W., & von Krogh, G. (2010). Managerial challenges in open innovation: A study of innovation intermediation in the chemical industry. R&D Management, 40 (3), 281–291.

Stephan, P. E. (1996). The economics of science. Journal of Economic Literature,

34, 1199 - 1235.

Tacke, O.（2010）Open science 2.0: how research and education can benefit from open innovation and web 2.0. 1. Symposium on Collective Intelligence（COLLIN 2010）.

Thursby, M., Thursby, J., Haeussler, C., and Jiang, L.（2009） Do academic scientists freely share information? Not necessarily. Vox News 29 Nov. 2009.

Vallas, S. P., & Kleinman, D. L.（2008）. Contradiction, convergence and the knowledge economy: The confluence of academic and industrial biotechnology. Socio-Economic Review, 6（2）, 283 - 311.

van de Vrande, V., de Jong, J. P. J., Vanhaverbeke, W., & de Rochemont, M.（2009）. Open innovation in SMEs: Trends, motives and management challenges. Technovation, 29（6 - 7）, 423 - 437.

van de Vrande, V., Vanhaverbeke, W., & Gassmann, O.（2010）. Broadening the scope of open innovation: Past research, current research and future directions. International Journal of Technology Management, 52（3 - 4）, 221 - 235.

von Hippel, E.（1986）. Lead users: A source of novel product concepts. Management Science, 32（7）,791 - 805.

von Hippel, E., & von Krogh, G.（2006）. Free revealing and the private collective model for innovation incentives. R&D Management, 36（3）, 295 - 306.

von Krogh, G., & von Hippel, E.（2003）. Open source software: Introduction. Research Policy, 32（7）,1149 - 1157.

Waldrop, M. M.（2008） Science 2.0: Great New Tool, or Great Risk? Scientific American. http://www.scientificamerican.com/article.cfm?id=science-2-point-0-great-new-tool-or-great-risk.

West, J., & Lakhani, K. R.（2008）. Getting clear about communities in open innovation. Industry & Innovation, 15（2）, 223 - 231.

Ziegler, N., Gassmann, O., & Friesike, S.（2014）. Why do firms give away their patents for free? World Patent Information, 37, 19 - 25.

（田京　译）

创业与开放科学之间的冲突，以及科学准则的转型 *

柴山宗太郎（Sotaro Shibayama）

（佐治亚理工学院公共政策学院）

摘 要

在学术创业的潮流中，大学研究对社会的实际和直接贡献得到了凸显，大学科学家越来越多地参与商业活动、产学研合作和技术转移。然而，这一趋势引发了人们对开放科学传统可能受到负面影响的担忧。本研究基于对 698 名日本自然科学家的调查数据，分析了在大学创业干预措施影响下大学科学家的行为和规范，从而研究了创业与开放科学之间的兼容性。结果表明，创业干预措施促进了科学家做出更多实际贡献的规范的发展，进而促进了他们参与商业活动并与产业界建立联系。其中一些创业活动阻碍了科学家之间的合作或建立开放关系。研究结果表明，企业干预并没有削弱传统的开放科学准则。深入的分析表明，实际贡献和开放科学这两种规范是独立的，这意味着可以在不妨碍开放科学的情况下促进学术创业。

关键词：创业；学术资本主义；商业主义；开放科学；科学规范

* 文献来源：Shibayama, S.（2012）. Conflict between entrepreneurship and open science, and the transition of scientific norms. Journal of Technology Transfer, 37,508 – 531.

注：限于篇幅，未保留附录，详见原文。

一、导言

大约从 20 世纪 80 年代起，政策制定者和科学界开始强调学术机构在创新体系中所发挥的不可或缺的作用（OECD，1999；National Academy of Sciences，1993），并更加重视大学中的科学研究对社会做出的直接的和实际的贡献。这种学术创业（或学术资本主义）制度鼓励了产学联系（UIRs）和学术资源商业化（Etzkowitz，1983，1998；Slaughter & Leslie，1997）。因此，学术界的创业活动，如大学初创企业、大学专利申请、技术转让和大学与产业的共同著作权等显著增加（如 Association of University Technology Managers，2007；Nagaoka et al.，2009）。然而，也有批评者认为，这种制度转变与传统的科学准则相悖，阻碍了科学的进步（Dasgupta & David，1994；Nelson，2004）。在传统规范中，学术研究成果属于科学界的集体财产，科学家理应放弃其私人所有权（Merton，1973）。但许多实证研究表明，尽管有这些规范，参与商业研发和产学联系的科学家往往不向其他科学家提供其研究成果和资源（Campbell et al.，2000；Walsh et al.，2007）。因此，即使创业可以直接为社会做出贡献，制度的转变也可能会削弱科学的基础。

尽管已有很多实证依据，但创业制度如何影响开放科学规范仍有许多问题有待研究。一方面，科学家的不合作或保密行为可能归因于创业制度的体制缺陷。肯尼和巴顿（Kenney & Patton，2009）以及马歇尔（Marshall，2000）的研究表明，在一些案例中，大学管理者阻碍科学家分享其研究资源，试图将其作为资金来源加以利用。因此，机构的限制措施会阻碍科学家为学术界服务的意愿。另一方面，正如达斯古普塔和戴维所警示的那样，开放科学的传统规范可能已经被削弱，科学家变得更加关注自身利益（Dasgupta & David，1994）。这种情况比前一种情况要严重得多。如果规范仍然存在，也许可以通过修改现行制度中有问题的地方来解决学术创业与开放科学之间的冲突。但是，如果规范不复存在，这种修正可能就无法化解冲突了。

因此，本研究的主要目的是考察创业体制下科学家规范结构的转型。具体而言，重点关注两方面的规范，分别是科学界长期以来公认的开放科学规范和新制度下强调对社会做出实际贡献的规范。本研究分析了传统规范是否因创业制度的出现而被削弱，或者说，这两个规范是否兼容。此外，本研究还探讨了规范在创业活动和非合作行为方面是如何影响科学家的个人行为的。为此，我对日本生命科学和材料科学领域的科学家进行了调查。鉴于日本向创业制度转变相对较晚（始于 20 世纪 90 年代末），因此在组织环境中仍存在一定程度的变化和偏差。我希望这有助于揭示制度转变与规范结构转型之间的关联。

二、概念背景和假设构建

（一）当代学术界的规范结构

过去几个世纪见证了科学准则的几次重大转变。一个重要的转变发生在 19 世纪现代科学的发端时期，当时开放科学成为一种主流价值观，取代了以往的保密理念（David，2004）。在这种开放科学体制下，科学家认为，科学进步建立在过去的成就的宝贵遗产之上。因此，学术研究成果属于科学界的集体财产，科学家之间必须进行公开、充分的交流（Merton，1973；Mitroff，1974）。我将这一规范定义为开放科学的规范，即学术科学家应公开、无私地为科学进步和同行做出贡献。这一规范通过科学界内部的相互监督和惩罚机制维持。若某位科学家违背这一规范，其不当行为将会受到制裁，如终止合作。即使这一规范不是完美无缺的，但也得到了广泛的实践[①]，并在学术界发挥着至关重要的作用（Campbell et al.，2000；Hagstrom，1974；Walsh et al.，2007）。虽然它被视为基本的科学准则，但也会受社会、经济、政治和历史因素的影响（Blume，1974；Hackett，1990）。例如，拉班德和托尔森指出，科学家的合作程度因科学领域而异（Laband & Tollison，2000）。艾里约森认为，科学发现的传播方式随着社会规范的变化而发生变化（Ellison，2002，2007）。

---

① 莫顿指出，由于科学家必须第一个发表原创成果以获得认可，这种激烈的科学竞争往往阻碍合作关系（Merton，1973）。

另一次规范的重大转变发生在 20 世纪初，当时学术科学开始被积极地用于实际目的（如军事目的）。从政策制定者的角度来看，人们越来越认识到，不应允许学术界仅仅追求基础知识而不给社会带来任何直接利益（Stokes，1997）。这种观点逐渐概念化为"问责制"，即科学家应向其研究赞助者（通常是公众）负责并接受其指导（Hackett，1990）。科学界也开始将对社会的实际贡献视为学术机构应承担的不可或缺的责任，并加强了与业界的联系（OECD，1999；National Academy of Sciences，1993）。此外，斯托克斯指出，实用导向也可以促进科学进步。他举例说，路易·巴斯德（Louis Pasteur）在基础微生物学领域取得了巨大成就，在很大程度上是基于他开发了从甜菜汁中提取酒精的发酵技术（Stokes，1997）。这样，为社会做出实际贡献的准则，即学术科学家应直接为解决社会问题做出贡献，就成了科学准则中的重要内容。显然，在产业研究中，这种规范更为常见，这些产业研究与许多私营企业所从事的应用研究有关（Goel & Rich，2005），但克莱曼和瓦拉斯认为，学术界和产业界的规范正在跨界融合（Kleinman & Vallas，2005）。

（二）创业制度和规范的转变

虽然以实际应用为导向并不新鲜，但 20 世纪 80 年代以来向学术创业体制转变无疑在制度上加速了这一进程（Etzkowitz，1998；Goel & Rich，2005；Slaughter & Leslie，1997）。在制度转变中，美国的《贝赫－多尔法案》（Bayh-Dole Act），以及其他国家的类似法律发挥了重要作用（Kenney & Patton，2009；Mowery & Sampat，2005）。随后，各种有利于大学科学研究商业化的措施不断出台（Powell & Owen-Smith，1998）。新制度强调技术向产业转移，鼓励大学科学家开发私人所有权。通过加强大学专利申请，政府希望学术界和产业界的技术能够得到互补利用，从而使学院科学[①]直接有效地为社会做出贡献（Aghion & Tirole，1994；Nelson，2001；Poyago-Theotoky et al.，2002）。为鼓励教职员工开展创业活动，大学设置专门组

[①]　译者注：学院科学（academic science）是指科学最纯粹形式的原型，强调追求真理的价值观和按照学科内在规律对其基础开展的研究。

织，例如技术转移办公室（Technology Licensing Offices，TLO）、产学研中心（university-industry research centers），并颁布了校内条例（Glenna et al.，2007b；Poyago-Theotoky et al.，2002；Slaughter & Rhoades，1996）。因此，大学的创业活动得到推动（Slaughter & Leslie，1997），这可以从大学初创企业数量、大学专利申请和技术转让收入等各种指标中看出来（Association of University Technology Managers，2007；Arora et al.，2001；Brown et al.，1991；Henderson et al.，1998；Mowery et al.，2001；Nagaoka et al.，2009）。

虽然从这些成果指标中可以明显看出科学界的创业发展趋势，但学界对制度转变如何影响科学界的科学规范（scientific norm）[①] 结构还没有开展深入的研究。以往的理论认为，科学家的规范和行为会受到科学政策和制度的影响（Frickel & Moore，2005；Goel & Rich，2005）。在创业制度中，我假设大学层面的干预措施分两步对科学家产生影响。首先，改革大学基础设施，以降低创业成本，提高创业动力。例如，技术转移办公室提供专利律师（patent attorneys）[②]，负责处理法律相关事务，同时寻找产业合作伙伴，向其转让大学技术。风险企业实验室为学术界和产业界合办企业提供了场地。如果科学家自己去寻找，就很难获得这些服务。其次，大学管理者还为科学家的创业活动提供激励，例如允许他们赚取个人利益（如许可收入[③]、公司分红）。这些金钱激励可以推动科学家开展创业活动。一旦创业活动开始盛行，科学界就会自发形成赞赏创业的氛围。在创业活动中取得成功的科学家甚至可以赢得同行的尊重，而这种尊重过去只给予得出科学发现的科学家。这进一步鼓励了更多科学家参与创业活动。这种自我强化的循环加强了实际贡献的规范。换句话说，除非循环加速，否则规范结构不会改变。埃茨科威兹认为，

---

① 在这篇文章中，我使用"规范"这一概念作为科学界的预期行为，并将其与实际行为区分开来。这种区别是基于这样一种观点，即一个人的行为是由他或她对某些行为的态度和重要他人对这些行为的规范决定的。

② 译者注：专利律师是一种专门从事专利法律事务的律师，负责为客户提供专利申请、维权等方面的法律服务。

③ 译者注：许可收入是指企业或个人通过许可自己的专利、商标、著作权等知识产权给他人使用而获得的收入。

在制度转变之初，积极创业的科学家在很大程度上不被同行认可（Etzkowitz，1990）。斯图尔特和丁的研究也表明，当某位科学家身边有频繁开展商业活动的科学家时，他们的创业倾向就会增加（Stuart & Ding，2006）。在这一方面，大学层面的干预可能有助于启发创业。

虽然创业已被广泛接受，但不同大学的创业基础设施水平不尽相同。例如，有些大学为创业配备了更多员工，设立了更大规模的专项组织机构，积累了更多商业经验。丰富的创业基础设施有助于营造创业氛围。因此，我们可以直接假定，在大学加强创业干预的情况下，科学家更有可能遵循实际贡献规范。

假设1：大学层面的创业干预措施与对社会做出实际贡献的规范呈正相关。

与实际贡献规范相比，统一的干预措施是否阻碍了开放科学规范的发展，这一点可能存在争议。从理论上讲，这两种规范是独立的，因此一种规范的发展并不一定意味着另一种规范的削弱。事实上，一些实证研究表明，产学联系并没有降低科学出版的质量或数量（Agrawal & Henderson，2002；Hall et al.，2003）。然而，许多研究认为，创业制度与传统学术规范互斥（Dasgupta & David，1994；David，2003）。如上所述，创业制度促使大学科学家参与创业活动。这可能会直接造成多任务替换（multi-task substitution），即活跃于创业领域的科学家进行传统学术任务工作的时间会减少（Holmstrom & Milgrom，1991；Lee，1996）。此外，众所周知，创业活动往往与开放科学的学术实践不一致（Campbell et al.，2000；Walsh et al.，2007）。例如，专利法要求发明具有新颖性，这很可能会延误论文的发表。合作研究中的行业伙伴往往要求尽可能独占产学联系成果。此外，一些大学甚至在学术界内部也对研究资源的自由共享施加限制（Kenney & Patton，2009；Marshall，2000）。由于这种趋势盛行，即使多数科学家相信开放科学的规范，他们也仍然质疑规范的有效性。他们经常会遇到创业型科学家和支持产权限制的科学家采取不合作或保密态度的情况。这样一来，科学家无偿共享资源的做法就不那么合理了，因为这样做的结果是帮助了搭便车者。这种认识一旦形成，传统规范就会弱化，问责机制也就无法充分发挥作用。这样，也就产生了一种自我强化的力量，削弱了开放科学的规范。因此，在大学加大干预力度以促进创业活动的情况下，科学家往往不会遵守开放科学规范。

假设 2 大学层面的创业干预与开放科学规范呈负相关。

（三）规范的其他决定因素

除了创业环境，还有什么会影响科学规范？在组织层面，大学之间的一个明显差异是科研活动密度。有些大学能比其他大学筹集到更多的科研经费。有些大学更重视研究，而非教育（Hackett，1990）。研究密集型大学的科学家可以享受先进的研究环境（如实验设施、优秀同事），并更加专注于研究工作。虽然获得这些特权部分归功于科学家的努力，但大学的贡献也不容忽视。因此，当科学家从所在组织获得大量支持时，他们会感到义不容辞。回报这种恩惠的一种方式是向科学界反馈他们的研究成果。研究强度高的大学往往会通过提供人力资源和基础设施（如共享研究工具和数据的资料库、准备研究工具的技术人员）来促进这一过程。因此，我假设，大学层面的研究强度会促进开放科学的规范。

假设 3 大学层面的研究强度与开放科学规范呈正相关。

研究强度对实际贡献规范的影响也存在争议。如果科学家拥有优越的研究环境，他们就有可能比那些条件较差的科学家做出更多的成果。这只会使他们有更大的可能取得可应用于实际的科研发现。更重要的是，研究型大学有可能吸引产业合作伙伴。这些条件可以促进规范向实际贡献转变。不过，如果我们假定对社会的贡献是对科学的贡献的替代动机，那么以下解释也是合理的。也就是说，在富裕的研究环境中，科学家可以通过提供大量的研究成果为学术界做出充分的贡献，因此他们不必追求为社会做贡献这一次要使命。相反，在较差的研究环境中的科学家可能更愿意为社会做贡献，因为他们对学术界的贡献往往有限。此外，法利亚认为，当学术研究水平较低时，科学家倾向于追求外部收入（典型代表是咨询收入），而非专注于研究（Faria，2001）。在研究密集型大学中，由于对科学生产力的要求很高，科学家可能不愿意从事次要学术活动（secondary activities）。考虑到这些相互竞争的可能性，我提出了以下替代假设。

假设 4A 大学层面的研究强度与对社会做出实际贡献的规范呈正相关。

假设 4B 大学层面的研究强度与对社会做出实际贡献的规范呈负相关。

除组织背景外，科学规范还可能因情境因素而异（Hackett，1990）。其中，科学领域构成了科学界的基本维度，通常被称为隐形学院（invisible college）[①]（Crane，1972）。由于同一领域的科学家拥有共同的基础知识和研究目标，他们在如何推动科学发展方面也可能拥有共同的价值观或标准。因此戈埃尔和里奇认为，科学家的行为因研究特点而异，并受学术团体的影响（Goel & Rich，2005）。此外，布朗等认为，科学家的行为受复杂性和不确定性等技术特征的影响（Brown et al.，1991）。例如，我们可以直接假定，在应用科学中，实用贡献规范更受重视；而在基础科学中，开放科学规范更受重视。在开放科学方面，沃格利等的研究表明，生命科学、计算机科学和化学工程之间预留研究数据和材料的概率不同（Vogeli et al.，2006）。洪和沃尔什也认为，生物学的保密程度高于数学和物理学（Hong & Walsh，2009）。有学者研究了科学发现如何在多个领域得到共享和认可（Laband & Tollison，2000；Laband，2002）。此外，一些研究比较了经济学和非经济学领域科学家的利己性或合作性，但结果各不相同（Carter & Irons，1991；Frank et al.，1993；Laband & Beil，1999；Marwell & Ames，1981）。这些研究表明，科学规范受科学领域的影响。

假设 5A 不同科学领域对社会做出实际贡献的规范不同。

假设 5B 开放科学的规范因科学领域而异。

最后，代际（generation）是另一个可能划分科学社区的情境维度（Hackett，1990）。由于创业是一种很新的发展趋势，老一代人是经历了传统体制之后才经历创业潮流。而年轻一代科学家从职业生涯初期就受新制度的影响。因此，我假定年轻一代的实际贡献规范更强。此外，假设创业制度对开放科学

[①] 译者注：隐形学院是由核心科学家领导组织的，人员不确定的民间组织。成员在一起聚会，讨论和研究一些重要的科学问题，彼此交流思想和情报。

规范产生了负面影响，我假设年轻一代更容易受到影响。

假设 6A 年轻一代科学家有更好的为社会做出实际贡献的规范。

假设 6B 年轻一代科学家开放科学的规范性较弱。

三、数据

（一）样本和数据

本研究以日本大学的科学家为样本。日本学术界有几个特点与本研究的研究目标相匹配。首先，日本向创业制度过渡的时间相对较短，如日本版的《贝赫－多尔法案》（Bayh-Dole Act）于 1999 年才颁布。因此，我预计各大学对创业的态度仍存在差异。其次，日本科学家的流动性非常低（Nagaoka et al.，2009）[①]，因此科学家很可能受到当前所属单位的影响，而受到之前所属单位的影响非常有限。

我根据以下标准确定了本研究的研究对象。在科学领域方面，我主要关注生命科学，因为学术创业一直是该领域的主要问题（National Academy of Sciences，2003）。生命科学领域分为六个子领域（基础生物学、基础医学、临床科学、农业科学、制药科学、医学工程）[②]。此外，为了超越之前的研究，我增加了材料科学，在这一领域，产业合作发挥着重要作用。材料科学包括材料化学和纳米科学。由于本研究关注的是实际从事研究活动的科学家，因此我选择了排名前 45 位的大学中过去五年在以下领域获得国家基金资助的教授和副教授。由于没有符合标准的最新抽样框架，我利用日本国家研究基金数据库创建了一个原始抽样框架[③]。

---

① 本研究的样本中，科学家在他们目前所在的实验室平均已工作 13 年。

② 根据国家研究基金数据库确定每位受访者的科学领域（稍后解释）。该数据库记录了每位科学家在哪些科学领域获得过研究基金。将这位科学家最活跃的领域列为其所在的领域。

③ 我利用了科学研究资助（Grant-in-Aid for Scientific Research）数据库，这是一个竞争性研究基金，是日本大学科研人员的主要资金来源。抽样框架包括 8013 名科学家，涵盖了 62% 符合本研究人口统计学变量要求的受资助者。

调查过程如下。首先，我访谈了 30 位科学家，在此基础上制定了调查工具。为了验证调查工具，我从抽样框架中随机抽取了 40 名科学家进行初步调查。其次，我与 10 位科学家开展了认知访谈（cognitive interviews）[①]，以修订表述不清楚或不恰当的问题。采用随机抽样法，2009 年 2 月至 4 月，我向 1674 名科学家邮寄了修订后的调查问卷。收到了 698 份回复问卷，问卷回收率为 42%[②]。83% 的受访者为生命科学家，17% 的受访者为材料科学家。他们平均于 1988 年获得最高学位（博士或硕士），职业生涯中平均在 2.8 个实验室工作过，在当前实验室工作了 13 年。实验室的平均规模为 6 名研究人员，平均每年发表 6 篇论文。

除了这项调查，我还利用了全国性的产学联系调查数据来评估大学层面的创业干预措施。[③] 该调查基本涵盖了日本所有大学，包括本研究样本中的 45 所大学。

（二）测量

1. 科学规范

由于科学规范的测量方法有限，我主要根据访谈结果设计调查项目。我部分借鉴了格伦纳等（Glenna et al.，2007a）开发的测量方法作为实际贡献规范。顾名思义，规范是特定社区的共同价值观、标准等，因此可以直接使用社区层面的衡量标准。然而，这个"群体"可以从科学领域和地理区域等

---

① 译者注：认知访谈覆盖了整个认知过程，包括：（1）想什么说什么（受访者在应答时，把自己的所想说出来）；（2）回顾所想与所说（在提供应答后或访问结束后，让受访者描述获得应答的过程）；（3）信心评级（让受访者对自己应答的信心进行评级）；（4）释义（让受访者用自己的话陈述访题）；（5）定义（让受访者对访题中的关键术语给出定义）；（6）追问（让受访者对后续访题进行应答，以揭示受访者的应答模式）。

② 采取如下方法开展非反应偏差（non-response bias）测试。从 Web of Science 上下载了 100 名科学家的发表数据，这些科学家分别来自回应组和未回应组，并检查了两组之间发表效率的差异。我们发现无显著差异（每年发表 7.4 篇 vs. 9.1 篇，p=0.22）。然而，我发现教授的反应比副教授低（38% vs. 46%，$p < 0.01$）。因此，本研究的样本代表了科研产出方面的样本总数，但年轻科学家可能抽样过多。

③ 详见官网（http://www.mext.go.jp/a_menu/shinkou/sangaku/sangakub.htm）柴山和萨卡的研究（Shibayama & Saka, 2010）。

不同角度来定义（Hackett，1990）。此外，一位科学家也可能身处多个社区（如面向多学科科学家的多个科学领域）。针对这种多重性，本研究采用了个人层面的测量方法，以了解科学家个人认为其所在社区的规范是什么样的。我为规范的两个维度各准备了三个项目（见表1）。询问受访者认为每个项目在多大程度上符合其所在社区的规范（五级量表；1：不同意——5：同意）。正如下一部分所示，因子分析得出了两个与预期规范相对应的因子，因此这两个因子被用来衡量两个规范（实际贡献规范和开放贡献规范）。

表1　科学规范方差最大旋转的因子分析

问卷题目	实际贡献	开放科学
（1）为了让学术研究为社会服务，应该听取更多行业内的意见	0.76	0.05
（2）科学家应该更多地参与对社会有用的研究	0.84	0.00
（3）科学家应该通过追求求知欲间接地为社会做出贡献（相反）	0.56	−0.27
（4）为了推进科学进步，学术科学家甚至应该与竞争对手合作	0.07	0.81
（5）即使是对作者不利的研究结果，也要及时发表	−0.06	0.78
（6）即使没有预期的好处，也应该满足其他科学家的合作请求	−0.19	0.55

2. 创业干预

我为大学层面的创业干预准备了几种衡量标准。第一，我统计了每所大学的创业专门组织的数量（特别组织），其中专门组织包括附属的技术转移办公室、知识产权管理办公室（IPMO）、合作研究中心、企业孵化办公室和联络办公室。第二，我使用了专门组织的年龄。较老的组织意味着历史更悠久，更愿意为创业做出更多的努力。具体而言，我重点考察了教务处和知识产权管理办公室在大学生创业中所发挥的基本作用（教务处的年龄和知识产权管理办公室的年龄）[①]。第三，我统计了校内有关创业的规定和指南的数量（规则）[②]。第四，为了衡量组织对创业支持的总体影响，我准备了一

---

① 在日本，由于法律原因，技术转移办公室曾经是一个外部机构（有些后来成为大学的一部分）。一个技术转移办公室可以隶属于多个大学。知识产权管理办公室是一个内部机构。

② 这项全国性的调查调查了每所大学是否有关于许可、材料转让、产学联系、利益冲突、知识产权、合作研究和员工发明的规定或指导方针。

个调查题目（对创业的支持）：我所在的大学对产业合作的支持是充分的（1：不同意——5：同意）。此外，我还通过以往的创业成就来衡量上述干预措施的有效性。我计算了每位科学家在前一年（2006 年）的专利申请数量（每位科学家的专利数），并取其对数。

3. 研究强度

我计算了每所大学 2006 年每位科学家的研究预算金额（每位科学家的研究预算），并取其对数。

4. 科学领域

我在八个领域中包含七个虚拟变量。

5. 代际

我区分了三个代际群体。第一组是 1996 年后获得学位的人，他们是相对年轻的一代，其研究生涯始于制度转变（年轻一代）。第二组是在 1983 年之前获得学位的人，这是相对较老的一代，他们的研究生涯将在 10 年内结束（老一代）。第三组是在上述两代人之间（中间一代），被用作回归的基础样本群体。

6. 创业活动与不符合学术惯例

为了考察规范与科学家个人实际行为之间的关系（部分是为了验证规范测量的有效性），我准备了四种关于创业活动的测量方法和两种关于不符合学术惯例的测量方法。第一，根据坎贝尔等（Campbell et al.，2002）的研究，如果科学家在 2007—2008 年至少参与了一种商业活动，则虚拟变量编码为 1（参与商业活动），其中商业活动包括与产业界谈判、规划新业务、创办新企业、开发和营销新技术以及赚取许可收入。第二，根据坎贝尔等（Campbell et al.，2000）的研究，如果受访者在过去两年中至少申请过一项专利，则虚拟变量编码为 1（至少申请过一次专利）。第三，按照洪和沃尔什（Hong & Walsh，2009）的方法，如果受访者至少有一个产业合作者，则虚拟变量编码为 1（与产业合作）。第四，根据洪和沃尔什（Hong & Walsh，2009）以及坎贝尔等（Campbell et al.， 2002）的研究，如果受访者从产业界获得过研究资金，则虚拟变量编码为 1（从产业界获得资金）[①]。至于学术实践，首先，我借鉴了出版物不符合公开交流的情况。尽管发表论文是分享研究成果的基本机制，但科学家有时不会出版部分成果，以保留科学线索或保护商业价值（Blumenthal et al.，1997，2006）。根据布卢门撒尔等（Blumenthal et al.，2006）的研究，如果科学家在过去两年中有意不公开出版某些成果，则虚拟变量编码为 1（秘密发表）。其次，我借鉴了材料转让或共享研究工具（如试剂、细胞系、化合物和模式生物）的做法。自然科学家经常共享研究工具，以避免重复工作并加快研究进度，但共享请求有时会因各种原因被拒绝（Campbell et al.，2000；Walsh et al.，2007）。根据沃尔什等（Walsh et al.，2007）的研究，我询问受访者是否满足或拒绝了他们最近收到的材料转让请求。如果他们拒绝了，则一个虚拟变量编码为 1（拒绝资料转让）。

7. 控制变量

我用最近两年发表的论文数量（# 论文）的对数来控制科学家的业绩。我还控制了受访者个人获得的年度研究预算金额（¥ 个人研究预算：从"少于 500 万日元"到"超过 1 亿日元"的七级量表）。为了控制组织机构级别，教授的虚拟变量编码为 1，副教授（教授）的虚拟变量编码为 0。最后，我还控制了大学私立或公立变量，因为所有制结构可能会影响大学（私立学校）的管理。

四、结果

（一）规范结构

为了研究科学规范的结构，我对六个问卷项目进行了因子分析。根据 Kaiser-Guttman 规范（即特征值大于 1）和碎石检验（scree test）（见表 1），探索性因子分析结果为双因素解决方法。这两个因子对应于预期的规范维

---

① 本研究中采用来自产业的资金作为创业活动的衡量标准，而不是作为创业干预的衡量标准。日本的大学很少有实验室是由产业界资助的，所以资金来源被视为一个选择问题，而不是一个给定的条件。

度，所有因子载荷均高于 0.55，交叉载荷低于 0.27。此外，在验证性因子分析中，每个项目都被限制在预期的因子上，结果表明数据具有合理的拟合度：拟合优度指数（GFI）=0.98，比较拟合指数（CFI）=0.93，均方根近似误差（RMSEA）=0.08。这些结果表明，调查措施考虑到了规范的两个维度。

（二）规范的决定因素

表 2 显示了预测这两种规范的回归结果。表 2（A）预测了对社会的实际贡献规范，而表 2（B）预测了开放科学规范。在每张表中，我都利用不同的创业干预措施测试了六个模型。回归分析考虑了大学的随机效应，豪斯曼检验（Hausman tests）表明没有随机误差导致的内生性。附录表 5 显示了变量的描述和相关性。

为支持假设 1，模型 1、3、5 和 6 显示创业干预的系数明显为正。专门组织倾向加强实际贡献规范［专门组织：$b=0.35$，$p<0.05$（模型 1）；知识产权管理办公室的年龄：$b=0.06$，$p<0.05$（模型 3）］，尽管技术转移办公室的年龄没有显示出明显的影响（模型 2）。模型 4 表明，校内条例的效果并不显著。对创业支持的主观测量显示出明显的正系数（模型 5：$b=0.13$，$p<0.001$），而过去的创业成就也与实际贡献规范呈正相关（模型 6：$b=0.08$，$p<0.05$）。模型 7—12 并未显示创业干预对开放科学规范有任何显著影响。大多数系数甚至显示为正数。因此，假设 2 被推翻。

研究强度对开放科学标准有明显的正效应（模型 7 和 9—12），这支持假设 3。因此，假设 4A 被否决，假设 4B 得到支持。

在所有模型中，科学领域的虚拟变量对两个规范都具有共同显著性（$p<0.001$），支持假设 5A 和 5B。图 1 显示了八个领域中两个规范的平均水平。如图 1 所示，临床医学的实际贡献规范相对较强，而基础生物学的实际贡献规范相对较弱。此外，纳米科学的开放科学规范相对较强，而材料化学的开放科学规范较弱。有趣的是，制药学在这两个方面都有相当强的规范。

在代际差异方面，年轻一代（他们的职业生涯始于制度转换之后）表现出强烈的实际贡献规范（模型 1—6）。这支持了假设 6A，表明制度转变促进了实际贡献规范。但年轻一代在开放科学规范方面没有表现出显著差异（模型7—12），这否定了假设6B。因此，制度变迁可能并不一定破坏了开放科学规范。然而，系数仍然为负，这可能是开放科学规范下降的征兆。模型7—12还显示老年一代和教授的系数为负。这些结果表明，已经获得一定地位的科学家可能会失去无条件为科学界做出贡献的动力。

表2　回归预测规范

（A）对社会实际贡献的规范						
项目	模型 1	模型 2	模型 3	模型 4	模型 5	模型 6
控制						
ln（＃论文）	0.23***	0.23***	0.22**	0.23***	0.24***	0.23***
	（0.07）	（0.07）	（0.07）	（0.07）	（0.07）	（0.07）
个人研究预算	−0.04	−0.04	−0.04	−0.04	−0.05†	−0.04
	（0.03）	（0.03）	（0.03）	（0.03）	（0.03）	（0.03）
教授	0.04	0.05	0.05	0.04	0.06	0.05
	（0.10）	（0.10）	（0.10）	（0.10）	（0.09）	（0.10）
私立学校	0.43***	0.32**	0.38***	0.37***	0.29**	0.35***
	（0.07）	（0.11）	（0.07）	（0.10）	（0.11）	（0.11）
代际 [H6A]						
年轻一代	0.24*	0.23*	0.23*	0.23*	0.24*	0.22*
	（0.10）	（0.10）	（0.10）	（0.10）	（0.10）	（0.10）
中年一代（参照）						
老年一代	0.14	0.13	0.14	0.14	0.12	0.12
	（0.10）	（0.10）	（0.10）	（0.10）	（0.10）	（0.10）
科学领域 [H5A]						
虚拟变量（联合试验）	显著***	显著***	显著***	显著***	显著***	显著***
研究强度 [H4AB]						
ln（¥个人研究预算）	−0.40***	−0.43**	−0.39***	−0.37**	−0.34**	−0.43**
	（0.11）	（0.14）	（0.11）	（0.14）	（0.12）	（0.13）
创业干预 [H1]						
＃专门组织	0.35*					
	（0.15）					

续表

技术转移办公室年龄	0.01 （0.01）					
知识产权管理办公室年龄			0.06* （0.03）			
# 规定				0.23 （0.24）		
创业支持					0.13*** （0.04）	
ln（# 个人专利）						0.08* （0.04）
χ^2 检验	232.49***	103.67***	209.34***	115.43***	201.08***	99.26***
整体 R^2	0.14	0.14	0.14	0.14	0.15	0.14
N	666	666	666	666	666	666

（B）开放科学规范

项目	模型 7	模型 8	模型 9	模型 10	模型 11	模型 12
控制						
ln（# 论文）	0.01 （0.07）	0.01 （0.07）	0.01 （0.07）	0.01 （0.07）	0.01 （0.07）	0.01 （0.07）
¥ 个人研究预算	0.01 （0.05）	0.01 （0.05）	0.01 （0.05）	0.01 （0.05）	0.01 （0.05）	0.01 （0.05）
教授	−0.20* （0.08）	−0.19* （0.08）	−0.20* （0.08）	−0.20* （0.08）	−0.20* （0.08）	−0.20* （0.08）
私立学校	0.05 （0.12）	0.03 （0.11）	0.04 （0.12）	0.00 （0.13）	0.01 （0.12）	−0.02 （0.13）
代际 [H6B]						
年轻一代	−0.12 （0.10）	−0.12 （0.10）	−0.12 （0.11）	−0.12 （0.11）	−0.12 （0.10）	−0.12 （0.11）
中年一代（参照）						
老年一代	−0.14† （0.08）	−0.15† （0.08）	−0.14† （0.08）	−0.14† （0.08）	−0.15† （0.08）	−0.13 （0.08）
科学领域 [H5B]						
虚拟变量（联合试验）	显著***	显著***	显著***	显著***	显著***	显著***
研究强度 [H3]						
ln（¥ 个人研究预算）	0.22† （0.13）	0.13 （0.17）	0.22† （0.12）	0.25† （0.13）	0.24* （0.12）	0.29* （0.14）

续表

创业干预 [H2]						
# 专门组织	0.11 （0.18）					
技术转移办公室年龄		0.02 （0.02）				
知识产权管理办公室年龄			0.03 （0.03）			
# 规定				−0.02 （0.26）		
创业支持					0.02 （0.04）	
ln（#个人专利）						−0.04 （0.04）
χ2 检验	156.01***	145.34***	146.91***	152.87***	153.54***	150.99***
整体 R^2	0.06	0.06	0.06	0.06	0.06	0.06
N	666	666	666	666	666	666

注：大学随机效应的 GLS 回归。非标准化系数和稳健标准误差（括号）。

$^†p<0.10$；$^*p<0.05$；$^{**}p<0.01$；$^{***}p<0.001$（双尾检验）。

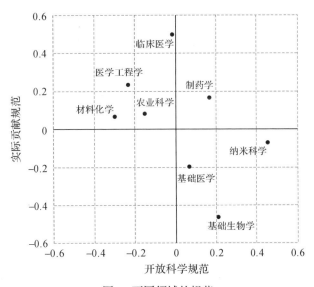

图1　不同领域的规范

注：横轴和纵轴的刻度值是整个样本离平均值的标准差数。

此外，模型1—6显示私立学校的系数呈强正系数。在日本，大多数研究密集型大学都是公立大学，但也有几所私立大学在研究型大学中享有盛誉（在我的样本中，45所大学中有10所是私立大学）。与公立大学相比，私立大学可能更容易采用企业制度。绩效也与实际贡献规范呈正相关（模型1—6）。这可能是因为科研表现优异者往往有更多的创业机会。

（三）规范转变、创业活动和不符合规范

为了考察规范与科学家实际行为之间的关系，我进一步检验了通过两种规范预测创业活动和不遵守学术规范（见表3）的几个模型。模型1—4显示，实际贡献规范增加了参与商业活动（模型1：$b=0.43$，$p<0.001$）、申请专利（模型2：$b=0.32$，$p<0.001$）、产业合作（模型3：$b=0.43$，$p<0.001$）和产业资助（模型4：$b=0.34$，$p<0.001$）的可能性。而开放科学规范仅对专利申请有显著影响（$b=-0.17$，$p<0.1$）。

模型5和6预测了科学家是否在发表论文时隐瞒了某些信息。这两个模型都表明，开放科学规范抑制了秘密出版，或促进了开放发表（$b=-0.34$，$p<0.05$；$b=-0.33$，$p<0.05$）。模型5还表明，实际贡献规范促进了秘密出版（$b=0.51$，$p<0.01$）。当把创业活动纳入模型6时，这一效应会减弱（$b=0.34$，$p<0.05$）。模型6表明，参与商业活动和申请专利有助于秘密发表（$b=0.88$，$p<0.01$；$b=0.88$，$p<0.05$），这意味着创业活动具有中介效应。模型7和8预测了拒绝转让资料的可能性。这两个模型都表明，开放科学的规范抑制了这种不合规行为（$b=-0.39$，$p<0.05$；$b=-0.47$，$p<0.05$），但实际贡献规范并不影响这种行为。模型8显示，所需材料商业会极大地阻碍资料转移（$b=2.11$，$p<0.05$）。模型6和8没有显示与产业合作和产业资助的显著影响，这表明并非所有类型的创业活动都会诱发违规行为。

五、讨论

在学术创业的潮流中，人们强调了大学研究对社会的实际和直接贡献，鼓励科学家参与商业活动和产学联系（Etzkowitz，1983，1998；Slaughter &

Leslie，1997）。然而，这一运动也引起了人们对其可能对开放科学规范产生负面影响的担忧（Dasgupta & David，1994；Nelson，2004）。本研究将科学家个人行为与规范相分离，试图研究创业与开放科学之间的兼容性。

首先，本研究特别关注对社会的实际贡献规范和开放科学规范，并探讨了大学的创业基础设施对这些规范的影响。总体而言，研究结果表明，创业基础设施倾向促进实际贡献规范。尤其是专门的创业组织（如知识产权管理办公室）对此具有影响力。此外，通过专利申请衡量的大学层面的以往创业活动经验也会促进形成这一规范。然而，面向创业的校内条例并没有显示出显著的影响，这可能是因为在日本，大学条例的执行力度通常较弱。而对于开放科学的规范，结果并没有显示出创业基础设施会阻碍该规范的显著证据。

表 3　回归预测规范 [a]

（A）创业活动

项目	参与商业活动 模型 1	申请专利 模型 2	产业合作 模型 3	产业资助 模型 4
控制				
ln（# 论文）	0.47^{***}（0.16）	0.44^{**}（0.17）	0.20（0.15）	0.62^{***}（0.16）
¥ 个人研究预算	0.30^{***}（0.07）	0.41^{***}（0.08）	0.25^{***}（0.07）	0.24^{**}（0.07）
教授	0.14（0.23）	−0.20（0.24）	−0.26（0.24）	$0.44^{†}$（0.23）
私立学校	0.18（0.28）	$−0.77^{**}$（0.30）	−0.10（0.29）	0.01（0.28）
年轻一代	0.04（0.26）	−0.18（0.26）	−0.04（0.26）	$0.48^{†}$（0.28）
中年一代（参照）				
老年一代	−0.20（0.23）	0.20（0.24）	0.00（0.25）	−0.28（0.23）
虚拟变量 （联合试验）	显著 *	显著 ***	显著 **	显著 ***
科学规范				
实际贡献规范	0.43^{***}（0.10）	0.32^{***}（0.10）	0.43^{***}（0.10）	0.34^{***}（0.10）
开放科学规范	0.04（0.10）	$−0.17^{†}$（0.09）	−0.07（0.10）	0.03（0.09）
χ^2 检验	79.29^{***}	105.92^{***}	59.95^{***}	115.28^{***}
整体 R^2	0.12	0.17	0.09	0.17
N	666	661	666	649

续表

（B）不符合学术惯例

项目	秘密出版		禁止材料转移	
	模型 5	模型 6	模型 7	模型 8
控制				
ln（# 论文）	0.36（0.23）	0.15（0.25）	0.42（0.32）	0.56†（0.33）
¥ 个人研究预算	0.16†（0.09）	0.03（0.10）	−0.49*（0.20）	−0.57**（0.20）
教授	−0.46（0.41）	−0.43（0.42）	0.87*（0.43）	0.90†（0.48）
私立学校	0.81*（0.39）	−0.68（0.44）	−0.32（0.79）	−0.01（0.88）
年轻一代	−0.09（0.38）	−0.08（0.41）	0.48（0.51）	0.54（0.56）
中年一代（参照）				
老年一代	0.32（0.39）	0.29（0.40）	−0.27（0.51）	−0.49（0.53）
虚拟变量（联合试验）	显著*	不显著	不显著	不显著
ln(# 所需材料)^b			−1.05***（0.31）	−1.07***（0.31）
科学规范				
实际贡献规范	0.51**（0.17）	0.34*（0.16）	0.14（0.22）	0.16（0.26）
开放科学规范	−0.34*（0.14）	−0.33*（0.14）	−0.39*（0.19）	−0.47*（0.22）
创业活动				
参与商业活动		0.88**（0.32）		
所需材料商业^c				2.11*（0.85）
申请专利		0.88*（0.35）		
所需材料已获得专利^c				0.79（0.56）
产业合作		−0.15（0.29）		−1.12（0.72）
产业资助		0.29（0.31）		0.21（0.55）
χ^2 检验	49.60***	73.86***	36.26**	49.05***
整体 R^2	0.12	0.17	0.15	0.20
N	641	641	385^d	385^d

注：^{a} Logit 回归。非标准化系数和稳健标准误差（括号）。$^†p<0.10$；$^*p<0.05$；$^{**}p<0.01$；$^{***}p<0.001$（双尾检验）。^{b} 控制转移材料请求的总数。^{c} 关于模型 8，我专门针对最新的材料转移请求为创业设置了变量。^{d} 没有收到实质性要求的答复者被排除在外。

接下来，本研究探讨了规范与科学家行为之间的关系。结果表明，开放科学规范抑制了保密和不合作行为，而实际贡献规范促进了商业参与、专利申请和产学联系等创业活动。结合创业基础设施的影响，这一结果表明，创业制度促进了个人层面的创业活动，这与实证研究的结论（Association of University Technology Managers，2007）一致。这项研究还表明，实际贡献规范会诱发保密或不合作行为，并以创业活动的参与度为中介。这也与之前提醒人们注意创业的负面影响（Campbell et al.，2000；Walsh et al.，2007）的研究发现一致。然而，研究结果也表明，实际贡献规范和创业活动并不一定会导致保密或不合作行为。

除大学创业基础设施外，本研究还探讨了这两种科学规范的其他决定因素。尽管哈克特（Hackett，1990）认为规范会随着组织环境、科学领域和时代的变化而变化，但对这一论点进行实证检验的研究很有限。第一，将研究强度作为一个明显的环境因素进行了研究，结果表明，研究强度促进了开放科学规范，抑制了实际贡献规范。第二，研究结果表明，这两种规范在不同科学领域存在显著差异。第三，结果表明，在职业生涯早期经历过制度转变的年轻一代倾向于遵循实际贡献规范。然而，开放科学的规范在年轻一代中的接受度并不明显低下。这意味着日本的制度变迁可能并没有损害开放科学的传统规范，但我们必须谨慎对待这种解释，因为年龄和组群的影响在横截面数据中无法很好地分离。总体而言，研究结果表明，这两种规范是由独立机制决定的，其中一种规范的提高并不一定意味着另一种规范的降低。这是一个令人鼓舞的消息，因为学术创业可以在不损害作为开放科学基础的规范的情况下得到促进。这支持了创业与传统科学规范之间具有兼容性的结论（Agrawal & Henderson，2002；Hall et al.，2003）。

以上研究结果具有以下政策启示。尽管创业饱受批评，但本研究表明，至少在规范层面，学术创业与开放科学传统之间存在潜在的兼容性。为了充分实现它，我们必须减小创业对非合作或保密行为的影响。一个可能的解决方案是加强开放科学规范。根据研究结果，提高研究强度可以促进开放科学的规范。结果表明，增加研究预算是一种方法，但其他方法也可能有助于提高研究强度。例如，大学可以加强共同实验设施，聘用更多技术或行政人员，建立大学间合作的基础设施（如研究工具库）。大学还可以允许教职员工有更多的研究时间和更高的自主性。这样，大学就可以提高科学家个人的研究强度。抑制创业不利影响的另一个办法是阻止那些预期不会产生有意义成果的创业活动。例如，当某种科学资源主要由大学科学家个人使用时，就不应鼓励为这种资源申请专利。否则，只会造成秘密出版，科研成果的实际贡献有限。农业公共知识产权（Public Intellectual Property Rights for Agriculture，PIPRA）和生物创新促进开放社会（Biological Innovation for Open Society，BiOS）计划就试图通过这种方法促进开放科学的发展（Lei et al.，2009）。参与商业活动也可能与开放科学相矛盾，因此应避免没有发展前景的商业化。特别是，考虑到大学初创企业很少成功，大学科学家应该思考他们是否有必要如此深入地参与商业活动。在商业化的高级阶段，他们完全可以依靠行业合作伙伴。学术创业的最佳形式可能需要重新考虑。例如，研究结果表明，产业合作和产业资助并不会阻碍开放科学的发展。

本研究具有以下局限性。首先，本研究的样本限制了研究结果的可推广性。特别是，日本的国家背景可能会影响规范结构。未来的研究需要在不同的国家背景下重复这项研究，以提高外部效度。其次，由于横截面数据的性质，我们必须谨慎对待内生性的可能性。鉴于日本向学术创业制度转变较晚，因此有必要在几年后使用面板数据重新开展研究。最后，使用主观调查工具对规范开展的测量可能存在偏差，尽管这些测量与行为测量的显著关联提供了合理的有效性。

参考文献：

Aghion, P., & Tirole, J.（1994）. The management of innovation. Quarterly Journal of Economics, 109, 1185–1209.

Agrawal, A., & Henderson, R.（2002）. Putting patents in context: Exploring knowledge transfer from MIT. Management Science, 48, 44 –60.

Arora, A., Fosfuri, A., & Gambardella, A.（2001）. Markets for technology.

Cambridge, MA: MIT Press.

Association of University Technology Managers. (2007). AUTM U.S. Licensing activity survey. Deerfield, IL: The Association of University Technology Managers.

Blume, S. (1974). Toward a political sociology of science. New York, NY: Free Press.

Blumenthal, D., Campbell, E. G., Anderson, M. S., Causino, N., & Louis, K. S. (1997). Withholding research results in academic life science–evidence from a national survey of faculty. Journal of the American Medical Association, 277, 1224–1228.

Blumenthal, D., Campbell, E. G., Gokhale, M., Yucel, R., Clarridge, B., Hilgartner, S., et al. (2006). Data withholding in genetics and the other life sciences: Prevalences and predictors. Academic Medicine, 81, 137–145.

Brown, M. A., Berry, L. G., & Goel, R. K. (1991). Guidelines for successfully transferring government–sponsored innovations. Research Policy, 20, 121–143.

Campbell, E. G., Clarridge, B. R., Gokhale, M., Birenbaum, L., Hilgartner, S., Holtzman, N. A., et al. (2002). Data withholding in academic genetics –Evidence from a national survey. Journal of the American Medical Association, 287, 473–480.

Campbell, E. G., Weissman, J. S., Causino, N., & Blumenthal, D. (2000). Data withholding in academic medicine: Characteristics of faculty denied access to research results and biomaterials. Research Policy, 29, 303–312.

Carter, J. R., & Irons, M. D. (1991). Are economists different, and if so, why. Journal of Economic Perspectives, 5, 171–177.

Crane, D. (1972). Invisible colleges: Diffusion of knowledge in scientific communities. Chicago, IL: University of Chicago Press.

Dasgupta, P., & David, P. A. (1994). Toward a new economics of science. Research Policy, 23, 487–521.

David, P. A. (2003). The economic logic of "open science and the balance between private property rights and the public domain in scientific data and information: A primer. In J. M. Esanu & P. F. Uhlir (Eds.), The role of the public domain in scientific and technical data and information (pp. 19–34). Washington DC: The National Academies Press.

David, P. A.（2004）. Understanding the emergence of open science' institutions: Functionalist economics in historical context. Industrial and Corporate Change, 13, 571–589.

Ellison, G.（2002）. The slowdown of the economics publishing process. Journal of Political Economy, 110, 947–993.

Ellison, G.（2007）. Is peer review in decline? NBER working paper, Vol. 13272: Cambridge, MA: National Bureau of Economic Research.

Etzkowitz, H.（1983）. Entrepreneurial scientists and entrepreneurial universities in American academic science. Minerva, 21, 198–233.

Etzkowitz, H.（1990）. The second academic revolution: The role of the research university in economic development. In S. E. Cozzens, P. Healey, A. Rip, & J. Ziman（Eds.）, The research system in transition（pp.109–124）. Dordrecht: Kluwer.

Etzkowitz, H.（1998）. The norms of entrepreneurial science: Cognitive effects of the new university–industry linkages. Research Policy, 27, 823–833.

Faria, J. R.（2001）. Rent seeking in academia: The consultancy disease. American Economist, 45, 69–74.

Frank, R. H., Gilovich, T., & Regan, D. T.（1993）. Does studying economics inhibit cooperation. Journal of Economic Perspectives, 7, 159–171.

Frickel, S., & Moore, K.（2005）. The new political sociology of science. Madison, WI: The University of Wisconsin Press.

Glenna, L. L., Lacy, W. B., Welsh, R., & Biscotti, D.（2007a）. University administrators, agricultural biotechnology, and academic capitalism: Defining the public good to promote university–industry relationships. Sociological Quarterly, 48, 141–163.

Glenna, L., Welsh, R., Lacy, W., & Biscotti, D.（2007b）. Transforming genes and university research: Agricultural biotechnology, university–industry research collaborations, and professional science values. New York, NY: The Annual Meeting of the American Sociological Association.

Goel, R. K., & Rich, D. P.（2005）. Organization of markets for science and technology. Journal of Insti–tutional and Theoretical Economics, 161, 1–17.

Hackett, E. J.（1990）. Science as a vocation in the 1990s– –The changing organizational culture of academic science. Journal of Higher Education, 61, 241–279.

Hagstrom, W. O. (1974) . Competition in science. American Sociological Review, 39, 1–18.

Hall, B. H., Link, A. N., & Scott, J. T. (2003) . Universities as research partners. Review of Economics and Statistics, 85, 485–491.

Henderson, R., Jaffe, A. B., & Trajtenberg, M. (1998) . Universities as a source of commercial technology: A detailed analysis of university patenting, 1965–1988. Review of Economics and Statistics, 80, 119–127.

Holmstrom, B., & Milgrom, P. (1991) . Multitask principal: Agent analyses, incentive contracts, asset ownership, and job design. Journal of Law, Economics, and Organization, 7, 24–52.

Hong, W., & Walsh, J. P. (2009) . For money or glory? Commercialization, competition, and secrecy in the entrepreneurial university. Sociological Quarterly, 50, 145–171.

Kenney, M., & Patton, D. (2009) . Reconsidering the Bayh–Dole act and the current university invention ownership model. Research Policy, 38, 1407–1422.

Kleinman, D. L., & Vallas, S. P. (2005) . Contradiction in covergence: Universities and industry in the biotechnology field. In s. Frickel & K. Moore (Eds.) , The new political sociology of science. Madison, WI: The University of Wisconsin Press.

Laband, D. N. (2002) . Contribution, attribution and the allocation of intellectual property rights: Economics versus agricultural economics. Labour Economics, 9, 125–131.

Laband, D. N., & Beil, R. O. (1999) . Are economists more selfish than other 'social'scientists? Public Choice, 100, 85–101.

Laband, D. N., & Tollison, R. D. (2000) . Intellectual collaboration. Jounal of Political Economy, 108, 632–662.

Lee, Y. S. (1996) . 'Technology transfer' and the research university: A search for the boundaries of university–industry collaboration. Research Policy, 25, 843–863.

Lei, Z., Juneja, R., & Wright, B. D. (2009) . Patents versus patenting: Implications of intellectual property protection for biological research. Nature Biotechnology, 27, 36–40.

Marshall, E. (2000) . A deluge of patents creates legal hassles for research.

Science, 288, 255–257.

Marwell, G, & Ames, R. E.（1981）. Economists free ride, does anyone else Experiments on the provision of public–goods, IV. Journal of Public Economics, 15, 295–310.

Merton, R. K.（1973）. Sociology of science. Chicago, IL: University of Chicago Press.

Mitroff, I. I.（1974）. Norms and counter–norms in a select group of Apollo moon scientists Case study of ambivalence of scientists. American Sociological Review, 39, 579–595.

Mowery, D., Nelson, R., Sampat, B., & Ziedonis, A.（2001）. The growth of patenting and licensing by US universities: An assessment of the effects of the Bayh–Dole Act of 1980. Research Policy, 30, 99– 119.

Mowery, D. C., & Sampat, B. N.（2005）. The Bayh–Dole Act of 1980 and university– industry technology transfer: A model for other OECD govemments? Journal of Technology Transfer, 30, 115–127.

Nagaoka, S., Kondo, M., Flamm, K., & Wessner, C.（2009）. 21st century innovation systems for Japan and the United States: Lessons from a decade of change: Report of a symposium. Washington, D.C.: The National Academies Press.

National Academy of Sciences.（1993）. Science, technology, and the federal government: National goals for a new era. Washington, D.C.: The National Academies Press.

National Academy of Sciences.（2003）. Sharing publication–related data and materials: Responsibilities of authorship in the life sciences. Washington, D.C.: The National Academies Press.

Nelson, R. R.（2001）. Observations on the post–Bayh–Dole rise of patenting at American universities. Journal of Technology Transfer, 26, 13–19.

Nelson, R. R.（2004）. The market economy, and the scientific commons. Research Policy, 33, 455– 471.

OECD.（1999）. University research in transition. Paris: OECD.

Powell, W. W., & Owen-Smith, J. (1998). Universities and the marker for intellectual property in the life sciences. Journal of Policy Analysis and Management, 17, 253–277.

Poyago-Theotoky, J., Beath, J., & Siegel, D. S. (2002). Universities and fundamental research: Reflections on the growth of university-industry partnerships. Oxford Review of Economic Policy, 18, 10–21.

Schuman, H., & Johnson, M. P. (1976). Attitudes and behavior. Annual Review of Sociology, 2, 161–207.

Shibayama, S., & Saka, A. (2010). Academic entrepreneurship in Japanese universities: Effects of university interventions on entrepreneurial and academic activities. NISTEP working paper. Tokyo, Japan:NISTEP.

Slaughter, S., & Leslie, L. L. (1997). Academic capitalism: Politics, policies and the entrepreneurial university. Baltimore, MD: Johns Hopkins University Press.

Slaughter, S., & Rhoades, G. (1996). The emergence of a competitiveness research and development policy coalition and the commercialization of academic science and technology. Science Technology & Human Values, 21, 303–339.

Stokes, D. E. (1997). Pasteurs quadrant: Basic science and technological innovation. Washington, D.C.:Brookings Institution Press.

Stuart, T. E., & Ding, W. W. (2006). When do scientists become entrepreneurs? The social structural antecedents of commercial activity in the academic life sciences. American Journal of Sociology, 112, 97–144.

Vogeli, C., Yucel, R., Bendavid, E., Jones, L. M., Anderson, M. S., Louis, K. S., et al. (2006). Data withholding and the next generation of scientists: Results of a national survey. Academic Medicine, 81, 128–136.

Walsh, J. P., Cohen, W. M., & Cho, C. (2007). Where excludability matters: Material versus intellectual property in academic biomedical research. Research Policy, 36, 1184–1203.

（宋宇 译）

开放科学的未来挑战

开放科学如果做不好将加剧不平等 [*]

托尼·罗斯-海劳尔（Tony Ross-Hellauer）

（奥地利格拉茨科技大学和知识中心）

十年前，作为一名刚毕业的博士生，我正在寻找下一个职位，我发现自己在学术上很冷淡。没有什么比一篇文章 38 美元的付费门槛更能说明"你是个局外人"了。这使我开始倡导开放科学，并最终促使我研究其实施情况。

现在，开放科学成为主流，越来越多地融入政策，并在实践中受到期待。但它的实施方式可能会产生意想不到的后果，这些后果不容忽视。

2019 年以来，我领导了一个由欧盟委员会资助的项目（ON-MERIT）。该项目使用定量和定性相结合的方法来调查开放科学如何影响研究系统。很多参与开放科学运动的人都宣称追求公平是其中一个目标，但现实并不总是朝着这个方向发展。事实上，我担心，如果没有更多批判性思维，开放科学可能会成为特权的延伸。我们的建议即将公布（参见 go.nature.com/3kypbj8）。

开放科学是一种模糊的理念混合体。总的来说，倡导者旨在通过增加获取研究成果、论文、方法和工具的机会，提高知识生产的透明度、问责、公平与协作。这意味着数据和协议（protocols）应该在高质量的存储库中自由共享，科研论文应该在没有订阅费或阅读费的情况下提供。

实现这一目标代价高昂。富裕的机构和地区比贫穷的机构和地区更能负担得起。在我的大学里，在一个高收入国家，我知道我很荣幸。在乌克兰大学（包括 2014 年后因冲突而流离失所的大学）引入开放科学的合作中，我了解到了关于如何支付三倍于教授月薪的出版费，以及在缺乏机构支持的情

---

* 文献来源：Ross-Hellauer, T.（2022）. Open Science, Done Wrong, Will Compound Inequities. Nature, 603,363.

注：引文有删减。

况下如何满足数据共享要求以获得资助的艰难对话。特权有多种形式。例如，职业发展标准（career-advancement criteria）不鼓励从事各种开放实践（open practices），这种情况使早期职业追随者处于不利地位。

如果不能直接解决结构性不平等问题，就意味着那些已经享有特权的人的优势将增加，特别是考虑到他们对开放科学的实施方式最具影响力。

一个特别紧迫的问题是开放获取出版费，免费读者身份（readership）的好处正被作者身份（authorship）的新障碍所抵消。为了支持开放获取出版，期刊通常向作者收费，而且随着这种做法不断增多，收费也在上涨。我的团队和其他研究人员都发现，文章处理费正在创建一个双层系统，在这个系统中，更富有的研究团队在最负盛名的期刊上发表更多的开放获取论文。一项对混合"母"期刊（"parent" journals）及其完全开放获取"镜像"（具有相同的编委会和接受标准）上 37000 篇文章的分析发现，非开放获取论文的作者地域多样性远大于开放获取论文。另一项分析发现，开放获取论文的作者更有可能是男性、资深、由联邦政府资助并在著名大学工作的人员。更糟糕的是，与开放获取相关的引文优势意味着学术上富有的人会变得更加富有。

开放科学会加剧不平等，这应该引起科学改革者的警觉。至少，他们应该致力于监测研究人员是如何受到影响的。

可以肯定的是，公平并不是很多倡导者的唯一优先事项。当我的团队第一次宣布这个项目时，一些评论人士表示反对。他们认为，开放科学的主要目标是通过使科研过程和成果更易于检查以提高研究诚信，并通过使他人的工作可重复使用来提高效率。尽管如此，正如我们的工作所表明的那样，公平经常被认为是一个关键目标。

即使是那些支持公平的人也经常认为，我们应该首先允许获取，然后考虑意想不到的副作用，如低收入国家的作者被边缘化。但如何实施变革将产生长期影响。一旦新的不平等形式出现，要想有效地修复这个系统就为时已晚。

我们如何确保开放知识（open knowledge）创造变得比现在更公平？首先，我们需要加强相互理解和全球对话。开放科学是一个总括性术语，指各种实践组成的联合，这些实践有时在透明度、参与度和公平性的目标上相互冲突。我们迫切需要解决这些问题。

其次，改革应包括整个研究体系，而不是针对具体做法的基于国家或地区的政策。联合国教科文组织《开放科学建议书》就是一个发挥这方面作用的例子。我们的建议包括更多地关注共享基础设施、谁来参与以及如何参与。这意味着我们应该讨论如何在不收取出版费的情况下实现开放获取的方法，以及使开放实践更容易、更便宜，更受推广并受到拨款评估人员的重视。

我确实认为开放科学可以带来很多好处。和很多支持者一样，我的目标是让研究更容易获取，更容易合作，并建立一个奖励当前业绩的系统，而不是过去的成功或当前的特权。学术界应警惕地监测开放科学加剧不平等的任何可能性——否则我们这些理想主义者就有自食其果的风险。

（阚阅　译）

开放的科学，紧闭的大门：开放科学对科研实践的危害和潜力 [*]

理查德·古佐（Richard A. Guzzo）[1]

本杰明·施奈德（Benjamin Schneider）[2]

黑格·纳班提安（Haig R. Nalbantian）[1]

（[1] 美世公司劳动力科学研究所；[2] 马里兰大学）

摘 要

本文倡导开放科学在许多研究领域的重要价值。然而，在简要回顾了开放科学实践的基本原则、对开放科学的实施和采用开放科学的理由之后，本文指出了这些原则与通过应用研究取得科学进步之间存在四处不兼容，包括共享和公开的障碍、过度使用假设—演绎推理方法的局限性、复制研究导致研究结果不可靠、专业研究和出版文化的变化（这种变化会缩小研究范围，使其偏向特定的研究风格）。本文提出了七条建议，以最大限度地发挥开放科学的价值，同时尽量减少其对科学实践进步的影响。

[*] 文献来源：Guzzo R. A., ,Schneider B. ,Nalbantian Haig R.（2022）. Open science, closed doors: The perils and potential of open science for research in practice. Industrial and Organizational Psychology,15, 495 – 515.

开放科学这一影响深远的概念正急剧升温，整个组织科学界都感受到了它的吸引力。这场运动的目的是让科学的方法、数据和研究成果更易于获取，并收获由此带来的好处[①]。它还关涉扩大科学事业参与度，如通过众包数据收集（例如，iNaturalist.org 是一个由国家地理学会和加州科学院赞助支持的网站，用于汇编生物多样性观察结果），以及鼓励业余爱好者开展研究（例如，"公民科学"，United Nations Educational, Scientific and Cultural Organization，2022；Göbel，2019）。开放科学实践的三大原则是：透明、共享和可复制。这些原则与格兰德等（Grand et al.，2018b）提出的"稳健的科学"愿景密切相关，所有工业与组织（I-O）心理学家们都应围绕这一愿景，以提高科学可信度为共同愿景。这一愿景也建立在其他原则之上——严格性、相关性、理论性和知识积累性，并为个人和机构实现这一愿景列出了行动计划。在此，我们的关注范围较窄，仅限于开放科学的三大原则。首先，为了给我们的主要观点提供依据，我们简要回顾了开放科学的原则、实施和理由（参见 Banks et al.，2019; Grand et al.，2018a; Grand et al.，2018b; Toth et al.，2020）。其次，我们详细讨论了建立在科学与实践之间联系的学科中，根据这些原则行事可能会如何对科学产生负面影响。最后，我们提出了一系列如何避免这些不良后果的建议。

一、开放科学原则的实践

让我们用传统科研学术期刊的结构来说明透明、共享和可复制原则之间是如何相互影响的。在引言之后，文章的"方法"部分会介绍一些我们熟悉的基本内容，如谁是研究参与者、如何进行研究设计、使用了哪些刺激材料（stimulus materials）[②]、实验操作的性质、数据收集过程、测量方法以及

---

① 开放科学不同于开放获取，尽管一些开放获取期刊标榜自己是开放科学，如《人事评估与决策杂志》（PAD），该期刊文章可以免费用于任何合法用途，但与开放科学的其他原则似乎并不相关（如对透明度的要求）。

② 译者注：刺激材料是指为被试提供有关研究背景信息的测试材料，如对组织、办公室员工的描述，或有关项目、问题、关注点的详细信息。

相关事项。可用版面或期刊惯例可能会限制文章本身能传达的细节数量，因此透明原则要求通过请求、网络访问提供补充细节（例如，包括调查项目在内的程序）。共享原则不仅要求公开刺激材料、说明、测量方法、设备等，而且要提供给他人，以便他人在自己的研究中使用，特别是在试图复制结果时——复制原则。根据这些原则，还可以鼓励或要求将其他相关背景资源（如计算机代码和统计功率计算）作为文章的一部分或作为可获取的补充材料公开。

传统期刊文章的"结果"部分会详细介绍数据分析，包括所做的假设，并报告分析结果。开放科学模式还要求研究者提供原始数据以供他人重新分析。

本着共享和透明的精神，开放科学要求发布研究过程笔记或"实验记录"，其中包含研究设计和假设的基本想法。作为一种正兴起的具体开放科学策略，预注册是指在开展研究项目前公开声明要解决的假设或问题，以及对措施、数据收集方法、操作、样本大小和特征、所使用的分析技术、计划性研究等其他重要事项的描述。这些声明或计划可能会成为期刊审稿流程的一部分，在数据收集之前接受同行评审并被接受或拒稿。一旦文章被接受，期刊无需考虑研究结果，承诺出版研究报告，也可以在发表之前进行第二轮手稿审查。

践行开放科学原则不乏支持性资源。符合开放科学原则的透明度清单可以免费获取；有许多网站可以存放和共享数据；还有一些预注册网站，如沃顿信誉实验室（Wharton Credibility Lab）主办的 aspredicted.org、美国经济学会随机对照试验注册网站 socialscienceregistry.org（麻省理工学院版权所有），以及生物医学研究网站 clinicaltrials.gov。表 1 展示了其中一个预注册网站（aspredicted.org）。需要注意的是，该网站不接受电子邮件地址以".com"结尾的研究人员进行预注册。一些预注册网站仅限于记录实验设计，其中一些还允许探索性分析作为假设检验研究的辅助手段。这些预注册网站都强调假设—演绎的研究方法。

总之，在一些总体原则的指导和充足资源的支持下，开放科学提供了一套综合实践，改变了包括从计划到方法再到结果在内的整个研究过程，并通过在同行评审期刊（refereed journal）[①] 上发表文章的方式公开。

表 1　预注册问题示例

作者
（姓名、邮箱、单位）

提交

1. 数据收集。是否已经为该研究收集了数据？

2. 假设。该研究提出的主要问题或想要检验的假设是什么？

3. 因变量。描述关键的因变量，并说明如何测量这些因变量。

4. 条件。被分配的参与者的数量和开展研究的条件？

5. 分析。具体说明你将通过哪些分析来检验主要问题／假设。

6. 离散值和排除。精确描述如何定义和处理离散值，以及排除观察值的规则。

7. 样本大小。将要收集多少观察结果，或什么将决定样本量？不需解释为何做出这一决定，但要精确说明如何确定这些数量。

8. 其他。您还有什么要预注册的吗？（例如，二次分析，为开展探索性分析而收集的变量，计划进行的非常规分析？）

9. 名字。为 AsPredicted 这个预注册拟定一个标题。建议：使用项目名称，再加上研究描述。

最后，为了保存记录，请告诉我们您预注册的研究类型。
- 课程项目或作业
- 实验
- 调查
- 观察／档案研究
- 其他——

注：本网站不接受两类研究人员预注册研究计划，即电子邮件地址以".com"结尾的研究人员和问题 1 答案为"是"的研究人员。问题 2—8 的建议回答是"最多3200 个字符"。

资料来源：https://aspredicted.org/create.php，2020 年 10 月 10 日获取。

二、为什么要开放科学？

"大力推进开放科学实践很大程度上是想减少有问题的研究实践"（Aguinis et al.，2020，第 27 页），开放科学的主要动机之一是防止欺诈。欺诈性研究不仅会阻碍知识的进步，尤其是当欺诈的消息通过媒体传播开来

[①]　译者注：同行评审期刊是指经过同行专家评审后才能发表的学术期刊，以保证其学术水平和质量。

的时候，还会玷污科学的声誉。我们不难找到这样的例子。一篇刚发表在《科学》上的文章不久就撤稿了，原因是其作者捏造了实验结果，他们声称在水中、从化妆品中发现的微塑料会让鱼变得更小、更慢、更笨（Berg，2017）。一所大学的伦理审查委员会发现，在一组声称饮用红葡萄酒能延年益寿的研究中，有145项捏造或篡改数据的行为（Wade，2012）。美国医学会（American Medical Association）撤回了一位社会心理学家在三本期刊上发表的六篇论文，这些论文声称当食物被盛放在更大的碗里时，人们吃得更多；当饥饿时购物，人们会购买热量更高的食物（Bauchner，2018）。需要注意的是，这些例子都涉及外表和饮食的日常行为，表明在广大受众间，科学与实践交汇处的欺诈行为带来的声誉影响更深远。因此，对于减少欺诈的开放科学原则可能对工业与组织心理学（I–O psychology）领域的科学实践学科价值较高，因为在这些学科中，研究欺诈可能对个人和组织都会产生严重影响。

开放科学运动还试图克服一些较小的恶习，如 p 值黑客，即通过分析和重新分析数据，寻找在统计学上有意义的"p"值，从而选择性地报告结果。有几种力量可以促使人们探索数据，以确定一种分析方法，从而得出具有理想统计学意义的结果。无论背后的动机是什么，通过公开预注册分析计划和公布分析细节（如如何处理离散值）等策略打击 p 值黑客的效果显著。

已知结果后提出假设是开放科学希望避免的另一种做法。最初，已知结果后提出假设被定义为在研究报告中提出一个事后假设，好像是在知道结果之前提出并测试的一样（Kerr，1998）。当然，这不符合假设—演绎推理方法，而假设—演绎推理方法是很多实验研究的基础，而且在这个术语的原始意义上，已知结果后提出假设已经超越了欺诈的界限，包括其他被认为有问题的数据导入后的实践。墨菲和阿吉尼斯重点讨论了两种此类做法。一种是"偷梁换柱"（cheny-picking），即通过仔细搜查测量或样本，找到支持特定假设或研究问题的结果；另一种是"钓饵"(trolling)，即在各种措施、干预措施或关系中寻找值得关注的内容。通过模拟改变研究参数（如样本大小和观察到的关系数量），他们发现"钓饵"的危害性更大（Murphy & Aguinis，2019）。

　　现有研究有一些关于"已知结果后提出假设"的好处的深入讨论（Kerr，1998; Hollenbeck & Wright，2017; Vancouver，2018）。总的来说，"已知结果后提出假设"被广泛视为一种从经验可验证的观察中学习的推理方法，因为研究者并不援引先验理论来预测结果。事实上，那些不鼓励采用这种方法的人似乎坚持这样一种观点，即开展研究是为了检验一种理论或一套理论原则，而当获得的结果可以证伪或验证该理论时，项目就结束了。正如我们将在下文中论述的那样，这涉及对人才、数据和思维使用不足的问题，也阻碍了现代应用研究中的科学进步[①]。

　　复制原则在开放科学中非常突出，以至于这一运动与克服心理学研究中的"复制危机"紧密相连。可重复性一直是研究人员关注的问题，科学发现的变异性来源很多，其中只有少数与学术欺诈有关。最近，"复制"被贴上了"危机"这一标签，因为有报告称，心理学研究期刊中复制具有统计学意义的研究结果的成功率令人失望，这些报告很快就被科学界以外的读者知晓。例如，"开放科学合作"对心理学领域已发表的 100 项实验和相关研究的结果进行了复制，并根据五项标准进行了评判，结果显示只有三分之一到二分之一的复制工作取得了成功，他们认为这一结果令人震惊（Open Science Collaboration，2015）。这一结果迅速登上了《纽约时报》（*New York Times*）的头版头条（Carey，2015）。不久之后，《自然》（*Nature*）杂志发表了科学家关于"复制危机"的调查结果（Baker & Penny，2016）。受访者对危机是"严重"还是"轻微"的看法不尽相同，但在许多学科中，科学家报告说，在他们的领域，大部分发表的论文都是可复制的。吉尔伯特等对开放科学合作组织（Open Science Collaboration，2015）的数据进行了重新分析，发现由于抽样误差、统计功效以及原始研究与其复制之间的失真等问题，复制工作存在缺陷。吉尔伯特等重新分析后发现，复制的成功率高达已发表研究的三分之二，因而没有出现危机（Gilbert et al.，2016）。专门针

---

① 相比之下，劳动／组织经济学强调对先验的数学表达的理论模型进行经验检验，从而最大限度地减少理论的追溯修正。然而，这种专一性是有代价的，包括缩小调查的焦点，以及必须做出许多有时不切实际的假设，以便进行数学模拟并使模型可测试。

对组织科学事项的讨论反映了讨论范围不断扩大的趋势。例如，科尔蒂纳等赞同通过复制实现严谨性（Cortina et al.，2017）。陈强调了概念复制的价值，似乎认为不存在"危机"（Chen，2015，2018）。无论人们是否认为存在"危机"，开放科学运动都致力于加强可复制性。

开放科学的另一个极具吸引力的特征在于它所创造出的巨大效率。共享数据使其他研究人员能从事一些他们囿于难以获得原始数据而无法开展的工作。正如一些开放科学倡导者所提议的那样，如果期刊承诺发表具有同行评审研究计划的研究成果，或预先批准发表复制成果，那么发表成果的时间就会缩短。此外，发布实验记录、假设和设计所引发的讨论可能会加快原创研究人员磨砺思维、提高研究项目的质量。

开放科学还会产生其他影响，如对研究人员培训和跨学科合作的影响。它还影响期刊的出版行为。一些期刊仍然沉默，而另一些则可能鼓励有限制地或无限制地践行开放科学行为（如数据共享）。开放获取出版行为反映了开放科学的影响力。《开放获取期刊目录》报告称，现有 15321 种经同行评审的开放获取期刊（Directory of Open Access Journals，2020）。例如，《判断与决策》（*Judgment and Decision Making*）期刊会审查预注册的研究报告的引言和方法部分，如果获得批准，无论结果如何，都会承诺发表完成的研究报告[①]。200 多种期刊根据同行对此类预注册的审查结果，暂时接受论文发表（Center for Open Science，2020a）。

三、开放科学与科学实践领域的不兼容性

我们拥抱开放科学运动带来的机遇。然而，开放科学与科学实践原则中的许多（如果不是大多数）研究方式之间存在不兼容之处。如果处理不当，这些不兼容性将阻碍知识与理论进步。第一个不兼容问题相当明显，即实践领域的研究报告通常无法满足开放科学对公开和共享的要求，原因是其涉及风险、隐私和知识产权利益。第二个不兼容问题涉及理论化。开放科学实践

---

① 承诺公布预先批准的研究设计结果可以弥补其他缺陷，如公布统计功效较低的研究和不公布不显著结果的偏见。

显然强调理论检验和创造的假设—演绎模式，使科学实践学科偏离在应用研究中效果明显的替代性的理论化方法。第三个不兼容问题就是我们所说的复制悖论，即在开放科学模式中过度追求可复制性会产生不可靠的研究结果。第四个不兼容问题是开放科学实践有可能造成一种狭隘的研究文化（也是最普遍的问题），在这种文化中，不符合要求的研究被恶意贬低。我们在此提出的一些问题可以在加布里埃尔和韦塞尔（Gabriel & Wessel，2013）、利维特（Leavitt，2013）以及凯佩斯和麦克丹尼尔（Kepes & McDaniel，2013）等的论文中找到答案。我们试图提供一个综合性的论述，其独特之处在于通过以实践为导向的研究关注科学进步。我们将逐一阐述这四点，然后探讨我们所指出问题的可能解决方案。

（一）不兼容问题 1：披露与共享

对于来自实践背景的研究报告，透明度和共享原则可能会成为其进入同行评审阶段的障碍。数据共享是一个特别棘手的问题。举个例子，在一家快餐企业开展的研究涉及 500 多家餐厅和 2 万多名员工。该研究采用前瞻性研究设计，在连续 12 个月中，研究每一个月当期劳动力和工作场所的多种属性对下一期餐厅绩效（利润、用户体验、服务速度）的三项衡量指标的影响（Erland et al.，2017）。我们收集了大量数据集，整合了多个来源的观察资料。其中一些变量可作为与绩效指标差异相关的控制变量，如餐厅所在社区的人口密度、收入水平的中位数和失业率。这些变量源自公开资料。然而，大部分变量来自专门渠道，包括公司的人力资源信息系统（HRIS）、财务、流程控制和客户体验数据库，其中大部分不能公开或共享。完全披露关键因变量、餐厅月度绩效指标或某些绩效相关协变量（如厨房设备维修率）的细节，可能会损害公司商业竞争优势。如果人力资源信息系统和工作场所的数据被提供给其他人，员工可能会面临身份暴露的风险，雇主因此也会面临被诉讼的风险。加布里埃尔和韦塞尔讨论了数据共享如何将弱势群体置于风险之中，以及此类要求如何阻止研究的启动（Gabriel & Wessel，2013）。通过努力改变数据，如使用重命名、打乱和分解等策略，使其至少有一部分可以共享，以降低风险。班克斯等认识到披露和共享原则与组织内研究之间的不兼容性，他们提出了克服这种不兼容性的策略，如延迟发布原始数据和匿名化处理（Banks et al., 2019）。然而，这里所说的任何一种策略都无法避免某些数据科学家可以通过重新组合数据，集中与身份相关的变量（年龄、工作地点、工作类型、工作时间、雇用和解雇信息等）来识别出一些个体，特别是在与来自推特、选民登记和高中年鉴等来源的本地数据结合的情况下。适当的匿名化是一个尚未解决的多学科问题，组织研究人员应参与寻找有效的解决方案。

有时来自组织的数据是完全可共享的，有时，可共享的数据是部分数据或基础数据的抽象，如相关矩阵。这种矩阵可能会删除其中的变量，以避免披露可能对组织有害的信息。危害可能来自报告了能提供有力身份线索的命名变量，或报告了对竞争对手有价值的关系，即使是名称无关紧要的变量之间的关系。遗憾的是，变量名称的遗漏或模糊程度越高，共享矩阵对研究人员重新分析或复制的价值就越低。不过，有些数据共享是可以共享的。例如，《商业与心理学杂志》（*Journal of Business and Psychology*）明确规定了"研究数据政策"，鼓励共享手稿中描述的所有材料和原始数据，并通过引导作者访问相关数据存储库和提供脚本化的"数据可用性"声明供作者使用，使遵守政策变得容易。期刊政策虽然大力提倡共享，但也承认并非所有数据都能共享。坚持完全透明和全面数据共享并不是当今广泛使用的发表论文的绝对要求。但不可否认的是，人们正在朝着这个方向努力。

回顾过去，我们可以发现，如果按照开放科学的标准，组织科学中有许多具有里程碑意义的研究可能无法"获得高分"。霍桑研究（Hawthorne Studies, Roethlisberger & Dickson, 1939）、美国电话电报公司（AT&T）管理进展研究（Bray et al., 1974）以及通用电气早期的绩效评估研究（揭示了评估人员的"角色分割"如何发挥作用）（Meyer et al., 1965）的影响可能从未得到认可。

我们从披露和共享中看到的潜在的威胁是阻碍一线研究为科学提供信息。例如，班克斯等观察到，一个组织可能会拒绝参与要求完全透明和数据共享的研究（Banks et al.，2019）。我们认为，强制要求透明度和共享，使其成为在机构中发起研究的障碍因素，以及阻碍为科学文献做出贡献而撰写基于实践的研究报告，将对现实的和有用的知识增长产生深远的不利影响（Rousseau，2012）。

问题不仅在于需要保护个人身份，公司也会合作开展研究，这样研究人员就会知道组织的身份，以便在员工调查数据和公司层面的绩效数据之间建立联系，如关于五月花集团（The Mayflower Group）的数据（Schneider et al.，2003）。除了直接的研究人员团队，公司也不愿意分享此类身份信息给其他人。

此外，还有一个重要的知识产权问题。咨询公司和内部研究团队的研究人员会开发分析工具以及各种选择、评估和调查措施。这些机构往往不愿意向公众透露算法或测量方法，因为他们在开发过程中已经进行了投资。研究文献中不乏在没有必要完全公开和分享的情况下推动该领域发展的研究。普拉科斯等（Pulakos et al.，2019）发表的一篇论文说明了这通常是如何做到的，但如果我们的期刊要求完全披露和分享，将不再可能做到。因此，普拉科斯等关于组织的敏捷性和应变能力的文章只提供了开发的测量方法的几个样本项目，并没有提供或公开完整的测量方法或组织样本的身份，而在这些组织中，新的测量方法成功地与组织的财务绩效进行了比对。

为了避免让人觉得我们只是开放科学的抵制者，本文的每位作者都曾参与过一些研究工作，如果当时开放科学实践有效的话，这些研究工作本可以符合开放科学实践规范。这方面的例子有很多（ Dieterly & Schneider，1974; Nalbantian & Schotter. 1995，1997）。我们还有大量涉及私营企业员工的研究记录，几乎所有基于数据的研究都是在私营企业进行的。根据有关披露和共享的开放科学规范，我们通过同行评审出版物为科学做出贡献的机会肯定要比迄今为止少得多。据估计，我们基于数据的论文数量实际上将减少至少75%。我们将无法分享来自公司人力资源信息系统的数据，因为这些系统中的个人身份已被确认并使进行小组分析的后续研究成为可能（Schneider et al.，1998），也无法分享使用专有数据库中的数据（Schneider et al.，1998;

Schneider et al.，1996），或研究舰队银行（Fleet Bank）自愿离职的驱动因素，该研究基于公司人力资源信息系统数据构建的面板数据集建模，重点关注实际的留任、离职事件（Nalbantian & Szostak，2004）等。共享和披露要求只是阻碍我们发表此类研究成果的一个问题。

（二）不兼容问题 2：过度认同假设—演绎模式

开放科学的原则和实践具有经典假设—演绎法的特征。预注册假设是促进与这种理论构建方式保持一致的重要实践，强调重复假设测试也是如此。这些类型的开放科学实践明确依赖理论创建的假设—演绎模式，而此时科学实践研究的性质正在发生重大变化，尤其是在应用环境中开展的研究。这种变化涉及"大数据"，对如何更好地推进理论发展产生了重大影响。

大数据组织研究的特点是观测数据多、变量数量大。例如，伊林沃思等描述了涉及 125 个以上变量和 16.7 万个月度评估样本的研究。他们还描述了涉及 80 到 120 个变量的研究（Illingworth et al.，2016）。之前提到的艾兰德等的案例在分析 500 多家餐厅的绩效时涉及 78 个变量，在单独分析 2 万多名员工自愿离职的影响因素时涉及 135 个变量（Erland et al.，2017）。这与豪斯内赫特及李关于离职研究中变量繁多且样本往往较大的说法一致（Hausknecht & Li，2016）。金等很好地描述了工业与组织心理学中通过多个来源的大量变量来解决的广泛主题（King et al.，2016）。

组织环境中大数据的可用性使得"现有理论能够加速发展，以考虑更多相关因素，并变得更加复杂、具体和细致入微，理想情况下，现有理论也因此变得更加准确和有用"（Guzzo，2016，第 348 页）。假设—演绎法的不足之处在于，顾名思义，它是理论先行。在一个拥有 10 万名或更多员工的组织中，当有 100 个或更多可能有意义的变量可供研究时，就会有许多调节因素、边界条件、分析层次和因果途径可供实证检验。然而，现有理论并没有预料到（也不可能预料到）复杂性和细微差别。因此，相对于可以在大数据研究中严格测试的潜在有意义的关系的数量，现有理论提供的假设太少了。

过于强调理论往往导致将研究定性为验证性或探索性两种类型（Nosek

et al., 2018），前者与理论检验相一致①。大数据研究暴露了这种区分的局限性。在大数据世界，由于缺乏足够复杂的理论，不可能进行彻底的假设驱动预测，因此"验证性"作为一个参照类别受到了损害。"探索性"是一个古老的术语，带有与验证性研究不相称的含义。此外，这个标签还掩盖了其他有序的理论生成和检验方法的价值，如下文讨论的归纳和溯因。大数据的存在也打破了确证—探索模式，它创造了在研究内部推进、持续测试和重新测试解释的机会，例如，从更大的数据集中随机抽取 1 万个或更多的样本——从本质上讲，在单个研究的大数据集中实现了多重复制和元分析过程。麦克沙恩和勃肯特引用了消费者行为研究中单篇论文元分析的例子（McShane & Böckenholt, 2017）。目前，利用大数据进行研究内部的多次重复和元分析的愿望还没有在出版物中实现。不过，古佐等（Guzzo et al., 2014）的研究具有一定的参考意义，他们报告了 34 项不同复制性研究的结果，涉及近 100 万名员工，研究内容是各种形式的薪酬对自愿离职的影响。此外，古佐等（Guzzo et al., 2022）对 23 项研究进行了单篇论文元分析，调查了员工年龄和任期对工作单位绩效的影响，每项研究平均测量了 40 多个变量。现有的理论和发现过程同时也蕴含在这些著作中。事实上，随着组织中不断更新和扩充的数据激增，实证检验成为可能，这构成了一种超越传统假设—演绎法的理论构建方法。那些将传统的假设—演绎方法置于更适合大数据现实的替代方法之上的做法，将阻碍知识的进步。这些替代方法是什么？

一些研究学者提出了一种归纳模式，即探索人们感兴趣的问题，并在此基础上对其进行分析，归纳法是一种优越的理论化过程，它能为以后的研究提供意想不到的重要发现（Locke, 2007）。洛克（Locke）说明了基于实验室和实地环境研究的归纳过程如何推动了目标设定理论的发展，包括确定影响目标效果的调节条件。事实上，归纳模式对于应用环境下的研究可能非常有用，因为在这种环境下，问题会出现，而且可以利用数据来探索这些问题的可能答案，尤其是在允许在大型数据集上反复测试可能答案（用 I-O 术语

---

① 事实上，开放科学为验证性研究提供了特权，正如预注册网站对假设检验的强调所证明的那样，他们努力阻止涉及在收集数据后创造新解释的"可疑做法"，并重视重复性研究。

来说就是交叉验证）的当代世界。麦克阿比等也重申了归纳式研究的价值，认为组织科学将受益于"冲击"，以重振实证研究，而组织中的大数据分析与归纳推理的结合将带来所需的这种冲击。他们还明确指出，接受大数据分析并不意味着放弃测量和因果推论的基本原则（McAbee et al.，2016）。

可以说，实践应用心理学家所做的大部分工作都不是假设—演绎模式，而是归纳模式，根据我们的经验，归纳模式是从问题而非理论出发的。例如，我们关于服务氛围的一项研究（Schneider，1973；Schneider et al.，1980）就是以 1973 年的论文为基础提出的这样一个问题开始的：如果一家银行分行的客户说他们之所以得到糟糕的服务是因为员工没有以服务为导向，那么我想知道，可以创造什么样的条件来鼓励他们提供优质服务？关于服务氛围的研究就是这样开始的（Hong et al.，2013）。

另一种理论化模式是归纳法，有时也被称为"最佳解释推论"（Douven，2017）。与演绎推理或归纳推理不同，归纳法是在事实组合的基础上得出可信的解释，通常涉及多阶段的数据分析，以在相互竞争的解释中得出最佳解释（Haig，2005）。它尤其适用于大数据研究。作者研究性咨询往往体现了溯因精神。例如，在研究内部劳动力市场动态时整合结果（Nalbantian et al.，2004），以确定与这些结果相关的一系列已有理论中，哪一个理论能够结合所研究组织的经验的独特性为所观察到的模式提供最佳解释。以这种方式运用理论，有助于以令人信服的方式揭示数据中的故事，便于向决策者传达，也便于他们采取行动。比起一开始就假定一种特定的理论或模型，然后仅对其进行测试，这也是将理论与实践联系起来的一种更实用的方法。

普罗斯佩里等讨论了此类研究中归纳和演绎过程共同存在的价值。他们还直接挑战了开放科学运动中针对流行的已知结果后提出假设现象采取的预防措施，声称这些措施与研究人员使用大数据的"义务"这一"现代现实"相冲突（Prosperi et al.，2019，第 1 页）。归纳是组织科学中假设—演绎推理的必要补充（Behfar & Okhuysen，2018）。有学者为经济学中的归纳法辩护，认为它有助于克服理论学说的不足，并对那些无法解释新的、令人惊讶的事实的先验学派提出了挑战。归纳法自然也更符合组织的系统观，这一点我们将在下文中阐述。

在下一部分，我们将讨论复制的悖论，我们注意到定性案例方法是复制要求的对立面（Pratt et al.，2020）。我们在此指出，此类方法本质上以发现而非验证为目标，这与假设—演绎模式正好相反。事实上，通过定性方法或使用各种来源的定量数据在单个组织中开展的项目都可以被视为案例研究：在没有或很少有预先假设的情况下，对来自单一组织的数据进行探索，与定性研究一样，都是案例研究。换句话说，主要的开放科学原则贬低了组织心理学研究的两个基本流派（定性案例方法和定量案例方法），这有可能使它们不适合后续出版。

我们对理论和理论化问题的思考的底线是：（1）我们的领域过分强调在开始研究之前必须有一个可以检验的理论；（2）开放科学运动将强调的这个重点具体化了。21 世纪初，《应用心理学杂志》（*Journal of Applied Psychology*，*JAP*）不得不呼吁开展理论驱动型研究。《应用心理学杂志》理论特刊的编辑阐述了理论的必要性，"没有理论指导的研究往往是琐碎的——是一项技术活，更有可能产生困惑和厌倦，而不是洞察力。相反，以理论为指导的研究或发展理论的研究则会带来理解和兴趣"（Klein & Zedeck，2004，第 931 页）。由此可见，以问题为中心、以归纳法为导向的工作是碎片化的，对《应用心理学杂志》来说也是无趣的（至少在 2004 年是如此）。

经济学研究的理论驱动远远大于问题驱动。20 世纪中后期，出现了人力资本理论、内部劳动力市场运作和人事经济学等重要的理论发展。遗憾的是，这些发展的实际应用和价值并未达到其理论预期。造成这种情况的一个主要原因是无法获得足够的组织数据，因而无法通过研究实际问题为理论提供依据。为了检验组织中的激励机制、决策制定和定价机制理论，人们开始求助实验室实验。正如其中一位作者纳尔班提安（Nalbantian）的个人研究经历所证明的那样：实验经济学为狭义的技术性问题提供了深刻的见解。然而，实验经济学并不能像现实世界的数据那样，通过严格的检验来学习，因为现实世界的数据反映了组织中的实际决策和结果，并为检验理论预测在多种背景和情况下是否站得住脚提供了机会。

2008 年，卡肖（Cascio）和阿吉尼斯（Aguinis）对《应用心理学杂志》和《人事心理学》（*Personnel Psychology*）上发表的研究成果进行了精彩综述，结果显示：（1）实践者并未在这些期刊上发表文章（《应用心理学杂志》上实践者的文章仅占 4.67%）；（2）正如这一数字所预料的那样，这些文章与实践并无多大关联。卡肖和阿吉尼斯总结道：

> 根据我们的综述，如果我们把过去发表的论文中的研究重点结论外推到未来十年，我们就会得出一个令人信服的结论，即工业与组织心理学将不会对具有（或将具有）广泛的组织和社会吸引力的问题的辩论方面产生较大的影响。它不会产生大量的研究成果，为人力资源实践者、高级管理人员或外部利益相关者（如资助机构、公共政策制定者、民选官员、控制预算的大学管理者）提供信息。（Cascio & Aguinis，2008，第 1074 页）

在我们领域发展的早期阶段，对个人和组织绩效具有重要意义的问题推动了应用研究，但从那时起，这些重要的实践问题让位于以理论测试为驱动力的学术研究。后者非常符合开放科学模式，但前者更符合实践环境中的研究方式。并非只有我们认为理论并不是引导科学研究的全部或者科学研究的终极目标。坎贝尔和威尔蒙特认为，组织科学的理论建设过程存在根本性缺陷，包括过分强调为理论而理论（Campbell & Wilmont，2018）。对痴迷于理论的批评早在开放科学兴起之前就有了，如汗布瑞克就理论在管理研究中的作用提出批评：

> 我猜想，我们领域的许多成员，包括那些身居要职的人，都认为我们对理论的超强承诺，尤其是每篇文章都必须对理论有所贡献的要求——在某种程度上是道德完善的。他们可能认为这是一个严肃领域的标志。他们可能认为理论是好的，而"单纯的"现象描述和事实生成是坏的。更有甚者，他们可能根本不考虑这些问题，把我们这个领域对理

论的狂热视为宇宙的一部分。（Hambrick，2007，第 1351 页）

当然，我们必须明确指出，我们绝对赞成演绎理论的写作和研究，而且我们自己也从事过此类工作（Heilman & Guzzo，1978; Nalbantian & Schotter，1997; Schneider，1975）。我们不赞成将假设—演绎理论的写作和测试作为在审稿期刊上发表文章的主要方式。开放科学模式强调基于前期理论的假设检验，这很容易成为通过以问题为中心的归纳和演绎工作来推动知识进步的障碍。

（三）不兼容性 3：复制悖论

在强调理论驱动研究的同时，披露和共享在建立稳健的关系方面造成了严重的悖论。在复制的压力下，我们认为研究人员最常尝试哪种类型的复制研究？它将是对变量较少的小样本进行简单假设检验的研究，而且不在应用环境中进行。这种类型的研究最能完全符合旨在促进复制的开放科学原则，而基于这些原则的出版实践将鼓励更多的相同研究。这并不是提高某一领域研究成果稳健性的最佳方式。相比之下，利用大型数据集研究复杂问题可以显著提高研究结果的可靠性，因为此类研究可以在各种情况下检验各种关系，并明确控制提供潜在竞争假设的相关变量（边界条件）。当然，如前所述，从大型数据库中随机选择的重复数据集可用于立即进行复制，提供研究结果的分布和关系，然后通过元分析模型进行检验。

但是，小样本研究普遍存在。埃尔南德斯等的报告称，《心理科学》（*Psychological Science*）的文章样本量中位数为 73 个，《人格与社会心理学杂志》（*Journal of Personality and Social Psychology*）为 90 个，《认知》（*Cognition*）的常规文章为 80 个（简短文章[①]为 52 个）（Hernandez et al.，2016）。马斯扎列克等对四种期刊包括《应用心理学杂志》（*Journal of Applied Psychology*）进行了长期跟踪，发现 1977 年、1995 年和 2006 年

---

① 译者注：简短文章(brief articles)是指篇幅较短的文章，通常用于介绍某个话题或事件的基本情况。

的样本量中位数分别为 48、32 和 40（Marszalek et al., 2011）。沈等对《应用心理学杂志》从 1995 年到 2008 年的研究进行了跟踪研究，结果显示，个人研究的样本量中位数为 173 个，群体研究的样本量中位数为 65 个（Shen et al., 2011）；库伯格等随机抽取了 447 篇心理学同行评审期刊论文，发现 85% 的论文样本量小于 200 个（Kühberger et al., 2014）。小样本在经济学研究中也很普遍。约安尼迪斯等对 159 项元分析开展了定量研究，涵盖了一系列主题领域的 6700 项实证研究，发现在 50% 的研究领域，约 90% 的研究实证依据不足。此外，超过 20% 的领域甚至没有一项具有足够统计能力的研究（Ioannidis et al., 2017）。这些结果表明，经济学研究或许就像组织科学研究一样，广泛存在残差偏见（residual bias），这些残差偏见破坏了所报告的具有统计意义的结果的可信度，而且很可能具有可复制性。

开放科学强调复制，试图确保已发表研究结果的确定性，这将鼓励开展小样本项目研究，必然会引起人们对统计能力的关注。但是，就理论发展而言，小样本研究的主要启发意义远不止统计能力。小样本的结果是：（1）在任何一项研究中可以分析的变量相对较少；（2）能够对调节因素或边界条件的理论假设进行检验的机会很少；（3）根据多变量事实模式提出新理论见解的机会有限。也就是说，理论检验研究中典型的中小样本量实际上不满足对理论进行有力检验以获得可靠结论的需要。在实践中，大数据工作可以通过归纳和溯因，对基于可靠发现的复杂理论进行检验和阐述。普罗斯佩里等提供了一种利用大数据进行复制的新思路。他们认为，将大数据视为重现（复制）事实模式的多变量模型的机会，而不是非常具体和狭隘地观察或推论，是非常有用的（Prosperi et al., 2019）。

此外，以开放科学为动力的复制主张也存在盲点。一个盲点是高估了对具体研究结果的精确复制，低估了对不同研究进行元分析作为建立稳健关系的一种手段的作用。精确复制主要基于研究发现或未发现统计意义的程度。问题在于，我们知道或应该知道，统计意义在很大程度上取决于样本量。因此，在样本量较小的情况下，某项研究具有统计学意义的结果在多大程度上可以得到重复是可以预见的。自施密特（Schmidt）和汉特（Hunter）指出小样本研究掩盖了可能观察到的真实关系以来，已经过去了近 45 年（Schmidt & Humter，1977）。施密特在总结这项研究时提出了以下灼见，"研究人员似乎沉迷于显著性检验，他们对显著性检验持有许多错误的信念"（Schmidt，2010，第 237 页）。主要的错误观点是，具有统计学意义的结果表明一项研究被复制的可能性。另一个盲点是样本大小与效应量之间的关联。库伯格等的报告称，样本大小与效应量之间的相关性为 –0.54（Kűhberger et al.，2014）。因此，小样本重复研究的文献有可能高估"真实"关系的程度。我们的个人经验是大数据式研究与已发表文献中关于相同 X–Y 关系的报告相比，确实能得出较小的 X–Y 关系效应量估计值，这正是因为大数据式研究控制了 X 和 Y 的许多其他合理变异来源，而已发表的研究则没有。

因此，悖论在于，复制小样本研究的尝试将使我们无法获得可靠的理论见解。虽然在实践环境中进行的研究可能无法满足促进精确复制的条件——完全公开、共享，因此可能不太可能被精确复制，但与小样本研究相比，大数据式研究可以产生更可靠的结论，同时降低效应量被高估的风险。为了结束复制悖论的循环，我们在前面指出，没有任何逻辑要求对定性案例研究进行复制。正如普拉特等（Pratt et al.，2020）在《行政科学季刊》（*Administrative Science Quarterly*）社论文章中指出的那样，"复制偏离了（案例研究）工作要达到的目的"。他们指出，在开放科学中强调复制是为了实现可信度，但"管理类期刊需要解决因透明度引发的争论所带来的核心问题，找出增强可信度的解决方案，承认我们领域中不同方法论的独特优势和考虑因素"。稍后，我们将就如何帮助解决出版方面的复制问题提出一些建议。

（四）不兼容问题 4：不断演变的文化和职业规范

我们和许多读者一样，都是在一个以如何开展研究和发表研究成果的特定规范为特征的专业环境中成长起来的。值得庆幸的是，作为这种环境一部分的许多旧的研究挑战、策略和节奏已经消失。邮寄纸质调查问卷，把一盒盒打了孔的 IBM 卡片搬到计算机中心，等待打印输出（并因错误信息而对单薄的打印输出感到绝望），稿件准备、提交和传播速度如蜗牛般缓慢，这些现在都不复存在了。基于网络的调查、充足的计算能力以及稿件的电子化管理，极大地改进了开展研究和发表研究成果的过程。在这些变化中，重要的积极规范依然存在，如同行评审在出版过程中的价值。然而，我们要提出以下问题：当定义"好"的研究的其他规范发生变化时，会发生什么？我们担心的是，与开放科学原则相一致的实践将导致定义"好"的研究的规范发生巨大变化，而这种变化可能会对科学实践学科以及实际发表在我们期刊上并传播给最广泛受众的内容造成不利影响。我们看到了几个令人担忧的迹象——预注册网站不允许商业研究人员使用、验证性研究享有特权、在期刊同行评审过程中应用开放科学原则的假设只对学术界而非实践者有意义（Society for Industrial and Organizational Psychology，2020）。这表明，一种贬低不能完全符合开放科学理想的研究价值的文化转变可能正在发生。这种文化转变将不必要地阻碍学者利用组织中的有用数据带来的研究机会、减少以实践为基础的研究人员为科学文献做出贡献的机会。另一个值得关注的问题是，开放科学实践有可能导致方法上千篇一律。

考虑到我们讨论过的不兼容性以及它们对可能出现的研究的潜在影响。我们已经对将要出现的复制研究类型做出了预测。但其他类型的研究呢？如果公开和共享成为被认为是良好和适当的研究要求，那么使用不能共享或公开的专有测量方法、数据和样本的研究人员将何去何从（King & Persily，2019）？到那时，我们是否会成为一门在小样本上研究简单问题的科学，得出不可靠的、很可能与真实组织中发生的事情无关的结论？如果只有在事先说明假设和方法的情况下，研究才会被认为是好的，那么什么才是好的研究呢？

在研究过程中，研究人员提出了有趣而重要的实际问题，并找到了新的、有趣的方法（如通过文本分析）来制定衡量标准，这些研究人员会受到什么影响？那些探究组织系统内和组织系统间各种因素复杂互动关系的大型、大胆的研究工作会发生什么变化？我们的研究会不会变成现在在商学院非常突出的实验室研究，以至于他们雇佣更多的社会心理学家，这样他们就可以"真正"科学化？正如斯陶最近在反思他所观察到的该领域变化趋势的文章中指出的那样，"虽然现在越来越多的社会心理学者被安排到商学院工作，但他们所做的仍然是社会心理学研究，而不是组织研究"（Staw，2016）。斯陶论文中的表 1 非常具有启发性，他指出商学院的社会心理学家追求实验室和现场实验来寻找潜在的过程，而不是使用多种方法（包括定性方法、观察和历史数据）来寻找向上、向外和向下的影响。小样本、理论先行的研究是具有实际意义的科学的全部和终结吗？我们认为，与开放科学原则过于一致的专业规范确实有可能使科学朝着这个方向过度发展。

越来越多的人谴责学术界和实践人员未能利用现有的更新的数据来源。矛盾之处在于，人们重新回到了小样本的简单研究，正如斯陶（Staw，2016）所描述的那样，从而极大地限制了出现在同行评审文献中的内容以及与组织生活的相关性。至少有两个因素导致了这一结果，而开放科学运动则进一步推动了这一结果。第一个，正如金（King）和佩尔西利（Persily）在其关于研究中的产学合作的预见性文章中所指出的，"学术研究人员现有文化的特点是独立学者对其研究议程、方法选择和出版选择拥有不受约束的控制权"（King & Persily，2019）。他们指出，在大数据时代（他们以政治科学家的身份撰文），如果研究要与现实世界相关，这种传统模式就不再适用。他们和我们一样认为，除非研究人员能够访问现有的大量大数据源，否则他们将越来越多地关注规模较小、与社会无关的问题。第二个自相矛盾的因素是学术出版界存在的奖励制度，在这种制度下，只有在所谓的 A 级刊物上发表的文章才能算作晋升成果。最完美的文章就是能产生最少的方法和概念问题，最少被审稿人攻击，因此，发表论文的最可靠方法就是使用标准的、受人青睐的方法进行有明确假设的研究，并尽可能多地控制研究过程和结果。阿吉斯等详尽记录了全球范围内的"A 级期刊迷信"，指出"人们越来越担心使用 A 级期刊名单评估研究价值会产生意想不到的负面影响。这些不良后果包括：研究实践有问题，研究课题、理论和方法狭窄，研究关怀减少"（Aguinis et al.，2020）。听起来耳熟吗？似乎有一个隐含的阴谋在反对与组织生活相关的研究。阿吉斯等得出了一个奇怪的结论：就企业领导者作为决策依据所掌握的信息而言，这并不像人们想象得那么糟糕。也就是说，他们注意到，教科书和报刊文章使用的是咨询公司和企业出版的资料，而不是学术期刊上发表的研究成果。换句话说，教科书作者和期刊作者不再依赖学术期刊上发表的研究成果，而是依赖与实践世界相关的信息。难道这就是开放科学倡议所希望产生的实证世界吗？在这个世界里，学生和公众正在利用不符合通常和典型的同行评审研究标准的报告和结果来了解重要问题？

此外，我们认为对开放科学的过度热情有可能会引起专横的方法论风潮。在经济学中，方法论的一致性在实证研究中表现得淋漓尽致，这导致人们更加关注技术的奇妙性，而不是从数据中得出的见解的价值和实际意义。长期以来，经济学一直关注如何理解劳动力市场参与、工资决定、最低工资法的就业效应、人力资本发展以及教育和培训价值等现象。实证分析往往利用人口普查数据和相对较少的其他大型国家数据库，如收入动态面板研究和全国青年纵向调查，这些调查长期跟踪大量的个人群体。学者们反复钻研同一个问题，往往会发现自己需要依靠灵巧的计量经济学才能获得新发现。劳动经济学和组织经济学方法统一的另一个方面是在进行实证检验时过度依赖单一类型的模型规范，即固定效应模型。遵从这一单一"标准"的文化放弃了其他模型规范的好处，而这些模型规范能更好地利用大数据的价值，为理论和实践提供启示。

四、建议

正如生活中经常出现的情况一样，福祸相依。本文对开放科学行动的评估强调了它的陷阱和缺点，我们认为这些陷阱和缺点与科学实践学科以及完成和发表的研究尤其相关。正如我们之前所说，开放科学原则会带来好的结果，但如果不对与这些原则相关的当前和发展中的实践进行一些修改，就不会有好的结果。在此，我们提出七项具体建议，旨在发挥开放科学实践的益处，同时尽量减少其不必要的负面影响。

（一）鼓励学术研究人员与实践研究人员开展更多合作

格兰德等（Grand et al., 2018a）提出了这一建议，我们在此重申其重要性。除了在设计、分析和解释研究时结合两种视角所固有的价值，基于学术的研究人员可能会注意让基于实践的研究人员尽可能采用开放科学实践，并更有可能将现有理论与使用"真实"数据库所做的研究联系起来。以实践为基础的研究成果将得到更多更好的发表。这种合作将促进形成科学实践研究的建设性文化。如果继续缺乏这种合作，学术与应用之间的分歧就很容易扩大，因为一方倡导开放科学实践，而另一方却无法满足。

这种加强合作的呼吁不仅是对过去劝告的回应，它是一种革新，是对目前组织中数据引力（gravity of data）[①]的回应（Guzzo，2011）。组织及其供应商拥有大量相关数据，数据来源包括人力资源信息系统（与员工个人绩效、工作、经历、领导、同事和工作场所等特征相关的变量）、学习管理系统（提供所参加培训和发展机会的记录）、通信（如电子邮件、短信记录）数据库、记录工作场所互动的通信（如电子邮件、短信记录）数据库、包含就业筛选和工作历史变量等数据的申请人数据库、员工参与数据库、提供员工偏好和福利等信息的福利选择和使用数据库、日常收集的业务成果记录（如销售额、客户保留率）。其中许多变量的形式与专门为研究目的而创建的变量完全相同（例如，组织数据库中的绩效评级往往与研究人员创建的绩效评级如出一辙）。这些数据以及研究人员在组织中的存在，都是为了更好地开展科学研究而进行合作的充分理由。如果组织科学错过了有关行为、过程和环境等诸多方面数字数据激增所带来的机遇，就有可能在相关性方面被绕过。

（二）调整同行评审程序，以实现开放科学透明原则的目标，但不能给个人或组织带来风险

在这里，我们的重点是自然发生的组织环境中的研究报告，在这种环境中，法律或其他禁令会阻止全面披露，以保护隐私或专有利益。经过调整的评审程序的目标是：（1）揭开面纱，让值得信赖的外部人士能够核实报告研究工作细节的真实性；（2）消除发表报告的障碍之一（全面披露）。一

---

① 译者注：数据引力是数据越来越多地集中在某些地方，而这些数据的增加反过来又进一步提升了提供给用户的服务质量。

种方法是，在签署具有约束力的保密协议（NDA）后，为特别审稿人（从公认的专家中挑选，但不参与有关特定稿件的决策）提供查看原始数据的权利，并与研究人员讨论分析方法的细节和其他相关注意事项。核对清单和期刊政策标准对这一过程有所帮助。这种评审方式将保护研究的完整性，并为出版研究成果的消费者提供出版许可。可能还有其他方法。这里的程序不是对建议的文章进行评审，而是对方法、程序、样本进行评审，而且不排除对同一研究报告进行其他形式的盲审，以确定研究工作本身可能具有的实际出版价值。

在我们准备这篇文章和这份建议时，我们意识到政治学研究领域也有类似的建议。金和佩尔西利展示了大数据是如何为他们领域的研究提供便利的，但对获取此类数据存在限制表示遗憾，这些限制与我们领域的限制如出一辙。正如他们所指出的，"如今，企业收集的有关个人和人类社会的大数据比以往任何时候的信息量更大，这意味着它具有越来越高的科学价值，但也更有可能侵犯个人隐私或帮助企业的竞争对手"（King & Persily，2019）。他们提出的解决访问和隐私两难问题的办法是建立两个相互影响但又独立的小组，一个是希望进行研究的学者小组，另一个是就公司及其数据库的细节签署保密协议的可信第三方小组，第三方小组"通过向学术界证明所提供数据的合法性，提供公共服务"。总之，有一些方法可以确保研究过程和研究数据符合最高标准，而不会产生遵守开放科学实践所带来的风险。我们也希望，期刊审稿人能对大数据研究报告中假设—演绎模式的改变持开放态度。毋庸置疑，确保数据隐私的程序有可能使最重要的数据为医学研究人员所用，从而鼓励在最相关的数据库上进行最佳研究，以便向其他学者、需要有效证据的高管、教科书作者和新闻记者发表。

（三）修改教授理论化的方式

假设—演绎法的培训与推理统计方法的培训根深蒂固、紧密结合。大数据的出现要求我们在此基础上掌握归纳和演绎的理论发展方法。作为一门学科，我们已经抓住了大数据带来的数据分析创新。具体例子可以参阅奥斯瓦尔德和普特卡（Oswald & Putka，2016）提供的大数据统计方法"风景游览"以及奥斯瓦尔德等（Oswald et al.，2020）的最新研究。尽管我们可能很快就掌握了这些新方法，但我们认为有必要提高我们的集体能力，以便从这些方法的应用到我们的大数据研究中推进理论。这就是归纳和溯因填补假设—演绎推理空白的地方。这两种替代方法都涉及从"大模型"所揭示的多种研究结果和事实模式的整合中检验和构建理论的过程，这有利于复制和验证，使数据分析成为一个机会，除了检验已有理论，还能学习未曾预料到的知识，而且能同时对研究结果进行复制和元分析。

（四）不专门激励发表重复性研究，尤其是精确（直接）重复性研究

期刊可以通过邀请复制、为复制设立专刊、保证发表预注册、经同行评审的复制研究计划成果等方式激励复制性研究。但是，如果存在复制危机，这些策略很可能会扩大危机。正如我们已经讨论过的，试图复制的只是现有研究报告的一个子集：样本较少、变量较少、不受应用环境限制的易操作研究[①]。正如开放科学中心（Center for Open Science）所指出的，"期刊和（专业）社会形成了推动研究人员行为的激励和奖励结构"（Center for Open Science，2020b）。用发表论文的奖励来激励复制，将以不可取的方式塑造科学实践学科的行为和研究文献，限制我们学习的内容，限制我们使用的各种方法，并缩小"好"研究的概念范围（Aguinis et al.，2020）。

（五）拥抱概念复制，并在有大数据集可用于探索意外情况时鼓励概念复制

概念性复制针对的是先前经过检验的理论和命题，但"在现象的操作化、自变量和因变量、研究的类型和设计以及参与人群"方面与先前的研究不同（Crandall & Sherman，2015，第93页）。克兰德尔（Crandall）和谢尔曼（Sherman）

---

① 并非所有的复制工作都是小规模的。开放科学中心与美国国防部高级研究中心合作，在全球范围进行复制。项目机构正在赞助一项多方合作的调查，其中包括复制和重新分析多项已发表的研究。参见 https://www.cos.io/score。

认为，概念复制比直接复制更具有科学价值。其优越性的一个主要原因是，当复制研究未能重现先前的研究结果时，我们能学到什么。当通常的精确复制失败时，我们不可能找出原因：是因为理论概念不明确，还是因为操作方法有问题，还是因为和最初的研究一样，样本太少？精确复制（无论尝试多少次）都无法解决这种模糊性。概念复制可以有效地分散操作、环境、样本等复制失败的原因。因此，概念复制在建立可推广性和确定理论关系成立的原因和时间方面要优越得多。换句话说，概念复制是稳健的。

在大数据研究中，概念复制的机会比比皆是，这正是因为大数据研究能够在不同于先前研究的环境中检验先前报告的研究结果，这些环境包括不同的变量操作化、不同的数据收集和分析方法、不同的参与者、更多的协变量和边界条件检验等。关键是要发表此类大数据研究报告。这样，在没有特殊溯因的情况下，科学实践领域大量可靠研究成果和复制成果的数量就会迅速增长。大数据研究不一定只能在应用环境中进行，也可以在模拟和控制实验中进行。不过，我们估计应用领域有可能产生更多此类研究。

（六）在适当的时候肯定预注册的价值

对研究计划（包括设计、测量和分析）进行预注册，是打击 p 值黑客等研究弊端、促进研究项目早期公开讨论的重要工具。然而，对于许多研究，尤其是应用环境下的研究，而不仅是归纳或演绎研究来说，这种方法是行不通的。也就是说越来越多的田野实验研究（Eden，2017）为我们的研究做出了贡献。从表面上看，这些田野实验似乎符合开放科学原则，因为它们关注的是具体问题。然而，企业可能不愿意透露他们是谁，谁参与了研究，以及使用了哪些专有措施和程序。此外，要求研究人员，如伊林沃斯（Illingworth et al.,2016）完全预注册其一些研究中使用的超过 125 个变量或艾兰德（Erland et al.，2017）分析离职率时使用的 135 个变量，确实是不现实的。阿吉尼斯等在一份主要面向学术界而非从业人员的期刊上发表文章时指出，"作者需要花费 30—60 分钟的时间进行预注册"（Aguinis et al.,2020）。这与应用环境中的多变量、大数据研究的实际情况相脱节。除了描述可能超过 100 个变量（这只是预注册要求的一小部分）这一单纯的负担，在商业组织等应用环境中开展的研究有时也只能进行充分的预规划。出于必要，此类研究工作，尤其是旨在为紧迫问题寻找解决方案的研究工作，往往必须应对不断变化的情况，利用中途获得的数据或样本，或者改变策略，以应对初步分析结果对问题的重新阐述。这些问题都是相当直接和明显的，但它们可能导致完成的研究项目与最初的计划大相径庭。我们担心的是，在倡导将预注册作为一种通用策略的同时，却很少详细说明这种策略在什么情况下不适合，以及在什么情况下执行这种策略会阻碍非常好的以实践为重点的研究进入研究文献。如果预注册的研究有用并有助于科学进步，就应该给予肯定，但如果没有预注册，也不能抹杀研究的价值。当然，后一种情况将受益于我们之前的论点，即为审稿人提供约束力的保密协议或由资深学者组成的小组来审查方法和分析，而无需研究人员和组织承担全面披露的风险。

预注册作为一种策略，影响了科学进步的真正性质和意外发现的作用，尤其是在研究组织等社会系统时。经济学研究中局部均衡与总体均衡的区别很好地说明了这一点。理论驱动的研究在经济学家所谓的局部均衡背景下效果最佳。在这种情况下，要检验的是那些可以很容易地用数学方法表达并在数据中分离出来的狭义关系。它显然不利于解决一般均衡问题，即那些反映系统各组成部分之间复杂互动同时运行的问题。很难对这些相互作用预先确定理论命题，因为在这些相互作用中，特定的系统组成部分和非线性因素往往会出现拐点，从而使整个系统的特征以及系统中个人和群体的行为发生剧烈变化。至于这些拐点和非线性因素在哪里起作用，这是一个经验问题，既不容易从理论上预测，也不容易事先描述。因此，从这个角度来看，当前的预注册实践似乎更多是为了推进市场研究成果，而非获得变革性研究成果。

（七）在适当的时候肯定共享的价值

共享数据、代码、分析方法、材料等，就像预注册一样，是一种有价值的策略，但如前所述，对于在组织内部和组织之间完成的工作来说，这往往是不可能达到的标准。与预注册一样，在可能的情况下鼓励和支持预注册，但不要贬低受限于共享数据或完全公开专有方法和程序的研究。我们不难想象，一个研究团体会潜移默化地形成这样一种规范，即"好"的研究就是符合开放科学原则的策略，而不符合其策略的研究则不值得信赖。我们必须警惕这种发展，因为它可能会损害科学实践学科的科学进步。

五、总结和结论

本文试图强调鼓励严谨性、相关性和进步性的研究方法。我们认同开放科学的一个重要价值，即科学证据和理论必须值得信赖。我们的主要担忧是，实施旨在实现这一价值的开放科学原则往往会削弱这一价值，并对科学实践领域优秀研究的开展和出版关上大门。造成这种担忧的原因有很多，这些原因包括（仅举几例）：忽视假设—演绎理论的替代方法；强加无法满足的披露和共享要求；强调狭隘的学问探究方法；没有认识到大数据研究在应用环境中不断发展的性质，以及劳动力、业务和客户/市场数据的激增为知识进步带来的巨大机遇；低估了以实践问题为导向而非以理论为导向的研究的价值；对定义良好研究和理论的规范进行迫在眉睫的重新定义。对开放科学提出批评的不只有我们，其中许多批评意见我们都引用过。与之前的文章不同，我们将重点放在以研究为基础、科学实践为目的的学科中对科学进步的潜在危害上。之前的文章在很大程度上忽视了希望发表论文的实践研究者对科学的贡献如何受到开放科学实践的影响。我们提出的建议如果得到实施，将有助于创造一个应用研究能为科学进步做出实质性贡献的世界。组织科学的至少一个主要目标是为循证管理的发展做出贡献（Rousseau，2012）。科学实践的基础可以沿着循证医学的方向发展。随机对照试验等受控实验研究为医学实践提供了重要的证据基础，大样本流行病学研究也是如此。事实上，此类流行病学研究与组织中的大数据研究有许多共同之处：大量研究参与者、长期研究现象、大量控制变量、评估分组差异，以及旨在为因果推论提供有力支持的分析方法。此外，病例研究和临床经验往往是医学科学新发现和新理论的源泉。事实上，一线医生是最早发现新疾病或有用的新诊断类别出现的事实模式的人。另一个现实是，雇主，尤其是雇员规模较大的雇主，掌握着以自然发生的劳动力管理和组织实验的形式的重复出现的机会，这些机会能让人深入了解影响特定做法或事物特征的有效性因素。这种机会可以阐明组织科学的核心命题。我们为什么要对科学家研究这些实验并从中学习的能力设置障碍呢？我们的观点并不是要在循证医学和管理学之间进行类比。我们只是想提醒大家，对科学中的发现、测试和理论化的多种方法保持开放的态度是很有价值的实践领域。

参考文献：

Aguinis, H., Banks, G. C., Rogelberg, S. G., & Cascio, W. F.（2020）. Actionable recommendations for narrowing the sciencepractice gap in open science. Organizational Behavior and Human Decision Processes, 158（May）, 27 - 35. https://doi.org/10.1016/j.obhdp.2020.02.007.

Aguinis, H., Cummings, C., Ramani, R. S., & Cummings, T. G.（2020）. "An A is an A": The new bottom line for valuing academic research. Academy of Management Perspectives, 34（1）, 135 - 154. https://doi.org/10.5465/amp.2017.0193.

Baker, M., & Penny, D.（2016）. Is there a reproducibility crisis? Nature, 533（May）, 452 - 454.

Banks, G. C., Field, J. G., Oswald, F. L., O'Boyle, E. H., Landis, R. S., Rupp, D. E., & Rogelberg, S. G.（2019）. Answers to 18 questions about open science practices. Journal of Business Psychology, 34（May）, 257 - 270. https://doi.org/10.1007/s10869-018-9547-8.

Bauchner, H.（2018）. Notice of retraction: Wansink B, Cheney MM. Super bowls: Serving bowl size and food consumption. JAMA. 2005;293（14）:1727 - 1728. Journal of the American Medical Association, 320（16）, 1648. https://jamanetwork.com/journals/jama/fullarticle/2703449.

Behfar, K., & Okhuysen, G. A.（2018）. Discovery within validation logic: Deliberately surfacing, complementing, and substituting abductive reasoning in hypothetico-deductive inquiry. Organization Science, 29（2）, 323 - 340.

Berg, J.（2017）. Addendum to "Editorial retraction of the report 'Environmentally relevant concentrations of microplastic particles influence larval fish ecology,' by O.

M. Lönnstedt and P. Eklöv." Science, 358（1630）, 1549. https://doi.org/10.1126/science.aar7766.

Bray, D. W., Campbell, R. J., & Grant, D. L.（1974）. Formative years in business: A long-term AT&T study of managerial lives.Wiley.

Campbell, J. P., & Wilmot, M. P.（2018）. The functioning of theory in industrial, work and organizational psychology（IWOP）. In D. S. Ones, N. Anderson, C. Viswesvaran, & H. K. Sinangil（Eds.）, The SAGE handbook of industrial, work & organizational psychology: Personnel psychology and employee performance（pp. 3 - 38）. Sage.

Carey, B.（2015）. Many psychology findings not as strong as claimed, study says. New York Times. https://www.nytimes.com/2015/08/28/science/many-social-science-findings-not-as-strong-as-claimed-study-says.html.

Cascio, W., & Aguinis, H.（2008）. Research in industrial and organizational psychology from 1963 to 2007: Changes, choices and trends. Journal of Applied Psychology, 93（5）, 1062 - 1081. https://doi.org/10.1037/0021.9010.93.5.1062.

Center for Open Science.（2020a）. Participating Journals. Retrieved March 13, 2020, from https://cos.io/rr/.

Center for Open Science.（2020b）. Journals and Societies. Retrieved March 13, 2020, from https://cos.io/our-communities/journals-and-societies/.

Chen, G.（2015）. Editorial. Journal of Applied Psychology, 100（1）, 1 - 4. http://doi.org/10.1037/apl0000009.

Chen, G.（2018）. Editorial: Supporting and enhancing scientific rigor. Journal of Applied Psychology, 103（4）, 359 - 361. http://doi.org/10.1037/apl0000313.

Cortina, J. M., Aguinis, H., & DeShon, R. P.（2017）. Twilight of dawn or of evening? A century of research methods in the Journal of Applied Psychology. Journal of Applied Psychology, 102（3）, 274 - 290. http://doi.org/10.1037/apl0000163.

Crandall, C. S., & Sherman, J. W.（2015）. On the scientific superiority of conceptual replications for scientific progress. Journal of Experimental Social Psychology, 66（September）, 93 - 99. http://doi.org/10.1016/j.jesp.2015.10.002.

Dieterly, D., & Schneider, B.（1974）. The effects of organizational environment on perceived power and climate: A laboratory study. Organizational Behavior and Human

Performance, 11（3），316－337. https://doi.org/10.1016/0030–5073（74）90023–3.

Directory of Open Access Journals.（2020）. Home page. Retrieved March 13, 2020, from https://doaj.org/.

Douven, I.（2017）. Abduction. In E. N. Zalta（Ed.），The Stanford encyclopedia of philosophy（Summer 2017 ed.）. https://plato.stanford.edu/archives/sum2017/entries/abduction/.

Eden, D.（2017）. Field experiments in organizations. Annual Review of Organizational Psychology and Organizational Behavior, 4, 91－122. https://doi.org/10.1146/annurev–orgpsych–041015–064400.

Erland, B., Gross, S., & Guzzo, R. A.（2017）. Taco Bell enhances its people strategy with a new analytics recipe. Presentation at WorkatWork Total Rewards Conference & Exhibition, Washington, DC, May 9.

Gabriel, A. S., & Wessel, J. L.（2013）. A step too far? Why publishing raw datasets may hinder data collection. Industrial and Organizational Psychology: Perspectives on Science and Practice, 6（3），287－290. https://doi.org/10.1111/iops.12051.

Gilbert, D. T., King, G., Pettigrew, S., & Wilson, T. D.（2016）. Comment on "Estimating the reproducibility of psychological science." Science, 351（6277），1037a－1037b.

Göbel, C.（2019）. Open citizen science—outlining challenges for doing and refining citizen science based on results from DITOs project. Forum Citizen Science. doi:10.17605/osf.io/7etks.

Grand, J. A., Rogelberg, S. G., Allen, T. D., Landis, R. S., Reynolds, D. H., Scott, J. C., Tonidandel, S., & Truxillo, D. M.（2018a）. A systems–based approach to fostering robust science in industrial–organizational psychology. Industrial and Organizational Psychology: Perspectives on Science and Practice, 11（1），4－42. https://doi.org/10.1017/iop.2017.55.

Grand, J. A., Rogelberg, S. G., Banks, G. C., Landis, R. S., & Tonidandel, S.（2018b）. From outcome to process focus: Fostering a more robust psychological science through registered reports and results–blind reviewing. Perspectives on Psychological Science, 13（4），448－456.

Guzzo, R. A.（2011）. The universe of evidence-based I-O psychology is expanding. Industrial and Organizational Psychology: Perspectives on Science and Practice, 4（1）, 65-67. https://doi.org/10.1111/j.1754-9434.2010.01298.x.

Guzzo, R. A.（2016）. How big data matters. In S. Tonidandel, E. King, & J. Cortina（Eds.）, Big data at work: The data science revolution and organizational psychology（pp. 336-349）. Routledge.

Guzzo, R. A., Nalbantian, H. H., & Anderson, N.（2022）. Age, tenure, and business performance: A meta-analysis. Work, Aging and Retirement, 8（2）, 208-223. https://doi.org/10.1093/workar/waab039.

Guzzo, R. A., Nalbantian, H. N., & Parra, L. F.（2014）. A big data, say-do approach to climate and culture: A consulting perspective. In B. Schneider & K. Barbera（Eds.）, Oxford Handbook of Climate and Culture（pp. 197-211）. Oxford University Press.

Haig, B. D.（2005）. An abductive theory of scientific method. Psychological Methods, 10（4）, 371-388. https://doi.org/10.1037/1082-989X.10.4.371.

Hambrick, D. C.（2007）. The field of management's devotion to theory: Too much of a good thing? Academy of Management Journal, 50（6）, 1346-1352. https://doi.org/10.5465/AMJ.2007.28166119.

Hausknecht, J. P., & Li, H.（2016）. Big data in turnover and retention. In S. Tonidandel, E. King, & J. Cortina（Eds.）, Big data at work: The data science revolution and organizational psychology（pp. 250-271）. Routledge.

Heilman, M. E., & Guzzo, R. A.（1978）. The perceived cause of work success as a mediator of sex discrimination in organizations. Organizational Behavior and Human Performance, 21（3）, 346-357. https://doi.org/10.1016/0030-5073（78）90058-2.

Hernandez, I., Newman, D. A., & Jeon, G.（2016）. Methods for data management and a word count dictionary to measure city-level job satisfaction. In S. Tonidandel, E. King, & J. Cortina（Eds.）, Big data at work: The data science revolution and organizational psychology（pp. 64-114）. Routledge.

Hollenbeck, J. R., & Wright, P. M.（2017）. Harking, sharking, and tharking: Making the case for post hoc analysis of scientific data. Journal of Management, 43（1）, 5-18. https://doi.org/10.1177/0149206316679487.

Hong, Y., Liao, H., Hu, J., & Jiang, K.（2013）. Missing link in the service profit chain: A meta-analytic review of the antecedents, consequences, and moderators of service climate. Journal of Applied Psychology, 98, 237－267. https://doi.org/10.1037/a0031666.

Illingworth, A. J., Lippstreu, M., & Deprez-Sims, A.-S.（2016）. Big data in talent selection and assessment. In S. Tonidandel, E. King, & J. Cortina（Eds.）, Big data at work: The data science revolution and organizational psychology（pp. 213－249）. Routledge.

Ionnidis, J. P. A., Stanley, T. D., & Doucouliagos, H.（2017）. The power of bias in econometrics research. Economic Journal, 127（605）, F236－F265. https://doi.org/10.1111/ecoj.12461.

Kepes, S., & McDaniel, M. A.（2013）. How trustworthy is the scientific literature in industrial and organizational psychology? Industrial and Organizational Psychology: Perspectives on Science and Practice, 6（3）, 252－268. https://doi.org/10.1111/iops.12045.

Kerr, N. L.（1998）. HARKing: Hypothesizing after the results are known. Personality and Social Psychology Review, 2（3）, 196－217. https://doi.org/10.1207/s15327957pspr0203_4.

King, E. B., Tonidandel, S., Cortina, J. M., & Fink, A. A.（2016）. Building understanding of the data science revolution and IO psychology. In S. Tonidandel, E. King, & J. Cortina（Eds.）, Big data at work: The data science revolution and organizational psychology（pp. 1－15）. Routledge.

King, G., & Persily, N.（2019）. A new mode for industry-academic partnership. PS: Political Science and Politics, 53（4）, 703－709. https://doi.org/10.1017/S10490965190001021.

Klein, K. J., & Zedeck, S.（2004）. Introduction to the special issue on theoretical models and conceptual analysis. Theory in applied psychology: Lessons Learned. Journal of Applied Psychology, 89（6）, 931－933. https://doi.org/10.1037/0021-9010.89.6.931.

Kűhberger, A., Fritz, A., & Scherndl, T.（2014）. Publication bias in psychology: A diagnosis based on the correlation between effect size and sample size. PLoS ONE, 9

（9），Article e105825. doi:10.1371/journal.pone.0105825.

Leavitt, K.（2013）. Publication bias might make us untrustworthy, but the solutions may be worse. Industrial and Organizational Psychology: Perspectives on Science and Practice, 6（3），290–295. https://doi.org/10.1111/iops.12052.

Locke, E. A.（2007）. The case for inductive theory building. Journal of Management, 33（6），867–890. https://doi.org/10.1177/0149206307636.

Marszalek, J. M., Barber, C., Kohlhart, J., & Holmes, C. B.（2011）. Sample size in psychological research over the past 30 years. Perceptual and Motor Skills, 112（2），331–348. https://doi.org/10.2466/03.11.PMS.112.2.331-348.

McAbee, S. T., Landis, R. S., & Burke, M. I.（2016）. Inductive reasoning: The promise of big data. Human Resource Management Review, 27（2），277–290. https://doi.org/10.1016/j.hrmr.2016.08.005.

McShane, B. B., & Böckenholt, U.（2017）. Single-paper meta-analysis: Benefits for study summary, theory testing, and replicability. Journal of Consumer Research, 43（6），1048–1063. https://doi.org/10.1093/jcr/ucw085.

Meyer, H. H., Kay, E., & French, J. R. P., Jr.（1965）. Split roles in performance appraisal. Harvard Business Review, 43（January），123–129.

Murphy, K. R., & Aguinis, H.（2019）. HARKing: How badly can cherry-picking and trolling produce bias in published results? Journal of Business and Psychology, 34（February），1–19. https://doi.org/10.1007/s10869-017-9524-7.

Nalbantian, H., Guzzo, R. A., Kieffer, D., & Doherty, J.（2004）. Play to your strengths: Managing your internal labor markets for lasting competitive advantage. McGraw-Hill.

Nalbantian, H. R., & Schotter, A.（1995）. Matching and efficiency in the baseball free-agent system: An experimental examination. Journal of Labor Economics, 13（1），1–31. https://doi.org/10.1086/298366.

Nalbantian, H. R., & Schotter, A.（1997）. Productivity under group incentives: An experimental study. American Economic Review, 87（3），314–341. http://www.jstor.org/stable/2951348.

Nalbantian, H. R., & Szostak, A.（2004）. How Fleet Bank fought employee flight. Harvard Business Review, 82（4），116–125. https://hbr.org/2004/04/how-fleetbank-fought-employee-flight.

Nosek, B., Ebersole, C. R., DeHaven, A. C., & Mellor, D. T.（2018）. The preregistration revolution. Proceedings of the National Academy of Sciences, 115（11）, 2600 - 2606. https://doi.org/10.1073/pnas.1708274114.

Open Science Collaboration.（2015）. Estimating the reproducibility of psychological science. Science, 349（6251）, Article aac4716. https://doi.org/10.1126/science.aac4716.

Oswald, F. L., Behrend, T. S., Putka, D. J., & Sinar, E.（2020）. Big data in industrial-organizational psychology and human resource management: Forward progress for organizational research and practice. Annual Review of Organizational Psychology and Organizational Behavior, 7（January）, 505 - 533. https://doi.org/10.1146/annurev-orgpsych-032117-104553.

Oswald, F. L., & Putka, D. J.（2016）. Statistical methods for big data: A scenic tour. In S. Tonidandel, E. King, & J. Cortina（Eds.）, Big data at work: The data science revolution and organizational psychology（pp. 43 - 63）. Routledge.

Pratt, M. G., Kaplan, S., & Whittington, R.（2020）. Editorial essay: The tumult over transparency: Decoupling transparency from replication in establishing trustworthy qualitative research. Administrative Science Quarterly, 65（1）, 1 - 19. https://doi.org/10.1177/0001839219887663.

Prosperi, M., Bian, J., Buchan, I. E., Koopman, J. S., Sperrin, M., & Wang, M.（2019）. Raiders of the lost HARK: A reproducible inference framework for big data science. Palgrave Communications, 5（October）, Article 125. https://doi.org/10.1057/s41599-019-0340-8.

Pulakos, E. D., Kantrowitz, T., & Schneider, B.（2019）. What leads to organizational agility? ... It's not what you think. Consulting Psychology Journal, 71（4）, 305 - 320. https://doi.org/10.1037/cpb0000150.

Roethlisberger, F. J., & Dickson, W. J.（1939）. Management and the worker. Harvard University, Graduate School of Business Administration.

Rousseau, D.（Ed.）.（2012）. The Oxford handbook of evidence-based management. Oxford University Press.

Schmidt, F. L.（2010）. Detecting and correcting the lies that data tell. Perspectives on Psychological Science, 5（3）, 233‒242. https://doi.org/10.1177/1745691610369339.

Schmidt, F. L., & Hunter, J. E.（1977）. Development of a general solution to the problem of validity generalization. Journal of Applied Psychology, 62（5）, 529‒540. https://doi.org/10.1037/0021‒9010.62.5.529.

Schneider, B.（1973）. The perception of organizational climate: The customer's view. Journal of Applied Psychology, 57（3）, 248‒256. https://doi.org/10.1037/h0034724.

Schneider, B.（1975）. Organizational climates: An essay. Personnel Psychology, 28（4）, 447‒479. https://doi.org/10.1111/j.1744‒6570.1975.tb01386.x.

Schneider, B., Ashworth, S. D., Higgs, A. C., & Carr, L.（1996）. Design, validity and use of strategically focused employee attitude surveys. Personnel Psychology, 49（3）, 695‒705. https://doi.org/10.1111/j.1744‒6570.1996.tb01591.x.

Schneider, B., Hanges, P. J., Smith, D. B., & Salvaggio, A. N.（2003）. Which comes first: Employee attitudes or organizational financial and market performance? Journal of Applied Psychology, 88（5）, 836‒851. https://doi.org/10.1037/0021‒9010.88.5.836.

Schneider, B., Parkington, J.P., & Buxton, V.M.（1980）. Employee and customer perceptions of service in banks. Administrative Science Quarterly, 25（2）, 252‒267. https://doi.org/10.2307/2392454.

Schneider, B., White, S. S., & Paul, M. C.（1998）. Linking service climate and customer perceptions of service quality: Test of a causal model. Journal of Applied Psychology, 83（2）, 150‒163. https://doi.org/10.1037/0021‒9010.83.2.150.

Schneider, B., Smith, D. B., Taylor, S., & Fleenor, J.（1998）. Personality and organizations: A test of the homogeneity of personality hypothesis. Journal of Applied Psychology, 83（2）, 462‒470. https://doi.org/10.1037/0021‒9010.83.2.150.

Shen, W., Kiger, W., Davies, T. B., Rasch, S. E., Simon, K. M., & Ones, D. S.（2011）. Samples in applied psychology: Over a decade of research in review. Journal of Applied Psychology, 96（5）, 1055‒1064. https://doi.org/10.1037/a0023322.

Society for Industrial and Organizational Psychology.（2020）. Website advertising. The Industrial‒Organizational Psychologist, 58（2）. https://www.siop.org/Research‒

Publications/TIP/.

Staw, B. M. (2016). Stumbling towards a social psychology of organizations: An autobiographical look at the direction of organizational research. Annual Review of Organizational Psychology and Organizational Behavior, 3 (March), 1‑19. https://doi.org/doi.org/10.annurev‑orgpsych‑041015‑062524.

Toth, A. A., Banks, G. C., Mellor, D., O'Boyle, E. H., Dickson, A., Davis, D. J., DeHaven, A., Bochantin, J., & Borns, J. (2020). Study preregistration: An evaluation of a method for transparent reporting. Journal of Business and Psychology, 36 (June), 553‑571. https://doi.org/10.1007/s10869‑020‑09695‑3.

United Nations Educational, Scientific and Cultural Organization. (2022). Global open access portal. Accessed June 18, 2022, https://www.unesco.org/en/natural‑sciences/open‑science.

Vancouver, J. B. (2018). In defense of HARKing. Industrial and Organizational Psychology: Perspectives on Science and Practice, 11 (1), 73‑80. https://doi.org/10.1017/iop.2017.89.

Wade, N. (2012). University suspects fraud by a researcher who studied red wine. New York Times. https://www.nytimes.com/2012/01/12/science/fraud‑charges‑for‑dipak‑k‑das‑a‑university‑of‑connecticut‑researcher.html.

（宋宇　译）

开放科学在学术职业生涯早期及以后的挑战、益处和建议 *

克里斯托弗·艾伦（Christopher Allen）[1] 戴维·梅勒（David M. A. Mehler）[2]

（[1] 英国卡迪夫大学脑研究成像中心；[2] 德国明斯特大学精神学系）

摘 要

广泛存在的对以前的研究难以开展复制性研究的现象催生了开放科学运动。这一转变带来了巨大的好处，但也带来了明显的挑战，这些挑战可能会影响到早期职业研究者（ECRs）。我们描述了关键的益处，包括提高声誉、增加发表机会以及整体提升研究可靠性。增加发表机会得到了探索性分析的支撑，表明在开放注册报告中，不显著结果被发表的可能性远大于传统方法。这些好处与我们遇到的挑战相平衡，挑战包括灵活性、时间成本和当前激励结构的成本增加，这些因素对早期职业研究者的影响尤为显著。尽管采取开放科学的前期阶段存在巨大障碍，但总体上，开放科学实践应该有利于早期职业研究者，并有利于提高研究质量。基于早期职业研究者转向采取开放科学实践，我们总结了三个好处、三个挑战和相关建议，我们认为，所有阶段的科学家和机构都应考虑这些建议。

* 文献来源：Allen, C., Mehler, D. M. A.（2019）.Open science challenges, benefits and tips in early career and beyond. PLOS Biology,17,（12），e3000587.

注：图片和参考文献有删改。

一、引言

大量已发表的研究无法开展可复制性研究引起了生命科学和社会科学领域的重大关注，有些人甚至称之为"危机"（Higginson & Munafò，2016；Munafò et al.，2017；Moonesinghe et al.，2007；Chambers，2017；Errington et al.，2014；Nosek & Errington，2017；Harris，2017；Wallach et al.，2018；Mehler，2019）。潜在原因众多，在文献中被翔实记录，并要求实质性改变科学的进行方式（Button et al.，2013）。转向开放科学方法（见表1）被建议作为解决这些问题的潜在解决方案（Nosek et al.，2018）。这些方法包括一系列旨在提高科学可靠性的做法，包括更广泛地共享和重新分析代码、数据和研究材料（Munafò et al.，2017；Nosek et al.，2012）；重视可复制和再分析（Nosek & Errington，2017；Freedman et al.，2015；Mazey & Tzavella，2018）；改变与统计效力有关的统计方法（Button et al.，2013；Algermissen & Mehler，2018）以及评估证据的方式（Dienes，2008）；以更互动和更透明的方式图形化呈现数据；潜在地使用双盲同行评审（Tomkins et al.，2017）；使用预印本（McKiernan et al.，2016）和开放获取出版等格式。根据我们的经验，采纳研究预注册和已注册报告是对科学进行方式影响最大的变化。这些方法要求在数据收集前公开声明假设和分析流程（Munafò et al.，2017；Rosenthal，1979；Chambers，2013；Nosek et al.，2018），尽管协议可以被保密。这使验证性假设检验和事后探索性分析之间的关键区别变得透明。在已注册报告的情况下，假设和方法在数据收集前就已经经过同行评审，基于科学有效性、统计效力和兴趣，已注册报告可以在数据收集前获得原则上的发表录用（Nosek et al.，2018；Toelch & Ostwald，2018）。已注册报告因此增加了发表不显著结果的可能性，正如我们在"益处1：对研究更有信心"中所展示的。这些预注册方法还规避了许多导致目前复制问题的因素（Igbal et al.，2016；Freedman et al.，2015）。预注册假设使所谓的"知道研究结果后提出假设"（Kerr，1998）变得不可能，并防止操纵研究者的自由度或 p 值黑客（Chambers，2017）。此外，因为大多数已注册报告格式涉及数据收集前的同行评审，这一过程可以通过审稿人的建议改进实验设计和方法。

表 1　开放科学实践：开放科学社区引入或建议的改善科学实践的方法

资源	代码、数据、研究材料和方法的共享
出版格式	注册报告，预注册，探索性报告，预印本，开放获取出版，以及新的评估和同行评审过程
研究问题	追求复制和重新分析
方法	统计方法在统计功效方面的变化，评估证据的方式以及沟通方式的变化，以及以便于重现结果的方式记录数据分析

资料来源：https://doi.org/10.1371/journal.pbio.3000246.t001.

有许多令人期待的重要的理由以及职业动机方面的原因来促进推广和实施开放科学方法（McKiernan et al.，2016；Markowetz，2015；Wagenmakers & Dutilh，2016）。然而，也存在一些被低估的主要挑战，特别是影响那些最常进行研究的人，即早期职业研究者（ECRs）。在这里，我们审视了开放科学实践所带来的三个挑战，这些挑战与三个有益方面相平衡，重点关注在定量生命科学领域工作的早期职业研究者。这些挑战和益处都伴随着建议的形式，这些建议可能有助于早期职业研究者克服这些挑战并获得开放科学的回报。我们得出结论，总体而言，开放科学方法被不可避免地用于解决复制问题，越来越多人期望这种方法的应用，特别是早期职业研究者可以从早期参与中受益。

二、三大挑战

（一）灵活性的限制

统计假设检验是定量研究中处理研究问题的主要方法，但经常被忽视的一点是，假设只能在查看数据之前，通常是在收集数据之前进行。开放科学的方法，特别是预注册和已注册报告，十分尊重这一特点，并要求将探索性分析与计划中的验证性假设检验分开。这种区分是预注册和已注册报告的核心（Nosek et al.，2018；Toelch & Ostwald，2018），其中的时间线是固定的，并强制实施真正的假设检验，但也迫使研究人员停止开发实验并开始收集数据。一旦开始收集数据，对分析技术的新学习、后续的出版物和对数据模式的探索就不能告知验证性假设或预注册的实验设计。这种限制可能令人沮丧，因为科学家倾向于不停地思考并发展实验。在研究过程中的持续学习与验证性和探索性研究之间的严格区别难以调和，但这可能是无偏见科学的代价（Chambers，2017；Igbal et al.，2016）。开放科学方法并不排除偶然发现的可能性，但确认需要后续复制，这需要额外的努力。探索性分析可以在注册后添加，但其结果的科学性应该低于预注册。尽管这种特定的灵活性受损只是直接且不可避免地影响开放科学的预注册，但探索性和验证性研究之间的区别是开放科学倡导的更普遍原则（McIntosh，2017）。封闭的传统科学简单地允许更灵活地融合新想法，人们非常质疑这种做法。

基于数据探索构建研究问题是比较好的做法。对数据持开放态度并由数据指导而不仅仅依据主观意见也具有许多优点。然而，强力的统计推断需要限制在试点（或学习）阶段进行。历史上，早期职业研究人员通常会被提供现有数据集，并通过数据探索学习数据分析。探索性分析学习是可取的，但只有当明确其与计划的验证性分析独立时才会被接受（Chambers，2013；Nosek et al.，2018）。在两者之间保持模糊性的常见做法可能会给传统研究者带来优势，因为不承认两者之间的区别利用了这样一种假设：呈现的分析是计划内的。因此，明确区分计划内分析与探索性分析只会对开放研究者不利，因为将一部分的分析内容标记为探索性，降低了它们的证据地位。然而我们认为，这种表面上的不利实际上是科学正确的方法，并且越来越被视为一种积极的和必要的区分（Munafò et al.，2017；Chambers，2013，2017）。通过明确区分探索性和验证性科学，对灵活性的限制代表了科学理解、规划执行方式的主要系统性转变——这种影响通常被低估。

开放科学更加严谨的结构可能导致出现错误时比在相对封闭的方法中产生更大影响。透明的文档数据使错误更加明显，丧失了避免承认错误的灵活性。然而，对于科学来说，未经承认或被掩盖的错误当然是问题所在。因此，我们支持公开错误并建设性地处理错误，最重要的是以积极无害的方式处理错误的理念（Bishop，2017；Lewandowsky & Bishop，2016）。允许发生错误，但通过鼓励研究者公开错误并且不因他人的错误而斥责他人，开放科学可以对掩盖错误的动机进行反制。

除了更高的可见性，由于在应对错误时失去灵活性和固定的时间表，尤其是在预注册条件下，错误也可能带来更大的影响。在开发完整的先验分析流程时，应尝试预测所有潜在结果和应变策略。很少能预见所有的应对策略，且预期本身可能导致问题。例如，我们花费了大量时间进行复杂的详尽分析，这些分析可能永远不会被使用，因为注册的初步假设检查失败了。如果采用了更灵活的方法，可能根本就不会进行不必要的时间投资。对预注册和已注册报告的修改完全可以接受，迭代研究也是如此，但这样的变更也需要时间。除了预注册，开放科学带来更严格的审查，特别是开放数据和代码，意味着利用研究者自由度的选项更少。这些例子说明了开放科学研究者如何追求比封闭科学更高的标准，但这样做可能会遇到困难和限制。

提示。开发复杂的事先分析流程时，试点数据是必不可少的，试点数据可以无限制探索。区分计划性和探索性分析是必要的。预注册和已注册报告的实验未来可能比封闭科学实验具有更高的证据价值，因此应鼓励研究人员使用这种模式。公开错误，不要因错误而斥责他人，而是欣赏诚实。

（二）时间成本

尽管从理论上说，开放科学的方法可以节省时间，如事先分析计划可以限制分析量，或者评审者可能对明显的预先假设不那么怀疑。然而，根据我们的经验，这些潜在的好处在当前系统中很少实现。开放和可复制科学的额外要求通常会消耗更多时间：对代码和数据进行存档、记录和质量控制也需要时间。更耗时的是采用预注册或已注册报告，因为完整的分析流程、试点手稿和同行评审（对于已注册报告）必须在数据收集之前进行，随后才是出版所涉及的更传统但仍然必要的阶段，如开发（探索性）分析、撰写终稿、同行评审等。相比之下，通常更容易也更快（尽管存疑）的是在现有最终数据集上开发复杂分析，而不是在预注册要求的独立的试点数据或模拟数据子集上进行。根据我们的经验，这些额外的要求很容易使项目的持续时间翻倍。在开放实验中，收集数据也需要更长的时间，这些实验通常有更高的效力要求，尤其是作为已注册报告进行时（Munafò et al.，2017；Button et al.，2013）。采用开放科学方法的早期职业研究者在固定时间内可能完成的项目比使用传统方法的同行少。因此，需要尽早在项目中十分谨慎地考虑整体研究策略，因为研究生项目和博士后职位中的资源对早期职业研究者来说是有限的。尽管有关于缩短早期职业研究者培训周期的讨论（National Academy of Sciences & National Academy of Engineering and Institute of Medicine，2014；Pickett et al.，2015），但开放科学特别是预注册和已注册报告的额外时间要求可能被视为需要更长持续就业期的抵消因素，以便早期职业研究者采用开放科学实践。与目前常态相比，减少机构间的流动也有助于缓解这些问题，因为这样可以延长项目时间。根据我们的经验，时间成本的增加是开展开放式科学研究的最大挑战，也是早期职业研究者面临的最大问题，因此可能需要重新思考资深同事如何组织早期职业研究者的培训和研究。

提示。预注册、动力充足的实验优于未注册的实验。然而，我们应该预料到并计划好这些实验所需的时间将远远长于其他实验。在可能的情况下，各级研究人员都应考虑到这一时间成本，无论是在规划研究还是在就业奖励问题上。

（三）激励结构尚未到位

开放科学正在改变科学的进行方式，但它仍在发展中，需要时间才能在主流中得以巩固（Moher et al.，2018；Poldrack，2019）。目前奖励开放科学实践的系统非常少，研究人员主要根据传统标准进行评估。例如，英国卓越研究框架或德国的大学卓越倡议以及校内的研究评估还没有完全支持和奖励开放科学实践的全部范围。一些期刊和基金的审稿人和编辑还没有完全意识到开放方法的必要性或适用性。尽管许多人可能中立或积极地看待开放科学的努力，但很少会按照比例来权衡在灵活性和生产力方面所做出的牺牲。例如，无论经过检验的假设是何时宣布的，审稿人都倾向于使用相同的批判性视角。

顶刊倾向奖励显著积极结果的优秀文章，但灵活性的损失限制了文章的精细程度，并降低了显著积极结果的可能性（见"益处2"）。对创新性的要求也可能与可复制工作的动机相悖，尽管最近的研究表明可复制是必要的（Chambers，2017；Errington et al.，2014；Igbal et al.，2016；Baker，2016）。一些期刊在防范有问题的研究实践方面发挥了引领作用，并签署了促进开放方法的指南（Nosek et al.，2015；Kidwell et al.，2016）。然而，采纳开放科学的水平不一。尽管许多知名期刊、机构和高级研究人员声称支持开放方法，但迄今为止只有少数人使用这些方法发表论文。

开放科学的标准仍在发展。目前对单盲、双盲和开放同行评审尚无共识（Tomkins et al.，2017）。预注册的水平差异很大（Hardwicke & Ioannidis，2018），有些预注册仅概述假设而不包括分析计划。尽管这种方法可能防止知道研究结果后提出假设并对个人有特定优势，但它对防止 p 值黑客的作用不大，最终可能会降低预注册的感知价值。还有一个实际问题是关于统计效力。高标准值得赞赏，例如，《自然·人类行为》（*Nature Human Behaviour*）要求已注册报告中的所有频率假设检验至少达到95%的效力，但在有限的早期职业研究者研究合同内，他们与可行性约束相抵触，部分是因为资源密集型（如神经成像、临床研究）或复杂的多层实验很可能出现低至中等效应。这样的约束可能会歪曲研究领域，并为试图开放工作的早期职业研究者制造新的障碍。然而，对证据的评估可能在未来缓解一些此类担忧（Algermissen & Mehler，2018；Dienes，2008；Smith & Little，2018）。

上述挑战意味着，践行开放科学的早期职业研究者在申请下一阶段职业时可能发表的论文更少。加剧这个问题的是，向更注重合作的工作实践的转移，导致了作者身份被稀释（Fontanarosa et al.，2017）。早期职业研究者的职业发展严重依赖在高级别期刊上发表的第一作者和最后作者的论文数量（Higginson & Munafò，2016；Chambers，2017；Nosek et al.，2012）。这些因素使早期职业研究者与采取更传统方法的同事在竞争工作与资金时更加困难（McKiernan et al.，2016）。此外，尽管职位高的同事可能发现自己之前的工作因复制失败而贬值，但他们可能已经从更快速、不那么严谨的研究实践中获得了好处（Poldrack，2019）。他们可能会期望并传授同等的生产力水平，这可能成为紧张局势的根源（Brecht，2017）。

在质量和数量之间，当前的激励结构似乎更倾向数量。只要开放科学的努力没有正式得到认可，追求开放科学的早期职业研究者与那些未投资开放科学的早期职业研究者相比，就仍处于劣势（Moher et al.，2018；Flier，2017）。然而，可复制的科学越来越受到认可和支持，我们将在下一部分中讨论。总体而言，早期职业研究者可能是实施开放科学实践，并受上述障碍影响最大的人。我们相信，所有级别的学者和机构都应考虑这些困难，因为向开放和可复制科学的转移可能是不可避免的，并最终可能使整个社区及以外受益。

总结起来，早期职业研究者目前面临的情况是对他们的要求在增加。然而，可能有助于转向更开放的和健全的实践结构尚未广泛实施或受到重视。我们希望，先前研究无法复制的广泛失败和随之而来的开放科学运动的一个重要结果，就是从对数量的期望转向对质量的期望。这将包括对开放科学努力的更深层认识、理解和奖励，包括尝试可复制研究、更广泛采用预注册和已注册报告、力图对验证性和探索性分析进行明确区分、尽可能延续早期职业研究者的职位、要求完成更少的研究数量。

提示。尽早采用开放的方法和高标准需要在研究的早期阶段仔细规划，这样做可以使早期职业研究者在实践发展的过程中处于领先地位。要战略性地选择适合自己研究的开放科学实践。坚持不懈，注重质量而非数量，在评估他人的工作时，对为共同利益所做出的努力给予肯定。

三、三个益处

（一）对研究更有信心

科学是我们发明欺骗自己的方法和避免欺骗自己的方法之间的持续竞赛

（Nuzzo，2015）。科学家可能在数据中观察到不同条件之间的差异，认为之前有过类似的想法，通过差异检验（如 t 检验）报告一个显著的主要结果。然而，研究人员很少能完美地获取之前的意图，甚至可能已经忘记了相反的效应是可能存在的。预注册可以通过提供明确的时间线记录以及防范其他形式有问题的研究，来防止这种通常情况下不自觉的错误（Freedman et al.，2015；Nosek et al.，2018； Toelch & Ostwald，2018）。由于缺乏经验，早期职业研究者特别容易犯这种错误（Fanelli et al.，2017）。预注册还迫使研究者更全面地了解分析过程（包括中止计划和最低效应值），并尝试预测实验的所有潜在结果（Dienes，2008）。因此，诸如已注册报告这样的开放科学方法可以提高科研工作的质量和可靠性。随着这些程序变得更广为人知，更早采用它们的早期职业研究者的质量提升应该会得到积极的反响。

已注册报告不仅可以防范有问题的研究，还可以增加发表机会，因为其提供了一条不论结果如何都能发表的路径。在设计良好且充分赋能的实验中，不显著结果（null findings）往往是有信息量的（Dienes，2008）。此外，如果当前的激励结构已经使文献偏向正面显著发现，那么不显著结果的更高发生率可能是对科学探究的更好反映。如果这样，我们会期望在已注册报告和预注册中的不显著结果更多。为了测试这一点，我们调查了由开放科学中心（Center for Open Science）编译的 127 项已发表的生物医学和心理科学已注册报告（截至 2018 年 9 月），其中 113 项已注册报告被纳入最终分析。对于每个已注册报告，我们统计了所有预注册实验中明确声明事先独立假设的数量，评估了无法被实验数据支持的假设所占的百分比，并将其与广泛文献中报告过的百分比进行了比较。我们调查过的假设中，60.5% 未被实验数据支持，与传统文献中估计的 5% 至 20% 的不显著结果形成鲜明对比（Kidwell et al.，2016；Hardwicke & Ioannidis，2018）。我们使用开放软件包 JASP，使用未知先验的方式（beta 先验缩放参数 a 和 b 设为 1，版本 0.8.5.1）进行了二项式检验。数据表明，即使与 30% 公开不显著结果的大致估计相比，已注册报告中未得到支持的假设比例也要大得多［60.5% 对比测试值 30%，95% 置信区间（54.7%—66.1%），$p < 0.001$；贝叶斯因子 = 2.0 × 1024］。

此外，在调查过的已注册报告中，尝试可复制但未得到数据支持的假设所占的百分比，与新研究相似甚至略高［66.0%（57.9%—73.5%）vs. 54.5%（46.0%—62.9%）］。由于这些比较是我们研究的估计值与已发表估计值之间的比较，更多的是探索性质。然而这些分析表明，已注册报告增加了发表不显著结果的机会。

采用已注册报告可能会降低早期职业研究者的工作无法发表的可能性。此外，已注册报告中不显著结果的发生率与广泛文献中的差异可以被解释为文件抽屉问题的估计（Rosenthal，1979）。因为已注册报告保证了工作的发表，早期职业研究者无论研究结果是否具有统计学意义都可以发表。

开放科学运动的核心目标是使科学更加可靠。开放科学的所有结构都是为了实现这一目标。相关协议和数据共享促进了可复制的、分析的再生产和更严格的审查。这种增加的审查也是确保数据和分析质量的重要动力。数据和分析的共享越来越普遍，也越来越被期待（Eglen et al.，2017），我们预计很快可以发现，只有在伴随可获取数据和透明分析路径的情况下，研究才会被完全认为是可信的。开放科学允许通过检查和透明的时间线进行验证，而不只是依赖信任。这里还有一个教育方面的因素：当代码和数据可用时，人们可以重现论文中呈现的结果，这也有助于理解。更根本的是，可复制发现是开放科学的核心，也是提高可靠性的关键，这对所有层次的科学家都有益。

提示。尽可能使您的论文易于被获取，并在适当时进行预注册实验。如果您的研究团队缺乏开放科学实践的经验，请考虑多多讨论。不要担心不显著结果，而是通过设计和赋能实验，使不显著结果具有信息量，并注册它们以增加发表的机会。在准备预注册或已注册报告时，我们建议参考开放科学中心提供的材料（Centre for Open Science，2017）。注意预注册和已注册报告实验可能需要的额外时间和生产力。

（二）新的有帮助的系统

开放的和可复制的科学发展的相关结构旨在帮助研究者并促进合作

（Moshontz et al., 2018）。这些结构包括一系列软件工具、出版机制、激励政策和国际组织。它们可以帮助早期职业研究者记录工作、改善工作流程、推动合作，最终推进相关培训。

例如，像 GitHub、archivist 和 Bitbucket 这样的基于网络的、有版本控制的存储库（Biecek & Kosiński, 2017）可以帮助存储和共享代码。与 R markdown（Baumer et al., 2014）和 jupyter Python Notebooks（Kluyver et al., 2016）等脚本格式结合使用，早期职业研究者可以建立用于未来项目和教学目的的记录完整且健全的代码库。最终，开放科学最大的受益者可能是几年后的自己。新的开放工具可以通过用户友好的方式帮助完善健全的和可复制的数据分析。例如，开源的脑成像数据结构（BIDS）应用旨在标准化神经成像中的分析流程（Gorgolewski et al., 2017）。详细的注释、标准化和文档化的代码与数据对科学的开放和程序的改进至关重要，共享时的额外检查也是如此。

开放科学运动为早期职业研究者提供了审查现有工作的高阶工具。例如，开放软件 p-curve 分析是为了应对文献中偏向正面结果的倾斜而开发的，它有助于估算研究领域内的发表偏见（Simonsohn et al., 2013；Bishop & Thompson, 2016）。另一个有用的检查工具是 statcheck，这是一个 R 工具箱，可以扫描文档以查找报告统计值中的不一致性（Nuijten et al., 2016）。总的来说，这些例子可以指导早期职业研究者成为更严谨的研究者，并通过额外检查帮助他们对自己进行健康的自我审查（Flier, 2017）。

开放科学运动还提供了免费获取高质量、标准化数据的机会。例如，在遗传学领域有 Addgene（Kamens, 2014）存储库，在神经解剖学领域有 Allen Brain Atlas（Jones et al., 2009），在脑成像领域有 Human Connectome Project（van Essen et al., 2012），在生物医学领域有 UK Biobank（Sudlow et al., 2015），这些都是特别适用于经费有限的早期职业研究者的丰富数据源。此外，分布式实验室网络，如支持众包研究项目的心理科学加速器（Moshontz et al., 2018）和开放联盟增强神经影像遗传学，通过元分析（ENIGMA）支持早期职业研究者参与国际合作（Thompson et al., 2014）。尽管这些新的开放形式的合作通常是有益且富有成效的，但协调参与研究者之间的时间线和对贡献的期待值可能是一个挑战，需要清晰和开放的沟通。

使用现有数据集的早期职业研究者还可以从新的出版格式中受益，如二次已注册报告（secondary RRs）和探索性报告（McIntosh，2017）。这些对已经获得的数据进行假设和分析计划的预注册已经被接受。虽然还在开发中，但探索性报告旨在用于研究者没有强烈先验预测的情况，并且作者同意完全共享数据和代码（McIntosh，2017）。与再现性研究类似，它们在统计显著性方面具有独立结果，出版基于透明度的和引人入胜的研究问题。因此，这种模式可能为早期职业研究者提供进入预注册的切入点，有助于他们积累开放科学方法的专业知识。

研究人员有一系列可以利用的开放科学实践和相关工具，包括从使数据公开可用到完全开放的一种可复制性研究。一般来说，应鼓励研究人员尽可能采用更多方法，但不应该让完美成为良好的敌人。一些研究问题是探索性的，可能是数据驱动的，或迭代的，可能不太适合预注册。预注册也给复杂实验带来问题，因为预测所有潜在结果很困难。数据可用性方面也经常存在约束，如匿名化。当优秀的实验设计能够分析验证性和探索性问题时，也会出现困境，在这种情况下，建议只预注册验证性方面的问题。

提示。利用新工具高效且公开地分享和记录您的工作。思考您的研究问题是否可以使用现有的开放数据集来解决。开放科学方法的免费培训正在增加（Toelch & Ostwald，2018），尝试利用它们。使数据和材料（如代码）公开是进入开放科学的相对低成本方式。应鼓励早期职业研究者尽可能采用更多开放实践，但在选择适合其研究问题的方法时要考虑可行性。

（三）对未来的投资

将更多论文和数据公之于众是开放科学的核心，它增加了早期职业研究者获得认可、交流、合作和进步的机会（Poldrack，2019；Modjarrad et al.，2016）。这也使临床研究和转化研究更加健全和高效（Steward & Balice-Gordon，2014），并且可以加速开发生命救援药物，如对公共卫生紧急情况的反应（Modjarrad et al.，2016；Yozwiak et al.，2015）。开放数据的再利用可以帮助发表论文（Poldrack，2019），这在封闭科学下不太可能发生（Lowndes et al.，2017）。早期职业研究者可以仅凭数据在公共存储库，如开放科学框架（Milham et al.，2018；Weiss et al.，2017）中获得引用，而公开数据的文章比不分享数据的文章获得更多引用（Piwowar & Vision，2013）。预印本和预注册也是可引用的，并且似乎增加了引用率（McKiernan et al.，2016）。因此，利用这些开放科学方法的早期职业研究者可以提早积累额外的引用，从而证明其工作的影响力（Sarabipour et al.，2019）。

此外，基于预印本可能获得早期媒体报道（McKiernan et al.，2016），我们在以本文的早期版本为基础的预印本中确认了这一点（Allen & Mehler，2019；Warren，2018）。开放科学甚至可以通过对更广泛社区开放资源成本高昂的数据和稀有的观察来促进平等（Milham et al.，2018；Weiss et al.，2017）。理论上，数据共享增加了数据的寿命和实用性，而在封闭科学中，数据的可用性随时间急剧下降（Vines et al.，2014）。值得注意的是，这种特定优势会因数据记录不充分而被抵消（Wallach et al.，2018）。更宽泛地说，有了开放数据，任何人都可以获取并使用开放数据发表（McIntosh，2017）。获取、使用和发表开放数据不需要大笔资金，因此开放科学可以提高早期职业研究者的参与度和多样性。简而言之，开放科学可以提高工作质量，并让研究者因其努力而获得认可。这些好处既适用于个人职业发展，也有利于科学整体，可以创造一个良性循环。

在学术界之外，可重复性研究可以让早期职业研究者处于更好的职业位置。例如，可重复性也在工业环境中引起了重大关注，如软件开发（Stodden et al.，2016）以及工业生物医学和制药研究（Jarvis & Williams，2016）。因此，对于考虑向工业转型的早期职业研究者来说，采用开放科学方法和可重复性研究实践可能会让他们脱颖而出。当涉及学术界之外的职业道路时，这种优势可能会抵消存在的缺点，例如，更短的出版列表。

尽早采用开放和可重复方法是对未来的投资，可以让研究者领先潮流。在大量先前研究的复制失败之后，雇主和资助者越来越将开放和可重复科学视为必要要求的一部分，并且极力鼓励采用这些方法（Flier，2017）。最近，资助者还专门提供资金以支持可复制研究和开放科学研究项目。一些人呼吁共享数据（Kiley et al.，2017），这已成为一系列生物医学期刊的要求（Taichman et al.，2017）。开放获取出版物的使用量急剧增加，从 2006 年到 2016 年增加了 4 到 5 倍（McKiernan et al.，2016），一些期刊也会奖励对开放科学所做出的努力（Kidwell et al.，2016）。领先科学机构的倡议表明，开放科学文化的需求开始被认识到并越来越受欢迎，这应该成为常态（Nosek et al.，2012；Freedman et al.，2015；McKiernan et al.，2016；Toelch & Ostwald，2018；Bishop，2017；Lewandowsky & Bishop，2016）。本着这种精神，作为领先的神经科学机构之一的蒙特利尔神经学研究所宣布自己将成为一个完全开放的科学中心（Poupon et al.，2017）。其他例子包括慕尼黑大学、科隆大学（德国）以及卡迪夫大学（英国），它们最近要求申请心理学职位的候选人提供开放科学的跟踪记录。因此，采用开放科学实践可能对职业有利并且会持续增长，特别是因为它是单向的：一旦采用，就很难回到传统方法。例如，一旦理解并实施了验证性和探索性研究之间的区别，就很难忘记（Chambers，2017）。

提示。尽早采用开放科学实践，可以给未来带来职业优势。探索打造开放科学合作、联盟或研究网络的机会，与其他人联系以建立本地开放科学社区。关注越来越多的开放科学资助机会。在决定工作地点时考虑开放科学的水平。在可能的情况下，支持开放科学倡议。

四、结论

总体而言，我们认为开放方法是值得的、积极的、必要的、不可避免的，但可能会有成本，早期职业研究者应深入考虑这一点。我们总结了早期职业研究者在使用开放科学方法时可以获得的三个主要好处，或许更重要的是，如何借助开放科学方法让我们对科学工作有更大的信心。我们还强调了尤其是对早期职业研究者的障碍。采用开放实践需要改变态度和生产力预期，这需要各级学者以及资助者共同考虑。然而总的来说，我们认为利用这些好处，对早期职业研究者和科学都是良好的投资，并且应该在可能的情况下予以鼓励。对以前研究复制的广泛失败使转向开放科学方法成为必要，尽管有挑战，但尽早采用开放实践对个人和科学都有益处。

辅助信息

S1 文本：说明采用了哪些标准来识别离散假说，如何确定假说是否得到数据支持（即如何对数据进行二值化），以及进行了哪种二项式检验。（DOCX）

S1 数据：接受调查的已注册报告列表以及用于计算百分比的数据（即假设计数）（另见 S1 文本），RR：注册报告。（XLSX）

参考文献：

Algermissen J., Mehler D.M.A.（2018）. May the power be with you: are there highly powered studies in neuroscience, and how can we get more of them? Journal Of Neurophysiology.119, 2114–2117. https://doi.org/10.1152/jn.00765.2017 PMID: 29465324.

Allen, C., Mehler, D. M. A.（2019）. Open science challenges, benefits and tips in early career and beyond. PLoS biology, 17（5）, e3000246. https://doi.org/10.1371/journal.pbio.3000246.

Baker M.（2016）.1,500 scientists lift the lid on reproducibilityNature 533, 452–454（2016）. https://doi.org/10.1038/533452a.

Baumer, B.S., Çetinkaya–Rundel, M., Bray, A., Loi, L., & Horton, N.J.（2014）. R Markdown: Integrating A Reproducible Analysis Tool into Introductory Statistics. arXiv: Other Statistics.

Biecek, P., Kosiński, M.（2017）. archivist: An R Package for Managing, Recording and Restoring Data Analysis Results. Journal of Statistical Software, 82（11）, 1 – 28. https://doi.org/10.18637/jss.v082.i11.

Bishop D.V.M.（2017）. Fallibility in science: Responding to errors in the work of oneself and others. Advances in Methods and Practices in Psychological Science. 2018;1

（3）:432–438. doi:10.1177/2515245918776632.

Bishop, D. V., Thompson, P. A.（2016）. Problems in using p–curve analysis and text–mining to detect rate of p–hacking and evidential value. PeerJ, 4, e1715. https://doi.org/10.7717/peerj.1715.

Brecht K.（2017）. "Bullied Into Bad Science" : An Interview with Corina Logan–JEPS Bulletin.Retrieved November 14, 2017 from http://blog.efpsa.org/2017/10/23/meet–corina–logan–from–the–bullied–into–bad–science–campaign/.

Button K. S., Ioannidis J.P.A., Mokrysz C., Nosek B.A., Flint J., Robinson E.S.J., et al.（2013）. Power failure: why small sample size undermines the reliability of neuroscience.Nature Reviews Neuroscience.14, 365–376. https://doi.org/10.1038/nrn3475 PMID: 23571845.

Button K.S., Ioannidis J.P.A., Mokrysz C., Nosek B.A., Flint J., Robinson E.S.J., et al.（2013）. Power failure: why small sample size undermines the reliability of neuroscience. Nature Reviews Neuroscience.,14,365–376. https://doi.org/10.1038/nrn3475 PMID: 23571845.

Centre for Open Science.（2017）. A Preregistration Coaching Network .2017 Retrieved November 2 2017, from https://cos.io/blog/preregistration–coaching–network/.

Chambers C.（2017）. The seven deadly sins of psychology: A manifesto for reforming the culture of scientific practice. Princeton: Princeton university Press.

Chambers C.D.（2013）. Registered Reports: A new publishing initiative at Cortex. Cortex, 49, 609–610.https://doi.org/10.1016/j.cortex.2012.12.016 PMID: 23347556.

Dienes Z.（2008）. Understanding psychology as a science: An introduction to scientific and statistical inference.Palgrave Macmillan.

Eglen SJ, Marwick B, Halchenko YO, Hanke M, Sufi S, Gleeson P, et al.（2017）. Toward standard practices for sharing computer code and programs in neuroscience. Nature Neuroscience, 20,770–773. https://doi.org/10.1038/nn.4550 PMID: 28542156.

Errington T.M., Iorns E., Gunn W., Tan F.E. Iisabet., Lomax J., Nosek B.A.（2014）. An open investigation of the reproducibility of cancer biology research. Elife.3,1–9. https://doi.org/10.7554/eLife.04333PMID: 25490932.

Fanelli D., Costas R., Ioannidis J.P.A.（2017）. Meta–assessment of bias in science. Proceedings of the National Academy of Sciences of the United States of

America,114,3714–3719. https://doi.org/10.1073/pnas.1618569114 PMID: 28320937.

Flier J.（2017）. Faculty promotion must assess reproducibility. Nature.549,133–133. https://doi.org/10.1038/549133a PMID: 28905925.

Fontanarosa P., Bauchner H., Flanagin A.（2017）. Authorship and Team Science. JAMA. American Medical Association; 318, 2433. https://doi.org/10.1001/jama.2017.19341 PMID: 29279909.

Freedman L.P., Cockburn I.M., Simcoe T.S.（2015）. The economics of reproducibility in preclinical research. PLoS Biology. 13（6）: e1002165. https://doi.org/10.1371/journal.pbio.1002165 PMID: 26057340.

Gorgolewski K.J., Alfaro–Almagro F., Auer T., Bellec P., Capotă M., Chakravarty M.M., et al.（2017）. BIDS apps: Improving ease of use, accessibility, and reproducibility of neuroimaging data analysis methods. PLOS Computational Biology,13,（3）,e1005209. https://doi.org/10.1371/journal.pcbi.1005209 PMID: 28278228.

Hardwicke, T.E., & Ioannidis, J.P.（2018）. Mapping the universe of registered reports. Nature Human Behaviour, 2, 793–796.

Harris R.（2017）. Reproducibility issues. Chemical & Engineering News.95,47.

Higginson A. D., Munafò M. R.（2016）. Current Incentives for Scientists Lead to Underpowered Studies with Erroneous Conclusions. PLoS Biology.14,11, e2000995. https://doi.org/10.1371/journal.pbio.2000995PMID: 27832072 PMCID: PMC5104444.

Igbal S.A., Wallach J.D., Khoury M.J., Schully S.D., Ioannidis J.P.A.（2016）. Reproducible Research Practices and Transparency across the Biomedical Literature. PLoS Biology.14,1,e1002333. https://doi.org/10.1371/journal.pbio.1002333 PMID: 26726926.

Jarvis, M. F., Williams, M.（2016）. Irreproducibility in Preclinical Biomedical Research: Perceptions, Uncertainties, and Knowledge Gaps. Trends in pharmacological sciences, 37（4）, 290‒302. https://doi.org/10.1016/j.tips.2015.12.001.

Jones, A., Overly, C. & Sunkin, S.（2009）. The Allen Brain Atlas: 5 years and beyond. Nature Reviews Neuroscience,10, 821–828 https://doi.org/10.1038/nrn2722.

Kamens J.（2014）. Addgene: making materials sharing "science as usual". PLoS biology, 12（11）, e1001991. https://doi.org/10.1371/journal.pbio.1001991.

Kerr N.L.（1998）. HARKing: hypnothesizing after the results are known.

Personality and social psychology review : an official journal of the Society for Personality and Social Psychology, Inc, 2（3）, 196–217. https://doi.org/10.1207/s15327957pspr0203_4.

Kidwell M.C., Lazarević L.B., Baranski E., Hardwicke T.E., Piechowski S., Falkenberg L–S, et al.（2016）. Badges to Acknowledge Open Practices: A Simple, Low–Cost, Effective Method for Increasing Transparency. PLoS Biology.14,（5）, e1002456. https://doi.org/10.1371/journal.pbio.1002456 PMID: 27171007.

Kiley, R., Peatfield, T., Hansen, J., & Reddington, F.（2017）. Data Sharing from Clinical Trials – A Research Funder's Perspective. The New England journal of medicine, 377（20）, 1990‐1992. https://doi.org/10.1056/NEJMsb1708278.

Kluyver, T., Ragan–Kelley, B., Pérez, F., Granger, B.E., Bussonnier, M., Frederic, J., Kelley, K., Hamrick, J.B., Grout, J., Corlay, S., Ivanov, P., Avila, D., Abdalla, S., Willing, C., & Team, J.D.（2016）. Jupyter Notebooks–a publishing format for reproducible computational workflows. International Conference on Electronic Publishing.

Lewandowsky S., Bishop D.（2016）. Research integrity: Don't let transparency damage science. Nature.529,459–461. https://doi.org/10.1038/529459a PMID: 26819029.

Lowndes, J. S. S., Best, B. D., Scarborough, C., Afflerbach, J. C., Frazier, M. R., O'Hara, C. C., Jiang, N., & Halpern, B. S.（2017）. Our path to better science in less time using open data science tools. Nature ecology & evolution, 1（6）, 160. https://doi.org/10.1038/s41559–017–0160.

Markowetz F.（2015）. Five selfish reasons to work reproducibly. Genome Biol. 16,274. https://doi.org/10.1186/s13059–015–0850–7 PMID: 26646147.

Mazey L., Tzavella L.（2018）. Barriers and solutions for early career researchers in tackling the reproducibilitycrisis in cognitive neuroscience. Cortex.113, 357–359. https://doi.org/10.1016/j.cortex.2018.12.015 PMID: 30670310.

McIntosh R.D.（2017）. Exploratory reports: A new article type for Cortex. Cortex; a journal devoted to the study of the nervous system and behavior, 96, A1‐A4.https://doi.org/10.1016/j.cortex.2017.07.014 PMID: 29110814.

McKiernan E.C., Bourne P.E., Brown C.T., Buck S., Kenall A., Lin J., et al.（2016）. How open science helps researchers succeed. Elife. 5, 1–19. https://doi.org/10.7554/eLife.16800 PMID: 27387362.

Mehler D.（2019）. The replication challenge: Is brain imaging next? In: Raz A, Thibault RT, editors. Casting Light on the Dark Side of Brain Imaging.1 st ed. Academic Press..https://doi.org/10.1016/B978-0-12-816179-1.00010-4.

Milham, M. P., Ai, L., Koo, B., Xu, T., Amiez, C., Balezeau, F., Baxter, M. G., Blezer, E. L. A., Brochier, T., Chen, A., Croxson, P. L., Damatac, C. G., Dehaene, S., Everling, S., Fair, D. A., Fleysher, L., Freiwald, W., Froudist–Walsh, S., Griffiths, T. D., Guedj, C., ⋯ Schroeder, C. E.（2018）. An Open Resource for Non–human Primate Imaging. Neuron, 100（1）, 61‒74.e2. https://doi.org/10.1016/j.neuron.2018.08.039.

Modjarrad, K., Moorthy, V. S., Millett, P., Gsell, P. S., Roth, C., & Kieny, M. P.（2016）. Developing Global Norms for Sharing Data and Results during Public Health Emergencies. PLoS medicine, 13（1）, e1001935. https://doi.org/10.1371/journal.pmed.1001935.

Moher D., Naudet F., Cristea I.A., Miedema F., Ioannidis J.P.A., Goodman S.N.（2018）. Assessing scientists for hiring, promotion, and tenure. PLoS Biology.16,（3）, e2004089. https://doi.org/10.1371/journal.pbio.2004089 PMID: 29596415.

Moonesinghe R., Khoury M.J., Janssens A.C.J.W.（2007）. Most Published Research Findings Are False–But a Little Replication Goes a Long Way. PLoS Medicine.4,2, e28. https://doi.org/10.1371/journal.pmed.0040028 PMID: 17326704.

Moshontz H., Campbell L., Ebersole C.R., IJzerman H., Urry H.L., Forscher PS, et al.（2018）. The Psychological Science Accelerator: Advancing Psychology through a Distributed Collaborative Network. Advances in Methods and Practices in Psychological Science. 1,（4）,501–515. doi:10.1177/2515245918797607.

Munafò M., Nosek B., Bishop D., Button K., Chambers C., Percie du Sert N., et al.（2017）. A manifesto for reproducible science. Nature Human Behaviour,.1,0021. https://doi.org/10.1038/s41562016-0021.

National Academy of Sciences, National Academy of Engineering and Institute of Medicine.（2014）. The Postdoctoral Experience Revisited. Washington, D.C.: The National Academies Press. https://doi.org/10.17226/18982 PMID: 25590106.

Nosek B., Spies J., Motyl M.（2012）. Scientific Utopia.Perspectives on

Psychological Science, 7,615–631. https://doi.org/10.1177/1745691612459058 PMID: 26168121.

Nosek B.A., Alter G., Banks G.C., Borsboom D., Bowman S.D., Breckler S.J.(2015). Scientific standards. Promoting an open research culture. Science, 348, 1422–1425. DOI:10.1126/science.aab2374.

Nosek B.A., Ebersole C.R., DeHaven A.C., Mellor D.T. (2018). The preregistration revolution. Proceedings of the National Academy of Sciences of the United States of America 115, (11), 2600–2606. https://doi.org/10.1073/pnas.1708274114.

Nosek B.A., Errington T.M. (2017). Making sense of replications. Elife.6,4–7. https://doi.org/10.7554/eLife.23383 PMID: 28100398.

Nuijten, M. B., Hartgerink, C. H., van Assen, M. A., Epskamp, S., & Wicherts, J. M. (2016). The prevalence of statistical reporting errors in psychology (1985–2013). Behavior research methods, 48 (4), 1205‑1226. https://doi.org/10.3758/s13428–015–0664–2.

Nuzzo R. (2015). How scientists fool themselves–and how they can stop. Nature.526,182–185. https://doi.org/10.1038/526182a PMID: 26450039.

Pickett C.L., Corb B.W., Matthews C.R., Sundquist W.I., Berg J.M. (2015). Toward a sustainable biomedical research enterprise: Finding consensus and implementing recommendations.112. https://doi.org/10.1073/pnas.1509901112 PMID: 26195768.

Piwowar, H. A., & Vision, T. J. (2013). Data reuse and the open data citation advantage. PeerJ, 1, e175. https://doi.org/10.7717/peerj.175.

Poldrack R.A. (2019). The Costs of Reproducibility. Neuron, 101 (1), 11‑14. https://doi.org/10.1016/j.neuron.2018.11.030.

Poupon, V., Seyller, A., & Rouleau, G. A. (2017). The Tanenbaum Open Science Institute: Leading a Paradigm Shift at the Montreal Neurological Institute. Neuron, 95(5), 1002‑1006. https://doi.org/10.1016/j.neuron.2017.07.026.

Ramsey S., Scoggins J. (2008). Practicing on the Tip of an Information Iceberg? Evidence of Underpublication of Registered Clinical Trials in Oncology. Oncologist. NIH Public Access; 13, 925. https://doi.org/10.1634/theoncologist.2008–0133 PMID: 18794216.

Rosenthal R. (1979). The file drawer problem and tolerance for null results. Psychol Bull.86, 638–641.https://doi.org/10.1037/0033–2909.86.3.638.

Sarabipour, S., Debat, H. J., Emmott, E., Burgess, S. J., Schwessinger, B., & Hensel, Z. (2019). On the value of preprints: An early career researcher perspective. PLoS biology, 17 (2), e3000151. https://doi.org/10.1371/journal.pbio.3000151.

Simonsohn, U., Nelson, L.D., Simmons, J.P. P–Curve: A Key to the File Drawer. (2013). Retrieved March 25,2019, from https://papers.ssrn.com/sol3/papers.cfm?abstract_id = 2256237.

Smith, P. L. & Little, D. R. (2018). Small is beautiful: In defense of the small–N design. Psychonomic Bulletin & Review, 25 (6), 2083–2101. doi:10.3758/s13423–018–1451–8.

Steward, O., & Balice–Gordon, R. (2014). Rigor or mortis: best practices for preclinical research in neuroscience. Neuron, 84 (3), 572–581. https://doi.org/10.1016/j.neuron.2014.10.042.

Stodden, V., McNutt, M., Bailey, D. H., Deelman, E., Gil, Y., Hanson, B., Heroux, M. A., Ioannidis, J. P., & Taufer, M. (2016). Enhancing reproducibility for computational methods. Science (New York, N.Y.), 354 (6317), 1240–1241. https://doi.org/10.1126/science.aah6168.

Sudlow, C., Gallacher, J., Allen, N., Beral, V., Burton, P., Danesh, J., Downey, P., Elliott, P., Green, J., Landray, M., Liu, B., Matthews, P., Ong, G., Pell, J., Silman, A., Young, A., Sprosen, T., Peakman, T., & Collins, R. (2015). UK biobank: an open access resource for identifying the causes of a wide range of complex diseases of middle and old age. PLoS medicine, 12 (3), e1001779. https://doi.org/10.1371/journal.pmed.1001779.

Taichman, D. B., Sahni, P., Pinborg, A., Peiperl, L., Laine, C., James, A., Hong, S. T., Haileamlak, A., Gollogly, L., Godlee, F., Frizelle, F. A., Florenzano, F., Drazen, J. M., Bauchner, H., Baethge, C., & Backus, J. (2017). Data Sharing Statements for Clinical Trials: A Requirement of the International Committee of Medical Journal Editors. Ethiopian journal of health sciences, 27 (4), 315 – 318.

Thompson, P. M., Stein, J. L., Medland, S. E., Hibar, D. P., Vasquez, A. A., Renteria, M. E., Toro, R., Jahanshad, N., Schumann, G., Franke, B., Wright, M. J.,

Martin, N. G., Agartz, I., Alda, M., Alhusaini, S., Almasy, L., Almeida, J., Alpert, K., Andreasen, N. C., Andreassen, O. A., ⋯ Alzheimer's Disease Neuroimaging Initiative, EPIGEN Consortium, IMAGEN Consortium, Saguenay Youth Study（SYS）Group.（2014）. The ENIGMA Consortium: large-scale collaborative analyses of neuroimaging and genetic data. Brain imaging and behavior, 8（2）, 153-182. https://doi.org/10.1007/s11682-013-9269-5.

Toelch U., Ostwald D.（2018）. Digital open science—Teaching digital tools for reproducible and transparent research. PLoS Biology.16,（7）, e2006022. https://doi.org/10.1371/journal.pbio.2006022 PMID:30048447.

Tomkins A., Zhang M., Heavlin W.D.（2017）. Reviewer bias in single- versus double-blind peer review. Proceedings of the National Academy of Sciences of the United States of America,114,12708-12713. https://doi.org/10.1073/pnas.1707323114 PMID: 29138317.

van Essen, D. C., Ugurbil, K., Auerbach, E., Barch, D., Behrens, T. E., Bucholz, R., Chang, A., Chen, L., Corbetta, M., Curtiss, S. W., Della Penna, S., Feinberg, D., Glasser, M. F., Harel, N., Heath, A. C., Larson-Prior, L., Marcus, D., Michalareas, G., Moeller, S., Oostenveld, R., ⋯ WU-Minn HCP Consortium（2012）. The Human Connectome Project: a data acquisition perspective. NeuroImage, 62（4）, 2222-2231. https://doi.org/10.1016/j.neuroimage.2012.02.018.

Vines, T. H., Albert, A. Y. K., Andrew, R. L., Dé barre, F., Bock, D. G., Franklin, M. T., Gilbert, K. J., Moore, J.-S., Renaut, S., & Rennison, D. J.（2014）. The availability of research data declines rapidly with article age. Current Biology, 24（1）, 94-97. PubMed. https://doi.org/10.1016/j.cub.2013.11.014.

Wagenmakers E.J., Dutilh G.（2016）. Seven Selfish Reasons for Preregistration. APS Observer, 29.

Wallach J.D., Boyack K.W., Ioannidis J.P.A.（2018）. Reproducible research practices, transparency, and open access data in the biomedical literature, 2015-2017. PLoS Biology.16,11, e2006930. https://doi.org/10.1371/journal.pbio.2006930 PMID: 30457984.

Warren, M.（2018）. First analysis of 'pre-registered' studies shows sharp rise in null findings. Nature.

Weiss, A., Wilson, M. L., Collins, D. A., Mjungu, D., Kamenya, S., Foerster, S., & Pusey, A. E.（2017）. Personality in the chimpanzees of Gombe National Park. Scientific data, 4, 170146. https://doi.org/10.1038/sdata.2017.146.

Yozwiak N.L., Schaffner S.F., Sabeti P.C.（2015）. Data sharing: Make outbreak research open access. Nature.518,477–479. https://doi.org/10.1038/518477a PMID: 25719649.

（马箫箫　译）

开放科学：挑战、可能的解决方案和前进的道路 *

尼桑特·查克拉沃蒂（Nishant Chakravorty）[1,2]

钱德拉·谢卡尔·夏尔马（Chandra Shekhar Sharma）[1,3]

库图布丁·莫拉（Kutubuddin A. Molla）[1,4]

吉滕德拉·库马尔·帕塔奈克（Jitendra Kumar Pattanaik）[1,5]

（[1] 印度国家青年科学院；[2] 印度理工学院克勒格布尔分院；[3] 印度理工学院；
[4] 印度农业研究委员会－国立水稻研究所；[5] 旁遮普中央大学）

摘　要

每个人都同意，科学交流应该是免费的。遗憾的是，从许多知名期刊上获取论文需要支付高昂的费用，这是许多研究人员和机构无法承受的。尽管许多人认为开放获取的出版模式是确保科学对所有人免费的可能途径，但它本身也充满了挑战。本综述试图探讨保持科学可获取性的可能性。首先，我们重新审视了"开放科学"的含义，它是一个综合概念，包括开放资源、数据、获取、资源、同行评审等，而不仅是开放获取的出版模式。其次，我们讨论了全球开放获取倡议——布达佩斯开放获取先导计划（Budapest Open Access Initiative）、《关于开放获取出版的贝塞斯达声明》（Bethesda Statement on Open Access Publishing）、《关于开放获取科学和人文知识的柏林宣言》（Berlin Declaration on Open Access to Knowledge in the Sciences and Humanities）、研究

* 文献来源：Chakravorty, N., Sharma, C., Molla, K., & Pattanaik, J.（2022）. Open Science: Challenges, Possible Solutions and the Way Forward. Proceedings of the Indian National Science Academy, 88,（3），456–471. https://doi.org/10.1007/s43538−022−00104−2.

资助者联盟（cOAlition S）及其"S计划"（Plan S）、联合国教科文组织《开放科学建议书》和《关于科研评价的旧金山宣言》。再次，我们介绍了印度的各种开放式获取倡议，并重点讨论了科学成果的传播问题以及与现有出版模式相关的挑战。最后，我们探讨了应对现有挑战的可能解决方案，其中包括推广预印本服务器以及我们在手稿中详述的其他想法。

关键词：开放科学；开放获取出版物；预印本；期刊指标

一、引言

新冠疫情使世界各地的人们开始争相寻求关于疾病起源、如何预防以及治疗策略等问题的答案。当临床医生开始用有限的医疗设备治疗病人时，科学家则投入实验机器，开始揭开这种新疾病的神秘面纱。尽管至今仍有许多问题没有答案，但科学界的共同努力已使我们找到了几种预防疾病传播的方案，并研制出了许多疫苗。而这一切发生的速度之快，是20世纪的人们无法想象的。这一历程证明，科学知识的交流和传播应当不受任何阻碍。疫情唤醒了所有国家合作、团结的努力，科学预测表明，我们在不久的将来将面临更大的威胁。联合国秘书长安东尼奥·古特雷斯（António Guterres）将政府间气候变化专门委员会（Intergovernmental Panel on Climate Change，IPCC）最近的报告称为"人道主义红色警报"（code red for humanity）。这要求我们采取更快、更大、更迅速的行动，以避免即将到来的气候灾难。显然，这种进展不可能孤立地实现，需要全球的共同努力。而这又需要科学思想、数据和成果的迅速交流。遗憾的是，从许多知名期刊上获取科学论文的成本很高，全球许多研究人员和机构都无法负担这个费用。

2018年，一个名为研究资助者联盟（cOAlition S）的国际资助机构和研究组织联盟发起了一项名为"S计划"（Plan S，2018）的倡议。研究资助者联盟的主要原则是"自 2021 年起，所有由国家和地区、国际研究理事会以及资助机构提供的公共或私人捐款资助的研究成果的学术论文，必须在开放获取期刊、开放获取平台上发表，或通过开放获取存储库提供，不得有任何封禁"（What is cOAlition S， 2022）。目前，印度尚未加入该联盟。尽管开放获取出版被认为是确保科学知识对所有人免费的可能途径，但它也充满了挑战，如掠夺性期刊的出现、高昂的开放获取费和文章处理费、资金支持等。考虑到许多出版机构支持自我存档和预印本存储库，许多科学家认为这可以作为保持科学免费的替代方案。

本文旨在反思开放科学面临的挑战、可能的解决方案和前进的道路。

二、开放科学的意义

"开放科学"包含了向包括专家和非专家在内的社会各界传播所有科学研究成果的广泛概念。因此，开放科学倡导科学知识的透明度和可获取性原则。这些原则只有通过发展强大的、进步的全球合作网络才能得到培育。

开放科学并不等同于"开放获取"，尽管它确实是开放科学倡议的一个组成部分。相反，它可以被看作是一场更大的运动，目的是让所有人都能免费获取科学知识。图 1 强调了"开放科学"的基本组成部分，包括开放获取、

图1　开放科学原理

开放数据、开源软件（open source software）、开放方法论、开放同行评审、开放资源等。

下文将简要讨论这些不同的要素。

"开放获取"一词是指根据适当的许可协议，在尊重版权的情况下，自由和不受限制地获取经同行评审的科学内容。科学领域的"开放获取"概念广泛地包括（但不限于）"开放获取出版物"和"开放和自由的交流渠道"，其目的是在没有任何付费门槛的情况下，向更广泛的受众传播科学知识和新发现。然而，科学出版过程需要资金，而且大多由专业的"营利性"出版社管理，因此，即使不从订阅用户那里收回成本，也需要从其他来源收回成本。这就导致了"文章处理费"和"开放获取费"等费用，在大多数情况下，这些费用需要由作者、机构或资助机构支付。最近，一些期刊发起了"播客"交流活动，鼓励作者直接录制其作品的摘要，以供传播。这些理念有助于促进开放和自由的交流。由于"开放获取"被视为"开放科学"最重要的组成部分之一，本文将分别详细讨论开放获取出版物及其利弊。

"开放数据"可被定义为可自由获取的数据，这些数据可自由、重复使用和传播，但须适当注明原始数据来源。"开放数据"的概念包含了"科学数据为所有人服务"的原则，其重点是寻找机制，使任何有兴趣获取、分析和解释科学数据、观测结果和成果的人都能利用这些数据、观测结果和成果。自 20 世纪五六十年代以来，全球科学界一直在推动数据开放，当时国际科学理事会（International Council of Scientific Unions，又称 International Council for Science）创建了世界数据中心，并成立了数据委员会（Committee on Data，CODATA）（World Data Center System，2022; Committee on Data International Science Council，2022）。国际科学理事会还推荐了机器可读的数据格式。事实上，互联网和万维网的起源被认为是建立在开放科学数据的理念之上。开放科学运动的支持者已经充分认识到开放科学数据以及开放出版物的重要性。2003 年《关于开放获取科学和人文知识的柏林宣言》（简称《柏林宣言》）是最早的开放科学倡议之一，它也支持促进以各种形式广泛传播科学信息。经济合作与发展组织等国际组织在制定开放数据政策方面发挥了关键作用，这些政策可被视为真正的"国际"政策，不受任何国界限制。2007 年，经济合作与发展组织编纂了获取公共资助项目研究数据的原则（OECD，2007）。2016 年，科学家和组织联盟在《科学数据》（*Science Data*）杂志上发表了可发现、可访问、可互操作和可重用原则（FAIR 原则），这些原则被视为开放科学数据的基石（Wilkinson et al.，2016）。这些原则强调了开放科学和科学数据的机器可操作性（machine-actionability），而机器可操作性要求对数据进行适当的格式化。FAIR 原则中的"可发现性"原则强调需要适当的"元数据"，以便人类和计算机查找。"可访问性"强调可访问性的机制，因为数据需要与其他可用数据进行关联和处理，"可互操作性"原则强调需要遵循 FAIR 原则，采用适当的格式。"可重用性"原则强调需要对元数据和数据进行良好的描述，使其可以在任何情况下使用。

开放数据需要开放数据共享平台。而这些平台本身也充满了挑战，包括解决隐私问题、版权保护、所有权和法律问题。数据可访问性的早期举措之一是期刊以相关文件、数据集等形式发布数据。出版公司也推出了专门针对数据共享的期刊，如爱思唯尔的《数据简报》（*Data-in-Brief*）。除这些举措外，一些组织还开发了开放数据存储库。要成功地完成开放数据共享的使命，这些存储库应针对各自的科学学科，并遵循 FAIR 原则。

"开源软件"一词通常用于描述免费向用户提供的软件代码。这些代码根据软件许可证的条款向所有用户开放，其开发模式依赖计算机支持的并行生产（peer production）[①]的概念。开源软件程序为科学界带来了福音，近年来出现了许多支持开源软件工具开发的正式机构。根据巴特里开源软件索引（BOSS）显示，Linux（Red Hat 公司）、Git（GitHub 公司）、MySQL（Oracle 公司）、Node.js（NodeSource 公司）、Docker（Docker 公司）、Elasticsearch（Elastic 公司）、Spark（Databricks 公司）、MongoDB（MongoDB 公司）和 Selenium（Sauce Labs 公司）等开源软件工具是最具经济价值的开源项目（McCann，2022；Thakker et al.，2022）。与开源软件的概念一样，也有开源硬件的概念，

---

① 译者注：并行生产是指通过汇集分散的投入和努力来有效地完成特定任务，可以大大降低信息产业中的人力成本，因此并行生产在信息收集与处理方面显现出极大的优势。

其基本概念是向广大社区发布硬件的初始规格，并允许他们免费使用。

"开放方法论"通常被认为是开源软件的同义词，但它实际上包含更广泛的含义，指的是开放用于开展实验和得出可重复科学结论的研究方法。因此，"开放方法论"是一个更广泛的概念，并不一定局限于软件和计算机代码。"开放笔记本"（Open Notebooks）（公开日常研究工作）、"开放工作流"（Open Workflows）（工作流程的透明度）和"开放注释"（Open Annotations）（使用适当和公认的分类和术语）等概念通常被视为开放方法学的组成部分。反对"开放式笔记本"（"方法论"）的最主要、也是最令人担忧的论点是，它可能构成事先公布（披露），从而使创新几乎不可能获得专利。因此，"开放式笔记本"的概念并不适合那些期望取得专利成果的项目。其次，研究人员还担心这会导致科学数据被盗。然而，基于互联网平台和适当的时间戳可以帮助我们避免此类冲突。一些研究人员已经开始通过不同的平台实践开放方法论和开放笔记本原则。剑桥大学的彼得·默里-鲁斯特（Peter Murray-Rust）教授因支持开放获取和开放数据而闻名，他也是开放科学笔记本的坚定支持者（ContentMine，2015）。

"开放同行评审"被认为是提高研究透明度的又一举措。实现开放同行评审的机制多种多样，例如，发布同行评审内容，构建作者、审稿人和编辑之间的讨论论坛，公共领域的开放式评审，演讲和期刊社团期间的同行评论，通过 Pubpeer 等平台进行出版后评审。事实上，所有这些机制都各有利弊。开放同行评审内容可能会让审稿人在提问时更加怀疑作者、审稿人和编辑之间的讨论论坛可能会导致在公共领域发生不愉快的争吵等。公开审稿人的姓名也有需要考虑的地方——一方面可以提高透明度；另一方面，可能会导致个人不满，不利于科学进步。

开放资源包括用于教学、学习和研究的任何形式的材料，包括实体材料或数字平台，这些材料可在开放的公共领域获取，或根据许可协议提供，从而允许所有人自由获取、使用、改编和再分发。根据 2019 年联合国教科文组织发布的《开放教育资源建议书》，这些资源的提供可以不受限制，也可以受到有限的限制。

三、开放科学的开放获取

正如上文所强调的，"开放获取"构成了一套允许向社会免费分发研究成果的原则，同时也设想了允许实施这些原则的机制。许多人认为它是"开放科学"的结构支柱。虽然所有形式的研究成果都属于"开放获取"的范畴，但主要关注的是同行评审的内容——我们通常在期刊出版物中看到的内容。同行评审的研究出版物在科学界享有很高的声誉，因为这些信息在同行评审过程中经过了严格的科学审查，具有很高的可信度。根据所使用的模式，开放获取出版物被分为不同的类别。

金色开放获取（Gold Open Access）：在这种模式下，所有学术内容一经出版，即根据特定的最终用户许可协议——通常通过知识共享许可协议或任何其他类似许可协议——免费提供。在这种模式下，版权通常归作者所有。在大多数情况下，这种模式通常依赖"作者付费"模式。然而，这种"作者付费"模式受到科学界许多人的批评，并被认为会扩大全球北方和全球南方之间的差距。

绿色开放获取：一些期刊和出版社允许作者在"绿色开放获取"模式下将学术出版物自行存档。这种存档通常允许在作者或资助机构管理的网站上进行，或由一些独立的存储库进行。这种模式下的文章版本可能是也可能不是最终接受的版本。不过，一些期刊不允许立即开放获取，可能会要求有一个封禁期。这种模式对研究人员很有吸引力，因为它不向作者收取任何费用。然而，大多数期刊或出版商规定的封禁期使立即传播研究成果变得十分困难，因此不被视为真正的"开放获取"精神。

钻石开放获取：一些出版社推出了"钻石开放获取"模式，允许出版物开放获取，不向作者或用户收取任何费用。可以理解为，这些出版物的资金来自外部，如广告、机构、学会、学术团体、资助机构或慈善家等。尽管这种模式很有吸引力，但不幸的是，由于采用了赞助机制，这种模式很容易出现利益冲突。

四、全球"开放获取"倡议简介

（一）布达佩斯开放获取先导计划

布达佩斯开放获取先导计划（Budapest Open Access Initiative，BOAI）是科学家为使科学为所有人免费使用而提出的早期倡议之一。该倡议产生于2001年12月开放社会研究所（Open Society Institute）在布达佩斯召开的一次会议。最初有16个国家签署了布达佩斯开放获取先导计划，并发表了一份关于开放获取原则的公开声明。布达佩斯开放获取先导计划建议作者自我存档，学者发起新的在线开放获取倡议。目前，已有数千人签署了该倡议。在布达佩斯开放获取先导计划成立十周年之际，它重申了这些原则，并发布了建议，目标是在未来十年内，使开放获取成为研究中默认的知识传播方式。

（二）《关于开放获取出版的贝塞斯达声明》

2003年，霍华德·休斯医学研究所（Howard Hughes Medical Institute）召集了一个由知名人士参加的小型聚会，讨论人们对学术出版物日益关注的问题。该团体定义了"开放获取"一词。根据该声明，开放获取出版物的定义表明，要想被称为开放获取出版物，必须满足两个条件：首先，此类出版物应免费提供给用户"复制、使用、分发、传输和展示"；其次，出版物应存放在适当的在线存储库。

（三）《关于开放获取科学和人文知识的柏林宣言》

《关于开放获取科学和人文知识的柏林宣言》（Berlin Declaration on Open Access to Knowledge in the Sciences and Humanities，Berlin Declaration on Open Access），简称《柏林宣言》，是全球开放获取倡议的另一个里程碑。该宣言主要是马克斯·普朗克学会（Max Planck Society）2003年在柏林召开的一次会议上发表的关于开放获取的国际声明。《柏林宣言》是根据布达佩斯开放获取先导计划、《关于开放获取出版的贝塞斯达声明》（Bethesda

Statement on Open Access Publishing）和《欧洲文化遗产在线章程》（ECHO charter）起草的，旨在推动全球科学知识的发展，并确定供科学研究的不同利益相关者考虑的措施。《柏林宣言》关于开放获取的定义反映了《关于开放获取出版的贝塞斯达声明》中的类似观点。

（四）研究资助者联盟及其"S 计划"倡议

2018 年，在欧盟委员会和欧洲研究理事会（ERC）的支持下，不同国家的一些国家研究资助机构发起了研究资助者联盟倡议。该倡议是围绕"S 计划"和免费提供科学数据的愿望制定的，这些数据一经发布就可立即全面获取。根据"S 计划"，自 2021 年起，所有关于由国家、地区和国际研究理事会及资助机构提供的公共或私人赠款资助的研究成果，都必须在开放获取期刊、开放获取平台上发表，或通过开放获取存储库立即提供，且不设封禁。

除了按照"S 计划"在开放获取平台上发表论文这一基本原则，资助机构还致力于确保作者或其机构保留著作权；制定严格的标准，以确保质量不会受到开放获取期刊、存储库和其他开放平台的损害；支持在尚未提供开放获取服务的领域建立新的开放获取期刊和平台；资助机构应承担开放获取出版费用，所有作者都应能够在开放获取平台上发表文章；支持开放获取出版物和平台的不同业务模式；促进所有组织协调，确保透明度；将所有原则扩展到所有学术出版物，不过，他们认识到，专著和书籍章节的开放获取可能需要更长的时间；不支持混合出版模式，该倡议将允许逐步向开放获取转变；监测遵守情况，对不遵守者实施制裁；在评估研究成果和决定拨款时不考虑期刊指标。

（五）联合国教科文组织《开放科学建议书》

联合国教科文组织于 2021 年 11 月在巴黎举行的大会上通过了《开放科学建议书》。该建议书"为开放科学政策和实践提供了一个国际框架，承认开放科学观点的学科和地区差异"（UNESCO，2022）。该建议广泛呼吁对开放科学进行共同和统一的定义，明确了开放科学的核心价值和指导原则，并对优先行动领域提出了具体建议。

联合国教科文组织的建议书将开放科学定义为，"开放科学……是一个包容性的概念，它将各种运动和实践结合在一起，旨在使人人都能公开获得、获取和重复使用多语种科学知识，加强科学合作和信息共享，以造福科学和社会，并向传统科学界以外的社会参与者开放科学知识的创造、评估和传播过程。它包括所有科学学科和学术实践的方方面面，包括基础科学和应用科学、自然科学和社会科学以及人文科学，它建立在以下关键支柱之上：开放的科学知识、开放的科学基础设施、科学交流、社会参与者的开放参与以及与其他知识体系的开放对话"。这一定义真正涵盖了开放科学的长度和广度，呼吁建立一个全面的、包罗万象的开放科学，涵盖所有个人、种族、语言、国家和科学学科以及科学实践的方方面面。该建议进一步定义和讨论了开放获取、开放研究数据、开放教育资源、开源软件、开放硬件、开放科学基础设施、社会行动者的开放参与以及与其他知识体系进行开放对话的含义。

教科文组织建议的主要区别之一是建议社会行动者的参与和与其他知识体系的公开对话，这似乎是早期倡议所缺少的。社会行动者的公开参与承认所有个人、社区的作用，科学不应仅限于科学家。它呼吁开展各种形式的合作，包括众筹、众包和科学志愿服务。这项建议鼓励科学家、政策制定者、企业家和社区进行更大程度的互动和参与。相信这种互动会使研究更有利于解决现实生活中的问题。该建议还提倡"公民科学家"，呼吁"非专业科学家"更广泛地参与。关于"与其他知识体系公开对话"的建议试图承认不同知识体系的重要性，并呼吁通力合作。它还旨在通过架设桥梁，增加对传统上被边缘化的学者的包容。教科文组织的建议还承认需要私人参与者提供研究资金。教科文组织认为，开放科学的主要指导原则包括透明度、审查、批判和再现性；机会平等；责任、尊重和问责；合作、参与和包容；灵活性和可持续性。这些指导原则应维护这些建议所代表的价值观：质量和诚信；集体利益；公平、公正、多元、包容。联合国教科文组织建议其成员国在七个领域同时采取行动，包括：（1）促进对开放科学、相关益处和挑战以及通向开放科学的各种途径的共同理解；（2）为开放科学创造有利的政策环境；

（3）投资开放科学基础设施和服务；（4）投资开放科学的人力资源、培训、教育、数字素养和能力建设；（5）培育开放科学文化，调整开放科学激励机制；（6）在科学进程的不同阶段促进开放科学的创新方法；（7）促进开放科学背景下的国际和多方利益相关者合作，缩小数字、技术和知识差距。

五、印度的开放获取倡议

印度在地缘政治舞台上具有独特的地位。虽然世界银行将印度归入中低收入国家，但爱思唯尔（Elsevier）、前沿（Frontiers）、施普林格（Springer）、威利（Wiley）、泰勒和弗朗西斯（Taylor & Francis）、美国科学公共图书馆·综合（PLOSONE）等主要出版商都没有为印度作者提供自动开放获取或文章处理费豁免。不过，必须承认的是，大多数主要出版社都会为没有资金支持的研究人员提供一些豁免，并对每项申请进行单独评估。一些出版商（如爱思唯尔）为符合"Research4Life"计划条件的国家制定了优先豁免政策。"Research4life"计划旨在为中低收入国家提供在线获取同行评审出版物的机会。遗憾的是，印度并不符合该计划的条件。

因此，与发达国家相比，印度和其他类似国家对开放科学的需求更为迫切。印度一直在努力实现开放科学，尽管收效甚微。

在此，我们将介绍印度为使所有人都能获得科学知识而采取的一些重要举措。

（一）印度国家数字图书馆

印度国家数字图书馆（National Digital Library of India，NDLI）是印度政府教育部开发的一个项目，旨在提供多个来源的全文索引。它本质上是一个学习工具的虚拟存储库。印度国家数字图书馆由印度理工学院克勒格布尔分院（Indian Institute of Technology Kharagpur）开发、运营和维护。印度国家数字图书馆的网址为 https://ndl.iitkgp.ac.in/，目前拥有超过 8500 万条资源。除了作为学术资源库，它还提供对若干学习资源的访问。

（二）科学传播机构数字图书馆

科学传播机构（Vigyan Prasar）数字图书馆由科学传播机构于 1989 年推出，是科学传播机构出版的重要科学著作的数字化版本库。用户可以通过以下网站免费访问：https://vigyanprasar.gov.in/digital-library/。印度梅德拉斯中心（Indian Medlars Centre，IMC）是印度历史最悠久的机构之一。它由国家信息中心（National Informatics Centre）和印度医学研究委员会（Indian Council of Medical Research）共同建立，旨在为印度期刊建立一个单一的访问地址。它的第一个文献数据库 IndMed 建立于 1998 年。

（三）印度科学院

印度科学院（Indian Academy of Sciences，IAS）出版了几种期刊，可通过互联网免费获取。

（四）印度国家科学院

印度国家科学院（Indian National Science Academy，INSA）出版一些期刊、论文集和专著，并提供在线访问。在国家科技信息系统（National Information System for Science and Technology，NIS-SAT）的支持下，印度国家科学院于 2002 年启动了电子期刊 @insa 项目，目的是促进印度国家科学院期刊向数字形式转换，并创建一个在线存储库。

（五）维迪亚尼迪

迈索尔大学（University of Mysore）图书馆学系的维迪亚尼迪（Vidyanidhi）倡议得到了国家科技信息系统（NISSAT）的支持。该计划于 2000 年启动，旨在将学术论文数字化并创建一个论文库。2014 年，该项目终止。

（六）印度科学理工学院电子印刷档案

印度科学理工学院（Indian Institute of Science）建立了一个教职工研究出版物（包括印前、印后和未发表的成果）在线存储库，可通过安全登录 http://eprints.iisc.ac.in/ 访问。

（七）《科学与工业研究杂志》

印度科学与工业研究理事会（Council of Scientific and Industrial Research, CSIR）国家科学传播与信息资源研究所开发了在线期刊存储库（NOPR）（http://www.niscair.res.in/resources/nopr）。该网站提供印度科学与工业研究理事会《科学与工业研究杂志》（NISCAIR）出版的 19 种研究期刊的全文文章。该存储库还拥有三份科普杂志:《科学记者》(*Science Reporter*)、《科学进展》(*Vigyan Pragati*)和《基杜尼亚科学》(*Science Ki Duniya*)以及一个自然成果存储库(Natural Products Repository，NPARR）。

（八）苏达甘

大学拨款委员会（UGC）开发了苏达甘（Shodhganga）"论文/学位论文中央存储库"供公众访问。它由信息和图书馆网（INFLIBNET）中心维护，该中心是大学拨款委员会的一个自治大学中心。苏达甘可在 https://shodhganga.inflibnet.ac.in/ 上查阅。

（九）关于文化遗产手稿的倡议

为保护文化遗产和手稿，已经采取了若干举措，例如，Kalasampada：印度文化遗产数字图书馆资源（https://ignca.gov.in/divisionss/cultural-informatics/kalasampada/）、印度艺术与文化国家数据库（https://ignca.gov.in/divisionss/cultural-informatics/national-databank-on-indian-art-and-culture/）、国家手稿任务（https://www.namami.gov.in/）和 Muktabodha：数字图书馆和档案项目（https://muktabodha.org/digital-library/）（Trivedi，2022）。

印度还通过《关于开放获取的德里宣言》（Delhi Declaration on Open Access，简称《德里宣言》）在全国范围巩固了开放获取所取得的进展。该宣言于 2018 年 8 月 14 日发布，旨在促进科学研究的利益相关者推动开放科学，倡导研究交流的开放性（Gutam，2018）。在印度倡导开放获取、开放数据和开放教育原则的倡导团体印度开放获取组织（Open Access India，OAI）是该宣言的先行者。来自全国各地 120 多名代表签署了《德里宣言》，其中包括期刊代表、资助机构、编辑、学者、科学家、期刊编辑和其他致力于促进开放获取的专业人士。该宣言是在 2017 年教科文组织新德里办事处（UNESCO-NDL）举办的关于数字图书馆设计知识的印度国际研讨会期间构思的，并于 2018 年在开放共同体（OpenCon）新德里会议上起草（Das，2018）。《德里宣言》的最终议程包括十项。简而言之，宣言倡导开放科学实践和利用开放技术分享科学成果；努力将中期（interim）科学成果作为预印本／后印本出版；在同行评审和出版物的其他过程中实践和促进开放性；为"开放获取"运动争取支持；促进开放获取原则，特别是针对公共资助的研究，并支持衡量科学研究成果的替代机制。该宣言还确认同意其他关于开放式获取的呼吁——《开放存取资料库联盟—教科文组织关于开放获取的联合声明》（Joint COAR-UNESCO Statement on Open Access）、"朱西厄呼吁"（Jussieu Call）和《达喀尔宣言》（Dakar Declaration），并承诺遵循国际倡议——"开放获取 2020"（Open Access 2020）；努力制定印度和南亚开放获取框架。该宣言还呼吁增进对开放获取的认识，并为此发展基础设施。2017 年，"开放获取印度"还提出了《印度国家开放获取政策（草案）第 3 版》［National Open Access Policy of India（Draft）Ver. 3］。有关印度开放获取的详细信息，请访问 https://openaccessindia.org/。

印度政府科学技术部也通过《第五次科学、技术和创新政策草案》（见 https://dst.gov.in/sites/default/files/STIP_Doc_1.4_Dec2020.pdf）表达了建立开放科学框架的意图。该草案希望通过短期、中期和长期任务项目为科学领域带来根本性变革。该草案还认识到，只有在个人和机构层面建立一个促进研究与创新的适当生态系统，才能带来这些变化。该草案提到建立一个国家科技创新观察站（National STI Observatory），作为数据的中央储存库（更多详情见"开放科学和开放获取的可能解决方案"部分）。该草案还谈到通过在各级促进包容性原则来改进科学教育，以及通过跨学科教育和研究将科学、经济和社会联系起来的必要性。该草案还关注生态系统的其他方面，如改变供资生态系统、调整基础研究和转化研究的重点、促进创业精神、自力更生、包容性、改善与社会的科学交流等。

六、开放科学面临的挑战

20 世纪末互联网的出现彻底改变了人类生活的方方面面，科学交流也不例外。在互联网出现之前，科学知识的共享依赖印刷媒体和期刊，并产生相关费用，形成了基于订阅的获取模式。通常情况下，期刊订阅费用由院校承担，以换取为学生和教职员工提供获取途径和权限。随着在线获取的到来，人们期望这种成本会降低。不幸的是，恰恰相反，大多数出版社的订阅费用在过去几年里呈指数增长。根据泰拉·梅多克罗夫特（Taira Meadowcroft）于 2020 年 10 月 8 日发表在密苏里大学图书馆网站上的一篇文章，期刊订阅费用的增长速度远远超过了通货膨胀率。文章提到了《自然》《科学》和《新英格兰医学杂志》这三种著名期刊的预计收费和实际收费。数据显示，《自然》的实际收费是预计收费的 113.78 倍，《科学》的实际收费是预计收费的 189.18 倍，《新英格兰医学杂志》的实际收费是预计收费的 244.49倍（Meadowcroft，2020a）。学术出版社是"营利性"企业，几乎没有竞争。据了解，爱思唯尔、威利-布莱克韦尔（Wiley-Blackwell）、施普林格和泰勒与弗朗西斯等出版巨头合计出版了全球 50% 以上的科研成果（Meadowcroft，2020b）。高昂的订阅费往往令全球大多数大学和研究所望而却步。大多数全球出版巨头的利润率逐年增加。据了解，2018 年爱思唯尔的利润率为 37%，施普林格-自然的利润率为 23%（Aspesi，2019）。科学出版物既不是奢侈品，也不适合大众市场消费。科学出版社很难证明拥有这样的利润率是合理的，尤其是当全球很大一部分人仍然对他们所隐瞒的科学知识一无所知，而这些知识可能会惠及无数人的生活。不出所料，近年来，这样的利润率在学术界引起了轩然大波。

科学开放资源库（Sci-Hub）[①]和利比根（Libgen）[②]等颠覆性创新虽然存在伦理和法律问题，但开启了公众对开放科学的讨论。科学开放资源库免费提供科学文章。该网站就像一个影子图书馆，提供学术文章的免费访问，而不考虑版权和网站的付费门槛（Himmelstein et al., 2018），在全球拥有广泛的用户群。利比根是另一个以文件共享为基础的影子图书馆网站，免费提供学术内容。尽管这些平台受到科学界许多人的称赞，在一些国家却陷入了法律纠纷。甚至在印度，爱思唯尔、威利和美国化学学会（American Chemical Society）也向德里高等法院起诉科学开放资源库和利比根侵犯版权。科学开放资源库的法律团队提出的主要论据之一是，该平台向科学家和研究人员提供教育材料，因此应属于印度版权法中的"公平交易"例外标准——学术机构用这一辩护理由为来自低收入阶层的学生使用受版权保护的材料辩护（Else, 2021）。这种对利润丰厚行业的干扰导致许多机构、大学和出版社改变了政策。如上所述，开放获取出版似乎已成为一种主要的推动力。遗憾的是，这种模式也遭到了很多批评。大多数知名期刊的开放获取费用都很高，欠发达国家和发展中国家的研究人员往往负担不起。尽管大多数出版机构为中低收入国家提供减免或部分减免，有时还为没有研究经费的作者提供减免，但这些努力似乎具有限制性，而且不成比例。许多国家，如印度，被世界银行列为中低收入经济体（World Bank Country and Lending Groups, 2022），却不在出版社的此类名单中。除此之外，许多科学家普遍支持开放科学和开放获取，但不喜欢付费出版的概念。

许多"掠夺性"期刊也利用开放获取出版的机会。这类期刊不尊重任何适当的同行评审程序，经常发表没有任何科学价值的劣质文章，以换取出

---

① 译者注：科学开放资源库是一家非营利、非政府的无偿提供学术论文下载的学术网站，该网站整合了一系列可在互联网上公开获取的中英文学术资源，可以一站式搜索并免费下载国内外文献、专利、书籍等学术资料。

② 译者注：利比根，也称创世纪图书馆（Library Genesis），是一个数字电子图书馆，涉及各个学科领域论文和数据的搜索引擎，其中有很多优质的电子书，特别是英文教科书。

版费。

虽然"开放获取"出版物的想法对每个人都很有吸引力，但我们需要承认围绕这一倡议的挑战。

第一，相关费用。谁应承担开放获取出版的费用，资助机构、机构/大学、研究人员个人、商业赞助商？由于知名期刊的开放获取出版费用通常很高，所有利益相关者都倾向相互推卸责任，这就使研究人员成了受害者。

第二，质量问题。对掠夺性出版物的担忧，如何在不使用期刊指标的情况下确保严格的同行评审？尽管同行评审是出版过程中不可或缺的一部分，但无良出版商并不尊重严格的同行评审，而是采用"付费出版"模式，这对科学是毁灭性的冲击。这种模式被认为是一种剥削模式，它向作者索要出版费，然后不经任何或最基本的审稿就在其平台上迅速发表这些文章。很多时候，这类期刊可能会收取"文章处理费"，而不是开放获取费用——这意味着它们收取发表费，但不是开放获取。毫无防备的研究人员就会掉入这类掠夺性出版商的陷阱，最终发表了他们的成果（可能在科学上是合适的，也可能是不合适的）。

第三，以牺牲作者和审稿人的辛勤劳动为代价的暴利。消除寡头垄断的最佳模式是什么？当今的科学出版由少数几家出版商管理，因此可被视为寡头垄断。缺乏竞争导致了开放获取出版物的巨大利润空间。

第四，出版不平等。如何为所有国家提供平等机会？世界银行将国家分为低收入经济体、中低收入经济体、中高收入经济体和高收入经济体。遗憾的是，出版社的豁免政策并不一定符合这一分类。这使许多发展中国家尽管被归类为低收入或中低收入经济体，却被剥夺了豁免权。这让我们质疑出版商所采用的分类系统。

第五，发表偏见。如何鼓励研究人员分享所有成果，不论是正面的还是负面的？很少有期刊热衷于发表负面结果，因为他们认为如果发表负面结果，其影响力就会降低。这就导致了研究人员的发表偏见。他们倾向只发表正面结果，而抛弃负面结果。这对科学是有害的。

七、期刊指标的负担及其对开放获取出版物的影响

众所周知，学术生涯与期刊论文发表息息相关。"不发表就出局"这句谚语恰当地描述了学者们在知名科学期刊上发表论文的压力。而提到"知名"科学期刊，就不得不提到期刊指标（journal metrics）。虽然目前有多种期刊指标，但最常见、也可以说是最有价值的指标是"影响因子"（impact factor）或"期刊影响因子"（journal impact factor）（IF/ JIF）。这是一种科学计量指数，由科学信息研究所（Institute for Scientific Information，ISI）（现名为 Clarivate Analytics）创始人尤金·加菲尔德（Eugene Garfield）设计。该指标主要衡量期刊发表的文章在特定年份或时期内被引用的频率。虽然"影响因子"最初是作为一个参数来帮助图书馆和研究所确定订阅的优先次序，但不幸的是，影响因子已成为期刊声誉的代名词。许多专家都认为这种相关性是错误的。许多学科领域的研究更为广泛，因此与其他学科领域相比被引用的次数也更多，这通常会转化为此类期刊更高的影响因子。而这反过来又被用作评估学者业绩的参数，通常会直接或间接地影响他们的职业发展。

如上所述，影响因子并非评判期刊绩效的唯一指标。其他一些指标，如引用分（CiteScore）、特征因子（Eigenfactor）、谷歌学术指标（Google Scholar Metrics）、SCImago 期刊与国家排名（SCImago Journal & Country Rank，SJR）和篇均来源期刊标准影响指标（Source Normalized Impact per Paper，SNIP）也已被开发出来。不过，这些指标都不能被视为"最佳"或"最优"，各有优缺点。表 1 着重介绍了一些常用的期刊指标及其主要批评意见。"开放科学"和"开放获取"全球发展趋势使这些指标的使用变得更加复杂。很明显，开放获取出版物拥有更广泛的读者群，因为最终用户不受付费门槛的限制，因此与订阅期刊文章相比，开放获取出版物获得了更多的引用。对这一观点进行调查的研究人员也证实了这一点（Harnad & Brody，2004；Hajjem et al.，2005；Kousha & Abdoli，2010）。遗憾的是，许多期刊公开影响研究人员在开放获取期刊上发表论文，声称这样做能增加论文被引用的机会，从而提高他们的学术绩效。这种形式的宣传应被视为不道德的，

并应予以阻止。这不仅不利于研究，也不利于研究人员和期刊本身（包括订阅期刊和开放获取期刊）。受此影响，一些传统的优质订阅期刊（就其严格的同行评审程序和工作流程而言）正在失去优质的研究论文。但开放获取出版物往往被认为是在没有严格的同行审查程序的情况下，以创纪录的速度发表具有吸引力和开创性的成果。这也导致了掠夺性期刊的蔓延。

表 1 常见的期刊指标及其主要缺点

期刊指标	描述	批判
期刊影响因子（JIF）	某一年中某期刊前两年出版物被引用次数总和的平均值除以前两年"可引用"出版物的总和	分子中引用次数的计算方式缺乏透明度和再现性，在考虑"可引用项目"时存在"主观性"
h 指数	该指数显示该期刊至少获得 h 次引用的文章（h）数量	它忽略了几个关键因素，如引用文章、期刊和作者自引的质量等
引用分（CiteScore）	引用分的计算方法是：期刊四年内的文献（不仅是研究 / 评论文章）被引次数除以 Scopus 索引四年内出版的同类型文献数量。该分数在当年按月计算，并在次年 5 月固定为永久分数	由于在计算分数时将非研究材料（新闻、社论、信件等）纳入分母，一些高影响力期刊的引用分较低
SCImago 期刊与国家排名（SJR）	SJR 指标试图考虑期刊之间通过引文链接进行"声望转移"（transfer of prestige）的概念。因此，SJR 对来自高 SJR 来源的引文赋予更大权重，反之亦然	SJR 因排除了大量信息而受到批评，因此人们质疑其透明度、可靠性和适用性
篇均来源期刊标准影响指标（SNIP）	SNIP 指标从本质上考虑了各领域在引文实践方面的差异。SNIP 将每种期刊每篇出版物的引用次数与该领域的引用潜力进行比较。引用潜力的定义是引用该期刊的出版物集	该指标计算复杂，而且与其他指标一样，它无法解决评论文章的偏差问题。此外，如果一份期刊被《自然》等极具声望的多学科期刊引用，它的 SNIP 值就会降低（尽管其引用潜力会提高）

期刊指标	描述	批判
特征因子（Eigenfactor）	用于衡量期刊对研究界的重要性，同时也会考虑引用来源。与SJR一样，特征因子根据引用来源的"期刊声望"来计算引用。因此，来自更重要期刊的引用会导致更高的特征因子分数。它不包括所有期刊的自引（而SJR则在一定限度内包括自引）	由于它将所有期刊归为一类，因此很难进行跨学科比较
立即指数（Immediacy Index）	该指数衡量期刊的平均一篇论文在发表当年被引用的频率	许多期刊的论文在未来会产生更大影响，但其立即指数却较低。
替代计量学	它通过维基百科引用、公开政策文件中的引用、博客持续讨论、媒体报道、参考文献管理器书签等在线互动，帮助科学家衡量和观察学术论文的推广和影响	缺乏足够的替代计量学相关数据，因此很难将成果转化为论文的实际影响
文献计量学	使用统计方法分析学术科学出版物	只看引用，不看研究质量或成果。容易被人利用，人为提高分数
网络计量学	计算万维网的范围，了解超链接的数量和种类、结构和使用模式	对用于得出分数的网络样本缺乏严格要求。这一点尤为重要，因为全球网络在很大程度上是不受监管的，人们质疑抽样。此外，网络引用通常被认为是出于很小的不具影响力的原因
语义计量学	使用稿件全文来评估论文的质量和价值	被视为文献计量学、网络计量学和替代计量学等工具的延伸。在评估期刊、文章时，对其意义缺乏明确认识

"开放指标和影响"也被视为"开放科学"运动的新组成部分。例如，替代计量学使我们能够通过维基百科的引用、公开政策文件的引用、博客中的持续讨论、媒体报道、参考资料管理器上的书签等在线互动来衡量和观察学术文章的推广和影响（Altmetric，2022）。文献计量学（Bibliometrics）是另一种使用统计方法分析学术科学出版物的指标。网络计量学（Webometrics）则试图计算万维网的范围，了解超链接的数量和种类、结构和使用模式。与其他指标不同，语义计量学（Semantometrics）试图利用手稿全文来评估出版

物的质量和价值。尽管这些新指标都不完美，但它们明确承认了传统指标的负担，并朝着寻找更新的替代指标迈出了一步。这表明，有必要对研究人员和期刊进行更具包容性的评估。

全球多家机构决定在评估学术表现时不再使用此类指标。取而代之的是，评估委员应该更加重视研究成果的实际价值——可以通过引用率、在线互动中的使用率（与替代计量学相似）、与研究所正在考虑的工作的相关性、直接互动中的表现、反馈响应等指标来衡量。此举应被视为正确方向上的可喜变化。2012 年 12 月，在美国细胞生物学会的一次会议上，《旧金山宣言》问世。该宣言旨在取消将期刊影响因子作为科学贡献标志的做法。尽管《旧金山宣言》可能不会直接促进开放科学运动，但它对开放科学产生了深远的影响。《旧金山宣言》的主要愿景是"在全球和所有学术学科中推广实用、稳健的研究评估方法"。《旧金山宣言》旨在提高人们对研究评估新工具和审慎使用指标的认识。它打算通过制定聘用 / 晋升和研究经费决策的新框架来促进宣言的实施，并计划通过在所有学科间开展工作来推动变革。《旧金山宣言》的另一个目标是制定研究评估政策，特别是直接解决学术领域结构性不平等问题的政策，要求研究人员具有代表性，从而提高公平性。签署方打算通过更好的社区参与、为良好做法开发资源、建立伙伴关系、建议学术机构和资助机构重新审视其政策以及组织各利益相关者的学术会议来实现这些目标。

八、开放科学和开放获取的可能解决方案

剑桥大学的彼得·默里 - 鲁斯特（Peter Murray-Rust）教授是世界知名的开放科学倡导者。他认为："我们必须重新设定我们的价值观，以世界为先，如果我们不这样做，那么全球性问题将压倒我们。开放科学是我们工具包的重要组成部分。但是，'开放'是一个宽泛的、经常被滥用的标签。真正的开放——比如开放笔记本科学——会带来巨大的好处……"他们的团队一直在通过开放笔记本数据科学（open notebook data science）、开放科学的开放获取挖掘（mining open access for open science）、用于植物文献挖掘的 CEVopen（CEVopen: for plant literature mining）等项目诠释这些原则。他们的

方法是一个很好的例子，体现了开放科学的大部分原则，而不仅仅关注开放获取。

开放科学的必要性怎么强调都不为过。全球各地的科学活动家一直主张，需要找到替代性的、更新的机制，以确保坚持开放科学的原则。这与像我们这样的发展中经济体息息相关。然而，目前还没有一条明确的道路来发展使科学向所有人开放的机制。在查克拉博蒂等发表的一篇文章中，详细讨论了在印度建立国家出版和获取科学文献框架的必要性。他们列出了在印度开放获取全球科学文献的可能途径，其中包括促进预印本和预印本与已发表文章的存档；创建可考虑支付文章处理费或开放获取费的"推荐"期刊清单（尽管这一途径也有其自身的问题，如对期刊质量缺乏共识，对期刊而非成果质量的不公平重视）以及设计"一国一订阅"模式。他们还建议推广绿色开放获取出版物，建立国家级国家科学预印本档案的体制机制，将"出版"作为校外研究基金的一部分，推广由知名学术机构出版的国家期刊，并重新审视科学产出的评估过程，将重点放在研究质量而不是出版指标上（Chakraborty et al.，2020）。科利等强调了非商业方法对科学出版物的重要意义，并列举了拉丁美洲社会科学理事会（Latin American Council of Social Sciences，CLACSO），科学电子图书馆在线（Scientific Electronic Library Online，SciELO），拉丁美洲和加勒比、西班牙和葡萄牙科学期刊网络（Redalyc）①，拉丁美洲和加勒比、西班牙和葡萄牙学术期刊在线区域信息系统（Latindex）和拉美科学出版物机构知识库联合网络（La Referencia）的例子，这些机构为伊比利亚—美洲国家开放获取期刊的电子出版提供了去中心化平台。这些方法实现了开源软件的交流、互操作性，并提高了拉丁美洲科学出版物的知名度（Koley et al.，2020）。科利等还对开放期刊系统（Open Journal System，OJS）表示赞赏，该系统是管理期刊编辑流程的开源替代方案。其他重要模式还包括拉丁美洲的一些倡议，如由大学、机构和非营利组织共同运营的开放获取钻石期刊（OA Diamond Journals）。此外，科利等还强调

---

① 译者注：拉丁美洲和加勒比、西班牙和葡萄牙科学期刊网络建立于 2002 年 10 月，总目标是建立一个由在拉丁美洲编辑的所有知识领域的主要期刊组成的科学信息系统。

了一些举措，如确保"地平线 2020 计划"成果快速发表和公开同行评审的"开放研究欧洲"（Open Research Europe）；作为出版流程软件的 Scholastica 以及基于区块链的技术。他们还提出了一种可能的替代出版模式，即尽量减少编辑的参与，结合基于人工智能的审稿人选择，并允许在审稿过程中直接发布稿件。按照这种模式，文章是否值得发表的最终决定由编辑团队根据审稿人的意见做出。但是，它避免了编辑团队在审稿初始阶段的过度依赖——这一过程会加重编辑团队的负担，并经常导致"直接拒稿"。

在这里，我们试图总结一些可行的解决方案和努力，以促进"开放科学"和"开放获取"。

1. 全球共同努力以实现开放科学

如前所述，世界不同地区已经为开放科学和开放获取做出了一些尝试。从历史上看，世界见证了这样一个事实，即涉及全球问题的零星运动并没有为我们提供长期的解决方案——科学也不例外。幸运的是，我们正逐渐见证更加统一的全球方法。如前所述，教科文组织制定了《开放科学建议书》，并于 2021 年 1 月通过了新的开放科学框架。教科文组织所有 193 个成员国都签署了该框架。所有国家都迫切需要在一个平台上共同解决与开放科学有关的问题，这一点似乎最终趋于一致；然而，会员国需要保持这一势头。需要通过与教科文组织关于开放科学的建议相一致的重要决议使其对成员国具有约束力。这些决议的初期工作并不简单；然而，它们将要求所有利益相关者适应这些变化，从而为开放科学更加透明的美好未来铺平道路。

2. 推广预印本服务器

为了更快、更广泛地传播科学知识，预印本服务器（pre-print servers）在全世界兴起。科学开放资源库和利比根等网站带来的挑战，以及各科学组织的推动，逐渐迫使出版机构接受使用预印本服务器。预印本也受到了印度科学界的欢迎。查克拉博蒂等强调了推广预印本的必要性，他们进一步建议，预印本和已发表文章的存档是实现科学资料"开放获取"的关键途径，他们建议为国家科学建立国家级预印本存档机构机制（Chakraborty et al., 2020）。最常见的预印本服务器包括 arXiv、bioRxiv、ChemRxiv 等，目前可能有 60 多个预印本存储库。印度开放获取与开放科学中心也开发了一个印度预印本存储库——IndiaRxiv。尽管预印本对快速传播科学成果很有帮助，但由于在发布前缺乏初步的同行评审，因此应谨慎使用。尽管如此，开放的反馈系统确实有助于研究人员丰富自己的工作。

3. 降低知名期刊的开放获取费和文章处理费

开放获取出版需要以开放获取费和文章处理费的形式支付高昂的费用。虽然人们承认出版需要支出，但显然出版商以这些费用的名义收取过高的费用，这使他们以牺牲科学家和研究人员的辛勤工作为代价获得巨额利润。如果说科学开放资源库和利比根等网站被视为"不道德"，那么出版社的这种做法也应被称为"不道德"。当今许多科学家使用了"现代奴隶制"（modern day-slavery）等更严厉的措辞描述这种做法。当务之急是，全球科学院应在一个共同的平台上团结起来，反对这种不择手段的文化，并建立打破这些寡头垄断的机制。

4. 不断变化的出版模式

目前的出版模式大致可分为以下几种：（1）以订阅为基础；（2）开放获取。最近新增的预印本档案是一个受欢迎的举措，它为每个人提供了另一个即时和开放的获取途径。不过，也有批评者表示，预印本手稿未经同行评审，应谨慎处理。

近年来，开放获取出版模式有了很大的发展。这促使许多期刊采用"转型"（transformative）方法，逐步实现完全开放获取（即所谓的"金色开放获取"）。不过，需要注意的是，如前文所述，开放获取模式自身也存在许多挑战。因此，许多专家表示，与完全开放获取相比，更有必要推广"绿色开放获取"模式，尤其是对发展中经济体而言（Chakraborty et al.，2020）。

由于预印本和"开放式获取"模式不是唯一的解决方案，因此有必要探索其他可能的替代出版模式，一些建议的模式如下。

非商业模式：在科利等的文章中，作者强调了非商业方式对科学出版物的重要意义。拉丁美洲社会科学理事会（CLACSO），科学电子图书馆在线（SciELO），拉丁美洲和加勒比、西班牙和葡萄牙科学期刊网络，拉丁美洲和加勒比、西班牙和葡萄牙学术期刊在线区域信息系统（Latindex），拉美科学出版物机构知识库联合网络（La Referencia）为伊比利亚美洲国家开放获取期刊的电子出版提供了分散式平台，被引为成功的非商业出版模式的经典范例（Koley et al.，2020）。这些方法实现了开源软件的交流、互操作性和拉丁美洲科学出版物的更高知名度。其他重要模式包括拉丁美洲的一些倡议，如由大学、机构和非营利组织共同运营的开放获取钻石期刊集（Koley et al.，2020）。

联邦出版商模式：联邦政府或负责资助研究的机构可以采用出版商的途径，并保持其开放性和免费出版、阅读和下载。资助资金的接受者也可以担任机构资助的其他项目的同行评审人员（有严格的政策避免任何利益冲突）。这将确保适当的同行评审机制。

"一国一订阅"模式（One Nation One Subscription model）：联邦订阅模式的概念是由政府代表国家协商订阅费用。印度政府一直计划与期刊出版社谈判，为印度制定一项"一国一订阅"政策，确保所有公民都能获得科学出版物，只需支付中央谈判达成的单一费用，从而有助于结束个人和机构订阅期刊的高昂费用模式。这一过程可能会导致出版商的价格逐年波动。

OTT 型订阅模式：有必要采用类似 OTT（Over-the-top）娱乐平台的小额订阅收费模式。这种平台可以像 OTT 内容一样托管不同的期刊、书籍、专著等，并可作为"云图书馆"供所有人访问。由于这将是一个以客户满意度为导向的模式，因此还可以将掠夺性出版物从系统中清除。作为该模式的一部分，收取少量费用可以增加用户群，并有效地为出版社带来类似的收入，同时提高可访问性。

5. 为开放获取出版物制定资助机制

一些研究人员指出，有必要为开放获取出版物建立资助机制。查克拉博蒂等建议创建一份"推荐"期刊清单，可以考虑支付文章处理费或开放获取费用。然而，他们也提出了对这一机制的担忧，如对期刊质量缺乏共识、期刊的权重而非科研成果质量的权重不公平等。他们还建议将"出版费"作为校外研究基金的一部分，推广由知名学术机构出版的国家期刊，并重新审视科学产出的评估过程，将重点放在研究质量而非出版指标上（Chakraborty et al.，2020）。在此，我们提出一种替代机制：全球各国政府和资助机构可按照类似于研究资助提案的思路制定资助机制。此类征集活动应全年开放，并应具有快速的周转时间。同行评审委员会应评估稿件的优劣，接受或拒绝承担开放获取费用的资助申请。资助机构可指定可支付开放获取费的期刊。

6. 国家和国际数据共享门户网站

考虑到不同机构产生的大量数据，各国应考虑开发国家和国际数据共享门户网站。这将使科学家能够快速、方便地获取数据，并开展快速、富有成果的合作。印度政府科技部的第五次科学、技术和创新（Science，Technology and Innovation，STI）政策草案打算建立一个开放科学框架。该框架将使所有参与印度科技创新生态系统的个人都能不带任何偏见地获取科学数据和资源。科技创新政策草案还提到要建立一个专门的门户网站，用于存储和访问公共资助项目产生的数据。这将通过印度科学技术研究档案馆（Indian Science and Technology Archive of Research，INDSTA）建立。该政策草案进一步要求将已接受的手稿版本自行存档到机构或中央资料库。

7. 发展统一的社会科学媒体

众所周知，"优质"出版机构匮乏且享有寡头垄断地位，缺乏真正的竞争。这反过来又导致整个出版过程缺乏问责制。全球科学家都知道，即使是同一家出版社的期刊也有不同的标准。遗憾的是，目前还没有一个统一的社会科学媒体，让研究人员可以根据自己在出版过程中的经验对期刊进行评分和评论。一些在线平台，如 Pubpeer（https://pubpeer.com）、研究之窗（ResearchGate，https://www.researchgate.net/）和 Academia（https://www.academia.edu/），已经尝试将研究人员聚集到自己的平台上，并实现了论文共享、反馈交流和参与各种研究课题的讨论。然而，这一新提议的社会科学媒体平台希望开发这样一个平台，该平台帮助该领域的研究人员了解不同期刊的稿件处理方式和表现，以第一手同行信息为基础，而不依赖第三方的绩效指标。该平台最初将为各领域的"知名"期刊创建一个可检索的数据库，并将设置与期刊相关的不同问题（如已发表论文的质量、首次决定的时间、审稿时间、参与审稿人的质量、出版流程），用户可以使用数字量表回答这些问题。该平台的另一个部分可能会对单篇文章进行类似的处理，用户可以在这里点赞、分享和评论（类似于其他社交媒体平台）。由于这将是一个独立的平台，预计它将不受个别出版社偏见的影响，也许会使他们更加负责任。该平台的目的不是消除第三方指标，而是通过增加对期刊表现的审查来加强这些指标。这有望使期刊更好地回应作者的关切，消除编辑的偏见，优化同行评审等。

8. 通过真实社交媒体传播科学信息

脸书（Facebook）、推特（Twitter）、照片墙（Instagram）和 WhatsApp 等社交媒体平台已成为我们生活的一部分。我们可以选择爱它们或恨它们，但肯定不能忽视它们。我们都知道这些平台对信息传播的影响。一些批评社交媒体的人认为，社交媒体主要是传播错误信息的。这一论点为通过此类平台传播科学信息建立机制提供了更充分的理由。尽管起初有些犹豫，但科学界的大多数成员都已采用这些渠道来适当传播信息。政府部委和资助机构也被认为有效地利用了这些服务。不过，还需要共同努力，以有效利用这些资源。

9. 简化科学交流

对科学创新的需求源于整个社会面临的挑战。然而，我们经常看到，除非是以某种方式影响人类生活的突破性创新，否则这些研究成果很少能够惠及社会。科学界与普通民众之间的这种脱节是有害的。人们无法理解基础研究、增量研究和转化前研究的相关性和影响。除非普通民众作为天然的利益相关者与科学界建立联系，否则他们将无法对科学界面临的挑战和障碍感同身受。全世界都知道，零星的运动很容易被粉碎，但群众运动能移山填海。许多科学组织正在开展的研究学者短文写作比赛、用非技术性语言进行快闪演示等活动就是这种机会的很好例子。商业电视节目如"SharkTank"和"Dragon's Den"为创业者提供了"电梯演讲"（elevator pitches）的平台，它们的成功为我们指明了一条让科研吸引大众的途径。可以制作类似的节目，并在电视媒体上展示。

印度政府科学技术部的 Awsar 计划为攻读博士、博士后的年轻研究人员提供一个绝佳的机会，他们可以通过用非技术性语言撰写的、任何人都能理解的研究故事与本国的普通民众建立联系。印度国家青年科学院（Indian National Young Academy of Sciences，INYAS）的三分钟论文倡议"Saransh"也为博士生提供了一个独特的机会，让他们在三分钟内向大众展示自己的工作。通过使用视频网站（YouTube）等开放式视频共享平台，确保了这些故事能够传达给每一个人。全球不同国家也组织了类似的活动，这些活动都是与整个社会互动的精彩尝试。这些活动和倡议与联合国教科文组织的《开放科学建议书》相一致，该建议书呼吁与传统科学界之外的社会参与者进行交流。预计这种互动将促进科学家与社会之间更好地合作，并通过促进众筹、众包和科学志愿服务，使科学进程更具包容性。公民和社会在不同层面的更多参与将进一步有助于发展更加注重现实世界成果的科学实践，并促进"公民科学家"的发展。

九、结束语

世界正在经历一个重要的转变阶段——尤其是在人类行为和生活方式方面。新冠疫情、全球气候变化和新技术的快速应用已经创造了一种"新常态"，我们都是这些变化的见证者。这种转变需要制定新的措施并加以实施，以便向所有人开放科学。实施这些新措施往往需要颠覆性的变革——这些变革会遇到来自不同利益相关者——普通人、学者、科学家、学术机构、行业、出版商等——的阻力。显然，"一刀切"的方法必然会失败。

本文试图总结几种针对开放科学各个方面的方法。有些方法可能对用户更友好，有些方法似乎更容易被科学界接受，还有些方法可能更适合出版商。在确定"通用解决方案"时，这些方法有时会引起不同利益相关者之间的激烈争论。我们需要认识到，寻找"通用解决方案"是徒劳的。相反，前进的道路应该是一揽子解决方案，每种方案都有自己的优缺点，这取决于观察者的立场。这样，用户就可以自由选择他们可以接受的解决方案。因此，大力推动全面"开放获取"以换取科学家付费，可能不是唯一的出路。我们已经看到了"S 计划"的影响，它正在逐渐拉大全球北方和全球南方在学术和科学界的差距，这不利于世界的集体发展和科学繁荣。

开放科学运动以这样或那样的方式影响着每一个人，而我们可能就站在这场运动的门口。要使这项运动取得成功，从个人到整个国家，各个层面都需要协调一致的全球努力。让我们团结起来，通过科学让世界变得更加美好。

致谢

作者感谢剑桥大学彼得·默里－鲁斯特（Peter Murray-Rust）教授、印度农业研究委员会印度园艺研究所（ICAR-Indian Institute of Horticultural Research，ICAR-IIHR）的斯里达尔·古塔姆（Sridhar Gutam）博士（印度开放获取召集人）和英国皇家化学学会科学政策与证据团队的奥希克·班纳吉（Oishik Banerji）博士，以及伯克利大学结构生物学和生物化学博士后研究员。在 2021 年 8 月 13 日举行的印度国家青年科学院（INYAS）第二届中期会议上，英国皇家化学学会科学政策与证据团队的奥希克·班纳吉（Oishik Banerji）博士和伦敦大学伯克贝克分校及伦敦大学学院结构生物学与生物化学博士后研究员（所表达的观点完全以个人身份发表，不代表任何组织的观点）分享了他们的见解。会议录音永久链接：https://www.youtube.com/watch?v=VoRBNBWmQ4.

参考文献：

Altmetric.（2022）. How it works. 2015－07－09. Retrieved 2017－02－09. Accessed 28th July 2022.

Aspesi, C. & SPARC（Scholarly Publishing and Academic Resources Coalition）.（2019）. Research Companies: Elsevier. Landscape analysis. https:// infra structure. spar open. org/ lands cape- analysis/elsevier. Accessed 20th March 2022.

Berlin Declaration on Open Access to Knowledge in the Sciences and Humanities.（2022）.https:// openaccess. mpg. de/ Berlin- Decla ration Accessed 06th April, 2022.

Bethesda Statement on Open Access Publishing.（2022）. http://legacy.earlham. edu/ ~peters/fos/bethesda.htm. Accessed 22nd March 2022.

Budapest Open Access Initiative.（2022）. https://www.budapestopenaccessinitiative. org/ read/. Accessed 22nd March 2022.

Chakraborty, S., Gowrishankar, J., Joshi, A., Kannan, P., Kohli, R.K., Lakhotia, S.C., Singhvi, A.K. (2020).Suggestions for a national framework for publication of and access to literature in science and technology in India. Current Science, 118 (7), 1026 - 1034. https://doi. org/10.18520/cs/v118/i7/1026-1034.

Committee on Data International Science Council. (2022). "CODATA Archive". https:// codata.org/ about-codata/codata-archive/ Accessed 28th July 2022.

ContentMine. (2015). 2014 lecture: Open notebook science by Peter Murray-Rust. https://www.youtube. com/ watch? v=- wPYkJJ1PqQ Accessed 28th July 2022.

Das, A.K. (2018).Delhi declaration on Open Access 2018: an overview. Annals of Library and Information Studies,65, 83 - 84.

Else, H. (2021).What Sci-hub's latest court battle means for research. Nature 600, 370.

Garfield, E. (2006). The history and meaning of the journal impact factor. JAMA 295 (1), 90 - 93 (2006). https://doi.org/10.1001/jama.295.1.90.

Gutam, S. (2018). Delhi declaration on Open Access—signatories. In Advocacy, Conference, Definition, Open Access, Open Access Policy, 14th Feb, 2018.

Hajjem, C., Harnad, S., Gingras, Y. (2005).Ten-year cross-disciplinary comparison of the growth of open access and how it increases research citation impact. IEEE Data (base) Engineering Bulletin,28 (4), 39 - 47.

Harnad, S., Brody, T. (2004). Comparing the impact of open access vs. non OA articles in the Same Journals. D-Lib Magazine, 10 (6). http://www.dlib.org/dlib/june04/harnad/06harnad. html. Accessed May 23, 2017.

Himmelstein, D.S., Romero, A.R., Levernier, J.G., Munro, T.A., McLaughlin, S.R., Greshake Tzovaras, B., Greene, C.S. (2018). Sci-Hub provides access to nearly all scholarly literature. Elife 7, e32822. https://doi. org/10.7554/eLife.32822.

Indian MEDLARS Centre: Internet and biomedical information for the Indian Medical Professional. (2022). https://www. hon.ch/Mednet2003/abstracts/994528224. html Accessed 06th April, 2022.

Koley, M., Namdeo, S. K., Suchiradipta, B., & Afifi, N. A. (2020). Digital platform for open and equitable sharing of scholarly knowledge in India. Journal of Librarianship and Information Science, 55 (2), 403-413. https://doi.

org/10.1177/09610006221083678.

Kousha, K., Abdoli, M.（2010）..The citation impact of Open Access agricultural research: a comparison between OA and non−OA publications. Online Information Review,34（5）, 772－785.https://doi.org/10.1108/14684521011084618.

Kraker.（2011）. Science and the Web . https://science20.wordpress.com/about/. Accessed 21st March, 2022.

McCann, J.（2022）. The meteoric rise of open source and why investors should care. Forbes. https://www.forbes.com/sites/forbestechcouncil/2017/09/22/the−meteoric−rise−of−open−source−and−why−investors−should−care/?sh=697c3ae15484 Accessed 28th July 2022.

Meadowcroft, T.（2020a）. Journal Prices Increase More than True Inflation. Library News. https://library.missouri.edu/news/lotteshealth−sciences−library/scholarly−publishing−and−the−health−sciences−library. Accessed 25th August 2021.

Meadowcroft, T.（2020b）. One journal publishing company is more profitable than Netflix. Library News. https://library.missouri.edu/news/lottes−health−sciences−library/one−journal−publishing−company−is−more−profitable−than−netflix. Accessed 25th August 2021.

OECD.（2007）. OECD principles and guidelines for access to research data from public funding. OECD Publishing, Paris.

Plan S.（2018）. Accelerating the transition to full and immediate Open Access to scientific publications. Science Europe. Archived from the original（PDF）on 4 September 2018. https://web.archive.org/web/20180904122211/https://www.scienceeurope.org/wp−content/uploads/2018/09/PlanS.pdf Accessed 20th March, 2022.

Thakker, D., Schireson, M., Nguyen−Huu, D.（2022）. Tracking the explosive growth of open−source software. TechCrunch（2017－04－07）. https://techcrunch.com/2017/04/ 07/ tracking−the−explosivegrowth−of−open−source−software/ Accessed 28th July 2022.

Trivedi, K.（2022）. Digital Library Initiatives in India（Part I） Accessed 28th July 2022 http://epgp.inflibnet.ac.in/epgpdata/uploads/epgp_content/S000021LI/P000038/ M001887/ET/1483076309P8_M23.Pdf.

UNESCO.（2022）. Open Science. https://www.unesco.org/en/natural−sciences/

open– science Accessed 28th July 2022.

What is cOAlition S?（2022）. Plan S making full & immediate Open Access a reality. https://www.coalition–s.org/about/.Accessed 20th March, 2022.

What is Open Science?（2022）. OpenScienceASAP. http://openscienceasap.org/open– science/.Accessed 21st March, 2022.

Wilkinson, M., Dumontier, M., Aalbersberg, I., et al.（2016）. The FAIR guiding principles for scientific data management and stewardship.Scientific Data,3, 160018. https://doi.org/10.1038/sdata.2016.18.

World Bank Country and Lending Groups.（2022）. Country Classification. https://datah elpdesk.worldbank.org/knowledgebase/articles/906519–world–bank–country–and–lending–groups. Accessed 21st March, 2022.

World Data Center System.（2022）. "About the World Data Center System". NOAA, National Geophysical Data Center. http://www.ngdc.noaa.gov/wdc/about.shtml. Accessed 28th July 2022.

（卢宇峥 译）

开放科学的未来 *

菲利普·米罗斯基（Philip Mirowski）

（圣母大学）

摘 要

几乎所有人都热衷于认为"开放科学"是未来的潮流。然而，当我们认真审视这场运动所要弥补的现代科学的缺陷时，至少有四个方面的改进前景乏善可陈。这表明，该议程实际上是在向大众开放科学的误导性旗号下，沿着平台资本主义（platform capitalism）①的路线重新设计科学。

关键词： 新自由主义科学；开放科学；平台资本主义；激进合作；科学与民主

---

* 文献来源：Philip, M.（2018）.The future（s）of open science. Social Studies of Science, 48（2），171-203.

注：限于篇幅，图表有删改。

① 译者注：平台资本主义是一种经济模式，其核心在于利用数字技术和互联网平台来组织和管理大规模的产品与服务，从而形成一种新的商业和经济环境。

我们生活在一个对科学的未来感到不安的时代。更值得注意的是，科学政策界已经对"开放科学"产生了公开的迷恋。这一切始于 21 世纪初，有传言称其为"科学 2.0"。2012 年 1 月，《纽约时报》有意识地将这一想象重新命名为"开放科学"（Lin，2012）。2012 年，英国皇家学会（British Royal Society）紧随其后，发表了题为《科学作为开放事业》的公关文件（Royal Society，2012）。随后，又迅速出版了普及读物（Nielsen，2012；Weinberger，2012）以及大量政府白皮书、政策文件和论文（如 OECD，2015; CNRS，2016; Strasser & Edwards，2015; Vuorikari & Punie，2015;Weinberger，2012）。各种机构和智库，例如罗宁研究所（Ronin Institute）、开放科学中心（Center for Open Science），"开放科学越快越好"（openscienceASAP），英国开放数据研究所（UK Open Data Institute）、患者中心结果研究所（Patient-Centered Outcomes Research Institute，PCORI）、劳拉与约翰·阿诺德基金会（Laura and John Arnold Foundation），如雨后春笋般涌现，致力于向所有人宣扬开放科学的优点。美国国家卫生研究院甚至与惠康基金会（Wellcome Trust）和霍华德·休斯医学研究所（Howard Hughes Medical Institute）合作，设立了一个大力宣传的"开放科学奖"，其中包括向不同团队颁发的六项奖金，奖金数额并不高，为 8 万美元，用于推出他们的原型。[1] 在美国国家自然科学基金的资助下，这一概念以 2017 年美国公共广播公司（PBS）电视系列片《人群与云》（The Crowd and the Cloud）的形式向公众推出。[2] 国会规定的"开放性"任务隐藏在美国《众包和公民科学法》（Crowdsourcing and Citizen Science Act）中，该法本身已被纳入 2016 年《美国竞争力和创新法》（American Competitiveness and Innovation Act）。[3]

---

[1] 见 www.opensscienceprize.org。这六支团队为获得 23 万美元的单项奖金展开了进一步的竞争，而这一奖金数额几乎无法与更传统的大科学基金相提并论。最终获胜者于 2017 年 3 月公布。

[2] 见 http://www.pbs.org/show/crowd-cloud/。

[3] 见 http://www.teresascassa.ca/index.php?option=com_k2&view=item&id=35:us-lawclears-way-for-use-of-citizen-science-by-government&Itemid=81。

2013 年在欧洲，八国集团科学部长（G8 Science Ministers）会议正式批准了一项鼓励开放科学的政策。[①]2016 年 5 月，欧盟竞争力委员会（EU Competitiveness Council）发表了一份使命声明，要求到 2020 年所有科学论文都应"免费获取"（Enserink, 2016）。[②]荷兰教育、文化和科学国务大臣桑德·德克尔（Sander Dekker）在一份声明中补充道："谈论开放获取的时代已经过去了。通过这些协议，我们将在实践中实现这一目标。"欧盟官员最不能忍受的事情就是谈论一些没有被广泛了解的事情。这反过来又促成了 2016 年"开放创新、开放科学"的"欧洲愿景"计划。[③]

现代科学迫切需要自上而下地重组和改革，这个理所当然的前提被证明是这场不合时宜的争吵中更能说明问题的一个方面，这是一场窥探科学"开放"先锋的混战。但是这种语言具有欺骗性：在什么意义上科学实际上曾经是"封闭的"，现在又是谁如此专注于开放它呢？将这种模糊且不明确的观点变成一场运动的所有资金从何而来？

即使是以一种冷静和深思熟虑的方式提出这些问题，同时直接提及科学的历史，也构成了对开放性先知的挑战，因为这与他们普遍倾向将过去三个或更长时间的科学视为以基本相同的单一方式运作的普遍倾向相冲突。所谓的"科学方法"一旦出现，就相对保持不变，或者说"西方文明的本科版本"（undergraduate version of Western Civ.）也是如此。为了避免承认科学研究和传播实际上可能在不同的时间和空间区域有不同的结构，开放的先知们迅速转向一种完全没有根据的技术决定论来激励他们的探索。他们宣称，由于计算机、互联网和社交媒体的一些模糊的要求，变化是不可避免的。一旦科学家默许了信息革命的迫切要求就会发现，科学本身必然会变得更加"开放"，整个社会自然会受益。

---

① 见 http://www.g8.utoronto.ca/science/130613-science.html。这包括一个不祥的声明：为确保科学界成功采用开放的科研数据原则，需要有一个适当的政策环境作为基础，包括对履行这些原则的研究人员的认可，以及适当的数字基础设施。

② 荷兰宣传开放科学的广告可在以下网址查阅：https://www.youtube.com/watch?v=fxHmi5omhj4。

③ 见 https://ec.europa.eu/digital-single-market/en/news/open-innovation-open-science-openworld-vision-europe。

围绕着开放科学的层层困惑堪比"千层饼"（millefeuille），而且可能同样棘手。最快捷的方法是承认科学是由一系列认知和逻辑组织的历史体制构成的，远远早于当前"开放性"的热潮。这个命题可以参照所谓的"历史认识论"文献中提出的论点（Daston，1994；Hacking，1992）。这些文献大部分倾向以过去所谓的"阶段理论"（stage theories）的形式来阐述其观点：描述相对内在连贯的模式、霸权或政权的历史序列，根据某些关键的自我形象和实践构建，并穿插不稳定和过渡时期。事实上，我认为开放科学运动是当前新自由主义科学制度的产物，它重新配置了知识的制度和性质，以便更好地符合市场要求。[①]

但在此之前，有必要注意开放科学运动背后狡猾的内涵和动机。开放科学可能仅仅意味着对现有科学出版物的开放获取；预示着未来科学出版的不同形式；意味着科学数据的开放提供；主要是某种类似于开放同行评审的东西；对开放的呼声意味着欢迎非科学家在公民科学的名义下参与研究过程。当然，这些都是截然不同的现象，但值得注意的是，许多支持者和拥护者毫不费力地在这些不同的概念之间游走，这本身就为开放科学的新兴世界的深层结构提供了线索。每一次"改革"都可能被认为是"同一"技术发展的必要条件，或者相反，它们都可能是认识论上更深刻转变的例证。因此，我将从更广泛的角度来探讨理解开放科学的问题，而不是单独追踪上述每一个问题：开放科学修复旧科学的哪些方面？

莫迪写到，如果"划时代的突破有任何值得研究的特征，它们应该以某种方式在实践的微观层面上可见"（Mody，2011）。我同意这个观点。要证明现代科学本质的结构性突变，就要把一些关于知识的广泛的抽象文化观念与微观层面的科学实践的明显转变联系起来。新政权的主要表现是所谓的"激进合作科学"精神与新兴"平台资本主义"结构的结合，所有这一切都是在

---

① 政权更迭（regime changes）的描述首次出现在我的《科学市场》（ScienceMart）（Mirowski，2011）中。另见福曼的论述（Forman，2007，2012）。

市场作为超级信息处理器的新自由主义教义下产生的。[①] 本文的最终目标是描述这种结合是如何运作的，但是，事实证明，从调查开放科学的倡导者声称他们可以解决近代科学的问题开始，能获得更多信息。

一、对旧体制的控诉

要想揭露科学观念的深刻断裂，最好的办法就是调查开放科学革命者对旧制度的抱怨。开放—封闭的二元对立本身并不能充分捕捉到旧政权所受到的现代改革者诽谤的一切：毕竟，冷战期间的科学被认为是人类最崇高和最成功的职业之一。然而，对当代科学的抱怨却很奇怪。一些抱怨被证明是相当长期的，涉及研究过程中长期存在的公认的缺陷，这些缺陷持续了一个多世纪。一些抱怨涉及科学的某些方面，这些方面从未被认为适合从内部进行改革，至少在最近对开放的迷恋之前是这样。一些问题源于当代科学中最近的一些任性的实践。有些问题似乎在当前的讨论中被压抑了。事实上，开放科学同样被认为是解决所有这些问题的灵丹妙药，正是这一事实引发了人们对"万灵药"的怀疑。这将使我们回到本文标题所展示的前景。我恳求读者接受这样一种可能性，即目前实际存在的开放科学倡议可能无法充分解决上述任何问题。

在本部分，我列出了开放科学这一灵丹妙药所引发的近代科学的所有弊病，将开放科学的支持者所引用的各种缺陷和畸变集中在一个地方。如果要论证公正地对待每一个缺陷，需要单独的一篇论文，但这不是本研究的目的。相反，本研究的主要目的是更好地理解想象中的补救措施的性质。我从最宏观的控诉开始，然后以我的方式逐步深入有缺陷的科学的最局部和最个别的表现。

---

① 关于"激进合作科学"的讨论，见（Huebner et al., 2017；Winsberg et al., 2014）；关于"平台资本主义"，见（Pasquale, 2016；Srnicek, 2017）；关于媒体研究中的平台定义，见（Gillespie, 2010；Helmond, 2015）；关于科学中的新自由主义，见（Lave, 2012；Lave et al., 2010；Mirowski, 2011）。

二、对科学的不信任在普通大众中普遍存在

在更大的文化中（也许在美国最强烈，但不限于美国），对科学家的抵制和不信任程度的深刻不适已经渗透了相当长的一段时间，已经通过各种"否认主义"的暴发浮出水面，无论是在烟草科学、全球变暖、疫苗接种耐药性、转基因生物标签、药物疗效、人类克隆还是许多其他方面。有一段时间，科学家认为公众所需要的只是一场良好的公关活动，这种假设导致了"科学的公众认识"（Public Understanding of Science）运动。然而，30 多年过去了，人们已经开始相信，仅仅通过在流行娱乐节目中植入产品的方式来营造良好的新闻氛围，就能扭转尊重科学的潮流。一些令人沮丧的情绪来自严肃的调查工作，这些调查工作表明，对科学的怀疑已经在某些人群中变成了敌意。

例如，美国的数据似乎显示出对气候变化的看法存在明显的党派分歧，68% 的民主党人和 20% 的共和党人同意这是一个非常严重的问题（Stokes et al.，2015）。自 2008 年以来，在支持资助替代能源研究方面的党派分歧一直在增加。顽固蔑视科学家的例子与今天的网络冲浪一样新鲜，也很容易在新闻中遇到：2016 年 8 月，参议员罗恩·约翰逊（Sen. Ron Johnson，R-WI）公开将那些为应对气候变化而做出的日益努力与约瑟夫·斯大林（Joseph Stalin）和雨果·查韦斯（Hugo Chavez）相提并论，同时声称已经"科学证明"气候实际上并没有变暖。在医学科学中也可以观察到类似的趋势。在对 1500 多名父母的调查中，四分之一的人认为疫苗会导致健康儿童患孤独症，超过十分之一的人拒绝了至少一种推荐的疫苗（Daley & Glanz，2011）。皮尤（Pew）研究中心的一项调查报告称，大约三分之二（67%）的成年人表示，科学家不清楚转基因作物对健康的影响，只有 28% 的人表示科学家对后果有清晰的认识（Funk & Rainie，2015）。

无论人们如何看待这些调查和新闻片段的质量，在当前背景下，许多开放科学的热心人士建议，补救措施是让公众参与开放科学的项目。

开放科学创造的记录的透明度、真实性和及时性的机会既可以实时

揭示科学过程，又可以在其基础数据的背景下查看声明。因此，开放科学有可能有助于证实人们对科学的信任和科学对人的信任之间的关系。（Grand et al.，2012）

在具体阐述如何在开放科学中促进信任时，作者们的表述含糊不清，但更谨慎的是，他们认为新的研究模式只会带来更多好处，例如声称"尽管仅限于科学事业的某些方面，但更大的开放性推动是当代科学的重要动力，为学者和公众参与倡导者提供了机会"（Stilgoe et al.，2014）。或者，正如另一位科学家所说，"博客也是将科学去神话化的一种方式。与法律和香肠不同，公众应该看到科学的制造过程"（Ritson，2016）。

这种说法的主要问题是，它没有充分研究现代敌对地图的性质和分布，如果它这样做了，它的支持者可能会开始意识到，接近制造过程可能只会产生进一步的蔑视。科学和香肠真的如此对立吗？戈沙在这个关于公众对科学的态度的问题上所做的一些最重要的工作已经完成。他早期的工作表明，从 1974 年到 2010 年，在美国，自我认同的保守派对科学界的信心在统计学上显著下降。其中一个反常的结果是，受教育程度越高，这种趋势就越强烈（Gauchat，2012）。戈沙使用不同的调查数据集将"对科学的态度"的一般概念分解为两个组成部分：是否应该将科学视为与公共政策相关，以及国家应该在多大程度上支持基础科学。为了支持他早期的工作，他发现只有在最高教育水平上，对这两种选择持敌意的保守派和赞成这两种选择的"自由派"之间才会存在强烈的分歧。正如他所写，"关于科学权威的文化分歧已经与政治身份融合在一起，而不是相互交叉"（Gauchat，2015）。他发现另一个强烈的相关性是原教旨主义和对在公共政策辩论中使用科学的敌意的关系。

这项工作对人们普遍认为科学过程的更大"开放性"将不可避免地导致公众对科学权威的总体立场产生直接而可怕的后果。相反，更高的教育水平以及由此而来的熟悉程度，似乎使局外人先前的政治立场变得更加坚定：接近会滋生更根深蒂固的怀疑。有宗教倾向的人仍然倾向于认为科学已经基本上与重大的公共争议无关，因此拒绝接受其权威主张；而受过教育的新自由主义者则认为，科学家需要感受到市场的严格纪律，然后才能被信任以产生可靠的知识。这可能会产生一个意想不到的后果，即一个广泛传播的开放科学制度将进一步加剧公众对科学的不满，至少在那些被原教旨主义和新自由主义政治所吸引的人群中是这样。

三、科学遭遇民主赤字

这种对科学的特殊抱怨有着悠久而神圣的渊源，可以追溯到一个世纪前的美国实用主义运动，特别是哲学家约翰·杜威（John Dewey）。然而，几十年来，这种抱怨的语气和基调几乎没有表现出连续性，以至于人们必须小心翼翼地才能在开放科学的背景下理解它今天可能意味着什么。如果"民主"在过渡期间已经成为一个空洞的象征，那么也许需要对复兴它的运动持保留态度。

杜威是这一概念的早期倡导者，即如果科学要得到公众的支持和接受，就需要剥夺其对有效知识的开发和使用的垄断权，因为对大多数人来说，"科学是入门者手中的神秘之物，他们因遵循仪式而成为精通者，世俗人则被排除在外"（Dewey，1927；Mirowski，2004b；Dewey，1984）。因此，科学需要更像民主。然而，杜威并没有简单地接受公众，而是试图通过提供一种新的民主模式来提高公众的智慧，这种模式看起来更像科学。总而言之，杜威的处方包括对"科学"和"民主"的特殊和粗略的定义，即使是有同情心的读者也很难找到任何关于杜威参与式民主性质的具体内容（Westbrook，1991）。

这种将民主作为科学的理想典范，并以近乎自创的方式反转其价值的修辞手法，在 20 世纪成为一种极为流行的套路，但条件是，这两个术语的指代在冷战期间发生了巨大变化，然后在大约 1980 年之后再次发生。在对杜威的有效批判中，二战后建立一个独立的、自给自足的、理应平稳自治的科学共同体被认为是一个不可能实现的理想，一个更大的示威者可能会渴望成为这样的人；关键是，不应该鼓励基层人士认为他们应该或将会有任何参与或治理科学的权利。与此同时，民主被降级为通过仪式投票的多数统治的无色概念；选民的能力被歪曲为从新古典经济学中引入的"理性选择"概念。

杜威所摒弃的科学—工业伙伴关系反而变成了科学—军事垄断联盟（cartel）；而杜威所看到的实用主义探究逻辑则变成了一种外来的"科学语言"，由逻辑经验主义者手中的形式逻辑和公理化组成。科学家的"自由"是以牺牲公众在科学中拥有发言权的"自由"为代价的。

自1980年以来，情况经历了另一次巨大转变，从主要由军事和国家资助的科学，到主要从属于市场竞争的科学，由企业赞助人和学术承包商组织。与20世纪初相比，科学和民主的形象已经变得基本无法辨认。正如许多人观察到的那样，以前纯粹科学和应用科学之间的鲜明区别已经消失，因为知识被描绘成既在思想市场中产生，又被思想市场验证。因此，科学被重新塑造为一种主要的商业活动，广泛分布在许多不同的公司实体和组织中，而不局限于学科或学术界。此外，民主本身也被降级为利益和美元选票的市场，"公民身份"被剥夺了任何固有的权利或义务（Brown，2015）。在这样的制度下，现代推动科学"民主化"的努力已经呈现出完全不同的内涵，即将思想市场扩展到包括无资历公众对研究过程各个部分的参与，但请注意，对科学本身的议程或治理没有任何政治投入。

因此，我们看到了开放科学倡导者通过所谓的"公民科学"实现所谓"民主化"的新发现。他们断言，"公民科学倡导者正在含蓄和明确地主张彻底改变政治权力的结构"（Cavalier & Kennedy，2016）。在这些情况下，特别值得注意的是，他们所有请求中固有的民主概念明显贫乏。他们的许多主张可以归结为这样一种模式：越多的局外人以某种方式、任何身份参与科学进程，公众就越会欣赏和支持科学，民主就会越繁荣。当然，对于一些人来说，例如迈克尔·尼尔森（Michael Nielsen），这仅仅是假设，被引诱为某条大规模在线流水线提供零星的无偿劳动以生成处理过的数据，会导致那些被引诱的人停止和终止对科学家的不信任和对权威的反叛；如果有的话，这肯定是一个不成立的假设。人们可以观察到一种可悲的空洞的"民主"概念，即将更多从事次要（和无偿）辅助角色的人等同于更高程度的民主参与，而事实上，他们主要是思想市场上的被动后备军。先前培训或学徒制的所有先决条件都被轻易地取消了，无论您需要什么知识，您都只需将其视为一种独立的商品来购买即可。

　　事实上，"公民科学"（citizen science）这个名称（与业余或校外科学相对）本身就带有一种微妙的暗示，即参与研究使科学成为一种民主，因此在政治上比以前的专制或独裁科学政权更受欢迎。因此，人们将通过直接行动获得他们想要和需要的知识，而不会被一些常春藤盟校的精英强行灌输。当然，它降低了任何需要大量重复性劳动的研究的金钱成本，并利用社交媒体和连通性来诱导参与者将科学视为一种可以进行结构化奖励的游戏（参见Hamari et al.，2014；Walz & Deterding，2015）。例如，Zooniverse.org 平台上的许多公民科学项目都内置了类似游戏的结构，因为坦率地说，"普通人"（normies）在做真正正规的科学活动时会感到无聊。一个名为"银河动物园"（Galaxy Zoo）的项目让参与者扫描数百万张星系图片，寻找常见的星系形态。但为了吸引他们的注意力，项目有时会鼓励他们像星座游戏中那样用各种星形拼出单词，或者因某些可爱的星系结构赢得分数。第二个项目名为"智能鳍"（Smartfin），在冲浪板上安装传感器，收集盐度、温度、pH 值和其他海洋变量的数据。冲浪者在陆地上用智能手机连接鳍，然后将数据传输到斯克里普斯研究所（Scripps Institution）。另一个项目"塞伦盖蒂快照"（Snapshot Serengeti）让参与者按照事先安排好的脚本识别坦桑尼亚塞伦盖蒂国家公园（Serengeti National Park）自动摄像机捕捉到的动物。为了让他们感到有趣，该项目允许人们在他们最喜欢的一些照片上附上 lulz（lolan-telopes，而不是 lolcats[①]）和其他 Snapchat[②] 评论。

　　但这并不意味着各种支持者没有坚定地组织起来。公民科学协会（Citizen Science Association）于 2007 年由康奈尔鸟类学实验室（Cornell Laboratory of Ornithology）发起，现已发展成为一个非营利性的组织，目前设在缅因

[①]　译者注：一张 lolcat 是指在一张家猫的照片上加上了字幕的图片。图中的字幕通常会以特异的方式出现，或是以不符合文法而幽默的方式书写。"lolcat"一词是由英语"laughing out loud"（大声笑）的缩写"LOL"和"cat"（猫）二词合成而成。lolcat 图片一般都是为分享至贴图讨论区或其他网络讨论区而创作。

[②]　译者注：Snapchat 是一款由斯坦福大学学生开发的图片分享软件应用。利用该应用进程，用户可以拍照、录制影片、写文本和图画，并发送到自己在该应用上的好友列表。

州的斯库迪克研究所（Schoodic Institute），并由比奇特尔基金会（Bechtel Foundation）和上述政府机构提供资助。欧洲公民科学协会（European Citizen Science Association）起源于露天实验室（Open Air Laboratories）为泛欧公民科学倡导者发起的一项倡议（其本身由国家彩票资助），该组织于2014年根据德国法律注册为非营利组织，设在柏林的自然科学博物馆。这两个机构似乎都在进行略显精神分裂的探索，以"专业化"这一名义上与科学的专业追求相对立的运动颁布数据收集和整理标准，传播数据保存的计算机可读定义"本体论"，推广DIYBio①的最佳实践标准，对团体进行预先认证以获得政府补助资格，出版专门期刊，开展其他所有合法科学居民熟悉的一系列活动。几乎所有关于公民科学的论文都坚持认为，研究应满足参与者的愿望。然而，这一运动的根本假设是，在内心深处，街头的目标公民真正想要模仿的是真正科学家的许多活动，只是，他们无需经历申请认证的痛苦与不便——也就是说，实际上是在学习相关科学中已经成为常识的东西。如果这一切只是一出哑剧，只是为了演戏而演戏，那么也许无伤大雅；但与此相反，公民科学的倡导者声称有更高的目标。迄今为止，我们缺少的是对这一活动的怪异和离奇程度的讨论，更不用说对其究竟是为了谁的利益的探讨了。我将在下文中继续讨论这个问题。

然而，在现代环境中，除了将民主作为一种衍生的市场现象来讨论，似乎没有人能够做到这一点。这一点在开放获取运动中体现得最为明显。"我们付了钱，所以我们理应完全免费地获取研究成果"这一反复强调的想法是当代制度中最奇怪的死结之一。这种开放时代的迷人之处在于其固有的政治畸形：由政府资助发表的研究成果理应从紧锁的档案柜和自私的期刊中"解放"出来，但任何由私人资助的研究成果都不可能达到同样的标准。究竟是谁有能力理解并因此真正需要不受限制地获取公共资助的研究成果呢？事实

---

① 译者注：do-it-yourself biology（DIY bio）是一场不断发展的生物技术社会运动，在这场运动中，个人、社区和小型组织使用与传统研究机构相同的方法研究生物学和生命科学。其主要由受过学术界或企业广泛研究培训的个人开展，他们随后指导和监督其他未受过正规培训的DIY生物学家。这可以作为业余爱好，也可以作为社区学习和开放科学创新的非营利活动，也可以作为营利性创业。

上，经常被误解为"开放"和"透明"的东西实际上是一种事后的私人征用。毕竟，是普通公民真的如此渴望阅读并选择性地传播最新研究报告，还是企业研究经理真的如此渴望阅读并选择性地传播最新研究报告？将"最广泛的传播"改为"最易盈利的免费资源"。

四、科学生产率的下降

开放科学的拥护者们喜欢说，老式科学已经不再能带来好处了。对他们中的许多人来说，老套的终身学者是无可救药的吹毛求疵者和游手好闲者，他们在毫无方向的好奇心中消磨时光，陷入无谓的晦涩之中，沉浸在孤芳自赏的冥想之中。我们需要的是加快流水线的速度，在研究中强制执行纪律，遵循生产主义的精神。在他们最美好的梦想中，科学有可能以更快的速度，在互联网中完成更多工作（Lin，2012；Nielsen，2012）。当然，对生产力差距进行量化已经超出了任何倡导者的能力范围，但这并不妨碍他们唤起人们对巨大差距的恐惧。

根据我的经验，很难让别人相信科学发展已经出现了某种程度的全国性甚至全球性的放缓（Mirowski，2011）。领域太多，衡量标准也太多，因此对任何此类命题的争论都注定是无休止和不可调和的。幸运的是，《经济学人》（Economist，2013）以其精巧的智慧为我们指出了一个替代领域，在这个领域中，我们可以开始衡量开放科学对更严格的学科和结构性研究合作的影响，然后探讨科学在多大程度上因此而变得更有"生产力"——这个领域就是基础生物医学与临床试验的结合，以寻求新的更好的药物。这是"开放科学"支持者所确定的"生产力"指标之一，但我使用这一指标并不意味着赞同其背后的生产力理念。

大型制药公司对开放科学的时好时坏的关系本身就需要一本长篇手稿（Maurer，2007）。除此之外，就目前而言，我将探讨与当前更大问题相关的两个更小的论点：制药行业生产力下降的问题，以及这一现象与临床药物发现中对开放科学的关系之间可能存在的关系。其结果将是对开放科学是不是解放科学生产力关键的再次怀疑。

我此行的出发点是确定制药行业面临的一个威胁性问题，俗称"药物管道干涸"（drying up of the drug pipeline）。在过去的 20 年里，有大量文献对以下事实表示遗憾：面对丰厚的资金，真正的新型药物疗法的数量却随着时间的推移而不断下降，大致自 20 世纪 80 年代以来就一直如此。这个问题的方方面面，从什么是真正的"新颖的"，到什么是"发现"，都在文献中引起了激烈的争论。不过，按照标准做法，现在我将坚持把新疗法定义为美国食品药品监督管理局（FDA）指定的"新分子实体"（new molecular entities，NME），并把行业报告的支出作为投入研究过程的资金的合理近似值——尽管我们有充分理由认为，这两者都不足以衡量真正的创新或投入实际科研的支出规模。

尽管如此，我仍然认为"药物管道干涸"的现象已经出现，而且可能仍在继续，至少美国食品药品监督管理局已经这样规定，业界也承认这一点，因此，这直接证明了药物研究这一有限领域的科学生产力正在放缓。由于同期投入药物研究的资金呈指数级增长，人们普遍认为药物研究活动的效率和效力全面下降，甚至将其称为"尔摩定律"（Eroom's Law）[1]，与密集集成电路中晶体管数量的"摩尔定律"（Moore's Law）相提并论。尔摩定律显示，1950 年至今，每十亿美元批准的药物数量呈直线下降（Scannell et al.，2012）。虽然有很多人试图列举造成这一趋势的根本原因，但也有人指出研究过程本身存在明显缺陷。

在制药行业有一个相当令人不安的怀疑，即所有学术生物医学研究的一半最终将被证明是错误的。2011 年，拜耳公司（Bayer）的一组研究人员决定对此进行测试。在对最近 67 个基于临床前癌症生物学研究的药物开发项目进行研究后，他们发现，在超过 75% 的情况下，发表的数据与他们内部试图复制的数据不符（Prinz et al.，2011）。这些研究并非发表在不可信任的肿瘤学期刊上，而是发表在《科学》《自然》《细胞》等杂志上的重大研究成果。拜耳公司的研究人员被大量糟糕的研究淹没，他们将药物管线产量无

---

[1] 译者注：尔摩定律是科学家创造的新的词语，将摩尔定律倒过来拼写，以揭示药物开发面临的困境。

情下降的部分原因归咎于此。也许，许多新药未能产生疗效的原因是，这些药物研发所依据的基础研究不到位。我们将在下一部分继续讨论这个问题。

在这一背景下，制药业越来越相信，或许拥抱所谓的"开放科学"是摆脱黯淡前景的一个办法。例如，礼来公司（Eli Lilly）的一位高管在 2012 年断言，是时候"加入"开放式药物研发了（Krohn，2012）。一些新闻采访中也提及：

> 我认为，如果我是世界的独裁者，我可能会尝试或至少分析一下我们刚才谈到的（修改后的开放科学）模式（一家小型制药公司的首席执行官）。

> 我认为现在已经有了开放的态度，坦率地说，这在五年前是不可能的。（另一家小型制药公司的首席执行官）（King，2014）。

但是，"开放性"（openness）就像美一样，主要存在于旁观者的眼中。当我们仔细研究医药行业在此期间实施的科学 2.0 计划的细节时，就会发现实际情况并非如此。首先让局外人感到震惊的是，在任何情况下，制药公司内部实际名义上的"开放科学项目"都不像新开放科学的呼吁者所称赞的那样具有"开放性"。因为现代制药业是建立在限制性知识产权和政府、企业联合限制医生行为的基石之上的，所以根本不可能实现真正的"开放"（Maurer，2007; Reichman & Simpson，2016; Robertson et al.，2014; Wright & Boettinger，2006）。事实上，《材料转让协议》（Materials Transfer Agreement）作为生物医学领域首创的法律文件，其存在本身就与"开放"这一称谓背道而驰（Mirowski，2011）。由于开放科学无法回避知识产权问题，一些倡导者试图进行语义转换，"正确理解，'开源软件'与其说是一个法律范畴，不如说是一种行为……简单地类比计算机并不能提供太多指导"（Maurer，2007）。当然，所涉及的并不是知识共享许可协议，大多数情况下，存在的是许多混合模式，将企业控制与少量外包或众包结合在一起。

我们可以看到，公司控制与开放获取的结合早在 2003—2004 年美国国家卫生研究院（NIH）小分子库（Small Molecular Repositories Library）成立之初就已经出现了，当时美国国会在 NIH 年度预算之外拨款十年。[①] 其既定目标是从商业渠道购买并管理一个约有 30 万个化合物的化合物库，提供给十几个学术中心用于小分子药物研究。制药公司没有被邀请向档案库提交任何自己的专利化合物，也没有提交任何化验数据。相反，美国国家卫生研究院建立了另一个名为有机小分子生物活性数据（PubChem）的指定数据库，旨在将生物测定的数据调查结果存档；当然，任何感兴趣的制药公司都可以使用该数据库。尽管如此，商业供应商仍然控制着 SMRL[②] 中未涵盖的大量相关药物中确定的小分子库，并只提供给附属研究人员。实际上，这一系统从未威胁到标准的制药业商业模式：如果有人在常规研究领域之外（但很可能是美国国家卫生研究院的附属研究人员），碰巧在 SMRL 中发现了感兴趣的东西，他们可以迅速被任何相关公司聘用，而研究实际上就会消失。由于整个计划对制药业构成了不小的间接补贴，政策制定者在最初的授权期后决定，甚至图书馆的管理也可以分包给一家营利性公司德科电气（Evotec）。[③] 用"公共"或"开放科学"来形容这种设置似乎有些滑稽。

标签的确很重要。虽然这类计划很难被称为"纯粹的"，但业界还是为这类公私合作选择了"受保护的开放创新"（Protected Open Innovation，POI）这一别扭的新名词。正如一些业内人士指出的那样：

> 因此，在具有明显商业潜力的医药研发项目中，完全开放式的创新极少出现。相比之下，允许有限度地访问制药公司的小分子化合物库，表面上看是提供了一个有吸引力的机会，将化学资产货币化……否则，由于其风险较大，这些化学资产将不会被开发。（Reichman & Simpson，2016）

---

① 见 Austin et al.（2004）的公告。

② 译者注：苏格兰分枝杆菌参考实验室（Scottish Mycobacteria Reference Laboratory，SMRL），主要开展对结核分枝杆菌复合体（MTBC）和非结核分枝杆菌（NTM）的鉴定、药敏试验和菌株分型。该实验室每年接受大约 1600 个分枝杆菌培养。

③ 见 http://evotec.sissy.bgcc.at/archive/en/Press-releases/2012/NIH-awards-major-contractto-Evotec-to-Manage-and-Operate-a-Small-Molecule-Repository/2306/1。

事实上，表1很清楚地概括了行业标准对"开放性"的解释。如表1所示，科研人员几乎无法控制研究过程，也几乎无法从研究过程中获得回报或报酬。制药公司削减了管理费用，而穷困潦倒的研究人员则被引诱捐献免费劳动力，以求获得企业赞助商的青睐。一旦候选分子（源自其他研究方案）在早期临床试验中显示出前景，就可以直接抢购独立的私有化学术初创公司，相比之下，这种策略的结果通常并不理想。因此，开放科学在纠正科研生产率下降方面的所谓承诺受到了双重挫折：首先，研究过程中唯一允许的"开放"是一种发育不良和萎缩的"开放"，与招募未充分就业的社会底层免费提供的劳动力几乎没有区别；其次，也许是由于这种相当不乐观的设置，自美国国家卫生研究院十多年前颁布这种模式以来，"受保护的开放"模式并未带来任何显著的小分子突破。

表 1　创新模式比较

创新	IP 战略	IP	付费	版税 / 专利税	出版	参与者
封闭	专有的	内部的	–	–	–	同类的
合作	分配的	合同的	合同的	通常	不	相似的
保护	委托的	选择权	灵活的	通常不	有限制的	异质的
开放	无	无	补助的	–	无限的	同类的

注：受保护的开放创新模式使制药公司能够将其专有化学库"委托"给大学科学家。新知识产权许可和进一步合作的交易条款保持灵活，直至发现潜在的新医药用途。

资料来源：Reichman & Simpson（2016）.

因此，在开放科学被企业代表接受的一个具体案例中，开放科学似乎并没有以任何直接的方式提高科学生产力。

五、撤稿率的激增与造假率的下降

前面的控诉涉及科学与公众的关系，以及科学产出的数量和速度问题。下文我将重点讨论开放科学能够切实提高科学产出质量的说法。

任何关于知识"质量"归属的尝试，几乎都会引起各方面的反对。每个人都喜欢听这样的故事：某篇被 N 家期刊拒绝的优秀论文，却被第 N+1 家期刊的某位敏锐的编辑发表了，而作者也因此获得了普遍的赞誉。许多开放科学的倡导者并不追求某种宏大但难以捉摸的质量概念，而是断言他们可以弥补当代科学中一些更为严重的缺陷。尤其是，他们发现了一个相当棘手的问题，那就是科学论文撤稿率的增长以及随之而来的发表偏见，这些问题已经显露出来有一段时间了。

2000 年以前，科学文献中几乎看不到正式撤回论文的情况（与"勘误"更正相比）。然而，20 世纪 90 年代发生了一些备受瞩目的欺诈案件，再加上上文提到的公众对科学合法性的反感，开始迫使一些期刊编辑公开否定他们先前认为适合发表的某些论文。这种新的"撤稿"做法在实施过程中参差不齐，尤其是在披露究竟是什么原因导致了这一极端选择的时候。此外，由于撤稿有可能损害期刊的整体声誉，因此撤稿往往以一种相当低调和不引人注目的形式出现，往往完全没有引起公众的注意。[①] 有博客于 2010 年 8 月开始了一场严肃的对话，讨论大多数科学家以前认为最好不提的尴尬事。该博客记录的第一件事就是撤稿总数急剧上升：

> 它们的增长速度远远超过了新论文的增长速度。据《自然》杂志 2011 年的报道，2010 年的撤稿数量约为 400 篇，是 2001 年的 10 倍（30 篇）。而在此期间，每年发表的论文数量仅增长了 44%。（Marcus & Oransky，2014；Oransky & Marcus，2016）

据"撤稿观察"（Retraction Watch）报告，目前它每年记录的撤稿数量为 600—700 篇，这表明在 21 世纪前 15 年，撤稿数量大幅增长。该博客的第二个重大发现是，一旦从顽固不化的期刊编辑那里了解到撤稿的动机，就会发现这些动机是多种多样的，从诚实的错误到图像篡改再到赤裸裸的欺诈，不一而足。对撤稿进行更深入研究的一个障碍是，目前还没有一个可以轻松

---

① http://retractionwatch.com/。参见 Marcus 和 Oransky（2014），以及本刊的 Didier 和 Guaspare-Cartron（2018）。

搜索到所有撤稿及其动机的数据库,即使只是"撤稿观察"所涵盖的撤稿也是如此。尽管如此,科学家认为撤稿现象无关紧要的轻率倾向在一些情况下还是遭到了反驳。例如,《美国国家科学院院刊》(*PNAS*)2012年的一篇论文指出,在他们整理出的撤稿论文中,三分之二的撤稿论文都是由不当行为造成的,如剽窃、捏造数据、篡改图片等(Fang et al., 2011)。人们还倾向将撤稿归咎于研究水平低的期刊,但快速盘点表明,影响因子越高,撤稿越多(见图1)。

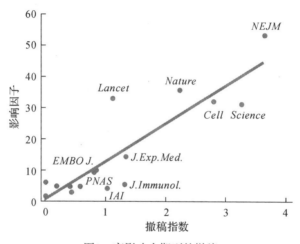

图1 高影响力期刊的撤稿

资料来源:Fang et al.(2011).

随着这些趋势的传播,腐败或不可信的科学暴发的可能性开始深入广大科学界。《自然》杂志意识到自己正处在寻找替罪羊的风口浪尖上,于是对在职科学家关于经验主义现状的意见进行了调查,结果发现90%的人支持"现代协议中有些东西已经腐朽"这一观点,而不仅是期刊本身。就"是否存在再现性危机"的调查结果显示,52%的受访者认为"存在重大危机",38%的受访者认为"存在轻微危机",7%的受访者表示"不知道",3%的受访者认为不存在危机(Baker & Penny, 2016)。

当然,任何此类解释都必然会引起争议,因为它们试图以科学界最缺乏针对性的产出指标之一来推断科学界的基本健康状况。因此,在许多方面开展了工作，以更好地衡量撤稿的普遍性。一位名叫丹尼尔·法内利（Daniele Fanelli）的研究者从汤姆森路透社科学网数据库（Thomson Reuters Web of Science database）中提取了1901—2012年标题中包含"撤稿"一词的期刊社论，并对其进行了连续的时间序列整理（Fanelli，2013）[①]。结果如图2所示，显示自20世纪70年代以来，勘误情况相当平稳。与此同时，撤稿情况从1990年的"零"攀升到新千年的"少"，比例稳步上升。

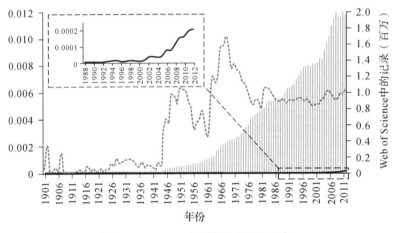

图2　1901—2012年勘误和撤稿的比例

注：左上角图中的折线为"撤稿"；大图中的折线为"勘误"（errata）。

资料来源：Fanelli（2013）.

　　法内利认为，撤稿率上升不仅是因为研究不端行为的增加，还是期刊编辑发现并追溯性"删除"有缺陷或其他问题论文的能力在不断增强。显然，在20世纪上半叶，期刊编辑并不倾向于撤稿，这或许表明了这一时期编辑对作者的态度。同样明显的是，当代期刊编辑越来越感到有必要采取行动，将有污点的论文从他们的档案中删除。尽管如此，法内利简单的关键词搜索是一种过于简单和生硬的方法，无法对当代科学界最棘手的纠纷之一做出可靠的诊断。撤稿事件的增加可能预示着现代科学组织制度的某些问题，而争议在于如何判断这是什么问题。

———————

① 　关于使用汤姆森路透社统计数据的缺点，见 Mirowski（2011）。

科学政策精英倾向将复制危机首先视为一场经济灾难，"同样，2015 年 6 月发布的一项经济分析估计，每年有 280 亿美元浪费在无法复制的生物医学研究上。科学不是自我纠正，而是自我毁灭"（Sarewitz，2016）。尽管人们可能会怀疑这种成本可能是由科学家自己造成的——这也是主要科学期刊编辑所倾向的立场（Kornfeld & Titus，2016）——但其他人则支持开放科学爱好者攻击现有期刊的倾向：

> 对期刊和审稿人几乎没有问责制。如果一份期刊反复发表结论站不住脚的论文，最终可能会归咎于论文作者，但编辑和审稿人可以说要为严重失职负责，却不被追究责任。出版系统缺乏足够的制衡，当排名靠前的期刊屡次发表后来被认为不可靠甚至被撤稿的论文时，这些期刊似乎不会面临任何后果——它们的重要地位依然不受影响。（Sudhof，2016）

撤稿率的上升使人们对老式科学出版结构的一系列相关批评变得更加突出。首先，仅仅存在撤稿和反驳似乎并不能消灭相关的不良科学。在一项实证研究中，对 7 篇高知名度论文的驳斥（rebuttal）在很大程度上被忽视了，原文的引用率是驳斥的 17 倍，而且论文受到驳斥后的引用率也没有减少（Banobi et al.，2011; Mirowski，2004a）。通过将撤稿归入期刊中不显眼且信息量不大的版面，编辑们助长了一种倾向，即忽视任何试图将错误工作从文献中剔除的努力。这就提出了一个问题：是应该让科学家或出版机构为影响科学声誉而承担责任，还是应该在很大程度上掩盖这个令人尴尬的事件。

现有期刊的另一个缺陷是不愿意发表负面结果，这有时被称为"文件抽屉问题"或"p 值黑客"。很简单，期刊更倾向发表新增加的知识，而不是展示大量积压的被驳斥的主张。在涉及统计推论时，这种情况会更加严重，因为分析师倾向于寻找显著的正面结果，而压制更常见的不显著或负面结果（Ioannidis，2005，2014; Lehrer，2010; Mirowski，2004a）。自 20 世纪 50 年代末以来，发表偏见就被明确讨论和谴责，但期刊似乎并未采取任何一致行动来抵消它。这对复制危机产生了直接影响，因为很明显，人们对发表成功的复制成果兴趣不大，而对发表失败的复制成果热情只高了一点点。在《纽约客》（New Yorker）的一篇声称"真相会消失"（The Truth Wears Off）的论文中，作者报道了心理学家乔纳森·斯库勒（Jonathan Schooler）的观点：

> 他说，我们浪费了太多时间去追逐那些糟糕的研究和动力不足的实验。目前对可复制性的"痴迷"分散了人们对真正问题的注意力，而真正的问题在于错误的设计。他指出，甚至没有人试图复制大多数科学论文——实在是太多了。（Lehrer，2010）

此外，情况似乎并没有好转。法内利从美国科学信息研究所基本科学指标数据库（ISI Essential Science Indicators）中收集了 1990—2007 年发表的 4600 篇声称"检验"了某种假设的论文。不仅所谓的"正面"研究结果在总数上以 70% vs. 30% 的比例超过了负面研究结果，而且在所涵盖的时期内，正面报告的总体频率上升了 22%（Fanelli，2012）。他对这一结果的解释是，研究正变得越来越不具有开拓性，或者研究结果产生和发表的客观性正在下降。

复制失败、撤稿率上升、统计数据失真等问题促使开放科学的支持者提出，科学期刊这一机构本身已经腐朽到无可救药的地步，需要采取完全不同的方法。在这里，改革派的立场几乎不知不觉地演变成了经济改革。因此，就复制性危机的深度展开的激烈辩论的结果之一，就是将建议的补救措施转向不同的商业模式，不仅包括出版，还包括同行评审过程。对不同科学构型的企业愿景往往唤起市场的魔力，以取代科学界数百年来的做法：

> 你不必重塑系统，只需稍作调整……如果你做得有成效，人们就会去做…… 开放科学资助者可获得更高的投资回报。（Effective Altruism Global，2016）

迈克尔·尼尔森（Michael Nielsen）可能是开放科学最重要的宣传者，他同样对商业化改革方法大加赞赏："人类放大集体智慧的最强大工具之一就是市场体系。"[①]（Nielsen，2012）由于许多科学家被开放科学运动所吸引，因为他们认为这是对旧的商业模式的放弃，因此最重要的是要准确理解开放科学的倡导者所设想的将取代当前科学组织体系的是什么。[②]

在当前的环境下，解决复制危机以及几乎所有其他科学问题的首选灵丹妙药是通过社交媒体式的互联网平台来提高"透明度"。有时，其倡导者暗示这种平台将逐渐取代期刊，而其他人则想象一个没有任何老式期刊的世界。例如，e-Biomed 和 PLOS 的先驱之一艾森等明确提出，我们最终应该取消期刊，转而采用完全开放的预印本和出版后同行评审制度（Eisen & Vosshall，2016）。另一些人则想象出一种完全不同的科学论文，一种盒装工具包，包含文本、数据、程序和参考文献，类似于"朱庇特笔记本"（Jupyter notebook）[③]（Somers，2018）。其他人则有着更大的野心。一些早期创业者公开倡导"科学界的脸书"，这开始揭示出生产平台的争夺是如何从社交媒体的早期发展中获益的（Hearn，2016; Lin，2012）。[④]另一些创业者则鼓吹"Match.com 与亚马逊合作开展公民科学"（Cavalier & Kennedy，2016）。他们以提高透明度为前提，并将其改写为一种彻底合作研究的新模式，从根本上消解了作者的角色（Huebner et al.，2017）。现代开放科学运动的趋势是对科学进行完全公开的再造，从研究项目最初的不成熟准备阶段到最终的

---

① 尼尔森承认，最近的一些开放科学项目失败了，因为许多项目采用了"非常规手段达到常规目的"，解决办法是新自由主义的"改变激励机制"。见 https://www.ted.com/talks/michael_nielsen_open_science_now/discussion。

② 更多信息，参见 Hammarfelt et al.，2016; Lehrer，2010; Lin，2012; Nielsen，2012;Oransky & Marcus，2016; Trask & Lawrence，2016; Weinberger，2012。

③ 译者注：朱庇特笔记本（此前被称为 IPython notebook）是一个交互式笔记本，本质是一个 Web 应用程序，支持运行 40 多种编程语言，便于创建和共享程序文档，支持实时代码、数学方程、可视化和轻量级标记语言（markdown）。其用途包括数据清理和转换、数值模拟、统计建模、机器学习等。

④ 在我开始这个研究项目很久之后，我震惊地发现其中一个项目是我自己的大学：https://www.youtube.com/watch?v=enohoM6cBww。

成果传播和评估。如表 2 所示，这意味着项目的方方面面都将在线进行，从最早的文献调查式初步阅读，到利用研究人员自己或其他科学家制作的开放数据集，到其他人对研究方案的实时评论，到上传到预印本服务器的报告草案，到准期刊的在线出版，再到最终草案在网上发布后继续进行的广泛同行评审。早在 2010 年，人们就在设想这种情况会零散地发生，比如说，像 arXiv 这样的独立预印本服务器会发挥一个存储库的功能，而像 PubPeer[①] 这样的独立网站可能会促进与特定论文相关联的批评性评论，并将其合并为免费的半同行评审。正如一位支持者所说，"开放科学正试图修复由过去的实践所造成的历史性知识垄断"（Piper，2017）。垄断是罪魁祸首，但似乎没有市场的影子。但问题依然存在：如果没有政治意识形态的保证，为什么会有人相信任何这种拼凑起来的制度会行得通呢？

表 2　开放性概览

年份	参考书目	数据	工作笔记	草稿纸	论文	对他人作品的评论
2010	不公开	不公开	不公开	半公开	公开	只有间接的
2030	公开	公开	公开	公开	公开	每个阶段都公开

六、平台资本主义与开放科学相遇；浪漫接踵而至

这个"崭新的世界"（Brave New World）最重要的一点是，我们要明白为什么它的拥护者会相信，在一拨拨无知的多管闲事者的簇拥下，这样一个草率的、不完整的、自下而上的系统，除了产生白噪声，还能产生什么。科学 2.0 的拥护者喜欢引用"只要有足够的洞察力，所有的错误都是肤浅的"这句训诫，但这是假定所有的科学都只是一种工具性的任务，类似于软件的构建。在这里，我们必须重新增加一些背景，并坚持政治本体论的主流叙事，使这一革命性项目具有合理性，以及使其成为现实的一套新的经济结构。

人们可能对现代大学的科学现状感到不满，但正如我在《科学市场》（*Science-Mart*）一书中详细论证的那样，当前的这种苦恼很大程度上源于

---

① 译者注：PubPeer 是一个允许学者进行出版后同行评审的在线平台。

过去 30 年来大学部门脱离国家、使教学和研究更加顺应市场激励机制的协同政治项目，从而摒弃了洪堡主义的教化理念和对文明的文化价值的保护（Mirowski，2011）。新自由主义将"市场是人类已知的最卓越的信息处理器"作为其第一条戒律。[1] 任何个人掌握的知识（在这一结构中）都是微弱的、具有欺骗性的，没有人能够理解市场价格所包含的信息量。因此，专家（和科学家）不应得到太多的尊重，因为市场最终会将他们降低到与业余爱好者相同的认识水平。这被某些人称为"群众的智慧"。新自由主义者提出了知识民主化，但这是在一种奇怪的意义上：每个人都应该平等地跪拜在市场面前，然后市场会在适当的时候为他们提供真理。

本文所描述的现代科学的病症和危机在很大程度上是由新自由主义的倡议造成的。正是新自由主义智库在民众中煽起了不信任科学的火焰，才导致了当前的困境，奥雷斯克斯和康韦等引起了我们的注意。他们指出，是新自由主义者为加强知识产权提供了理由；是新自由主义者在国家资助研究和国家为公共利益提供大学研究成果之间制造了裂痕；是新自由主义的管理者开始将大学分割成"摇钱树"（cash cows）和亏损学科（loss leader disciplines）；是新自由主义的企业官员试图将临床试验从学术健康中心转移到合同研究组织，以便更好地控制所产生数据的披露或不披露（Oransky & Conway，2011）。在一些大学，如果学生想了解教师创业的奥秘，必须签署保密协议。如今的成功已不再是你知道什么的问题；相反，成功在于你是否有能力将自己定位为已知知识的守门人。知识无处不在，但到处都是围墙、法律禁令和高高的市场壁垒，只有那些有幸进入现代科学圈子的富豪才能突破这些壁垒。此外，对市场作为真理终极仲裁者的信仰，通过公布负面结果和重复研究方案的需要，放松了对知识进行更有意识的审查的束缚。难怪复制性研究变得如此令人生畏。摆脱这些束缚，让市场为我们做主的迫切愿望是可以理解的。

---

[1] 有大量文献对新自由主义的理论和历史进行了争论，在此，我们必须略过这些文献。关于新自由主义政治学和经济学的详细讨论，见 Mirowski（2013）。关于新自由主义科学，请参见 Kansa（2014）、Pinto（2015）、Tyfield（2013）、Lave et al.（2010）以及 Tyfield et al.（2017）中的相关章节。

　　具有讽刺意味的是，尽管科学事业的这种僵化在很大程度上可以首先归咎于之前的新自由主义"改革"，所提出的补救措施却是以"开放科学"之名加倍推行新自由主义政策。对于大多数在职科学家来说，"新自由主义"的概念似乎是一个模糊不清的抽象概念，他们在日常生活中所面对的，是一种通常被称为"平台资本主义"的东西。开放科学越来越多地由一些网站来推广和组织，这些网站表面上以免费服务为基础，但实际上是以营利为目的的公司，旨在实现表 2 所示的一个或多个活动单元。正如斯尔尼塞克等所解释的，这是一种新颖的公司结构，它利用网络效应和大规模数据收集以及名义上的免费劳动力，最终在其工作领域取得垄断地位（Srnicek，2017；Pasquale，2016）。[1] 我们已经注意到其中一些平台想成为"科学界的脸书"的野心，原因之一是脸书与谷歌、优步（Uber）和爱彼迎（Airbnb）一样，提供了平台资本主义概念的证明之一（Hall，2016）。科学平台利用了专业人士和业余爱好者希望以某种形式参与科学研究的愿望。

　　如今的现代科学不仅是促进"参与"，还充斥着各种专有网站，旨在从根本上彻底改造研究过程。互联网初创公司在网络上比比皆是，这也是推动和占领新的电子领域的早期阶段。Academia.edu、Mendeley[2] 和研究之窗（ResearchGate）都在努力培养人工研究社区，以吸引远道而来的研究人员讨论和批评早期阶段的研究课题。欧洲核子研究中心建立了 Zendor，以规范早期研究产品的共享。Open Notebook 和 Open Collaborate（以及微软失败的 myExperiment.org）都是公开组织早期阶段研究的平台，甚至达到了进行"虚拟实验"的程度。而 Kickstarter 和 Walacea 等网站则提供了寻求研究支持的其他模式。还有一些号称"公民科学"的网站，如 SciStarter.com，吸引非科学家从事远程劳动，处理可以泰勒化（Taylorized）和自动化的数据——SETI@home 和 Foldit 就是经常被引用的例子。甚至还有公民科学目录网站，

---

① Srnicek（2017）有助于将平台分解为不同的收入提取形式。媒体研究中有大量文献详细论述了互联网平台的结构，参见 Helmond（2015）和 Plantin et al.（2018）。

② 译者注：Mendeley 是一款免费的跨平台文献管理软件，同时也是一个在线的学术社交网络平台。

允许用户搜索他们可能想参与的不同类型的项目。[①]

与此同时，还有大量的平台可用于出版管理和控制多个"作者"对研究成果的修改，其中大多数都是专有的，并且被严格控制，这与物理学预出版网站 arXiv.org 形成了鲜明对比。事实上，在临床试验中，大多数合同研究组织都是围绕此类专有平台建立的。一个新兴的初创领域是培育出版后平台，利用所谓的替代计量学对各领域的论文进行评估和排名，有时还结合整理后的无偿评论，如 Faculty of 1000 网站。科学交流（Science Exchange）、Transcriptic 和翡翠云实验室（Emerald Cloud Lab）等公司试图将实际的（主要是生化或临床）实验室程序在线自动化，以便更好地将研究过程外包化和碎片化，并在名义上使复制变得相对容易。虽然不同的平台都旨在将社交媒体的概念应用于研究过程中某些受限的子集——例如，类似博客的无重点的主题搜索、研究方案的早期制定、资金安排、实验室的虚拟化、稿件撰写和修改的中间阶段、发表后的评估——但社交媒体的概念并不局限于这些子集、或发表后的评估——不需要太多想象力就能预见到，一旦市场发生变化，某个平台最终在某些科学领域的关键环节占据了竞争优势，谷歌或其他类似的企业实体，或国家支持的公私合作伙伴就会凭借雄厚的资金，将各个环节整合到一个庞大的专有科学 2.0 平台中。到那时，谁不想拥有大部分现代科学研究的必经之路呢？科学企业家维特克·特拉斯克（Vitek Trask）已经勾勒出了一个完全整合的在线研究平台的轮廓（Trask & Lawrence，2016）。名为"罗宁研究所"（Ronin Institute）的组织提出了另一项建议，认为"如果学术界和非营利部门也能像营利性初创企业一样充满活力，那么开放获取和开放数据就能发挥更大的作用"（Lancaster，2016）。正如许多科学重组的创业主角所承认的那样，脸书是他们的宝藏之星和灵感源泉。

表 2 背后的愿景大多假定，一旦扫除了一些令人讨厌的障碍，科学数据本质上是可替代的。莱昂内利的一些研究已经证明，这种关于开放数据本质的印象是虚幻的（Leonelli，2016；Leonelli et al.，2015）。开放科学的拥护

[①]　一些示例参见 https://ccsinventory.wilsoncenter.org/ 和 https://scistarter.com/。

者喜欢庆祝"数据共享"；莱昂内利则反驳说，根本不存在这样的事情。如果没有专门的管理者及其附属的数据联盟，如开放生物学本体联盟（Open Biology Ontology Consortium），现代数据永远不会走出实验室。任何数据库都不可能包含"一切"，所有管理员都会选择他们认为最可靠或最有代表性的数据。此外，这些联盟还具有不可推卸的政治性，因为它们为监管者（curators）制定协议，并促进共同目标和程序上的最佳实践。这涉及子领域之间的微妙谈判，更不用说多语种监管者了。此外，如果你了解网络的幂律特性，那么监管者就必须努力吸引数据捐献者，这样他们才能迅速成长为其辖区内一两个占主导地位的存储库。这是平台资本主义的第一条戒律。因此，监管者可能必须预测数据的用途（以及研究项目），而这些用途可能还不存在，并相应地调整他们的程序。如果他们在任何一个环节出了差错，那么他们的存储库就可能"失败"，因为基金会和其他资助者会要求受资助者自负盈亏。数据是中介机构的产物，或者正如莱昂内利所写，这些"数据没有固定的信息内容"，而且"数据本身并不具有真理价值"。开放科学的拥护者忽略了他们在多大程度上定义了数据在科学 2.0 中的实际意义，这让任何认为数据可以毫不费力地从其生成者和管理者中分离出来的人都会有所顾虑。

福柯的读者会意识到，将新自由主义传播到日常生活中的关键在于将个人重塑为自我企业家。脸书等技术已经在那些一生中从未读过一页弗里德里希·哈耶克（Friedrich Hayek）著作或政治理论的青少年中培养了新自由主义关于"人"的概念（Mirowski，2013；Gershon，2017）。新颖的开放科学平台为科学界注入了新自由主义的思想市场形象，而科学界的参与者可能并不太关注当代政治经济。例如，这些项目都着眼于将个人完全识别为知识生产的中心，甚至为每位参与者设置了唯一的在线标识符，从而将整个平台和模块化项目的记录联系起来。科学研究的公共性被一笔勾销。新模式下的科学家应该从一个研究项目转到另一个研究项目，从而建立自己的"人力资本"。科学家被引入一个准市场，该市场通过一系列衡量标准、分数和指标不断监测他们的"净值"：H 指数、影响因子、同行联系、网络关系等。定期的电子邮件通知会不断提醒你，让你将这些验证内化，并学会如何利用它们给自已带来优势。不需要管理者的直接参与，因为人们会自动学会将这些看似客观的市场估值内在化，并放弃（比如说）对一系列观点或特定研究项目的顽固信念。只需友好的在线机器人稍加提示即可。

关于开放科学运动，还有另一个奇怪的方面，对新自由主义项目的更普遍的理解可以揭示这一点。正如我在其他地方解释过的，新自由主义被一系列固有的"双重真理"（double truths）所困扰（Mirowski，2013）：开放"从来就不是真正的开放"；"自发秩序"是由严格的政治管制带来的；一场推崇理性的运动积极地助长了无知。科学与技术研究领域的一些敏锐研究成果（Ritson，2016）已经强调了开放科学运动早期版本中的第一个双重真理。物理学预出版服务 arXiv 经常被称赞为开放科学概念的证明，但这恰恰忽略了其冲突和悬而未决问题的实际历史。arXiv 成立于 1991 年，迅速成为首选网站，每年接收 7.5 万篇新论文，每周为约 40 万名不同用户提供约 100 万次全文下载服务（Ginsparg，2011）。arXiv 的增长是线性的，吸引了数学、天体物理学和计算机科学领域的论文。

在这一连串的成功中，人们忽略了 arXiv 并非完全"开放"的程度。这些问题仅在金斯帕格的论文中有所暗示：

> 同样，由于成本和人力开销，arXiv 无法实施传统的同行评审。即使是对收到的预印本进行最低限度的过滤，以保持基本的质量控制，也需要大量的日常行政工作。收到的摘要由志愿者外部主持人粗略浏览，以确定是否适合其主题领域，包括文本分类器在内的各种自动过滤器会对有问题的稿件进行标记……主持人（Moderators）的任务是确定哪些稿件可能会引起其社区的兴趣，有时他们不得不确定什么是科学？在这一点上，arXiv 无意中成了研究人员的认证机构，就像科学引文索引（Science Citation Index）通过制定收录标准成为期刊的认证机构一样（Ginsparg，2011）。

尽管金斯帕格（Ginsparg）试图将其视为仅仅是后勤管理问题，但 arXiv

一直受到压力的困扰，它必须充当合法知识的验证者，即控制其名义上的"开放性"。这个问题在 2005—2007 年所谓的"弦理论大战"（string theory wars）中暴露无遗（Ritson, 2016）。简而言之，arXiv 在 2005 年引入了"引用"（trackback）功能，使博文作者可以在 arXiv 的论文摘要页面插入博文链接。这是 arXiv 融入更大的开放科学平台的开端，具有平台资本主义的特征，将档案功能与思想评价联系起来。物理学界奋起反抗这种改革，这暴露了他们对将博客整合到永久的学术交流体系中的恐惧。实际上，没有一个可接受的标准来区分哪些人有权发表评论，哪些人需要被排除在外。不同的研究团体对辩论的形式和规程持不同的态度，这只会使问题更加严重。有人曾多次试图严格限制引用功能，以防止 arXiv 成为更大的开放科学平台的核心组成部分。新自由主义的回应是：学科界无权决定开放的"终点"。

开放科学运动的另一个主要灵感源自在线游戏。只要花一点时间在 FoldIt[①]、Mendeley 或研究之窗上，就会意识到伴随着网络游戏成长起来的一代人是如何被这些网站所吸引的。现在有大量文献涉及平台资本主义中的"游戏化"现象：即把在网络游戏制作中学到的设计原则应用到通常不被认为是游戏的任务中（Hamari et al., 2014；Hammarfelt et al., 2016；Hunicke et al., 2004）。游戏化的一些要素包括叙事、个人挑战、友谊、发现、表达和提交，其中许多动机已被视为科学研究过程的组成部分。与之平行的核心是将研究活动再加工为"声誉"，然后将其作为一种替代指标，通过这种指标与其他"玩家"进行合作或竞争。内置的触发器激发了人们不断进步的欲望，并塑造了自己的形象，使之更符合游戏规则。在许多网络游戏中，生活被视为不稳定的，因此对于那些不愿意关注分数和信号的人来说，科学生涯也变得不稳定。因此，"开放性"的口号成了游戏的代名词，以及对平台发出的

---

① 译者注：FoldIt 是一个实验性的蛋白质折叠电子游戏，由华盛顿大学的计算机科学和工程学系与生物化学学系联合共同开发。FoldIt 提供一系列教程，让用户试着操纵简单的类蛋白质构造，并定期更新以真实蛋白质结构为基础的谜题。该进程让用户只要利用工具辅助解谜，就能够得出实际的蛋白质模型。每当结构被变动，一个"分数"会根据折叠的完善程度给出。Foldit 用户可以创立加入小组，分享各自的方案。也有小组高分榜。

市场信号做出灵活反应的代名词。只有在平台允许的结构化活动中，自己的观点才会成为现实，最终，真理本身与量化评分混为一谈。

这让我们回过头来看开放的"版本"，它可能最先吸引了这场运动的关注，即对爱思唯尔、施普林格、威利，以及泰勒与弗朗西斯等大型出版公司拥有的利润丰厚的现有传统科学期刊的反叛（Odlyzko，2015）。2012年，在"知识成本"（Cost of Knowledge）运动中，爱思唯尔的期刊遭到了抵制，并倡议建立专门的网络替代期刊。然而，五年过去了，我们可以看到反叛的结果如何。首先，抵制"知识成本"运动基本上宣告失败，大部分承诺支持的人又回到了爱思唯尔出版公司（Heyman et al.，2016）。其次，形形色色的企业家抓住机会创办了自己的网络期刊，而且往往是以营利为目的，目前的网络空间充斥着大量可疑的虚拟出版企业。与"占领运动"一样，开放获取运动也陷入了被对手击败的政治困境。

许多观察家转而认为，所谓的开放获取已经演变成了新自由主义的对立面：

> 我们认为，开放获取与其说是商业化学术研究的替代选择，不如说是新自由主义政策的道德掩护……开放获取不仅没有成为抵制企业出版商贪婪的道德力量，反而暴露了增加收入的新策略，比如收取作者付费的文章处理费，从500美元到5000美元不等。企业出版商将开放获取轻松融入其盈利模式的能力值得更多关注，尤其是当开放获取在数字媒体学术交流中占据主导地位时。2013年，英国研究理事会（Research Councils UK，RCUK）授权实施一项政策，使英国所有由政府支持的研究都可以免费在线获取，这一举措就体现了这一点。（Anderson & Squires，2017）

七、未来已来

任何认为这些开放科学计划的存在都是为了让公众更容易获取科学知识，让研究更符合科学家的意愿，都是转移视线的伎俩和不着边际的自欺欺人。开放科学之于传统科学，就如同"在线教育"之于大学教育：两者的首要目标都不是认真启迪公民。重提我们前面的内容，这并不是开放科学要直接解决的问题。事实上，如果推断科学 2.0 是由某种技术需要驱动的，以"改进"科学，那就大错特错了；相反，它寻求的是最大限度地揭示数据，以此作为最终货币化的手段。令人着迷的是，在试图摆平这个圈子的过程中，许多开放科学的先知不自觉地引用了弗里德里希·哈耶克（Friedrich Hayek）和卡尔·波普尔（Karl Popper）这两位最关注重新思考知识政治的朝圣山学社（Mont Pelèrin Society）① 早期成员的观点（Mirowski，2018；Nielsen，2012）。表 3 总结了这一领域的每一项互联网创新，其目的都是进一步将新自由主义的市场组织方式强加于科学家个人之前的一些私人特立独行的实践。忘掉哈耶克和"自发组织"的童话吧，这个新秩序是商业计划、战略干预、创造性破坏和知识作为商品的神化的产物。平台资本主义有一个逻辑：激进的合作使消失的作者失去技能，消解任何连贯的"作者身份"概念（Huebner et al.，2017），并且不可避免地倾向以利润的名义进行垄断。

表 3　科学平台概览

主体	产生兴趣	准备阶段	研究方案	评论	出版	出版后
普通科学家	Academia. edu; Blogs, ResearchGate; LinkedIn	Open notebook; Mendeley; Colwiz	Emerald Cloud; Science Exchange	arXiv; Zenodo	Frontiers. org; eJournals	Academia. edu; PeerJ; PubPeer
资助者	OSSP	Kickstarter; Walacea	NIH Open Source; Hivebench	Zenodo; Pub management	Altmetrics; F1000 Gates platform	Open access commentary
竞争型科学家	ResearchGate; Twitter	Polymath; Mendeley; EU OS Cloud	Open data; Pure; EU OS Cloud	Zenodo; PubPub	Publons; Peerage of science	Fac of 1000

① 译者注：朝圣山学社是由哈耶克于 1947 年 4 月发起成立的一个新自由主义学术团体。

主体	产生兴趣	准备阶段	研究方案	评论	出版	出版后
旁观者科学家	Twitter; Blogs	Open collaborate; ScienceMatters	Virtuallabs; Vlab.co.in		Thinklab; Open comment	Blogs; Clarivate
局外人公民	Wilson Ctr CS	SETI@hom; Foldit	DIY bio; zooniverse	Publication managers		
乱出主意的人（Kibitzers）	Twitter		Open source software			Blogs

关于科学 2.0 的早期电子呈现（electronic manifestation），新自由主义究竟是什么？让我来分析一下其中的可能性。首先，开放式研究平台的激增主要是从属于将研究过程分解为相对可分离的组成部分的项目，以追求其合理化——这首先意味着削减成本。通过将部分任务去技能化（通过公民科学或 Mechanical Turk 等工具）和其他任务自动化（发布替代计量学、向网络爬虫提供大数据、创建虚拟实验室）等中介手段来实现。Open Notebook 允许外部人员自由参与项目准备工作。捕捉免费捐赠的劳动力，然后将其转化为专有知识产品，就好比捕捉社交媒体中自由提供的个人数据。Hivebench[①] 提议将数据管理从科学家手中解放出来。与此同时，ScienceMatters 试图吸引科学家向不透明的数据管理者免费捐赠他们的数据集，无论其规模有多小。"出版"本身变得支离破碎，分散在许多不同的网站上，促进了激进的合作。从 Publons（记录你的同行评审活动，并以"优点"的形式颁发小金星）到 Peerage of Science（实际上是通过现金奖励来评估同行评审的质量），存在许多量化或改变同行评审过程的计划（见 Ravindran，2016）。此后，Faculty of 1000 招募了"思想领袖"对已发表的论文进行事后评估（尽管并没有试图阻止报告中的"幽灵作者"）。在我们的开放科学碎片化表格中，这些平台

---

① 译者注：Hivebench 是拥有数百年历史的爱思唯尔（Elsevier）出版集团从 Shazino 公司收购的电子实验室笔记本，能够替代纸质笔记本并提供安全高效的数据存储。

各占一格。

麻省理工学院在一个名为 PubPub 的平台上实现了知识的极端非实体化。该平台设想，任何东西———一些数据、一些文本、一幅图像、一个方程式——都可以输入一个大型平台，每个实体都有一个附加的 DOI 标识。把这些实体都称为"blob"。然后，任何人（媒体实验室建议称其为"数据驱动的公民科学"）都可以登录该系统，以无限制的变异方式将 blob 与其他 blob 连接起来。这就是所谓的"合作"。不过，这也许有误导之嫌，因为"作者"完全消失了，"出版"没有最终确定性。你所拥有的只是一个大圆球（big blob），就像 20 世纪 50 年代的科幻噩梦。

因此，科学 2.0 逐步剥夺了科研人员的自主权。事实上，"幽灵作者"是开放科学的必然结果。第一，新自由主义科学蔑视那些固守自己选择的学科专业或知识灵感的科学家，认为如今需要的是灵活的工作者，他们可以根据市场的信号，随时放弃研究项目，转向跨学科领域。Kickstarter 或美国国家卫生研究院最近的创新都体现了科学资助的短期性，而这恰恰表达了这种必要性。第二，许多此类平台的卖点不仅是为相关科学家提供直接服务，在研究的每一个阶段，它们都为外部第三方提供评估、验证、品牌推广和监督研究计划的能力。这正是平台资本主义新模式的精髓所在。它们名义上的"开放性"构成了对研究过程进行近乎实时监控的理想环境，是科学的"全景监控"（Panopticon of Science），可以像脸书提供对消费者行为的实时监控一样进行翻转和出售。第三，"科学 2.0"的拥护者们已经远远超越了对专利等知识产权的个人占有的日常关注。他们（与微软、谷歌、优步等公司一样）已经认识到，控制平台的公司最终将主导整个行业。微软学会了与开源共存，亚马逊出租云计算，谷歌"赠送"谷歌学术（Newfield, 2013）。未来的科学 2.0 之王不会仅仅是一个专利巨头，不会寄生于那些真正从事专利工作的公司，它也不会被这里或那里的一些强制性开放数据档案或政府名义上的开放出版要求所干扰。相反，它将成为任何商业实体的必经之路，这些实体都想知道特定科学的研究前沿现在在哪里，并且必须付费来影响和控制这一前沿。

这场争夺"平台之王"、掌控开放科学未来的竞赛已经开始。如表 3 所示，未来已经来临。

科学"优步化"（Uberization）的梦想比大多数人意识到的要远得多。当一些学者仍停留在空中楼阁的幻想中时，各种大公司正在定位自己，将表3中的所有功能打包成一个大的专有平台。2016年8月30日，美国专利局发布了题为"在线同行评审和方法"的第9430468号美国专利。该专利的所有者正是以营利为目的的大型出版商爱思唯尔（Elsevier）。该专利的基本要点是描述了在计算机程序上组织和实施同行评审的过程。

当然，如果期望将同行评审的整个概念作为知识产权，那就太狂妄自大了，但这也许并不是爱思唯尔的真正目的。专利局至少三次驳回了这项专利，但根据美国法律中的无限重来规则，爱思唯尔不断缩小权利要求的范围，直到规定通过审查。该专利确实包括一个自动化的"瀑布模型"（waterfall process），在这个流程中，被拒绝的论文会立即按照推荐的顺序被投递到另一家期刊。它还兼容各种不同格式的"审稿人"输入。与其说这是一款独立的自动同行评审设备，不如说它是面向某些机构，如营利性出版管理机构的投稿管理器（Hinchliffe，2017；Sismondo，2009）。

在开放科学的崭新世界中，平台输入可能有多种形式。一些研究人员已经在探索自动同行评审：使用自然语言生成器生成似是而非的研究报告，并使用一些更加非常规的评估输入（Bartoli et al.，2016）。其中一种输入的构建着眼于可复制性危机：采用标准化数据集和研究协议，并通过机器人实验室进行自动复制。这绝非科幻小说，目前已经有两家营利性公司，Transcriptic 和翡翠云实验室（Emerald Cloud Lab），把自己定位为在一个更加自动化和简化的开放科学平台上提供这项服务的公司（Wykstra，2016）。

但科学2.0的真正雏形只有商业媒体才能追踪到。一旦掌握了开放科学的组成模块名册，人们就会学会寻找平台资本主义正在进行的大整合浪潮。2016年，Web of Science 的所有者将该部门分拆给一家私募股权公司收购，并将其更名为"Clarivate Analytics"。2017年，科睿唯安（Clarivate）收购了Publons，理由是它现在可以向科学资助者和出版商出售"定位同行评审员、寻找、筛选和联系他们的新方法"（van Noorden，2017）。与此同时，爱思唯尔 2016 年先是收购了 Mendeley（脸书式的共享平台），随后又吞并了社会科学研究网络（Social Science Research Network），这是一家在社会科学领域具有强大代表性的预印本服务机构（Pike，2016）。2017 年，爱思唯尔收购了伯克利经济出版社（Berkeley Economic Press）以及 Hivebench 和 Pure；爱思唯尔现在自称是全球第二大"开放获取"论文出版商。2017 年，拥有并运营与 Faculty of 1000 相关平台的 F1000 公司与盖茨基金会和惠康开放研究（Wellcome Open Research）合作，将医学研究的开放同行评审和出版整合到一个平台结构下，以便更好地整合上游资助者和出版渠道（Enserink，2017）。在这里，我们看到名义上的慈善基金会与营利性公司合作，共同打造"一统天下"的平台。

参考文献：

Anderson, T., Squires, D.（2017），Open access and the theological imagination. Digital Humanities Quarterly, 11,（4）.

Austin, C.P., Brady, L.S., Insel, T.R., et al.（2004）. NIH molecular libraries initiative. Science, 306,（5699）,1138–1139.

Baker, M., Penny, D.（2016）. Is there a reproducibility crisis? Nature, 533,452–453.

Banobi, J., Branch, T.A., Ray, H.（2011）. Do rebuttals affect future science? Ecosphere, 2（3）,Article 37.

Bartoli, A., DeLorenzo, A., Medvet, E., et al.（2016）. Your paper has been accepted, rejected, or whatever: Automatic generation of scientific paper reviews. In: International conference on availability, reliability, and security, Salzburg, 31 August 2 September 2016, 19–28. Cham: Springer.

Brown, W.（2015）. Undoing the Demos. New York: Zone Books.

Burgelman, J–C., Osimo, D., Bogdanowicz, M.（2010）. Science 2.0（change will happen…）. First Monday, volume 15, issue 7. Available at: http://firstmonday.org/ojs/index.php/fm/article/view/2961/2573.

Cavalier, D., Kennedy, E.（2016）. The Rightful Place of Science: Citizen Science.

Tempe, AZ: Arizona Consortium for Science, Policy and Outcomes.

CNRS. (2016). Open science in a digital republic (Open Edition Books). Available at: http://books.openedition.org/oep/1647 (accessed 8 March 2018).

Daley, M.F., Glanz, J.M. (2011). Straight talk about vaccination. Scientific American, 1 September. Available at: http://www.scientificamerican.com/article/straight-talk-about-vaccination/ (accessed 1 March 2018).

Daston, L. (1994). Historical epistemology. In: Chandler JK, Davidson AI and Harootunian HD (eds) Questions of Evidence: Proof, Practice, and Persuasion across the Disciplines. Chicago, IL: University of Chicago Press, 282–289.

Dewey, J. (1927). The Public and Its Problems. New York: Holt.

Dewey, J. (1984). The Later Works, 1925–1953, volume 5. Carbondale, IL: Southern Illinois University Press.

Didier, E., Guaspare-Cartron, C. (2018). The new watchdogs' vision of science: A roundtable with Ivan Oransky (Retraction Watch) and Brandon Stell (PubPeer). Social Studies of Science, 48, (1),165–167.

Economist. (2013). How science goes wrong, 19 October. Available at: https://www.economist.com/news/leaders/21588069-scientific-research-has-changed-world-now-it-needs-changeitself-how-science-goes-wrong (accessed 8 March 2018).

Effective Altruism Global (2016). The replication crisis. Available at: http://library.fora.tv/2016/08/06/the_replication_crisis (accessed 8 March 2018).

Eisen, M., Vosshall, L.B. (2016). Coupling pre-prints and post-publication peer review for fast, cheap, fair, and effective science publishing. Asapbio, 5 February. Available at: http://asapbio.org/coupling-pppr (accessed 4 March 2018).

Enserink, M. (2016). In dramatic statement, European leaders call for 'immediate' open access to all scientific papers by 2020. Science News, 27 May. Available at: http://www.sciencemag.org/news/2016/05/dramatic-statement-european-leaders-call-immediate-open-access-allscientific-papers.

Enserink, M. (2017). Science funders plunge into publishing. Science, 31 March, 1357.

Fanelli, D. (2012). Negative results are disappearing from most disciplines and countries. Scientometrics, 90, (3), 891–904.

Fanelli, D. （2013）. Why growing retractions are（mostly） a good sign. PLoS Medicine, 10, （12）, e1001563.

Fang, F.C., Casadevall, A., Morrison, R. （2011）. Retracted science and the retraction index. Infection and Immunity,79, （10）,3855–3859.

Forman, P. （2007）. The primacy of science in modernity, of technology in postmodernity, and ideology in the history of technology. History and Technology,23, （1–2）, 1–152.

Forman, P. （2012）. On the historical forms of knowledge production and curation. Osiris, 27, 56–97.

Funk, C., Rainie, L. （2015）. Public opinion about food. Pew Research Center. Available at: http://www.pewinternet.org/2015/07/01/chapter–6–public–opinion–about–food/（accessed 1 March 2018）.

Gauchat, G. （2012）. Politicization of science in the public sphere. American Sociological Review, 77,167–187.

Gauchat, G. （2015）. The political context of science in the United States: Public acceptance of evidence– based policy and science funding. Social Forces,94, （2）,723–742.

Gershon, I. （2017）. The quitting economy. Aeon, 26 July. Available at: https://aeon.co/essays/howwork–changed–to–make–us–all–passionate–quitters（accessed 4 March 2018）.

Gillespie, T. （2010）. The politics of platforms. New Media & Society, 12, （3）,347–364.

Ginsparg, P. （2011）. ArXiv at 20. Nature, 476, （7359）,145–147.

Grand, A., Wilkinson, C., Bultitude, K., et al. （2012） Open science: A new "trust technology"? Science Communication, 34, （5）,679–689.

Hacking, I. （1992）. 'Style' for historians and philosophers. Studies in History and Philosophy of Science Part A, 23, （1）,1–20.

Hall, G. （2016）. The Uberfication of the University. Minneapolis, MN: University of Minnesota Press.

Hamari, J., Koivisto, J., Sarsa, H. （2014）. Does gamification work? A literature review of empirical studies on gamification. In: Proceedings of the 47th Hawaii international conference on system science, Waikoloa, HI, 6–9 January, 3025–3034. New York: IEEE.

Hammarfelt, B., de Rijcke, S., Rushforth, A.（2016）. Quantified academic selves: The gamification of research through social networking services. Information Research, 21,（2）.

Hearn, A.（2016）. A war over measure? Toward a political economy of research metrics. The Royal Society. Available at: https://youtu.be/srN1cFQAu6c（accessed 8 March 2018）.

Helmond, A.（2015）. The platformization of the web: Making web data platform ready. Social Media+Society, 1,（2）,1–11.

Heyman, T., Moors, P., Storms, G.（2016）. On the cost of knowledge: Evaluating the boycott against Elsevier. Frontiers in Research Metrics and Analytics 1（7）. DOI: 10.3389/frma.2016.00007.

Hinchliffe, L.J.（2017）. Making a few Elsevier predictions. Available at: https://lisahinchliffe.com/2017/02/06/elsevier–predictions/（accessed 4 March 2018）.

Huebner, B., Kukla, R., Winsberg, E.（2017）. Making an author in radically collaborative research. In: Boyer T, Mayo–Wilson C and Weisberg M（eds）Scientific Collaboration and Collective Knowledge: New Essays. Oxford: Oxford University Press, 95–116.

Hunicke, R., LeBlanc, M., Zubek, R.（2004）. MDA: A formal approach to game design. In: Proceedings of the AAAI workshop on challenges in game AI, Palo Alto, CA. Available at: https://www.cs.northwestern.edu/~hunicke/MDA.pdf.

Ioannidis, J.（2005）. Why most published research findings are false. PLoS Medicine, 2,（8）,e124.

Ioannidis, J.（2014）. How to make more published research true. PLoS Medicine, 11,（10）,e1001747.

Kansa, E.（2014）. It's the neoliberalism, stupid: Why instrumentalist arguments for open access, open data, and open science are not enough. Available at: http://blogs.lse.ac.uk/impactofsocialsciences/2014/01/27/its–the–neoliberalism–stupid–kansa/（accessed 8 March 2018）.

King, T.（2014）. Can open science help patients and save pharma? Available at:

https://opensource.com/health/14/6/can–open–science–help–patients–and–save–pharma（accessed 8 March 2018）.

Kornfeld, D., Titus, S.（2016）. Stop ignoring misconduct. Nature, 537,（7618）,29–30.

Krohn, T.（2012）. Disruptive innovation in pharma–Time to get on board! The Conference Forum,11 October. Available at: http://theconferenceforum.org/disruptive-innovations/disruptiveinnovation–in–pharma–time–to–get–on–board/（accessed 1 March 2018）.

Lancaster, A.（2016）. Open science and its discontents. Ronin Institute. Available at: http://ronininstitute.org/open–science–and–its–discontents/1383/（accessed 4 March 2018）.

Lave, R.（2012）. Neoliberalism and the production of environmental knowledge. Environment and Society,3,（1）,19–38.

Lave, R., Mirowski, P., Randalls, S.（2010）. Introduction: STS and neoliberal science. Social Studies of Science, 40,（5）,659–675.

Lehrer, J.（2010）. The truth wears off. The New Yorker, 13 December, 52–57.

Leonelli, S.（2016）. Data–Centric Biology. Chicago, IL: University of Chicago Press.

Leonelli, S., Spichtinger, D., Prainsack, B.（2015）. Sticks and carrots: Encouraging open science at its source. Geo, 2,（1）,12–16.

Lin, T.（2012）. Cracking open the scientific process. The New York Times, 16 January.

Marcus, A., Oransky, I.（2014）. What studies of retraction tell us. Journal of Microbiology & Biology Education, 15,（2）,151–154.

Maurer, S.（2007）. Open source drug discovery: Finding a niche（or maybe several）. UMKC Law Review, 76,405–435.

Mirowski, P.（2004a）. The Effortless Economy of Science? Durham, NC: Duke University Press.

Mirowski, P.（2004b）. The scientific dimensions of social knowledge and their distant echoes in 20th century American philosophy of science. Studies in the History and Philosophy of Science Part A,35,（2）,283–326.

Mirowski, P. (2011). Science–Mart: Privatizing American Science. Cambridge, MA: Harvard University Press.

Mirowski, P. (2013). Never Let a Serious Crisis Go to Waste: How Neoliberalism Survived the Financial Meltdown. London: Verso Books.

Mirowski, P. (2018). Hell is truth seen too late. Zilsel,13, (3).

Mody, C. (2011). Climbing the hill: Seeing (and not seeing) epochal breaks from multiple vantage points. In: Nordmann A, Radder H and Schiemann G (eds) Science Transformed? Debating Claims of an Epochal Break. Pittsburgh, PA: University of Pittsburgh Press, 54–65.

Mullard, A. (2017). 2016 FDA drug approvals. Nature Reviews Drug Discovery,16, (2),73–76.

Newfield, C. (2013). Corporate open source. Radical Philosophy,181,6–11.

Nielsen, M. (2012). Reinventing Discovery: The New Era of Networked Science. Princeton, NJ: Princeton University Press.

Odlyzko, A. (2015). Open access, library and publisher competition, and the evolution of general commerce. Evaluation Review,39,130–163.

OECD. (2015). Making open science a reality. Science, Technology and Industry Policy paper no. 25, 15 October. Paris: OECD.

Oransky, I., Marcus, A. (2016). The integrity of science II: Two cheers for the retraction boom. The New Atlantis,49,41–45.

Oreskes, N., Conway, E. (2011). Merchants of Doubt: How a Handful of Scientists Obscured the Truth on Issues from Tobacco Smoke to Global Warming. New York: Bloomsbury.

Pasquale, F. (2016).Two narratives of platform capitalism. Yale Law and Policy Review,35,309–319.

Pike, G. H. (2016). Elsevier buys SSRN: What it means for scholarly publication. Information Today 33 (6). Available at: http://www.infotoday.com/it/jul16/Pike–Elsevier–Buys–SSRN–What–It–Means–for–Scholarly–Publication.shtml (accessed 8 March 2018).

Pinto, M. F. (2015). Tensions in agnotology: Normativity in the studies of commercially driven ignorance. Social Studies of Science,45, (2),294–315.

Piper, A.（2017）. Is open science a neo-liberal tool? Here's why not. TXTLAB, 22 February. Available at: https://txtlab.org/2017/02/is-open-science-a-neo-liberal-tool-heres-why-not/（accessed 4 March 2018）.

Plantin, J-C., Lagoze, C., Edwards, P., et al.（2018）. Infrastructure Studies meet platform studies in the age of Google and Facebook. New Media & Society, 20,（1）,293-310.

Prinz, F., Schlange, T., Asadullah, K.（2011）. Believe it or not: How much can we rely on published data on potential drug targets? Nature Reviews Drug Discovery,10, 712.

Ravindran, S.（2016）. Getting credit for peer review. Science, 8 February. Available at: http://www.sciencemag.org/careers/2016/02/getting-credit-peer-review（accessed 4 March 2018）.

Reichman, M., Simpson, P.B.（2016）. Open innovation in early drug discovery: Roadmaps and roadblocks. Drug Discovery Today, 21,（5）,779-788.

Ritson, S.（2016）. Crackpots and active researchers: The controversy over links between arXiv and the blogosphere. Social Studies of Science, 46,（4）,607-628.

Robertson, M.N., Ylioja, P.M., Williamson, A.E., et al.（2014）. Open source drug discovery-A limited tutorial. Parasitology, 141,（1）,148-157.

Royal Society,（2012）. Science as an Open Enterprise. London: Royal Society. Available at: https://royalsociety.org/~/media/Royal_Society_Content/policy/projects/sape/2012-06-20-SAOE.pdf（accessed 1 March 2018）.

Sarewitz, D.（2016）. Saving science. The New Atlantis, 49,5-40.

Scannell, J., Blanckley, A., Boldon, H., et al.（2012）. Diagnosing the decline in pharmaceutical R&D efficiency. Nature Reviews Drug Discovery,11,（3）,191-200.

Sismondo, S.（2009）. Ghosts in the machine: Publication planning in the medical sciences. Social Studies of Science, 39,（2）,171-198.

Somers, J.（2018）. The scientific paper is obsolete. The Atlantic. April 5.

Srnicek, N.（2017）. Platform Capitalism. Cambridge: Polity Press.

Stilgoe, J., Lock, S.J., Wilsdon, J.（2014）. Why should we promote public engagement with science? Public Understanding of Science, 23,（1）,4-15.

Stokes, B., Wike, R., Carle, J.（2015）. Global concern about climate change, broad support for limiting emissions. Pew Research Center. Available at: http://www.pewglobal.org/2015/11/05/global−concern−about−climate−change−broad−support−for−limiting−emissions/（accessed 8 March 2018）.

Strasser, B., Edwards, P.（2015）. Open Access, Publishing, Commerce and Scientific Ethos: Report to the Swiss Science and Innovation Council. Bern: Swiss Science and Innovation Council.

Sudhof, T.（2016）. Truth in science publishing. PLoS Biology, 14,（8）, e1002547.

Trask, V., Lawrence, R.（2016）. Towards an open science publishing platform. F1000 Research, 5,130.

Tyfield, D.（2013）. Transition to Science 2.0: Remoralizing the economy of science. Spontaneous Generations, 7,29–48.

Tyfield, D., Lave, R., Randalls, S., et al.（eds）（2017）. The Routledge Handbook of the Political Economy of Science. London: Routledge.

van Noorden, R.（2017）. Web of Science owner buys up booming peer−review platform. Nature. Epub ahead of print 1 June. DOI: 10.1038/nature.2017.22094.

Vuorikari, R., Punie, Y.（eds）（2015）. Analysis of Emerging Reputation and Funding Mechanisms in the Context of Open Science 2.0. Luxembourg: European Union.

Walz, S., Deterding, S.（2015）. The Gameful World: Approaches, Issues, Applications. Cambridge, MA: The MIT Press.

Weinberger, D.（2012）. Too Big to Know: Rethinking Knowledge. New York: Basic Books.

Westbrook, R.B.（1991）. John Dewey and American Democracy. Ithaca, NY: Cornell University Press.

Winsberg, E., Huebner, B., Kukla, R.（2014）. Accountability and values in radically collaborative research. Studies in History and Philosophy of Science Part A, 46,16–23.

Wright, B., Boettinger, S.（2006）. Open source in biotechnology: Open questions. Innovations, Technology, Governance, Globalization, 1,（4）,43–55.

Wykstra, S.（2016）. Can robots help solve the replicability crisis? Slate, 30 June. Available at: http://www.slate.com/articles/technology/future_tense/2016/06/automating_

lab_research_could_help_resolve_the_reproducibility_crisis.html（accessed 8 March 2018）.

（卢宇峥　译）

附 录

开放科学相关术语表

Altmetrics	替代计量学
Article Processing Charges（APC）	文章处理费
authorship	作者身份
Bronze open access	青铜开放获取
Budapest Open Access Initiative	布达佩斯开放获取先导计划
European Organization for Nuclear Research（CERN）	欧洲核子研究中心
contributorship	贡献者身份
collaborative bibliographies	协作出版书目
citizen science	公民科学
cOAlition S	研究资助者联盟
The Contributor Role Taxonomy（CrediT）	贡献者角色分类法
data curation	数据监管
Diamond open access	钻石开放获取
DOI（Digital Object Identifier）	数字对象标识符
San Francisco Declaration on Research Assessment（DORA）	《关于科研评价的旧金山宣言》
duplication research	重复性研究
Educational Resource Information Center（ERIC）	美国教育资源信息中心
Essential Science Indicators（ESI）	基本科学指标数据库
European and international library community	欧洲和国际图书馆社区
Findable, Accessible, Interoperable, Reusable（FAIR）	可发现、可访问、可互操作和可重用
file drawer problem	文件抽屉问题
Facilitate Open Science Training for European Research（FOSTER）	促进欧洲研究的开放科学培训项目
ghost authorship	幽灵作者
gift authorship	馈赠作者

Golden open access	金色开放获取
gravity of data	数据引力
Green open access	绿色开放获取
guest authorship	客座作者
HARKing	已知结果后提出假设
hybrid open access	混合开放获取
interoperable	可互操作性
irreproducibility research	不可再现性研究
Institute for Scientific Information（ISI）	美国科学信息研究所
Leiden Manifesto	《莱顿宣言》
license income	许可证收入
National Institutes of Health（NIH）	美国国家卫生研究院
National Science Foundation（NSF）	美国国家科学基金会
Open Education Resources（OER）	开放教育资源
OpenMetrics	开放指标
open peer review	开放同行评审
open scholarship	开放学术
OpenAIRE	欧洲开放获取基础设施研究项目
open source software	开源软件
open source code	开源代码
Open Researcher and Contributor ID（ORCID）	开放研究者和贡献者身份识别码
Open Science Framework（OSF）	开放科学框架
p-hacking	p 值黑客
Plan S	S 计划
Public Library of Science（PLOS）	美国科学公共图书馆
postprint	后印本
preprint	预印本
preregistration	预注册
prestige authorship	声望作者
proceeding papers	会议论文
publication bias	发表偏见

publisher's note	出版说明
questionable research practices	有问题的研究实践
replication crisis	复制危机
replication research	可复制性研究
reproducibility	再现性
Research Excellence Framework（REF）	卓越科研框架
ResearchGate	研究之窗
responsible research and innovation	负责任研究与创新
Semantometrics	语义计量学
Transformative Agreement（TA）	转型协议
Uniform Resource Locator（URL）	统一资源定位符

后　记

开放科学源于科学界对"民主的"科学的理想追寻以及社会各界对共享科研成果的现实需求。突如其来的新冠疫情使世界各国科学工作者、政策制定者和社会公众更加深刻地意识到开放科学对于应对全球公共健康危机的重要价值，也极大地促进了服务人类共同福祉的科学研究成果在世界范围的开放、合作和共享的进程。2021年，联合国教科文组织制定的《开放科学建议书》标志着开放科学迈入全球共识的新阶段。随着全球科学技术和文化教育交流与合作的日趋深入，开放科学逐渐从一种学术科学运动上升到国家政策和全球议题。

我们党和国家高度重视科学事业的发展，注重发挥科学技术第一生产力的作用，不断推动科技创新支撑和引领经济社会发展。党的二十大报告明确提出，在科技创新方面要"形成具有全球竞争力的开放创新生态"，与此同时，我国也在积极推进国际科技开放合作，实施更加开放包容、互惠共享的国际科技合作战略。加快推进开放科学进程是我国从"科技大国"迈向"科技强国"的时代机遇。当前，我国的开放科学尚处于起步阶段，面临开放科学基础设施落后、开放科学机制不健全、开放科学治理能力欠缺、全球开放科学的实质性参与不足等诸多挑战。深化对开放科学的认识是推动开放科学进程的一项紧迫课题。

开放科学涵盖科学、教育、文化、出版等多个领域，涉及理论、政策与实践等不同维度，贯穿科学研究生命周期的各个阶段。推进开放科学有助于增强科学研究的透明度，提高科研工作效率，提升科研成果质量，促进科技成果传播，扩大社会公众参与，进而实现科学服务人类共同福祉的公共价值。然而，在世界范围，开放科学领域尚未形成合理的成本分担机制和成熟的开放科学文化，开放科学与学术资本主义之间存在一定程度的冲突，掠夺性期刊乘虚而入，开放科学使发达国家和发展中国家之间的不平等问题日益凸显，如何解决好以上难题是深入推动开放科学发展的关键。正因如此，本书在广泛收集和整理开放科学领域已有研究成果的基础上，精选并翻译了在《自然》《科学》等重要英文学术期刊上发表的高被引和有影响的论文，希望以此来回应上述问题，并进一步推动该领域的研究。

本书系"开放科学全球治理研究丛书"之一，是教育部哲学社会科学研究重大课题攻关项目"我国在开放科学领域有效参与全球治理研究"（项目批准号：22JZD043）的阶段性成果。本书力求全面描绘国际开放科学研究的图景，聚焦开放科学研究的核心议题和前沿问题，为我国加快推动开放科学进程以及有效参与开放科学的全球治理提供有益参考。本书由阚阅和田京担任主编，阚阅、田京、刘郑一、卢宇峥、马箫箫、宋宇等参与了相关篇目的翻译，阚阅和田京对全书进行了校对和统稿工作。本书出版离不开浙江大学出版社的大力支持，特别是浙江大学出版社社科出版中心主任吴伟伟对丛书立项和编撰给予的热情帮助。

由于时间和能力所限，本书在翻译过程中难免有所纰漏，敬请学界同仁批评指正！

阚阅、田京

2024 年初春于浙大紫金港